# Student's Solutions

to accompany

# Intermediate Algebra

Second Edition

**Julie Miller**
*Daytona State College*

**Molly O'Neill**
*Daytona State College*

**Nancy Hyde**
*Broward Community College*

Prepared by
**Jon Weerts**

McGraw Hill Higher Education

Boston Burr Ridge, IL Dubuque, IA New York San Francisco St. Louis
Bangkok Bogotá Caracas Kuala Lumpur Lisbon London Madrid Mexico City
Milan Montreal New Delhi Santiago Seoul Singapore Sydney Taipei Toronto

The McGraw-Hill Companies

Higher Education

Student's Solutions Manual to accompany
INTERMEDIATE ALGEBRA, SECOND EDITION
JULIE MILLER, MOLLY O'NEILL, AND NANCY HYDE

Published by McGraw-Hill Higher Education, an imprint of The McGraw-Hill Companies, Inc., 1221 Avenue of the Americas, New York, NY 10020. 

This book is printed on recycled, acid-free paper containing 10% post consumer waste.

1 2 3 4 5 6 7 8 9 0 QPD/QPD 0 9

ISBN: 978-0-07-335237-4
MHID: 0-07-335237-3

www.mhhe.com

# Contents

## Chapter 4 Polynomials



## Chapter 5 Rational Expressions and Rational Equations



## Chapter 6 Radicals and Complex Numbers

## Chapter 7 Quadratic Equations and Functions



## Chapter 8 More Equations and Inequalities



## Chapter 9 Exponential and Logarithmic Functions

## Chapter 10 Conic Sections



## Additional Topics Appendix

# Preface

The *Student's Solutions Manual* to accompany *Intermediate Algebra*, Second Edition by Julie Miller, Molly O'Neill, and Nancy Hyde contains detailed solutions of the odd-numbered practice exercises, the odd-numbered problem recognition exercises, the odd-numbered review exercises, the odd-numbered chapter test exercises, and the odd-numbered cumulative review exercises. I have attempted to provide solutions consistent with the procedures introduced in the textbook. Every attempt has been made to make this manual as error free as possible.

A number of people need to be recognized for their contributions in the preparation of this manual. Thanks go to David Millage, and Emilie Berglund of McGraw-Hill Higher Education for giving me the opportunity to author this manual. I am grateful for all the responses to my questions and their guidance throughout the development process of this manual. I wish to express my appreciation to Julie Miller, Molly O'Neill, and Nancy Hyde for writing an Intermediate Algebra text that is well organized and assists students in their understanding of the topics of algebra.

A special word of appreciation goes to my wife, Jan, for her support and understanding during the many hours that went into the preparation of this manual.

Jon D. Weerts
Triton College
2000 Fifth Avenue
River Grove, IL 60171
e-mail: jweerts@triton.edu

# Chapter 1 Review of Basic Algebraic Concepts

## Chapter Opener Puzzle

$25 = 5 \wedge 2$

$127 = 2 \wedge 7 - 1$

$289 = (8+9) \wedge 2$

$126 = 6 \cdot 21$

$216 = 6 \wedge (1+2)$

$625 = 5 \wedge (6-2)$

## Section 1.1 Sets of Numbers and Interval Notation

### Section 1.1 Practice Exercises

**1.** Answers will vary.

**3.** $\{1.7, \pi, -5, 4.\overline{2}\}$

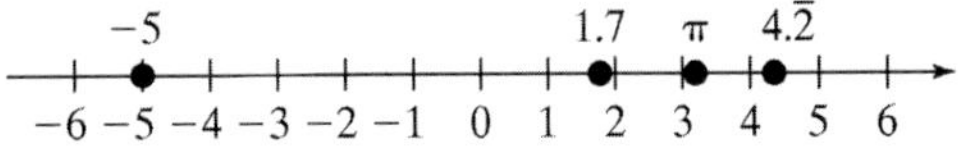


**5.** $-10 = \dfrac{-10}{1}$

**7.** $-\dfrac{3}{5} = \dfrac{-3}{5}$

**9.** $0 = \dfrac{0}{1}$

**11.**

| | Real Numbers | Irrational Numbers | Rational Numbers | Integers | Whole Numbers | Natural Numbers |
|---|---|---|---|---|---|---|
| $5$ | ✔ | | ✔ | ✔ | ✔ | ✔ |
| $-\sqrt{9}$ | ✔ | | ✔ | ✔ | | |
| $-1.7$ | ✔ | | ✔ | | | |
| $\frac{1}{2}$ | ✔ | | ✔ | | | |
| $\sqrt{7}$ | ✔ | ✔ | | | | |
| $\frac{0}{4}$ | ✔ | | ✔ | ✔ | ✔ | |
| $0.\overline{2}$ | ✔ | | ✔ | | | |

**13.** $-9 < -1$

**15.** $0.15 > 0.04$

**17.** $\dfrac{5}{3} \cdot \dfrac{7}{7} = \dfrac{35}{21};\ \dfrac{10}{7} \cdot \dfrac{3}{3} = \dfrac{30}{21}$

$\dfrac{35}{21} > \dfrac{30}{21}$ so $\dfrac{5}{3} > \dfrac{10}{7}$

**19.** $-\dfrac{5}{8} < -\dfrac{1}{8}$

**21.** $(2, \infty)$

**23.** $(-\infty, 0]$

**25.** $(-5, 0]$

**27.** $[-1, \infty)$

**29.** 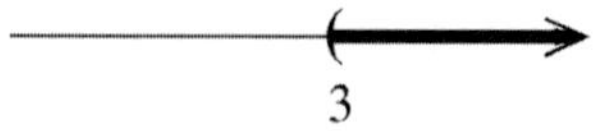

$(3, \infty)$

**31.** 

$(-\infty, -2]$

**33.** 

$\left(-\infty, \dfrac{9}{2}\right)$

**35.** 

$(-2.5, 4.5]$

**37.** 

$(-\infty, -3)$

**39.** 

$\left(\dfrac{5}{2}, \infty\right)$

**41.** 

$[2, \infty)$

**43.** 

$(-4, 4)$

**45.** 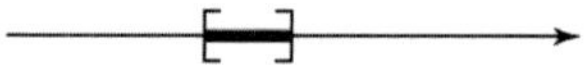

$[-3, 0]$

**47.** All real numbers less than –4

**49.** All real numbers greater than –2 and less than or equal to 7

**51.** All real numbers between –180 and 90, inclusive

**53.** All real numbers greater than 3.2

**55.** Given: $M = \{-3, -1, 1, 3, 5\}$ and $N = \{-4, -3, -2, -1, 0\}$

**a.** $M \cap N = \{-3, -1\}$

**b.** $M \cup N = \{-4, -3, -2, -1, 0, 1, 3, 5\}$

**57.** 

$\{x \mid -3 < x \le 0\}$ $(-3, 0]$

**59.** 

$\{x \mid x < 4\}$ $(-\infty, 4)$

**61.** 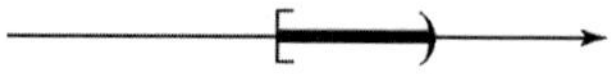

$\{x \mid -1 \le x < 4\}$ $[-1, 4)$

**63.** 
$\{\ \}$ Empty set

**65.** $X = \{x \mid x \ge -10\}$ $Y = \{x \mid x < 1\}$

$X \cap Y = \{x \mid -10 \le x < 1\}$ $[-10, 1)$

**67.** $Y = \{x \mid x < 1\}$ $Z = \{x \mid x > -1\}$

$Y \cup Z = \{x \mid x \text{ is a real number}\}$ $(-\infty, \infty)$

**69.** $Z = \{x \mid x > -1\}$ $W = \{x \mid x \le -3\}$

$Z \cup W = \{x \mid x > -1 \text{ or } x \le -3\}$

$(-\infty, -3] \cup (-1, \infty)$

**71.** $p < 130$ mm Hg

**73.** 130 mm Hg $\le p \le$ 139 mm Hg

**75.** $2.2 \le pH \le 2.4$ acidic

**77.** $3.0 \le pH \le 3.5$ acidic

**79.** $[1, 3) \cap (2, 7) = (2, 3)$

**81.** $[-2, 4] \cap (3, \infty) = (3, 4]$

**83.** $[-2, 7] \cup (-\infty, -1) = (-\infty, 7]$

**85.** $(2, 5) \cup (4, \infty) = (2, \infty)$

**87.** $(-\infty, 3) \cup (-1, \infty) = (-\infty, \infty)$

**89.** $(-\infty, -8) \cap (0, \infty) = \{\ \}$

## Section 1.2 Operations on Real Numbers

### Section 1.2 Practice Exercises

**1.** Answers will vary.

**3.** {Integers}

**5.** {Whole numbers}

**7.** Distance can never be negative.

**9.** Negative

**11.**

| Number | Opposite | Reciprocal | Absolute Value |
|---|---|---|---|
| $6$ | $-6$ | $\frac{1}{6}$ | $6$ |
| $\frac{1}{11}$ | $-\frac{1}{11}$ | $11$ | $\frac{1}{11}$ |
| $-8$ | $8$ | $-\frac{1}{8}$ | $8$ |
| $\frac{-13}{10}$ | $\frac{13}{10}$ | $-\frac{10}{13}$ | $\frac{13}{10}$ |
| $0$ | $0$ | Undefined | $0$ |
| $-3$ | $3$ | $-0.\overline{3}$ | $3$ |

**13.** $-|6| = -6;\quad |-6| = 6$

$-|6| < |-6|$

**15.** $|-4| = 4;\quad |4| = 4$

$|-4| = |4|$

**17.** $-|-1| = -1;\quad 1 = 1$

$-|-1| < 1$

**19.** $|2 + (-5)| = |-3| = 3;\quad |2| + |-5| = 2 + 5 = 7$

$|2 + (-5)| < |2| + |-5|$

**21.** $-8 + 4 = -4$

**23.** $-12 + (-7) = -19$

**25.** $-17 - (-10) = -17 + 10 = -7$

**27.** $5 - (-9) = 5 + 9 = 14$

**29.** $-6 - 15 = -6 + (-15) = -21$

**31.** $1.5 - 9.6 = 1.5 + (-9.6) = -8.1$

**33.** $\frac{2}{3}+\left(-2\frac{1}{3}\right)=\frac{2}{3}+\left(-\frac{7}{3}\right)=-\frac{5}{3}=-1\frac{2}{3}$

**35.** $-\frac{5}{9}-\frac{14}{15}=-\frac{5}{9}\cdot\frac{5}{5}-\frac{14}{15}\cdot\frac{3}{3}=-\frac{25}{45}-\frac{42}{45}=-\frac{67}{45}$

**37.** $4(-8)=-32$

**39.** $\frac{2}{9}\cdot\frac{12}{7}=\frac{24}{63}=\frac{8}{21}$

**41.** $\frac{-6}{-10}=\frac{3}{5}$

**43.** $-2\frac{1}{4}\div\frac{5}{8}=-\frac{9}{4}\cdot\frac{8}{5}=-\frac{72}{20}=-\frac{18}{5}$

**45.** $7\div 0$ is Undefined

**47.** $0\div(-3)=0$

**49.** $(-1.2)(-3.1)=3.72$

**51.** $8\cdot\left(-\frac{3}{2}\right)=\frac{8}{1}\cdot\left(-\frac{3}{2}\right)=-\frac{24}{2}=-12$

**53.** $4^3=4\cdot 4\cdot 4=64$

**55.** $-7^2=-(7\cdot 7)=-(49)=-49$

**57.** $(-7)^2=(-7)\cdot(-7)=49$

**59.** $\left(\frac{5}{3}\right)^3=\frac{5}{3}\cdot\frac{5}{3}\cdot\frac{5}{3}=\frac{125}{27}$

**61.** $\sqrt{9}=3$

**63.** $\sqrt{-4}$ is not a real number

**65.** $\sqrt{\frac{1}{4}}=\frac{1}{2}$

**67.** $-\sqrt{49}=-7$

**69.** $5+3^3=5+3\cdot 3\cdot 3=5+27=32$

**71.** $5\cdot 2^3=5\cdot 8=40$

**73.** $(2+3)^2=5^2=25$

**75.** $2^2+3^2=4+9=13$

**77.** $6+10\div 2\cdot 3-4=6+5\cdot 3-4=6+15-4$
$=21-4=17$

**79.** $4^2-(5-2)^2\cdot 3=4^2-3^2\cdot 3=16-9\cdot 3$
$=16-27=-11$

**81.** $2-5\left(9-4\sqrt{25}\right)^2=2-5(9-4\cdot 5)^2=2-5(9-20)^2=2-5(-11)^2=2-5\cdot 121=2-605=-603$

**83.** $\left(-\frac{3}{5}\right)^2-\frac{3}{5}\cdot\frac{5}{9}+\frac{7}{10}=\frac{9}{25}-\frac{3}{\cancel{5}}\cdot\frac{\cancel{5}}{9}+\frac{7}{10}=\frac{9}{25}-\frac{\cancel{3}\cdot 1}{\cancel{3}\cdot 3}+\frac{7}{10}=\frac{9}{25}-\frac{1}{3}+\frac{7}{10}=\frac{9}{25}\cdot\frac{6}{6}-\frac{1}{3}\cdot\frac{50}{50}+\frac{7}{10}\cdot\frac{15}{15}$
$=\frac{54}{150}-\frac{50}{150}+\frac{105}{150}=\frac{109}{150}$

**85.** $1.75\div 0.25-(1.25)^2=1.75\div 0.25-1.5625$
$=7-1.5625=5.4375$

**87.** $\frac{\sqrt{10^2-8^2}}{3^2}=\frac{\sqrt{100-64}}{9}=\frac{\sqrt{36}}{9}=\frac{6}{9}=\frac{2}{3}$

**89.** $-|-11+5|+|7-2|=-|-6|+|5|$
$=-6+5=-1$

**91.** $25-2(7-3)^2\div4+\sqrt{18-2}=25-2(4)^2\div4+\sqrt{16}=25-2\cdot16\div4+4=25-32\div4+4$
$=25-8+4=17+4=21$

**93.** $\dfrac{|(10-7)-2^3|}{16\div8\cdot3}=\dfrac{|3-2^3|}{16\div8\cdot3}=\dfrac{|3-8|}{16\div8\cdot3}=\dfrac{|-5|}{16\div8\cdot3}=\dfrac{5}{16\div8\cdot3}=\dfrac{5}{2\cdot3}=\dfrac{5}{6}$

**95.** $\left(\dfrac{1}{2}\right)^2+\left(\dfrac{6-4}{5}\right)^2+\left(\dfrac{5+2}{10}\right)^2=\left(\dfrac{1}{2}\right)^2+\left(\dfrac{2}{5}\right)^2+\left(\dfrac{7}{10}\right)^2=\dfrac{1}{4}+\dfrac{4}{25}+\dfrac{49}{100}=\dfrac{25}{100}+\dfrac{16}{100}+\dfrac{49}{100}=\dfrac{90}{100}=\dfrac{9}{10}$

**97.** $\dfrac{(-18)+(-16)+(-20)+(-11)+(-4)+(-3)+1}{7}=\dfrac{-71}{7}\approx-10.1^\circ\text{C}$

**99.** $C=\frac{5}{9}(F-32)$

**a.** $C=\frac{5}{9}(77-32)=\frac{5}{9}(45)=25^\circ\text{C}$

**b.** $C=\frac{5}{9}(212-32)=\frac{5}{9}(180)=100^\circ\text{C}$

**c.** $C=\frac{5}{9}(32-32)=\frac{5}{9}(0)=0^\circ\text{C}$

**d.** $C=\frac{5}{9}(-40-32)=\frac{5}{9}(-72)=-40^\circ\text{C}$

**101.** $A=\dfrac{1}{2}(b_1+b_2)h$

$A=\dfrac{1}{\not{2}}(5+4)(\not{2})=5+4=9\text{ in}^2$

**103.** $A=\dfrac{1}{2}bh$

$A=\dfrac{1}{2}(5.2)(3.1)=2.6(3.1)=8.06\text{ cm}^2$

**105.** $V=\dfrac{4}{3}\pi r^3$

$V=\dfrac{4}{3}\pi(1.5)^3=\dfrac{4}{3}\pi(3.375)\approx14.1\text{ ft}^3$

**107.** $V=\dfrac{1}{3}\pi r^2h$

$V=\dfrac{1}{3}\pi(2.5)^2(4.1)=\dfrac{1}{3}\pi(6.25)(4.1)$

$\approx26.8\text{ ft}^3$

**109.** $V=\pi r^2h$

$V=\pi(3)^2(5)=\pi(9)(5)\approx141.4\text{ in}^3$

**111.**

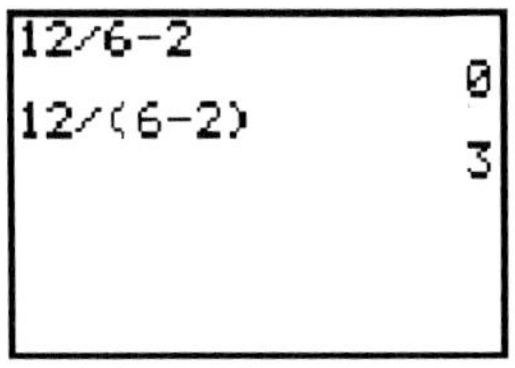


$12/(6-2)$ is the correct expression for $\dfrac{12}{6-2}$. The denominator must be simplified before dividing.

**113.**

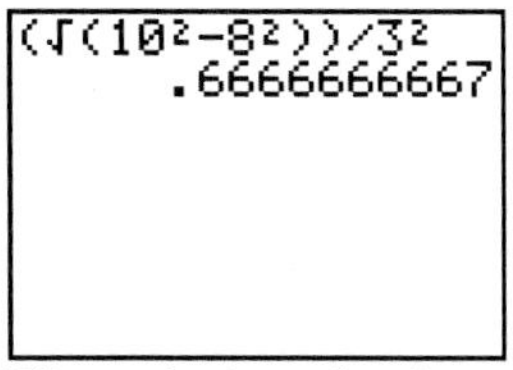


The solution checks.

## Section 1.3 Simplifying Expressions

### Section 1.3 Practice Exercises

**1.** Answers will vary.

**3.**
**a.** –4 is a rational number, an integer, and a real number
**b.** The reciprocal is $-\frac{1}{4}$.
**c.** The opposite is 4.
**d.** The absolute value is 4.

**5.** $\{x \mid x > |-3|\} = \{x \mid x > 3\}$ $\quad (3, \infty)$

**7.** $\left\{w \,\middle|\, -\frac{5}{2} < w \le \sqrt{9}\right\} = \left\{w \,\middle|\, -\frac{5}{2} < w \le 3\right\}$ $\quad \left(-\frac{5}{2}, 3\right]$

**9.** $2x^3 - 5xy + 6$
**a.** There are three terms.
**b.** The constant term is 6.
**c.** The coefficients are 2, –5, and 6.

**11.** $pq - 7 + q^2 - 4q + p$
**a.** There are five terms.
**b.** The constant term is –7.
**c.** The coefficients are 1, –7, 1, –4, and 1.

**13.** a. Commutative property of addition

**15.** f. Identity property of addition

**17.** e. Associative property of addition

**19.** i. Inverse property of multiplication

**21.** b. Associative property of multiplication

**23.** g. Identity property of multiplication

**25.** d. Commutative property of multiplication

**27.** h. Inverse property of addition

**29.** a. Commutative property of addition

**31.** $2(x - 3y + 8) = 2x - 6y + 16$

**33.** $-10(4s - 9t - 3) - 40s + 90t + 30$

**35.** $-(-7w + 5z) = 7w - 5z$

**37.** $-\frac{1}{5}\left(-\frac{5}{2}a + 10b - 8\right) = \frac{1}{2}a - 2b + \frac{8}{5}$

**39.** $3(2.6x - 4.1) = 7.8x - 12.3$

**41.** $2(7c - 8) - 5(6d - f) = 14c - 16 - 30d + 5f$

**43.**
$$\begin{aligned} 8y - 2x + y + 5y &= 8y + y + 5y - 2x \\ &= 14y - 2x \end{aligned}$$

**45.**
$$\begin{aligned} &4p^2 - 2p + 3p - 6 + 2p^2 \\ &= 4p^2 + 2p^2 - 2p + 3p - 6 \\ &= 6p^2 + p - 6 \end{aligned}$$

**47.**
$$\begin{aligned} 2p - 7p^2 - 5p + 6p^2 &= -7p^2 + 6p^2 + 2p - 5p \\ &= -p^2 - 3p \end{aligned}$$

**49.**
$$\begin{aligned} &m - 4n^3 + 3 + 5n^3 - 9 \\ &= -4n^3 + 5n^3 + m + 3 - 9 \\ &= n^3 + m - 6 \end{aligned}$$

**51.** $5ab + 2ab + 8a = 7ab + 8a$

**53.** $14xy^2-5y^2+2xy^2=14xy^2+2xy^2-5y^2$
$=16xy^2-5y^2$

**55.** $8(x-3)+1=8x-24+1=8x-23$

**57.** $-2(c+3)-2c=-2c-6-2c=-4c-6$

**59.** $-(10w-1)+9+w=-10w+1+9+w$
$=-9w+10$

**61.** $-9-4(2-z)+1=-9-8+4z+1=4z-16$

**63.** $4(2s-7)-(s-2)=8s-28-s+2=7s-26$

**65.** $-3(-5+2w)-8w+2(w-1)$
$=15-6w-8w+2w-2$
$=-12w+13$

**67.** $8x-4(x-2)-2(2x+1)-6$
$=8x-4x+8-4x-2-6$
$=0$

**69.** $\frac{1}{2}(4-2c)+5c=2-c+5c=4c+2$

**71.** $3.1(2x+2)-4(1.2x-1)$
$=6.2x+6.2-4.8x+4$
$=1.4x+10.2$

**73.** $2\left[5\left(\frac{1}{2}a+3\right)-\left(a^2+a\right)+4\right]$
$=2\left[\frac{5}{2}a+15-a^2-a+4\right]$
$=2\left[-a^2+\frac{3}{2}a+19\right]$
$=-2a^2+3a+38$

**75.** $\left[(2y-5)-2\left(y-y^2\right)\right]-3y$
$=\left[2y-5-2y+2y^2\right]-3y$
$=2y-5-2y+2y^2-3y$
$=2y^2-3y-5$

**77.** $2.2\{4-8[6x-1.5(x+4)-6]+7.5x\}$
$=2.2\{4-8[6x-1.5(x+4)-6]+7.5x\}$
$=2.2\{4-8[6x-1.5x-6-6]+7.5x\}$
$=2.2\{4-8[4.5x-12]+7.5x\}$
$=2.2\{4-36x+96+7.5x\}$
$=2.2\{-28.5x+100\}$
$=-62.7x+220$

**79.** $\frac{1}{8}(24n-16m)-\frac{2}{3}(3m-18n-2)+\frac{2}{3}$
$=3n-2m-2m+12n+\frac{4}{3}+\frac{2}{3}$
$=-4m+15n+2$

**81.** The identity element for addition is 0. For example: $3+0=3$.

**83.** Another name for a multiplicative inverse is a reciprocal.

**85.** The operation of subtraction is not commutative. For example:
$6-5\neq 5-6$
$1\neq -1$

**87.** **a.** $x(y+z)$
**b.** $xy$
**c.** $xz$
**d.** $xy+xz$
**e.** $x(y+z)=xy+xz$ the distributive property of multiplication over addition

# Section 1.4 Linear Equations in One Variable

## Section 1.4 Practice Exercises

**1.** Answers will vary.

**3.** $8x-3y+2xy-5x+12xy=3x-3y+14xy$

**5.** $2(3z-4)-(z+12)=6z-8-z-12$
$=5z-20$

**7.** $2x+1=5$
$2x-4=0$ Linear

**9.** $x^2+7=9$ Nonlinear

**11.** $-3=x$
$-x-3=0$ Linear

**13.** $2x-1=5$

**a.** $2(2)-1=5$
$4-1=5$
$3\neq 5$
2 is not a solution.

**b.** $2(3)-1=5$
$6-1=5$
$5=5$
3 is a solution.

**c.** $2(0)-1=5$
$0-1=5$
$-1\neq 5$
0 is not a solution.

**d.** $2(-1)-1=5$
$-2-1=5$
$-3\neq 5$
$-1$ is not a solution.

**15.** $x+7=19$
$x+7-7=19-7$
$x=12$
Check: $12+7=19$
$19=19$

**17.** $-x=2$
$x=-2$
Check: $-(-2)=2$
$2=2$

**19.** $-\frac{7}{8}=-\frac{5}{6}z$
$24\left(-\frac{7}{8}\right)=24\left(-\frac{5}{6}z\right)$
$-21=-20z$
$\frac{-21}{-20}=\frac{-20z}{-20}$
$z=\frac{21}{20}$
Check: $-\frac{7}{8}=-\frac{5}{6}\left(\frac{21}{20}\right)=-\frac{105}{120}=-\frac{7}{8}$

**21.** $\frac{a}{5}=-8$
$5\left(\frac{a}{5}\right)=5(-8)$
$a=-40$
Check: $\frac{-40}{5}=-8$
$-8=-8$

**23.** $2.53=-2.3t$
$\frac{2.53}{-2.3}=\frac{-2.3t}{-2.3}$
$-1.1=t$
Check: $2.53=-2.3(-1.1)=2.53$

**25.**
$$p-2.9=3.8$$
$$p-2.9+2.9=3.8+2.9$$
$$p=6.7$$
Check: $6.7-2.9=3.8$
$$3.8=3.8$$

**27.**
$$6q-4=62$$
$$6q-4+4=62+4$$
$$6q=66$$
$$\frac{6q}{6}=\frac{66}{6}$$
$$q=11$$
Check:
$$6(11)-4=62$$
$$66-4=62$$
$$62=62$$

**29.**
$$4y-17=35$$
$$4y-17+17=35+17$$
$$4y=52$$
$$\frac{4y}{4}=\frac{52}{4}$$
$$y=13$$
Check: $4(13)-17=35$
$$52-17=35$$
$$35=35$$

**31.**
$$-b-5=2$$
$$-b-5+5=2+5$$
$$-b=7$$
$$-1(-b)=-1(7)$$
$$b=-7$$
Check: $-(-7)-5=2$
$$7-5=2$$
$$2=2$$

**33.**
$$3(x-6)=2x-5$$
$$3x-18=2x-5$$
$$3x-18+18=2x-5+18$$
$$3x=2x+13$$
$$3x-2x=2x-2x+13$$
$$x=13$$
Check: $3(13-6)=2(13)-5$
$$3(7)=26-5$$
$$21=21$$

**35.**
$$6-(t+2)=5(3t-4)$$
$$6-t-2=15t-20$$
$$-t+4=15t-20$$
$$-t-15t+4=15t-15t-20$$
$$-16t+4=-20$$
$$-16t+4-4=-20-4$$
$$-16t=-24$$
$$\frac{-16t}{-16}=\frac{-24}{-16}$$
$$t=\frac{3}{2}$$
Check: $6-\left(\frac{3}{2}+2\right)=5\left(3\cdot\frac{3}{2}-4\right)$
$$6-\frac{7}{2}=5\left(\frac{9}{2}-4\right)$$
$$\frac{5}{2}=5\left(\frac{1}{2}\right)$$
$$\frac{5}{2}=\frac{5}{2}$$

**37.** $6(a+3)-10=-2(a-4)$

$$6a+18-10=-2a+8$$
$$6a+8=-2a+8$$
$$6a+2a+8=-2a+2a+8$$
$$8a+8=8$$
$$8a+8-8=8-8$$
$$8a=0$$
$$\frac{8a}{8}=\frac{0}{8}$$
$$a=0$$

Check: $6(0+3)-10=-2(0-4)$

$$6(3)-10=-2(-4)$$
$$18-10=8$$
$$8=8$$

**39.** $-2[5-(2z+1)]-4=2(3-z)$

$$-2[5-2z-1]-4=6-2z$$
$$-10+4z+2-4=6-2z$$
$$4z-12=6-2z$$
$$4z+2z-12=6-2z+2z$$
$$6z-12=6$$
$$6z-12+12=6+12$$
$$6z=18$$
$$\frac{6z}{6}=\frac{18}{6}$$
$$z=3$$

Check: $-2[5-(2\cdot 3+1)]-4=2(3-3)$

$$-2[5-(6+1)]-4=2(0)$$
$$-2[5-7]-4=0$$
$$-2[-2]-4=0$$
$$4-4=0$$
$$0=0$$

**41.** $6(-y+4)-3(2y-3)=-y+5+5y$

$$-6y+24-6y+9=4y+5$$
$$-12y+33=4y+5$$
$$-12y+12y+33=4y+12y+5$$
$$33=16y+5$$
$$33-5=16y+5-5$$
$$28=16y$$
$$\frac{28}{16}=\frac{16y}{16}$$
$$\frac{7}{4}=y$$

Check:

$$6\left(-\frac{7}{4}+4\right)-3\left(2\cdot\frac{7}{4}-3\right)=-\frac{7}{4}+5+5\cdot\frac{7}{4}$$
$$6\left(\frac{9}{4}\right)-3\left(\frac{14}{4}-\frac{12}{4}\right)=-\frac{7}{4}+\frac{20}{4}+\frac{35}{4}$$
$$\frac{54}{4}-3\left(\frac{2}{4}\right)=\frac{48}{4}$$
$$\frac{54}{4}-\frac{6}{4}=\frac{48}{4}$$
$$\frac{48}{4}=\frac{48}{4}$$

**43.** $14-2x+5x=-4(-2x-5)-6$

$$14+3x=8x+20-6$$
$$14+3x=8x+14$$
$$14+3x-8x=8x-8x+14$$
$$14-5x=14$$
$$14-14-5x=14-14$$
$$-5x=0$$
$$\frac{-5x}{-5}=\frac{0}{-5}$$
$$x=0$$

Check:

$$14-2\cdot 0+5\cdot 0=-4(-2\cdot 0-5)-6$$
$$14-0+0=-4(0-5)-6$$
$$14=-4(-5)-6$$
$$14=20-6$$
$$14=14$$

**45.**

$$\begin{aligned}
\frac{2}{3}x-\frac{1}{6}&=-\frac{5}{12}x+\frac{3}{2}-\frac{1}{6}x\\
12\left(\frac{2}{3}x-\frac{1}{6}\right)&=12\left(-\frac{5}{12}x+\frac{3}{2}-\frac{1}{6}x\right)\\
8x-2&=-5x+18-2x\\
8x-2&=-7x+18\\
8x+7x-2&=-7x+7x+18\\
15x-2&=18\\
15x-2+2&=18+2\\
15x&=20\\
\frac{15x}{15}&=\frac{20}{15}\\
x&=\frac{4}{3}
\end{aligned}$$

**47.**

$$\begin{aligned}
\frac{1}{5}(p-5)&=\frac{3}{5}p+\frac{1}{10}p+1\\
\frac{1}{5}p-1&=\frac{3}{5}p+\frac{1}{10}p+1\\
10\left(\frac{1}{5}p-1\right)&=10\left(\frac{3}{5}p+\frac{1}{10}p+1\right)\\
2p-10&=6p+p+10\\
2p-10&=7p+10\\
2p-7p-10&=7p-7p+10\\
-5p-10&=10\\
-5p-10+10&=10+10\\
-5p&=20\\
\frac{-5p}{-5}&=\frac{20}{-5}\\
p&=-4
\end{aligned}$$

**49.**

$$\begin{aligned}
\frac{3x-7}{2}+\frac{3-5x}{3}&=\frac{3-6x}{5}\\
30\left(\frac{3x-7}{2}+\frac{3-5x}{3}\right)&=30\left(\frac{3-6x}{5}\right)\\
15(3x-7)+10(3-5x)&=6(3-6x)\\
45x-105+30-50x&=18-36x\\
-5x-75&=18-36x\\
-5x+36x-75&=18-36x+36x\\
31x-75&=18\\
31x-75+75&=18+75\\
31x&=93\\
\frac{31x}{31}&=\frac{93}{31}\\
x&=3
\end{aligned}$$

**51.**

$$\begin{aligned}
\frac{4}{3}(2q+6)-\frac{5q-6}{6}-\frac{q}{3}&=0\\
6\left[\frac{4}{3}(2q+6)-\frac{5q-6}{6}-\frac{q}{3}\right]&=6(0)\\
8(2q+6)-(5q-6)-2q&=0\\
16q+48-5q+6-2q&=0\\
9q+54&=0\\
9q+54-54&=0-54\\
9q&=-54\\
\frac{9q}{9}&=\frac{-54}{9}\\
q&=-6
\end{aligned}$$

**53.**

$$\begin{aligned}
6.3w-1.5&=4.8\\
10(6.3w-1.5)&=10(4.8)\\
63w-15&=48\\
63w-15+15&=48+15\\
63w&=63\\
\frac{63w}{63}&=\frac{63}{63}\\
w&=1
\end{aligned}$$

**55.**

$$\begin{aligned}
0.75(m-2)+0.25m&=0.5\\
100[0.75(m-2)+0.25m]&=100[0.5]\\
75(m-2)+25m&=50\\
75m-150+25m&=50\\
100m-150&=50\\
100m-150+150&=50+150\\
100m&=200\\
\frac{100m}{100}&=\frac{200}{100}\\
m&=2
\end{aligned}$$

**57.** A conditional equation is an equation that is true for some values of the variable but false for other values of the variable.

**59.**
$$\begin{aligned}4x+1&=2(2x+1)-1\\4x+1&=4x+2-1\\4x+1&=4x+1\\0&=0\end{aligned}$$
The solution is all real numbers. This is an identity.

**61.**
$$\begin{aligned}-11x+4(x-3)&=-2x-12\\-11x+4x-12&=-2x-12\\-7x-12&=-2x-12\\-7x+2x-12&=-2x+2x-12\\-5x-12&=-12\\-5x-12+12&=-12+12\\-5x&=0\\\frac{-5x}{-5}&=\frac{0}{-5}\\x&=0\end{aligned}$$
This is a conditional equation.

**63.**
$$\begin{aligned}2x-4+8x&=7x-8+3x\\10x-4&=10x-8\\10x-10x-4&=10x-10x-8\\-4&=-8\end{aligned}$$
There is no solution. This is a contradiction.

**65.**
$$\begin{aligned}-5b+9&=-71\\-5b+9-9&=-71-9\\-5b&=-80\\\frac{-5b}{-5}&=\frac{-80}{-5}\\b&=16\end{aligned}$$

**67.**
$$\begin{aligned}16&=-10+13x\\16+10&=-10+10+13x\\26&=13x\\\frac{26}{13}&=\frac{13x}{13}\\2&=x\end{aligned}$$

**69.**
$$\begin{aligned}10c+3&=-3+12c\\10c-12c+3&=-3+12c-12c\\-2c+3&=-3\\-2c+3-3&=-3-3\\-2c&=-6\\\frac{-2c}{-2}&=\frac{-6}{-2}\\c&=3\end{aligned}$$

**71.**
$$\begin{aligned}12b-15b-8+6&=4b+6-1\\-3b-2&=4b+5\\-3b-4b-2&=4b-4b+5\\-7b-2&=5\\-7b-2+2&=5+2\\-7b&=7\\\frac{-7b}{-7}&=\frac{7}{-7}\\b&=-1\end{aligned}$$

**73.**
$$\begin{aligned}5(x-2)-2x&=3x+7\\5x-10-2x&=3x+7\\3x-10&=3x+7\\3x-3x-10&=3x-3x+7\\-10&=7\end{aligned}$$
There is no solution.

**75.**
$$\begin{aligned}\frac{c}{2}-\frac{c}{4}+\frac{3c}{8}&=1\\8\left(\frac{c}{2}-\frac{c}{4}+\frac{3c}{8}\right)&=8(1)\\4c-2c+3c&=8\\5c&=8\\\frac{5c}{5}&=\frac{8}{5}\\c&=\frac{8}{5}\end{aligned}$$

**77.**
$$0.75(8x-4)=\frac{2}{3}(6x-9)$$
$$6x-3=4x-6$$
$$6x-4x-3=4x-4x-6$$
$$2x-3=-6$$
$$2x-3+3=-6+3$$
$$2x=-3$$
$$\frac{2x}{2}=\frac{-3}{2}$$
$$x=-\frac{3}{2}$$

**79.**
$$7(p+2)-4p=3p+14$$
$$7p+14-4p=3p+14$$
$$3p+14=3p+14$$
$$3p-3p+14=3p-3p+14$$
$$14=14$$
The solution is the set of all real numbers.

**81.**
$$4[3+5(3-b)+2b]=6-2b$$
$$4[3+15-5b+2b]=6-2b$$
$$4[-3b+18]=6-2b$$
$$-12b+72=6-2b$$
$$-12b+2b+72=6-2b+2b$$
$$-10b+72=6$$
$$-10b+72-72=6-72$$
$$-10b=-66$$
$$\frac{-10b}{-10}=\frac{-66}{-10}$$
$$b=\frac{33}{5}=6.6$$

**83.**
$$3-\frac{3}{4}x=9$$
$$4\left(3-\frac{3}{4}x\right)=4(9)$$
$$12-3x=36$$
$$12-12-3x=36-12$$
$$-3x=24$$
$$\frac{-3x}{-3}=\frac{24}{-3}$$
$$x=-8$$

**85.**
$$\frac{5}{4}+\frac{y-3}{8}=\frac{2y+1}{2}$$
$$8\left(\frac{5}{4}+\frac{y-3}{8}\right)=8\left(\frac{2y+1}{2}\right)$$
$$10+y-3=4(2y+1)$$
$$y+7=8y+4$$
$$y-8y+7=8y-8y+4$$
$$-7y+7=4$$
$$-7y+7-7=4-7$$
$$-7y=-3$$
$$\frac{-7y}{-7}=\frac{-3}{-7}$$
$$y=\frac{3}{7}$$

**87.**
$$\frac{2y-9}{10}+\frac{3}{2}=y$$
$$10\left(\frac{2y-9}{10}+\frac{3}{2}\right)=10y$$
$$2y-9+15=10y$$
$$2y+6=10y$$
$$2y-2y+6=10y-2y$$
$$6=8y$$
$$\frac{6}{8}=\frac{8y}{8}$$
$$\frac{3}{4}=y$$

**89.**
$$\begin{aligned}
0.48x - 0.08x &= 0.12(260 - x)\\
100(0.48x - 0.08x) &= 100[0.12(260 - x)]\\
48x - 8x &= 12(260 - x)\\
40x &= 3120 - 12x\\
40x + 12x &= 3120 - 12x + 12x\\
52x &= 3120\\
\frac{52x}{52} &= \frac{3120}{52}\\
x &= 60
\end{aligned}$$

**91.**
$$\begin{aligned}
0.5x + 0.25 &= \frac{1}{3}x + \frac{5}{4}\\
\frac{1}{2}x + \frac{1}{4} &= \frac{1}{3}x + \frac{5}{4}\\
12\left(\frac{1}{2}x + \frac{1}{4}\right) &= 12\left(\frac{1}{3}x + \frac{5}{4}\right)\\
6x + 3 &= 4x + 15\\
6x - 4x + 3 &= 4x - 4x + 15\\
2x + 3 &= 15\\
2x + 3 - 3 &= 15 - 3\\
2x &= 12\\
\frac{2x}{2} &= \frac{12}{2}\\
x &= 6
\end{aligned}$$

**93.**
$$\begin{aligned}
0.3b - 1.5 &= 0.25(b + 2)\\
100[0.3b - 1.5] &= 100[0.25(b + 2)]\\
30b - 150 &= 25(b + 2)\\
30b - 150 &= 25b + 50\\
30b - 25b - 150 &= 25b - 25b + 50\\
5b - 150 &= 50\\
5b - 150 + 150 &= 50 + 150\\
5b &= 200\\
\frac{5b}{5} &= \frac{200}{5}\\
b &= 40
\end{aligned}$$

**95.**
$$\begin{aligned}
-\frac{7}{8}y + \frac{1}{4} &= \frac{1}{2}\left(5 - \frac{3}{4}y\right)\\
-\frac{7}{8}y + \frac{1}{4} &= \frac{5}{2} - \frac{3}{8}y\\
8\left(-\frac{7}{8}y + \frac{1}{4}\right) &= 8\left(\frac{5}{2} - \frac{3}{8}y\right)\\
-7y + 2 &= 20 - 3y\\
-7y + 3y + 2 &= 20 - 3y + 3y\\
-4y + 2 &= 20\\
-4y + 2 - 2 &= 20 - 2\\
-4y &= 18\\
\frac{-4y}{-4} &= \frac{18}{-4}\\
y &= -\frac{9}{2}
\end{aligned}$$

**97.** **a.**
$$\begin{aligned}
-2(y - 1) + 3(y + 2) &= -2y + 2 + 3y + 6\\
&= y + 8
\end{aligned}$$

**b.**
$$\begin{aligned}
2(y - 1) + 3(y + 2) &= 0\\
y + 8 &= 0\\
y + 8 - 8 &= 0 - 8\\
y &= -8
\end{aligned}$$

**c.** Simplifying an expression clears parentheses and combines like terms. Solving an equation isolates a variable to find a solution.

## Problem Recognition Exercises: Equations and Expressions

**1.** Expression

$$4x-2+6-8x=4x-8x-2+6=-4x+4$$

**3.** Equation

$$\begin{aligned}7b-1&=2b+4\\7b-2b-1&=2b-2b+4\\5b-1&=4\\5b-1+1&=4+1\\5b&=5\\\frac{5b}{5}&=\frac{5}{5}\\b&=1\end{aligned}$$

**5.** Expression

$$\begin{aligned}4(b-8)-7(2b+1)&=4b-32-14b-7\\&=-10b-39\end{aligned}$$

**7.** Equation

$$\begin{aligned}7(2-s)&=5s+8\\14-7s&=5s+8\\14-7s-5s&=5s-5s+8\\14-12s&=8\\14-14-12s&=8-14\\-12s&=-6\\\frac{-12s}{-12}&=\frac{-6}{-12}\\s&=\frac{1}{2}\end{aligned}$$

**9.** Equation

$$\begin{aligned}2(3x-4)-4(5x+1)&=-8x+7\\6x-8-20x-4&=-8x+7\\-14x-12&=-8x+7\\-14x+8x-12&=-8x+8x+7\\-6x-12&=7\\-6x-12+12&=7+12\\-6x&=19\\\frac{-6x}{-6}&=\frac{19}{-6}\\x&=-\frac{19}{6}\end{aligned}$$

**11.** Expression

$$\begin{aligned}\frac{1}{2}v+\frac{3}{5}-\frac{2}{3}v-\frac{7}{10}&=\frac{15}{30}v+\frac{18}{30}-\frac{20}{30}v-\frac{21}{30}\\&=-\frac{5}{30}v-\frac{3}{30}=-\frac{1}{6}v-\frac{1}{10}\end{aligned}$$

**13.** Equation

$$\begin{aligned} 20x-8+7x+28 &= 27x-9 \\ 27x+20 &= 27x-9 \\ 27x-27x+20 &= 27x-27x-9 \\ 20 &= -9 \end{aligned}$$

There is no solution.

**15.** Equation

$$\begin{aligned} \frac{5}{6}y-\frac{7}{8} &= \frac{1}{2}y+\frac{3}{4} \\ 24\left(\frac{5}{6}y-\frac{7}{8}\right) &= 24\left(\frac{1}{2}y+\frac{3}{4}\right) \\ 20y-21 &= 12y+18 \\ 20y-12y-21 &= 12y-12y+18 \\ 8y-21 &= 18 \\ 8y-21+21 &= 18+21 \\ 8y &= 39 \\ \frac{8y}{8} &= \frac{39}{8} \\ y &= \frac{39}{8} \end{aligned}$$

**17.** Expression

$0.29c+4.495-0.12c=0.17c+4.495$

**19.** Equation

$$\begin{aligned} 0.125(2p-8) &= 0.25(p-4) \\ 0.25p-1 &= 0.25p-1 \\ 0.25p-0.25p-1 &= 0.25p-0.25p-1 \\ -1 &= -1 \end{aligned}$$

The solution is the set of all real numbers.

## Section 1.5 Applications of Linear Equations in One Variable

### Section 1.5 Practice Exercises

**1.** Answers will vary.

**3.**

$$\begin{aligned} 7a-2 &= 11 \\ 7a-2+2 &= 11+2 \\ 7a &= 13 \\ \frac{7a}{7} &= \frac{13}{7} \\ a &= \frac{13}{7} \end{aligned}$$

**5.**

$$\begin{aligned} 4(x-3)+7 &= 19 \\ 4x-12+7 &= 19 \\ 4x-5 &= 19 \\ 4x-5+5 &= 19+5 \\ 4x &= 24 \\ \frac{4x}{4} &= \frac{24}{4} \\ x &= 6 \end{aligned}$$

**7.**
$$\frac{3}{8}p+\frac{3}{4}=p-\frac{3}{2}$$
$$8\left(\frac{3}{8}p+\frac{3}{4}\right)=8\left(p-\frac{3}{2}\right)$$
$$3p+6=8p-12$$
$$3p-8p+6=8p-8p-12$$
$$-5p+6=-12$$
$$-5p+6-6=-12-6$$
$$-5p=-18$$
$$\frac{-5p}{-5}=\frac{-18}{-5}$$
$$p=\frac{18}{5}$$

**9.** $x+5$

**11.** $2t-7$

**13.** Let $x$ = the smaller number
$2x + 3$ = the larger number
(larger number) – (smaller number) = 8
$$(2x+3)-x=8$$
$$2x+3-x=8$$
$$x+3=8$$
$$x+3-3=8-3$$
$$x=5$$
$$2x+3=2(5)+3=10+3=13$$
The smaller number is 5 and the larger is 13.

**15.** Let $x$ = the number
$3x + 2$ = the sum
$x - 4$ = the difference
(sum) = (difference)
$$3x+2=x-4$$
$$3x-x+2=x-x-4$$
$$2x+2=-4$$
$$2x+2-2=-4-2$$
$$2x=-6$$
$$\frac{2x}{2}=\frac{-6}{2}$$
$$x=-3$$
The number is –3.

**17.** Let $x$ = the first integer
$30 - x$ = the second integer
(ten times first) = (five times second)
$$10x=5(30-x)$$
$$10x=150-5x$$
$$10x+5x=150-5x+5x$$
$$15x=150$$
$$\frac{15x}{15}=\frac{150}{15}$$
$$x=10$$
$$30-x=30-10=20$$
The integers are 10 and 20.

**19.** Let $x$ = the first page number
$x + 1$ = the consecutive page number
(first) + (second) = 223
$$x+(x+1)=223$$
$$2x+1=223$$
$$2x+1-1=223-1$$
$$2x=222$$
$$\frac{2x}{2}=\frac{222}{2}$$
$$x=111$$
$$x+1=111+1=112$$
The consecutive page numbers are 111 and 112.

**21.** Let $x$ = the first odd integer
$x + 2$ = the consecutive odd integer
(first) + (second) = –148

$$x+(x+2)=-148$$
$$2x+2=-148$$
$$2x+2-2=-148-2$$
$$2x=-150$$
$$\frac{2x}{2}=\frac{-150}{2}$$
$$x=-75$$
$$x+2=-75+2=-73$$

The two consecutive odd integers are –75 and –73.

**23.** Let $x$ = the smaller even integer
$x + 2$ = larger consecutive even integer
(3 times small) = (–146 minus 4 times larger)

$$3x=-146-4(x+2)$$
$$3x=-146-4x-8$$
$$3x=-154-4x$$
$$3x+4x=-154-4x+4x$$
$$7x=-154$$
$$\frac{7x}{7}=\frac{-154}{7}$$
$$x=-22$$
$$x+2=-22+2=-20$$

The two consecutive even integers are –22 and –20.

**25.** Let $x$ = first odd integer
$x + 2$ = second consecutive odd integer
$x + 4$ = third consecutive odd integer
(2 times sum) = (23 more than 5 times third)

$$2(x+x+2+x+4)=5(x+4)+23$$
$$2(3x+6)=5x+20+23$$
$$6x+12=5x+43$$
$$6x-5x+12=5x-5x+43$$
$$x+12=43$$
$$x+12-12=43-12$$
$$x=31$$
$$x+2=31+2=33$$
$$x+4=31+4=35$$

The three consecutive odd integers are 31, 33, and 35.

**27.** Let $x$ = the commission
(commission) = (sales amt)(commission rate)

$$x=0.08(39{,}000)$$
$$x=3120$$

Leo's commission was $3120.

**29.** Let $x$ = the amount of sales
(earnings) = 600 + (sales amt)(comm. rate)

$$2400=600+x(0.03)$$
$$2400-600=600-600+0.03x$$
$$1800=0.03x$$
$$\frac{1800}{0.03}=\frac{0.03x}{0.03}$$
$$60{,}000=x$$

She needs to sell $60,000 to earn $2400.

**31.** Let $I$ = the amount of interest
Use $I = Prt$ where $P$ = $15,000.
When $r = 8.5\%$ and $t = 4$, then:

$$I=15{,}000(0.085)(4)$$
$$I=5100$$

When $r = 7.75\%$ and $t = 5$, then:

$$I=15{,}000(0.0775)(5)$$
$$I=5812.50$$

The 4-year loan at 8.5% requires less interest.

**33.** Let $I$ = the amount of impurities
(impurities) = (1 – 0.9944)(quantity)

$$I = (1.0000 - 0.9944)(4.5)$$
$$I = 0.0056(4.5)$$
$$I = 0.0252$$

There is 0.0252 oz of impurities in the 4.5 oz bar of Ivory soap.

**35.** Let $c$ = the cost before tax
(total bill) = (cost) + (sales tax)
(sales tax) = (tax rate)(cost)

$$265 = c + 0.06c$$
$$265 = 1.06c$$
$$\frac{265}{1.06} = \frac{1.06c}{1.06}$$
$$250 = c$$

The cost before sales tax was \$250.

**37.** Let $c$ = the cost before markup
(price) = (cost) + (markup)
(markup) = (markup rate)(cost)

$$43.08 = c + 0.20c$$
$$43.08 = 1.20c$$
$$\frac{43.08}{1.20} = \frac{1.20c}{1.20}$$
$$35.90 = c$$

The cost before markup was \$35.90.

**39.** Let $p$ = number below poverty level in 2002
(2006 number) = (number in 2002) + (increase)
(increase) = (increase rate)(number in 2002)

$$39.6 = p + 0.80p$$
$$39.6 = 1.80p$$
$$\frac{39.6}{1.80} = \frac{1.80p}{1.80}$$
$$22 = p$$

The number of people living below the poverty level in 2002 was 22 million.

**41.**

| | 8% Account | 12% Account | Total |
|---|---|---|---|
| Amount Invested | $x$ | $12,500-x$ | 12500 |
| Interest Earned | $0.08x$ | $0.12(12,500-x)$ | 1160 |

(int at 8%) + (int at 12%) = (total int)

$$0.08x + 0.12(12,500 - x) = 1160$$
$$0.08x + 1500 - 0.12x = 1160$$
$$-0.04x + 1500 = 1160$$
$$-0.04x + 1500 - 1500 = 1160 - 1500$$
$$-0.04x = -340$$
$$\frac{-0.04x}{-0.04} = \frac{-340}{-0.04}$$
$$x = 8500$$
$$12,500 - x = 12,500 - 8500$$
$$= 4000$$

\$8500 was invested at 8% and \$4000 was invested at 12%.

**43.**

| | 11% Loan | 6% Loan | Total |
|---|---|---|---|
| Amount Borrowed | $x$ | $18,000-x$ | 18,000 |
| Interest Paid | $0.11x$ | $0.06(18,000-x)$ | 1380 |

(int at 11%) + (int at 6%) = (total int)

$$0.11x + 0.06(18,000 - x) = 1380$$
$$0.11x + 1080 - 0.06x = 1380$$
$$0.05x + 1080 = 1380$$
$$0.05x + 1080 - 1080 = 1380 - 1080$$
$$0.05x = 300$$
$$\frac{0.05x}{0.05} = \frac{300}{0.05}$$
$$x = 6000$$
$$18,000 - x = 18,000 - 6000$$
$$= 12,000$$

\$6000 was borrowed at 11% and \$12,000 was borrowed at 6%.

**45.**

| | 4% Account | 3% Account | Total |
|---|---|---|---|
| Amount Invested | $x$ | $20{,}000-x$ | 20,000 |
| Interest Earned | $0.04x$ | $0.03(20{,}000-x)$ | 720 |

(int at 4%) + (int at 3%) = (total int)

$$0.04x+0.03(20{,}000-x)=720$$
$$0.04x+600-0.03x=720$$
$$0.01x+600=720$$
$$0.01x+600-600=720-600$$
$$0.01x=120$$
$$\frac{0.01x}{0.01}=\frac{120}{0.01}$$
$$x=12{,}000$$
$$20{,}000-x=20{,}000-12{,}000$$
$$=8000$$

\$12,000 was invested at 4% and \$8000 was invested at 3%.

**47.**

| | 5% Account | 6% Account | Total |
|---|---|---|---|
| Amount Invested | $x$ | $2x$ | |
| Interest Earned | $0.05x$ | $0.06(2x)$ | 765 |

(int at 5%) + (int at 6%) = (total int)

$$0.05x+0.06(2x)=765$$
$$0.05x+0.12x=765$$
$$0.17x=765$$
$$\frac{0.17x}{0.17}=\frac{765}{0.17}$$
$$x=4500$$
$$2x=2(4500)=9000$$

\$4500 was invested at 5% and \$9000 was invested at 6%.

**49.**

| | 15% nitrogen | 10% nitrogen | 14% nitrogen |
|---|---|---|---|
| Amount of fertilizer | $x$ | 2 | $x+2$ |
| Amount of nitrogen | $0.15(x)$ | $0.10(2)$ | $0.14(x+2)$ |

(amt of 15%) + (amt of 10%) = (amt of 14%)

$$0.15x+0.10(2)=0.14(x+2)$$
$$0.15x+0.20=0.14x+0.28$$
$$0.15x-0.14x+0.20=0.14x-0.14x+0.28$$
$$0.01x+0.20=0.28$$
$$0.01x+0.20-0.20=0.28-0.20$$
$$0.01x=0.08$$
$$\frac{0.01x}{0.01}=\frac{0.08}{0.01}$$
$$x=8$$

8 oz of 15% nitrogen fertilizer should be used.

**51.**

| | 50% antifreeze | 75% antifreeze | 60% antifreeze |
|---|---|---|---|
| Amount of fertilizer | 3 | $x$ | $x+3$ |
| Amount of nitrogen | $0.50(3)$ | $0.75(x)$ | $0.60(x+3)$ |

(amt of 50%) + (amt of 75%) = (amt of 60%)

$$0.50(3)+0.75x=0.60(x+3)$$
$$1.5+0.75x=0.60x+1.8$$
$$0.75x-0.60x+1.5=0.60x-0.60x+1.8$$
$$0.15x+1.5=1.8$$
$$0.15x+1.5-1.5=1.8-1.5$$
$$0.15x=0.3$$
$$\frac{0.15x}{0.15}=\frac{0.3}{0.15}$$
$$x=2$$

2 L of the 75% antifreeze solution should be used.

**53.**

| | 18% Solution | 10% Solution | 15% Solution |
|---|---|---|---|
| Amount of Solution | $x$ | $20-x$ | 20 |
| Amount of Alcohol | $0.18x$ | $0.10(20-x)$ | $0.15(20)$ |

(amt of 18%) + (amt of 10%) = (amt of 15%)

$$0.18x+0.10(20-x)=0.15(20)$$
$$0.18x+2-0.10x=3$$
$$0.08x+2=3$$
$$0.08x+2-2=3-2$$
$$0.08x=1$$
$$\frac{0.08x}{0.08}=\frac{1}{0.08}$$
$$x=12.5$$
$$20-x=20-12.5=7.5$$

12.5 L of 18% solution and 7.5 L of 10% solution must be mixed.

**55.**

| | 12% Super Grow | Pure Super Grow | 17.5% Super Grow |
|---|---|---|---|
| Amount of Solution | $32-x$ | $x$ | 32 |
| Amount of Super Grow | $0.12(32-x)$ | $1.00x$ | $0.175(32)$ |

(amt of 12%)+(amt of pure) = (amt of 17.5%)

$$0.12(32-x)+1.00x=0.175(32)$$
$$3.84-0.12x+x=5.6$$
$$0.88x+3.84=5.6$$
$$0.88x+3.84-3.84=5.6-3.84$$
$$0.88x=1.76$$
$$\frac{0.88x}{0.88}=\frac{1.76}{0.88}$$
$$x=2$$

2 oz of pure Super Grow must be added.

**57.**

| | Black Tea | Orange Pekoe Tea | Total |
|---|---|---|---|
| Pounds of Tea | $x$ | $4-x$ | 4 |
| Cost of Tea | $2.20x$ | $3.00(4-x)$ | $2.50(4)$ |

(cost black) + (cost orange) = (cost blend)

$$2.20x+3.00(4-x)=2.50(4)$$
$$2.20x+12-3x=10$$
$$-0.80x+12=10$$
$$-0.80x+12-12=10-12$$
$$-0.80x=-2$$
$$\frac{-0.80x}{-0.80}=\frac{-2}{-0.80}$$
$$x=2.5$$
$$4-x=4-2.5=1.5$$

2.5 lb of black tea and 1.5 lb of orange pekoe tea are used in the blend.

**59.**

| | Distance | Rate | Time |
|---|---|---|---|
| Piper Cub | $4(x+30)$ | $x+30$ | 4 |
| Cessna | 5x | $x$ | 5 |

(dist Piper Cub) = (dist Cessna)

$$4(x+30)=5x$$
$$4x+120=5x$$
$$4x-4x+120=5x-4x$$
$$120=x$$
$$x+30=120+30=150$$

The Cessna's speed is 120 mph and the Piper Cub's speed is 150 mph.

**61.**

| | Distance | Rate | Time |
|---|---|---|---|
| Car A | $2x$ | $x$ | 2 |
| Car B | $2(x+4)$ | $x+4$ | 2 |

(dist car A) + (dist car B) = (total dist)

$$2x+2(x+4)=192$$
$$2x+2x+8=192$$
$$4x+8=192$$
$$4x+8-8=192-8$$
$$4x=184$$
$$\frac{4x}{4}=\frac{184}{4}$$
$$x=46$$
$$x+4=46+4=50$$

The cars are traveling at 46 mph and 50 mph.

**63.**

| | Distance | Rate | Time |
|---|---|---|---|
| Boat A | $3x$ | $x$ | 3 |
| Boat B | $3(2x)$ | $2x$ | 3 |

(dist boat B) – (dist boat A) = (dist between)

$$3(2x)-3x=60$$
$$6x-3x=60$$
$$3x=60$$
$$\frac{3x}{3}=\frac{60}{3}$$
$$x=20$$
$$2x=2(20)=40$$

The boat's rates are 20 mph and 40 mph.

# Section 1.6 Literal Equations and Applications to Geometry

## Section 1.6 Practice Exercises

**1.** Answers will vary.

**3.**

$$\frac{3}{5}y-3+2y=5$$
$$5\left(\frac{3}{5}y-3+2y\right)=5(5)$$
$$3y-15+10y=25$$
$$13y-15=25$$
$$13y-15+15=25+15$$
$$13y=40$$
$$y=\frac{40}{13}$$

**5.**

$$2a-4+8a=7a-8+3a$$
$$10a-4=10a-8$$
$$10a-10a-4=10a-10a-8$$
$$-4=-8$$

This is a contradiction. There is no solution.

**7.** Let $w$ = the width of the rectangle

$l=2w$ = the length of the rectangle

$$P=2l+2w$$
$$177=2(2w)+2w$$
$$177=4w+2w$$
$$177=6w$$
$$w=29.5$$
$$l=2w=2(29.5)=59$$

The court's dimensions are 29.5 ft by 59 ft.

**9.** Let $x$ = the length of the one side

$x+2$ = the length of the second side

$x+4$ = the length of the third side

$$P=a+b+c$$
$$24=x+x+2+x+4$$
$$24=3x+6$$
$$24-6=3x+6-6$$
$$18=3x$$
$$6=x$$
$$x+2=6+2=8$$
$$x+4=6+4=10$$

The lengths of the sides of the triangle are 6 m, 8 m, and 10 m.

**11.** **a.** Let $l$ = the length of the run

$$A = lw$$
$$92 = l\left(11\tfrac{1}{2}\right)$$
$$92 = \frac{23}{2}l$$
$$2(92) = 2\left(\frac{23}{2}l\right)$$
$$184 = 23l$$
$$8 = l$$

The dimensions are 8yd by 11.5 yd.

**b.** 
$$P = 2l + 2w$$
$$P = 2(8) + 2(11.5)$$
$$P = 16 + 23$$
$$P = 39$$

The perimeter is 39 yd.

**13.** Let $w$ = the width of the pen

$2w - 7$ = the length of the pen

$$P = 2l + 2w$$
$$40 = 2(2w-7) + 2w$$
$$40 = 4w - 14 + 2w$$
$$40 = 6w - 14$$
$$40 + 14 = 6w - 14 + 14$$
$$54 = 6w$$
$$9 = w$$
$$2w - 7 = 2(9) - 7 = 18 - 7 = 11$$

The width is 9 ft and the length is 11 ft.

**15.** Let $x$ = the measure of the two equal angles

$2(x + x)$ = the measure of the third angle

$$x + x + 2(x + x) = 180$$
$$x + x + 2x + 2x = 180$$
$$6x = 180$$
$$x = 30$$
$$2(x + x) = 2(30 + 30) = 120$$

The measures of the angles are 30°, 30°, and 120°.

**17.** Let $x$ = the measure of one angle

$5x$ = the measure of the other angle

$$x + 5x = 90$$
$$6x = 90$$
$$x = 15$$
$$5x = 5(15) = 75$$

The measures of the complementary angles are 15° and 75°.

**19.**
$$(7x-1) + (2x+1) = 180$$
$$9x = 180$$
$$x = 20$$
$$7x - 1 = 7(20) - 1 = 139$$
$$2x + 1 = 2(20) + 1 = 41$$

The measures of the angles are 139°, and 41°.

**21.**
$$(2x+5) + (x+2.5) = 90$$
$$3x + 7.5 = 90$$
$$3x + 7.5 - 7.5 = 90 - 7.5$$
$$3x = 82.5$$
$$x = 27.5$$
$$2x + 5 = 2(27.5) + 5 = 60$$
$$x + 2.5 = 27.5 + 2.5 = 30$$

The measures of the angles are 60°, and 30°.

**23.**
$$(2x) + (5x+1) + (x+35) = 180$$
$$8x + 36 = 180$$
$$8x + 36 - 36 = 180 - 36$$
$$8x = 144$$
$$x = 18$$
$$2x = 2(18) = 36$$
$$5x + 1 = 5(18) + 1 = 91$$
$$x + 35 = 18 + 35 = 53$$

The measures of the angles are 36°, 91°, and 53°.

**25.**
$$(2x-4) + 3(x-7) = 90$$
$$2x - 4 + 3x - 21 = 90$$
$$5x - 25 = 90$$
$$5x - 25 + 25 = 90 + 25$$
$$5x = 115$$
$$x = 23$$
$$2x - 4 = 2(23) - 4 = 42$$
$$3(x-7) = 3(23-7) = 3(16) = 48$$

The measures of the angles are 42° and 48°.

**27.** $\dfrac{-5}{x-3}=-\dfrac{5}{x-3}$

$\dfrac{-5}{x-3}=\dfrac{-1}{-1}\cdot\dfrac{-5}{x-3}=\dfrac{5}{-x+3}=\dfrac{5}{3-x}$

Expressions a, b, and c are equivalent.

**29.** $\dfrac{-x-7}{y}=\dfrac{-1}{-1}\cdot\dfrac{-x-7}{y}=\dfrac{x+7}{-y}=-\dfrac{x+7}{y}$

Expressions a and b are equivalent.

**31.** $A=lw$ for $l$

$\dfrac{A}{w}=\dfrac{lw}{w}$

$l=\dfrac{A}{w}$

**33.** $I=Prt$ for $P$

$\dfrac{I}{rt}=\dfrac{Prt}{rt}$

$P=\dfrac{I}{rt}$

**35.** $W=K_2-K_1$ for $K_1$

$W+K_1=K_2-K_1+K_1$

$W+K_1=K_2$

$W-W+K_1=K_2-W$

$K_1=K_2-W$

**37.** $F=\dfrac{9}{5}C+32$ for $C$

$5F=5\left(\dfrac{9}{5}C+32\right)$

$5F=9C+160$

$5F-160=9C+160-160$

$5F-160=9C$

$\dfrac{5F-160}{9}=\dfrac{9C}{9}$

$C=\dfrac{5F-160}{9}$

$C=\dfrac{5(F-32)}{9}=\dfrac{5}{9}(F-32)$

**39.** $K=\dfrac{1}{2}mv^2$ for $v^2$

$2K=2\cdot\dfrac{1}{2}mv^2$

$2K=mv^2$

$\dfrac{2K}{m}=\dfrac{mv^2}{m}$

$v^2=\dfrac{2K}{m}$

**41.** $v=v_0+at$ for $a$

$v-v_0=v_0-v_0+at$

$v-v_0=at$

$\dfrac{v-v_0}{t}=\dfrac{at}{t}$

$a=\dfrac{v-v_0}{t}$

**43.** $w=p(v_2-v_1)$ for $v_2$

$\dfrac{w}{p}=\dfrac{p(v_2-v_1)}{p}$

$\dfrac{w}{p}=v_2-v_1$

$\dfrac{w}{p}+v_1=v_2-v_1+v_1$

$v_2=\dfrac{w}{p}+v_1=\dfrac{w+pv_1}{p}$

**45.** $ax+by=c$ for $y$

$ax+by-ax=c-ax$

$by=c-ax$

$\dfrac{by}{b}=\dfrac{c-ax}{b}$

$y=\dfrac{c-ax}{b}$

**47.** $V = \frac{1}{3}Bh$ for $B$

$$3V = 3 \cdot \frac{1}{3}Bh$$
$$3V = Bh$$
$$\frac{3V}{h} = \frac{Bh}{h}$$
$$B = \frac{3V}{h}$$

**49.**
$$3x + y = 6$$
$$3x - 3x + y = 6 - 3x$$
$$y = -3x + 6$$

**51.**
$$5x - 4y = 20$$
$$5x - 5x - 4y = 20 - 5x$$
$$-4y = 20 - 5x$$
$$\frac{-4y}{-4} = \frac{20 - 5x}{-4}$$
$$y = \frac{5}{4}x - 5$$

**53.**
$$-6x - 2y = 13$$
$$-6x + 6x - 2y = 13 + 6x$$
$$-2y = 6x + 13$$
$$\frac{-2y}{-2} = \frac{6x + 13}{-2}$$
$$y = -3x - \frac{13}{2}$$

**55.**
$$3x - 3y = 6$$
$$3x - 3x - 3y = 6 - 3x$$
$$-3y = -3x + 6$$
$$\frac{-3y}{-3} = \frac{-3x + 6}{-3}$$
$$y = x - 2$$

**57.**
$$9x + \frac{4}{3}y = 5$$
$$3\left(9x + \frac{4}{3}y\right) = 3(5)$$
$$27x + 4y = 15$$
$$27x - 27x + 4y = 15 - 27x$$
$$4y = -27x + 15$$
$$\frac{4y}{4} = \frac{-27x + 15}{4}$$
$$y = -\frac{27}{4}x + \frac{15}{4}$$

**59.**
$$-x + \frac{2}{3}y = 0$$
$$-x + x + \frac{2}{3}y = 0 + x$$
$$\frac{2}{3}y = x$$
$$\frac{3}{2} \cdot \frac{2}{3}y = \frac{3}{2}x$$
$$y = \frac{3}{2}x$$

**61.** **a.**
$$d = rt$$
$$\frac{d}{t} = \frac{rt}{t}$$
$$r = \frac{d}{t}$$

**b.** $r = \frac{500}{3.183} \approx 157.1$ mph

**63.** **a.**
$$F = ma$$
$$\frac{F}{a} = \frac{ma}{a}$$
$$m = \frac{F}{a}$$

**b.** $m = \frac{24.5}{9.8} = 2.5 \text{ kg}$

**65.** **a.**
$$z = \frac{x-\mu}{\sigma}$$
$$z \cdot \sigma = \frac{x-\mu}{\sigma} \cdot \sigma$$
$$z\sigma = x - \mu$$
$$z\sigma + \mu = x - \mu + \mu$$
$$x = z\sigma + \mu$$

**b.** $x = 2.5(12) + 100 = 30 + 100 = 130$

**67.**
$$6t - rt = 12 \quad \text{for } t$$
$$t(6-r) = 12$$
$$\frac{t(6-r)}{6-r} = \frac{12}{6-r}$$
$$t = \frac{12}{6-r}$$

**69.**
$$ax + 5 = 6x + 3 \quad \text{for } x$$
$$ax - 6x + 5 = 6x - 6x + 3$$
$$ax - 6x + 5 = 3$$
$$ax - 6x + 5 - 5 = 3 - 5$$
$$ax - 6x = -2$$
$$x(a-6) = -2$$
$$\frac{x(a-6)}{a-6} = \frac{-2}{a-6}$$
$$x = \frac{-2}{a-6} \quad \text{or} \quad x = \frac{2}{6-a}$$

**71.**
$$A = P + Prt \quad \text{for } P$$
$$A = P(1+rt)$$
$$\frac{A}{1+rt} = \frac{P(1+rt)}{1+rt}$$
$$P = \frac{A}{1+rt}$$

**73.**
$$T = mg - mf \quad \text{for } m$$
$$T = m(g-f)$$
$$\frac{T}{g-f} = \frac{m(g-f)}{g-f}$$
$$m = \frac{T}{g-f}$$

**75.**
$$ax + by = cx + z \quad \text{for } x$$
$$ax - cx + by = cx - cx + z$$
$$x(a-c) + by = z$$
$$x(a-c) + by - by = z - by$$
$$x(a-c) = z - by$$
$$\frac{x(a-c)}{a-c} = \frac{z-by}{a-c}$$
$$x = \frac{z-by}{a-c} \quad \text{or} \quad x = \frac{by-z}{c-a}$$

# Section 1.7 Linear Inequalities in One Variable

## Section 1.7 Practice Exercises

**1.** Answers will vary.

**3.**
$$\begin{aligned} 4+5(4-2x)&=-2(x-1)-4 \\ 4+20-10x&=-2x+2-4 \\ 24-10x&=-2x-2 \\ 24-10x+2x&=-2x+2x-2 \\ 24-8x&=-2 \\ 24-24-8x&=-2-24 \\ -8x&=-26 \\ \frac{-8x}{-8}&=\frac{-26}{-8} \\ x&=\frac{13}{4} \end{aligned}$$

**5.**
$$d=vt-16t^2 \quad \text{for } v$$
$$\begin{aligned} d+16t^2&=vt-16t^2+16t^2 \\ d+16t^2&=vt \\ \frac{d+16t^2}{t}&=\frac{vt}{t} \\ v&=\frac{d+16t^2}{t} \end{aligned}$$

**7. a.**
$$A=\frac{1}{2}bh \quad \text{for } h$$
$$\begin{aligned} 2A&=2\left(\frac{1}{2}bh\right) \\ 2A&=bh \\ \frac{2A}{b}&=\frac{bh}{b} \\ h&=\frac{2A}{b} \end{aligned}$$

**b.** $h=\frac{2(10)}{3}=\frac{20}{3}=6\frac{2}{3}$ cm

**9.**
$$\begin{aligned} 6&\le 4-2y \\ 6-4&\le 4-4-2y \\ 2&\le -2y \\ \frac{2}{-2}&\ge\frac{-2y}{-2} \\ -1&\ge y \\ y&\le -1 \end{aligned}$$

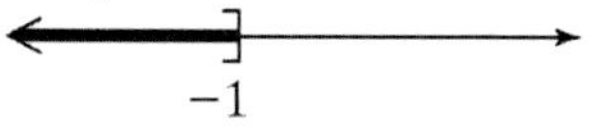


$(-\infty, -1]$

**11.**
$$\begin{aligned} 2x-5&\ge 15 \\ 2x-5+5&\ge 15+5 \\ 2x&\ge 20 \\ \frac{2x}{2}&\ge\frac{20}{2} \\ x&\ge 10 \end{aligned}$$

$[10, \infty)$

**13.**
$$\begin{aligned} 6z+3&>16 \\ 6z+3-3&>16-3 \\ 6z&>13 \\ \frac{6z}{6}&>\frac{13}{6} \\ z&>\frac{13}{6} \end{aligned}$$

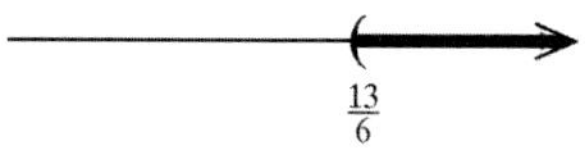


$\left(\frac{13}{6}, \infty\right)$

**15.**
$$\frac{2}{3}t < -8$$
$$\frac{3}{2}\cdot\frac{2}{3}t < \frac{3}{2}(-8)$$
$$t < -12$$

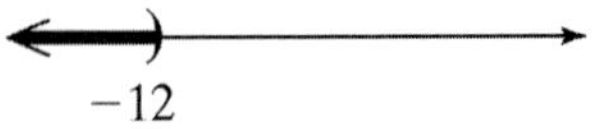


$(-\infty, -12)$

**17.**
$$\frac{3}{4}(8y-9) < 3$$
$$\frac{4}{3}\left[\frac{3}{4}(8y-9)\right] < \frac{4}{3}[3]$$
$$8y-9 < 4$$
$$8y-9+9 < 4+9$$
$$8y < 13$$
$$\frac{8y}{8} < \frac{13}{8}$$
$$y < \frac{13}{8}$$

$\left(-\infty, \frac{13}{8}\right)$

**19.**
$$0.8a - 0.5 \le 0.3a - 11$$
$$10(0.8a-0.5) \le 10(0.3a-11)$$
$$8a - 5 \le 3a - 110$$
$$8a - 3a - 5 \le 3a - 3a - 110$$
$$5a - 5 \le -110$$
$$5a - 5 + 5 \le -110 + 5$$
$$5a \le -105$$
$$\frac{5a}{5} \le \frac{-105}{5}$$
$$a \le -21$$

$(-\infty, -21]$

**21.**
$$-5x + 7 < 22$$
$$-5x + 7 - 7 < 22 - 7$$
$$-5x < 15$$
$$\frac{-5x}{-5} > \frac{15}{-5}$$
$$x > -3$$

$(-3, \infty)$

**23.**
$$-\frac{5}{6}x \le -\frac{3}{4}$$
$$-\frac{6}{5}\left(-\frac{5}{6}x\right) \ge -\frac{6}{5}\left(-\frac{3}{4}\right)$$
$$x \ge \frac{18}{20}$$
$$x \ge \frac{9}{10}$$

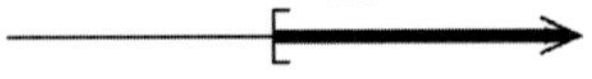


$\left[\frac{9}{10}, \infty\right)$

**25.**
$$\frac{3p-1}{-2} > 5$$
$$-2\left(\frac{3p-1}{-2}\right) < -2(5)$$
$$3p - 1 < -10$$
$$3p - 1 + 1 < -10 + 1$$
$$3p < -9$$
$$\frac{3p}{3} < \frac{-9}{3}$$
$$p < -3$$

$(-\infty, -3)$

**27.**
$$\begin{aligned}0.2t+1&>2.4t-10\\10(0.2t+1)&>10(2.4t-10)\\2t+10&>24t-100\\2t-24t+10&>24t-24t-100\\-22t+10&>-100\\-22t+10-10&>-100-10\\-22t&>-110\\\frac{-22t}{-22}&<\frac{-110}{-22}\\t&<5\end{aligned}$$

$(-\infty, 5)$

**29.**
$$\begin{aligned}3-4(y+2)&\le 6+4(2y+1)\\3-4y-8&\le 6+8y+4\\-4y-5&\le 8y+10\\-4y-8y-5&\le 8y-8y+10\\-12y-5&\le 10\\-12y-5+5&\le 10+5\\-12y&\le 15\\\frac{-12y}{-12}&\ge\frac{15}{-12}\\y&\ge-\frac{5}{4}\end{aligned}$$

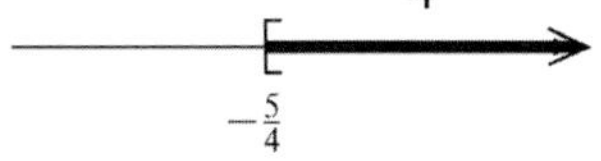


$\left[-\frac{5}{4}, \infty\right)$

**31.**
$$\begin{aligned}7.2k-5.1&\ge 5.7\\10(7.2k-5.1)&\ge 10(5.7)\\72k-51&\ge 57\\72k-51+51&\ge 57+51\\72k&\ge 108\\\frac{72k}{72}&\ge\frac{108}{72}\\k&\ge\frac{3}{2}\quad\text{or } k\ge 1.5\end{aligned}$$

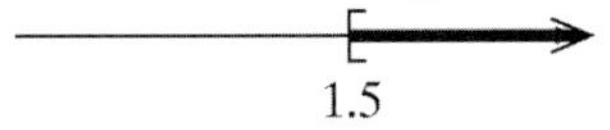


$\left[\frac{3}{2}, \infty\right)$ or $[1.5, \infty)$

**33.** $-3 \le x < 2$ is equivalent to

$-3 \le x$ and $x < 2$

**35.**
$$\begin{aligned}0\le 3a+2&<17\\0-2\le 3a+2-2&<17-2\\-2\le 3a&<15\\\frac{-2}{3}\le\frac{3a}{3}&<\frac{15}{3}\\-\frac{2}{3}\le a&<5\end{aligned}$$

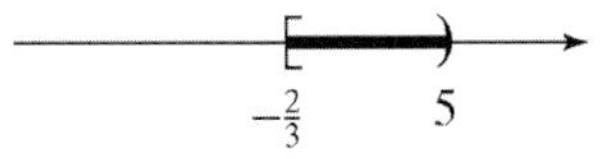


$\left[-\frac{2}{3}, 5\right)$

**37.**
$$\begin{aligned}5<4y-3&<21\\5+3<4y-3+3&<21+3\\8<4y&<24\\\frac{8}{4}<\frac{4y}{4}&<\frac{24}{4}\\2<y&<6\end{aligned}$$

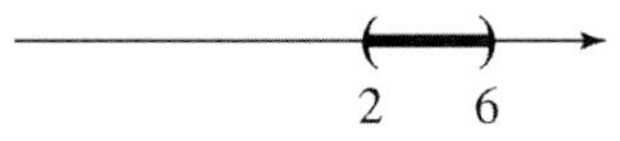


$(2, 6)$

**39.**

$$1 \le \frac{1}{5}x + 12 \le 13$$
$$1 - 12 \le \frac{1}{5}x + 12 - 12 \le 13 - 12$$
$$-11 \le \frac{1}{5}x \le 1$$
$$5(-11) \le 5\left(\frac{1}{5}x\right) \le 5(1)$$
$$-55 \le x \le 5$$

$[-55, 5]$

**41.**

$$4 > \frac{2x+8}{-2} \ge -5$$
$$-2(4) < -2\left(\frac{2x+8}{-2}\right) \le -2(-5)$$
$$-8 < 2x + 8 \le 10$$
$$-8 - 8 < 2x + 8 - 8 \le 10 - 8$$
$$-16 < 2x \le 2$$
$$\frac{-16}{2} < \frac{2x}{2} \le \frac{2}{2}$$
$$-8 < x \le 1$$

$(-8, 1]$

**43.**

$$6 \ge -2b - 3 > -6$$
$$6 + 3 \ge -2b - 3 + 3 > -6 + 3$$
$$9 \ge -2b > -3$$
$$\frac{9}{-2} \le \frac{-2b}{-2} < \frac{-3}{-2}$$
$$-\frac{9}{2} \le b < \frac{3}{2}$$

$\left[-\frac{9}{2}, \frac{3}{2}\right)$

**45.**

$$8 > -w + 4 > -1$$
$$8 - 4 > -w + 4 - 4 > -1 - 4$$
$$4 > -w > -5$$
$$-1(4) < -1(-w) < -1(-5)$$
$$-4 < w < 5$$

$(-4, 5)$

**47.** $5 < x < 1$ is describing a number that is both greater than 5 and less than 1. This is not possible.

**49.** **a.**

$$80 \le \frac{80 + 86 + 73 + 91 + x}{5} < 90$$
$$5 \cdot 80 \le 5 \cdot \frac{80 + 86 + 73 + 91 + x}{5} < 5 \cdot 90$$
$$400 \le 330 + x < 450$$
$$400 - 330 \le 330 - 330 + x < 450 - 330$$
$$70 \le x < 120$$

Nadia needs to score at least a 70% but less than 120% to get a B average.

**b.**

$$\frac{80 + 86 + 73 + 91 + x}{5} \ge 90$$
$$5 \cdot \frac{80 + 86 + 73 + 91 + x}{5} \ge 5 \cdot 90$$
$$330 + x \ge 450$$
$$330 - 330 + x \ge 450 - 330$$
$$x \ge 120$$

It would be impossible for Nadia to get an A because she would have to earn 120% on her last quiz and it is impossible to earn more than 100%.

**51.** **a.**
$$1235+387t<7040$$
$$1235-1235+387t<7040-1235$$
$$387t<5805$$
$$\frac{387t}{387}<\frac{5805}{387}$$
$$t<15$$
The poverty threshold was under \$7040 before 1975.

**b.**
$$4331<1235+387t<10{,}136$$
$$4331-1235<387t<10{,}136-1235$$
$$3096<387t<8901$$
$$\frac{3096}{387}<\frac{387t}{387}<\frac{8901}{387}$$
$$8<t<23$$
The poverty threshold was between \$4331 and \$10,136 from 1968 to 1983.

**53.** **a.**
$$25{,}000+0.04x>40{,}000$$
$$25{,}000-25{,}000+0.04x>40{,}000-25{,}000$$
$$0.04x>15{,}000$$
$$\frac{0.04x}{0.04}>\frac{15{,}000}{0.04}$$
$$x>375{,}000$$
Her sales must exceed \$375,000.

**b.**
$$25{,}000+0.04x>80{,}000$$
$$25{,}000-25{,}000+0.04x>80{,}000-25{,}000$$
$$0.04x>55{,}000$$
$$\frac{0.04x}{0.04}>\frac{55{,}000}{0.04}$$
$$x>1{,}375{,}000$$
Her sales must exceed \$1,375,000. The base salary is still the same; the increase comes solely from commission.

**55.**
$$R>C$$
$$49.95x>2300+18.50x$$
$$49.95x-18.50x>2300+18.50x-18.50x$$
$$31.45x>2300$$
$$\frac{31.45x}{31.45}>\frac{2300}{31.45}$$
$$x>73.13$$
There will be a profit if more than 73 jackets are sold.

**57.**
$$0\le C\le 5.6$$
$$0\le \frac{5}{9}(F-32)\le 5.6$$
$$\frac{9}{5}(0)\le \frac{9}{5}\cdot\frac{5}{9}(F-32)\le \frac{9}{5}(5.6)$$
$$0\le F-32\le 10.08$$
$$0+32\le F-32+32\le 10.08+32$$
$$32°\le F\le 42.08°$$

**59.**
$$-6p-1>17$$
$$-6p-1+1>17+1$$
$$-6p>18$$
$$\frac{-6p}{-6}<\frac{18}{-6}$$
$$p<-3$$

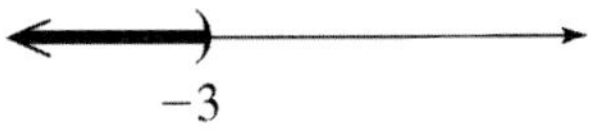


$(-\infty, -3)$

**61.**
$$\frac{3}{4}x-8\le 1$$
$$\frac{3}{4}x-8+8\le 1+8$$
$$\frac{3}{4}x\le 9$$
$$\frac{4}{3}\left(\frac{3}{4}x\right)\le \frac{4}{3}(9)$$
$$x\le 12$$

$(-\infty, 12]$

**63.**
$$\begin{aligned} -1.2b-0.4 &\ge -0.4b \\ -1.2b+1.2b-0.4 &\ge -0.4b+1.2b \\ -0.4 &\ge 0.8b \\ \frac{-0.4}{0.8} &\ge \frac{0.8b}{0.8} \\ -0.5 &\ge b \\ b &\le -0.5 \end{aligned}$$

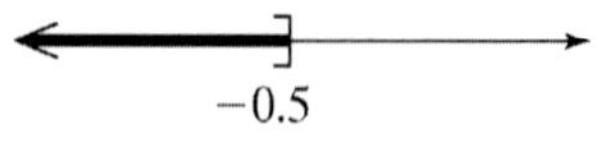

$(-\infty, -0.5]$

**65.**
$$\begin{aligned} 1 &< 3(2t-4) \le 12 \\ 1 &< 6t-12 \le 12 \\ 1+12 &< 6t-12+12 \le 12+12 \\ 13 &< 6t \le 24 \\ \frac{13}{6} &< \frac{6t}{6} \le \frac{24}{6} \\ \frac{13}{6} &< t \le 4 \end{aligned}$$

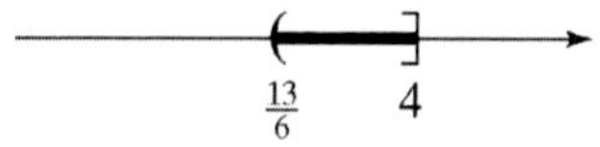

$\left(\frac{13}{6}, 4\right]$

**67.**
$$\begin{aligned} -\frac{3}{4}c-\frac{5}{4} &\ge 2c \\ 4\left(-\frac{3}{4}c-\frac{5}{4}\right) &\ge 4(2c) \\ -3c-5 &\ge 8c \\ -3c+3c-5 &\ge 8c+3c \\ -5 &\ge 11c \\ \frac{-5}{11} &\ge \frac{11c}{11} \\ -\frac{5}{11} &\ge c \quad \text{or} \quad c \le -\frac{5}{11} \end{aligned}$$

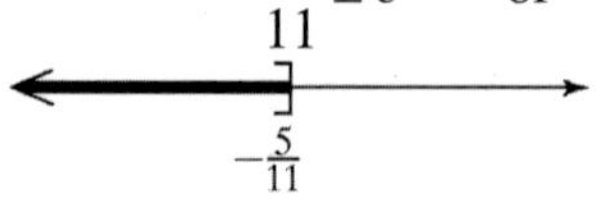

$\left(-\infty, -\frac{5}{11}\right]$

**69.**
$$\begin{aligned} 4-4(y-2) &< -5y+6 \\ 4-4y+8 &< -5y+6 \\ -4y+12 &< -5y+6 \\ -4y+5y+12 &< -5y+5y+6 \\ y+12 &< 6 \\ y+12-12 &< 6-12 \\ y &< -6 \end{aligned}$$

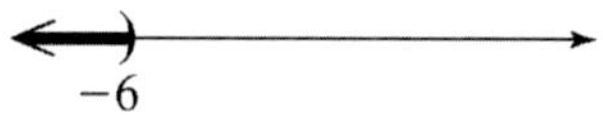

$(-\infty, -6)$

**71.**
$$\begin{aligned} 0 &\le 2q-1 \le 11 \\ 0+1 &\le 2q-1+1 \le 11+1 \\ 1 &\le 2q \le 12 \\ \frac{1}{2} &\le \frac{2q}{2} \le \frac{12}{2} \\ \frac{1}{2} &\le q \le 6 \end{aligned}$$

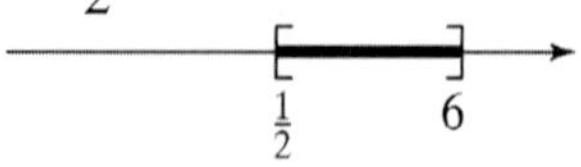

$\left[\frac{1}{2}, 6\right]$

**73.**
$$\begin{aligned} -6(2x+1) &< 5-(x-4)-6x \\ -12x-6 &< 5-x+4-6x \\ -12x-6 &< -7x+9 \\ -12x+7x-6 &< -7x+7x+9 \\ -5x-6 &< 9 \\ -5x-6+6 &< 9+6 \\ -5x &< 15 \\ \frac{-5x}{-5} &> \frac{15}{-5} \\ x &> -3 \end{aligned}$$

$(-3, \infty)$

**75.** $6a-(9a+1)-3(a-1)\ge 2$

$6a-9a-1-3a+3\ge 2$

$-6a+2\ge 2$

$-6a+2-2\ge 2-2$

$-6a\ge 0$

$\frac{-6a}{-6}\le\frac{0}{-6}$

$a\le 0$

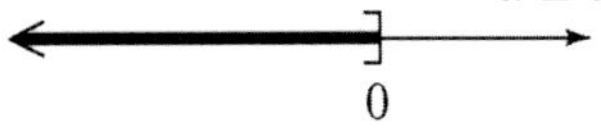

$(-\infty, 0]$

**77.** $a>b$

$a+c>b+c$

**79.** $a>b$

$ac>bc$ for $c>0$

# Section 1.8 Properties of Integer Exponents and Scientific Notation

## Section 1.8 Practice Exercises

**1.** Answers will vary.

**3.** $\frac{a-2}{3}-\frac{3a+2}{4}=-\frac{1}{2}$

$12\left(\frac{a-2}{3}-\frac{3a+2}{4}\right)=12\left(-\frac{1}{2}\right)$

$4(a-2)-3(3a+2)=-6$

$4a-8-9a-6=-6$

$-5a-14=-6$

$-5a-14+14=-6+14$

$-5a=8$

$\frac{-5a}{-5}=\frac{8}{-5}$

$a=-\frac{8}{5}$

**5.** $6x-2(x+3)\le 7(x+1)-4$

$6x-2x-6\le 7x+7-4$

$4x-6\le 7x+3$

$4x-7x-6\le 7x-7x+3$

$-3x-6\le 3$

$-3x-6+6\le 3+6$

$-3x\le 9$

$\frac{-3x}{-3}\ge\frac{9}{-3}$

$x\ge -3$ $\quad[-3, \infty)$

**7.** $5x-9y=11$ for $x$

$5x-9y+9y=11+9y$

$5x=9y+11$

$\frac{5x}{5}=\frac{9y+11}{5}$

$x=\frac{9y+11}{5}$ or $x=\frac{9}{5}y+\frac{11}{5}$

**9.** $b^4\cdot b^3=(b\cdot b\cdot b\cdot b)\cdot(b\cdot b\cdot b)=b^7$

$(b^4)^3=b^4\cdot b^4\cdot b^4$

$=(b\cdot b\cdot b\cdot b)\cdot(b\cdot b\cdot b\cdot b)\cdot(b\cdot b\cdot b\cdot b)$

$=b^{12}$

When multiplying, if the bases are the same, add the exponents. When raising a power to a power, multiply the exponents.

**11.** For example:

$3^2\cdot 3^4=3^6$

$x^8\cdot x^2=x^{10}$

**13.** For example:

$(x^2)^4=x^8$

$(2^3)^5=2^{15}$

**15.** For example:

$$\left(\frac{x}{y}\right)^3 = \frac{x^3}{y^3}$$

$$\left(\frac{2}{7}\right)^2 = \frac{2^2}{7^2}$$

**17.** $\left(\frac{2}{3}\right)^{-2} = \left(\frac{3}{2}\right)^2 = \frac{3^2}{2^2} = \frac{9}{4}$

**19.** $5^{-2} = \frac{1}{5^2} = \frac{1}{25}$

**21.** $-5^{-2} = -\frac{1}{5^2} = -\frac{1}{25}$

**23.** $(-5)^{-2} = \frac{1}{(-5)^2} = \frac{1}{25}$

**25.** $\left(-\frac{1}{4}\right)^{-3} = \left(-\frac{4}{1}\right)^3 = (-4)^3 = -64$

**27.** $\left(-\frac{3}{2}\right)^{-4} = \left(-\frac{2}{3}\right)^4 = \frac{(-2)^4}{3^4} = \frac{16}{81}$

**29.** $-\left(\frac{2}{5}\right)^{-3} = -\left(\frac{5}{2}\right)^3 = -\frac{5^3}{2^3} = -\frac{125}{8}$

**31.** $(10ab)^0 = 1$

**33.** $10ab^0 = 10a \cdot 1 = 10a$

**35.** $y^3 \cdot y^5 = y^{3+5} = y^8$

**37.** $\frac{13^8}{13^6} = 13^{8-6} = 13^2 = 169$

**39.** $(y^2)^4 = y^{2\cdot 4} = y^8$

**41.** $(3x^2)^4 = 3^4(x^2)^4 = 3^4 x^{2\cdot 4} = 81x^8$

**43.** $p^{-3} = \frac{1}{p^3}$

**45.** $7^{10} \cdot 7^{-13} = 7^{10+(-13)} = 7^{-3} = \frac{1}{7^3} = \frac{1}{343}$

**47.** $\frac{w^3}{w^5} = w^{3-5} = w^{-2} = \frac{1}{w^2}$

**49.** $a^{-2}a^{-5} = a^{-2+(-5)} = a^{-7} = \frac{1}{a^7}$

**51.** $\frac{r}{r^{-1}} = r^{1-(-1)} = r^2$

**53.** $\frac{z^{-6}}{z^{-2}} = z^{-6-(-2)} = z^{-4} = \frac{1}{z^4}$

**55.** $\frac{a^3}{b^{-2}} = a^3 \cdot \frac{1}{b^{-2}} = a^3b^2$

**57.** $(6xyz^2)^0 = 1$

**59.** $2^4 + 2^{-2} = 2^4 + \frac{1}{2^2} = 16 + \frac{1}{4} = 16\tfrac{1}{4}$ or $\frac{65}{4}$

**61.** $1^{-2} + 5^{-2} = \frac{1}{1^2} + \frac{1}{5^2} = \frac{1}{1} + \frac{1}{25} = 1\tfrac{1}{25}$ or $\frac{26}{25}$

**63.**
$$\left(\frac{2}{3}\right)^{-2} - \left(\frac{1}{2}\right)^2 + \left(\frac{1}{3}\right)^0 = \left(\frac{3}{2}\right)^2 - \frac{1}{4} + 1$$
$$= \frac{9}{4} - \frac{1}{4} + \frac{4}{4} = \frac{12}{4} = 3$$

**65.**
$$\left(\frac{4}{5}\right)^{-1} + \left(\frac{3}{2}\right)^2 - \left(\frac{2}{7}\right)^0 = \frac{5}{4} + \frac{9}{4} - 1$$
$$= \frac{5}{4} + \frac{9}{4} - \frac{4}{4} = \frac{10}{4} = \frac{5}{2}$$

**67.** $\dfrac{p^2q}{p^5q^{-1}} = p^{2-5}q^{1-(-1)} = p^{-3}q^2 = \dfrac{1}{p^3}\cdot q^2 = \dfrac{q^2}{p^3}$

**69.** $\dfrac{-48ab^{10}}{32a^4b^3} = -\dfrac{48}{32}a^{1-4}b^{10-3} = -\dfrac{3}{2}a^{-3}b^7$
$= -\dfrac{3}{2}\cdot\dfrac{1}{a^3}\cdot b^7 = -\dfrac{3b^7}{2a^3}$

**71.** $\left(-3x^{-4}y^5z^2\right)^{-4} = (-3)^{-4}\left(x^{-4}\right)^{-4}\left(y^5\right)^{-4}\left(z^2\right)^{-4}$
$= \left(-\dfrac{1}{3}\right)^4 x^{16}y^{-20}z^{-8}$
$= \dfrac{1}{81}\cdot x^{16}\cdot\dfrac{1}{y^{20}}\cdot\dfrac{1}{z^8} = \dfrac{x^{16}}{81y^{20}z^8}$

**73.** $\left(4m^{-2}n\right)\left(-m^6n^{-3}\right) = -4m^{-2+6}n^{1+(-3)}$
$= -4m^4n^{-2} = -4m^4\cdot\dfrac{1}{n^2}$
$= -\dfrac{4m^4}{n^2}$

**75.** $\left(p^{-2}q\right)^3\left(2pq^4\right)^2 = \left(p^{-2}\right)^3q^3\cdot 2^2p^2\left(q^4\right)^2$
$= p^{-6}q^3\cdot 4p^2q^8 = 4p^{-6+2}q^{3+8}$
$= 4p^{-4}q^{11} = 4\cdot\dfrac{1}{p^4}\cdot q^{11} = \dfrac{4q^{11}}{p^4}$

**77.** $\left(\dfrac{x^2}{y}\right)^3\left(5x^2y\right) = \dfrac{x^6}{y^3}\left(5x^2y\right) = 5x^{6+2}y^{1-3}$
$= 5x^8y^{-2} = 5x^8\cdot\dfrac{1}{y^2} = \dfrac{5x^8}{y^2}$

**79.** $\dfrac{\left(-8a^2b^2\right)^4}{\left(16a^3b^7\right)^2} = \dfrac{(-8)^4\left(a^2\right)^4\left(b^2\right)^4}{(16)^2\left(a^3\right)^2\left(b^7\right)^2} = \dfrac{4096a^8b^8}{256a^6b^{14}}$
$= 16a^{8-6}b^{8-14} = 16a^2b^{-6}$
$= 16a^2\cdot\dfrac{1}{b^6} = \dfrac{16a^2}{b^6}$

**81.** $\left(\dfrac{-2x^6y^{-5}}{3x^{-2}y^4}\right)^{-3} = \left(-\dfrac{2}{3}x^{6-(-2)}y^{-5-4}\right)^{-3}$
$= \left(-\dfrac{2}{3}x^8y^{-9}\right)^{-3} = \left(-\dfrac{2}{3}\right)^{-3}\left(x^8\right)^{-3}\left(y^{-9}\right)^{-3}$
$= \left(-\dfrac{3}{2}\right)^3 x^{-24}y^{27} = -\dfrac{27}{8}\cdot\dfrac{1}{x^{24}}\cdot y^{27}$
$= -\dfrac{27y^{27}}{8x^{24}}$

**83.** $\left(\dfrac{2x^{-3}y^0}{4x^6y^{-5}}\right)^{-2} = \left(\dfrac{1}{2}x^{-3-6}y^{0-(-5)}\right)^{-2} = \left(\dfrac{1}{2}x^{-9}y^5\right)^{-2}$
$= \left(\dfrac{1}{2}\right)^{-2}\left(x^{-9}\right)^{-2}\left(y^5\right)^{-2}$
$= (2)^2x^{18}y^{-10} = 4x^{18}\cdot\dfrac{1}{y^{10}} = \dfrac{4x^{18}}{y^{10}}$

**85.** $3xy^5\left(\dfrac{2x^4y}{6x^5y^3}\right)^{-2} = 3xy^5\left(\dfrac{1}{3}x^{4-5}y^{1-3}\right)^{-2}$
$= 3xy^5\left(\dfrac{1}{3}x^{-1}y^{-2}\right)^{-2}$
$= 3xy^5\left(\dfrac{1}{3}\right)^{-2}\left(x^{-1}\right)^{-2}\left(y^{-2}\right)^{-2}$
$= 3xy^5(3)^2x^2y^4 = 3\cdot 9x^{1+2}y^{5+4} = 27x^3y^9$

**87.** **a.** $0.0042 = 4.2\times 10^{-3}$
**b.** $602{,}200{,}000{,}000{,}000{,}000{,}000{,}000$
$= 6.022\times 10^{23}$
**c.** $0.00046 = 4.6\times 10^{-4}$

**89.** **a.** $5.2822\times 10^9 = 5{,}282{,}200{,}000$
**b.** $1.8\times 10^{-5} = 0.000018$
**c.** $6.6\times 10^9 = 6{,}600{,}000{,}000$

**91.** $35\times 10^4 = 3.5\times 10^1\times 10^4 = 3.5\times 10^5$

**93.** $7.0\times 10^0$ Proper

**95.** $9 \times 10^1$ Proper

**97.** $(6.5 \times 10^3)(5.2 \times 10^{-8}) = 33.8 \times 10^{3+(-8)}$
$= 3.38 \times 10^1 \times 10^{-5} = 3.38 \times 10^{-4}$

**99.** $(0.0000024)(6700000000)$
$= (2.4 \times 10^{-6})(6.7 \times 10^9) = 16.08 \times 10^{-6+9}$
$= 1.608 \times 10^1 \times 10^3 = 1.608 \times 10^4$

**101.** $(8.5 \times 10^{-2}) \div (2.5 \times 10^{-15}) = 3.4 \times 10^{-2-(-15)}$
$= 3.4 \times 10^{13}$

**103.** $(900000000) \div (360000)$
$= (9 \times 10^8) \div (3.6 \times 10^5)$
$= 2.5 \times 10^{8-5} = 2.5 \times 10^3$

**105.** $2 \cdot (6.02 \times 10^{23}) = 12.04 \times 10^{23}$
$= 1.204 \times 10^1 \times 10^{23}$
$= 1.204 \times 10^{24}$ hydrogen atoms
$1 \cdot (6.02 \times 10^{23}) = 6.02 \times 10^{23}$ oxygen atoms

**107.** $2,200,000 \div 110 = (2.2 \times 10^6) \div (1.1 \times 10^2)$
$= 2 \times 10^4$ or 20,000 people per $\text{mi}^2$

**109.** $x^{a+1}x^{a+5} = x^{a+1+a+5} = x^{2a+6}$

**111.** $\dfrac{y^{2a+1}}{y^{a-1}} = y^{(2a+1)-(a-1)} = y^{2a+1-a+1} = y^{a+2}$

**113.** $\dfrac{x^{3b-2}y^{b+1}}{x^{2b+1}y^{2b+2}} = x^{(3b-2)-(2b+1)}y^{(b+1)-(2b+2)}$
$= x^{3b-2-2b-1}y^{b+1-2b-2} = x^{b-3}y^{-b-1}$

**115.** 1 day $= 24 \cdot 60 \cdot 60 = 86,400$ sec
$1,000,000 \div 86,400$
$= (1 \times 10^6) \div (8.64 \times 10^4)$
$\approx 0.116 \times 10^{6-4} = 0.116 \times 10^2$
$= 11.6$ days

## Chapter 1 Review Exercises

### Section 1.1

**1.** The number that is a whole number but not a natural number is 0.

**3.** For example: −2, −1, 0, 1, 2

**5.** $(0, 2.6]$ All real numbers greater than 0 but less than or equal to 2.6.

**7.** $(8, \infty)$ All real numbers greater than 8.

**9.** $(-\infty, \infty)$ All real numbers.

**11.** 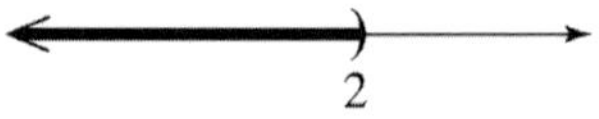

$(-\infty, 2)$

**13.** 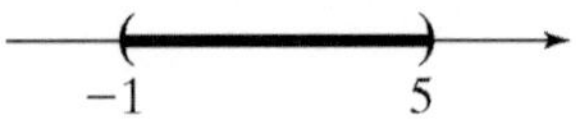

$(-1, 5)$

**15.** 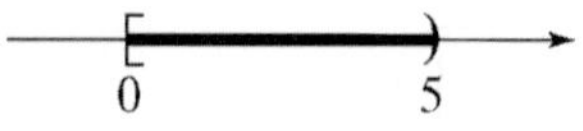

$[0, 5)$

**17.** True

## Section 1.2

**19.** Opposite: 8

Reciprocal: $-\frac{1}{8}$

Absolute value: 8

**21.** $4^2 = 4\cdot 4 = 16$

$\sqrt{4} = 2$

**23.** $6+(-8)=-2$

**25.** $8(-2.7)=-21.6$

**27.** $$\frac{5}{8}\div\left(-\frac{13}{40}\right)=\frac{5}{8}\cdot\left(-\frac{40}{13}\right)=\frac{5}{\not{8}}\cdot\left(-\frac{\not{8}\cdot 5}{13}\right)=-\frac{25}{13}$$

**29.** $$\frac{2-4(3-7)}{-4-5(1-3)}=\frac{2-4(-4)}{-4-5(-2)}=\frac{2+16}{-4+10}=\frac{18}{6}=3$$

**31.** $24\div 8\cdot 2 = 3\cdot 2 = 6$

**33.** $$3^2+2(|-10+5|\div 5)=3^2+2(|-5|\div 5)=3^2+2(5\div 5)=3^2+2(1)=9+2=11$$

**35.** $$\frac{3(3-8)^2}{|8-3^2|}=\frac{3(-5)^2}{|8-9|}=\frac{3(-5)^2}{|-1|}=\frac{3(25)}{1}=\frac{75}{1}=75$$

**37.** $h=\frac{1}{2}gt^2+v_0t+h_0$

$h=\frac{1}{2}(-32)(4)^2+64(4)+256$

$h=\frac{1}{2}(-32)(16)+64(4)+256$

$h=-256+256+256$

$h=256$ ft

## Section 1.3

**39.** $3(x+5y)=3x+15y$

**41.** $-(-4x+10y-z)=4x-10y+z$

**43.** $5-6q+13q-19=7q-14$

**45.** $7-3(y+4)-3y=7-3y-12-3y=-6y-5$

**47.** For example: $3+x=x+3$

## Section 1.4

**49.** The empty set; no solution

**51.** $x-27=-32$

$x-27+27=-32+27$

$x=-5$

A conditional equation

**53.**
$$
\begin{aligned}
7.23+0.6x&=0.2x\\
7.23+0.6x-0.6x&=0.2x-0.6x\\
7.23&=-0.4x\\
\frac{7.23}{-0.4}&=\frac{-0.4x}{-0.4}\\
-18.075&=x
\end{aligned}
$$
A conditional equation

**55.**
$$
\begin{aligned}
-(4+3m)&=9(3-m)\\
-4-3m&=27-9m\\
-4-3m+9m&=27-9m+9m\\
-4+6m&=27\\
-4+4+6m&=27+4\\
6m&=31\\
\frac{6m}{6}&=\frac{31}{6}\\
m&=\frac{31}{6}
\end{aligned}
$$
A conditional equation

**57.**
$$
\begin{aligned}
\frac{x-3}{5}-\frac{2x+1}{2}&=1\\
10\left(\frac{x-3}{5}-\frac{2x+1}{2}\right)&=10(1)\\
2(x-3)-5(2x+1)&=10\\
2x-6-10x-5&=10\\
-8x-11&=10\\
-8x&=21\\
x&=-\frac{21}{8}
\end{aligned}
$$
A conditional equation

**59.**
$$
\begin{aligned}
\frac{10}{8}m+18-\frac{7}{8}m&=\frac{3}{8}m+25\\
\frac{3}{8}m+18&=\frac{3}{8}m+25\\
\frac{3}{8}m-\frac{3}{8}m+18&=\frac{3}{8}m-\frac{3}{8}m+25\\
18&=25
\end{aligned}
$$
This is a contradiction. There is no solution.

## Section 1.5

**61.** $x,\ x+1,\ x+2$

**63.** $D=rt$ Distance equals rate times time

**65.** Let $x$ = the length of the first piece

$\frac{1}{3}x$ = the length of the second piece

(length of first) + (length of second) = (total)

$$
\begin{aligned}
x+\frac{1}{3}x&=2\frac{2}{3}\\
\frac{4}{3}x&=\frac{8}{3}\\
\frac{3}{4}\cdot\frac{4}{3}x&=\frac{3}{4}\cdot\frac{8}{3}\\
x&=2\\
\frac{1}{3}x&=\frac{1}{3}(2)=\frac{2}{3}
\end{aligned}
$$
The lengths are 2 ft and $\frac{2}{3}$ ft.

**67.**

| | Distance | Rate | Time |
|---|---|---|---|
| Bike | 33/4 | 11 | 3/4 |
| Walk | $2r$ | $r$ | 2 |

(distance bike) = (distance walk)

$$
\begin{aligned}
2r&=11\left(\frac{3}{4}\right)\\
2r&=\frac{33}{4}\\
\frac{1}{2}(2r)&=\frac{1}{2}\left(\frac{33}{4}\right)\\
r&=\frac{33}{8}\quad\text{or}\quad 4\frac{1}{8}\text{ mph}
\end{aligned}
$$
Pat walks at a rate of $4\frac{1}{8}$ mph.

**69.**

| | 6% Account | 9% Account | Total |
|---|---|---|---|
| Amount Invested | $x$ | $x + 2000$ | |
| Interest Earned | $0.06x$ | $0.09(x+2000)$ | 405 |

(int at 6%) + (int at 9%) = (total int)

$$0.06x + 0.09(x + 2000) = 405$$
$$0.06x + 0.09x + 180 = 405$$
$$0.15x + 180 = 405$$
$$0.15x + 180 - 180 = 405 - 180$$
$$0.15x = 225$$
$$\frac{0.15x}{0.15} = \frac{225}{0.15}$$
$$x = 1500$$
$$x + 2000 = 1500 + 2000$$
$$= 3500$$

$1500 was invested at 6% and $3500 was invested at 9%.

**71.** Let $x$ = the number of alcohol deaths in 1999
(last year) = (1999 deaths) + (increase)
(increase) = (increase rate)(1999 deaths)

$$17{,}430 = x + 0.05x$$
$$17{,}430 = 1.05x$$
$$\frac{17{,}430}{1.05} = \frac{1.05x}{1.05}$$
$$16{,}600 = x$$

The number of alcohol-related deaths in 1999 was 16,600.

## Section 1.6

**73.** Let $w$ = the width of the rectangle
$w + 2$ = the length of the rectangle

$$P = 2l + 2w$$
$$40 = 2(w + 2) + 2w$$
$$40 = 2w + 4 + 2w$$
$$40 = 4w + 4$$
$$40 - 4 = 4w + 4 - 4$$
$$36 = 4w$$
$$9 = w$$
$$w + 2 = 9 + 2 = 11$$

The width is 9 ft and the length is 11 ft.

**75.**
$$(x - 1) + (2x + 1) = 90$$
$$3x = 90$$
$$\frac{3x}{3} = \frac{90}{3}$$
$$x = 30$$
$$x - 1 = 30 - 1 = 29$$
$$2x + 1 = 2(30) + 1 = 60 + 1 = 61$$

The measures of the angles are 29° and 61°.

**77.**
$$-6x + y = 12 \quad \text{for } y$$
$$-6x + 6x + y = 6x + 12$$
$$y = 6x + 12$$

**79.**
$$A = \frac{1}{2}bh \quad \text{for } b$$
$$2A = 2\left(\frac{1}{2}bh\right)$$
$$2A = bh$$
$$\frac{2A}{h} = \frac{bh}{h}$$
$$\frac{2A}{h} = b$$

## Section 1.7

**81.**
$$-6x-2>6$$
$$-6x-2+2>6+2$$
$$-6x>8$$
$$\frac{-6x}{-6}<\frac{8}{-6}$$
$$x<-\frac{4}{3}$$

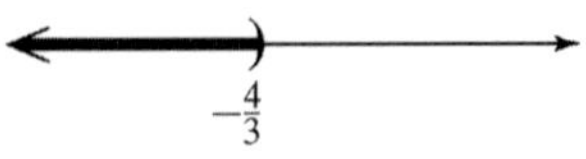

$$\left(-\infty, -\frac{4}{3}\right)$$

**83.**
$$-2\le 3x-9\le 15$$
$$-2+9\le 3x-9+9\le 15+9$$
$$7\le 3x\le 24$$
$$\frac{7}{3}\le\frac{3x}{3}\le\frac{24}{3}$$
$$\frac{7}{3}\le x\le 8$$

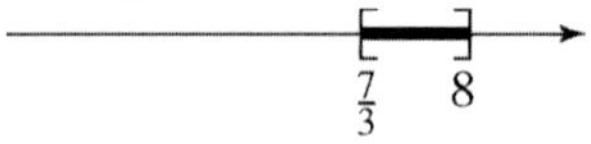

$$\left[\frac{7}{3}, 8\right]$$

**85.**
$$4-3x\ge 10(-x+5)$$
$$4-3x\ge -10x+50$$
$$4-3x+10x\ge -10x+10x+50$$
$$7x+4\ge 50$$
$$7x+4-4\ge 50-4$$
$$7x\ge 46$$
$$\frac{7x}{7}\ge\frac{46}{7}$$
$$x\ge\frac{46}{7}$$

$$\left[\frac{46}{7}, \infty\right)$$

**87.**
$$\frac{3+2x}{4}\le 8$$
$$4\left(\frac{3+2x}{4}\right)\le 4\cdot 8$$
$$3+2x\le 32$$
$$3-3+2x\le 32-3$$
$$2x\le 29$$
$$\frac{2x}{2}\le\frac{29}{2}$$
$$x\le\frac{29}{2}$$

$$\left(-\infty, \frac{29}{2}\right]$$

**89.**
$$-11<-5z-2\le 0$$
$$-11+2<-5z-2+2\le 0+2$$
$$-9<-5z\le 2$$
$$\frac{-9}{-5}>\frac{-5z}{-5}\ge\frac{2}{-5}$$
$$\frac{9}{5}>z\ge -\frac{2}{5}$$

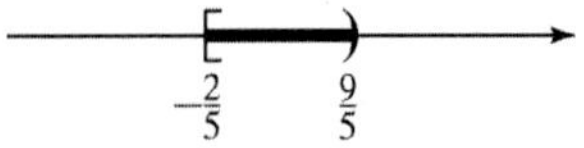

$$\left[-\frac{2}{5}, \frac{9}{5}\right)$$

## Section 1.8

**91.** $(3x)^3(3x)^2=(3x)^{2+3}=(3x)^5=3^5x^5=243x^5$

**93.** $\dfrac{24x^5y^3}{-8x^4y}=-3x^{5-4}y^{3-1}=-3xy^2$

**95.** $\left(-2a^2b^{-5}\right)^{-3}=\left(-2\right)^{-3}\left(a^2\right)^{-3}\left(b^{-5}\right)^{-3}$

$=\left(-\frac{1}{2}\right)^3 a^{-6}b^{15}=-\frac{1}{8}\cdot\frac{1}{a^6}\cdot b^{15}=-\frac{b^{15}}{8a^6}$

**97.** $\left(\frac{-4x^4y^{-2}}{5x^{-1}y^4}\right)^{-4}=\left(-\frac{4}{5}x^{4-(-1)}y^{-2-4}\right)^{-4}$

$=\left(-\frac{4}{5}x^5y^{-6}\right)^{-4}=\left(-\frac{4}{5}\right)^{-4}\left(x^5\right)^{-4}\left(y^{-6}\right)^{-4}$

$=\left(-\frac{5}{4}\right)^4 x^{-20}y^{24}=\frac{625}{256}\cdot\frac{1}{x^{20}}\cdot y^{24}=\frac{625y^{24}}{256x^{20}}$

**99.** **a.** $3{,}686{,}600{,}000=3.6866\times10^9$

**b.** $0.000001=1.0\times10^{-6}$

**101.** **a.** $1\times10^{-3}=0.001$

**b.** $1\times10^{-9}=0.000000001$

**103.** $\frac{2{,}500{,}000}{0.0004}=\frac{2.5\times10^6}{4\times10^{-4}}=0.625\times10^{6-(-4)}$

$=6.25\times10^{-1}\times10^{10}=6.25\times10^9$

**105.** $\left(3.6\times10^8\right)\left(9.0\times10^{-2}\right)=32.4\times10^{8+(-2)}$

$=3.24\times10^1\times10^6=3.24\times10^7$

## Chapter 1 Test

**1.** **a.** $-5, -4, -3, -2, -1, 0, 1, 2$

**b.** For example: $\frac{3}{2}, \frac{5}{4}, \frac{8}{5}$

**3.** **a.**

$\left(-\infty, 6\right)$

**b.**

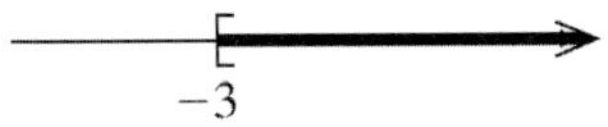


$\left[-3, \infty\right)$

**5.** **a.** Opposite: $\frac{1}{2}$
Reciprocal: $-2$
Absolute value: $\frac{1}{2}$

**b.** Opposite: $-4$
Reciprocal: $\frac{1}{4}$
Absolute value: 4

**c.** Opposite: 0
Reciprocal: no reciprocal exists
Absolute value: 0

**7.** $z=\frac{x-\mu}{\sigma/\sqrt{n}}$

$z=\frac{18-17.5}{1.8/\sqrt{16}}=\frac{0.5}{1.8/4}=\frac{0.5}{0.45}\approx1.1$

**9.** **a.** $5b+2-7b+6-14=-2b-6$

**b.** $\frac{1}{2}(2x-1)-\left(3x-\frac{3}{2}\right)=x-\frac{1}{2}-3x+\frac{3}{2}$

$=-2x+1$

**11.** $8-5(4-3z)=2(4-z)-8z$

$8-20+15z=8-2z-8z$

$15z-12=-10z+8$

$15z+10z-12=-10z+10z+8$

$25z-12=8$

$25z-12+12=8+12$

$25z=20$

$\frac{25z}{25}=\frac{20}{25}$

$z=\frac{4}{5}$

**13.**
$$\frac{5-x}{6}-\frac{2x-3}{2}=\frac{x}{3}$$
$$6\left(\frac{5-x}{6}-\frac{2x-3}{2}\right)=6\left(\frac{x}{3}\right)$$
$$1(5-x)-3(2x-3)=2x$$
$$5-x-6x+9=2x$$
$$-7x+14=2x$$
$$-7x+14+7x=2x+7x$$
$$14=9x$$
$$\frac{14}{9}=\frac{9x}{9}$$
$$x=\frac{14}{9}$$

**15.** Let $x$ = the smaller number
$5x$ = the larger number
$$5x-x=72$$
$$4x=72$$
$$\frac{4x}{4}=\frac{72}{4}$$
$$x=18$$
$$5x=5(18)=90$$
The numbers are 18 and 90.

**17.**

| | 5% Account | 3.5% Account | Total |
|---|---|---|---|
| Amount Invested | $x$ | $x–100$ | |
| Interest Earned | $0.05x$ | $0.035(x–100)$ | 81.50 |

(int at 5%) + (int at 3.5%) = (total int)
$$0.05x+0.035(x-100)=81.50$$
$$0.05x+0.035x-3.50=81.50$$
$$0.085x-3.50=81.50$$
$$0.085x-3.50+3.50=81.50+3.50$$
$$0.085x=85.00$$
$$\frac{0.085x}{0.085}=\frac{85.00}{0.085}$$
$$x=1000$$
Shawnna invested \$1000 in the CD.

**19.**
$$4x+2y=6 \quad \text{for } y$$
$$4x-4x+2y=6-4x$$
$$2y=6-4x$$
$$\frac{2y}{2}=\frac{6-4x}{2}$$
$$y=-2x+3$$

**21.**
$$x+8>42$$
$$x+8-8>42-8$$
$$x>34$$

$(34, \infty)$

**23.**
$$-2<3x-1\le 5$$
$$-2+1<3x-1+1\le 5+1$$
$$-1<3x\le 6$$
$$\frac{-1}{3}<\frac{3x}{3}\le\frac{6}{3}$$
$$-\frac{1}{3}<x\le 2$$

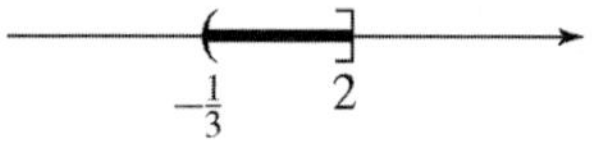


$\left(-\frac{1}{3}, 2\right]$

**25.**
$$\frac{20a^7}{4a^{-6}}=5a^{7-(-6)}=5a^{13}$$

**27.**
$$\left(\frac{-3x^6}{5y^7}\right)^2=\frac{(-3)^2\left(x^6\right)^2}{(5)^2\left(y^7\right)^2}=\frac{9x^{12}}{25y^{14}}$$

**29.**
$$\left(8.0\times10^{-6}\right)\left(7.1\times10^5\right)=56.8\times10^{-6+5}$$
$$=5.68\times10^1\times10^{-1}=5.68\times10^0=5.68$$

# Chapter 2 Linear Equations in Two Variables and Functions

## Chapter Opener Puzzle

| | | | | | |
|---|---|---|---|---|---|
| 4 | A 2 | 3 | 6 | B 5 | 1 |
| 6 | 1 | 5 | 2 | C 4 | 3 |
| 5 | 3 | E 4 | 1 | 2 | F 6 |
| 2 | 6 | 1 | 4 | 3 | 5 |
| 3 | 4 | 6 | 5 | 1 | 2 |
| D 1 | 5 | 2 | 3 | 6 | 4 |

## Section 2.1 Linear Equations in Two Variables

### Section 2.1 Practice Exercises

**1.** Answers will vary.

**3.** For $(x, y)$, if $x > 0$, $y > 0$, the point is in quadrant I. If $x < 0$, $y > 0$, the point is in quadrant II. If $x < 0$, $y < 0$, the point is in quadrant III. If $x > 0$, $y < 0$, the point is in quadrant IV.

**5.**

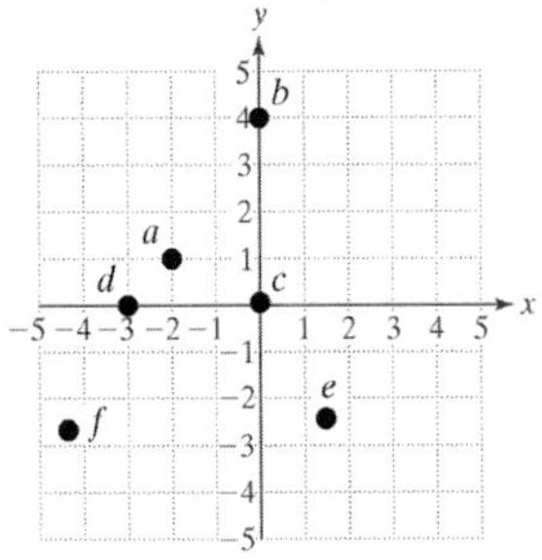


**7.** 0

**9.** A $(-4, 5)$, II
B $(-2, 0)$, $x$-axis
C $(1, 1)$, I
D $(4, -2)$, IV
E $(-5, -3)$, III

**11. a.**
$$2(0)-3(-3)=9$$
$$0+9=9$$
$$9=9$$
$(0, -3)$ is a solution.

**b.**
$$2(-6)-3(1)=9$$
$$-12-3=9$$
$$-15=9$$
$(-6, 1)$ is not a solution.

**c.**
$$2(1)-3\left(-\frac{7}{3}\right)=9$$
$$2+7=9$$
$$9=9$$
$\left(1, -\frac{7}{3}\right)$ is a solution.

**13.** **a.**
$$-1 = \frac{1}{3}(0) + 1$$
$$-1 = 0 + 1$$
$$-1 = 1$$
$(-1, 0)$ is not a solution.

**b.**
$$2 = \frac{1}{3}(3) + 1$$
$$2 = 1 + 1$$
$$2 = 2$$
$(2, 3)$ is a solution.

**c.**
$$-6 = \frac{1}{3}(1) + 1$$
$$-6 = \frac{1}{3} + 1$$
$$-6 = \frac{4}{3}$$
$(-6, 1)$ is not a solution.

**15.** $3x - 2y = 4$

| $x$ | $y$ |
|---|---|
| 0 | $-2$ |
| 4 | 4 |
| $-1$ | $-\frac{7}{2}$ |

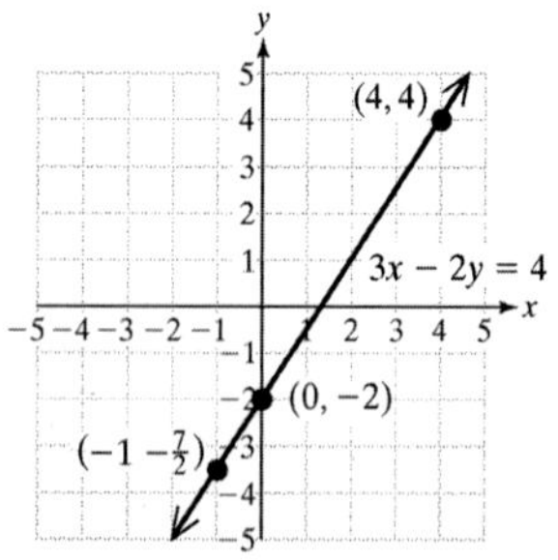


**17.** $y = -\frac{1}{5}x$

| $x$ | $y$ |
|---|---|
| 0 | 0 |
| 5 | $-1$ |
| $-5$ | 1 |

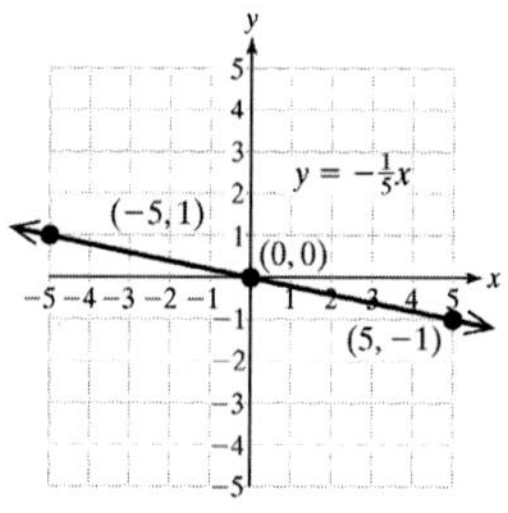


**19.**

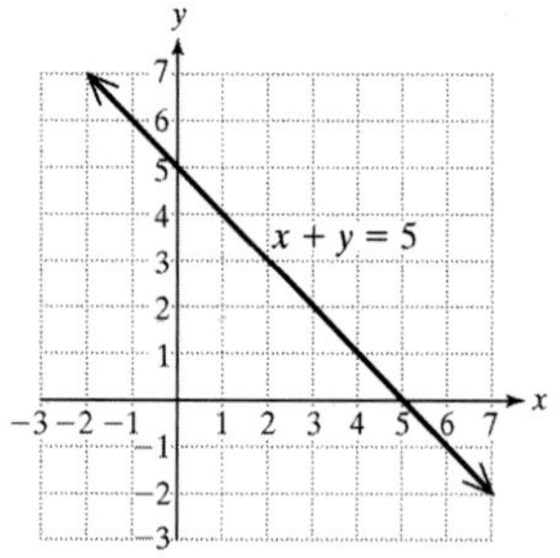


**21.**

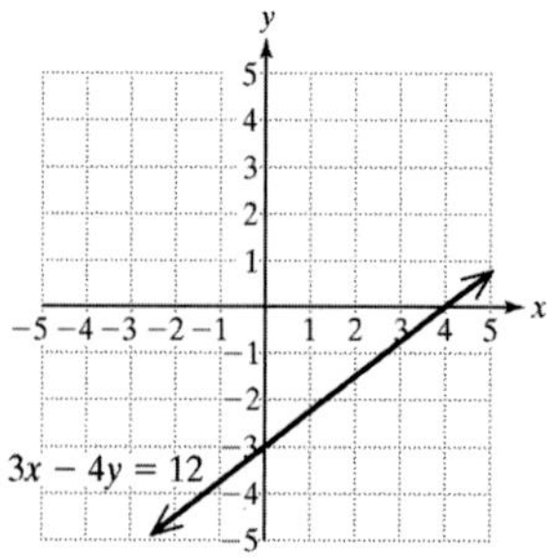


**23.**

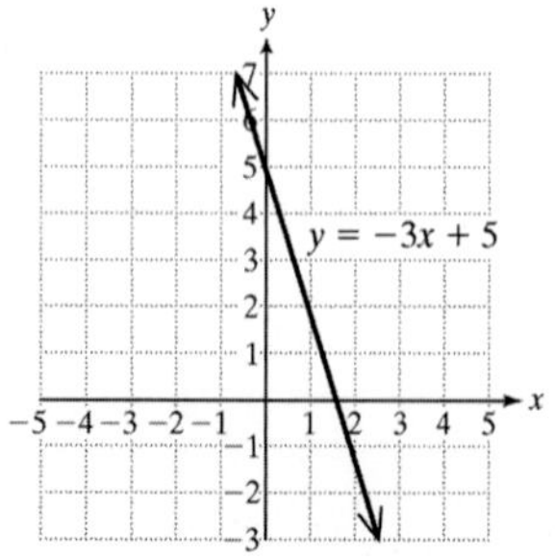


**25.**

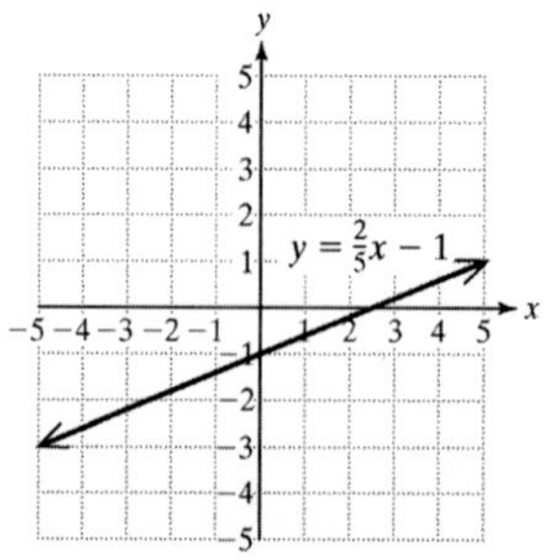

**27.**

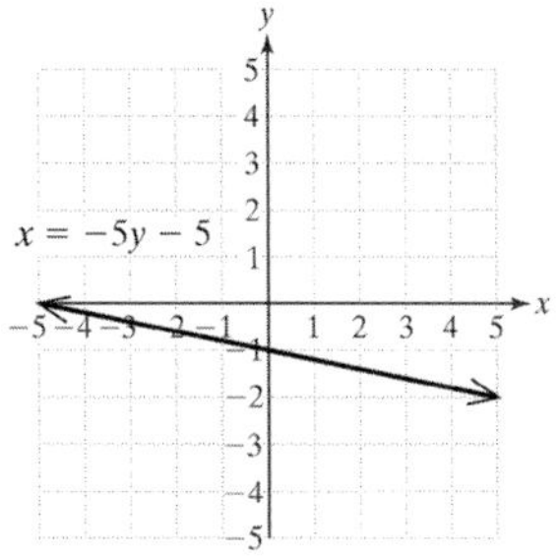


**29.**

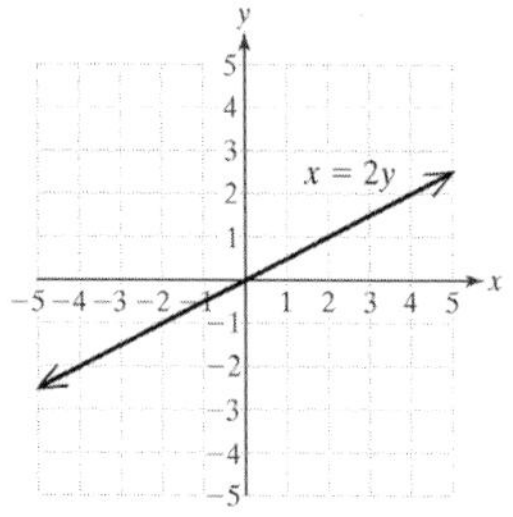


**31.** To find an $x$-intercept, substitute $y = 0$ and solve for $x$. To find a $y$-intercept, substitute $x = 0$ and solve for $y$.

**33.** $2x+3y=18$

**a.**
$$2x+3(0)=18$$
$$2x=18$$
$$x=9$$
The $x$-intercept is (9, 0).

**b.**
$$2(0)+3y=18$$
$$3y=18$$
$$y=6$$
The $y$-intercept is (0, 6).

**c.**

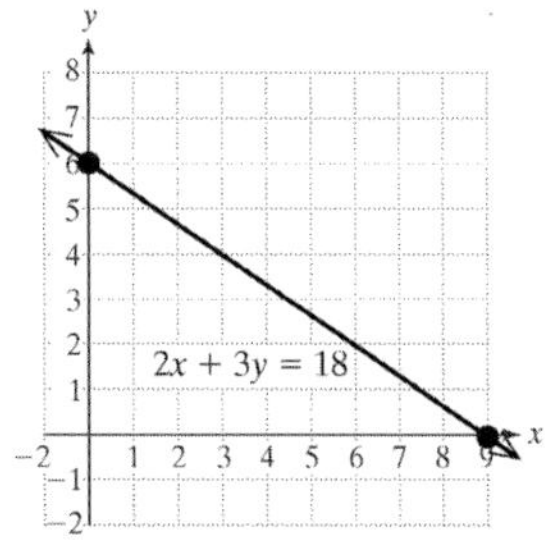


**35.** $x-2y=4$

**a.**
$$x-2(0)=4$$
$$x=4$$
The $x$-intercept is (4, 0).

**b.**
$$0-2y=4$$
$$-2y=4$$
$$y=-2$$
The $y$-intercept is (0, –2).

**c.**

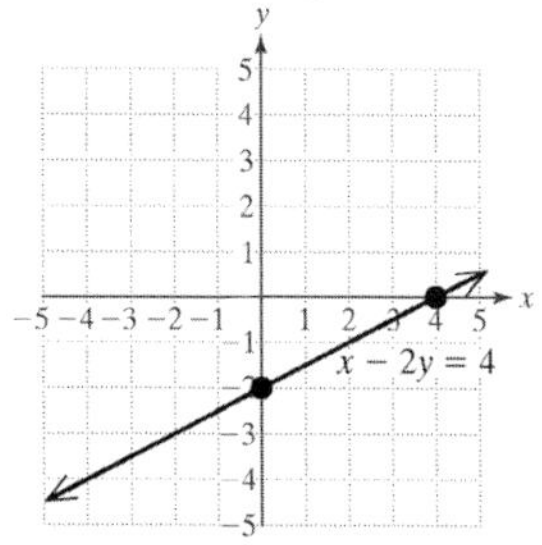


**37.** $5x=3y$

**a.**
$$5x=3(0)$$
$$5x=0$$
$$x=0$$
The $x$-intercept is (0, 0).

**b.**
$$5(0)=3y$$
$$0=3y$$
$$0=y$$
The $y$-intercept is (0, 0).

**c.**

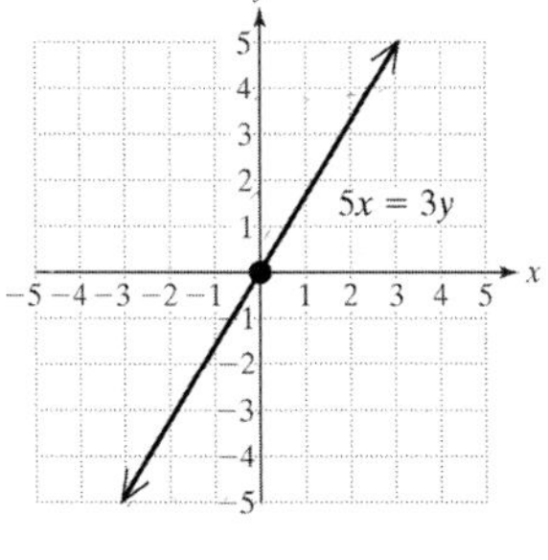


**39.** $y=2x+4$

**a.**
$$0=2x+4$$
$$-2x=4$$
$$x=-2$$
The $x$-intercept is (–2, 0).

**b.**
$$y=2(0)+4$$
$$y=4$$
The $y$-intercept is (0, 4).

**c.**

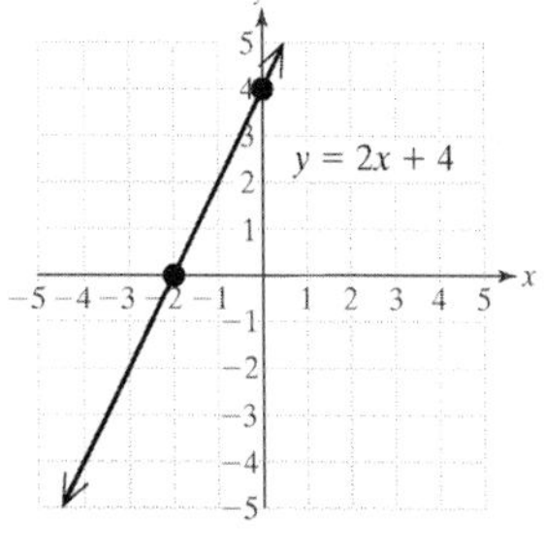

**41.** $y=-\frac{4}{3}x+2$

**a.** $0=-\frac{4}{3}x+2$

$\frac{4}{3}x=2$

$x=\frac{3}{4}\cdot 2=\frac{3}{2}$

The $x$-intercept is $\left(\frac{3}{2}, 0\right)$.

**b.** $y=-\frac{4}{3}(0)+2$

$y=2$

The $y$-intercept is (0, 2).

**c.**

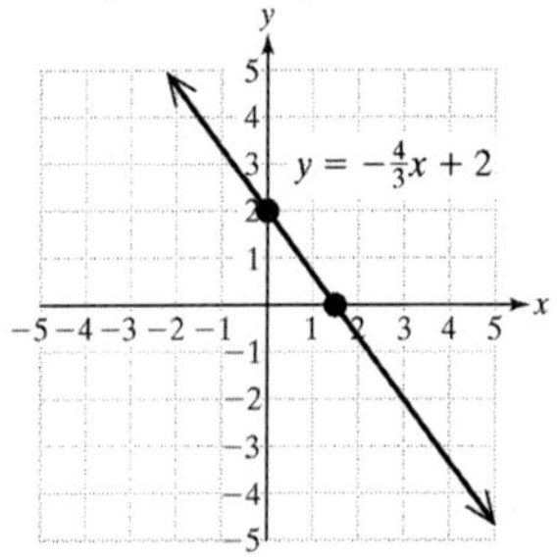


**43.** $x=\frac{1}{4}y$

**a.** $x=\frac{1}{4}(0)$

$x=0$

The $x$-intercept is $(0, 0)$.

**b.** $0=\frac{1}{4}y$

$0=y$

The $y$-intercept is (0, 0).

**c.**

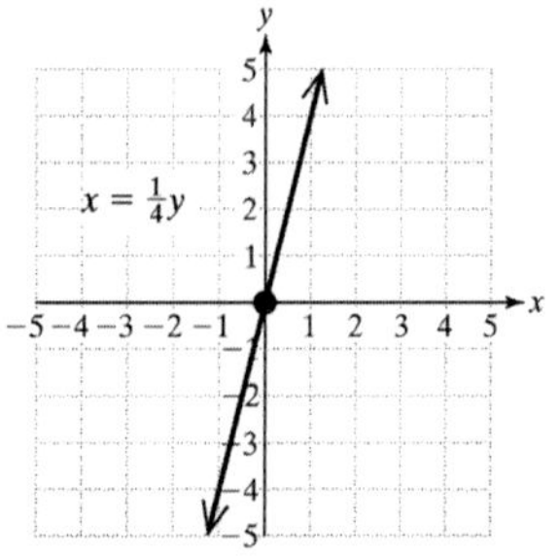


**45. a.** $y=10{,}000+0.05x$

$y=10{,}000+0.05(500{,}000)$

$=10{,}000+25{,}000=35{,}000$

The salary is \$35,000.

**b.** $y=10{,}000+0.05(300{,}000)$

$=10{,}000+15{,}000=25{,}000$

The salary is \$25,000.

**c.** $y=10{,}000+0.05(0)$

$=10{,}000+0=10{,}000$

For \$0 sales, the salary is \$10,000.

**d.** Total sales cannot be negative.

**47.** $y=-1$ Horizontal

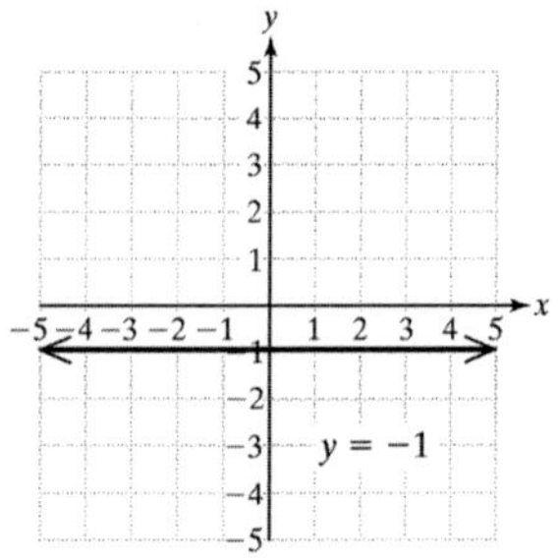


**49.** $x=2$ Vertical

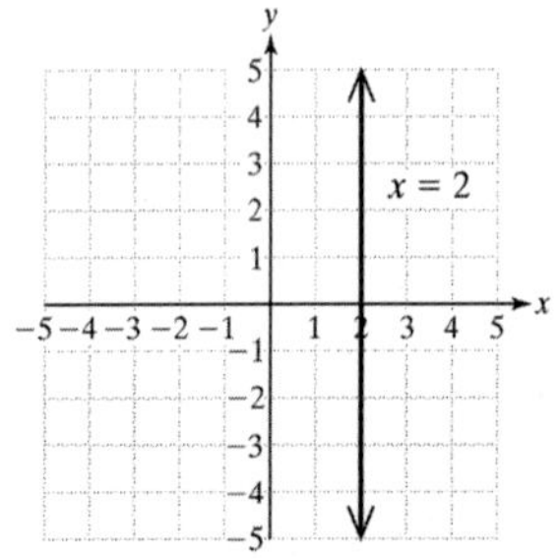


**51.** $2x+6=5$

$2x=-1$ Vertical

$x=-\frac{1}{2}$

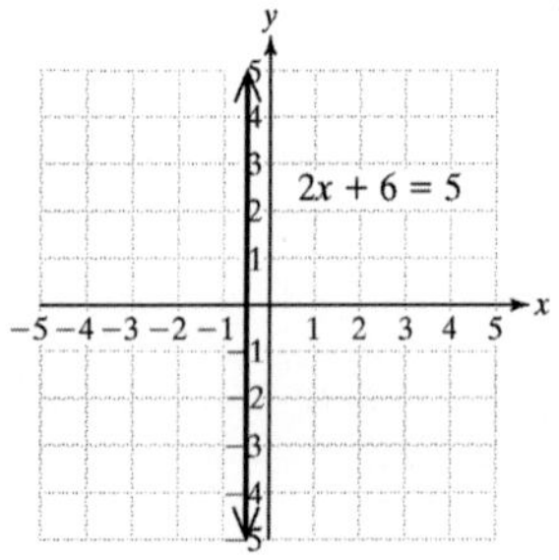

**53.** $-2y+1=9$

$-2y=8$ Horizontal

$y=-4$

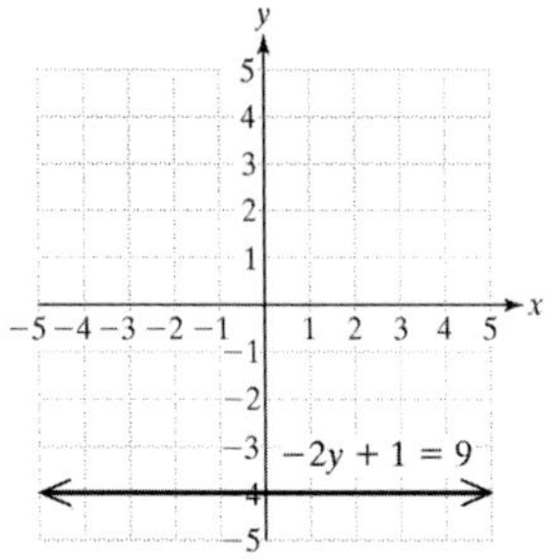


**55.** $\frac{x}{2}+\frac{y}{3}=1$ $\frac{0}{2}+\frac{y}{3}=1$

$\frac{x}{2}+\frac{0}{3}=1$ $\frac{y}{3}=1$

$\frac{x}{2}=1$ $y=3$

$x=2$

The $x$-intercept is (2, 0) and the $y$-intercept is (0, 3).

**57.** $\frac{x}{a}+\frac{y}{b}=1$ $\frac{0}{a}+\frac{y}{b}=1$

$\frac{x}{a}+\frac{0}{b}=1$ $\frac{y}{b}=1$

$\frac{x}{a}=1$ $y=b$

$x=a$

The $x$-intercept is $(a, 0)$ and the $y$-intercept is $(0, b)$.

**59.** $2x-3y=7$

$-3y=-2x+7$

$y=\frac{2}{3}x-\frac{7}{3}$

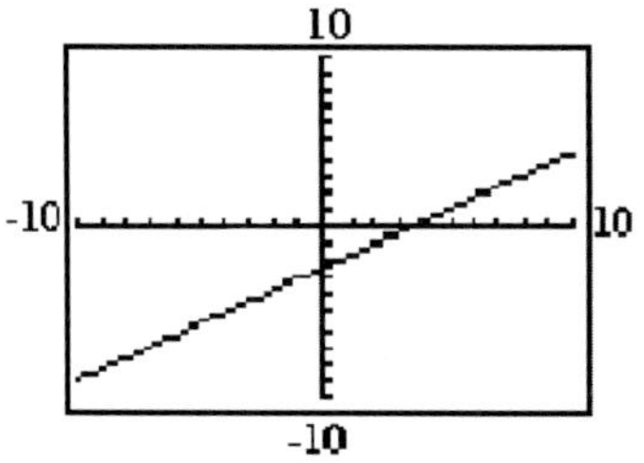


**61.** $3y=9$

$y=3$

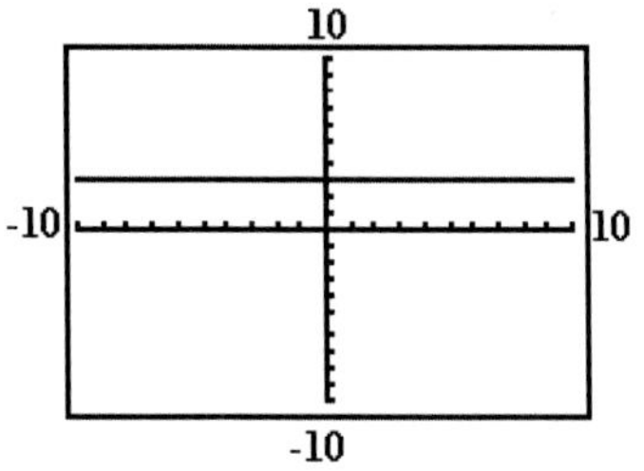


**63.** $y=-\frac{1}{2}x-10$

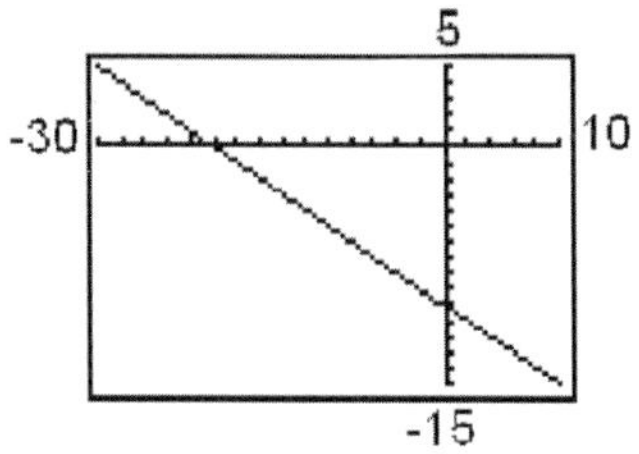


**65.** $-2x+4y=1$

$4y=2x+1$

$y=\frac{1}{2}x+\frac{1}{4}$

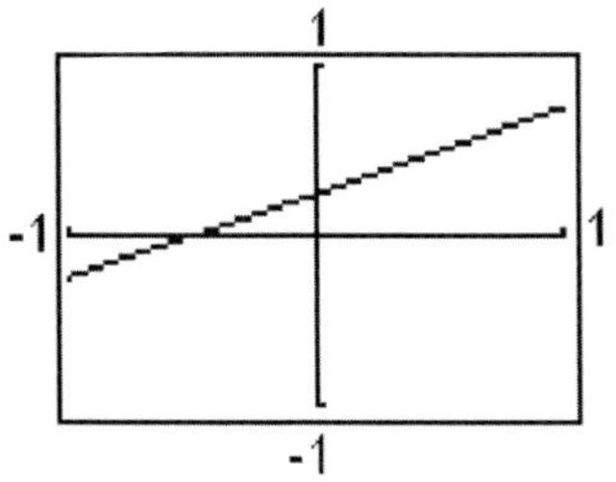


**67.** $y=x+3$

$y=x+3.1$

$y=x+2.9$

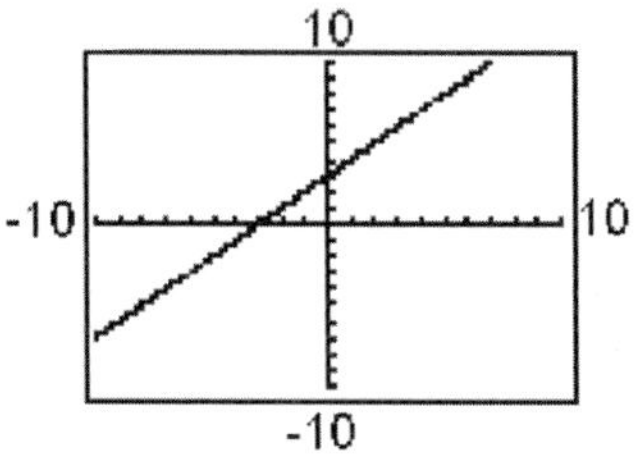


The lines look nearly indistinguishable. However, the linear equations are different.

# Section 2.2 Slope of a Line and Rate of Change

## Section 2.2 Practice Exercises

**1.** Answers will vary.

**3.**
$$\frac{1}{2}x+y=4$$

**a.**
$$\frac{1}{2}(0)+y=4$$
$$y=4$$
The ordered pair is (0, 4).

**b.**
$$\frac{1}{2}x+0=4$$
$$\frac{1}{2}x=4$$
$$x=8$$
The ordered pair is (8, 0).

**c.**
$$\frac{1}{2}(-4)+y=4$$
$$-2+y=4$$
$$y=6$$
The ordered pair is (–4, 6).

**5.**
$$4-2y=0$$
$$-2y=-4$$
$$y=2$$
There is no $x$-intercept.
The $y$-intercept is (0, 2).

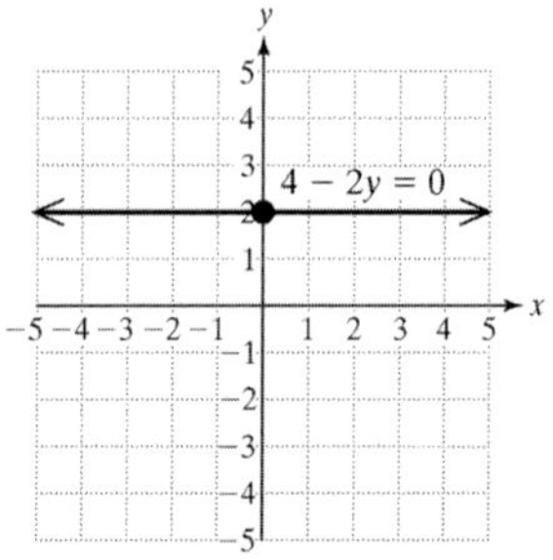


**7.** $m=\frac{24}{-7}=-\frac{24}{7}$

**9.** $m=\frac{8}{72}=\frac{1}{9}$

**11.** $m=\frac{4}{100}=\frac{1}{25}$

**13.** $m=\frac{y_2-y_1}{x_2-x_1}=\frac{-3-0}{0-6}=\frac{-3}{-6}=\frac{1}{2}$

**15.** $m=\frac{y_2-y_1}{x_2-x_1}=\frac{-2-3}{1-(-2)}=\frac{-5}{3}=-\frac{5}{3}$

**17.** $m=\frac{y_2-y_1}{x_2-x_1}=\frac{1-5}{-7-(-2)}=\frac{-4}{-5}=\frac{4}{5}$

**19.** $m=\frac{y_2-y_1}{x_2-x_1}=\frac{-0.8-(-1.1)}{-0.1-0.3}=\frac{0.3}{-0.4}=-\frac{3}{4}$

**21.** $m=\frac{y_2-y_1}{x_2-x_1}=\frac{7-3}{2-2}=\frac{4}{0}$ Undefined

**23.** $m=\frac{y_2-y_1}{x_2-x_1}=\frac{-1-(-1)}{-3-5}=\frac{0}{-8}=0$

**25.** $m=\frac{y_2-y_1}{x_2-x_1}=\frac{6.4-4.1}{0-(-4.6)}=\frac{2.3}{4.6}=\frac{1}{2}$

**27.** $m=\frac{y_2-y_1}{x_2-x_1}=\frac{1-\frac{4}{3}}{\frac{7}{2}-\frac{3}{2}}=\frac{-\frac{1}{3}}{\frac{4}{2}}=-\frac{1}{3}\cdot\frac{1}{2}=-\frac{1}{6}$

**29.** $m=\frac{y_2-y_1}{x_2-x_1}=\frac{2\frac{1}{3}-\frac{7}{3}}{\frac{1}{2}-\frac{3}{4}}=\frac{\frac{7}{3}-\frac{7}{3}}{\frac{2}{4}-\frac{3}{4}}=\frac{0}{-\frac{1}{4}}=0$

**31.** The slope of a line is positive if the graph increases from left to right. The slope of a line is negative if the graph decreases from left to right. The slope of a line is zero if the graph is horizontal. The slope of a line is undefined if the graph is vertical.

**33.** $m = 0$

**35.** $m = \frac{1}{10}$

**37.** $m = -1$

**39.** No, because the product of the slopes is $-1$; one line has a slope that is the opposite of the reciprocal of the slope of the other line.

**41.** **a.** $m = 5$

**b.** $m = -\frac{1}{5}$

**43.** **a.** $m = -\frac{4}{7}$

**b.** $m = \frac{7}{4}$

**45.** **a.** $m = 0$

**b.** $m$ is undefined.

**47.**
$$m_{L_1} = \frac{9-5}{4-2} = \frac{4}{2} = 2$$
$$m_{L_2} = \frac{2-4}{3-(-1)} = \frac{-2}{4} = -\frac{1}{2}$$
The lines are perpendicular.

**49.**
$$m_{L_1} = \frac{-1-(-2)}{3-4} = \frac{1}{-1} = -1$$
$$m_{L_2} = \frac{-16-(-1)}{-10-(-5)} = \frac{-15}{-5} = 3$$
The lines are neither parallel nor perpendicular.

**51.**
$$m_{L_1} = \frac{9-3}{5-5} = \frac{6}{0} \text{ Undefined}$$
$$m_{L_2} = \frac{2-2}{0-4} = \frac{0}{-4} = 0$$
The lines are perpendicular. One line is horizontal and the other is vertical.

**53.**
$$m_{L_1} = \frac{3-(-2)}{2-(-3)} = \frac{5}{5} = 1$$
$$m_{L_2} = \frac{5-1}{0-(-4)} = \frac{4}{4} = 1$$
The lines are parallel.

**55.** **a.** $m = \frac{220-70}{2006-1998} = \frac{150}{8} = 18.75$

**b.** The number of cell phone subscriptions increased by 18.75 million per year during this period.

**57.** **a.** $m = \frac{74.5-44.5}{10-5} = \frac{30}{5} = 6$

**b.** The weight of boys tends to increase by 6 lb/yr during this period of growth.

**59.** For example: (1, 2)

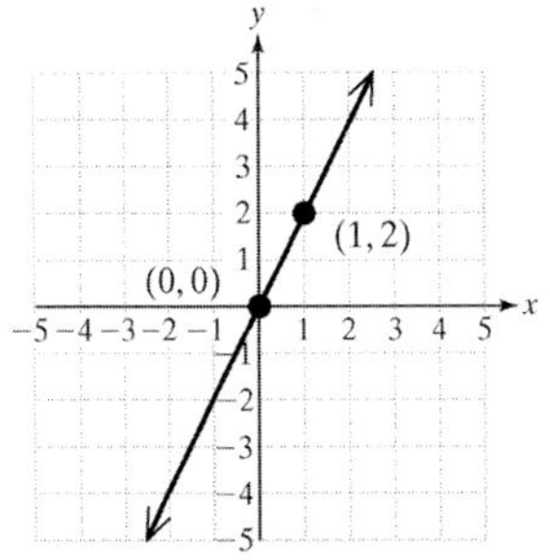


**61.** For example: (2, 0)

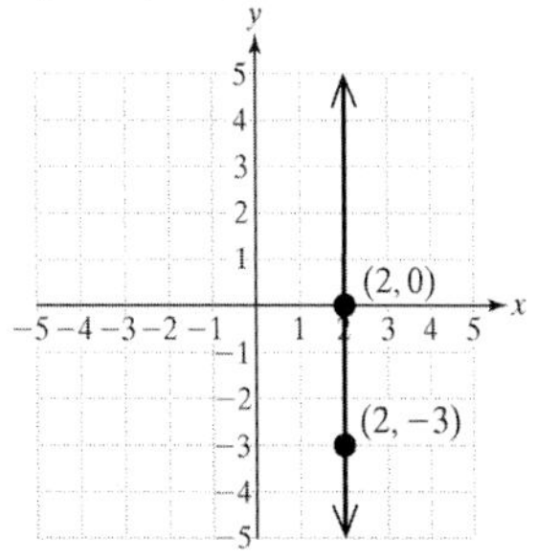

**63.** For example: (2, 0)

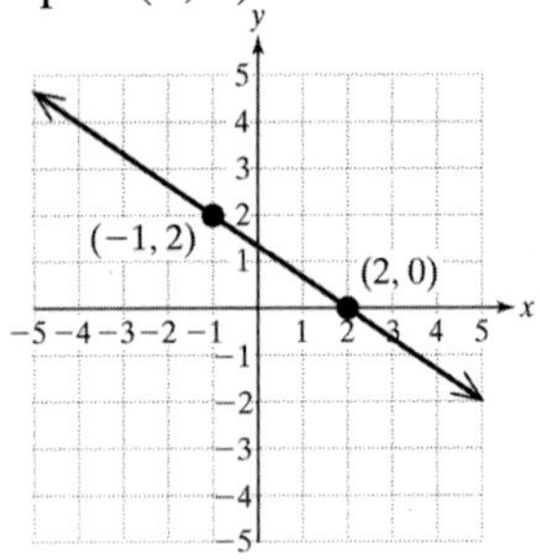


# Section 2.3 Equations of a Line

## Section 2.3 Practice Exercises

**1.** Chapter Review Exercises: pages 195 - 200; Chapter Test: pages 200 - 203; Cumulative Review Exercises: pages 203 - 204; Answers will vary.

**3.**

$$\frac{x}{2}+\frac{y}{3}=1 \qquad \frac{0}{2}+\frac{y}{3}=1$$
$$\frac{x}{2}+\frac{0}{3}=1 \qquad \frac{y}{3}=1$$
$$\frac{x}{2}=1 \qquad y=3$$
$$x=2$$

**a.** The $x$-intercept is (2, 0).

**b.** The $y$-intercept is (0, 3).

**c.**

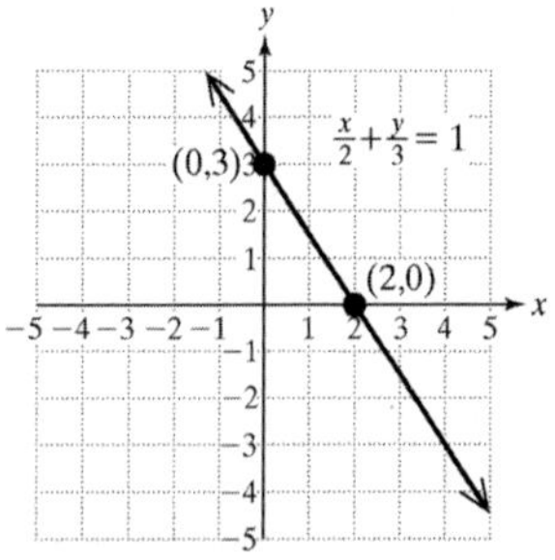


**5.** If the slope of one line is the opposite of the reciprocal of the slope of the other line, then the lines are perpendicular.

**7.** $y=-\frac{2}{3}x-4$

Slope: $-\frac{2}{3}$

$y$-intercept: (0, –4)

**9.** $-3x+y=2$

$y=3x+2$

Slope: 3

$y$-intercept: (0, 2)

**11.** $17x+y=0$

$y=-17x$

Slope: –17

$y$-intercept: (0, 0)

**13.** $18=2y$

$9=y$

$y=0x+9$

Slope: 0

$y$-intercept: (0, 9)

**15.** $8x+12y=9$

$12y=-8x+9$

$y=-\frac{8}{12}x+\frac{9}{12}=-\frac{2}{3}x+\frac{3}{4}$

Slope: $-\frac{2}{3}$

$y$-intercept: $\left(0, \frac{3}{4}\right)$

**17.** $y = 0.625x - 1.2$
Slope: 0.625
*y*-intercept: (0, –1.2)

**19.** d

**21.** f

**23.** b

**25.** $y - 2 = 4x$

$y = 4x + 2$

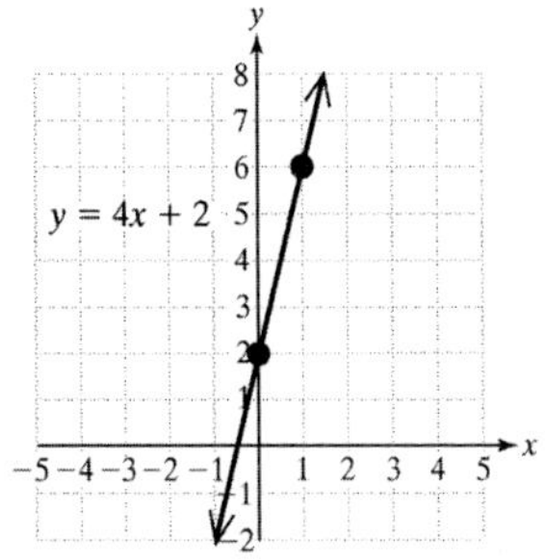


**27.** $3x + 2y = 6$

$2y = -3x + 6$

$y = -\frac{3}{2}x + 3$

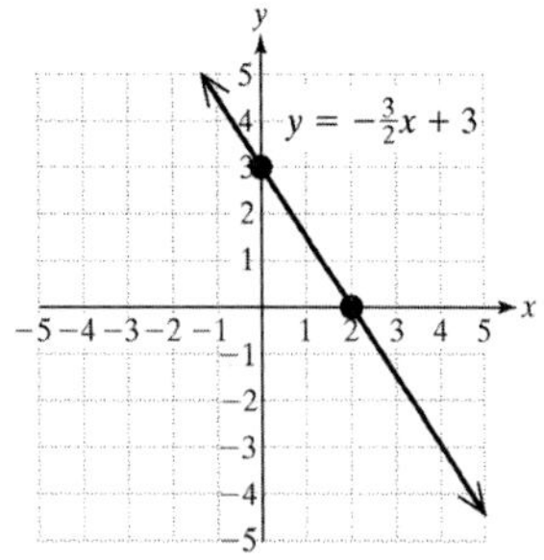


**29.** $2x - 5y = 0$

$-5y = -2x$

$y = \frac{2}{5}x$

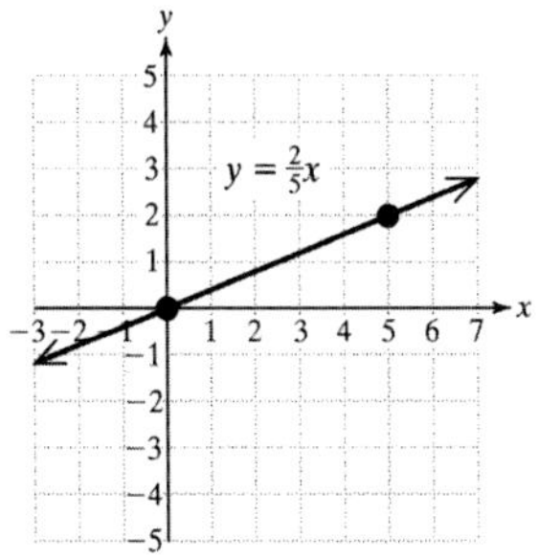


**31.** $Ax + By = C$

$By = -Ax + C$

$y = -\frac{A}{B}x + \frac{C}{B}$

The slope is given by $m = -\frac{A}{B}$.

The *y*-intercept is $\left(0, \frac{C}{B}\right)$.

**33.** $-3y = 5x - 1$

$y = -\frac{5}{3}x + \frac{1}{3}$

$m_1 = -\frac{5}{3}$

$6x = 10y - 12$

$10y = 6x + 12$

$y = \frac{3}{5}x + \frac{6}{5}$

$m_2 = \frac{3}{5}$

The lines are perpendicular.

**35.** $3x - 4y = 12$

$-4y = -3x + 12$

$y = \frac{3}{4}x - 3$

$m_1 = \frac{3}{4}$

$\frac{1}{2}x - \frac{2}{3}y = 1$

$6\left(\frac{1}{2}x - \frac{2}{3}y\right) = 6 \cdot 1$

$3x - 4y = 6$

$-4y = -3x + 6$

$y = \frac{3}{4}x - \frac{3}{2}$

$m_2 = \frac{3}{4}$

The lines are parallel.

**37.**
$$3y = 5x + 6$$
$$y = \frac{5}{3}x + 2$$
$$m_1 = \frac{5}{3}$$

$$5x + 3y = 9$$
$$3y = -5x + 9$$
$$y = -\frac{5}{3}x + 3$$
$$m_2 = -\frac{5}{3}$$

The lines are neither parallel nor perpendicular.

**39.** $m = 3$, point: $(0, 5)$
$$y - y_1 = m(x - x_1)$$
$$y - 5 = 3(x - 0)$$
$$y - 5 = 3x - 0$$
$$y = 3x + 5$$

**41.** $m = 2$, point: $(4, -3)$
$$y - y_1 = m(x - x_1)$$
$$y - (-3) = 2(x - 4)$$
$$y + 3 = 2x - 8$$
$$y = 2x - 11$$

**43.** $m = -\frac{4}{5}$, point: $(10, 0)$
$$y - y_1 = m(x - x_1)$$
$$y - 0 = -\frac{4}{5}(x - 10)$$
$$y = -\frac{4}{5}x + 8$$

**45.** $m = 3$, $y$-intercept: $(0, -2)$
$$y = 3x - 2 \text{ or } 3x - y = 2$$

**47.** $m = 2$, point: $(2, 7)$
$$y - y_1 = m(x - x_1)$$
$$y - 7 = 2(x - 2)$$
$$y - 7 = 2x - 4$$
$$y = 2x + 3 \text{ or } 2x - y = -3$$

**49.** $m = -3$, point: $(-2, -5)$
$$y - y_1 = m(x - x_1)$$
$$y - (-5) = -3(x - (-2))$$
$$y + 5 = -3x - 6$$
$$y = -3x - 11 \text{ or } 3x + y = -11$$

**51.** $m = -\frac{4}{5}$, point: $(6, -3)$
$$y - y_1 = m(x - x_1)$$
$$y - (-3) = -\frac{4}{5}(x - 6)$$
$$y + 3 = -\frac{4}{5}x + \frac{24}{5}$$
$$y = -\frac{4}{5}x + \frac{9}{5} \text{ or } \frac{4}{5}x + y = \frac{9}{5}$$
$$4x + 5y = 9$$

**53.**
$$m = \frac{0-4}{3-0} = \frac{-4}{3} = -\frac{4}{3}$$
$$y - y_1 = m(x - x_1)$$
$$y - 4 = -\frac{4}{3}(x - 0)$$
$$y - 4 = -\frac{4}{3}x + 0$$
$$y = -\frac{4}{3}x + 4 \text{ or } \frac{4}{3}x + y = 4$$
$$4x + 3y = 12$$

**55.**
$$m = \frac{10-12}{4-6} = \frac{-2}{-2} = 1$$
$$y - y_1 = m(x - x_1)$$
$$y - 12 = 1(x - 6)$$
$$y - 12 = x - 6$$
$$y = x + 6 \text{ or } x - y = -6$$

**57.**
$$m=\frac{2-2}{-1-(-5)}=\frac{0}{4}=0$$
$$y-y_1=m(x-x_1)$$
$$y-2=0(x-(-5))$$
$$y-2=0$$
$$y=2$$

**59.**
$$m=-\frac{3}{4},\quad \text{point: } (3,2)$$
$$y-y_1=m(x-x_1)$$
$$y-2=-\frac{3}{4}(x-3)$$
$$y-2=-\frac{3}{4}x+\frac{9}{4}$$
$$y=-\frac{3}{4}x+\frac{17}{4} \text{ or } \frac{3}{4}x+y=\frac{17}{4}$$
$$3x+4y=17$$

**61.**
$$m=\frac{4}{3},\quad \text{point: } (3,2)$$
$$y-y_1=m(x-x_1)$$
$$y-2=\frac{4}{3}(x-3)$$
$$y-2=\frac{4}{3}x-4$$
$$y=\frac{4}{3}x-2 \text{ or } \frac{4}{3}x-y=2$$
$$4x-3y=6$$

**63.**
$$3x-4y=-7$$
$$-4y=-3x-7$$
$$y=\frac{3}{4}x+\frac{7}{4}$$
$$m=\frac{3}{4},\quad \text{point: } (2,-5)$$
$$y-y_1=m(x-x_1)$$
$$y-(-5)=\frac{3}{4}(x-2)$$
$$y+5=\frac{3}{4}x-\frac{3}{2}$$
$$y=\frac{3}{4}x-\frac{13}{2} \text{ or } \frac{3}{4}x-y=\frac{13}{2}$$
$$3x-4y=26$$

**65.**
$$-15x+3y=9$$
$$3y=15x+9$$
$$y=5x+3$$
$$m=5,\quad m_{\perp}=-\frac{1}{5},\quad \text{point: } (-8,-1)$$
$$y-y_1=m(x-x_1)$$
$$y-(-1)=-\frac{1}{5}(x-(-8))$$
$$y+1=-\frac{1}{5}x-\frac{8}{5}$$
$$y=-\frac{1}{5}x-\frac{13}{5} \text{ or } \frac{1}{5}x+y=-\frac{13}{5}$$
$$x+5y=-13$$

**67.**
$$3x=2y$$
$$y=\frac{3}{2}x$$
$$m=\frac{3}{2},\quad \text{point: } (4,0)$$
$$y-y_1=m(x-x_1)$$
$$y-0=\frac{3}{2}(x-4)$$
$$y=\frac{3}{2}x-6 \text{ or } \frac{3}{2}x-y=6$$
$$3x-2y=12$$

**69.**
$$3y+2x=21$$
$$3y=-2x+21$$
$$y=-\frac{2}{3}x+7$$
$$m_{\perp}=\frac{3}{2}, \quad \text{point: } (2, 4)$$
$$y-y_1=m(x-x_1)$$
$$y-4=\frac{3}{2}(x-2)$$
$$y-4=\frac{3}{2}x-3$$
$$y=\frac{3}{2}x+1 \text{ or } \frac{3}{2}x-y=-1$$
$$3x-2y=-2$$

**71.**
$$\frac{1}{2}y=x$$
$$y=2x$$
$$m_{\perp}=-\frac{1}{2}, \quad \text{point: } (-3, 5)$$
$$y-y_1=m(x-x_1)$$
$$y-5=-\frac{1}{2}(x-(-3))$$
$$y-5=-\frac{1}{2}x-\frac{3}{2}$$
$$y=-\frac{1}{2}x+\frac{7}{2} \text{ or } \frac{1}{2}x+y=\frac{7}{2}$$
$$x+2y=7$$

**73.**
$$m=0, \quad \text{point: } (2, -3)$$
$$y-y_1=m(x-x_1)$$
$$y-(-3)=0(x-2)$$
$$y+3=0$$
$$y=-3$$

**75.** A line with an undefined slope is a vertical line, which is in the form $x=c$. Therefore, a line containing (2, –3) would have the equation $x=2$.

**77.** A line parallel to the *x*-axis has the form $y=c$. Therefore, a line containing the point (4, 5) would have the equation $y=5$.

**79.** A line parallel to the line $x=4$ is a vertical line and has the form $x=c$. Therefore, a line containing the point (5, 1) would have the equation $x=5$.

**81.** $x=-2$ is not in the slope-intercept form. It has no *y*-intercept and its slope is undefined.

**83.** $y=3$ is in the slope-intercept form. Its slope is 0 and the *y*-intercept is (0, 3).

**85.**

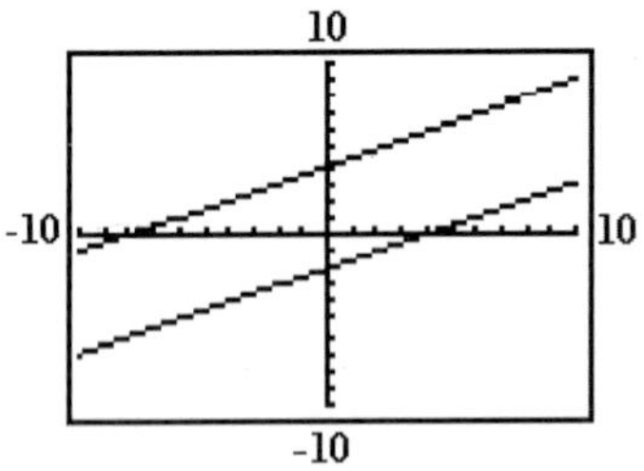


The lines have the same slope but different *y*-intercepts; they are parallel lines.

**87.**

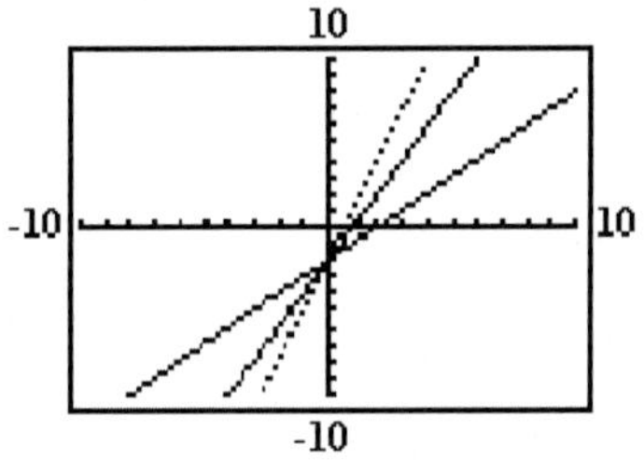


The lines have different slopes but the same *y*-intercept.

**89.**

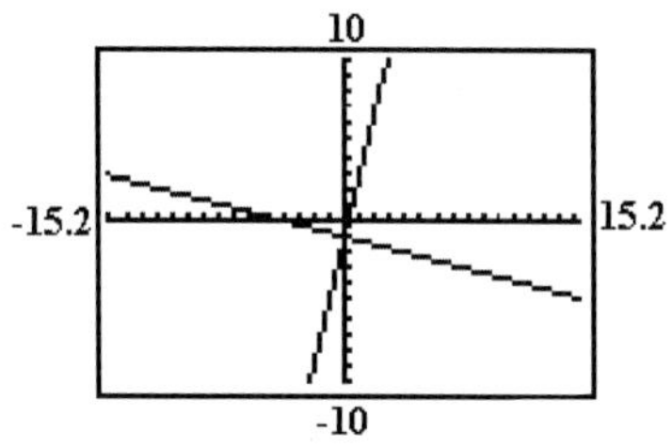


The lines are perpendicular.

**91.**

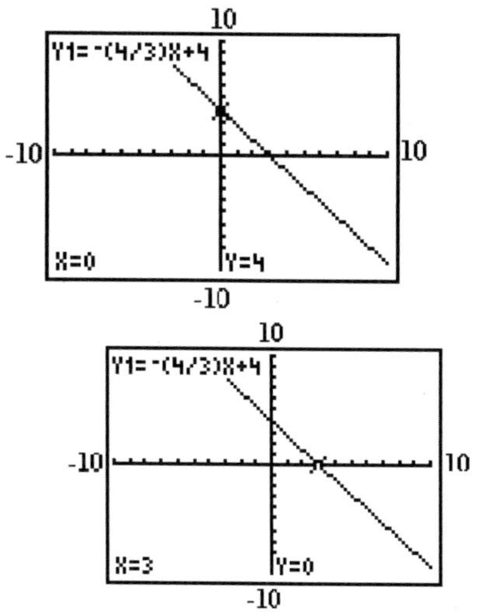


## Problem Recognition Exercises: Characteristics of Linear Equations

**1.** b, f

**3.** a

**5.** c, e

**7.** c, h

**9.** e

**11.** c, h

**13.** g

**15.** h

**17.** e

**19.** d, h

## Section 2.4 Applications of Linear Equations and Modeling

### Section 2.4 Practice Exercises

**1.** Answers will vary.

**3.** **a.** $m = \dfrac{-2-0}{3-(-3)} = \dfrac{-2}{6} = -\dfrac{1}{3}$

**b.** $y - 0 = -\dfrac{1}{3}(x-(-3))$

$y = -\dfrac{1}{3}x - 1$ or $\dfrac{1}{3}x + y = -1$

$x + 3y = -3$

**c.**

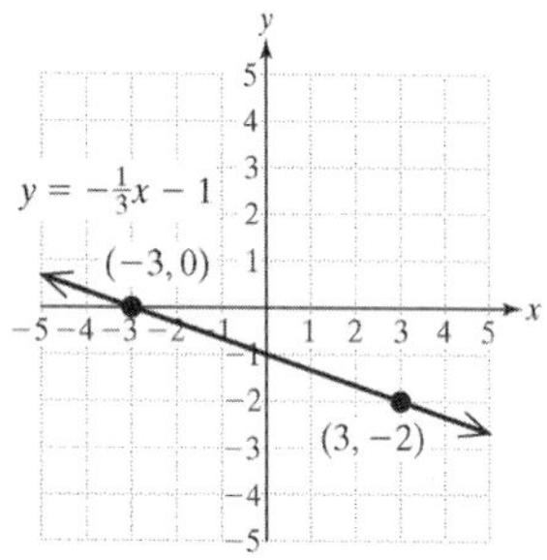

**5.** **a.** $m = \dfrac{3-3}{-2-(-4)} = \dfrac{0}{2} = 0$

**b.** $y - 3 = 0(x-(-4))$

$y - 3 = 0$

$y = 3$

**c.**

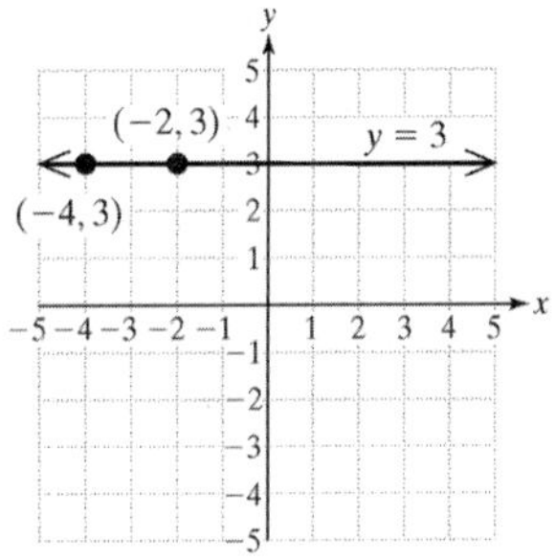


**7.** **a.** $y = 0.2x + 19.95$

**b.**

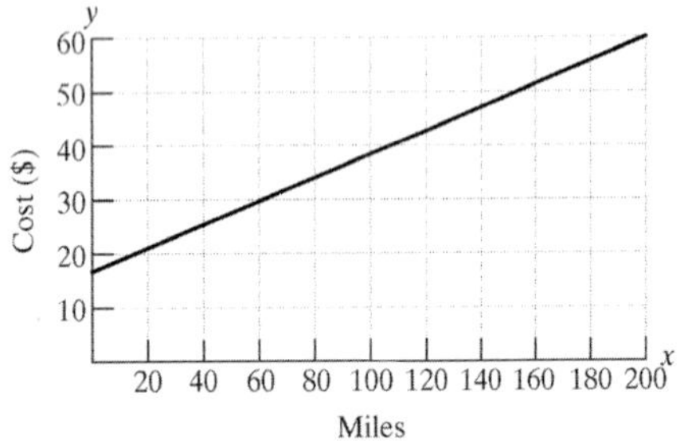


**c.** The $y$-intercept is (0, 19.95). The cost is $19.95 when 0 miles are driven.

**d.** $y = 0.2(50) + 19.95$

$= 10 + 19.95 = 29.95$

It cost $29.95 to drive 50 miles.

$y = 0.2(100) + 19.95$

$= 20 + 19.95 = 39.95$

It costs $39.95 to drive 100 miles.

$y = 0.2(200) + 19.95$

$= 40 + 19.95 = 59.95$

It costs $59.95 to drive 200 miles.

**e.** $C = 39.95 + 0.06(39.95)$

$= 39.95 + 2.40 = 42.35$

The cost with the sales tax is $42.35.

**f.** It is not reasonable to use negative values for $x$ because one cannot drive a negative number of miles.

**9.** **a.** $y = 52x + 2742$

**b.**

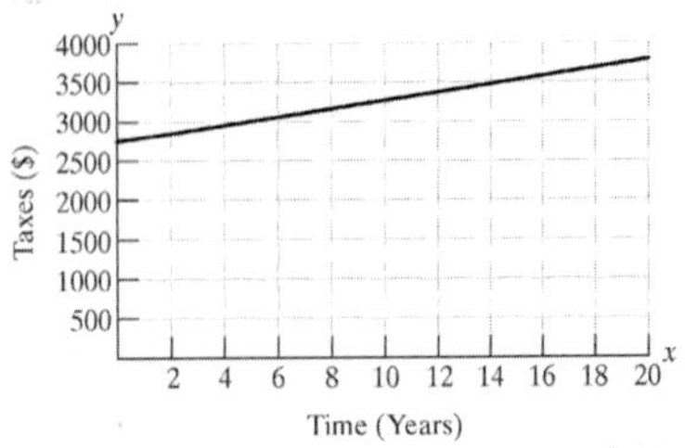


**c.** $m = 52$. The taxes increase $52 per year.

**d.** The $y$-intercept is (0, 2742). In the initial year ($x = 0$) the taxes were $2742.

**e.** $y = 52(10) + 2742 = 520 + 2742 = 3262$

After 10 years the taxes are $3262.

$y = 52(15) + 2742 = 780 + 2742 = 3522$

After 15 years the taxes are $3522.

**11.** **a.** $y = 0.2(4) = 0.8$

The storm is 0.8 mi away when the time difference is 4 sec.

$y = 0.2(12) = 2.4$

The storm is 2.4 mi away when the time difference is 12 sec.

$y = 0.2(16) = 3.2$

The storm is 3.2 mi away when the time difference is 16 sec.

**b.** $4.2 = 0.2x$

$21 = x$

When the storm is 4.2 miles away, the time difference is 21 sec.

**13. a.** The year 2005 is represented by $x = 25$.

$y = 5.3(25) + 63.4$

$= 132.5 + 63.4 = 195.9$

The approximate cost of a house in 2005 is \$195.9 thousand or \$195,900.

**b.** The year 1988 is represented by $x = 8$.

$y = 5.3(8) + 63.4$

$= 42.4 + 63.4 = 105.8$

The approximate cost of a house in 1988 is \$105.8 thousand or \$105,800 which is \$4200 higher than the median cost.

**c.** $m = 5.3$. There is a \$5300 increase in median housing cost per year.

**d.** The $y$-intercept is (0, 63.4). In 1980 ($x = 0$) the median cost was \$63,400.

**15. a.** $m = \frac{5.9 - 3.3}{100 - 0} = \frac{2.6}{100} \approx 0.026$

$y = 0.026x + 3.3$

**b.** The year 1920 is represented by $x = 20$.

$y = 0.026(20) + 3.3 = 0.52 + 3.3 = 3.82$

The approximate winning vault for the 1920 Olympics is 3.82 m.

**c.** The year 1980 is represented by $x = 80$.

$y = 0.026(80) + 3.3 = 2.08 + 3.3 = 5.38$

The approximate winning vault for the 1980 Olympics is 5.38 m.

**d.** Yes. The linear model can only be used to approximate the winning heights.

**e.** $m = 0.026$. Winning heights have increased by approximately 0.026 m/yr.

**17. a.** $m = \frac{665 - 455}{34 - 20} = \frac{210}{14} = 15$

$y - 455 = 15(x - 20)$

$y - 455 = 15x - 300$

$y = 15x + 155$

**b.** The slope is 15 and means that the number of associate degrees awarded in the United States increased by 15 thousand per year.

**c.** $y = 15(40) + 155 = 600 + 155 = 755$

The number of associate degrees awarded in the United States in 2010 will be about 755 thousand.

**19. a.**

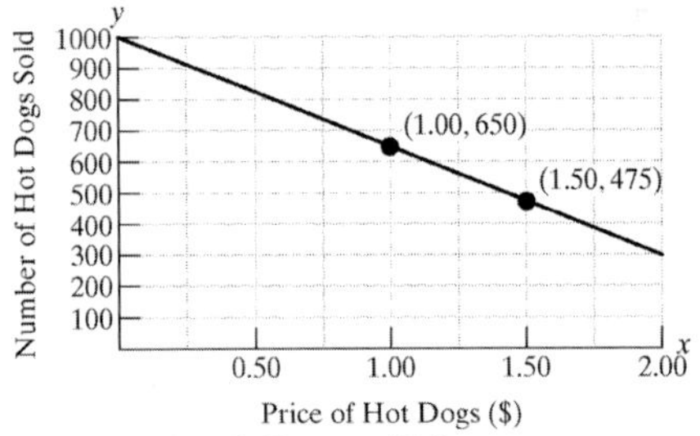


**b.** $m = \frac{475 - 650}{1.50 - 1.00} = \frac{-175}{0.50} = -350$

$y - 650 = -350(x - 1)$

$y - 650 = -350x + 350$

$y = -350x + 1000$

**c.** $y = -350(1.70) + 1000 = -595 + 1000 = 405$

405 hotdogs would be sold when the price of a hotdog is \$1.70.

**21. a.**

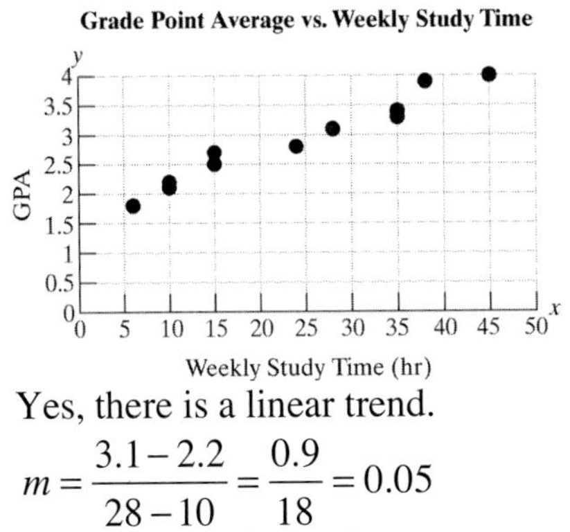


**b.** Yes, there is a linear trend.

**c.** $m = \frac{3.1 - 2.2}{28 - 10} = \frac{0.9}{18} = 0.05$

$y - 2.2 = 0.05(x - 10)$

$y - 2.2 = 0.05x - 0.5$

$y = 0.05x + 1.7$

**d.** $y = 0.05(30) + 1.7 = 1.5 + 1.7 = 3.2$

A student who studies 30 hours per week will have a GPA of approximately 3.2.

$y = 0.05(46) + 1.7 = 2.3 + 1.7 = 4.0$

**e.** This model is not reasonable for study times greater than 46 hours per week, because the GPA would exceed 4.0.

**23.** $m=\dfrac{-5-(-4)}{0-3}=\dfrac{-1}{-3}=\dfrac{1}{3}$

$m=\dfrac{-2-(-5)}{9-0}=\dfrac{3}{9}=\dfrac{1}{3}$

$m=\dfrac{-2-(-4)}{9-3}=\dfrac{2}{6}=\dfrac{1}{3}$

Since the slopes are equal, the points are collinear.

**25.** $m=\dfrac{12-2}{-2-0}=\dfrac{10}{-2}=-5$

$m=\dfrac{6-12}{-1-(-2)}=\dfrac{-6}{1}=-6$

Since the slopes are not equal, the points are not collinear.

**27.**

| X | Y1 | |
|---|---|---|
| 0 | 0 | |
| 4 | .8 | |
| 8 | 1.6 | |
| 12 | 2.4 | |
| 16 | 3.2 | |
| 20 | 4 | |
| 24 | 4.8 | |

X=0

**29.**

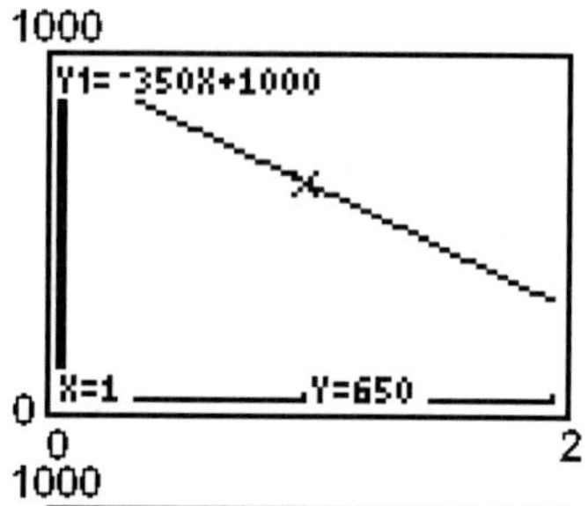


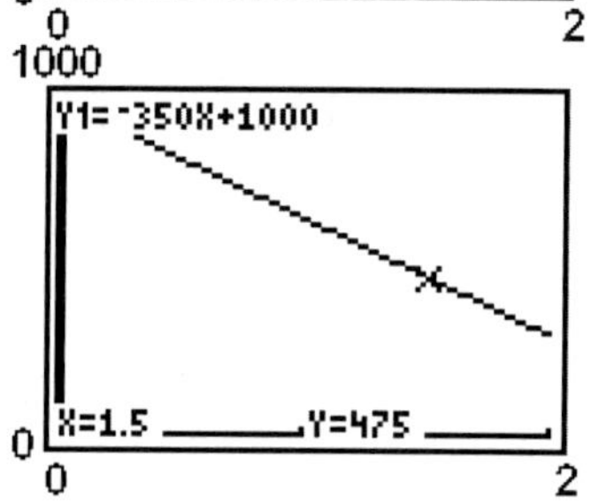


# Section 2.5 Introduction to Relations

## Section 2.5 Practice Exercises

**1.** Answers will vary.

**3.** **a.** $2x-3=4$

$2x=7$

$x=\dfrac{7}{2}$ vertical line

**b.** The slope is undefined because this is a vertical line.

**c.** The $x$-intercept is $\left(\dfrac{7}{2}, 0\right)$.

**d.** There is no $y$-intercept.

**5.** **a.** $3x-2y=4$

$-2y=-3x+4$

$y=\dfrac{3}{2}x-2$ slanted line

**b.** $m=\dfrac{3}{2}$

**c.** $3x-2(0)=4$

$3x=4$

$x=\dfrac{4}{3}$

The $x$-intercept is $\left(\dfrac{4}{3}, 0\right)$.

**d.** The $y$-intercept is $(0, -2)$.

**7. a.** $\{(64, 37.99), (128, 42.99), (256, 49.99), (512, 74.99)\}$

**b.** Domain: $\{64, 128, 256, 512\}$; Range: $\{37.99, 42.99, 49.99, 74.99\}$

**9. a.** $\{$(USSR, 1961), (USA, 1962), (Poland, 1978), (Vietnam, 1980), (Cuba, 1980)$\}$

**b.** Domain: $\{$USSR, USA, Poland, Vietnam, Cuba$\}$; Range: $\{1961, 1962, 1978, 1980\}$

**11. a.** $\{(A, 1), (A, 2), (B, 2), (C, 3), (D, 5), (E, 4)\}$

**b.** Domain: $\{$A, B, C, D, E$\}$; Range: $\{1, 2, 3, 4, 5\}$

**13. a.** $\{(-4, 4), (1, 1), (2, 1), (3, 1), (4, -2)\}$

**b.** Domain: $\{-4, 1, 2, 3, 4\}$; Range: $\{-2, 1, 4\}$

**15.** Domain: $[0, 4]$; Range: $[-2, 2]$

**17.** Domain: $[-5, 3]$; Range: $[-2.1, 2.8]$

**19.** Domain: $(-\infty, 2]$; Range: $(-\infty, \infty)$

**21.** Domain: $(-\infty, \infty)$; Range: $(-\infty, \infty)$

**23.** Domain: $\{-3\}$; Range: $(-\infty, \infty)$

**25.** Domain: $(-\infty, 2)$; Range: $[-1.3, \infty)$

**27.** Domain: $\{-3, -1, 1, 3\}$; Range: $\{0, 1, 2, 3\}$

**29.** Domain: $[-4, 5)$; Range: $\{-2, 1, 3\}$

**31. a.** 2.85
**b.** 9.33
**c.** December
**d.** (November, 2.66)
**e.** (Sept., 7.63)
**f.** {Jan., Feb., Mar., Apr., May, June, July, Aug., Sept., Oct., Nov., Dec.}

**33. a.** $y = 0.146x + 31$
$y = 0.146(6) + 31 = 0.876 + 31$
$y = 31.876$ million or 31,876,000

**b.** $32.752 = 0.146x + 31$
$1.752 = 0.146x$
$x = 12$
The year 2012.

**35. a.** For example:
{(Julie, New York), (Peggy, Florida), (Stephen, Kansas), (Pat, New York)}

**b.** Domain: {Julie, Peggy, Stephen, Pat}
Range: {New York, Florida, Kansas}

**37.** $y = 2x - 1$

**39.** $y = x^2$

## Section 2.6 Introduction to Functions

### Section 2.6 Practice Exercises

**1. a.** Given a relation in $x$ and $y$, we say "$y$ is a <u>function</u> of $x$" if for every element $x$ in the domain, there corresponds exactly one element $y$ in the range.

**b.** When a function is defined by an equation, we use function notation such as $f(x)=2x$.

**c.** The domain of $f$ is the set of all $x$-values that when substituted into the functions produce a real number.

**d.** The range of $f$ is the set of all $y$-values corresponding to the values of $x$ in the domain.

**e.** Vertical line test - Consider a relation defined by a set of points $(x, y)$ in a rectangular coordinate system. The graph defines $y$ as a function of $x$ if no vertical line intersects the graph in more than one point.

**3.** **a.** $\{(-2,-4), (-1,-1), (0,0), (1,-1), (2,-4)\}$

**b.** Domain: $\{-2, -1, 0, 1, 2\}$

**c.** Range: $\{-4, -1, 0\}$

**5.** Function

**7.** Not a function

**9.** Function

**11.** Not a function

**13.** Function

**15.** Not a function

**17.** $g(2)=-(2)^2-4(2)+1=-4-8+1=-11$

**19.** $g(0)=-(0)^2-4(0)+1=0-0+1=1$

**21.** $k(0)=|0-2|=|-2|=2$

**23.** $f(t)=6(t)-2=6t-2$

**25.** $h(u)=7$

**27.** $g(-3)=-(-3)^2-4(-3)+1=-9+12+1=4$

**29.** $k(-2)=|-2-2|=|-4|=4$

**31.** $f(x+1)=6(x+1)-2=6x+6-2=6x+4$

**33.**
$$g(2x)=-(2x)^2-4(2x)+1$$
$$=-(4x^2)-8x+1$$
$$=-4x^2-8x+1$$

**35.** $g(-\pi)=-(-\pi)^2-4(-\pi)+1=-\pi^2+4\pi+1$

**37.** $h(a+b)=7$

**39.** $f(-a)=6(-a)-2=-6a-2$

**41.** $k(-c)=|-c-2|$

**43.** $f\left(\frac{1}{2}\right)=6\left(\frac{1}{2}\right)-2=3-2=1$

**45.** $h\left(\frac{1}{7}\right)=7$

**47.** $f(-2.8)=6(-2.8)-2=-16.8-2=-18.8$

**49.** $p(2)=-7$

**51.** $p(3)=2\pi$

**53.** $q(2)=-5$

**55.** $q(6)=4$

**57.** **a.** $f(0)=2$

**b.** $f(3)=1$

**c.** $f(-2)=1$

**d.** $x=-3$

**e.** $x=1$

**f.** Domain: $(-\infty, 3]$

**g.** Range: $(-\infty, 3]$

**59.** **a.** $H(-3)=3$

**b.** $H(4)=$ not defined (4 not in domain)

**c.** $H(3)=4$

**d.** $x=-3$ and $x=2$

**e.** all $x$ in the interval $[-2, 1]$

**f.** Domain: $[-4, 4)$

**g.** Range: $[2, 5)$

**61.** The domain is the set of all real numbers for which the denominator is not zero. Set the denominator equal to zero, and solve the resulting equation. The solution(s) to the equation must be excluded from the domain. In this case setting $x-2=0$ indicates that $x=2$ must be excluded from the domain, The domain is $\{x|x \text{ is a real number and } x \neq 2\}$.

**63.**
$$k(x)=\frac{x-3}{x+6}$$
$$x+6=0$$
$$x=-6$$
Domain: $(-\infty, -6)\cup(-6, \infty)$

**65.**
$$f(t)=\frac{5}{t}$$
$$t=0$$
Domain: $(-\infty, 0)\cup(0, \infty)$

**67.**
$$h(p)=\frac{p-4}{p^2+1}$$
$p^2+1$ will never equal zero.

Domain: $(-\infty, \infty)$

**69.**
$$h(t)=\sqrt{t+7}$$
$$t+7\geq 0$$
$$t\geq -7$$
Domain: $[-7, \infty)$

**71.**
$$f(a)=\sqrt{a-3}$$
$$a-3\geq 0$$
$$a\geq 3$$
Domain: $[3, \infty)$

**73.**
$$m(x)=\sqrt{1-2x}$$
$$1-2x\geq 0$$
$$-2x\geq -1$$
$$x\leq\frac{1}{2}$$
Domain: $(-\infty, \frac{1}{2}]$

**75.** $p(t)=2t^2+t-1$

There are no restrictions on the domain.

Domain: $(-\infty, \infty)$

**77.** $f(x)=x+6$

There are no restrictions on the domain.

Domain: $(-\infty, \infty)$

**79.**
$$h(t)=-16t^2+80$$
**a.**
$$h(1)=-16(1)^2+80=-16+80=64$$
$$h(1.5)=-16(1.5)^2+80$$
$$=-16(2.25)+80=-36+80=44$$

**b.** After 1 sec, the height of the ball is 64 ft. After 1.5 sec, the height of the ball is 44 ft.

**81.**
$$d(t)=11.5t$$
**a.**
$$d(1)=11.5(1)=11.5$$
$$d(1.5)=11.5(1.5)=17.25$$

**b.** After 1 hr, the distance is 11.5 mi. After 1.5 hr, the distance is 17.25 mi.

**83.** $P(x)=\dfrac{100x^2}{50+x^2}$

**a.** $P(0)=\dfrac{100(0)^2}{50+(0)^2}=\dfrac{0}{50}=0$

$P(5)=\dfrac{100(5)^2}{50+(5)^2}=\dfrac{100(25)}{50+25}=\dfrac{2500}{75}=\dfrac{100}{3}\approx 33.3$

$P(10)=\dfrac{100(10)^2}{50+(10)^2}=\dfrac{100(100)}{50+100}=\dfrac{10{,}000}{150}=\dfrac{200}{3}\approx 66.7$

$P(15)=\dfrac{100(15)^2}{50+(15)^2}=\dfrac{100(225)}{50+225}=\dfrac{22{,}500}{275}=\dfrac{900}{11}\approx 81.8$

$P(20)=\dfrac{100(20)^2}{50+(20)^2}=\dfrac{100(400)}{50+400}=\dfrac{40{,}000}{450}=\dfrac{800}{9}\approx 88.9$

$P(25)=\dfrac{100(25)^2}{50+(25)^2}=\dfrac{100(625)}{50+625}=\dfrac{62{,}500}{675}=\dfrac{2500}{27}\approx 92.6$

If Brian studies for 25 hours, he will get a score of 92.6%.

**b.** $A(0, 0)$, $B(5, 33.3)$, $C(10, 66.7)$, $D(15, 81.8)$, $E(20, 88.9)$, $F(25, 92.6)$

**85.** $p(x)=\dfrac{8}{\sqrt{x-4}}$

$x-4>0$

$x>4$

Domain: $(4, \infty)$

**87.** Range: $\{5, -3, 4\}$

**89.** Domain: $\{0, 2, 6, 1\}$

**91.** –7

**93.** 0 and 2

**95.** $g(0)=6$

**97.** $h(t)=\sqrt{t+7}$

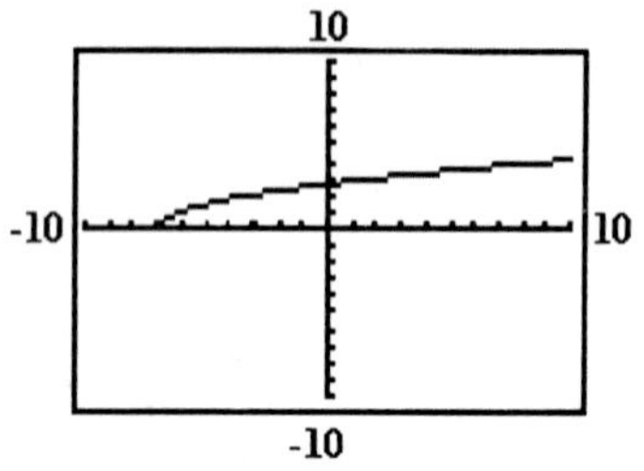


**99. a.** $h(t)=-16t^2+80$

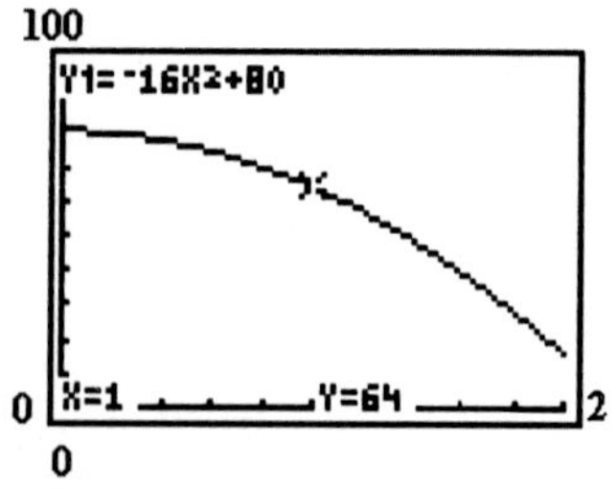


**b.** $h(1)=64$

# Section 2.7 Graphs of Basic Functions

## Section 2.7 Practice Exercises

**1.** **a.** A function that can be written in the form $f(x) = mx + b$ where $m$ and $b$ are real numbers such that $m \neq 0$ is a linear function.

**b.** A function that can be written in the form $f(x) = b$ where $b$ is a real number is a constant function.

**c.** A quadratic function can be written in the form $f(x) = ax^2 + bx + c$ where $a$, $b$, and $c$ are real numbers and $a \neq 0$.

**d.** The graph of a quadratic function is in the shape of a parabola.

**3.** **a.** Yes, the relation is a function.
**b.** Domain: $\{7, 2, -5\}$
**c.** Range: $\{3\}$

**5.** $f(x) = 3x$

$f(3) = 3(3) = 9$

$f(10) = 3(10) = 30$

$f(3) = 9$ means that 9 lb of force is required to stretch the spring 3 in.

$f(10) = 30$ means that 30 lb of force is required to stretch the spring 10 in.

**7.** Horizontal

**9.** $f(x) = 2$

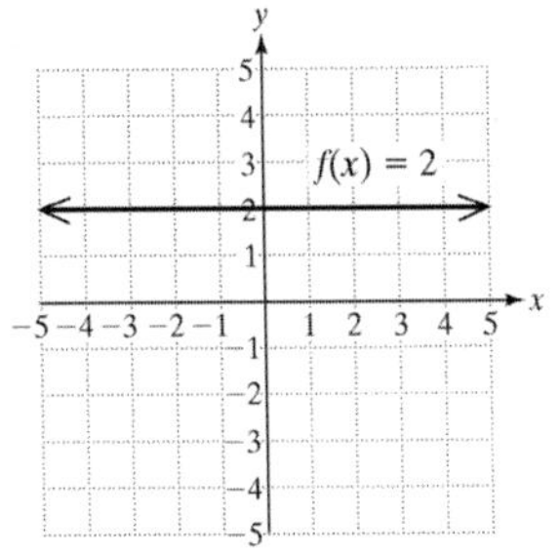


Domain: $(-\infty, \infty)$; Range: $\{2\}$

**11.** $f(x) = \dfrac{1}{x}$

| $x$ | $f(x)$ |
|---|---|
| $-2$ | $-\frac{1}{2}$ |
| $-1$ | $-1$ |
| $-\frac{1}{2}$ | $-2$ |
| $-\frac{1}{4}$ | $-4$ |
| $\frac{1}{4}$ | $4$ |
| $\frac{1}{2}$ | $2$ |
| $1$ | $1$ |
| $2$ | $\frac{1}{2}$ |

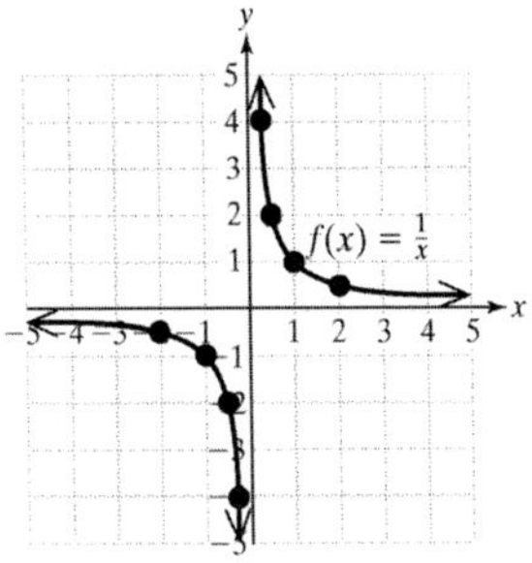


**13.** $h(x) = x^3$

| $x$ | $h(x)$ |
|---|---|
| $-2$ | $-8$ |
| $-1$ | $-1$ |
| $0$ | $0$ |
| $1$ | $1$ |
| $2$ | $8$ |

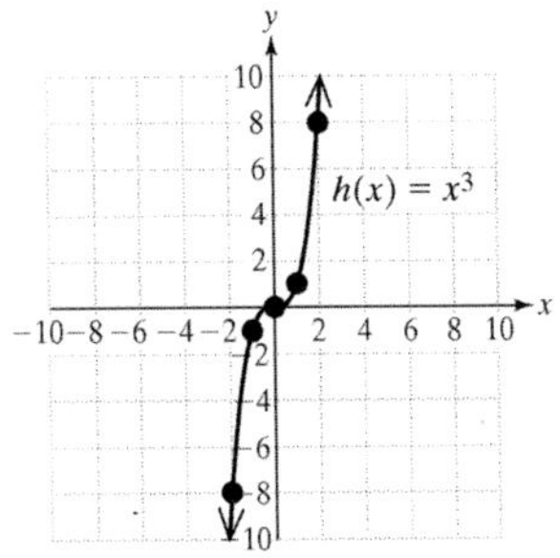


**15.** $q(x) = x^2$

| $x$ | $q(x)$ |
|---|---|
| $-2$ | $4$ |
| $-1$ | $1$ |
| $0$ | $0$ |
| $1$ | $1$ |
| $2$ | $4$ |

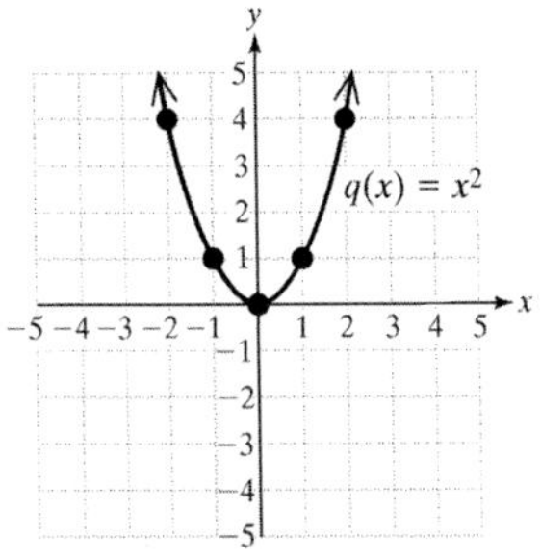

**17.** $f(x) = 2x^2 + 3x + 1$ Quadratic function

**19.** $k(x) = -3x - 7$ Linear function

**21.** $m(x) = \frac{4}{3}$ Constant function

**23.** $p(x) = \frac{2}{3x} + \frac{1}{4}$ None of these

**25.** $t(x) = \frac{2}{3}x + \frac{1}{4}$ Linear function

**27.** $w(x) = \sqrt{4 - x}$ None of these

**29.** $f(x) = 5x - 10$

$5x - 10 = 0$

$5x = 10$

$x = 2$ *x*-intercept: $(2, 0)$

$f(0) = 5(0) - 10 = 0 - 10 = -10$

*y*-intercept: $(0, -10)$

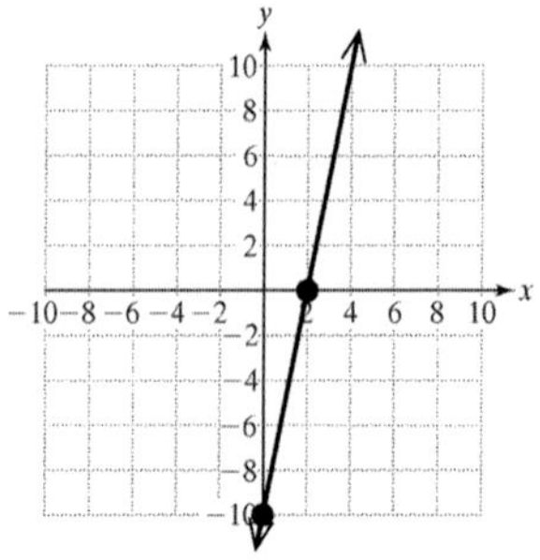

**31.** $g(x) = -6x + 5$

$-6x + 5 = 0$

$-6x = -5$

$x = \frac{5}{6}$ *x*-intercept: $\left(\frac{5}{6}, 0\right)$

$g(0) = -6(0) + 5 = 0 + 5 = 5$

*y*-intercept: $(0, 5)$

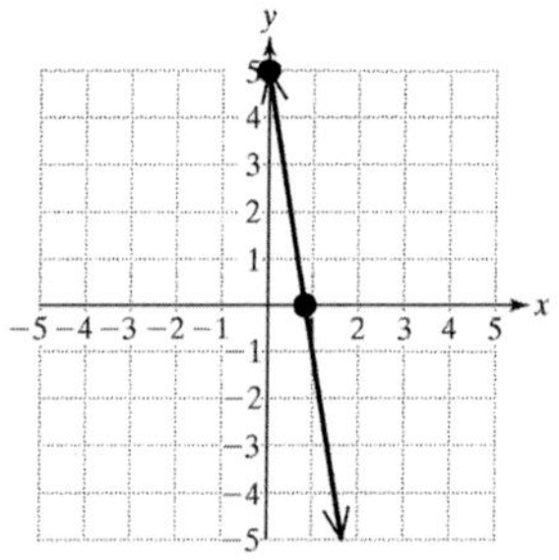

**33.** $f(x) = 18$

$18 \neq 0$ *x*-intercept: none

$f(0) = 18$ *y*-intercept: $(0, 18)$

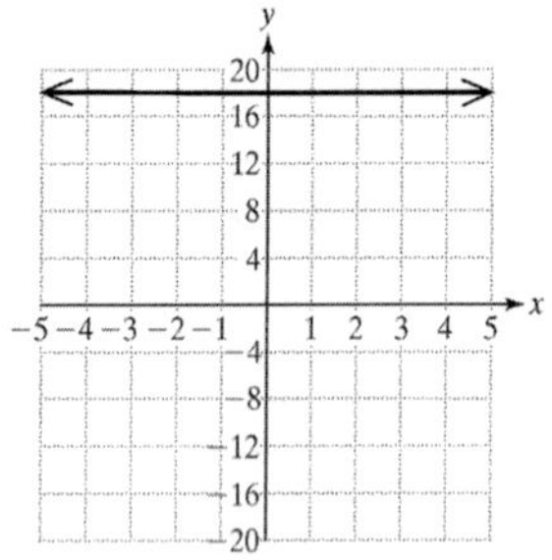

**35.** $g(x) = \frac{2}{3}x + \frac{1}{4}$

$\frac{2}{3}x + \frac{1}{4} = 0$

$8x + 3 = 0$

$8x = -3$

$x = -\frac{3}{8}$ *x*-intercept: $\left(-\frac{3}{8}, 0\right)$

$g(0) = \frac{2}{3}(0) + \frac{1}{4} = 0 + \frac{1}{4} = \frac{1}{4}$

*y*-intercept: $\left(0, \frac{1}{4}\right)$

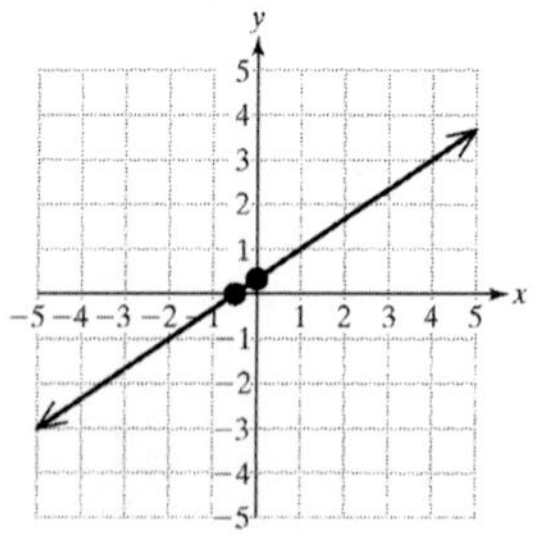

**37.** **a.** $f(x)=0$ when $x=-1$

**b.** $f(0)=1$

**39.** **a.** $f(x)=0$ when $x=-2$ and $x=2$

**b.** $f(0)=-2$

**41.** **a.** $f(x)=0$ There are none.

**b.** $f(0)=2$

**43.** $q(x)=2x^2$

**a.** $(-\infty, \infty)$

**b.** $q(0)=2(0)^2=2(0)=0$

*y*-intercept is $(0, 0)$.

**c.** Graph: vi

**45.** $h(x)=x^3+1$

**a.** $(-\infty, \infty)$

**b.** $h(0)=(0)^3+1=0+1=1$

*y*-intercept is $(0, 1)$.

**c.** Graph: viii

**47.** $r(x)=\sqrt{x+1}$

**a.** $[-1, \infty)$

**b.** $r(0)=\sqrt{0+1}=\sqrt{1}=1$

*y*-intercept is $(0, 1)$.

**c.** Graph: vii

**49.** $f(x)=\dfrac{1}{x-3}$

**a.** $(-\infty, 3)\cup(3, \infty)$

**b.** $f(0)=\dfrac{1}{0-3}=-\dfrac{1}{3}$

*y*-intercept is $\left(0, -\dfrac{1}{3}\right)$.

**c.** Graph: ii

**51.** $k(x)=|x+2|$

**a.** $(-\infty, \infty)$

**b.** $k(0)=|0+2|=|2|=2$

*y*-intercept is $(0, 2)$.

**c.** Graph: iv

**53.** **a.** Linear

**b.** $G(90)=\dfrac{3}{4}(80)+\dfrac{1}{4}(90)=60+22.5$

$=82.5$

This means that if the student gets a 90% on her final exam, then her overall course average is 82.5%.

**c.** $G(50)=\dfrac{3}{4}(80)+\dfrac{1}{4}(50)=60+12.5$

$=72.5$

This means that if the student gets a 50% on her final exam, then her overall course average is 72.5%.

**55.** $f(x)=x$

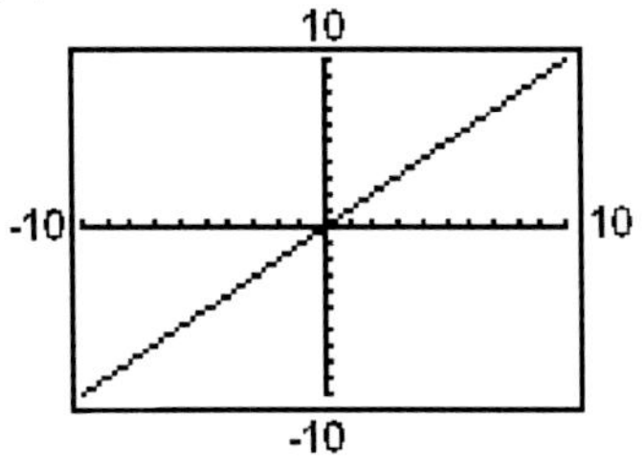

**57.** $f(x) = x^3$

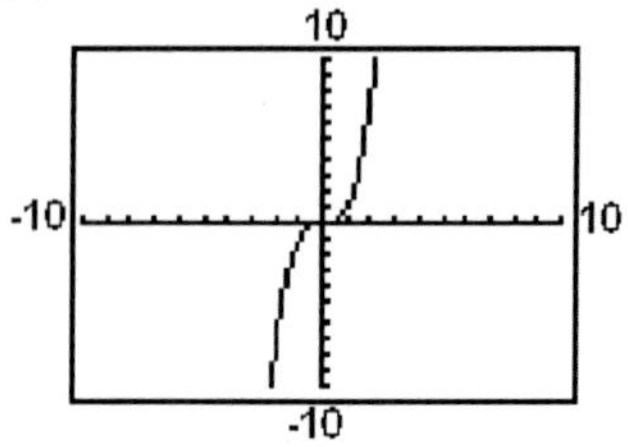


**59.** $f(x) = \sqrt{x}$

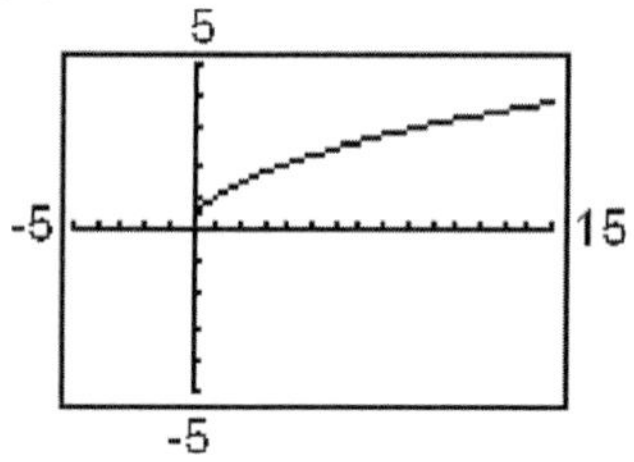


**61.** $y = -\dfrac{1}{8}x + 1$

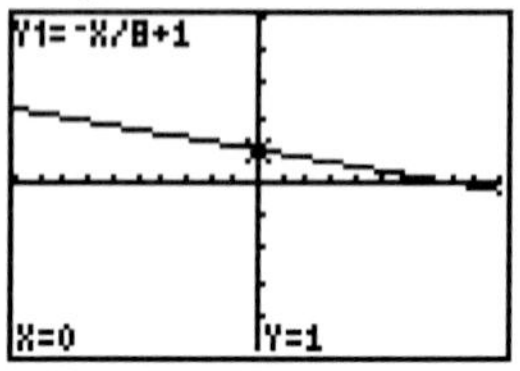


*y*-intercept: (0, 1)

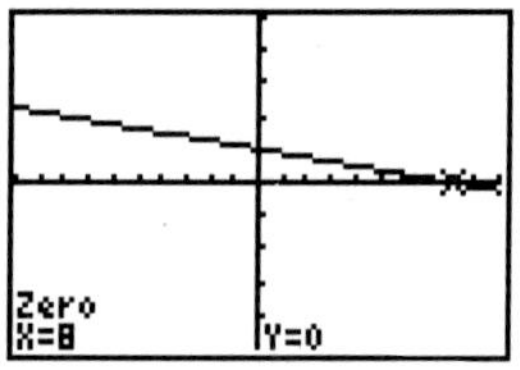


*x*-intercept: (8, 0)

**63.** $y = \dfrac{4}{5}x + 4$

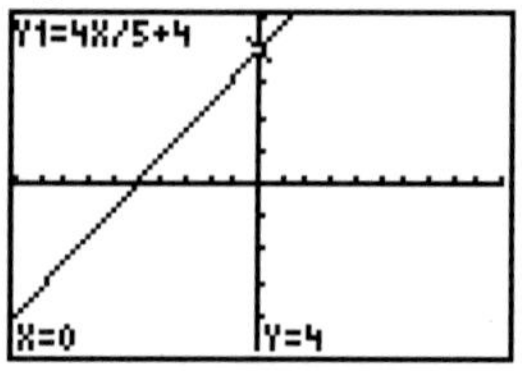


*y*-intercept: (0, 4)

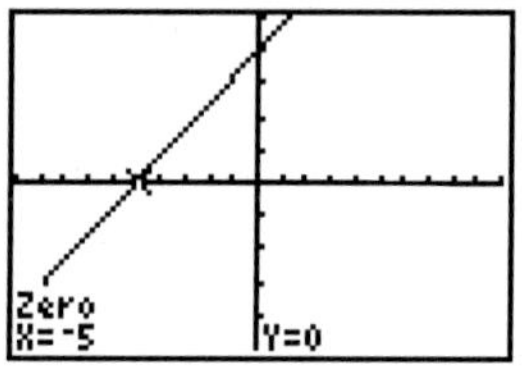


*x*-intercept: (–5, 0)

## Problem Recognition Exercises: Characteristics of Relations

**1.** a, c, d, f, g

**3.** $c(-1) = 3(-1)^2 - 2(-1) - 1$
$= 3(1) - 2(-1) - 1 = 3 + 2 - 1 = 4$

**5.** $\{0, 1, \frac{1}{2}, -3, 2\}$

**7.** $[-2, 4]$

**9.** $(0, 3)$

**11.** $(0, 1)$ and $(0, -1)$

**13.** c

**15.** $5x - 9 = 6$
$5x = 15$
$x = 3$

## Chapter 2 Review Exercises

### Section 2.1

**1.**

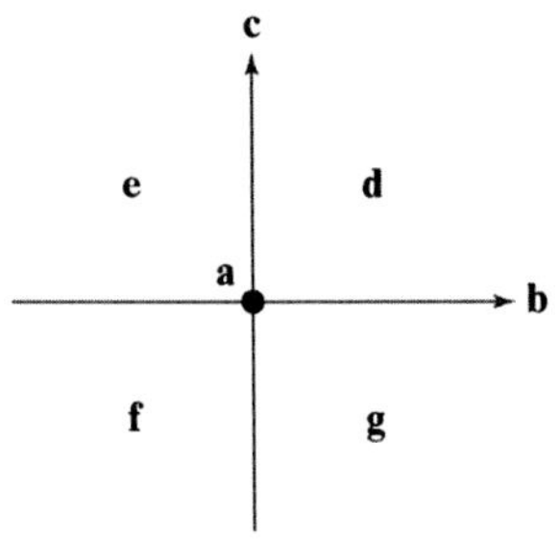


**3.** $5x = -15$

$5(-3) = -15 = -15$

(–3, 4) is a solution of the equation.

**5.** $3x - 2y = -6$

| $x$ | $y$ |
|---|---|
| 0 | 3 |
| –2 | 0 |
| 1 | $\frac{9}{2}$ |

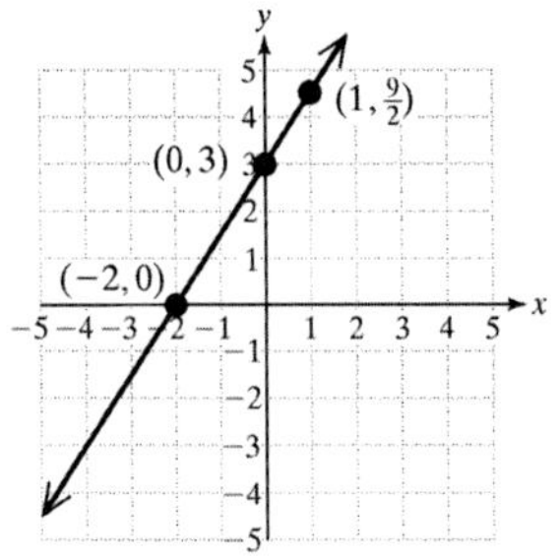


**7.** $6 - x = 2$

| $x$ | $y$ |
|---|---|
| 4 | 0 |
| 4 | 1 |
| 4 | –2 |

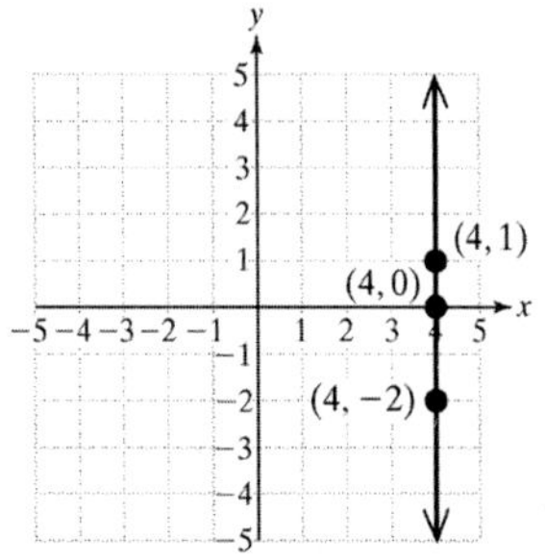


**9.** $5x - 2y = 0$

$5x - 2(0) = 0 \qquad 5(0) - 2y = 0$

$5x = 0 \qquad -2y = 0$

$x = 0 \qquad y = 0$

The $x$-intercept is (0, 0).
The $y$-intercept is (0, 0).
A second point is (2, 5).
A third point is (–2, –5).

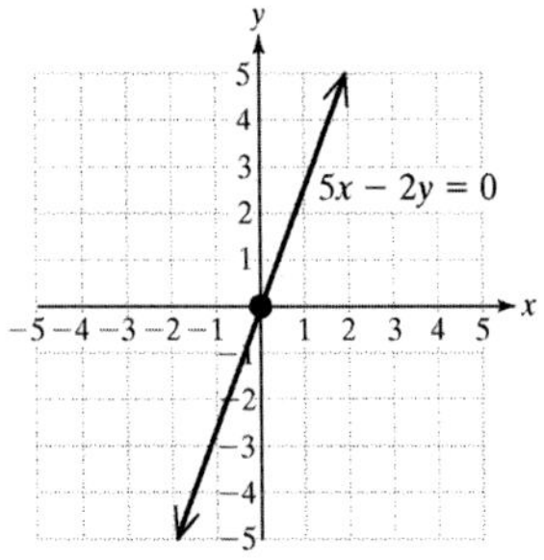


**11.** $-3x = 6$

$x = -2$

The $x$-intercept is (–2, 0).
There is no $y$-intercept.
A second point is (–2, 5).
A third point is (–2, –1).

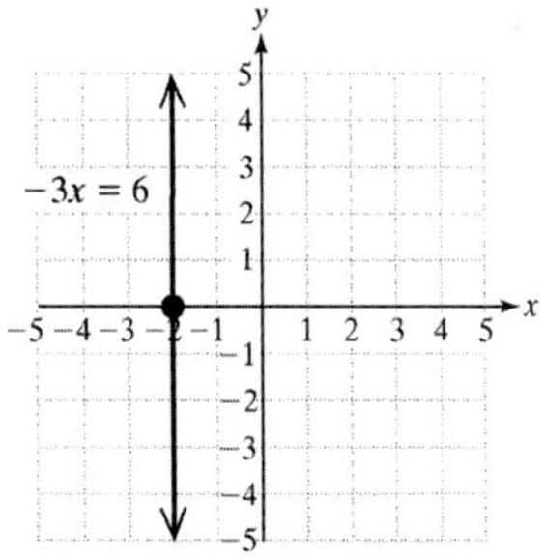

## Section 2.2

**13.** For example: $y = 2x$

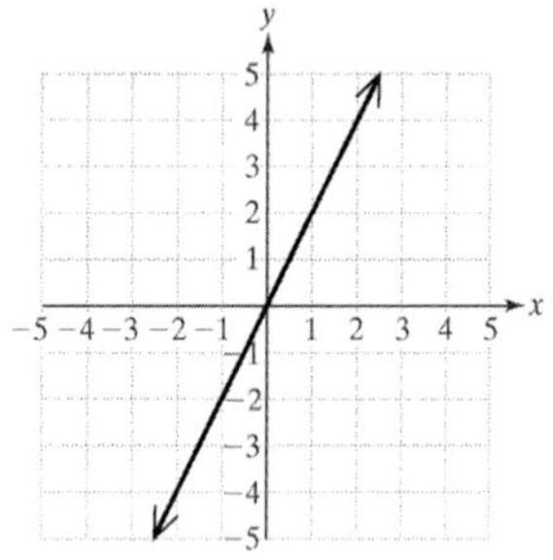

**15.** $m = \frac{0-6}{-1-2} = \frac{-6}{-3} = 2$

**17.** $m = \frac{2-2}{3-8} = \frac{0}{-5} = 0$

**19.** $m_1 = \frac{-2-(-6)}{3-4} = \frac{4}{-1} = -4$

$m_2 = \frac{0-(-1)}{7-3} = \frac{1}{4}$

The lines are perpendicular.

**21.** The lines are neither parallel nor perpendicular.

**23.** **a.** $m = \frac{3080-2020}{2010-1990} = \frac{1060}{20} = 53$

**b.** There is an increase of 53 students per year.

## Section 2.3

**25.** **a.** $y = k$

**b.** $y - y_1 = m(x - x_1)$

**c.** $Ax + By = C$

**d.** $x = k$

**e.** $y = mx + b$

**27.** $m = -\frac{2}{3}$, $x$-intercept: $(3, 0)$

$y - 0 = -\frac{2}{3}(x-3)$

$y = -\frac{2}{3}x + 2$ or $\frac{2}{3}x + y = 2$

$2x + 3y = 6$

**29.** $y = -\frac{1}{3}x + 2$

$m_\perp = 3$, point: $(6, -2)$

$y - (-2) = 3(x-6)$

$y + 2 = 3x - 18$

$y = 3x - 20$ or $3x - y = 20$

**31.** **a.** $y = -2$

**b.** $x = -3$

**c.** $x = -3$

**d.** $y = -2$

## Section 2.4

**33. a.** $y = 0.25x + 20$

**b.**

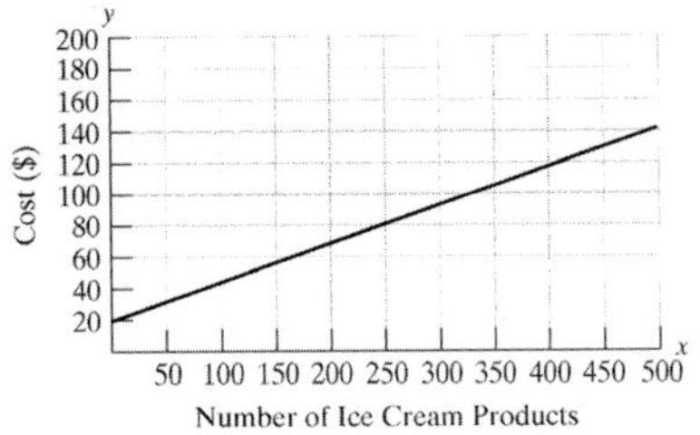


**c.** The $y$-intercept represents the daily cost of $20 when no ice cream is sold.

**d.** $y = 0.25(450) + 20$

$= 112.50 + 20 = 132.50$

The cost is $132.50 when 450 ice cream products are sold.

**e.** The slope of the line is 0.25.

**f.** The daily cost increases by $0.25 per ice cream product.

## Section 2.5

**35.** Domain: $\left\{\frac{1}{3}, 6, \frac{1}{4}, 7\right\}$

Range: $\left\{10, -\frac{1}{2}, 4, \frac{2}{5}\right\}$

**37.** Domain: $[-3, 9]$

Range: $[0, 60]$

## Section 2.6

**39.** Answers will vary. For example:

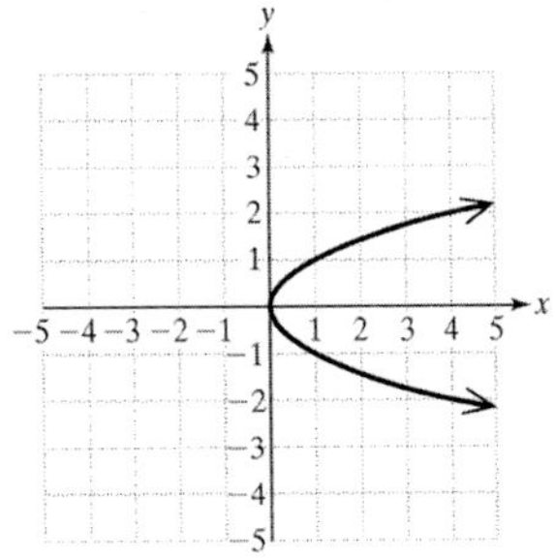


**41. a.** Not a function

**b.** $[1, 3]$

**c.** $[-4, 4]$

**43. a.** A function

**b.** $\{1, 2, 3, 4\}$

**c.** $\{3\}$

**45. a.** Not a function

**b.** $\{4, 9\}$

**c.** $\{2, -2, 3, -3\}$

**47.** $f(0) = 6(0)^2 - 4 = 6(0) - 4 = 0 - 4 = -4$

**49.** $f(-1) = 6(-1)^2 - 4 = 6(1) - 4 = 6 - 4 = 2$

**51.** $f(b) = 6(b)^2 - 4 = 6b^2 - 4$

**53.** $f(\square) = 6(\square)^2 - 4 = 6\square^2 - 4$

**55.** $g(x) = 7x^3 + 1$

Domain: $(-\infty, \infty)$

**57.** $k(x) = \sqrt{x - 8}$

$x - 8 \geq 0$

$x \geq 8$

Domain: $[8, \infty)$

**59.** $p(x) = 48 + 5x$

**a.** $p(10) = 48 + 5(10) = 48 + 50 = \$98$

**b.** $p(15) = 48 + 5(15) = 48 + 75 = \$123$

**c.** $p(20) = 48 + 5(20) = 48 + 100 = \$148$

## Section 2.7

**61.** $f(x) = x^2$

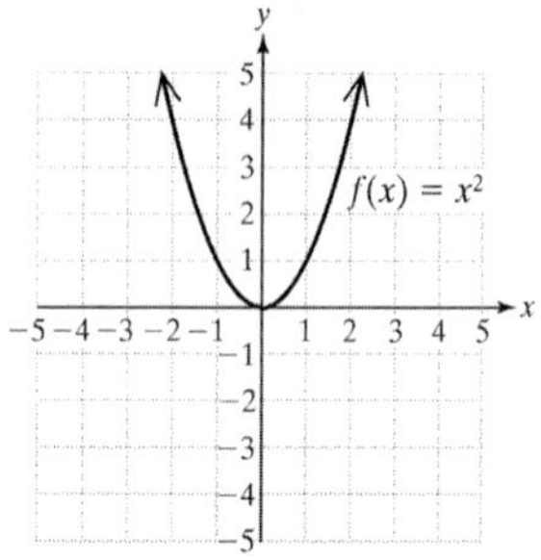


**63.** $w(x) = |x|$

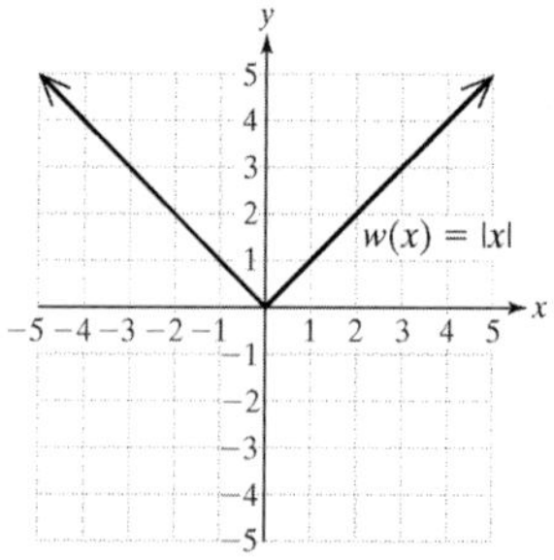


**65.** $r(x) = \dfrac{1}{x}$

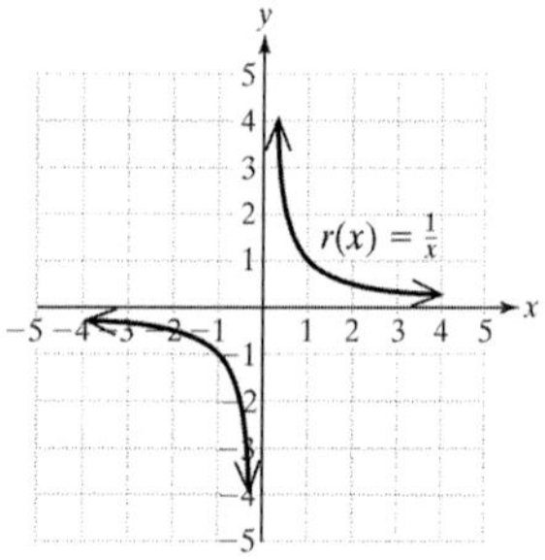


**67.** $k(x) = 2x + 1$

The function is increasing over its entire domain, $(-\infty, \infty)$. It is never decreasing or constant.

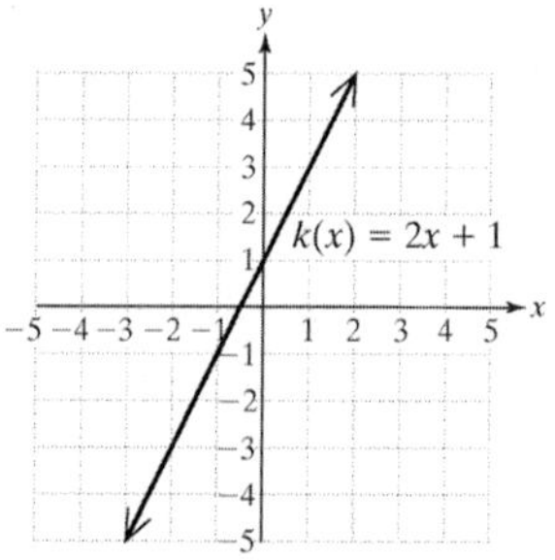


**69.** $r(x) = 2\sqrt{x-4}$

**a.** $r(2) = 2\sqrt{2-4} = 2\sqrt{-2}$ not a real number

$r(4) = 2\sqrt{4-4} = 2\sqrt{0} = 2 \cdot 0 = 0$

$r(5) = 2\sqrt{5-4} = 2\sqrt{1} = 2 \cdot 1 = 2$

$r(8) = 2\sqrt{8-4} = 2\sqrt{4} = 2 \cdot 2 = 4$

**b.** $x - 4 \geq 0$

$x \geq 4$

Domain: $[4, \infty)$

**71.** $k(x) = -|x+3|$

**a.** $k(-5) = -|-5+3| = -|-2| = -2$

$k(-4) = -|-4+3| = -|-1| = -1$

$k(-3) = -|-3+3| = -|0| = 0$

**b.** Domain: $(-\infty, \infty)$

**73.** $q(x) = -2x + 9$

$-2x + 9 = 0$

$-2x = -9$

$x = \dfrac{9}{2}$ $x$-intercept: $\left(\dfrac{9}{2}, 0\right)$

$f(0) = -2(0) + 9 = 0 + 9 = 9$

$y$-intercept: $(0, 9)$

**75.** $g(-2) = -1$

**77.** $g(x) = 0$ when $x = 0$ and $x = 4$.

**79.** Domain: $(-4, \infty)$

## Chapter 2 Test

**1.**

$$x-\frac{2}{3}y=6$$

$$0-\frac{2}{3}y=6 \qquad y=-\frac{3}{2}(6)=-9 \qquad (0, -9)$$

$$x-\frac{2}{3}(0)=6 \qquad x=6 \qquad (6, 0)$$

$$x-\frac{2}{3}(-3)=6 \qquad x+2=6 \qquad x=4 \qquad (4, -3)$$

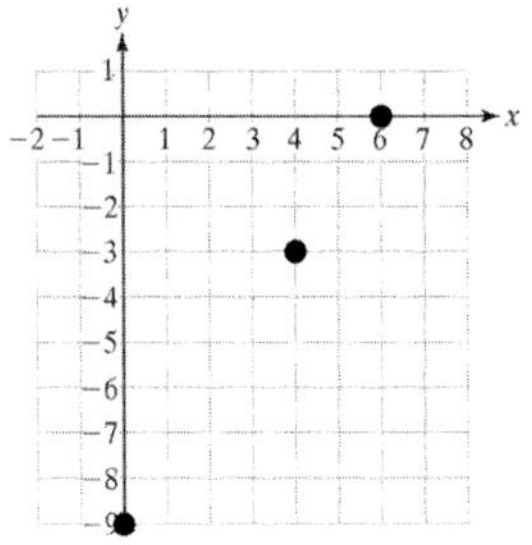


**3.**

$$y=-\frac{1}{2}x-3$$

$$-1=-\frac{1}{2}(-4)-3=2-3-1$$

(–4, –1) is a solution of the equation.

**5.**

$$6x-8y=24$$

$$6x-8(0)=24 \qquad 6x=24 \qquad x=4$$

$$6(0)-8y=24 \qquad -8y=24 \qquad y=-3$$

The $x$-intercept is (4, 0).
The $y$-intercept is (0, –3).

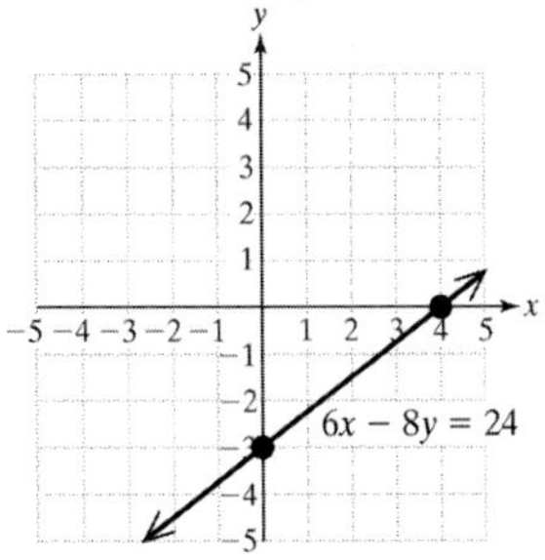


**7.**

$$3x=5y$$

$$3x=5(0) \qquad 3x=0 \qquad x=0$$

$$3(0)=5y \qquad 0=5y \qquad 0=y$$

The $x$-intercept is (0, 0).
The $y$-intercept is (0, 0).

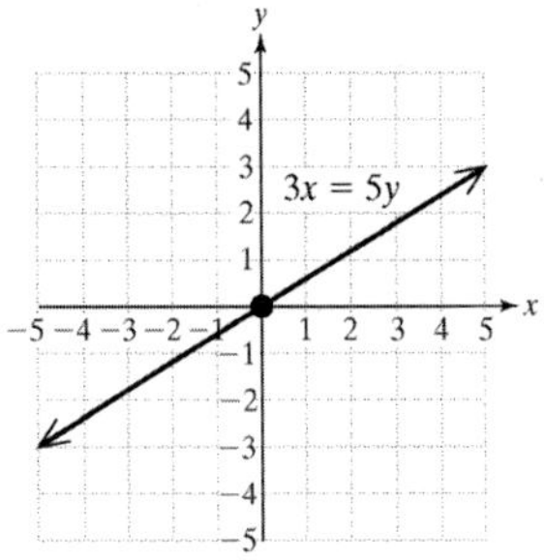


**9.** **a.** $m=\dfrac{-8-(-3)}{-1-7}=\dfrac{-5}{-8}=\dfrac{5}{8}$

**b.**

$$6x-5y=1$$

$$-5y=-6x+1$$

$$y=\frac{-6}{-5}x+\frac{1}{-5}$$

$$y=\frac{6}{5}x-\frac{1}{5}$$

$$m=\frac{6}{5}$$

**11.** **a.** $m=-7$

**b.** $m=\dfrac{1}{7}$

**13. a.** $-3x+4y=4$

$4y=3x+4$

$y=\frac{3}{4}x+1$

**b.** $m=\frac{3}{4}$, $y$-intercept: $(0, 1)$

**c.**

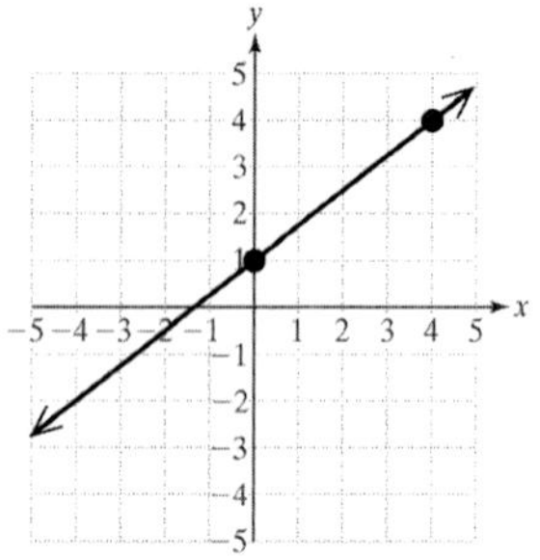

**15. a.** For example: $y=3x+2$

**b.** For example: $x=2$

**c.** For example: $y=3$ $\quad m=0$

**d.** For example: $y=-2x$

**17.** $m=\frac{0-(-3)}{4-2}=\frac{3}{2}$

$y-(-3)=\frac{3}{2}(x-2)$

$y+3=\frac{3}{2}x-3$

$y=\frac{3}{2}x-6$ or $\frac{3}{2}x-y=6$

$3x-2y=12$

**19.** $3x+y=7$

$y=-3x+7$

$m_{\perp}=\frac{1}{3}$ $\quad$ point: $(-10, -3)$

$y-(-3)=\frac{1}{3}(x-(-10))$

$y+3=\frac{1}{3}x+\frac{10}{3}$

$y=\frac{1}{3}x+\frac{1}{3}$

**21. a.** (0, 66) For a woman born in 1940, the life expectancy was about 66 years.

**b.** $m=\frac{75-66}{30-0}=\frac{9}{30}=\frac{3}{10}$

Life expectancy increases by 3 years for every 10 years that elapse.

**c.** $y=\frac{3}{10}x+66$

**d.** 1994 corresponds to $x=54$.

$y=\frac{3}{10}(54)+66=16.2+66=82.2$

Life expectancy is 82.2 years for a woman born in 1994. This is 3.2 years longer than 79 years.

**23. a.** A function.

**b.** Domain: $(-\infty, \infty)$

**c.** Range: $(-\infty, 0]$

**25.** $f(x)=-3x-1$

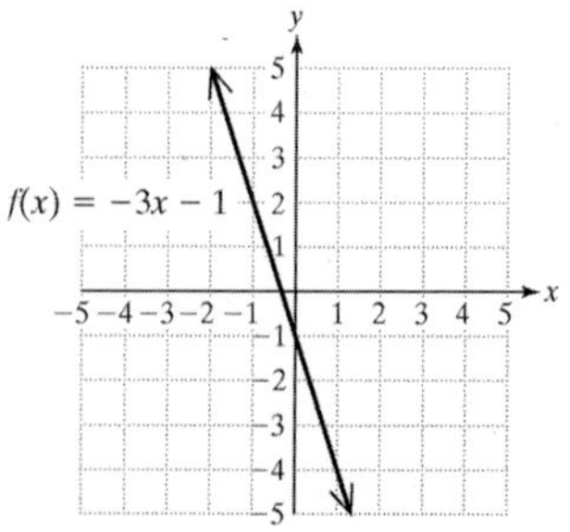

**27.** $p(x) = x^2$

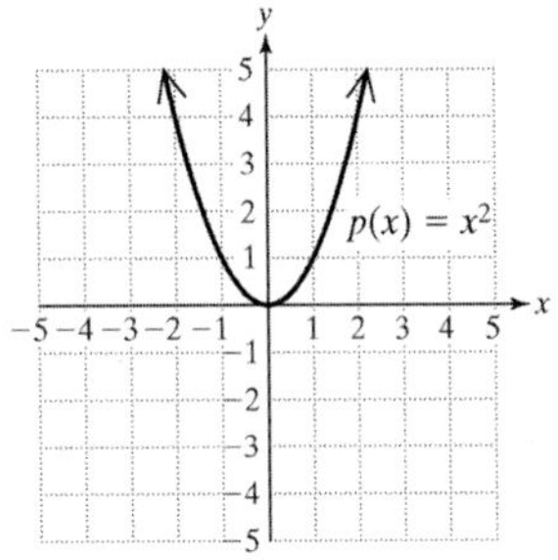


**29.** $f(x) = \dfrac{x-5}{x+7}$

$x + 7 = 0$

$x = -7$

Domain: $(-\infty, -7) \cup (-7, \infty)$

**31.** $h(x) = (x+7)(x-5)$ Domain: $(-\infty, \infty)$

**33.** $s(t) = 1.6t + 36$

**a.** $s(0) = 1.6(0) + 36 = 0 + 36 = 36$

$s(7) = 1.6(7) + 36 = 11.2 + 36 = 47.2$

In 1985, the per capita consumption was 36 gal. In 1992, the per capita consumption was 47.2 gal.

**b.** $m = 1.6$.

Consumption increases by 1.6 gal/year.

**35.** $f(4) = 2$

**37.** Range: $[-1, 4)$

**39.** $x$-intercept: $(6, 0)$

**41.** All $x$ in the interval $[1, 3]$ and $x = 5$.

**43.** $g(x) = -3x$ Linear function

**45.** $k(x) = -\dfrac{3}{x}$ None of these

## Chapters 1 – 2 Cumulative Review Exercises

**1.** $\dfrac{5 - 2^3 \div 4 + 7}{-1 - 3(4-1)} = \dfrac{5 - 8 \div 4 + 7}{-1 - 3(3)}$

$= \dfrac{5 - 2 + 7}{-1 - 9} = \dfrac{10}{-10} = -1$

**3.** $z - (3 + 2z) + 5 = -2z - 5$

$z - 3 - 2z + 5 = -2z - 5$

$-z + 2 = -2z - 5$

$-z + 2z + 2 = -2z + 2z - 5$

$z + 2 = -5$

$z = -7$

**5.**

| | Distance | Rate | Time |
|---|---|---|---|
| Up Hill | $10t$ | 10 | $t$ |
| Down Hill | $15(10 - t)$ | 15 | $10 - t$ |

(distance up hill) = (distance down hill)

$10t = 15(10 - t)$

$10t = 150 - 15t$

$25t = 150$

$t = 6$

$d = 10(6) = 60$

The distance to the top of the hill is 60 mi.

**7. a.**
$$-5x-4\le -2(x-1)$$
$$-5x-4\le -2x+2$$
$$-5x+2x-4\le -2x+2x+2$$
$$-3x-4\le 2$$
$$-3x\le 6$$
$$\frac{-3x}{-3}\ge \frac{6}{-3}$$
$$x\ge -2 \qquad [-2,\infty)$$

**b.**
$$-x+4>1$$
$$-x+4-4>1-4$$
$$-x>-3$$
$$\frac{-x}{-1}<\frac{-3}{-1}$$
$$x<3 \qquad (-\infty,3)$$

**9.**
$$y=6x-5$$
$$7=6\left(\frac{1}{3}\right)-5=2-5=-3$$
$\left(\frac{1}{3},7\right)$ is not a solution.

**11. a.**
$$2y+4=10$$
$$2y=6$$
$$y=3$$
There is no $x$-intercept.
The $y$-intercept is (0, 3).

**b.** $m=0$

**c.**

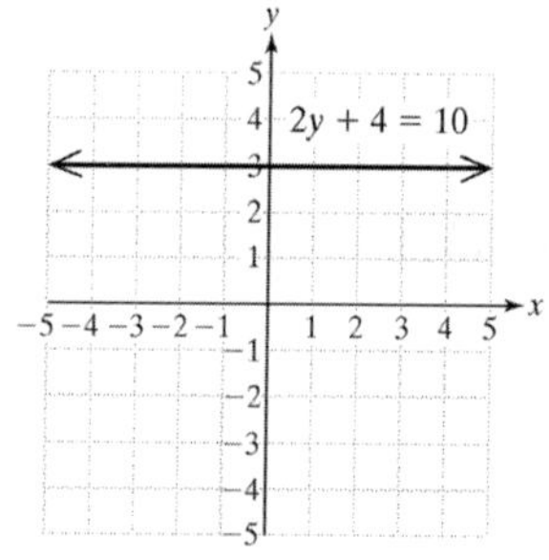


**13.** Domain: $\{3, 4\}$ Range: $\{-1, -5, -8\}$
This is not a function.

**15.**
$$y=\frac{1}{4}x-2$$
$$m_{\perp}=-4 \qquad \text{point: } (1,-4)$$
$$y-(-4)=-4(x-1)$$
$$y+4=-4x+4$$
$$y=-4x$$

**17.**
$$x-15\ne 0$$
$$x\ne 15$$
Domain: $(-\infty,15)\cup(15,\infty)$

**19.** Let $x$ = the yearly rainfall in Los Angeles
$2x-0.7$ = the yearly rainfall in Seattle
$$x+(2x-0.7)=50$$
$$3x-0.7=50$$
$$3x=50.7$$
$$x=16.9$$
$$2x-0.7=2(16.9)-0.7=33.1$$
Los Angeles gets 16.9 in of rain per year and Seattle gets 33.1 in of rain per year.

# Chapter 3 Systems of Linear Equations

## Chapter Opener Puzzle

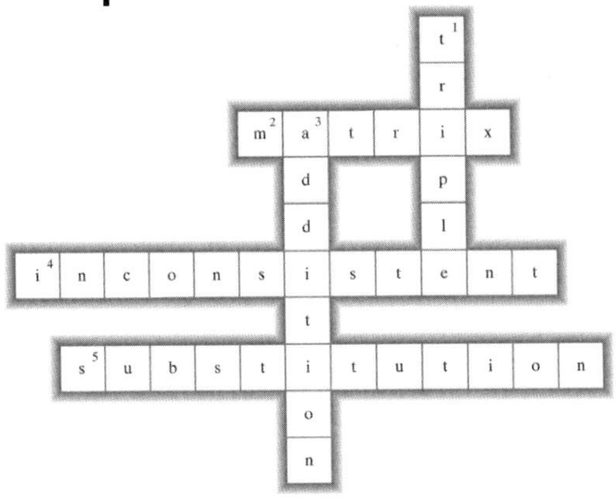

## Section 3.1 Solving Systems of Linear Equations by Graphing

### Section 3.1 Practice Exercises

**1.** Answers will vary.

**3.** $y = 8x - 5$

$y = 4x + 3$

Substitute $(-1, 13)$:

$13 = 8(-1) - 5 = -8 - 5 = -13$

Not a solution.

Substitute $(-1, 1)$:

$1 = 8(-1) - 5 = -8 - 5 = -13$

Not a solution.

Substitute $(2, 11)$:

$11 = 8(2) - 5 = 16 - 5 = 11$

$11 = 4(2) + 3 = 8 + 3 = 11$

$(2, 11)$ is a solution.

**5.** $2x - 7y = -30$

$y = 3x + 7$

Substitute $(0, -30)$:

$2(0) - 7(-30) = 0 + 210 = 210 \neq -30$

Not a solution.

Substitute $\left(\frac{3}{2}, 5\right)$:

$2\left(\frac{3}{2}\right) - 7(5) = 3 - 35 = -32 \neq -30$

Not a solution.

Substitute $(-1, 4)$:

$2(-1) - 7(4) = -2 - 28 = -30 = -30$

$4 = 3(-1) + 7 = -3 + 7 = 4$

$(-1, 4)$ is a solution.

**7.** $x - y = 6$

$4x + 3y = -4$

Substitute $(4, -2)$:

$4 - (-2) = 4 + 2 = 6 = 6$

$4(4) + 3(-2) = 16 - 6 = 10 \neq -4$

Not a solution.

Substitute $(6, 0)$:

$6 - 0 = 6 = 6$

$4(6) + 3(0) = 24 + 0 = 24 \neq -4$

Not a solution.

Substitute $(2, 4)$:

$2 - 4 = -2 \neq 6$

Not a solution.

**9.** **a.** Consistent
**b.** Independent
**c.** One solution

**11.** **a.** Inconsistent
**b.** Independent
**c.** Zero solutions

**13.** **a.** Consistent
**b.** Dependent
**c.** Infinitely many solutions

**15.** $2x + y = 4$

$y = -2x + 4$

$x + 2y = -1$

$2y = -x - 1$

$y = -\frac{1}{2}x - \frac{1}{2}$

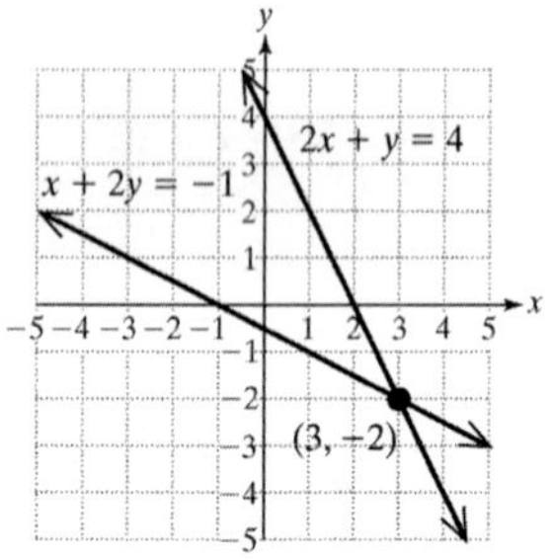


The solution is (3, –2).

**17.** $y = -2x + 3$ $\quad y = 5x - 4$

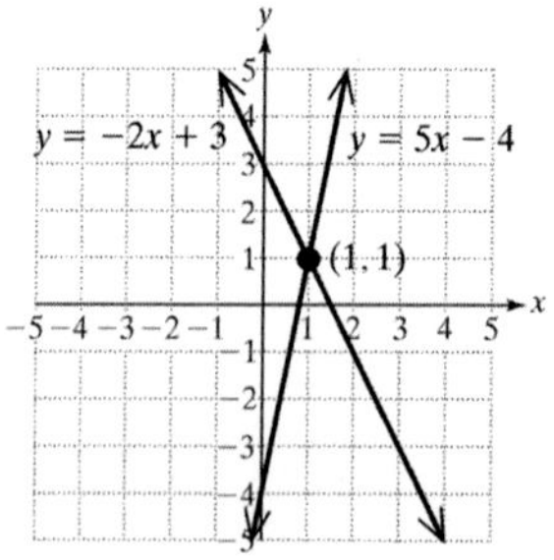


The solution is (1, 1).

**19.** $y = \frac{1}{3}x - 5$ $\quad y = -\frac{2}{3}x - 2$

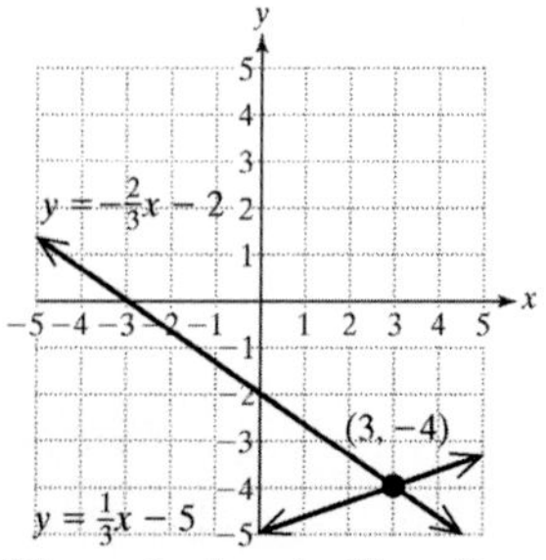


The solution is (3, –4).

**21.** $x = 4$ $\quad y = 2x - 3$

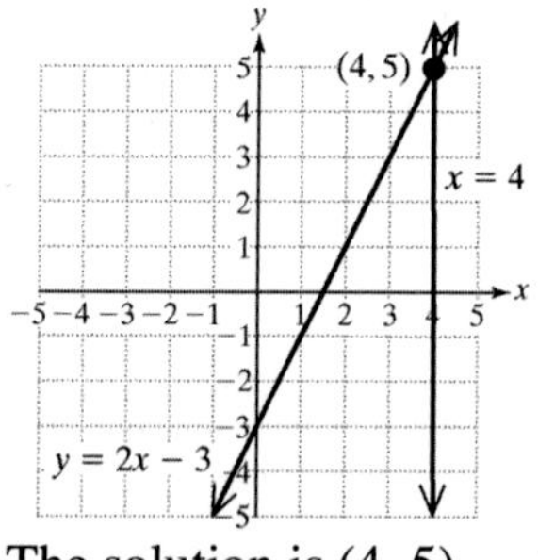


The solution is (4, 5).

**23.** $y=-2x+3$ $\quad$ $-2x=y+1$

$y=-2x-1$

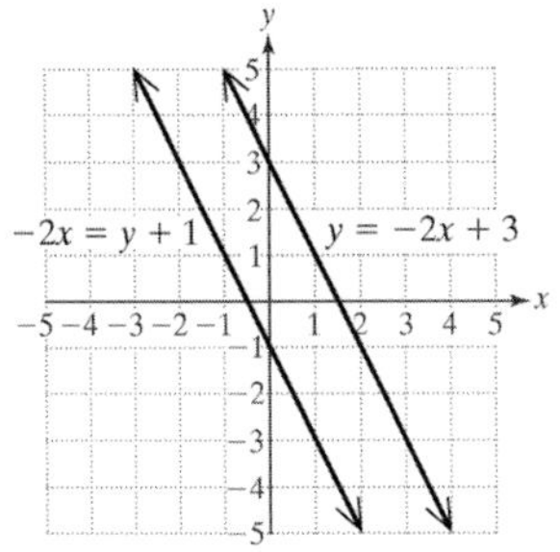


Inconsistent system. There is no solution.

**25.** $y=\dfrac{2}{3}x-1$ $\quad$ $2x=3y+3$

$3y=2x-3$

$y=\dfrac{2}{3}x-1$

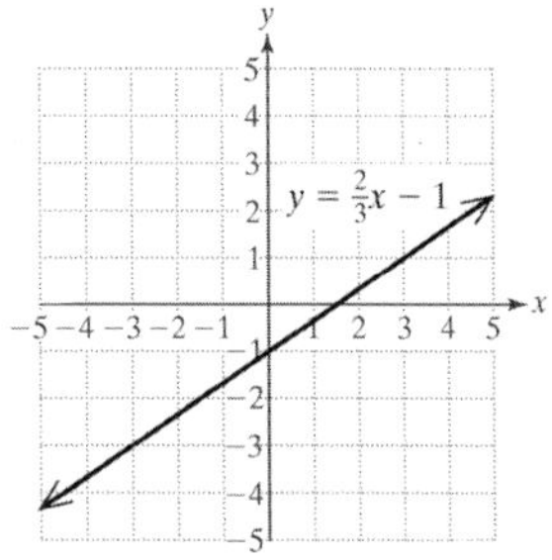

Dependent system. Infinitely many solutions of the form $\left\{(x, y)\middle| y=\dfrac{2}{3}x-1\right\}$.

**27.** $2x=4$ $\quad$ $\dfrac{1}{2}y=-1$

$x=2$ $\quad$ $y=-2$

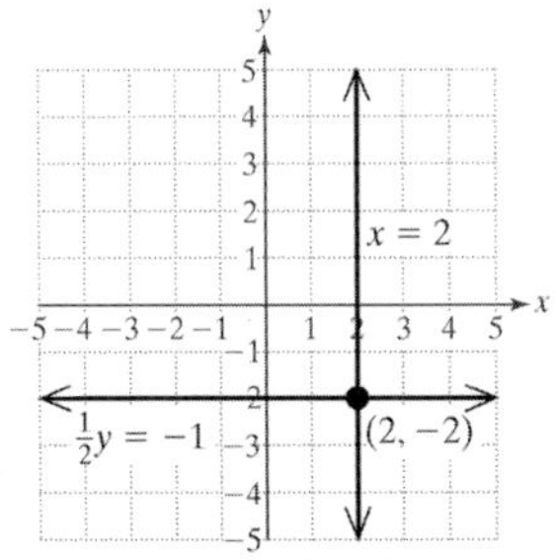


The solution is (2, –2).

**29.** $-x+3y=6$ $\quad$ $6y=2x+12$

$3y=x+6$ $\quad$ $y=\dfrac{1}{3}x+2$

$y=\dfrac{1}{3}x+2$

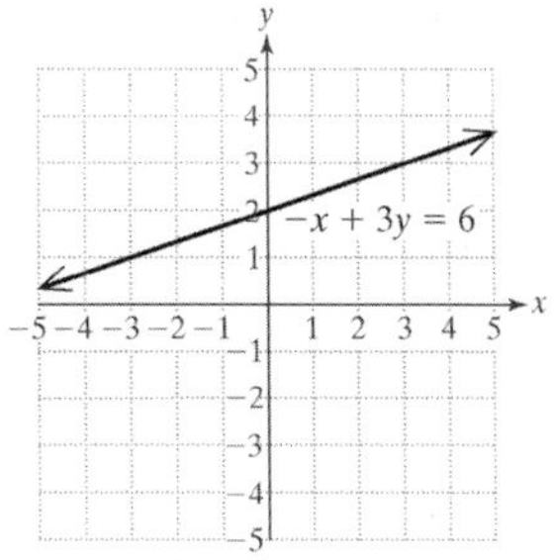


Dependent system. Infinitely many solutions of the form $\{(x, y)|-x+3y=6\}$.

**31.** $2x-y=4$ $\quad$ $4x+2=2y$

$-y=-2x+4$ $\quad$ $2y=4x+2$

$y=2x-4$ $\quad$ $y=2x+1$

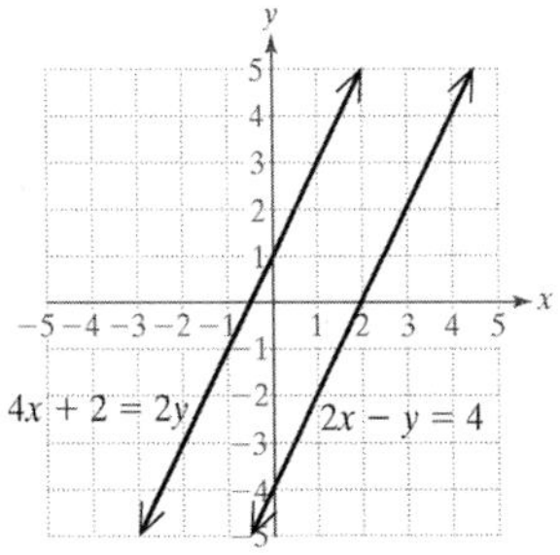


Inconsistent system. There is no solution.

**33.** False

**35.** True

**37.** $y = 2x - 3$ $\qquad y = -4x + 9$

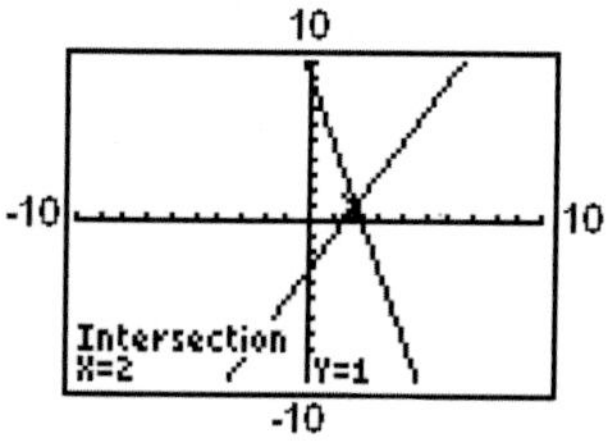


The solution is (2, 1).

**39.** $x + y = 4$ $\qquad -2x + y = -5$

$y = -x + 4$ $\qquad y = 2x - 5$

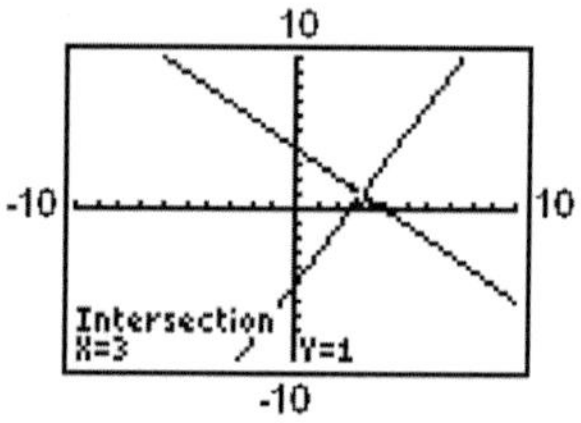


The solution is (3, 1).

**41.** $-x + 3y = -6$ $\qquad 6y = 2x + 6$

$3y = x - 6$ $\qquad y = \frac{1}{3}x + 1$

$y = \frac{1}{3}x - 2$

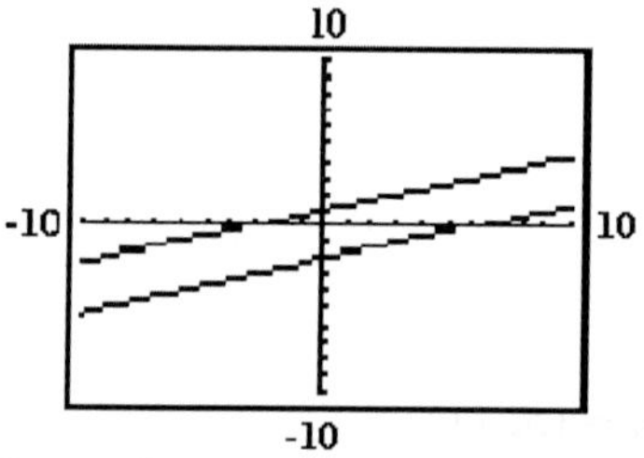


Inconsistent system. There is no solution.

## Section 3.2 Solving Systems of Equations by Using the Substitution Method

### Section 3.2 Practice Exercises

**1.** Answers will vary.

**3.** $4x + 6y = 1$ $\qquad 10x + 15y = \frac{5}{2}$

$6y = -4x + 1$ $\qquad 15y = -10x + \frac{5}{2}$

$y = -\frac{2}{3}x + \frac{1}{6}$ $\qquad y = -\frac{2}{3}x + \frac{1}{6}$

Infinitely many solutions

**5.** $6x + 3y = 8$ $\qquad 8x + 4y = -1$

$3y = -6x + 8$ $\qquad 4y = -8x - 1$

$y = -2x + \frac{8}{3}$ $\qquad y = -2x - \frac{1}{4}$

No solution

**7.** $y = 2x + 3$ $\quad$ $6x + 3y = 9$

$$3y = -6x + 9$$
$$y = -2x + 3$$

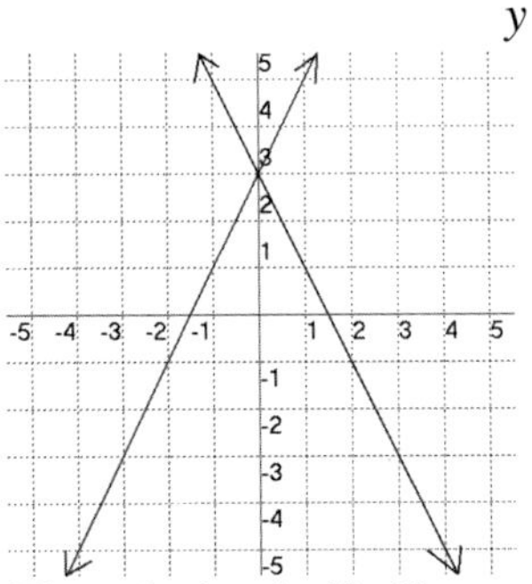


The solution is (0, 3).

**9.**
$$y = -3x - 1$$
$$2x - 3y = -8$$
$$2x - 3(-3x - 1) = -8$$
$$2x + 9x + 3 = -8$$
$$11x = -11$$
$$x = -1$$
$$y = -3x - 1 = -3(-1) - 1 = 3 - 1 = 2$$

The solution is (–1, 2).

**11.**
$$-3x + 8y = -1$$
$$4x - 11 = y$$
$$-3x + 8(4x - 11) = -1$$
$$-3x + 32x - 88 = -1$$
$$29x = 87$$
$$x = 3$$
$$y = 4x - 11 = 4(3) - 11 = 12 - 11 = 1$$

The solution is (3, 1).

**13.**
$$3x + 12y = 36$$
$$x - 5y = 12 \rightarrow x = 5y + 12$$
$$3(5y + 12) + 12y = 36$$
$$15y + 36 + 12y = 36$$
$$27y = 0$$
$$y = 0$$
$$x = 5y + 12 = 5(0) + 12 = 0 + 12 = 12$$

The solution is (12, 0).

**15.**
$$x - y = 8 \rightarrow x = y + 8$$
$$3x + 2y = 9$$
$$3(y + 8) + 2y = 9$$
$$3y + 24 + 2y = 9$$
$$5y = -15$$
$$y = -3$$
$$x = y + 8 = -3 + 8 = 5$$

The solution is (5, –3).

**17.**
$$2x - y = -1$$
$$y = -2x$$
$$2x - (-2x) = -1$$
$$4x = -1$$
$$x = -\frac{1}{4}$$
$$y = -2x = -2\left(-\frac{1}{4}\right) = \frac{1}{2}$$

The solution is $\left(-\frac{1}{4}, \frac{1}{2}\right)$.

**19.**
$$2x + 3 = 7 \rightarrow 2x = 4 \rightarrow x = 2$$
$$3x - 4y = 6$$
$$3(2) - 4y = 6$$
$$6 - 4y = 6$$
$$4y = 0$$
$$y = 0$$

The solution is $(2, 0)$.

**21.**
$$2x - 6y = -2$$
$$x = 3y - 1$$
$$2(3y - 1) - 6y = -2$$
$$6y - 2 - 6y = -2$$
$$-2 = -2$$

This is a dependent system. Infinitely many solutions of the form $\{(x, y) | x = 3y - 1\}$.

**23.**
$$y=\frac{1}{7}x+3$$
$$x-7y=-4$$
$$x-7\left(\frac{1}{7}x+3\right)=-4$$
$$x-x-21=-4$$
$$-21\neq -4$$
This is an inconsistent system. There is no solution.

**25.** $5x-y=10 \rightarrow y=5x-10$
$$2y=10x-5$$
$$2(5x-10)=10x-5$$
$$10x-20=10x-5$$
$$-20\neq -5$$
This is an inconsistent system. There is no solution.

**27.** $3x-y=7 \rightarrow y=3x-7$
$$-14+6x=2y$$
$$-14+6x=2(3x-7)$$
$$-14+6x=6x-14$$
$$-14=-14$$
This is a dependent system. Infinitely many solutions of the form $\{(x, y)|\,3x-y=7\}$.

**29.** If you get an identity, such as 0 = 0 or 5 = 5 when solving a system of equations, then the system is dependent.

**31.** $x=1.3y+1.5$
$$y=1.2x-4.6$$
$$x=1.3(1.2x-4.6)+1.5$$
$$x=1.56x-5.98+1.5$$
$$-0.56x=-4.48$$
$$x=8$$
$$y=1.2x-4.6=1.2(8)-4.6=9.6-4.6=5$$
The solution is $(8, 5)$.

**33.**
$$y=\frac{2}{3}x-\frac{1}{3}$$
$$x=\frac{1}{4}y+\frac{17}{4}$$
$$x=\frac{1}{4}\left(\frac{2}{3}x-\frac{1}{3}\right)+\frac{17}{4}$$
$$x=\frac{1}{6}x-\frac{1}{12}+\frac{17}{4}$$
$$\frac{5}{6}x=-\frac{1}{12}+\frac{51}{12}$$
$$\frac{5}{6}x=\frac{50}{12}$$
$$x=\frac{50}{12}\cdot\frac{6}{5}=\frac{300}{60}=5$$
$$y=\frac{2}{3}x-\frac{1}{3}=\frac{2}{3}(5)-\frac{1}{3}=\frac{10}{3}-\frac{1}{3}=\frac{9}{3}=3$$
The solution is $(5, 3)$.

**35.** $-2x+y=4 \rightarrow y=2x+4$
$$-\frac{1}{4}x+\frac{1}{8}y=\frac{1}{4}$$
$$-\frac{1}{4}x+\frac{1}{8}(2x+4)=\frac{1}{4}$$
$$-\frac{1}{4}x+\frac{1}{4}x+\frac{1}{2}=\frac{1}{4}$$
$$\frac{1}{2}\neq\frac{1}{4}$$
This is an inconsistent system. There is no solution.

**37.** $3x+2y=6$
$$y=x+3$$
$$3x+2(x+3)=6$$
$$3x+2x+6=6$$
$$5x+6=6$$
$$5x=0$$
$$x=0$$
$$y=0+3=3$$
The solution is $(0, 3)$.

**39.** $-300x-125y=1350$

$y+2=8 \rightarrow y=6$

$-300x-125(6)=1350$

$-300x-750=1350$

$-300x=2100$

$x=-7$

The solution is $(-7, 6)$.

**41.** $2x-y=6 \rightarrow y=2x-6$

$\frac{1}{6}x-\frac{1}{12}y=\frac{1}{2}$

$\frac{1}{6}x-\frac{1}{12}(2x-6)=\frac{1}{2}$

$\frac{1}{6}x-\frac{1}{6}x+\frac{1}{2}=\frac{1}{2}$

$\frac{1}{2}=\frac{1}{2}$

This is a dependent system. Infinitely many solutions of the form $\{(x, y)|\,2x-y=6\}$.

**43.** $y=200x-320$

$y=-150x+1080$

$200x-320=-150x+1080$

$350x=1400$

$x=4$

$y=200x-320=200(4)-320$

$=800-320=480$

The solution is $(4, 480)$.

**45.** $y=-2.7x-5.1$

$y=3.1x-63.1$

$3.1x-63.1=-2.7x-5.1$

$5.8x=58$

$x=10$

$y=3.1x-63.1=3.1(10)-63.1$

$=31-63.1=-32.1$

The solution is $(10, -32.1)$.

**47.** $4x+4y=5$

$x-4y=-\frac{5}{2} \rightarrow x=4y-\frac{5}{2}$

$4\left(4y-\frac{5}{2}\right)+4y=5$

$16y-10+4y=5$

$20y=15$

$y=\frac{15}{20}=\frac{3}{4}$

$x=4y-\frac{5}{2}=4\left(\frac{3}{4}\right)-\frac{5}{2}=3-\frac{5}{2}=\frac{1}{2}$

The solution is $\left(\frac{1}{2}, \frac{3}{4}\right)$.

**49.** $2(x+2y)=12 \rightarrow x+2y=6 \rightarrow x=-2y+6$

$-6x=5y-8$

$-6(-2y+6)=5y-8$

$12y-36=5y-8$

$7y=28$

$y=\frac{28}{7}=4$

$x=-2(4)+6=-8+6=-2$

The solution is $(-2, 4)$.

**51.** $5(3x-y)=10 \rightarrow 3x-y=2 \rightarrow y=3x-2$

$4y=7x-3$

$4(3x-2)=7x-3$

$12x-8=7x-3$

$5x=5$

$x=1$

$y=3(1)-2=3-2=1$

The solution is $(1, 1)$.

**53.** $2x-5=7 \rightarrow 2x=12 \rightarrow x=6$

$4=3y+1 \rightarrow 3=3y \rightarrow y=1$

The solution is $(6, 1)$.

## Section 3.3 Solving Systems of Equations by Using the Addition Method

### Section 3.3 Practice Exercises

**1.** Answers will vary.

**3.** One solution – different slopes

**5.** Add the two equations and solve for $y$:

$$\begin{aligned} 3x - y &= -1 \\ -3x + 4y &= -14 \\ \hline 3y &= -15 \\ y &= -5 \end{aligned}$$

Substitute into the first equation and solve for $x$:

$$\begin{aligned} 3x - (-5) &= -1 \\ 3x + 5 &= -1 \\ 3x &= -6 \\ x &= -2 \end{aligned}$$

The solution is (–2, –5).

**7.**
$$\begin{aligned} 2x + 3y &= 3 \\ -10x + 2y &= -32 \end{aligned}$$

Multiply the first equation by 5, add to the second equation and solve for $y$:

$$\begin{aligned} 2x + 3y = 3 &\xrightarrow{\times 5} 10x + 15y = 15 \\ -10x + 2y = -32 &\longrightarrow \underline{-10x + 2y = -32} \\ & \qquad 17y = -17 \\ & \qquad y = -1 \end{aligned}$$

Substitute into the first equation and solve for $x$:

$$\begin{aligned} 2x + 3(-1) &= 3 \\ 2x - 3 &= 3 \\ 2x &= 6 \\ x &= 3 \end{aligned}$$

The solution is (3, –1).

**9.**
$$\begin{aligned} 3x + 7y &= -20 \\ -5x + 3y &= -84 \end{aligned}$$

Multiply the first equation by 5 and the second equation by 3, add the results and solve for $y$:

$$\begin{aligned} 3x + 7y = -20 &\xrightarrow{\times 5} 15x + 35y = -100 \\ -5x + 3y = -84 &\xrightarrow{\times 3} \underline{-15x + 9y = -252} \\ & \qquad 44y = -352 \\ & \qquad y = -8 \end{aligned}$$

Substitute into the first equation and solve for $x$:

$$\begin{aligned} 3x + 7(-8) &= -20 \\ 3x - 56 &= -20 \\ 3x &= 36 \\ x &= 12 \end{aligned}$$

The solution is (12, –8).

**11.** Write in standard form:

$$\begin{aligned} 3x = 10y + 13 &\rightarrow 3x - 10y = 13 \\ 7y = 4x - 11 &\rightarrow -4x + 7y = -11 \end{aligned}$$

Multiply the first equation by 4 and the second equation by 3, add the results and solve for $y$:

$$\begin{aligned} 3x - 10y = 13 &\xrightarrow{\times 4} 12x - 40y = 52 \\ -4x + 7y = -11 &\xrightarrow{\times 3} \underline{-12x + 21y = -33} \\ & \qquad -19y = 19 \\ & \qquad y = -1 \end{aligned}$$

Substitute into the first equation and solve for $x$:

$$\begin{aligned} 3x &= 10(-1) + 13 \\ 3x &= -10 + 13 \\ 3x &= 3 \\ x &= 1 \end{aligned}$$

The solution is (1, –1).

**13.** Multiply each equation by 10:

$1.2x - 0.6y = 3 \rightarrow 12x - 6y = 30$

$0.8x - 1.4y = 3 \rightarrow 8x - 14y = 30$

Multiply the first equation by 2 and the second equation by –3, add the results and solve for *y*:

$$\begin{aligned} 12x - 6y = 30 &\xrightarrow{\times 2} 24x - 12y = 60 \\ 8x - 14y = 30 &\xrightarrow{\times -3} \underline{-24x + 42y = -90} \\ &\qquad 30y = -30 \\ &\qquad y = -1 \end{aligned}$$

Substitute into the first equation and solve for *x*:

$$\begin{aligned} 12x - 6(-1) &= 30 \\ 12x + 6 &= 30 \\ 12x &= 24 \\ x &= 2 \end{aligned}$$

The solution is (2, –1).

**15.** Write in standard form:

$3x + 2 = 4y + 2 \rightarrow 3x - 4y = 0$

$7x = 3y \rightarrow 7x - 3y = 0$

Multiply the first equation by 3 and the second equation by –4, add the results and solve for *x*:

$$\begin{aligned} 3x - 4y = 0 &\xrightarrow{\times 3} 9x - 12y = 0 \\ 7x - 3y = 0 &\xrightarrow{\times -4} \underline{-28x + 12y = 0} \\ &\qquad -19x = 0 \\ &\qquad x = 0 \end{aligned}$$

Substitute into the first equation and solve for *y*:

$$\begin{aligned} 3(0) - 4y &= 0 \\ 0 - 4y &= 0 \\ -4y &= 0 \\ y &= 0 \end{aligned}$$

The solution is (0, 0).

**17.**

$3x - 2y = 1$

$-6x + 4y = -2$

Multiply the first equation by 2, add to the second equation and solve for *y*:

$$\begin{aligned} 3x - 2y = 1 &\xrightarrow{\times 2} 6x - 4y = 2 \\ -6x + 4y = -2 &\longrightarrow \underline{-6x + 4y = -2} \\ &\qquad 0 = 0 \end{aligned}$$

This is a dependent system. Infinitely many solutions of the form $\{(x, y) \mid 3x - 2y = 1\}$.

**19.** Write in standard form:

$6y = 14 - 4x \rightarrow 4x + 6y = 14$

$2x = -3y - 7 \rightarrow 2x + 3y = -7$

Multiply the second equation by –2, add to the first equation and solve for *y*:

$$\begin{aligned} 4x + 6y = 14 &\longrightarrow 4x + 6y = 14 \\ 2x + 3y = -7 &\xrightarrow{\times -2} \underline{-4x - 6y = 14} \\ &\qquad 0 \neq 28 \end{aligned}$$

This is an inconsistent system. There is no solution.

**21.** Write in standard form:

$12x - 4y = 2 \rightarrow 12x - 4y = 2$

$6x = 1 + 2y \rightarrow 6x - 2y = 1$

Multiply the second equation by –2, add to the first equation and solve for *y*:

$$\begin{aligned} 12x - 4y = 2 &\longrightarrow 12x - 4y = 2 \\ 6x - 2y = 1 &\xrightarrow{\times -2} \underline{-12x + 4y = -2} \\ &\qquad 0 = 0 \end{aligned}$$

This is a dependent system. Infinitely many solutions of the form $\{(x, y) \mid 12x - 4y = 2\}$.

**23.**

$\frac{1}{2}x + y = \frac{7}{6}$

$x + 2y = 4.5$

Multiply the first equation by –2, add to the second equation and solve for *y*:

$$\begin{aligned} \frac{1}{2}x + y = \frac{7}{6} &\xrightarrow{\times -2} -x - 2y = -\frac{7}{3} \\ x + 2y = 4.5 &\longrightarrow \underline{x + 2y = 4.5} \\ &\qquad 0 \neq \frac{13}{6} \end{aligned}$$

This is an inconsistent system. There is no solution.

**25.** Use the substitution method if one equation has *x* or *y* already isolated.

**27.** $2x-4y=8$

$$y=2x+1$$
$$2x-4(2x+1)=8$$
$$2x-8x-4=8$$
$$-6x=12$$
$$x=-2$$
$$y=2x+1=2(-2)+1=-4+1=-3$$

The solution is $(-2, -3)$.

**29.** $2x+5y=9$

$4x-7y=-16$

Multiply the first equation by –2, add to the second equation and solve for $y$:

$$\begin{array}{lcr} 2x+5y=9 & \xrightarrow{\times -2} & -4x-10y=-18 \\ 4x-7y=-16 & \longrightarrow & \underline{4x-\ \ 7y=-16} \\ & & -17y=-34 \\ & & y=2 \end{array}$$

Substitute into the first equation and solve for $x$:

$$2x+5(2)=9$$
$$2x+10=9$$
$$2x=-1$$
$$x=-\frac{1}{2}$$

The solution is $\left(-\frac{1}{2}, 2\right)$.

**31.** $0.2x-0.1y=0.8$

$$0.1x-0.1y=0.4 \rightarrow 0.1x=0.1y+0.4$$
$$\rightarrow x=y+4$$
$$0.2(y+4)-0.1y=0.8$$
$$0.2y+0.8-0.1y=0.8$$
$$0.1y+0.8=0.8$$
$$0.1y=0$$
$$y=0$$
$$x=0+4=4$$

The solution is $(4, 0)$.

**33.** $4x-6y=5$

$2x-3y=7$

Multiply the second equation by –2, add to the first equation and solve for $y$:

$$\begin{array}{lcr} 4x-6y=5 & \longrightarrow & 4x-6y=\ \ 5 \\ 2x-3y=7 & \xrightarrow{\times -2} & \underline{-4x+6y=-14} \\ & & 0\neq -9 \end{array}$$

This is an inconsistent system. There is no solution.

**35.** Multiply each equation by the LCD:

$$\begin{array}{lcr} \frac{1}{4}x-\frac{1}{6}y=-2 & \xrightarrow{\times 12} & 3x-2y=-24 \\ -\frac{1}{6}x+\frac{1}{5}y=4 & \xrightarrow{\times 30} & -5x+6y=120 \end{array}$$

Multiply the first equation by 3, add to the second equation and solve for $x$:

$$\begin{array}{lcr} 3x-2y=-24 & \xrightarrow{\times 3} & 9x-6y=-72 \\ -5x+6y=120 & \longrightarrow & \underline{-5x+6y=120} \\ & & 4x \qquad =48 \\ & & x=12 \end{array}$$

Substitute into the first equation and solve for $y$:

$$3(12)-2y=-24$$
$$36-2y=-24$$
$$-2y=-60$$
$$y=30$$

The solution is $(12, 30)$.

**37.** $\frac{1}{3}x-\frac{1}{2}y=0$

$$x=\frac{3}{2}y$$

$$\frac{1}{3}\left(\frac{3}{2}y\right)-\frac{1}{2}y=0$$

$$\frac{1}{2}y-\frac{1}{2}y=0$$

$$0=0$$

This is a dependent system. Infinitely many solutions of the form $\{(x,\ y)|\, x=\frac{3}{2}y\}$.

**39.** Write in standard form:

$$2(x+2y)=20-y \rightarrow 2x+4y=20-y$$
$$\rightarrow 2x+5y=20$$
$$-7(x-y)=16+3y \rightarrow -7x+7y=16+3y$$
$$\rightarrow -7x+4y=16$$

Multiply the first equation by 4 and the second equation by –5, add the results and solve for $x$:

$$2x+5y=20 \xrightarrow{\times 4} 8x+20y=80$$
$$-7x+4y=16 \xrightarrow{\times -5} 35x-20y=-80$$
$$43x=0$$
$$x=0$$

Substitute into the first equation and solve for $y$:

$$2(0)+5y=20$$
$$0+5y=20$$
$$5y=20$$
$$y=4$$

The solution is (0, 4).

**41.** Solve each equation:

$$-4y=10 \qquad 4x+3=1$$
$$y=-\frac{10}{4}=-\frac{5}{2} \qquad 4x=-2$$
$$x=-\frac{2}{4}=-\frac{1}{2}$$

The solution is $\left(-\frac{1}{2},-\frac{5}{2}\right)$.

**43.** $5x-3y=18$

$-3x+5y=18$

Multiply the first equation by 5 and the second equation by 3, add the results and solve for $x$:

$$5x-3y=18 \xrightarrow{\times 5} 25x-15y=90$$
$$-3x+5y=18 \xrightarrow{\times 3} -9x+15y=54$$
$$16x=144$$
$$x=9$$

Substitute into the first equation and solve for $y$:

$$5(9)-3y=18$$
$$45-3y=18$$
$$-3y=-27$$
$$y=9$$

The solution is $(9,\ 9)$.

**45.** Write in standard form:

$$3x-2=\frac{1}{3}(11+5y) \rightarrow \quad 3x-2=\frac{11}{3}+\frac{5}{3}y$$

$$\rightarrow \quad 3x-\frac{5}{3}y=\frac{17}{3} \rightarrow \quad 9x-5y=17$$

$$x+\frac{2}{3}(2y-3)=-2 \rightarrow \quad x+\frac{4}{3}y-2=-2$$

$$\rightarrow \quad x+\frac{4}{3}y=0 \quad \rightarrow \quad 3x+4y=0$$

Multiply the second equation by –3, add to the first equation and solve for $y$:

$$\begin{aligned} 9x-5y=17 &\longrightarrow \quad 9x-\ 5y=17 \\ 3x+4y=\ 0 &\xrightarrow{\times -3} \underline{-9x-12y=\ 0} \\ &\qquad\quad -17y=17 \\ &\qquad\qquad\ y=-1 \end{aligned}$$

Substitute into the first equation and solve:

$$\begin{aligned} 9x-5(-1)&=17 \\ 9x+5&=17 \\ 9x&=12 \\ x&=\frac{12}{9}=\frac{4}{3} \end{aligned}$$

The solution is $\left(\frac{4}{3}, -1\right)$.

**47.**

$$\frac{1}{4}x+\frac{1}{2}y=\frac{11}{4}$$

$$\frac{2}{3}x+\frac{1}{3}y=\frac{7}{3}$$

Multiply the first equation by 4 and the second equation by –6, add the results and solve for $x$:

$$\begin{aligned} \frac{1}{4}x+\frac{1}{2}y=\frac{11}{4} &\xrightarrow{\times 4} \quad x+2y=\ 11 \\ \frac{2}{3}x+\frac{1}{3}y=\frac{7}{3} &\xrightarrow{\times -6} \underline{-4x-2y=-14} \\ &\qquad\quad -3x=-3 \\ &\qquad\qquad x=1 \end{aligned}$$

Substitute into the first equation above and solve for $y$:

$$\begin{aligned} 1+2y&=11 \\ 2y&=10 \\ y&=5 \end{aligned}$$

The solution is $(1, 5)$.

**49.** Add the two equations and solve for $x$:

$$\begin{aligned} 4x+y&=-2 \\ \underline{5x-y}&\underline{=-7} \\ 9x&=-9 \\ x&=-1 \end{aligned}$$

Substitute into the first equation and solve for $y$:

$$\begin{aligned} 4(-1)+y&=-2 \\ -4+y&=-2 \\ y&=2 \end{aligned}$$

The solution is (–1, 2).

**51.**

$$4x=3y \rightarrow x=\frac{3}{4}y$$

$$y=\frac{4}{3}x+2$$

Substitute for $x$ and solve for $y$:

$$\begin{aligned} y&=\frac{4}{3}\left(\frac{3}{4}y\right)+2 \\ y&=y+2 \\ 0&=2 \end{aligned}$$

This is an inconsistent system. There is no solution.

## Problem Recognition Exercises: Solving Systems of Linear Equations

**1.** **a.** $4x+y=-2$

$5x-y=-7$

The solution is (–1, 2).

**b.** $4x+y=-2 \rightarrow y=-4x-2$

$5x-y=-7$

$5x-(-4x-2)=-7$

$5x+4x+2=-7$

$9x=-9$

$x=-1$

$y=-4x-2=-4(-1)-2=4-2=2$

The solution is $(-1, 2)$.

**c.** $4x+y=-2$

$5x-y=-7$

Add the equations and solve for $x$:

$$\begin{array}{l} 4x+y=-2 \\ \underline{5x-y=-7} \\ 9x \quad\; =-9 \\ \quad x=-1 \end{array}$$

Substitute into the first equation and solve for $y$:

$4(-1)+y=-2$

$-4+y=-2$

$y=2$

The solution is $(-1, 2)$.

**3.** **a.** $4x=3y \rightarrow y=\frac{4}{3}x$

$y=\frac{4}{3}x+2$

This is an inconsistent system. There is no solution.

**b.** $4x=3y$

$y=\frac{4}{3}x+2$

$4x=3\left(\frac{4}{3}x+2\right)$

$4x=4x+6$

$0\neq 6$

This is an inconsistent system. There is no solution.

**c.** Write in standard form:

$4x=3y \rightarrow 4x-3y=0$

$y=\frac{4}{3}x+2 \rightarrow 3y=4x+6 \rightarrow -4x+3y=6$

Add the equations to solve for $x$:

$$\begin{array}{l} 4x-3y=0 \\ \underline{-4x+3y=6} \\ \quad 0\neq 6 \end{array}$$

This is an inconsistent system. There is no solution.

**5.** d

Multiply each equation by the LCD:

$\frac{1}{10}x-\frac{2}{5}y=-\frac{3}{5} \xrightarrow{\times 10} x-4y=-6$

$\frac{3}{4}x+\frac{1}{3}y=\frac{13}{6} \xrightarrow{\times 12} 9x+4y=26$

Add the first equation to the second equation and solve for $x$:

$$\begin{array}{l} x-4y=-6 \\ \underline{9x+4y=26} \\ 10x \quad\; =20 \\ \quad x=2 \end{array}$$

Substitute into the first equation and solve for $y$:

$2-4y=-6$

$-4y=-8$

$y=2$

The solution is $(2, 2)$.

**7.** b

$5x-2y=-17$

$x+5y=2 \rightarrow x=-5y+2$

Substitute the second equation into the first and solve for $y$:

$5(-5y+2)-2y=-17$

$-25y+10-2y=-17$

$-27y+10=-17$

$-27y=-27$

$y=1$

$x=-5(1)+2=-5+2=-3$

The solution is $(-3, 1)$.

**9.** $3x+2y=11$

$y=-2x+4$

Substitute the second equation into the first and solve for $x$:

$$3x+2(-2x+4)=11$$
$$3x-4x+8=11$$
$$-x+8=11$$
$$-x=3$$
$$x=-3$$
$$y=-2(-3)+4=6+4=10$$

The solution is $(-3, 10)$.

**11.** $2x-3y=-3$

$4x+2y=18$

Multiply the first equation by –2, add to the second equation, and solve for $y$:

$$2x-3y=-3 \xrightarrow{\times -2} -4x+6y=6$$
$$4x+2y=18 \longrightarrow \underline{4x+2y=18}$$
$$8y=24$$
$$y=3$$

Substitute into the first equation and solve for $x$:

$$2x-3(3)=-3$$
$$2x-9=-3$$
$$2x=6$$
$$x=3$$

The solution is (3, 3).

**13.** $4x-8y=1$

$x=2y-6$

Substitute the second equation into the first and solve:

$$4(2y-6)-8y=1$$
$$8y-24-8y=1$$
$$-24\neq 1$$

This is an inconsistent system. There is no solution.

**15.** Multiply each equation by the LCD:

$$\frac{1}{2}x-\frac{1}{4}y=2 \xrightarrow{\times 4} 2x-y=8$$
$$\frac{1}{5}x+\frac{3}{10}y=0 \xrightarrow{\times 10} 2x+3y=0$$

Multiply the first equation by 3, add to the second equation and solve for $x$:

$$2x-y=8 \xrightarrow{\times 3} 6x-3y=24$$
$$2x+3y=0 \longrightarrow \underline{2x+3y=0}$$
$$8x=24$$
$$x=3$$

Substitute into the first equation and solve for $y$:

$$2(3)-y=8$$
$$6-y=8$$
$$-y=2$$
$$y=-2$$

The solution is $(3, -2)$.

**17.** $10x-6y=4$

$15x-9y=6$

Multiply the first equation by 3 and the second equation by –2 and solve for $y$:

$$10x-6y=4 \xrightarrow{\times 3} 30x-18y=12$$
$$15x-9y=6 \xrightarrow{\times -2} \underline{-30x+18y=-12}$$
$$0=0$$

This is a dependent system. Infinitely many solutions of the form $\{(x, y)\,|\,10x-6y=4\}$.

**19.** Multiply each equation 10:

$0.2x - 0.5y = 0.5 \xrightarrow{\times 10} 2x - 5y = 5$

$0.6x + 0.2y = 3.2 \xrightarrow{\times 10} 6x + 2y = 32$

Multiply the first equation by –3, add to the second equation and solve for $y$:

$2x - 5y = 5 \xrightarrow{\times -3} -6x + 15y = -15$

$6x + 2y = 32 \longrightarrow 6x + 3y = 32$

$17y = 17$

$y = 1$

Substitute into the first equation and solve for $x$:

$2x - 5(1) = 5$

$2x - 5 = 5$

$2x = 10$

$x = 5$

The solution is $(5, 1)$.

# Section 3.4 Applications of Systems of Linear Equations in Two Variables

## Section 3.4 Practice Exercises

**1.** Answers will vary.

**3.** Substitution:

$y = 9 - 2x$

$3x - y = 16$

$3x - (9 - 2x) = 16$

$3x - 9 + 2x = 16$

$5x = 25$

$x = 5$

$y = 9 - 2x = 9 - 2(5) = 9 - 10 = -1$

The solution is (5, –1).

**5.** Addition:

$5x + 2y = 6$

$-2x - y = 3$

Multiply the second equation by 2, add to the first equation and solve for $x$:

$5x + 2y = 6 \longrightarrow 5x + 2y = 6$

$-2x - y = 3 \xrightarrow{\times 2} -4x - 2y = 6$

$x = 12$

Substitute into the first equation and solve for $y$:

$5(12) + 2y = 6$

$60 + 2y = 6$

$2y = -54$

$y = -27$

The solution is (12, –27).

**7.** Let $x$ = the number of student tickets

$y$ = the number of nonstudent tickets

$12x$ = receipts from student tickets

$16y$ = receipts from nonstudent tickets

$x + y = 186 \rightarrow y = 186 - x$

$12x + 16y = 2640$

$12x + 16(186 - x) = 2640$

$12x + 2976 - 16x = 2640$

$-4x = -336$

$x = 84$

$y = 186 - 84 = 102$

There were 84 student tickets and 102 nonstudent tickets sold.

**9.** Let $x$ = the cost of 1 hamburger
$y$ = the cost of 1 fish sandwich

$$3x+2y=7.35$$
$$4x+\ y=7.15 \rightarrow y=7.15-4x$$
$$3x+2(7.15-4x)=7.35$$
$$3x+14.30-8x=7.35$$
$$-5x=-6.95$$
$$x=1.39$$
$$y=7.15-4(1.39)$$
$$=7.15-5.56=1.59$$

Hamburgers cost \$1.39 and fish sandwiches cost \$1.59.

**11.** Let $d$ = the number of dimes
$q$ = the number of quarters

$$0.10d+0.25q=3.15$$
$$q=d+7$$
$$0.10d+0.25(d+7)=3.15$$
$$0.10d+0.25d+1.75=3.15$$
$$0.35d=1.40$$
$$d=4$$
$$q=4+7=11$$

Meesha has 4 dimes and 11 quarters.

**13.** Let $x$ = the amount of 18% moisturizer cream
$y$ = the amount of 24% moisturizer cream

| | 18% Cr | 24% Cr | 22% Cr |
|---|---|---|---|
| oz cream | $x$ | $y$ | 12 |
| oz moist | $0.18x$ | $0.24y$ | $0.22(12)$ |

$$x+\quad y=12$$
$$0.18x+0.24y=0.22(12)$$

Multiply the first equation by –0.18, add to the second equation and solve for $y$:

$$x+\quad y=12 \rightarrow -0.18x-0.18y=-2.16$$
$$0.18x+0.24y=2.64 \rightarrow 0.18x+0.24y=2.64$$
$$0.06y=0.48$$
$$y=8$$

Substitute into the first equation and solve for $x$:

$$x+8=12$$
$$x=4$$

The mixture contains 4 oz of 18% moisturizer and 8 oz of 24 % moisturizer.

**15.** Let $x$ = the amount of 8% nitrogen fertilizer
$y$ = the amount of 12% nitrogen fertilizer

| | 8% nit | 12% nit | 11% nit |
|---|---|---|---|
| oz cream | $x$ | $y$ | 8 |
| oz moist | $0.08x$ | $0.12y$ | $0.11(8)$ |

$$x+\quad y=8$$
$$0.08x+0.12y=0.11(8)$$

Multiply the first equation by –0.08, add to the second equation and solve for $y$:

$$x+\quad y=8 \rightarrow -0.08x-0.08y=-0.64$$
$$0.08x+0.12y=0.88 \rightarrow 0.08x+0.12y=0.88$$
$$0.04y=0.24$$
$$y=6$$

Substitute into the first equation and solve for $x$:

$$x+6=8$$
$$x=2$$

The mixture contains 2 L of 8% nitrogen fertilizer and 6 L of 12% nitrogen fertilizer.

**17.** Let $x$ = amount of pure (100%) bleach sol
$y$ = the amount of 4% bleach solution

| | 100% bl | 4% bl | 12% bl |
|---|---|---|---|
| oz solution | $x$ | $y$ | 12 |
| oz bleach | $1.00x$ | $0.04y$ | $0.12(12)$ |

$$x+\quad y=12$$
$$1.00x+0.04y=0.12(12)$$

Multiply the first equation by –0.04, add to the second equation and solve for $x$:

$$x+\quad y=12 \rightarrow -0.04x-0.04y=-0.48$$
$$1x+0.04y=1.44 \rightarrow 1.00x+0.04y=\ 1.44$$
$$0.96x \quad = 0.96$$
$$x=1$$

Substitute into the first equation and solve for $y$:

$$1+y=12$$
$$y=11$$

The mixture contains 1 oz of pure bleach and 11 oz of 4 % bleach solution.

**19.** Let $x$ = the amount invested in 5% bonds
$3x$ = the amount invested in 8% stocks

| | 5% Acct | 8% Acct | Total |
|---|---|---|---|
| Principal | $x$ | $3x$ | |
| Interest | $0.05x$ | $0.08(3x)$ | 435 |

$$0.05x+0.08(3x)=435$$
$$0.05x+0.24x=435$$
$$0.29x=435$$
$$x=1500$$
$$3x=3(1500)=4500$$

He invested \$1500 in the bond fund and \$4500 in the stock fund.

**21.** Let $x$ = the amount invested at 5.5%
$y$ = the amount invested at 3.5%

| | 5.5% Acct | 3.5% Acct | Total |
|---|---|---|---|
| Principal | $x$ | $y$ | |
| Interest | $0.055x$ | $0.035y$ | 245 |

$$x=y+200$$
$$0.055x+0.035y=245$$

Substitute and solve for $y$:

$$0.055(y+200)+0.035y=245$$
$$0.055y+11+0.035y=245$$
$$0.09y=234$$
$$y=2600$$

Substitute into the first equation and solve for $x$:

$$x=2600+200$$
$$x=2800$$

\$2800 was invested at 5.5% (CD) and \$2600 was invested at 3.5% (saving).

**23.** Let $x$ = the amount invested at 2%
$y$ = the amount invested at 3%

| | 2% Acct | 3% Acct | Total |
|---|---|---|---|
| Principal | $x$ | $y$ | 27,000 |
| Interest | $0.02x$ | $0.03y$ | 3425/5 |

$$x+\quad y=27{,}000$$
$$0.02x+0.03y=\frac{3425}{5}=685$$

Multiply the first equation by –0.02, add to the second equation and solve for $y$:

$$x+\quad y=27{,}000\rightarrow -0.02x-0.02y=-540$$
$$0.02x+0.03y=685\rightarrow \underline{0.02x+0.03y=\ 685}$$
$$0.01y=145$$
$$y=14{,}500$$

Substitute into the first equation and solve for $x$:

$$x+14{,}500=27{,}000$$
$$x=12{,}500$$

\$12,500 was invested at 2% and \$14,500 was invested at 3%.

**25.** Let $b$ = the speed of the boat in still water
Let $c$ = the speed of the current
$b + c$ = speed of boat with the current
$b - c$ = speed of boat against the current

| | Distance | Rate | Time |
|---|---|---|---|
| With current | 16 | $b+c$ | 2 |
| Against current | 16 | $b-c$ | 4 |

(rate)(time) = (distance)

$$(b+c)(2)=16$$
$$(b-c)(4)=16$$

Divide the first equation by 2, the second equation by 4, add the results, and solve:

$$(b+c)(2)=16 \xrightarrow{div\ 2} b+c=\ 8$$
$$(b-c)(4)=16 \xrightarrow{div\ 4} \underline{b-c=\ 4}$$
$$2b\quad =12$$
$$b=6$$

Substitute and solve for $c$:

$$6+c=8$$
$$c=2$$

The speed of the boat is 6 mph and the speed of the current is 2 mph.

**27.** Let $p$ = the speed of the plane in still air
Let $w$ = the speed of the wind
$p + w$ = speed of the plane with the wind
$p - w$ = speed of plane against the wind

| | Distance | Rate | Time |
|---|---|---|---|
| Tailwind | 720 | $p+w$ | 3 |
| Headwind | 720 | $p-w$ | 4 |

(rate)(time) = (distance)

$(p+w)(3)=720$

$(p-w)(4)=720$

Divide the first equation by 3, the second equation by 4, add the results, and solve:

$$\begin{aligned}(p+w)(3)=720 &\xrightarrow{div\ 3} p+w=240\\ (p-w)(4)=720 &\xrightarrow{div\ 4} \underline{p-w=180}\\ &\quad 2p \quad =420\\ &\quad p=210\end{aligned}$$

Substitute and solve for $w$:

$210+w=240$

$w=30$

The speed of the plane is 210 mph and the speed of the wind is 30 mph.

**29.** Let $x$ = the walking speed
Let $y$ = the speed of the moving sidewalk
$x + y$ = speed of walking with sidewalk
$x–y$ = speed of walking against sidewalk

| | Distance | Rate | Time |
|---|---|---|---|
| With walk | 100 | $x+y$ | 20 |
| Against walk | 60 | $x-y$ | 30 |

(rate)(time) = (distance)

$(x+y)(20)=100$

$(x-y)(30)=\ 60$

Divide the first equation by 20, the second equation by 30, add the results, and solve:

$$\begin{aligned}(x+y)(20)=100 &\xrightarrow{div\ 20} x+y=5\\ (x-y)(30)=\ 60 &\xrightarrow{div\ 30} \underline{x-y=2}\\ &\quad 2x \quad =7\\ &\quad x=3.5\end{aligned}$$

Substitute and solve for $y$:

$3.5+y=5$

$y=1.5$

Joanne's speed on nonmoving ground is 3.5 ft/sec. The sidewalk moves at 1.5 ft/ssec.

**31.** Let $x$ = one acute angle
Let $y$ = the other acute angle

$x=3y+6$

$x+y=90$

Substitute and solve:

$3y+6+y=90$

$4y=84$

$y=21$

$x=3(21)+6=63+6=69$

The two acute angles measure 69° and 21°.

**33.** Let $x$ = one angle
Let $y$ = the other angle

$y=3x-2$

$x+y=180$

Substitute and solve:

$x+3x-2=180$

$4x=182$

$x=45.5$

$y=3(45.5)-2=136.5-2=134.5$

The two angles measure 45.5° and 134.5°.

**35.** Let $x$ = one angle
Let $y$ = the other angle

$y=2x+3$

$x+y=90$

Substitute and solve:

$x+2x+3=90$

$3x=87$

$x=29$

$y=2(29)+3=58+3=61$

The two angles measure 29° and 61°.

**37.** Let $x$ = the amount of pure (100%) gold
$y$ = the amount of 60% gold

| | 100% gold | 60% gold | 75% gold |
|---|---|---|---|
| g mix | $x$ | $y$ | 20 |
| g gold | $1.00x$ | $0.60y$ | $0.75(20)$ |

$x+\quad y=20$

$1.00x+0.60y=0.75(20)$

Multiply the first equation by –0.60, add to the second equation and solve for $x$:

$$\begin{aligned}x+\quad y=20 &\to -0.60x-0.60y=-12\\ 1.00x+0.60y=15 &\to \underline{\ 1.00x+0.60y=\ 15}\\ &\quad 0.40x=\ 3\\ &\quad x=7.5\end{aligned}$$

7.5 g of pure gold must be used.

**39.** Let $b$ = the speed of the boat in still water
Let $c$ = the speed of the current
$b + c$ = speed of boat with the current
$b - c$ = speed of boat against the current

| | Distance | Rate | Time |
|---|---|---|---|
| With current | 16 | $b+c$ | 2.5 |
| Against current | 10 | $b-c$ | 2.5 |

(rate)(time) = (distance)

$(b+c)(2.5)=16 \rightarrow 2.5b+2.5c=16$

$(b-c)(2.5)=10 \rightarrow 2.5b-2.5c=10$

Add the two equations, and solve:

$$\begin{aligned} 2.5b+2.5c&=16 \\ 2.5b-2.5c&=10 \\ \hline 5b\qquad&=26 \\ b&=5.2 \end{aligned}$$

Substitute and solve for $c$:

$$\begin{aligned} 2.5(5.2)+2.5c&=16 \\ 13+2.5c&=16 \\ 2.5c&=3 \\ c&=1.2 \end{aligned}$$

The speed of the boat in still water is 5.2 mph and the speed of the current is 1.2 mph.

**41.** Let $x$ = the cost of a grandstand ticket
$y$ = the cost of a general admission ticket

$6x+2y=2330$

$4x+4y=2020$

Multiply the first equation by –2, add to the second equation and solve for $x$:

$$\begin{aligned} 6x+2y=2330 &\xrightarrow{\times -2} -12x-4y=-4660 \\ 4x+4y=2020 &\longrightarrow \quad 4x+4y=\ \ 2020 \\ &\qquad\quad \overline{-8x \qquad\ =-2640} \\ &\qquad\qquad\qquad x=330 \end{aligned}$$

Substitute and solve for $y$:

$$\begin{aligned} 6(330)+2y&=2330 \\ 1980+2y&=2330 \\ 2y&=350 \\ y&=175 \end{aligned}$$

Grandstand tickets cost \$330 and general admission tickets cost \$175.

**43.** Let $x$ = the amount invested at 2%
$y$ = the amount invested at 1.3%

| | 2% Acct | 1.3% Acct | Total |
|---|---|---|---|
| Principal | $x$ | $y$ | 3,000 |
| Interest | $0.02x$ | $0.013y$ | 51.25 |

$x+\quad y=3,000$

$0.02x+0.013y=51.25$

Multiply the first equation by –0.02, add to the second equation and solve for $y$:

$$\begin{aligned} x+\quad y=3,000 &\rightarrow -.02x-.02y=-60 \\ .02x+.013y=51.25 &\rightarrow \underline{.02x+.013y=51.25} \\ &\qquad\quad -0.007y=-8.75 \\ &\qquad\qquad\quad y=1250 \end{aligned}$$

Substitute into the first equation and solve for $x$:

$x+1250=3000$

$y=1750$

\$1750 was invested at 2% and \$1250 was invested at 1.3%.

**45.** Let $w$ = the width of the rectangle
Let $l$ = the length of the rectangle

$l=w+1$

$2l+2w=42$

Substitute and solve:

$$\begin{aligned} 2(w+1)+2w&=42 \\ 2w+2+2w&=42 \\ 4w+2&=42 \\ 4w&=40 \\ w&=10 \\ l=10+1&=11 \end{aligned}$$

The width is 10 m and the length is 11 m.

**47.** Let $d$ = the number of \$1 coins
$f$ = the number of 50 cent pieces
$d+f=21 \rightarrow f=21-d$
$1d+0.50f=15.50$
$d+0.50(21-d)=15.50$
$d+10.50-0.50d=15.50$
$0.50d=5.00$
$d=10$
$f=21-10=11$
The collection contains 10 - \$1 coins and 11 – 50 cent pieces.

**49.** **a.** $c(x)=20+0.25x$
**b.** $m(x)=30+0.20x$
**c.** Substitute and solve:
$20+0.25x=30+0.20x$
$0.05x=10$
$x=200$
The rental fees are the same when the cars are driven 200 mi.

# Section 3.5 Systems of Linear Equations in Three Variables and Applications

## Section 3.5 Practice Exercises

**1.** Answers will vary.

**3.** **a.** $3x+y=4 \rightarrow y=-3x+4$
$4x+y=5$
$4x+(-3x+4)=5$
$4x-3x+4=5$
$x=1$
$y=-3x+4=-3(1)+4=-3+4=1$
The solution is $(1, 1)$.

**b.** $3x+y=4$
$4x+y=5$
Multiply the first equation by –1, add to the second equation and solve for $x$:
$3x+y=4 \xrightarrow{\times -1} -3x-y=-4$
$4x+y=5 \longrightarrow 4x+y=5$
$x=1$
Substitute into the first equation and solve for $y$: $3(1)+y=4$
$y=1$ The solution is $(1, 1)$.

**5.** Let $x$ = the speed of eastbound car
Let $y$ = the speed of westbound car

| | Distance | Rate | Time |
|---|---|---|---|
| East | $3x$ | $x$ | 3 |
| West | $3y$ | $y$ | 3 |

$y=x-7$
$3x+3y=369$
Substitute and solve for $x$:
$3x+3(x-7)=369$
$3x+3x-21=369$
$6x=390$
$x=65$
Substitute and solve for $y$:
$y=65-7=58$
The speeds are 65 mph and 58 mph.

**7.** $2x - y + z = 10$
$4x + 2y - 3z = 10$
$x - 3y + 2z = 8$

Substitute $(2, 1, 7)$:
$2(2) - 1 + 7 = 4 - 1 + 7 = 10 = 10$
$4(2) + 2(1) - 3(7) = 8 + 2 - 21 = -11 \neq 10$
Not a solution.

Substitute $(3, -10, -6)$:
$2(3) - (-10) + (-6) = 6 + 10 - 6 = 10 = 10$
$4(3) + 2(-10) - 3(-6) = 12 - 20 + 18 = 10 = 10$
$3 - 3(-10) + 2(-6) = 3 + 30 - 12 = 21 \neq 8$
Not a solution.

Substitute $(4, 0, 2)$:
$2(4) - (0) + (2) = 8 - 0 + 2 = 10 = 10$
$4(4) + 2(0) - 3(2) = 16 + 0 - 6 = 10 = 10$
$4 - 3(0) + 2(2) = 4 - 0 + 4 = 8 = 8$
$(4, 0, 2)$ is a solution.

**9.** $-x - y - 4z = -6$
$x - 3y + z = -1$
$4x + y - z = 4$

Substitute $(12, 2, -2)$:
$-(12) - (2) - 4(-2) = -12 - 2 + 8 = -6 = -6$
$12 - 3(2) + (-2) = 12 - 6 - 2 = 4 \neq -1$
Not a solution.

Substitute $(4, 2, 1)$:
$-(4) - (2) - 4(1) = -4 - 2 - 4 = -10 \neq -6$
Not a solution.

Substitute $(1, 1, 1)$:
$-(1) - (1) - 4(1) = -1 - 1 - 4 = -6 = -6$
$1 - 3(1) + (1) = 1 - 3 + 1 = -1 = -1$
$4(1) + (1) - (1) = 4 + 1 - 1 = 4 = 4$
$(1, 1, 1)$ is a solution.

**11.** $2x + y - 3z = -12$
$3x - 2y - z = 3$
$-x + 5y + 2z = -3$

Multiply the first equation by 2 and add to the second equation to eliminate *y*:

$$2x + y - 3z = -12 \xrightarrow{\times 2} 4x + 2y - 6z = -24$$
$$3x - 2y - z = 3 \longrightarrow 3x - 2y - z = 3$$
$$7x - 7z = -21$$
$$x - z = -3$$

Multiply the first equation by –5 and add to the third equation to eliminate *y*:

$$2x + y - 3z = -12 \rightarrow -10x - 5y + 15z = 60$$
$$-x + 5y + 2z = -3 \rightarrow -x + 5y + 2z = -3$$
$$-11x + 17z = 57$$

Multiply the first result by 11 and add to the second result to eliminate *x*:

$$x - z = -3 \xrightarrow{\times 11} 11x - 11z = -33$$
$$-11x + 17z = 57 \longrightarrow -11x + 17z = 57$$
$$6z = 24$$
$$z = 4$$

Substitute and solve for *x* and *y*:

$x - z = -3$
$x - 4 = -3$
$x = 1$

$2x + y - 3z = -12$
$2(1) + y - 3(4) = -12$
$2 + y - 12 = -12$
$y = -2$

The solution is (1, –2, 4).

**13.** $x - 3y - 4z = -7$
$5x + 2y + 2z = -1$
$4x - y - 5z = -6$

Multiply the third equation by –3 and add to the first equation to eliminate *y*:

$$x - 3y - 4z = -7 \rightarrow x - 3y - 4z = -7$$
$$4x - y - 5z = -6 \rightarrow -12x + 3y + 15z = 18$$
$$-11x + 11z = 11$$
$$-x + z = 1$$

Multiply the third equation by 2 and add to the second equation to eliminate *y*:

$$5x + 2y + 2z = -1 \rightarrow 5x + 2y + 2z = -1$$
$$4x - y - 5z = -6 \rightarrow 8x - 2y - 10z = -12$$
$$13x - 8z = -13$$

Multiply the first result by 8 and add to the second result to eliminate *z*:

$$-x + z = 1 \xrightarrow{\times 8} -8x + 8z = 8$$
$$13x - 8z = -13 \longrightarrow 13x - 8z = -13$$
$$5x = -5$$
$$x = -1$$

Substitute and solve for *y* and *z*:

$-x + z = 1$
$-(-1) + z = 1$
$z = 0$

$4x - y - 5z = -6$
$4(-1) - y - 5(0) = -6$
$-4 - y - 0 = -6$
$2 = y$

The solution is (–1, 2, 0).

**15.** $4x+2z=12+3y \rightarrow 4x-3y+2z=12$

$2y=3x+3z-5 \rightarrow -3x+2y-3z=-5$

$y=2x+7z+8 \rightarrow 2x-y+7z=-8$

Multiply the third equation by –3 and add to the first equation to eliminate $y$:

$$\begin{array}{rcr} 4x-3y+2z=12 & \longrightarrow & 4x-3y+2z=12 \\ 2x-y+7z=-8 & \xrightarrow{\times -3} & -6x+3y-21z=24 \\ \hline & & -2x \quad -19z=36 \end{array}$$

Multiply the third equation by 2 and add to the second equation to eliminate $y$:

$$\begin{array}{rcr} -3x+2y-3z=-5 & \longrightarrow & -3x+2y-3z=-5 \\ 2x-y+7z=-8 & \xrightarrow{\times 2} & 4x-2y+14z=-16 \\ \hline & & x \quad +11z=-21 \end{array}$$

Multiply the second result by 2 and add to the first result to eliminate $x$:

$$\begin{array}{rcr} -2x-19z=36 & \longrightarrow & -2x-19z=36 \\ x+11z=-21 & \xrightarrow{\times 2} & 2x+22z=-42 \\ \hline & & 3z=-6 \\ & & z=-2 \end{array}$$

Substitute and solve for $y$ and $z$:

$$\begin{aligned} x+11z&=-21 \\ x+11(-2)&=-21 \\ x-22&=-21 \\ x&=1 \end{aligned} \qquad \begin{aligned} 2x-y+7z&=-8 \\ 2(1)-y+7(-2)&=-8 \\ 2-y-14&=-8 \\ -y&=4 \\ y&=-4 \end{aligned}$$

The solution is $(1, -4, -2)$.

**17.** $x+y+z=6$

$-x+y-z=-2$

$2x+3y+z=11$

Add the first and second equations to eliminate $z$:

$$\begin{array}{r} x+y+z=6 \\ -x+y-z=-2 \\ \hline 2y \quad =4 \\ y=2 \end{array}$$

Add the second and third equations to eliminate $z$:

$$\begin{array}{r} -x+y-z=-2 \\ 2x+3y+z=11 \\ \hline x+4y \quad =9 \end{array}$$

Substitute $y = 2$ and solve for $x$:

$$\begin{aligned} x+4(2)&=9 \\ x+8&=9 \\ x&=1 \end{aligned}$$

Substitute into the first equation and solve for $z$:

$$\begin{aligned} 1+2+z&=6 \\ z&=3 \end{aligned}$$

The solution is (1, 2, 3).

**19.** $2x-3y+2z=-1$

$x+2y=-4$

$x+z=1$

Multiply the third equation by –2 and add to the first equation to eliminate $z$:

$$\begin{array}{rcr} 2x-3y+2z=-1 & \longrightarrow & 2x-3y+2z=-1 \\ x+z=1 & \xrightarrow{\times -2} & -2x \quad -2z=-2 \\ \hline & & -3y \quad =-3 \\ & & y=1 \end{array}$$

Substitute and solve for $x$ and $z$:

$$\begin{aligned} x+2y&=-4 \\ x+2(1)&=-4 \\ x+2&=-4 \\ x&=-6 \end{aligned} \qquad \begin{aligned} x+z&=1 \\ -6+z&=1 \\ z&=7 \end{aligned}$$

The solution is $(-6, 1, 7)$.

**21.** $4x+9y \quad = 8$

$8x \quad +6z=-1$

$6y+6z=-1$

Multiply the third equation by –1 and add to the second equation to eliminate $z$:

$$\begin{array}{lcr} 8x \quad +6z=-1 & \longrightarrow & 8x \quad +6z=-1 \\ 6y+6z=-1 & \xrightarrow{\times -1} & -6y-6z=1 \\ \hline & & 8x-6y \quad = 0 \end{array}$$

Multiply the first equation by –2 and add to this result to eliminate $x$:

$$\begin{array}{lcr} 4x+9y=8 & \xrightarrow{\times -2} & -8x-18y=-16 \\ 8x-6y=0 & \longrightarrow & 8x-6y=0 \\ \hline & & -24y=-16 \\ & & y=\dfrac{2}{3} \end{array}$$

Substitute and solve for $x$ and $z$:

$$\begin{array}{ll} 4x+9y=8 & 8x+6z=-1 \\ 4x+9\left(\dfrac{2}{3}\right)=8 & 8\left(\dfrac{1}{2}\right)+6z=-1 \\ 4x+6=8 & 4+6z=-1 \\ 4x=2 & 6z=-5 \\ x=\dfrac{1}{2} & z=-\dfrac{5}{6} \end{array}$$

The solution is $\left(\dfrac{1}{2}, \dfrac{2}{3}, -\dfrac{5}{6}\right)$.

**25.** Let $x$ = the shortest side
Let $y$ = the middle side
Let $z$ = the longest side

$$\begin{array}{lcl} x+y+z=55 & \rightarrow & x+y+z=55 \\ x=y-8 & \rightarrow & x-y \quad =-8 \\ z=x+y-1 & \rightarrow & -x-y+z=-1 \end{array}$$

Add the first and third equations to eliminate $x$:

$$\begin{array}{r} x+y+z=55 \\ -x-y+z=-1 \\ \hline 2z=54 \\ z=27 \end{array}$$

Add the second and third equations to eliminate $x$:

$$\begin{array}{r} x-y \quad =-8 \\ -x-y+z=-1 \\ \hline -2y+z=-9 \end{array}$$

Substitute and solve for $x$ and $y$:

$$\begin{array}{ll} -2y+z=-9 & \\ -2y+27=-9 & x-y=-8 \\ -2y=-36 & x-18=-8 \\ y=18 & x=10 \end{array}$$

The lengths of the sides are 10 cm, 18 cm, and 27 cm.

**23.** Let $x$ = the first angle
Let $y$ = the second angle
Let $z$ = the third angle

$x+y+z=180$

$y=2x+5$

$z=3x-11$

Substitute the second and third equations into the first and solve for $x$:

$$x+(2x+5)+(3x-11)=180$$
$$6x-6=180$$
$$6x=186$$
$$x=31$$

Substitute and solve for $y$ and $z$:

$$\begin{array}{ll} y=2x+5 & z=3x-11 \\ y=2(31)+5 & z=3(31)-11 \\ y=62+5=67 & z=93-11=82 \end{array}$$

The angles are 31°, 67°, and 82°.

**27.** Let $x$ = the number of adult tickets
Let $y$ = the number of children's tickets
Let $z$ = the number of senior tickets

$$x+y+z=222 \rightarrow x+y+z=222$$
$$7x+5y+4z=1383 \rightarrow 7x+5y+4z=1383$$
$$x=2(y+z) \rightarrow x-2y-2z=0$$

Multiply the first equation by 2 and add to the third equation to eliminate $z$:

$$\begin{aligned} x+y+z=222 &\xrightarrow{\times 2} 2x+2y+2z=444 \\ x-2y-2z=0 &\longrightarrow \underline{x-2y-2z=0} \\ &\quad 3x = 444 \\ &\quad x=148 \end{aligned}$$

Multiply the first equation by –4 and add to the second equation to eliminate $z$:

$$\begin{aligned} x+y+z=222 &\rightarrow -4x-4y-4z=-888 \\ 7x+5y+4z=1383 &\rightarrow \underline{7x+5y+4z=1383} \\ &\quad 3x+y = 495 \end{aligned}$$

Substitute and solve for $y$ and $z$:

$$\begin{aligned} 3x+y&=495 & x+y+z&=222 \\ 3(148)+y&=495 & 148+51+z&=222 \\ 444+y&=495 & 199+z&=222 \\ y&=51 & z&=23 \end{aligned}$$

148 adult tickets, 51 children's tickets, and 23 senior tickets were sold.

**29.** Let $x$ = the number of par 3 holes
Let $y$ = the number of par 4 holes
Let $z$ = the number of par 5 holes

$$x+y+z=18$$
$$y=3x$$
$$z=x+3$$

Substitute the second and third equations into the first and solve for $x$:

$$x+(3x)+(x+3)=18$$
$$5x+3=18$$
$$5x=15$$
$$x=3$$

Substitute and solve for $y$ and $z$:

$$\begin{aligned} y&=3x & z&=x+3 \\ y&=3(3) & z&=3+3 \\ y&=9 & z&=6 \end{aligned}$$

There are three par 3 holes, nine par 4 holes, and six par 5 holes.

**31.** Let $x$ = the price of a hat
Let $y$ = the price of a T-shirt
Let $z$ = the price of a jacket

$$3x+2y+z=140$$
$$2x+2y+2z=170$$
$$x+3y+2z=180$$

Multiply the first equation by –2 and add to the second equation to eliminate $z$:

$$\begin{aligned} 3x+2y+z=140 &\longrightarrow -6x-4y-2z=-280 \\ 2x+2y+2z=170 &\longrightarrow \underline{2x+2y+2z=170} \\ &\quad -4x-2y=-110 \end{aligned}$$

Multiply the third equation by –1 and add to the second equation to eliminate $z$:

$$\begin{aligned} 2x+2y+2z=170 &\longrightarrow 2x+2y+2z=170 \\ x+3y+2z=180 &\xrightarrow{\times -1} \underline{-x-3y-2z=-180} \\ &\quad x-y=-10 \end{aligned}$$

Multiply the second result by –2 and add to the first result to eliminate $y$:

$$\begin{aligned} -4x-2y=-110 &\longrightarrow -4x-2y=-110 \\ x-y=-10 &\xrightarrow{\times -2} \underline{-2x+2y=20} \\ &\quad -6x=-90 \\ &\quad x=15 \end{aligned}$$

Substitute and solve for $y$ and $z$:

$$\begin{aligned} x-y&=-10 & 3x+2y+z&=140 \\ 15-y&=-10 & 3(15)+2(25)+z&=140 \\ -y&=-25 & 45+50+z&=140 \\ y&=25 & z&=45 \end{aligned}$$

Hats cost \$15. T-shirts cost \$25, and jackets cost \$45.

**33.** $2x+y+3z=2$

$x-y+2z=-4$

$-2x+2y-4z=8$

Add the first and second equations to eliminate $y$:

$$\begin{array}{r} 2x+y+3z=2 \\ x-y+2z=-4 \\ \hline 3x+5z=-2 \end{array}$$

Multiply the second equation by 2 and add to the third equation to eliminate $y$:

$$\begin{array}{rcr} x-y+2z=-4 & \xrightarrow{\times 2} & 2x-2y+4z=-8 \\ -2x+2y-4z=8 & \longrightarrow & -2x+2y-4z=8 \\ \hline & & 0=0 \end{array}$$

The system is dependent.

**35.** $6x-2y+2z=2$

$4x+8y-2z=5$

$-2x-4y+z=-2$

Multiply the third equation by 2 and add to the second equation to eliminate $z$:

$$\begin{array}{rcr} 4x+8y-2z=5 & \longrightarrow & 4x+8y-2z=5 \\ -2x-4y+z=-2 & \xrightarrow{\times 2} & -4x-8y+2z=-4 \\ \hline & & 0\neq 1 \end{array}$$

The system is inconsistent. There is no solution.

**37.** Multiply by the LCD of each equation:

$$\begin{array}{rcr} \frac{1}{2}x+\frac{2}{3}y=\frac{5}{2} & \xrightarrow{\times 6} & 3x+4y=15 \\ \frac{1}{5}x-\frac{1}{2}z=-\frac{3}{10} & \xrightarrow{\times 10} & 2x-5z=-3 \\ \frac{1}{3}y-\frac{1}{4}z=\frac{3}{4} & \xrightarrow{\times 12} & 4y-3z=9 \end{array}$$

Multiply the first equation by –1 and add to the third equation to eliminate $y$:

$$\begin{array}{rcr} 3x+4y=15 & \xrightarrow{\times -1} & -3x-4y=-15 \\ 4y-3z=9 & \longrightarrow & 4y-3z=9 \\ \hline & & -3x-3z=-6 \end{array}$$

Multiply this result by 2/3 and add to the second equation to eliminate $x$:

$$\begin{array}{rcr} -3x-3z=-6 & \xrightarrow{\times 2/3} & -2x-2z=-4 \\ 2x-5z=-3 & \longrightarrow & 2x-5z=-3 \\ \hline & & -7z=-7 \\ & & z=1 \end{array}$$

Substitute and solve for $x$ and $y$:

$$\begin{array}{rr} 2x-5z=-3 & 4y-3z=9 \\ 2x-5(1)=-3 & 4y-3(1)=9 \\ 2x-5=-3 & 4y-3=9 \\ 2x=2 & 4y=12 \\ x=1 & y=3 \end{array}$$

The solution is (1, 3, 1).

**39.** $-3x+y-z=8$

$-4x+2y+3z=-3$

$2x+3y-2z=-1$

Multiply the first equation by 3 and add to the second equation to eliminate $z$:

$$\begin{array}{rcr} -3x+y-z=8 & \xrightarrow{\times 3} & -9x+3y-3z=24 \\ -4x+2y+3z=-3 & \longrightarrow & -4x+2y+3z=-3 \\ \hline & & -13x+5y=21 \end{array}$$

Multiply the first equation by –2 and add to the third equation to eliminate $z$:

$$\begin{array}{rcr} -3x+y-z=8 & \xrightarrow{\times -2} & 6x-2y+2z=-16 \\ 2x+3y-2z=-1 & \longrightarrow & 2x+3y-2z=-1 \\ \hline & & 8x+y=-17 \end{array}$$

Multiply the second result by –5 and add to the first result to eliminate $y$:

$$\begin{array}{rcr} -13x+5y=21 & \longrightarrow & -13x+5y=21 \\ 8x+y=-17 & \xrightarrow{\times -5} & -40x-5y=85 \\ \hline & & -53x=106 \\ & & x=-2 \end{array}$$

Substitute and solve for $y$ and $z$:

$$\begin{array}{rr} 8x+y=-17 & -3x+y-z=8 \\ 8(-2)+y=-17 & -3(-2)+(-1)-z=8 \\ -16+y=-17 & 6-1-z=8 \\ y=-1 & -z=3 \\ & z=-3 \end{array}$$

The solution is (–2, –1, –3).

**41.** $2x+y=3(z-1) \rightarrow 2x+y-3z=-3$
$3x-2(y-2z)=1 \rightarrow 3x-2y+4z=1$
$2(2x-3z)=-6-2y \rightarrow 4x+2y-6z=-6$

Multiply the first equation by –2 and add to the third equation to eliminate $z$:

$$2x+y-3z=-3 \xrightarrow{\times -2} -4x-2y+6z=6$$
$$4x+2y-6z=-6 \longrightarrow \underline{4x+2y-6z=-6}$$
$$0=0$$

The system is dependent.

**43.** Multiply each equation by 10:

$$-0.1y+0.2z=0.2 \rightarrow -y+2z=2$$
$$0.1x+0.1y+0.1z=0.2 \rightarrow x+y+z=2$$
$$-0.1x-0.3z=0.2 \rightarrow -x-3z=2$$

Add the first and second equations to eliminate $y$:

$$-y+2z=2$$
$$\underline{x+y+z=2}$$
$$x+3z=4$$

Add this result to the third equation to eliminate $x$:

$$x+3z=4$$
$$\underline{-x-3z=2}$$
$$0=6$$

The system is inconsistent. There is no solution.

**45.** $2x-4y+8z=0$
$-x-3y+z=0$
$x-2y+5z=0$

Add the second and third equations to eliminate $x$:

$$-x-3y+z=0$$
$$\underline{x-2y+5z=0}$$
$$-5y+6z=0$$

Multiply the second equation by 2 and add to the first equation to eliminate $x$:

$$2x-4y+8z=0 \longrightarrow 2x-4y+8z=0$$
$$-x-3y+z=0 \xrightarrow{\times 2} \underline{-2x-6y+2z=0}$$
$$-10y+10z=0$$

Multiply the first result by –2 and add to the second result to eliminate $y$:

$$-5y+6z=0 \xrightarrow{\times -2} 10y-12z=0$$
$$-10y+10z=0 \longrightarrow \underline{-10y+10z=0}$$
$$-2z=0$$
$$z=0$$

Substitute and solve for $x$ and $y$:

$$-5y+6z=0 \qquad x-2y+5z=0$$
$$-5y+6(0)=0 \qquad x-2(0)+5(0)=0$$
$$-5y=0 \qquad x-0+0=0$$
$$y=0 \qquad x=0$$

The solution is (0, 0, 0).

**47.** $4x-2y-3z=0$
$-8x-y+z=0$
$2x-y-\frac{3}{2}z=0$

Multiply the third equation by –2 and add to the first equation to eliminate $y$:

$$4x-2y-3z=0 \longrightarrow 4x-2y-3z=0$$
$$2x-y-\frac{3}{2}z=0 \xrightarrow{\times -2} \underline{-4x+2y+3z=0}$$
$$0=0$$

The system is dependent.

# Section 3.6 Solving Systems of Linear Equations by Using Matrices

## Section 3.6 Practice Exercises

**1.** Answers will vary.

**3.** $x-6y=9$

$x+2y=13$

Multiply the first equation by –1, add to the second equation and solve for $y$:

$$\begin{aligned} x-6y&=9 \xrightarrow{\times -1} & -x+6y&=-9 \\ x+2y&=13 \longrightarrow & \underline{x+2y}&\underline{=13} \\ & & 8y&=4 \\ & & y&=\frac{1}{2} \end{aligned}$$

Substitute into the first equation and solve for $x$:

$$\begin{aligned} x-6y&=9 \\ x-6\left(\frac{1}{2}\right)&=9 \\ x-3&=9 \\ x&=12 \end{aligned}$$

The solution is $\left(12, \frac{1}{2}\right)$.

**5.** $2x-y+z=-4$

$-x+y+3z=-7$

$x+3y-4z=22$

Add the first and second equations to eliminate $y$:

$$\begin{aligned} 2x-y+z&=-4 \\ \underline{-x+y+3z}&\underline{=-7} \\ x\quad+4z&=-11 \end{aligned}$$

Multiply the first equation by 3 and add to the third equation to eliminate $y$:

$$\begin{aligned} 2x-y+z&=-4 \xrightarrow{\times 3} & 6x-3y+3z&=-12 \\ x+3y-4z&=22 \longrightarrow & \underline{x+3y-4z}&\underline{=22} \\ & & 7x\quad-z&=10 \end{aligned}$$

Multiply the second result by 4 and add to the first result to eliminate $z$:

$$\begin{aligned} x+4z&=-11 \longrightarrow & x+4z&=-11 \\ 7x-z&=10 \xrightarrow{\times 4} & \underline{28x-4z}&\underline{=40} \\ & & 29x\quad&=29 \\ & & x&=1 \end{aligned}$$

Substitute and solve for $y$ and $z$:

$$\begin{aligned} x+4z&=-11 & -x+y+3z&=-7 \\ 1+4z&=-11 & -1+y+3(-3)&=-7 \\ 4z&=-12 & -1+y-9&=-7 \\ z&=-3 & y&=3 \end{aligned}$$

The solution is $(1, 3, -3)$.

**7.** $3\times 1$, column matrix

**9.** $2\times 2$, square matrix

**11.** $1\times 4$, row matrix

**13.** $2\times 3$, none of these

**15.** $\left[\begin{array}{cc|c} 1 & -2 & -1 \\ 2 & 1 & -7 \end{array}\right]$

**17.** $\left[\begin{array}{ccc|c} 1 & -2 & 1 & 5 \\ 2 & 6 & 3 & -2 \\ 3 & -1 & -2 & 1 \end{array}\right]$

**19.** $4x+3y=6$

$12x+5y=-6$

**21.** $x=4$

$y=-1$

$z=7$

**23.** **a.** 7
**b.** –2

**25.** $Z=\left[\begin{array}{cc|c}2 & 1 & 11\\ 2 & -1 & 1\end{array}\right]\xrightarrow{\frac{1}{2}R_1\Rightarrow R_1}\left[\begin{array}{cc|c}1 & \frac{1}{2} & \frac{11}{2}\\ 2 & -1 & 1\end{array}\right]$

**27.** $K=\left[\begin{array}{cc|c}5 & 2 & 1\\ 1 & -4 & 3\end{array}\right]\xrightarrow{R_1\Leftrightarrow R_2}\left[\begin{array}{cc|c}1 & -4 & 3\\ 5 & 2 & 1\end{array}\right]$

**29.** $M=\left[\begin{array}{cc|c}1 & 5 & 2\\ -3 & -4 & -1\end{array}\right]\xrightarrow{3R_1+R_2\Rightarrow R_2}\left[\begin{array}{cc|c}1 & 5 & 2\\ 0 & 11 & 5\end{array}\right]$

**31.** **a.** $\left[\begin{array}{ccc|c}1 & 3 & 0 & -1\\ 4 & 1 & -5 & 6\\ -2 & 0 & -3 & 10\end{array}\right]$

$\xrightarrow{-4R_1+R_2\Rightarrow R_2}\left[\begin{array}{ccc|c}1 & 3 & 0 & -1\\ 0 & -11 & -5 & 10\\ -2 & 0 & -3 & 10\end{array}\right]$

**b.** $\xrightarrow{2R_1+R_3\Rightarrow R_3}\left[\begin{array}{ccc|c}1 & 3 & 0 & -1\\ 0 & -11 & -5 & 10\\ 0 & 6 & -3 & 8\end{array}\right]$

**33.** $x-2y=-1$
$2x+\ y=-7$

$\left[\begin{array}{cc|c}1 & -2 & -1\\ 2 & 1 & -7\end{array}\right]\xrightarrow{-2R_1+R_2\Rightarrow R_2}\left[\begin{array}{cc|c}1 & -2 & -1\\ 0 & 5 & -5\end{array}\right]\xrightarrow{\frac{1}{5}R_2\Rightarrow R_2}\left[\begin{array}{cc|c}1 & -2 & -1\\ 0 & 1 & -1\end{array}\right]\xrightarrow{2R_2+R_1\Rightarrow R_1}\left[\begin{array}{cc|c}1 & 0 & -3\\ 0 & 1 & -1\end{array}\right]$

The solution is (–3, –1).

**35.** $x+3y=6$
$-4x-9y=3$

$\left[\begin{array}{cc|c}1 & 3 & 6\\ -4 & -9 & 3\end{array}\right]\xrightarrow{4R_1+R_2\Rightarrow R_2}\left[\begin{array}{cc|c}1 & 3 & 6\\ 0 & 3 & 27\end{array}\right]\xrightarrow{\frac{1}{3}R_2\Rightarrow R_2}\left[\begin{array}{cc|c}1 & 3 & 6\\ 0 & 1 & 9\end{array}\right]\xrightarrow{-3R_2+R_1\Rightarrow R_1}\left[\begin{array}{cc|c}1 & 0 & -21\\ 0 & 1 & 9\end{array}\right]$

The solution is (–21, 9).

**37.** $x+\ 3y=\ 3$
$4x+12y=12$

$\left[\begin{array}{cc|c}1 & 3 & 3\\ 4 & 12 & 12\end{array}\right]\xrightarrow{-4R_1+R_2\Rightarrow R_2}\left[\begin{array}{cc|c}1 & 3 & 3\\ 0 & 0 & 0\end{array}\right]$

The system is dependent. Infinitely many solutions of the form $\{(x,\ y)|\,x+3y=3\}$.

**39.** $x-y=4$
$2x+y=5$

$\left[\begin{array}{cc|c}1 & -1 & 4\\ 2 & 1 & 5\end{array}\right]\xrightarrow{-2R_1+R_2\Rightarrow R_2}\left[\begin{array}{cc|c}1 & -1 & 4\\ 0 & 3 & -3\end{array}\right]\xrightarrow{\frac{1}{3}R_2\Rightarrow R_2}\left[\begin{array}{cc|c}1 & -1 & 4\\ 0 & 1 & -1\end{array}\right]\xrightarrow{R_2+R_1\Rightarrow R_1}\left[\begin{array}{cc|c}1 & 0 & 3\\ 0 & 1 & -1\end{array}\right]$

The solution is (3, –1).

**41.** $x+3y=-1$
$-3x-6y=12$

$\left[\begin{array}{cc|c}1 & 3 & -1\\ -3 & -6 & 12\end{array}\right]\xrightarrow{3R_1+R_2\Rightarrow R_2}\left[\begin{array}{cc|c}1 & 3 & -1\\ 0 & 3 & 9\end{array}\right]\xrightarrow{\frac{1}{3}R_2\Rightarrow R_2}\left[\begin{array}{cc|c}1 & 3 & -1\\ 0 & 1 & 3\end{array}\right]\xrightarrow{-3R_2+R_1\Rightarrow R_1}\left[\begin{array}{cc|c}1 & 0 & -10\\ 0 & 1 & 3\end{array}\right]$

The solution is (–10, 3).

**43.** $\begin{aligned} 3x + y &= -4 \\ -6x - 2y &= 3 \end{aligned}$

$$\left[\begin{array}{cc|c} 3 & 1 & -4 \\ -6 & -2 & 3 \end{array}\right] \xrightarrow{2R_1+R_2 \Rightarrow R_2} \left[\begin{array}{cc|c} 3 & 1 & -4 \\ 0 & 0 & -5 \end{array}\right]$$

The system is inconsistent. There is no solution.

**45.** $\begin{aligned} x + y + z &= 6 \\ x - y + z &= 2 \\ x + y - z &= 0 \end{aligned}$

$$\left[\begin{array}{ccc|c} 1 & 1 & 1 & 6 \\ 1 & -1 & 1 & 2 \\ 1 & 1 & -1 & 0 \end{array}\right] \xrightarrow[-R_1+R_3 \Rightarrow R_3]{-R_1+R_2 \Rightarrow R_2} \left[\begin{array}{ccc|c} 1 & 1 & 1 & 6 \\ 0 & -2 & 0 & -4 \\ 0 & 0 & -2 & -6 \end{array}\right] \xrightarrow{-\frac{1}{2}R_2 \Rightarrow R_2} \left[\begin{array}{ccc|c} 1 & 1 & 1 & 6 \\ 0 & 1 & 0 & 2 \\ 0 & 0 & -2 & -6 \end{array}\right]$$

$$\xrightarrow{-R_2+R_1 \Rightarrow R_1} \left[\begin{array}{ccc|c} 1 & 0 & 1 & 4 \\ 0 & 1 & 0 & 2 \\ 0 & 0 & -2 & -6 \end{array}\right] \xrightarrow{-\frac{1}{2}R_3 \Rightarrow R_3} \left[\begin{array}{ccc|c} 1 & 0 & 1 & 4 \\ 0 & 1 & 0 & 2 \\ 0 & 0 & 1 & 3 \end{array}\right] \xrightarrow{-R_3+R_1 \Rightarrow R_1} \left[\begin{array}{ccc|c} 1 & 0 & 0 & 1 \\ 0 & 1 & 0 & 2 \\ 0 & 0 & 1 & 3 \end{array}\right]$$

The solution is (1, 2, 3).

**47.** $\begin{aligned} x - 2y \quad &= 5 - z &\rightarrow\quad x - 2y + z &= 5 \\ 2x + 6y + 3z &= -10 &\rightarrow\quad 2x + 6y + 3z &= -10 \\ 3x - y - 2z &= 5 &\rightarrow\quad 3x - y - 2z &= 5 \end{aligned}$

$$\left[\begin{array}{ccc|c} 1 & -2 & 1 & 5 \\ 2 & 6 & 3 & -10 \\ 3 & -1 & -2 & 5 \end{array}\right] \xrightarrow[-3R_1+R_3 \Rightarrow R_3]{-2R_1+R_2 \Rightarrow R_2} \left[\begin{array}{ccc|c} 1 & -2 & 1 & 5 \\ 0 & 10 & 1 & -20 \\ 0 & 5 & -5 & -10 \end{array}\right] \xrightarrow{\frac{1}{10}R_2 \Rightarrow R_2} \left[\begin{array}{ccc|c} 1 & -2 & 1 & 5 \\ 0 & 1 & \frac{1}{10} & -2 \\ 0 & 5 & -5 & -10 \end{array}\right]$$

$$\xrightarrow[-5R_2+R_3 \Rightarrow R_3]{2R_2+R_1 \Rightarrow R_1} \left[\begin{array}{ccc|c} 1 & 0 & \frac{6}{5} & 1 \\ 0 & 1 & \frac{1}{10} & -2 \\ 0 & 0 & -\frac{11}{2} & 0 \end{array}\right] \xrightarrow{-\frac{2}{11}R_3 \Rightarrow R_3} \left[\begin{array}{ccc|c} 1 & 0 & \frac{6}{5} & 1 \\ 0 & 1 & \frac{1}{10} & -2 \\ 0 & 0 & 1 & 0 \end{array}\right] \xrightarrow[-\frac{1}{10}R_3+R_2 \Rightarrow R_2]{-\frac{6}{5}R_3+R_1 \Rightarrow R_1} \left[\begin{array}{ccc|c} 1 & 0 & 0 & 1 \\ 0 & 1 & 0 & -2 \\ 0 & 0 & 1 & 0 \end{array}\right]$$

The solution is $(1, -2, 0)$.

**49.** True

**51.** True

**53.** Interchange rows 1 and 2.

**55.** Multiply row 1 by –3 and add to row 2. Replace row 2 with the result.

**57.** $\left[\begin{array}{cc|c} 1 & -2 & -1 \\ 2 & 1 & -7 \end{array}\right]$

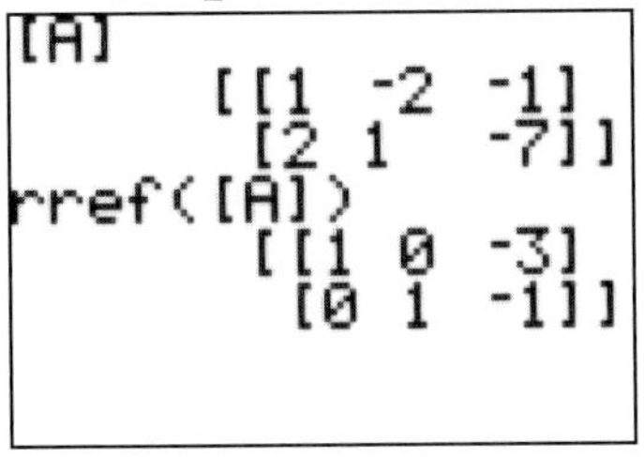


**59.** $\left[\begin{array}{cc|c} 1 & 3 & 6 \\ -4 & -9 & 3 \end{array}\right]$

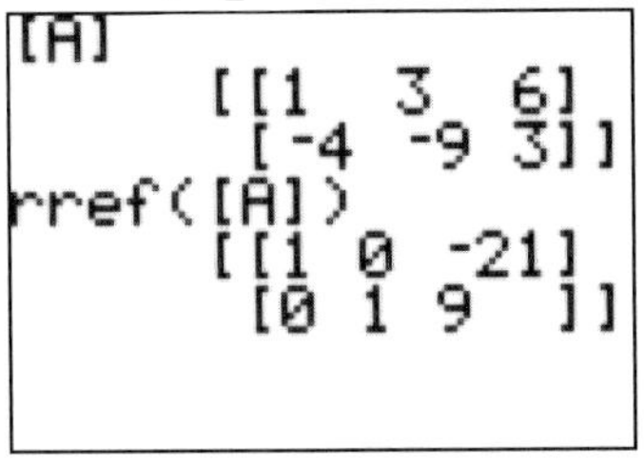

**61.** $\left[\begin{array}{ccc|c} 1 & 1 & 1 & 6 \\ 1 & -1 & 1 & 2 \\ 1 & 1 & -1 & 0 \end{array}\right]$

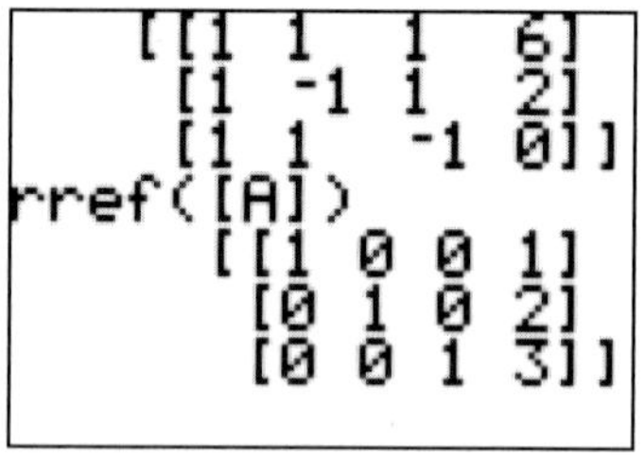


## Chapter 3 Review Exercises

### Section 3.1

**1.** **a** $-5x-7y=4$

$y=-\frac{1}{2}x-1$

Substitute $(2, 2)$:

$-5(2)-7(2)=-10-14=-24\neq 4$

$(2, 2)$ is not a solution.

**b.** Substitute $(2, -2)$:

$-5(2)-7(-2)=-10+14=4=4$

$-2=-\frac{1}{2}(2)-1=-1-1=-2$

$(2, -2)$ is a solution.

**3.** True

**5.** $f(x)=x-1$

$g(x)=2x-4$

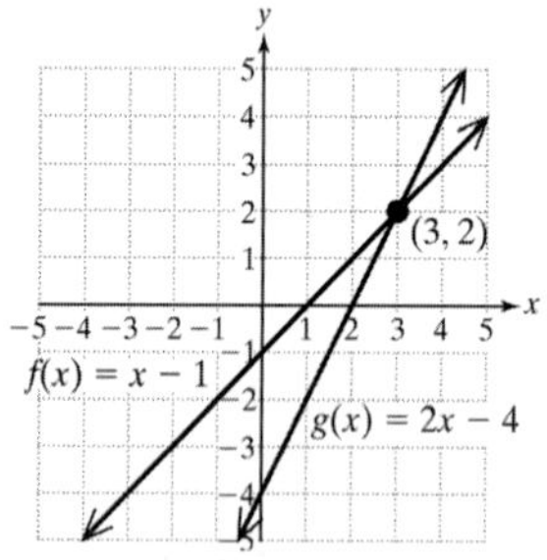


The solution is (3, 2).

**7.** $6x+2y=4$

$2y=-6x+4$

$y=-3x+2$

$3x=-y+2$

$y=-3x+2$

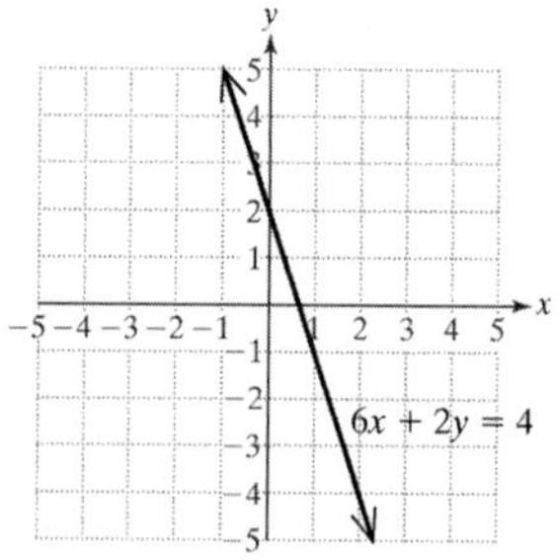


The system is dependent. Infinitely many solutions of the form $\{(x, y)|6x+2y=4\}$.

## Section 3.2

**9.**

$$y = \frac{3}{4}x - 4$$
$$-x + 2y = -6$$

$$\begin{aligned} -x + 2\left(\frac{3}{4}x - 4\right) &= -6 \\ -x + \frac{3}{2}x - 8 &= -6 \\ \frac{1}{2}x &= 2 \\ x &= 4 \end{aligned}$$

$$y = \frac{3}{4}x - 4 = \frac{3}{4}(4) - 4 = 3 - 4 = -1$$

The solution is (4, –1).

**11.** $4x + y = 7 \rightarrow y = -4x + 7$

$$x + \frac{1}{4}y = \frac{7}{4}$$

$$\begin{aligned} x + \frac{1}{4}(-4x + 7) &= \frac{7}{4} \\ x - x + \frac{7}{4} &= \frac{7}{4} \\ \frac{7}{4} &= \frac{7}{4} \end{aligned}$$

The system is dependent. Infinitely many solutions of the form $\{(x, y) | 4x + y = 7\}$.

## Section 3.3

**13.** Multiply each equation by its LCD:

$$\frac{2}{5}x + \frac{3}{5}y = 1 \xrightarrow{\times 5} 2x + 3y = 5$$
$$x - \frac{2}{3}y = \frac{1}{3} \xrightarrow{\times 3} 3x - 2y = 1$$

Multiply the first equation by 2 and the second equation by 3, add the results and solve for $x$:

$$\begin{aligned} 2x + 3y = 5 &\xrightarrow{\times 2} 4x + 6y = 10 \\ 3x - 2y = 1 &\xrightarrow{\times 3} \underline{9x - 6y = 3} \\ &\qquad 13x \quad = 13 \\ &\qquad\quad x = 1 \end{aligned}$$

Substitute into the first equation and solve for $y$:

$$\begin{aligned} 2(1) + 3y &= 5 \\ 2 + 3y &= 5 \\ 3y &= 3 \\ y &= 1 \end{aligned}$$

The solution is (1, 1).

**15.** 

$$3x + 4y = 2$$
$$2x + 5y = -1$$

Multiply the first equation by 5 and the second equation by –4, add the results and solve for $x$:

$$\begin{aligned} 3x + 4y = 2 &\xrightarrow{\times 5} 15x + 20y = 10 \\ 2x + 5y = -1 &\xrightarrow{\times -4} \underline{-8x - 20y = 4} \\ &\qquad 7x \quad = 14 \\ &\qquad\quad x = 2 \end{aligned}$$

Substitute into the first equation and solve for $y$:

$$\begin{aligned} 4(3) + 6y &= 3 \\ 9 + 6y &= 3 \\ 6y &= -6 \\ y &= -1 \end{aligned}$$

The solution is (2, –1).

**17.** Write in standard form:

$$2y = 3x - 8 \rightarrow -3x + 2y = -8$$
$$-6x = -4y + 4 \rightarrow -6x + 4y = 4$$

Multiply the first equation by –2, add to the second equation and solve for $x$:

$$\begin{aligned} -3x + 2y = -8 &\xrightarrow{\times -2} 6x - 4y = 16 \\ -6x + 4y = 4 &\longrightarrow \underline{-6x + 4y = 4} \\ &\qquad\qquad 0 \neq 20 \end{aligned}$$

The system is inconsistent. There is no solution.

**19.** Write in standard form:

$$\begin{aligned} -(y+4x) &= 2x-9 &&\rightarrow -6x- y= -9 \\ -2x+2y &= -10 &&\rightarrow -2x+2y=-10 \end{aligned}$$

Multiply the first equation by 2, add to the second equation and solve for $x$:

$$\begin{aligned} -6x-y= -9 &\xrightarrow{\times 2} -12x-2y=-18 \\ -2x+2y=-10 &\longrightarrow \underline{\;-2x+2y=-10\;} \\ & \qquad -14x \quad =-28 \\ & \qquad\qquad x=2 \end{aligned}$$

Substitute into the first equation and solve for $y$:

$$\begin{aligned} -6(2)-y &= -9 \\ -12-y &= -9 \\ y &= -3 \end{aligned}$$

The solution is (2, –3).

**21.** Multiply each equation by 10:

$$\begin{aligned} -0.4x+0.3y= \;\;1.8 &\rightarrow -4x+3y= \;\;18 \\ 0.6x-0.2y=-1.2 &\rightarrow \;\;\;6x-2y=-12 \end{aligned}$$

Multiply the first equation by 2 and the second equation by 3, add the results and solve for $x$:

$$\begin{aligned} -4x+3y= \;\;18 &\xrightarrow{\times 2} -8x+6y= \;\;36 \\ 6x-2y=-12 &\xrightarrow{\times 3} \underline{\;18x-6y=-36\;} \\ & \qquad 10x \quad =0 \\ & \qquad\qquad x=0 \end{aligned}$$

Substitute into the first equation and solve for $y$:

$$\begin{aligned} -4(0)+3y &= 18 \\ 0+3y &= 18 \\ y &= 6 \end{aligned}$$

The solution is (0, 6).

## Section 3.4

**23.** Let $x$ = the amount invested at 5%
$y$ = the amount invested at 3.5%

| | 5% Acct | 3.5% Acct | Total |
|---|---|---|---|
| Principal | $x$ | $y$ | |
| Interest | $0.05x$ | $0.035y$ | 303.75 |

$$x = 2y$$

$$0.05x+0.035y = 303.75$$

Substitute and solve for $y$:

$$\begin{aligned} 0.05(2y)+0.035y &= 303.75 \\ 0.10y+0.035y &= 303.75 \\ 0.135y &= 303.75 \\ y &= 2250 \end{aligned}$$

Substitute into the first equation and solve for $x$:

$$x = 2y = 2(2250) = 4500$$

\$4500 was invested at 5%.

**25.** Let $x$ = the amount of 20% saline solution
$y$ = the amount of 50% saline solution

| | 20% sal | 50% sal | 31.25% sal |
|---|---|---|---|
| L solution | $x$ | $y$ | 16 |
| L saline | $0.20x$ | $0.50y$ | 0.3125(16) |

$$x + \quad y = 16$$

$$0.20x+0.50y = 0.3125(16)$$

Multiply the first equation by –0.20, add to the second equation and solve for $y$:

$$\begin{aligned} x+ \quad y=16 &\rightarrow -0.20x-0.20y=-3.2 \\ 0.20x+0.50y= \;\;5 &\rightarrow \underline{\;\;0.20x+0.50y= \;\;5.0\;} \\ & \qquad\qquad\qquad 0.30y = 1.8 \\ & \qquad\qquad\qquad\quad y=6 \end{aligned}$$

Substitute into the first equation and solve for $x$:

$$\begin{aligned} x+6 &= 16 \\ x &= 10 \end{aligned}$$

The mixture contains 10 L of 20% saline solution and 6 L of 50% saline solution.

**27.** **a.** $f(x) = 9.95+0.10x$

**b.** $g(x) = 12.95+0.08x$

**c.** Substitute and solve:

$$\begin{aligned} 9.95+0.10x &= 12.95+0.08x \\ 0.02x &= 3 \\ x &= 150 \end{aligned}$$

Both offers are the same when 150 min are used.

## Section 3.5

**29.**
$$\begin{aligned} 5x+5y+5z &= 30 \\ -x+\ y+\ z &= 2 \\ 10x+6y-2z &= 4 \end{aligned}$$

Multiply the second equation by –5 and add to the first equation to eliminate $z$:

$$\begin{aligned} 5x+5y+5z = 30 &\longrightarrow 5x+5y+5z = 30 \\ -x+y+z = 2 &\xrightarrow{\times -5} \underline{5x-5y-5z=-10} \\ & \qquad 10x \qquad\quad = 20 \\ & \qquad\qquad\qquad x = 2 \end{aligned}$$

Multiply the second equation by 2 and add to the third equation to eliminate $z$:

$$\begin{aligned} -x+y+z = 2 &\xrightarrow{\times 2} -2x+2y+2z=4 \\ 10x+6y-2z = 4 &\longrightarrow \underline{10x+6y-2z=4} \\ & \qquad 8x+8y \qquad = 8 \end{aligned}$$

Substitute and solve for $y$ and $z$:

$$\begin{aligned} 8x+8y&=8 & -x+y+z&=2 \\ 8(2)+8y&=8 & -2+(-1)+z&=2 \\ 16+8y&=8 & -3+z&=2 \\ 8y&=-8 & z&=5 \\ y&=-1 \end{aligned}$$

The solution is (2, –1, 5).

**31.**
$$\begin{aligned} x+\ y+\ z &= 4 \\ -x-2y-3z &= -6 \\ 2x+4y+6z &= 12 \end{aligned}$$

Multiply the second equation by 2 and add to the third equations to eliminate $z$:

$$\begin{aligned} -x-2y-3z=-6 &\xrightarrow{\times 2} -2x-4y-6z=-12 \\ 2x+4y+6z=12 &\longrightarrow \underline{2x+4y+6z=12} \\ & \qquad\qquad 0=0 \end{aligned}$$

The system is dependent.

**33.** Let $x$ = the shortest leg
Let $y$ = the longer leg
Let $z$ = the hypotenuse

$$\begin{aligned} x+y+z&=30 \\ y&=2x+2 \\ z&=3x-2 \end{aligned}$$

Substitute the second and third equations into the first equation and solve:

$$\begin{aligned} x+(2x+2)+(3x-2)&=30 \\ 6x&=30 \\ x&=5 \end{aligned}$$

$$y=2x+2=2(5)+2=10+2=12$$

$$y=3x-2=3(5)-2=15-2=13$$

The lengths of the sides are 5 ft, 12 ft, and 13 ft.

**35.** Let $x$ = the first angle
Let $y$ = the second angle
Let $z$ = the third angle

$$\begin{aligned} x+y+z&=180 \\ x&=y-9 \rightarrow y=x+9 \\ z&=3x+26 \end{aligned}$$

Substitute the second and third equations into the first and solve for $x$:

$$\begin{aligned} x+(x+9)+(3x+26)&=180 \\ 5x+35&=180 \\ 5x&=145 \\ x&=29 \end{aligned}$$

Substitute and solve for $y$ and $z$:

$$\begin{aligned} y&=x+9 & z&=3x+26 \\ y&=29+9=38 & z&=3(29)+26 \\ & & z&=87+26=113 \end{aligned}$$

The angles are 29°, 38°, and 113°.

## Section 3.6

**37.** $3\times 2$

**39.** $3\times 1$

**41.** $\left[\begin{array}{rrr|r} 1 & -1 & 1 & 4 \\ 2 & -1 & 3 & 8 \\ -2 & 2 & -1 & -9 \end{array}\right]$

**43.** $x=-5$
$y=2$
$z=-8$

**45. a.** $\left[\begin{array}{rrr|r} 1 & 2 & 0 & -3 \\ 4 & -1 & 1 & 0 \\ -3 & 2 & 2 & 5 \end{array}\right]$

$$\xrightarrow{-4R_1+R_2\Rightarrow R_2}\left[\begin{array}{rrr|r} 1 & 2 & 0 & -3 \\ 0 & -9 & 1 & 12 \\ -3 & 2 & 2 & 5 \end{array}\right]$$

**b.** $$\xrightarrow{3R_1+R_3\Rightarrow R_3}\left[\begin{array}{rrr|r} 1 & 2 & 0 & -3 \\ 0 & -9 & 1 & 12 \\ 0 & 8 & 2 & -4 \end{array}\right]$$

**47.** $4x+3y=\ 6$
$12x+5y=-6$

$$\left[\begin{array}{rr|r} 4 & 3 & 6 \\ 12 & 5 & -6 \end{array}\right]\xrightarrow{-3R_1+R_2\Rightarrow R_2}\left[\begin{array}{rr|r} 4 & 3 & 6 \\ 0 & -4 & -24 \end{array}\right]\xrightarrow{-\frac{1}{4}R_2\Rightarrow R_2}\left[\begin{array}{rr|r} 4 & 3 & 6 \\ 0 & 1 & 6 \end{array}\right]\xrightarrow{-3R_2+R_1\Rightarrow R_1}\left[\begin{array}{rr|r} 4 & 0 & -12 \\ 0 & 1 & 6 \end{array}\right]$$

$$\xrightarrow{\frac{1}{4}R_1\Rightarrow R_1}\left[\begin{array}{rr|r} 1 & 0 & -3 \\ 0 & 1 & 6 \end{array}\right]$$

The solution is (–3, 6).

**49.** $x-\ y+\ z=\ 4$
$2x-\ y+3z=\ 8$
$-2x+2y-\ z=-9$

$$\left[\begin{array}{rrr|r} 1 & -1 & 1 & 4 \\ 2 & -1 & 3 & 8 \\ -2 & 2 & -1 & -9 \end{array}\right]\xrightarrow[2R_1+R_3\Rightarrow R_3]{-2R_1+R_2\Rightarrow R_2}\left[\begin{array}{rrr|r} 1 & -1 & 1 & 4 \\ 0 & 1 & 1 & 0 \\ 0 & 0 & 1 & -1 \end{array}\right]\xrightarrow{R_2+R_1\Rightarrow R_1}\left[\begin{array}{rrr|r} 1 & 0 & 2 & 4 \\ 0 & 1 & 1 & 0 \\ 0 & 0 & 1 & -1 \end{array}\right]$$

$$\xrightarrow[-R_3+R_2\Rightarrow R_2]{-2R_3+R_1\Rightarrow R_1}\left[\begin{array}{rrr|r} 1 & 0 & 0 & 6 \\ 0 & 1 & 0 & 1 \\ 0 & 0 & 1 & -1 \end{array}\right]$$

The solution is $(6, 1, -1)$.

# Chapter 3 Test

**1.** $4x-3y=-5$

$12x+2y=7$

Substitute $\left(\frac{1}{4}, 2\right)$:

$$4\left(\frac{1}{4}\right)-3(2)=1-6=-5=-5$$

$$12\left(\frac{1}{4}\right)+2(2)=3+4=7=7$$

$\left(\frac{1}{4}, 2\right)$ is a solution.

**3.** c. The system is inconsistent and independent. There are no solutions.

**5.** $4x-2y=-4$

$3x+\ \ y=\ \ 7$

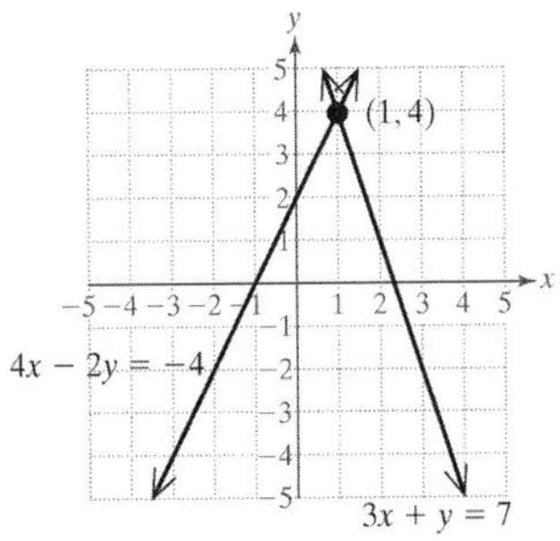


The solution is (1, 4).

**7.** $3x+5y=13$

$$y=x+9$$

$$3x+5(x+9)=13$$

$$3x+5x+45=13$$

$$8x=-32$$

$$x=-4$$

$$y=x+9=-4+9=5$$

The solution is (–4, 5).

**9.** Write in standard form:

$$7y=5x-21 \rightarrow -5x+7y=-21$$

$$9y+2x=-27 \rightarrow 2x+9y=-27$$

Multiply the first equation by 2 and the second equation by 5, add the results and solve for $y$:

$$-5x+7y=-21 \xrightarrow{\times 2} -10x+14y=-42$$

$$2x+9y=-27 \xrightarrow{\times 5} 10x+45y=-135$$

$$59y=-177$$

$$y=-3$$

Substitute into the first equation and solve for $x$:

$$2x+9(-3)=-27$$

$$2x-27=-27$$

$$2x=0$$

$$x=0$$

The solution is $(0, -3)$.

**11.** Multiply each equation by the LCD:

$$\frac{1}{5}x=\frac{1}{2}y+\frac{17}{5} \rightarrow 2x=5y+34$$

$$\rightarrow 2x-5y=34$$

$$\frac{1}{4}(x+2)=-\frac{1}{6}y \rightarrow 3x+6=-2y$$

$$\rightarrow 3x+2y=-6$$

Multiply the first equation by 2 and the second equation by 5, add the results and solve for $x$:

$$2x-5y=34 \xrightarrow{\times 2} 4x-10y=68$$

$$3x+2y=-6 \xrightarrow{\times 5} 15x+10y=-30$$

$$19x = 38$$

$$x=2$$

Substitute into the first equation and solve for $y$:

$$2(2)-5y=34$$

$$4-5y=34$$

$$-5y=30$$

$$y=-6$$

The solution is $(2, -6)$.

**13.** Multiply each equation by the LCD:

$$\begin{aligned} -0.03y+0.06x=0.3 &\rightarrow -3y+6x=30 \\ &\rightarrow 6x-3y=30 \\ 0.4x-2=-0.5y &\rightarrow 4x-20=-5y \\ &\rightarrow 4x+5y=20 \end{aligned}$$

Multiply the first equation by 5 and the second equation by 3, add the results and solve for $x$:

$$\begin{aligned} 6x-3y=30 &\xrightarrow{\times 5} 30x-15y=150 \\ 4x+5y=20 &\xrightarrow{\times 3} \underline{12x+15y=\ 60} \\ &\qquad 42x=210 \\ &\qquad x=5 \end{aligned}$$

Substitute into the first equation and solve for $y$:

$$\begin{aligned} 6(5)-3y&=30 \\ 30-3y&=30 \\ -3y&=0 \\ y&=0 \end{aligned}$$

The solution is $(5, 0)$.

**15.** Write each equation in standard form:

$$\begin{aligned} 2(x+z)=6+x-3y &\rightarrow x+3y+2z=\ 6 \\ 2x=11+y-z &\rightarrow 2x-\ y+\ z=11 \\ x+2(y+z)=8 &\rightarrow x+2y+2z=\ 8 \end{aligned}$$

Multiply the third equation by –1 and add to the first equation to eliminate $x$:

$$\begin{aligned} x+3y+2z=6 &\longrightarrow x+3y+2z=\ 6 \\ x+2y+2z=8 &\xrightarrow{\times -1} \underline{-x-2y-2z=-8} \\ &\qquad y=-2 \end{aligned}$$

Multiply the second equation by –2 and add to the first equation to eliminate $z$:

$$\begin{aligned} x+3y+2z=6 &\longrightarrow x+3y+2z=\ \ 6 \\ 2x-y+z=11 &\xrightarrow{\times -2} \underline{-4x+2y-2z=-22} \\ &\qquad -3x+5y \quad =-16 \end{aligned}$$

Substitute and solve for $x$ and $z$:

$$\begin{aligned} -3x+5y&=-16 \\ -3x+5(-2)&=-16 \\ -3x-10&=-16 \\ -3x&=-6 \\ x&=2 \end{aligned}$$

$$\begin{aligned} 2x-y+z&=11 \\ 2(2)-(-2)+z&=11 \\ 4+2+z&=11 \\ z&=5 \end{aligned}$$

The solution is (2, –2, 5).

**17.** Let $x$ = one angle
Let $y$ = the other angle

$$2y=x-60$$

$$x+y=90 \rightarrow y=90-x$$

Substitute and solve:

$$\begin{aligned} 2(90-x)&=x-60 \\ 180-2x&=x-60 \\ -3x&=-240 \\ x&=80 \\ y&=90-80=10 \end{aligned}$$

The two angles measure 80° and 10°.

**19.** For example:

$$\begin{bmatrix} 2 & 1 \\ 0 & -4 \\ 2.6 & 7 \end{bmatrix}$$

**21.** $5x-4y=34$

$x-2y=8$

$$\left[\begin{array}{cc|c} 5 & -4 & 34 \\ 1 & -2 & 8 \end{array}\right] \xrightarrow{R_1 \Leftrightarrow R_2} \left[\begin{array}{cc|c} 1 & -2 & 8 \\ 5 & -4 & 34 \end{array}\right] \xrightarrow{-5R_1+R_2 \Rightarrow R_2} \left[\begin{array}{cc|c} 1 & -2 & 8 \\ 0 & 6 & -6 \end{array}\right] \xrightarrow{\frac{1}{6}R_2 \Rightarrow R_2} \left[\begin{array}{cc|c} 1 & -2 & 8 \\ 0 & 1 & -1 \end{array}\right]$$

$$\xrightarrow{2R_2+R_1 \Rightarrow R_1} \left[\begin{array}{cc|c} 1 & 0 & 6 \\ 0 & 1 & -1 \end{array}\right]$$

The solution is (6, –1).

# Chapters 1 – 3 Cumulative Review Exercises

**1.** $2\left[3^2-8(7-5)\right]=2\left[3^2-8(2)\right]$
$=2\left[9-8(2)\right]=2\left[9-16\right]$
$=2\left[-7\right]=-14$

**3.** $-5(2x-1)-2(3x+1)=7-2(8x+1)$
$-10x+5-6x-2=7-16x-2$
$-16x+3=-16x+5$
$3\neq 5$
There is no solution.

**5.** $\dfrac{(6a^2b)^{-2}}{a^{-5}b^0}=\dfrac{6^{-2}(a^2)^{-2}b^{-2}}{a^{-5}\cdot 1}=\dfrac{6^{-2}a^{-4}b^{-2}}{a^{-5}}=6^{-2}a^{-4-(-5)}b^{-2}=6^{-2}a^1b^{-2}=\dfrac{a}{6^2b^2}=\dfrac{a}{36b^2}$

**7.** $5x-2y=15$
$-2y=-5x+15$
$y=\dfrac{5}{2}x-\dfrac{15}{2}$
Slope: $\dfrac{5}{2}$ y-intercept: $\left(0,-\dfrac{15}{2}\right)$
$5x-2(0)=15$
$5x=15$
$x=3$ x-intercept: $(3, 0)$

**9.** $x=-2$

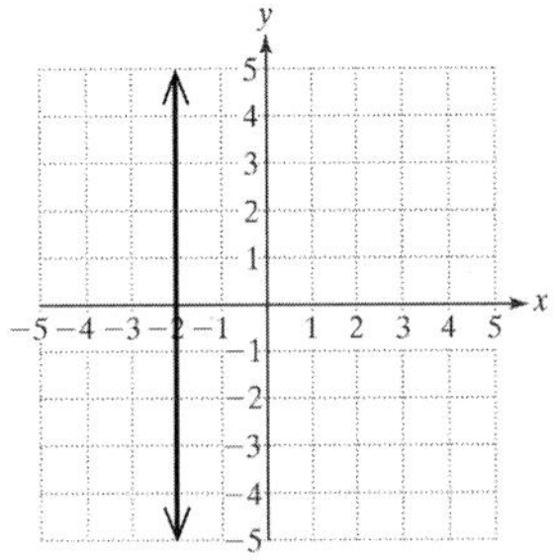

**11.** $m=\dfrac{-4-(-8)}{2-3}=\dfrac{4}{-1}=-4$
$y-(-8)=-4(x-3)$
$y+8=-4x+12$
$y=-4x+4$

**13.** $2x+y=4$
$y=3x-1$
$2x+(3x-1)=4$
$5x-1=4$
$5x=5$
$x=1$
$y=3x-1=3(1)-1=3-1=2$
The solution is (1, 2).

**15. a.** $f(x)=2.50x+25$

**b.** $g(x)=3x+10$

**c.** $3x+10=2.50x+25$
$0.50x=15$
$x=30$
30 tapes would need to be rented for the cost to be the same.

**17.** $2\times 3$

**19.** Interchange two rows.
Multiply a row by a nonzero constant.
Add a multiple of one row to another row.

# Chapter 4 Polynomials

## Chapter Opener Puzzle

**1.** o

**2.** r

**3.** m

**4.** l

**5.** e

**6.** s

**7.** b

**8.** P

Math teachers have a lot of p r o b l e m s.

## Section 4.1 Addition and Subtraction of Polynomials and Polynomial Functions

### Section 4.1 Practice Exercises

**1.** **a.** A polynomial in $x$ is defined as a finite sum of terms of the form $ax^n$, where $a$ is a real number and the exponent $n$ is a whole number.

**b.** In each term of the form $ax^n$, $a$ is called the coefficient.

**c.** In each term of the form $ax^n$, $n$ is called the degree of the term.

**d.** If a polynomial has exactly one term, it is categorized as a monomial.

**e.** A two-term polynomial is called a binomial.

**f.** A three-term polynomial is called a trinomial.

**g.** In descending order, the highest degree term is written first and is called the leading term.

**h.** The coefficient of the leading term is called the leading coefficient.

**i.** The degree of a polynomial is the largest degree of all its terms.

**j.** Two terms are like terms if they each have the same variables and the corresponding variables are raised to the same powers.

**k.** A polynomial function is a function defined by a finite sum of terms of the form $ax^n$, where $a$ is a real number and $n$ is a whole number.

**3.** $-6a^3+a^2-a$
leading coefficient: –6
degree: 3

**5.** $3x^4+6x^2-x-1$
leading coefficient: 3
degree: 4

**7.** $-t^2+100$
leading coefficient: –1
degree: 2

**9.** For example: $3x^5$

**11.** For example: $x^2+2x+1$

**13.** For example: $6x^4-x^2$

**15.** $(-4m^2+4m)+(5m^2+6m)$
$=-4m^2+5m^2+4m+6m$
$=m^2+10m$

**17.** $(3x^4-x^3-x^2)+(3x^3-7x^2+2x)$
$=3x^4+(-x^3)+3x^3+(-x^2)+(-7x^2)+2x$
$=3x^4+2x^3-8x^2+2x$

**19.** $\left(\frac{1}{2}w^3+\frac{2}{9}w^2-1.8w\right)+\left(\frac{3}{2}w^3-\frac{1}{9}w^2+2.7w\right)$
$=\frac{1}{2}w^3+\frac{3}{2}w^3+\frac{2}{9}w^2-\frac{1}{9}w^2-1.8w+2.7w$
$=2w^3+\frac{1}{9}w^2+0.9w$

**21.** $(9x^2y-5xy+1)+(8x^2y+xy-15)$
$=9x^2y+8x^2y-5xy+xy+1-15$
$=17x^2y-4xy-14$

**23.** $(9x^2-5x+1)+(8x^2+x-15)$
$=9x^2+8x^2-5x+x+1-15$
$=17x^2-4x-14$

**25.**
$$\begin{array}{r} 12x^3 \qquad\quad +6x-8 \\ +(-3x^3-5x^2-4x\quad\;) \\ \hline 9x^3-5x^2+2x-8 \end{array}$$

**27.** $-(-30y^3)=30y^3$

**29.** $-(4p^3+2p-12)=-4p^3-2p+12$

**31.** $-(-11ab^2+a^2b)=11ab^2-a^2b$

**33.** $(13z^5-z^2)-(7z^5+5z^2)$
$=(13z^5-z^2)+(-7z^5-5z^2)$
$=13z^5-7z^5-z^2-5z^2$
$=6z^5-6z^2$

**35.** $(-3x^3+3x^2-x+6)-(-x^3-x^2-x+1)$
$=(-3x^3+3x^2-x+6)+(x^3+x^2+x-1)$
$=-3x^3+x^3+3x^2+x^2-x+x+6-1$
$=-2x^3+4x^2+5$

**37.** $(-3xy^3+3x^2y-x+6)-(-xy^3-xy-x+1)$
$=(-3xy^3+3x^2y-x+6)+(xy^3+xy+x-1)$
$=-3xy^3+xy^3+3x^2y+xy-x+x+6-1$
$=-2xy^3+3x^2y+xy+5$

**39.**
$$\begin{array}{rcr} 4t^3-6t^2 \qquad -18 & \rightarrow & 4t^3-6t^2 \qquad -18 \\ -(3t^3+7t^2+9t-5) & \rightarrow & +(-3t^3-7t^2-9t+5) \\ \hline & & t^3-13t^2-9t-13 \end{array}$$

**41.** $\left(\frac{1}{5}a^2-\frac{1}{2}ab+\frac{1}{10}b^2+3\right)-\left(-\frac{3}{10}a^2+\frac{2}{5}ab-\frac{1}{2}b^2-5\right)$
$=\left(\frac{1}{5}a^2-\frac{1}{2}ab+\frac{1}{10}b^2+3\right)+\left(\frac{3}{10}a^2-\frac{2}{5}ab+\frac{1}{2}b^2+5\right)$
$=\frac{1}{5}a^2+\frac{3}{10}a^2-\frac{1}{2}ab-\frac{2}{5}ab+\frac{1}{10}b^2+\frac{1}{2}b^2+3+5$
$=\frac{2}{10}a^2+\frac{3}{10}a^2-\frac{5}{10}ab-\frac{4}{10}ab+\frac{1}{10}b^2+\frac{5}{10}b^2+3+5$
$=\frac{1}{2}a^2-\frac{9}{10}ab+\frac{3}{5}b^2+8$

**43.** $\left(8x^2+x-15\right)-\left(9x^2-5x+1\right)$
$=\left(8x^2+x-15\right)+\left(-9x^2+5x-1\right)$
$=8x^2-9x^2+x+5x-15-1$
$=-x^2+6x-16$

**45.** $\left(3x^5-2x^3+4\right)-\left(x^4+2x^3-7\right)$
$=\left(3x^5-2x^3+4\right)+\left(-x^4-2x^3+7\right)$
$=3x^5-x^4-2x^3-2x^3+4+7$
$=3x^5-x^4-4x^3+11$

**47.** $\left(8y^2-4y^3\right)-\left(3y^2-8y^3\right)$
$=\left(8y^2-4y^3\right)+\left(-3y^2+8y^3\right)$
$=-4y^3+8y^3+8y^2-3y^2$
$=4y^3+5y^2$

**49.** $\left(-2r-6r^4\right)+\left(-r^4-9r\right)$
$=-6r^4-r^4-2r-9r$
$=-7r^4-11r$

**51.** $\left(5xy+13x^2+3y\right)-\left(4x^2-8y\right)$
$=\left(5xy+13x^2+3y\right)+\left(-4x^2+8y\right)$
$=13x^2-4x^2+5xy+3y+8y$
$=9x^2+5xy+11y$

**53.** $\left(11ab-23b^2\right)+\left(7ab-19b^2\right)$
$=11ab+7ab-23b^2-19b^2$
$=18ab-42b^2$

**55.** $\left[2p-(3p+5)\right]+(4p-6)+2$
$=\left[2p-3p-5\right]+(4p-6)+2$
$=-p-5+4p-6+2$
$=-p+4p-5-6+2$
$=3p-9$

**57.** $5-\left[2m^2-\left(4m^2+1\right)\right]=5-\left[2m^2-4m^2-1\right]$
$=5-\left[-2m^2-1\right]$
$=5+2m^2+1$
$=2m^2+6$

**59.** $\left(6x^3-5\right)-\left(-3x^3+2x\right)-\left(2x^3-6x\right)$
$=6x^3-5+3x^3-2x-2x^3+6x$
$=7x^3+4x-5$

**61.** $\left(-ab+5a^2b\right)+\left[7ab^2-2ab-\left(7a^2b+2ab^2\right)\right]=-ab+5a^2b+\left[7ab^2-2ab-7a^2b-2ab^2\right]$
$=-ab+5a^2b+\left[5ab^2-2ab-7a^2b\right]$
$=-ab+5a^2b+5ab^2-2ab-7a^2b$
$=-2a^2b-3ab+5ab^2$

**63.** $\left(8x^3-x^2+3\right)-\left[5x^2+x-\left(4x^3+x-2\right)\right]=\left(8x^3-x^2+3\right)-\left[5x^2+x-4x^3-x+2\right]$
$=\left(8x^3-x^2+3\right)-\left(-4x^3+5x^2+2\right)$
$=8x^3-x^2+3+4x^3-5x^2-2$
$=8x^3+4x^3-x^2-5x^2+3-2$
$=12x^3-6x^2+1$

**65.**

$$\begin{array}{l} 12a^2b-4ab^2-ab \rightarrow \quad 12a^2b-4ab^2-ab \\ \underline{-(4a^2b+ab^2-5ab)} \rightarrow \underline{+(-4a^2b-ab^2+5ab)} \\ \qquad\qquad\qquad\qquad 8a^2b-5ab^2+4ab \end{array}$$

**67.**

$$\begin{array}{l} -5x^4 \quad -11x^2 \quad +6 \rightarrow \quad -5x^4 \quad -11x^2 \quad +6 \\ \underline{-(-5x^4+3x^3+5x^2-10x+5)} \rightarrow \underline{+(5x^4-3x^3-5x^2+10x-5)} \\ \qquad\qquad\qquad\qquad -3x^3-16x^2+10x+1 \end{array}$$

**69.**

$$\begin{array}{l} -2.2p^5-9.1p^4 \qquad + 5.3p^2-7.9p \\ \underline{+(\quad -6.4p^4-8.5p^3-10.3p^2 \quad)} \\ -2.2p^5-15.5p^4-8.5p^3-5p^2-7.9p \end{array}$$

**71.**

$$\begin{aligned} P &= (2x^3+6x)+(4x^3-5x)+(6x^3+x) \\ &= 2x^3+6x+4x^3-5x+6x^3+x \\ &= 12x^3+2x \end{aligned}$$

**73.** $h(x)=\frac{2}{3}x^2-5$

It is a polynomial function. The degree is 2.

**75.** $p(x)=8x^3+2x^2-\frac{3}{x}$

It is not a polynomial function. The term $-\frac{3}{x}=-3x^{-1}$ and $-1$ is not a whole number.

**77.** $g(x)=-7$

It is a polynomial function. The degree is 0.

**79.** $M(x)=|x|+5x$

It is not a polynomial function. The term $|x|$ is not of the form $ax^n$.

**81.** $P(x)=-x^4+2x-5$

**a.** $P(2)=-(2)^4+2(2)-5$
$=-16+4-5=-17$

**b.** $P(-1)=-(-1)^4+2(-1)-5$
$=-1-2-5=-8$

**c.** $P(0)=-(0)^4+2(0)-5$
$=0+0-5=-5$

**d.** $P(1)=-(1)^4+2(1)-5$
$=-1+2-5=-4$

**83.** $H(x)=\frac{1}{2}x^3-x+\frac{1}{4}$

**a.** $H(0)=\frac{1}{2}(0)^3-(0)+\frac{1}{4}=0-0+\frac{1}{4}=\frac{1}{4}$

**b.** $H(2)=\frac{1}{2}(2)^3-(2)+\frac{1}{4}$
$=4-2+\frac{1}{4}=\frac{9}{4}$

**c.** $H(-2)=\frac{1}{2}(-2)^3-(-2)+\frac{1}{4}$
$=-4+2+\frac{1}{4}=-2+\frac{1}{4}=-\frac{7}{4}$

**d.** $H(-1)=\frac{1}{2}(-1)^3-(-1)+\frac{1}{4}$
$=-\frac{1}{2}+1+\frac{1}{4}=\frac{3}{4}$

**85.** Let $x$ = the width of the garden
$x+3$ = the length of the garden

$$\begin{aligned} P(x) &= 2x+2(x+3)=2x+2x+6 \\ &= 4x+6 \end{aligned}$$

**87.** **a.** $P(x)=R(x)-C(x)$
$=(5.98x)-(2.2x+1)$
$=5.98x-2.2x-1$
$=3.78x-1$

**b.** $P(50)=3.78(50)-1$
$=189-1$
$=\$188$

**89.** $D(x)=10.25x^2+182x+4071$

**a.** $D(0)=10.25(0)^2+182(0)+4071$
$=0+0+4071=4071$
In 2000 the yearly dormitory charges were \$4071.

**b.** $H(2)=10.25(2)^2+182(2)+4071$
$=41+364+4071=4476$
In 2002 the yearly dormitory charges were \$4476.

**c.** $H(4)=10.25(4)^2+182(4)+4071$
$=164+728+4071=4963$
In 2004 the yearly dormitory charges were \$4963.

**d.** $D(6)=10.25(6)^2+182(6)+4071$
$=369+1092+4071=5532$
In 2006 the yearly dormitory charges were \$5532.

**91.** $W(t)=143t+6580$

**a.** $W(0)=143(0)+6580=6580$
$W(5)=143(5)+6580$
$=715+6580=7295$
$W(10)=143(10)+6580$
$=1430+6580=8010$

**b.** In 2010, 8010 thousand (8,010,000) women were due child support.

**93.** $x(t)=25t$
$y(t)=-16t^2+43.3t$

**a.** $x(0)=25(0)=0$
$y(0)=-16(0)^2+43.3(0)=0+0=0$
(0, 0) At $t=0$, the position of the rocket is at the origin.

**b.** $x(1)=25(1)=25$
$y(1)=-16(1)^2+43.3(1)$
$=-16+43.3=27.3$
(25, 27.3) At $t=1$ sec, the position of the rocket is (25, 27.3).

**c.** $x(2)=25(2)=50$
$y(2)=-16(2)^2+43.3(2)$
$=-64+86.6=22.6$
(50, 22.6) At $t=2$ sec, the position of the rocket is (50, 22.6).

## Section 4.2 Multiplication of Polynomials

### Section 4.2 Practice Exercises

**1.** **a.** The difference of squares is the product of two factors that results in the difference of the square of the first term and the square of the second term.
**b.** The sum and difference of the same two terms are called conjugates.
**c.** When squaring a binomial, the product will be a trinomial called a perfect square trinomial.

**3.** $(-2-3x)-\left[5-\left(6x^2+4x+1\right)\right]=-2-3x-\left[5-6x^2-4x-1\right]$
$=-2-3x-\left[-6x^2-4x+4\right]$
$=-2-3x+6x^2+4x-4$
$=6x^2+x-6$

**5.** $g(x)=x^4-x^2-3$

**a.** $g(-1)=(-1)^4-(-1)^2-3=1-1-3=-3$

**b.** $g(2)=(2)^4-(2)^2-3=16-4-3=9$

**c.** $g(0)=(0)^4-(0)^2-3=0-0-3=-3$

**7.** $\left(3x^2-7x-2\right)-\left(-x^2+3x-5\right)$
$=\left(3x^2-7x-2\right)+\left(x^2-3x+5\right)$
$=3x^2+x^2+(-7x)+(-3x)+(-2)+5$
$=4x^2-10x+3$

**9.** $\left(7x^4y\right)\left(-6xy^5\right)=7(-6)\left(x^4\cdot x\right)\left(y\cdot y^5\right)=-42x^5y^6$

**11.** $\left(2.2a^6b^4c^7\right)\left(5ab^4c^3\right)=11a^7b^8c^{10}$

**13.** $\frac{1}{5}(2a-3)=\frac{1}{5}(2a)+\frac{1}{5}(-3)=\frac{2}{5}a-\frac{3}{5}$

**15.** $2m^3n^2\left(m^2n^3-3mn^2+4n\right)$
$=2m^3n^2\left(m^2n^3\right)-2m^3n^2\left(3mn^2\right)+2m^3n^2(4n)$
$=2m^5n^5-6m^4n^4+8m^3n^3$

**17.** $(x+y)(x-2y)=x(x)-x(2y)+y(x)-y(2y)$
$=x^2-2xy+xy-2y^2$
$=x^2-xy-2y^2$

**19.** $(6x-1)(5+2x)$
$=6x(5)+6x(2x)-1(5)-1(2x)$
$=30x+12x^2-5-2x$
$=12x^2+28x-5$

**21.** $\left(y^2-12\right)\left(2y^2+3\right)$
$=y^2\left(2y^2\right)+y^2(3)-12\left(2y^2\right)-12(3)$
$=2y^4+3y^2-24y^2-36$
$=2y^4-21y^2-36$

**23.** $(5s+3t)(5s-2t)$
$=5s(5s)-5s(2t)+3t(5s)-3t(2t)$
$=25s^2-10st+15st-6t^2$
$=25s^2+5st-6t^2$

**25.** $\left(n^2+10\right)(5n+3)$
$=n^2(5n)+n^2(3)+10(5n)+10(3)$
$=5n^3+3n^2+50n+30$

**27.** $(1.3a-4b)(2.5a+7b)$
$=1.3a(2.5a)+1.3a(7b)-4b(2.5a)-4b(7b)$
$=3.25a^2+9.1ab-10ab-28b^2$
$=3.25a^2-0.9ab-28b^2$

**29.** $(2x+y)\left(3x^2+2xy+y^2\right)=2x\left(3x^2\right)+2x(2xy)+2x\left(y^2\right)+y\left(3x^2\right)+y(2xy)+y\left(y^2\right)$
$=6x^3+4x^2y+2xy^2+3x^2y+2xy^2+y^3$
$=6x^3+7x^2y+4xy^2+y^3$

**31.** $(x-7)\left(x^2+7x+49\right)=x\left(x^2\right)+x(7x)+x(49)-7\left(x^2\right)-7(7x)-7(49)$
$=x^3+7x^2+49x-7x^2-49x-343$
$=x^3-343$

**33.** $(4a-b)(a^3-4a^2b+ab^2-b^3)$

$$=4a(a^3)-4a(4a^2b)+4a(ab^2)-4a(b^3)-b(a^3)+b(4a^2b)-b(ab^2)+b(b^3)$$
$$=4a^4-16a^3b+4a^2b^2-4ab^3-a^3b+4a^2b^2-ab^3+b^4$$
$$=4a^4-17a^3b+8a^2b^2-5ab^3+b^4$$

**35.** $\left(\frac{1}{2}a-2b+c\right)(a+6b-c)$

$$=\frac{1}{2}a(a)+\frac{1}{2}a(6b)-\frac{1}{2}a(c)-2b(a)-2b(6b)+2b(c)+c(a)+c(6b)-c(c)$$
$$=\frac{1}{2}a^2+3ab-\frac{1}{2}ac-2ab-12b^2+2bc+ac+6bc-c^2$$
$$=\frac{1}{2}a^2+ab+\frac{1}{2}ac-12b^2+8bc-c^2$$

**37.** $(-x^2+2x+1)(3x-5)=-x^2(3x)+x^2(5)+2x(3x)-2x(5)+1(3x)-1(5)$

$$=-3x^3+5x^2+6x^2-10x+3x-5$$
$$=-3x^3+11x^2-7x-5$$

**39.** $\left(\frac{1}{5}y-10\right)\left(\frac{1}{2}y-15\right)$

$$=\frac{1}{5}y\left(\frac{1}{2}y\right)+\frac{1}{5}y(-15)-10\left(\frac{1}{2}y\right)-10(-15)$$
$$=\frac{1}{10}y^2-3y-5y+150$$
$$=\frac{1}{10}y^2-8y+150$$

**41.** $(a-8)(a+8)=a^2-8^2=a^2-64$

**43.** $(3p+1)(3p-1)=(3p)^2-1^2=9p^2-1$

**45.** $\left(x-\frac{1}{3}\right)\left(x+\frac{1}{3}\right)=x^2-\left(\frac{1}{3}\right)^2=x^2-\frac{1}{9}$

**47.** $(3h-k)(3h+k)=(3h)^2-k^2=9h^2-k^2$

**49.** $(3h-k)^2=(3h)^2-2(3h)(k)+k^2$

$$=9h^2-6hk+k^2$$

**51.** $(t-7)^2=t^2-2(t)(7)+7^2=t^2-14t+49$

**53.** $(u+3v)^2=u^2+2(u)(3v)+(3v)^2$

$$=u^2+6uv+9v^2$$

**55.** $\left(h+\frac{1}{6}k\right)^2=h^2+2(h)\left(\frac{1}{6}k\right)+\left(\frac{1}{6}k\right)^2$

$$=h^2+\frac{1}{3}hk+\frac{1}{36}k^2$$

**57.** $(2z^2-w^3)(2z^2+w^3)=(2z^2)^2-(w^3)^2$

$$=4z^4-w^6$$

**59.** $\left(5x^2-3y\right)^2=\left(5x^2\right)^2-2\left(5x^2\right)(3y)+(3y)^2$
$=25x^4-30x^2y+9y^2$

**61.** **a.** $(A-B)(A+B)=A^2-B^2$
**b.** $\left[(x+y)-B\right]\left[(x+y)+B\right]$
$=(x+y)^2-B^2$
$=x^2+2xy+y^2-B^2$
Both are examples of multiplying conjugates to get a difference of squares.

**63.** $\left[(w+v)-2\right]\left[(w+v)+2\right]=(w+v)^2-2^2$
$=w^2+2wv+v^2-4$

**65.** $\left[2-(x+y)\right]\left[2+(x+y)\right]=2^2-(x+y)^2$
$=4-\left(x^2+2xy+y^2\right)$
$=4-x^2-2xy-y^2$

**67.** $\left[(3a-4)+b\right]\left[(3a-4)-b\right]=(3a-4)^2-b^2$
$=(3a)^2-2(3a)(4)+4^2-b^2$
$=9a^2-24a+16-b^2$

**69.** Write $(x+y)^3$ as $(x+y)^2(x+y)$. Square the binomial and then use the distributive property to multiply the resulting trinomial by the remaining factor of $x+y$.

**71.** $(2x+y)^3=(2x+y)^2(2x+y)$
$=\left(4x^2+4xy+y^2\right)(2x+y)$
$=4x^2(2x)+4x^2(y)+4xy(2x)+4xy(y)+y^2(2x)+y^2(y)$
$=8x^3+4x^2y+8x^2y+4xy^2+2xy^2+y^3$
$=8x^3+12x^2y+6xy^2+y^3$

**73.** $(4a-b)^3=(4a-b)^2(4a-b)$
$=\left(16a^2-8ab+b^2\right)(4a-b)$
$=16a^2(4a)-16a^2(b)-8ab(4a)+8ab(b)+b^2(4a)-b^2(b)$
$=64a^3-16a^2b-32a^2b+8ab^2+4ab^2-b^3$
$=64a^3-48a^2b+12ab^2-b^3$

**75.** Multiply the first two binomials and simplify. Then multiply the resulting trinomial and the third binomial, using the distributive property.

**77.** $2a^2(a+5)(3a+1)$
$=2a^2\left[a(3a)+a(1)+5(3a)+5(1)\right]$
$=2a^2\left[3a^2+a+15a+5\right]$
$=2a^2\left(3a^2+16a+5\right)$
$=2a^2\left(3a^2\right)+2a^2(16a)+2a^2(5)$
$=6a^4+32a^3+10a^2$

**79.** $(x+3)(x-3)(x+5)=\left(x^2-9\right)(x+5)$
$=x^2(x)+x^2(5)-9(x)-9(5)$
$=x^3+5x^2-9x-45$

**81.** $-3(2x+7)-(4x-1)^2$
$=-3(2x)-3(7)-\left(16x^2-8x+1\right)$
$=-6x-21-16x^2+8x-1$
$=-16x^2+2x-22$

**83.** $(y+1)^2-(2y+3)^2$
$$=(y^2+2y+1)-(4y^2+12y+9)$$
$$=y^2+2y+1-4y^2-12y-9$$
$$=-3y^2-10y-8$$

**85.** $(r+t)^2$

**87.** $x^2-y^3$

**89.** The sum of the cube of $p$ and the square of $q$.

**91.** The product of $x$ and the square of $y$.

**93.** Let $x$ = the width of the walk
$2x + 20$ = length of garden and walk
$2x + 15$ = width of garden and walk
$$f(x)=(2x+20)(2x+15)$$
$$=2x(2x)+2x(15)+20(2x)+20(15)$$
$$=4x^2+30x+40x+300$$
$$=4x^2+70x+300$$

**95.** Let $x$ = the length of a side of the square
$8-2x$ = length and width of base
$x$ = the height of the box

**a.** $V=(8-2x)(8-2x)x$
$$=(64-32x+4x^2)x$$
$$=4x^3-32x^2+64x$$

**b.** $V=4(1)^3-32(1)^2+64(1)$
$$=4-32+64$$
$$=36\text{ in}^3$$

**97.** $(x-2)^2=x^2-2(x)(2)+2^2=x^2-4x+4$

**99.** $(x-2)(x+2)=x^2-2^2=x^2-4$

**101.** $\frac{1}{2}(2x-6)(x+3)=(x-3)(x+3)$
$$=x^2-3^2=x^2-9$$

**103.** $x(3x)(3x+10)=3x^2(3x+10)$
$$=3x^2(3x)+3x^2(10)$$
$$=9x^3+30x^2$$

**105.** Multiply $(x+2)^2(x+2)^2$ by squaring the binomials. Then multiply the resulting trinomials using the distributive property.

**107.** $(5x-6)$

Check:

$(2x-3)(5x-6)$
$$=2x(5x)-2x(6)-3(5x)+3(6)$$
$$=10x^2-12x-15x+18$$
$$=10x^2-27x+18$$

**109.** $(2y-1)$

Check:

$(4y+3)(2y-1)$
$$=4y(2y)-4y(1)+3(2y)-3(1)$$
$$=8y^2-4y+6y-3$$
$$=8y^2+2y-3$$

# Section 4.3 Division of Polynomials

## Section 4.3 Practice Exercises

**1.** Synthetic division is a technique used to divide two polynomials where the divisor is first-degree.

**3.** **a.** $(a-10b)-(5a+b)=a-10b-5a-b$
$=-4a-11b$

**b.** $(a-10b)(5a+b)$
$=a(5a)+a(b)-10b(5a)-10b(b)$
$=5a^2+ab-50ab-10b^2$
$=5a^2-49ab-10b^2$

**5.** **a.** $(x^2-x)+(6x^2+x+2)$
$=x^2+6x^2-x+x+2$
$=7x^2+2$

**b.** $(x^2-x)(6x^2+x+2)$
$=x^2(6x^2)+x^2(x)+x^2(2)$
$-x(6x^2)-x(x)-x(2)$
$=6x^4+x^3+2x^2-6x^3-x^2-2x$
$=6x^4-5x^3+x^2-2x$

**7.** For example:
$(5y+1)^2=(5y)^2+2(5y)(1)+1^2$
$=25y^2+10y+1$

**9.** $\dfrac{16t^4-4t^2+20t}{-4t}=\dfrac{16t^4}{-4t}-\dfrac{4t^2}{-4t}+\dfrac{20t}{-4t}$
$=-4t^3+t-5$

**11.** $(36y+24y^2+6y^3)\div(3y)$
$=\dfrac{36y}{3y}+\dfrac{24y^2}{3y}+\dfrac{6y^3}{3y}=12+8y+2y^2$

**13.** $(4x^3y+12x^2y^2-4xy^3)\div(4xy)$
$=\dfrac{4x^3y}{4xy}+\dfrac{12x^2y^2}{4xy}-\dfrac{4xy^3}{4xy}=x^2+3xy-y^2$

**15.** $(-8y^4-12y^3+32y^2)\div(-4y^2)$
$=\dfrac{-8y^4}{-4y^2}-\dfrac{12y^3}{-4y^2}+\dfrac{32y^2}{-4y^2}=2y^2+3y-8$

**17.** $(3p^4-6p^3+2p^2-p)\div(-6p)$
$=\dfrac{3p^4}{-6p}-\dfrac{6p^3}{-6p}+\dfrac{2p^2}{-6p}-\dfrac{p}{-6p}$
$=-\dfrac{1}{2}p^3+p^2-\dfrac{1}{3}p+\dfrac{1}{6}$

**19.** $(a^3+5a^2+a-5)\div(a)$
$=\dfrac{a^3}{a}+\dfrac{5a^2}{a}+\dfrac{a}{a}-\dfrac{5}{a}$
$=a^2+5a+1-\dfrac{5}{a}$

**21.** $\dfrac{6s^3t^5-8s^2t^4+10st^2}{-2st^4}$
$=\dfrac{6s^3t^5}{-2st^4}-\dfrac{8s^2t^4}{-2st^4}+\dfrac{10st^2}{-2st^4}$
$=-3s^2t+4s-\dfrac{5}{t^2}$

**23.** $\left(8p^4q^7-9p^5q^6-11p^3q-4\right)\div\left(p^2q\right)$

$$=\frac{8p^4q^7}{p^2q}-\frac{9p^5q^6}{p^2q}-\frac{11p^3q}{p^2q}-\frac{4}{p^2q}$$

$$=8p^2q^6-9p^3q^5-11p-\frac{4}{p^2q}$$

**25. a.**

$$\begin{array}{r} 2x^2-3x-1 \\ x-2\overline{\big)\,2x^3-7x^2+5x-1} \\ -\left(2x^3-4x^2\right) \\ \hline -3x^2+5x \\ -\left(-3x^2+6x\right) \\ \hline -x-1 \\ -\left(-x+2\right) \\ \hline -3 \end{array}$$

Division: $x-2$ Quotient: $2x^2-3x-1$
Remainder: –3

**b.** Multiply the quotient and divisor; then add the remainder. The result should equal the dividend.

**27.**

$$\begin{array}{r} x+7 \\ x+4\overline{\big)\,x^2+11x+19} \\ -\left(x^2+4x\right) \\ \hline 7x+19 \\ -\left(7x+28\right) \\ \hline -9 \end{array}$$

Solution: $x+7-\frac{9}{x+4}$

Check:
$(x+4)(x+7)+(-9)=x^2+11x+28-9$
$=x^2+11x+19$

**29.**

$$\begin{array}{r} 3y^2+2y+2 \\ y-3\overline{\big)\,3y^3-7y^2-4y+3} \\ -\left(3y^3-9y^2\right) \\ \hline 2y^2-4y \\ -\left(2y^2-6y\right) \\ \hline 2y+3 \\ -\left(2y-6\right) \\ \hline 9 \end{array}$$

Solution: $3y^2+2y+2+\frac{9}{y-3}$

Check:
$(y-3)\left(3y^2+2y+2\right)+(9)$
$=3y^3+2y^2+2y-9y^2-6y-6+9$
$=3y^3-7y^2-4y+3$

**31.**

$$\begin{array}{r} -4a+11 \\ 3a-11\overline{\big)\,-12a^2+77a-121} \\ -\left(-12a^2+44a\right) \\ \hline 33a-121 \\ -\left(33a-121\right) \\ \hline 0 \end{array}$$

Solution: $-4a+11$

Check:
$(3a-11)(-4a+11)+(0)$
$=-12a^2+33a+44a-121$
$=-12a^2+77a-121$

**33.**

$$\begin{array}{r} 6y-5 \\ 3y+4\overline{\big)\,18y^2+9y-20} \\ -\left(18y^2+24y\right) \\ \hline -15y-20 \\ -\left(-15y-20\right) \\ \hline 0 \end{array}$$

Solution: $6y-5$

Check:
$(3y+4)(6y-5)+(0)$
$=18y^2-15y+24y-20$
$=18y^2+9y-20$

**35.**

$$
\begin{array}{r}
6x^2+4x+5 \\
3x-2\overline{)\,18x^3 \qquad\qquad +7x+12} \\
\underline{-(18x^3-12x^2)} \\
12x^2+7x \\
\underline{-(12x^2-8x)} \\
15x+12 \\
\underline{-(15x-10)} \\
22
\end{array}
$$

Solution: $6x^2+4x+5+\dfrac{22}{3x-2}$

Check:

$$
\begin{aligned}
&(3x-2)(6x^2+4x+5)+(22) \\
&\quad =18x^3+12x^2+15x-12x^2-8x-10+22 \\
&\quad =18x^3+7x+12
\end{aligned}
$$

**37.**

$$
\begin{array}{r}
4a^2-2a+1 \\
2a+1\overline{)\,8a^3 \qquad\qquad +1} \\
\underline{-(8a^3+4a^2)} \\
-4a^2 \\
\underline{-(-4a^2-2a)} \\
2a+1 \\
\underline{-(2a+1)} \\
0
\end{array}
$$

Solution: $4a^2-2a+1$

Check:

$$
\begin{aligned}
&(2a+1)(4a^2-2a+1)+(0) \\
&\quad =8a^3-4a^2+2a+4a^2-2a+1 \\
&\quad =8a^3+1
\end{aligned}
$$

**39.**

$$
\begin{array}{r}
x^2-2x+2 \\
x^2+x-1\overline{)\,x^4-x^3-x^2+4x-2} \\
\underline{-(x^4+x^3-x^2)} \\
-2x^3 \qquad +4x \\
\underline{-(-2x^3-2x^2+2x)} \\
2x^2+2x-2 \\
\underline{-(2x^2+2x-2)} \\
0
\end{array}
$$

Solution: $x^2-2x+2$

Check:

$$
\begin{aligned}
&(x^2+x-1)(x^2-2x+2)+(0) \\
&\quad =x^4-2x^3+2x^2+x^3-2x^2+2x \\
&\qquad\qquad -x^2+2x-2 \\
&\quad =x^4-x^3-x^2+4x-2
\end{aligned}
$$

**41.**

$$
\begin{array}{r}
x^2+2x+5 \\
x^2-5\overline{)\,x^4+2x^3 \qquad\qquad -10x-25} \\
\underline{-(x^4 \qquad -5x^2)} \\
2x^3+5x^2-10x \\
\underline{-(2x^3 \qquad -10x)} \\
5x^2 \qquad -25 \\
\underline{-(5x^2 \qquad -25)} \\
0
\end{array}
$$

Solution: $x^2+2x+5$

Check:

$$
\begin{aligned}
&(x^2-5)(x^2+2x+5)+(0) \\
&\quad =x^4+2x^3+5x^2-5x^2-10x-25 \\
&\quad =x^4+2x^3-10x-25
\end{aligned}
$$

**43.**

$$
\begin{array}{r}
x^2-1 \\
x^2-2\overline{)\,x^4-3x^2+10} \\
\underline{-(x^4-2x^2)} \\
-x^2+10 \\
\underline{-(-x^2+\ 2)} \\
8
\end{array}
$$

Solution: $x^2-1+\dfrac{8}{x^2-2}$

Check:

$$
\begin{aligned}
&(x^2-2)(x^2-1)+(8) \\
&\quad =x^4-x^2-2x^2+2+8 \\
&\quad =x^4-3x^2+10
\end{aligned}
$$

**45.**

$$\begin{array}{r|l} & n^3+2n^2+4n+8 \\ \hline n-2 & n^4 \qquad\qquad\qquad -16 \\ & -(n^4-2n^3) \\ & \quad 2n^3 \\ & \quad -(2n^3-4n^2) \\ & \qquad 4n^2 \\ & \qquad -(4n^2-8n) \\ & \qquad\quad 8n-16 \\ & \qquad\quad -(8n-16) \\ & \qquad\qquad 0 \end{array}$$

Solution: $n^3+2n^2+4n+8$

Check:
$(n-2)(n^3+2n^2+4n+8)+(0)$
$= n^4+2n^3+4n^2+8n-2n^3-4n^2-8n-16$
$= n^4-16$

**47.** The divisor must be of the form $x-r$.

**49.** No, the divisor is not of the form $x-r$.

**51.** **a.** Divisor: $x-5$
**b.** Quotient: $x^2+3x+11$
**c.** Remainder: 58

**53.**
$$\begin{array}{r|rrr} 8 & 1 & -2 & -48 \\ & & 8 & 48 \\ \hline & 1 & 6 & 0 \end{array}$$
Quotient: $x+6$
Check:
$(x-8)(x+6)+(0)=x^2+6x-8x-48$
$=x^2-2x-48$

**55.**
$$\begin{array}{r|rrr} -1 & 1 & -3 & -4 \\ & & -1 & 4 \\ \hline & 1 & -4 & 0 \end{array}$$
Quotient: $t-4$
Check:
$(t+1)(t-4)+(0)=t^2-4t+t-4$
$=t^2-3t-4$

**57.**
$$\begin{array}{r|rrr} 1 & 5 & 5 & 1 \\ & & 5 & 10 \\ \hline & 5 & 10 & 11 \end{array}$$
Quotient: $5y+10+\dfrac{11}{y-1}$
Check:
$(y-1)(5y+10)+(11)$
$=5y^2+10y-5y-10+11$
$=5y^2+5y+1$

**59.**
$$\begin{array}{r|rrrr} -3 & 3 & 7 & -4 & 3 \\ & & -9 & 6 & -6 \\ \hline & 3 & -2 & 2 & -3 \end{array}$$
Quotient: $3y^2-2y+2+\dfrac{-3}{y+3}$
Check:
$(y+3)(3y^2-2y+2)+(-3)$
$=3y^3-2y^2+2y+9y^2-6y+6-3$
$=3y^3+7y^2-4y+3$

**61.**
$$\begin{array}{r|rrrr} 2 & 1 & -3 & 0 & 4 \\ & & 2 & -2 & -4 \\ \hline & 1 & -1 & -2 & 0 \end{array}$$
Quotient: $x^2-x-2$

Check:
$(x-2)(x^2-x-2)+(0)$
$=x^3-x^2-2x-2x^2+2x+4$
$=x^3-3x^2+4$

**63.**

$$\begin{array}{r|rrrrrr} 2 & 1 & 0 & 0 & 0 & 0 & -32 \\ & & 2 & 4 & 8 & 16 & 32 \\ \hline & 1 & 2 & 4 & 8 & 16 & \underline{|0} \end{array}$$

Quotient: $a^4+2a^3+4a^2+8a+16$

Check:

$$\begin{aligned}(a-2)&(a^4+2a^3+4a^2+8a+16)+(0)\\ &=a^5+2a^4+4a^3+8a^2+16a\\ &\quad -2a^4-4a^3-8a^2-16a-32\\ &=a^5-32\end{aligned}$$

**65.**

$$\begin{array}{r|rrrr} 6 & 1 & 0 & 0 & -216 \\ & & 6 & 36 & 216 \\ \hline & 1 & 6 & 36 & \underline{|0} \end{array}$$

Quotient: $x^2+6x+36$

Check:

$$\begin{aligned}(x-6)&(x^2+6x+36)+(0)\\ &=x^3+6x^2+36x-6x^2-36x-216\\ &=x^3-216\end{aligned}$$

**67.**

$$\begin{array}{r|rrrrr} \frac{1}{2} & 4 & 0 & -1 & 6 & -3 \\ & & 2 & 1 & 0 & 3 \\ \hline & 4 & 2 & 0 & 6 & \underline{|0} \end{array}$$

Quotient: $4w^3+2w^2+6$

Check:

$$\begin{aligned}\left(w-\frac{1}{2}\right)&(4w^3+2w^2+6)+(0)\\ &=4w^4+2w^3+6w-2w^3-w^2-3\\ &=4w^4-w^2+6w-3\end{aligned}$$

**69.**

$$\begin{array}{r|rrrr} -4 & -1 & -8 & -3 & -2 \\ & & 4 & 16 & -52 \\ \hline & -1 & -4 & 13 & \underline{|-54} \end{array}$$

Quotient: $-x^2-4x+13-\dfrac{54}{x+4}$

**71.** $(22x^2-11x+33)\div(11x)$

$$=\frac{22x^2}{11x}-\frac{11x}{11x}+\frac{33}{11x}=2x-1+\frac{3}{x}$$

**73.**

$$\begin{array}{r} 4y-3 \\ 3y^2-2y+5\overline{\big)\,12y^3-17y^2+30y-10} \\ \underline{-(12y^3-\ \ 8y^2+20y)} \\ -9y^2+10y-10 \\ \underline{-(-9y^2+\ \ 6y-15)} \\ 4y+5 \end{array}$$

Quotient: $4y-3+\dfrac{4y+5}{3y^2-2y+5}$

**75.**

$$\begin{array}{r} 2x^2+3x-1 \\ 2x^2+1\overline{\big)\,4x^4+6x^3\qquad+3x-1} \\ \underline{-(4x^4\qquad+2x^2)} \\ 6x^3-2x^2+3x \\ \underline{-(6x^3\qquad+3x)} \\ -2x^2\qquad-1 \\ \underline{-(-2x^2\qquad-1)} \\ 0 \end{array}$$

Quotient: $2x^2+3x-1$

**77.** $(16k^{11}-32k^{10}+8k^8-40k^4)\div(8k^8)$

$$\begin{aligned}&=\frac{16k^{11}}{8k^8}-\frac{32k^{10}}{8k^8}+\frac{8k^8}{8k^8}-\frac{40k^4}{8k^8}\\ &=2k^3-4k^2+1-\frac{5}{k^4}\end{aligned}$$

**79.** $(5x^3+9x^2+10x)\div(5x^2)$

$$\begin{aligned}&=\frac{5x^3}{5x^2}+\frac{9x^2}{5x^2}+\frac{10x}{5x^2}\\ &=x+\frac{9}{5}+\frac{2}{x}\end{aligned}$$

**81.** **a.** $P(-4)=4(-4)^3+10(-4)^2-8(-4)-20$
$=4(-64)+10(16)+32-20$
$=-256+160+32-20=-84$

**b.**

| -4 | 4 | 10 | -8 | -20 |
|---|---|---|---|---|
| | | -16 | 24 | -64 |
| | 4 | -6 | 16 | -84 |

Quotient: $4x^2-6x+16-\dfrac{84}{x+4}$

**c.** The values are the same.

**83.** $P(r)$ equals the remainder of $P(x)\div(x-r)$.

**85.** **a.**

| -1 | 8 | 13 | 5 |
|---|---|---|---|
| | | -8 | -5 |
| | 8 | 5 | 0 |

Quotient: $8x+5$

**b.** Yes

## Problem Recognition Exercises: Operations on Polynomials

**1.** $(5t^2-6t+2)-(3t^2-7t+3)$
$=5t^2-6t+2-3t^2+7t-3$
$=2t^2+t-1$

**3.** $(3x+1)^2=(3x)^2+2(3x)(1)+1^2$
$=9x^2+6x+1$

**5.** $(6z+5)(6z-5)=(6z)^2-5^2=36z^2-25$

**7.** $(3b-4)(2b-1)$
$=3b(2b)-3b(1)-4(2b)+4(1)$
$=6b^2-3b-8b+4$
$=6b^2-11b+4$

**9.** $(5a+2)(2a^2+3a+1)$
$=10a^3+15a^2+5a+4a^2+6a+2$
$=10a^3+19a^2+11a+2$

**11.**

| 2 | 2 | 0 | -3 | -10 |
|---|---|---|---|---|
| | | 4 | 8 | 10 |
| | 2 | 4 | 5 | 0 |

Quotient: $2b^2+4b+5$

**13.** $(k+4)^2+(-4k+9)$
$=k^2+2(k)(4)+4^2-4k+9$
$=k^2+8k+16-4k+9$
$=k^2+4k+25$

**15.** $-2t(t^2+6t-3)+t(3t+2)(3t-2)$
$=-2t^3-12t^2+6t+t(9t^2-4)$
$=-2t^3-12t^2+6t+9t^3-4t$
$=7t^3-12t^2+2t$

**17.** $\left(\frac{1}{4}p^3-\frac{1}{6}p^2+5\right)-\left(-\frac{2}{3}p^3+\frac{1}{3}p^2-\frac{1}{5}p\right)$
$=\frac{3}{12}p^3-\frac{1}{6}p^2+5+\frac{8}{12}p^3-\frac{2}{6}p^2+\frac{1}{5}p$
$=\frac{11}{12}p^3-\frac{1}{2}p^2+\frac{1}{5}p+5$

**19.** $(6a^2-4b)^2=(6a^2)^2-2(6a^2)(4b)+(4b)^2$
$=36a^4-48a^2b+16b^2$

**21.** $(m-3)^2-2(m+8)=m^2-6m+9-2m-16$
$=m^2-8m-7$

**23.** $(m^2-6m+7)(2m^2+4m-3)=m^2(2m^2+4m-3)-6m(2m^2+4m-3)+7(2m^2+4m-3)$
$=2m^4+4m^3-3m^2-12m^3-24m^2+18m+14m^2+28m-21$
$=2m^4-8m^3-13m^2+46m-21$

**25.** $[5-(a+b)]^2=5^2-2(5)(a+b)+(a+b)^2$
$=25-10a-10b+a^2+2ab+b^2$

**27.** $(x+y)^2-(x-y)^2$
$=x^2+2xy+y^2-(x^2-2xy+y^2)$
$=x^2+2xy+y^2-x^2+2xy-y^2$
$=4xy$

**29.** $\left(-\frac{1}{2}x+\frac{1}{3}\right)\left(\frac{1}{4}x-\frac{1}{2}\right)=-\frac{1}{8}x^2+\frac{1}{4}x+\frac{1}{12}x-\frac{1}{6}$
$=-\frac{1}{8}x^2+\frac{1}{3}x-\frac{1}{6}$

# Section 4.4 Greatest Common Factor and Factoring by Grouping

## Section 4.4 Practice Exercises

**1.** **a.** The greatest common factor (GCF) of a polynomial is the greatest factor that divides each term of the polynomial evenly.
**b.** Factoring by grouping is a method of factoring a four term polynomial in which a common factor is found for two terms and another common factor is found for the other two terms. Then a common factor is factored out of the resulting two terms.

**3.** $(7t^4+5t^3-9t)-(-2t^4+6t^2-3t)$
$=7t^4+5t^3-9t+2t^4-6t^2+3t$
$=9t^4+5t^3-6t^2-6t$

**5.** $(5y^2-3)(y^2+y+2)$
$=5y^4+5y^3+10y^2-3y^2-3y-6$
$=5y^4+5y^3+7y^2-3y-6$

**7.** $\frac{6v^3-12v^2+2v}{-2v}=\frac{6v^3}{-2v}-\frac{12v^2}{-2v}+\frac{2v}{-2v}$
$=-3v^2+6v-1$

**9.** A common factor is an expression that divides evenly into each term of a polynomial. The greatest common factor is the greatest factor that divides evenly into each term.

**11.** $3x+12=3(x)+3(4)=3(x+4)$

**13.** $6z^2+4z=2z(3z)+2z(2)=2z(3z+2)$

**15.** $4p^6-4p=4p(p^5)-4p(1)=4p(p^5-1)$

**17.** $12x^4-36x^2=12x^2(x^2)-12x^2(3)$
$=12x^2(x^2-3)$

**19.** $9st^2+27t=9t(st)+9t(3)=9t(st+3)$

**21.** $9a^2b+27ab-18ab^2$
$=9ab(a)+9ab(3)-9ab(2b)$
$=9ab(a+3-2b)$

**23.** $10x^2y+15xy^2-5xy$
$=5xy(2x)+5xy(3y)-5xy(1)$
$=5xy(2x+3y-1)$

**25.** $13b^2-11a^2b-12ab$
$=b(13b)-b(11a^2)-b(12a)$
$=b(13b-11a^2-12a)$

**27.** $-x^2-10x+7=-1(x^2+10x-7)$

**29.** $-12x^3y-6x^2y-3xy$
$=-3xy(4x^2)-3xy(2x)-3xy(1)$
$=-3xy(4x^2+2x+1)$

**31.** $-2t^3+11t^2-3t=-t(2t^2)-t(-11t)-t(3)$
$=-t(2t^2-11t+3)$

**33.** $2a(3z-2b)-5(3z-2b)=(3z-2b)(2a-5)$

**35.** $2x^2(2x-3)+(2x-3)=(2x-3)(2x^2+1)$

**37.** $y(2x+1)^2-3(2x+1)^2=(2x+1)^2(y-3)$

**39.** $3y(x-2)^2+6(x-2)^2$
$=3[y(x-2)^2+2(x-2)^2]$
$=3(x-2)^2(y+2)$

**41.** For example: $3x^3+6x^2+12x^4$

**43.** For example: $6(c+d)+y(c+d)$

**45.** **a.** $2ax-ay+6bx-3by$
$=a(2x-y)+3b(2x-y)$
$=(2x-y)(a+3b)$

**b.** $10w^2-5w-6bw+3b$
$=5w(2w-1)-3b(2w-1)$
$=(2w-1)(5w-3b)$

**c.** In part (b), $-3b$ was factored out so that the signs in the last two terms were changed. The resulting binomial factor matches the binomial factor in the first two terms.

**47.** $y^3+4y^2+3y+12=y^2(y+4)+3(y+4)$
$=(y+4)(y^2+3)$

**49.** $6p-42+pq-7q=6(p-7)+q(p-7)$
$=(p-7)(6+q)$

**51.** $2mx+2nx+3my+3ny$
$=2x(m+n)+3y(m+n)$
$=(m+n)(2x+3y)$

**53.** $10ax-15ay-8bx+12by$
$=5a(2x-3y)-4b(2x-3y)$
$=(2x-3y)(5a-4b)$

**55.** $x^3-x^2-3x+3=x^2(x-1)-3(x-1)$
$=(x-1)(x^2-3)$

**57.** $6p^2q+18pq-30p^2-90p$
$=6p[pq+3q-5p-15]$
$=6p[q(p+3)-5(p+3)]$
$=6p(p+3)(q-5)$

**59.** $100x^3-300x^2+200x-600$
$=100[x^3-3x^2+2x-6]$
$=100[x^2(x-3)+2(x-3)]$
$=100(x-3)(x^2+2)$

**61.** $6ax-by+2bx-3ay=6ax+2bx-3ay-by$
$=2x(3a+b)-y(3a+b)$
$=(3a+b)(2x-y)$

**63.** $4a-3b-ab+12=4a-ab+12-3b$
$=a(4-b)+3(4-b)$
$=(4-b)(a+3)$

**65.** $7y^3-21y^2+5y-10$ cannot be factored.

**67.** It is not possible to get a common binomial factor regardless of the order of the terms.

**69.** $U=Av+Acw$
$U=A(v+cw)$
$\dfrac{U}{v+cw}=A$

**71.** $ay+bx=cy$
$bx=cy-ay$
$bx=y(c-a)$
$y=\dfrac{bx}{c-a}$ or $y=\dfrac{-bx}{a-c}$

**73.** $A=2w^2+w$
$A=w(2w+1)$
The length of the rectangle is $2w+1$.

**75.** $(a+2)^3+5(a+2)^4=(a+2)^3[1+5(a+2)]$
$=(a+2)^3[1+5a+16]$
$=(a+2)^3(5a+18)$

**77.** $24(3x+5)^3-30(3x+5)^2$
$=6(3x+5)^2[4(3x+5)-5]$
$=6(3x+5)^2[12x+20-5]$
$=6(3x+5)^2(12x+15)$
$=6(3x+5)^2\,3(4x+5)$
$=18(3x+5)^2(4x+5)$

**79.** $(t+4)^2-(t+4)=(t+4)[(t+4)-1]$
$=(t+4)(t+3)$

**81.** $15w^2(2w-1)^3+5w^3(2w-1)^2$
$=5w^2(2w-1)^2[3(2w-1)+w]$
$=5w^2(2w-1)^2[6w-3+w]$
$=5w^2(2w-1)^2(7w-3)$

## Section 4.5 Factoring Trinomials

### Section 4.5 Practice Exercises

**1.** **a.** A prime polynomial is a polynomial which cannot be factored.
**b.** A perfect square trinomial is the square of a binomial.

**3.** $36c^2d^7e^{11}+12c^3d^5e^{15}-6c^2d^4e^7$
$=6c^2d^4e^7(6d^3e^4+2cde^8-1)$

**5.** $2x(3a-b)-(3a-b)=(3a-b)(2x-1)$

**7.** $wz^2+2wz-33az-66a$
$=wz(z+2)-33a(z+2)$
$=(z+2)(wz-33a)$

**9.** $b^2-12b+32=b^2-4b-8b+32$
$=b(b-4)-8(b-4)$
$=(b-4)(b-8)$

**11.** $y^2+10y-24=y^2+12y-2y-24$
$=y(y+12)-2(y+12)$
$=(y+12)(y-2)$

**13.** $x^2+13x+30=x^2+10x+3x+30$
$=x(x+10)+3(x+10)$
$=(x+10)(x+3)$

**15.** $c^2-6c-16=c^2-8c+2c-16$
$=c(c-8)+2(c-8)$
$=(c-8)(c+2)$

**17.** $2x^2-7x-15=2x^2-10x+3x-15$
$=2x(x-5)+3(x-5)$
$=(x-5)(2x+3)$

**19.** $a+6a^2-5=6a^2+a-5$
$=6a^2+6a-5a-5$
$=6a(a+1)-5(a+1)$
$=(a+1)(6a-5)$

**21.** $s^2+st-6t^2=s^2+3st-2st-6t^2$
$=s(s+3t)-2t(s+3t)$
$=(s+3t)(s-2t)$

**23.** $3x^2-60x+108=3(x^2-20x+36)$
$=3(x^2-18x-2x+36)$
$=3[x(x-18)-2(x-18)]$
$=3(x-18)(x-2)$

**25.** $2c^2-2c-24=2(c^2-c-12)$
$=2(c^2-4c+3c-12)$
$=2[c(c-4)+3(c-4)]$
$=2(c-4)(c+3)$

**27.** $2x^2+8xy-10y^2=2(x^2+4xy-5y^2)$
$=2(x^2+5xy-xy-5y^2)$
$=2[x(x+5y)-y(x+5y)]$
$=2(x+5y)(x-y)$

**29.** $33t^2-18t+2$
Since there are not two factors of 66 whose sum is –18, the polynomial is prime.

**31.** $3x^2+14xy+15y^2=3x^2+9xy+5xy+15y^2$
$=3x(x+3y)+5y(x+3y)$
$=(x+3y)(3x+5y)$

**33.** $5u^3v-30u^2v^2+45uv^3=5uv(u^2-6uv+9v^2)$
$=5uv(u^2-3uv-3uv+9v^2)$
$=5uv[u(u-3v)-3v(u-3v)]$
$=5uv(u-3v)(u-3v)$
$=5uv(u-3v)^2$

**35.** $x^3-5x^2-14x=x(x^2-5x-14)$
$=x(x^2-7x+2x-14)$
$=x[x(x-7)+2(x-7)]$
$=x(x-7)(x+2)$

**37.** $-23z-5+10z^2=10z^2-23z-5$
$=10z^2-25z+2z-5$
$=5z(2z-5)+(2z-5)$
$=(2z-5)(5z+1)$

**39.** $b^2+2b+15$
Since there are not two factors of 15 whose sum is 2, the polynomial is prime.

**41.** $-2t^2+12t+80=-2(t^2-6t-40)$
$=-2(t^2-10t+4t-40)$
$=-2[t(t-10)+4(t-10)]$
$=-2(t-10)(t+4)$

**43.** $14a^2+13a-12=14a^2+21a-8a-12$
$=7a(2a+3)-4(2a+3)$
$=(2a+3)(7a-4)$

**45.** $6a^2b+22ab+12b=2b(3a^2+11a+6)$
$=2b(3a^2+9a+2a+6)$
$=2b[3a(a+3)+2(a+3)]$
$=2b(a+3)(3a+2)$

**47. a.** $(x+5)(x+5)=x^2+5x+5x+25$
$=x^2+10x+25$

**b.** $x^2+10x+25=(x+5)^2$

**49. a.** $(3x-2y)(3x-2y)$
$=9x^2-6xy-6xy+4y^2$
$=9x^2-12xy+4y^2$

**b.** $9x^2-12xy+4y^2=(3x-2y)^2$

**51.** $9x^2+(\_\_)+25=(3x)^2+2(3x)(5)+5^2$
$=9x^2+(\underline{30x})+25$

**53.** $b^2-12b+(\_\_)=(b)^2-2(b)(6)+6^2$
$=b^2-12b+(\underline{36})$

**55.** $(\_\_)z^2+16z+1=(8z)^2+2(8z)(1)+1^2$
$=(\underline{64})z^2+16z+1$

**57.** $y^2-8y+16=y^2-2(y)(4)+4^2=(y-4)^2$

**59.** $64m^2+80m+25=(8m)^2+2(8m)(5)+5^2$
$=(8m+5)^2$

**61.** $w^2-5w+9=w^2-2(w)(3)+3^2$
Not a perfect square trinomial.

**63.** $9a^2-30ab+25b^2$
$=(3a)^2-2(3a)(5b)+(5b)^2$
$=(3a-5b)^2$

**65.** $16t^2-80tv+20v^2=4(4t^2-20tv+5v^2)$
Not a perfect square trinomial.

**67.** $5b^4-20b^2+20=5(b^4-4b^2+4)$
$=5\left((b^2)^2-2(b^2)(2)+2^2\right)$
$=5(b^2-2)^2$

**69.** The factorization $(2y-1)(2y-4)$ is not factored completely because the factor $2y-4$ has a greatest common factor of 2.

**71.** $a^2+12a+36=a^2+2(a)(6)+6^2$
$=(a+6)^2$

**73.** $81w^2+90w+25=(9w)^2+2(9w)(5)+5^2$
$=(9w+5)^2$

**75.** $3x(a+b)-6(a+b)=(a+b)(3x-6)$
$=3(a+b)(x-2)$

**77.** $12a^2bc^2+4ab^2c^2-6abc^3$
$=2abc^2(6a+2b-3c)$

**79.** $-20x^3+74x^2-60x=-2x(10x^2-37x+30)$
$=-2x(10x^2-25x-12x+30)$
$=-2x[5x(2x-5)-6(2x-5)]$
$=-2x(2x-5)(5x-6)$

**81.** $2y^2-9y-4$
Since there are not two factors of –8 whose sum is –9, the polynomial is prime.

**83.** $p^3q-p^2q^2-12pq^3=pq(p^2-pq-12q^2)$
$=pq(p^2-4pq+3pq-12q^2)$
$=pq[p(p-4q)+3q(p-4q)]$
$=pq(p-4q)(p+3q)$

**85.** $1-4d+3d^2=1-3d-d+3d^2$
$=(1-3d)-d(1-3d)$
$=(1-3d)(1-d)$ or $(3d-1)(d-1)$

**87.** $ax-5a^2+2bx-10ab$
$=a(x-5a)+2b(x-5a)$
$=(x-5a)(a+2b)$

**89.** $8z^2+24zw-224w^2=8(z^2+3zw-28w^2)$
$=8(z^2+7zw-4zw-28w^2)$
$=8[z(z+7w)-4w(z+7w)]$
$=8(z+7w)(z-4w)$

**91.** $ay+ax-5cy-5cx=a(y+x)-5c(y+x)$
$=(y+x)(a-5c)$

**93.** $g(x)=3x^2+14x+8$
$=3x^2+12x+2x+8$
$=3x(x+4)+2(x+4)$
$=(x+4)(3x+2)$

**95.** $n(t)=t^2+20t+100$
$=t^2+2(t)(10)+10^2$
$=(t+10)^2$

**97.** $Q(x)=x^4+6x^3+8x^2$
$=x^2(x^2+6x+8)$
$=x^2(x^2+4x+2x+8)$
$=x^2[x(x+4)+2(x+4)]$
$=x^2(x+4)(x+2)$

**99.** $k(a)=a^3-4a^2+2a-8$
$=a^2(a-4)+2(a-4)$
$=(a-4)(a^2+2)$

## Section 4.6 Factoring Binomials

### Section 4.6 Practice Exercises

**1.** Answers will vary.

**3.** $4x^2-20x+25=(2x)^2-2(2x)(5)+5^2$
$=(2x-5)^2$

**5.** $10x+6xy+5+3y=2x(5+3y)+(5+3y)$
$=(5+3y)(2x+1)$

**7.** $32p^2-28p-4=4(8p^2-7p-1)$
$=4(8p^2-8p+p-1)$
$=4[8p(p-1)+(p-1)]$
$=4(p-1)(8p+1)$

**9.** Look for a binomial of the form $a^2-b^2$; $a^2-b^2=(a+b)(a-b)$

**11.** $x^2-9=x^2-3^2=(x+3)(x-3)$

**13.** $16-49w^2=4^2-(7w)^2=(4+7w)(4-7w)$

**15.** $8a^2-162b^2=2(4a^2-81b^2)$
$=2[(2a)^2-(9b)^2]$
$=2(2a+9b)(2a-9b)$

**17.** $25u^2+1$ Prime

**19.** $$\begin{aligned} 2a^4-32 &= 2(a^4-16) \\ &= 2(a^2+4)(a^2-4) \\ &= 2(a^2+4)(a+2)(a-2) \end{aligned}$$

**21.** $$49-k^6=7^2-(k^3)^2=(7+k^3)(7-k^3)$$

**23.** $$\begin{aligned} x^3-x^2-16x+16 &= x^2(x-1)-16(x-1) \\ &= (x-1)(x^2-16) \\ &= (x-1)(x^2-4^2) \\ &= (x-1)(x+4)(x-4) \end{aligned}$$

**25.** $$\begin{aligned} 4x^3+12x^2-x-3 &= 4x^2(x+3)-(x+3) \\ &= (x+3)(4x^2-1) \\ &= (x+3)((2x)^2-1^2) \\ &= (x+3)(2x+1)(2x-1) \end{aligned}$$

**27.** $$\begin{aligned} 4y^3+12y^2-y-3 &= 4y^2(y+3)-(y+3) \\ &= (y+3)(4y^2-1) \\ &= (y+3)((2y)^2-1^2) \\ &= (y+3)(2y+1)(2y-1) \end{aligned}$$

**29.** $$\begin{aligned} x^2-y^2-ax-ay &= (x+y)(x-y)-a(x+y) \\ &= (x+y)(x-y-a) \end{aligned}$$

**31.** Look for a binomial of the form $a^3+b^3$;
$a^3+b^3=(a+b)(a^2-ab+b^2)$

**33.** $$\begin{aligned} 8x^3-1 &= (2x)^3-1^3 \\ &= (2x-1)\left[(2x)^2+(2x)(1)+1^2\right] \\ &= (2x-1)(4x^2+2x+1) \end{aligned}$$

Check:
$$\begin{aligned} &(2x-1)(4x^2+2x+1) \\ &\quad = 8x^3+4x^2+2x-4x^2-2x-1 \\ &\quad = 8x^3-1 \end{aligned}$$

**35.** $$\begin{aligned} 125c^3+27 &= (5c)^3+3^3 \\ &= (5c+3)\left[(5c)^2-(5c)(3)+3^2\right] \\ &= (5c+3)(25c^2-15c+9) \end{aligned}$$

**37.** $$\begin{aligned} x^3-1000 &= x^3-10^3 \\ &= (x-10)\left[x^2+(x)(10)+10^2\right] \\ &= (x-10)(x^2+10x+100) \end{aligned}$$

**39.** $$\begin{aligned} 64t^3+1 &= (4t)^3+1^3 \\ &= (4t+1)\left[(4t)^2-(4t)(1)+1^2\right] \\ &= (4t+1)(16t^2-4t+1) \end{aligned}$$

**41.** $$\begin{aligned} 2000y^6+2x^3 &= 2(1000y^6+x^3) \\ &= 2\left[(10y^2)^3+x^3\right] \\ &= 2(10y^2+x)\left[(10y^2)^2-(10y^2)(x)+x^2\right] \\ &= 2(10y^2+x)(100y^4-10y^2x+x^2) \end{aligned}$$

**43.** $$\begin{aligned}16z^4-54z&=2z(8z^3-27)\\&=2z\left[(2z)^3-3^3\right]\\&=2z(2z-3)\left[(2z)^2+(2z)(3)+3^2\right]\\&=2z(2z-3)(4z^2+6z+9)\end{aligned}$$

**45.** $$\begin{aligned}p^{12}-125&=(p^4)^3-5^3\\&=(p^4-5)\left[(p^4)^2+p^4(5)+5^2\right]\\&=(p^4-5)(p^8+5p^4+25)\end{aligned}$$

**47.** $$\begin{aligned}36y^2-\frac{1}{25}&=(6y)^2-\left(\frac{1}{5}\right)^2\\&=\left(6y+\frac{1}{5}\right)\left(6y-\frac{1}{5}\right)\end{aligned}$$

**49.** $$\begin{aligned}18d^{12}-32=2(9d^{12}-16)&=2\left[(3d^6)^2-4^2\right]\\&=2(3d^6+4)(3d^6-4)\end{aligned}$$

**51.** $$242v^2+32=2(121v^2+16)$$

**53.** $$\begin{aligned}4x^2-16=4(x^2-4)&=4(x^2-2^2)\\&=4(x+2)(x-2)\end{aligned}$$

**55.** $$\begin{aligned}25-49q^2&=5^2-(7q)^2\\&=(5+7q)(5-7q)\end{aligned}$$

**57.** $$\begin{aligned}(t+2s)^2-36&=(t+2s)^2-6^2\\&=(t+2s+6)(t+2s-6)\end{aligned}$$

**59.** $$\begin{aligned}27-t^3&=3^3-t^3\\&=(3-t)\left[3^2+(3)(t)+t^2\right]\\&=(3-t)(9+3t+t^2)\end{aligned}$$

**61.** $$\begin{aligned}27a^3+\frac{1}{8}&=(3a)^3+\left(\frac{1}{2}\right)^3\\&=\left(3a+\frac{1}{2}\right)\left[(3a)^2-(3a)\left(\frac{1}{2}\right)+\left(\frac{1}{2}\right)^2\right]\\&=\left(3a+\frac{1}{2}\right)\left(9a^2-\frac{3}{2}a+\frac{1}{4}\right)\end{aligned}$$

**63.** $$\begin{aligned}2m^3+16=2(m^3+8)&=2(m^3+2^3)\\&=2(m+2)\left[m^2-(m)(2)+2^2\right]\\&=2(m+2)(m^2-2m+4)\end{aligned}$$

**65.** $$\begin{aligned}x^4-y^4=(x^2)^2-(y^2)^2&=(x^2+y^2)(x^2-y^2)\\&=(x^2+y^2)(x+y)(x-y)\end{aligned}$$

**67.** $$\begin{aligned}a^9+b^9&=(a^3)^3+(b^3)^3\\&=(a^3+b^3)\left[(a^3)^2-(a^3)(b^3)+(b^3)^2\right]\\&=(a^3+b^3)(a^6-a^3b^3+b^6)\\&=(a+b)\left[a^2-(a)(b)+b^2\right](a^6-a^3b^3+b^6)\\&=(a+b)(a^2-ab+b^2)(a^6-a^3b^3+b^6)\end{aligned}$$

**69.** $$\begin{aligned}\frac{1}{8}p^3-\frac{1}{125}&=\left(\frac{1}{2}p\right)^3-\left(\frac{1}{5}\right)^3\\&=\left(\frac{1}{2}p-\frac{1}{5}\right)\left[\left(\frac{1}{2}p\right)^2+\left(\frac{1}{2}p\right)\left(\frac{1}{5}\right)+\left(\frac{1}{5}\right)^2\right]\\&=\left(\frac{1}{2}p-\frac{1}{5}\right)\left(\frac{1}{4}p^2+\frac{1}{10}p+\frac{1}{25}\right)\end{aligned}$$

**71.** $4w^2 + 25$ Prime

**73.** $\frac{1}{25}x^2 - \frac{1}{4}y^2 = \left(\frac{1}{5}x\right)^2 - \left(\frac{1}{2}y\right)^2$
$= \left(\frac{1}{5}x + \frac{1}{2}y\right)\left(\frac{1}{5}x - \frac{1}{2}y\right)$

**75.** $a^6 - b^6 = \left(a^3\right)^2 - \left(b^3\right)^2 = \left(a^3 + b^3\right)\left(a^3 - b^3\right)$
$= \left(a + b\right)\left(a^2 - ab + b^2\right)\left(a - b\right)\left(a^2 + ab + b^2\right)$

**77.** $64 - y^6 = 8^2 - \left(y^3\right)^2$
$= \left(8 + y^3\right)\left(8 - y^3\right)$
$= \left[2^3 + y^3\right]\left[2^3 - y^3\right]$
$= \left(2 + y\right)\left(4 - 2y + y^2\right)\left(2 - y\right)\left(4 + 2y + y^2\right)$

**79.** $h^6 + k^6 = \left(h^2\right)^3 + \left(k^2\right)^3$
$= \left(h^2 + k^2\right)\left(h^4 - h^2k^2 + k^4\right)$

**81.** $8x^6 + 125 = \left(2x^2\right)^3 + 5^3$
$= \left(2x^2 + 5\right)\left[\left(2x^2\right)^2 - \left(2x^2\right)\left(5\right) + 5^2\right]$
$= \left(2x^2 + 5\right)\left(4x^4 - 10x^2 + 25\right)$

**83.** $\left(2x + 3\right)\left(2x - 3\right) = \left(2x\right)^2 - 3^2 = 4x^2 - 9$

**85.** $\left(4a^2 + 6a + 9\right)\left(2a - 3\right) = \left(2a\right)^3 - 3^3$
$= 8a^3 - 27$

**87.** $\left(4x^2 + y\right)\left(16x^4 - 4x^2y + y^2\right) = \left(4x^2\right)^3 + y^3$
$= 64x^6 + y^3$

**89.** **a.** $A = x^2 - y^2$
**b.** $x^2 - y^2 = \left(x + y\right)\left(x - y\right)$
**c.** $A = x^2 - y^2$
$= 6^2 - 4^2 = 36 - 16 = 20 \text{ in}^2$

**91.** $x^2 - y^2 + x + y = \left(x + y\right)\left(x - y\right) + \left(x + y\right)$
$= \left(x + y\right)\left(x - y + 1\right)$

**93.** $x^3 + y^3 + x + y = \left(x + y\right)\left(x^2 - xy + y^2\right) + x + y$
$= \left(x + y\right)\left(x^2 - xy + y^2 + 1\right)$

# Section 4.7 Additional Factoring Strategies

## Section 4.7 Practice Exercises

**1.** A prime factor is an expression whose only factors are 1 and itself.

**3.** When factoring binomials, look for:
Difference of squares: $a^2 - b^2$;
Difference of cubes: $a^3 - b^3$; or
Sums of cubes: $a^3 + b^3$.

**5.** Look for a trinomial of the form $a^2 + 2ab + b^2$ or $a^2 - 2ab + b^2$.

**7.** **a.** Trinomial

**b.** $6x^2-21x-45=3(2x^2-7x-15)$
$=3(2x^2-10x+3x-15)$
$=3[2x(x-5)+3(x-5)]$
$=3(x-5)(2x+3)$

**9.** **a.** Difference of squares

**b.** $8a^2-50=2(4a^2-25)=2[(2a)^2-5^2]$
$=2(2a+5)(2a-5)$

**11.** **a.** Trinomial

**b.** $14u^2-11uv+2v^2$
$=14u^2-7uv-4uv+2v^2$
$=7u(2u-v)-2v(2u-v)$
$=(2u-v)(7u-2v)$

**13.** **a.** Difference of cubes

**b.** $16x^3-2=2(8x^3-1)=2[(2x)^3-1^3]$
$=2(2x-1)(4x^2+2x+1)$

**15.** **a.** Sum of cubes

**b.** $27y^3+125=(3y)^3+5^3$
$=(3y+5)(9y^2-15y+25)$

**17.** **a.** Sum of cubes

**b.** $128p^6+54q^3=2(64p^6+27q^3)$
$=2[(4p^2)^3+(3q)^3]$
$=2(4p^2+3q)(16p^4-12p^2q+9q^2)$

**19.** **a.** Difference of squares

**b.** $16a^4-1=(4a^2)-1^2$
$=(4a^2+1)(4a^2-1)$
$=(4a^2+1)(2a+1)(2a-1)$

**21.** **a.** Grouping

**b.** $p^2-12p+36-c^2=(p-6)^2-c^2$
$=(p-6+c)(p-6-c)$

**23.** **a.** Grouping

**b.** $12ax-6ay+4bx-2by$
$=2(6ax-3ay+2bx-by)$
$=2[3a(2x-y)+b(2x-y)]$
$=2(2x-y)(3a+b)$

**25.** **a.** Trinomial

**b.** $5y^2+14y-3=5y^2+15y-y-3$
$=5y(y+3)-(y+3)$
$=(y+3)(5y-1)$

**27.** **a.** Difference of squares

**b.** $t^2-100=t^2-10^2=(t-10)(t+10)$

**29.** **a.** Sum of cubes

**b.** $y^3+27=y^3+3^3=(y+3)(y^2-3y+9)$

**31.** **a.** Trinomial

**b.** $d^2+3d-28=(d+7)(d-4)$

**33.** **a.** Perfect square trinomial

**b.** $x^2-12x+36=x^2-2(x)(6)+(6)^2$
$=(x-6)^2$

**35.** **a.** Grouping

**b.** $2ax^2-5ax+2bx-5b$
$=ax(2x-5)+b(2x-5)$
$=(ax+b)(2x-5)$

**37.** **a.** Trinomial

**b.** $10y^2+3y-4=(2y-1)(5y+4)$

**39.** **a.** Difference of squares

**b.** $10p^2-640=10(p^2-64)$
$=10(p-8)(p+8)$

**41.** **a.** Difference of cubes

**b.** $z^4-64z=z(z^3-64)$
$=z(z-4)(z^2+4z+16)$

**43.** **a.** Trinomial

**b.** $b^3-4b^2-45b=b(b^2-4b-45)$
$=b(b-9)(b+5)$

**45.** **a.** Perfect square trinomial

**b.** $9w^2+24wx+16x^2$
$=(3w)^2+2(3w)(4x)+(4x)^2$
$=(3w+4x)^2$

**47.** **a.** Grouping

**b.** $60x^2-20x+30ax-10a$
$=10(6x^2-2x+3ax-a)$
$=10[2x(3x-1)+a(3x-1)]$
$=10(2x+a)(3x-1)$

**49.** **a.** Difference of squares

**b.** $w^4-16=(w^2-4)(w^2+4)$
$=(w-2)(w+2)(w^2+4)$

**51.** **a.** Difference of cubes

**b.** $t^6-8=(t^2)^3-2^3$
$=(t^2-2)(t^4+2t^2+4)$

**53.** **a.** Trinomial

**b.** $8p^2-22p+5=(4p-1)(2p-5)$

**55.** **a.** Perfect square trinomial

**b.** $36y^2-12y+1=(6y)^2-2(6y)(1)+(1)^2$
$=(6y-1)^2$

**57.** **a.** Sum of squares

**b.** $2x^2+50=2(x^2+25)$

**59.** **a.** Trinomial

**b.** $12r^2s^2+7rs^2-10s^2$
$=s^2(12r^2+7r-10)$
$=s^2(4r+5)(3r-2)$

**61.** **a.** Trinomial

**b.** $x^2+8xy-33y^2=(x-3y)(x+11y)$

**63.** **a.** Sum of cubes

**b.** $m^6+n^3=(m^2)^3+n^3$
$=(m^2+n)(m^4-m^2n+n^2)$

**65.** **a.** None of these

**b.** $x^2-4x=x(x-4)$

**67.** **a.** $u^2-10u+25=u^2-2(u)(5)+5^2$
$=(u-5)^2$

**b.** $x^4-10x^2+25=(x^2)^2-10x^2+25$

Let $u=x^2$

$u^2-10u+25=(u-5)^2$
$=(x^2-5)^2$

**c.** $(a+1)^2-10(a+1)+25$

Let $u=a+1$

$u^2-10u+25=(u-5)^2$
$=((a+1)-5)^2$
$=(a-4)^2$

**69.** **a.**
$$\begin{aligned} u^2+11u-26 &= u^2+13u-2u-26 \\ &= u(u+13)-2(u+13) \\ &= (u+13)(u-2) \end{aligned}$$

**b.**
$$w^6+11w^3-26=\left(w^3\right)^2+11w^3-26$$
Let $u=w^3$
$$\begin{aligned} u^2+11u-26 &= (u+13)(u-2) \\ &= \left(w^3+13\right)\left(w^3-2\right) \end{aligned}$$

**c.**
$$(y-4)^2+11(y-4)-26$$
Let $u=y-4$
$$\begin{aligned} u^2+11u-26 &= (u+13)(u-2) \\ &= ((y-4)+13)((y-4)-2) \\ &= (y+9)(y-6) \end{aligned}$$

**71.**
$$(3x-1)^2-(3x-1)-6$$
Let $u=3x-1$
$$\begin{aligned} u^2-u-6 &= u^2-3u+2u-6 \\ &= u(u-3)+2(u-3) \\ &= (u-3)(u+2) \\ &= ((3x-1)-3)((3x-1)+2) \\ &= (3x-4)(3x+1) \end{aligned}$$

**73.**
$$2(x-5)^2+9(x-5)+4$$
Let $u=x-5$
$$\begin{aligned} 2u^2+9u+4 &= 2u^2+8u+u+4 \\ &= 2u(u+4)+(u+4) \\ &= (u+4)(2u+1) \\ &= ((x-5)+4)(2(x-5)+1) \\ &= (x-1)(2x-10+1) \\ &= (x-1)(2x-9) \end{aligned}$$

**75.**
$$3(y+4)^2+5(y+4)-2$$
Let $u=y+4$
$$\begin{aligned} 3u^2+5u-2 &= 3u^2+6u-u-2 \\ &= 3u(u+2)-(u+2) \\ &= (u+2)(3u-1) \\ &= ((y+4)+2)(3(y+4)-1) \\ &= (y+6)(3y+12-1) \\ &= (y+6)(3y+11) \end{aligned}$$

**77.**
$$3y^6+11y^3+6$$
Let $u=y^3$
$$\begin{aligned} 3u^2+11u+6 &= 3u^2+9u+2u+6 \\ &= 3u(u+3)+2(u+3) \\ &= (u+3)(3u+2) \\ &= \left(y^3+3\right)\left(3y^3+2\right) \end{aligned}$$

**79.**
$$4p^4+5p^2+1$$
Let $u=p^2$
$$\begin{aligned} 4u^2+5u+1 &= 4u^2+4u+u+1 \\ &= 4u(u+1)+(u+1) \\ &= (u+1)(4u+1) \\ &= \left(p^2+1\right)\left(4p^2+1\right) \end{aligned}$$

**81.**
$$x^4+15x^2+36$$
Let $u=x^2$
$$\begin{aligned} u^2+15u+36 &= u^2+12u+3u+36 \\ &= u(u+12)+3(u+12) \\ &= (u+12)(u+3) \\ &= \left(x^2+12\right)\left(x^2+3\right) \end{aligned}$$

**83.**
$$\begin{aligned} x^2(x+y)-y^2(x+y) &= (x+y)(x^2-y^2) \\ &= (x+y)(x+y)(x-y) \\ &= (x+y)^2(x-y) \end{aligned}$$

**85.**
$$\begin{aligned} (a+3)^4+6(a+3)^5 &= (a+3)^4(1+6(a+3)) \\ &= (a+3)^4(1+6a+18) \\ &= (a+3)^4(6a+19) \end{aligned}$$

**87.** $24(3x+5)^3-30(3x+5)^2$
$$=6(3x+5)^2[4(3x+5)-5]$$
$$=6(3x+5)^2[12x+15]$$
$$=6(3x+5)^2 3(4x+5)$$
$$=18(3x+5)^2(4x+5)$$

**89.** $\frac{1}{100}x^2+\frac{1}{35}x+\frac{1}{49}$
$$=\left(\frac{1}{10}x\right)^2+2\left(\frac{1}{10}x\right)\left(\frac{1}{7}\right)+\left(\frac{1}{7}\right)^2$$
$$=\left(\frac{1}{10}x+\frac{1}{7}\right)^2$$

**91.** $\left(5x^2-1\right)^2-4\left(5x^2-1\right)-5$

Let $u=5x^2-1$
$$u^2-4u-5=\left(u-5\right)\left(u+1\right)$$
$$=\left(5x^2-1-5\right)\left(5x^2-1+1\right)$$
$$=\left(5x^2-6\right)\left(5x^2\right)$$

**93.** $16p^4-q^4=(4p^2)^2-(q^2)^2$
$$=(4p^2+q^2)(4p^2-q^2)$$
$$=(4p^2+q^2)(2p+q)(2p-q)$$

**95.** $y^3+\frac{1}{64}=y^3+\left(\frac{1}{4}\right)^3$
$$=\left(y+\frac{1}{4}\right)\left(y^2-\frac{1}{4}y+\frac{1}{16}\right)$$

**97.** $6a^3+a^2b-6ab^2-b^3$
$$=a^2(6a+b)-b^2(6a+b)$$
$$=(6a+b)(a^2-b^2)$$
$$=(6a+b)(a+b)(a-b)$$

**99.** $\frac{1}{9}t^2+\frac{1}{6}t+\frac{1}{16}=\left(\frac{1}{3}t\right)^2+2\left(\frac{1}{3}t\right)\left(\frac{1}{4}\right)+\left(\frac{1}{4}\right)^2$
$$=\left(\frac{1}{3}t+\frac{1}{4}\right)^2$$

**101.** $x^2+12x+36-a^2=(x+6)^2-a^2$
$$=(x+6+a)(x+6-a)$$

**103.** $p^2+2pq+q^2-81=(p+q)^2-9^2$
$$=(p+q+9)(p+q-9)$$

**105.** $b^2-(x^2+4x+4)=b^2-(x+2)^2$
$$=(b+(x+2))(b-(x+2))$$
$$=(b+x+2)(b-x-2)$$

**107.** $4-u^2+2uv-v^2=4-\left(u^2-2uv+v^2\right)$
$$=4-(u-v)^2$$
$$=(2+(u-v))(2-(u-v))$$
$$=(2+u-v)(2-u+v)$$

**109.** $6ax-by+2bx-3ay=6ax+2bx-by-3ay$
$$=2x(3a+b)-y(3a+b)$$
$$=(3a+b)(2x-y)$$

**111.** $u^6-64$
$$=(u^3)^2-(8)^2$$
$$=(u^3+8)(u^3-8)$$
$$=(u+2)(u^2-2u+4)(u-2)(u^2+2u+4)$$
$$=(u+2)(u-2)(u^2-2u+4)(u^2+2u+4)$$

**113.** $x^8-1=(x^4)^2-1^2$
$$=(x^4+1)(x^4-1)$$
$$=(x^4+1)(x^2+1)(x^2-1)$$
$$=(x^4+1)(x^2+1)(x+1)(x-1)$$

**115.** $a^2-b^2+a+b=(a+b)(a-b)+(a+b)$
$=(a+b)(a-b+1)$

**117.** $5wx^3+5wy^3-2zx^3-2zy^3$
$=5w(x^3+y^3)-2z(x^3+y^3)$
$=(x^3+y^3)(5w-2z)$
$=(x+y)(x^2-xy+y^2)(5w-2z)$

# Section 4.8 Solving Equations by Using the Zero Product Rule

## Section 4.8 Practice Exercises

**1.** **a.** If $a$, $b$, and $c$ are real numbers such that $a \neq 0$, then a quadratic equation is an equation that can be written in the form $ax^2+bx+c=0$.

**b.** The zero product rule states that if the product of two factors is zero, then one or both of its factors is equal to zero.

**c.** Let $a$, $b$, and $c$ represent real numbers such that $a \neq 0$. Then a function in the form $f(x)=ax^2+bx+c$ is called a quadratic function.

**d.** The graph of a quadratic function is called a parabola.

**3.** $10x^2+3x=x(10x+3)$

**5.** $2p^2-9p-5=2p^2-10p+p-5$
$=2p(p-5)+(p-5)$
$=(p-5)(2p+1)$

**7.** $t^3-1=t^3-1^3=(t-1)(t^2+t+1)$

**9.** The equation must be set equal to 0, and the expression must be factored.

**11.** $2x(x-3)=0$ Correct form.

**13.** $3p^2-7p+4=0$ Incorrect form. The expression is not factored.

**15.** $a(a+3)^2=5$ Incorrect form. The equation is not set equal to 0.

**17.** $(x+3)(x+5)=0$
$x+3=0$ or $x+5=0$
$x=-3$ or $x=-5$

**19.** $(2w+9)(5w-1)=0$
$2w+9=0$ or $5w-1=0$
$2w=-9$ or $5w=1$
$w=-\frac{9}{2}$ or $w=\frac{1}{5}$

**21.** $x(x+4)(10x-3)=0$
$x=0$ or $x+4=0$ or $10x-3=0$
$x=0$ or $x=-4$ or $10x=3$
$x=0$ or $x=-4$ or $x=\frac{3}{10}$

**23.** $0=5(y-0.4)(y+2.1)$
$5=0$ or $y-0.4=0$ or $y+2.1=0$
no solution $y=0.4$ or $y=-2.1$

**25.** $x^2+6x-27=0$
$(x+9)(x-3)=0$
$x+9=0$ or $x-3=0$
$x=-9$ or $x=3$

**27.**
$$2x^2+5x=3$$
$$2x^2+5x-3=0$$
$$2x^2+6x-x-3=0$$
$$2x(x+3)-(x+3)=0$$
$$(x+3)(2x-1)=0$$
$$x+3=0 \text{ or } 2x-1=0$$
$$x=-3 \text{ or } 2x=1$$
$$x=-3 \text{ or } x=\frac{1}{2}$$

**29.**
$$10x^2=15x$$
$$10x^2-15x=0$$
$$5x(2x-3)=0$$
$$5x=0 \text{ or } 2x-3=0$$
$$x=0 \text{ or } 2x=3$$
$$x=0 \text{ or } x=\frac{3}{2}$$

**31.**
$$6(y-2)-3(y+1)=8$$
$$6y-12-3y-3=8$$
$$3y-15=8$$
$$3y=23$$
$$y=\frac{23}{3}$$

**33.**
$$-9=y(y+6)$$
$$-9=y^2+6y$$
$$y^2+6y+9=0$$
$$(y+3)^2=0$$
$$y+3=0$$
$$y=-3$$

**35.**
$$9p^2-15p-6=0$$
$$3(3p^2-5p-2)=0$$
$$3(3p^2-6p+p-2)=0$$
$$3[3p(p-2)+(p-2)]=0$$
$$3(p-2)(3p+1)=0$$
$$3=0 \text{ or } p-2=0 \text{ or } 3p+1=0$$
$$p=2 \text{ or } 3p=-1$$
$$\text{no solution} \quad p=2 \text{ or } p=-\frac{1}{3}$$

**37.**
$$(x+1)(2x-1)(x-3)=0$$
$$x+1=0 \text{ or } 2x-1=0 \text{ or } x-3=0$$
$$x=-1 \text{ or } 2x=1 \text{ or } x=3$$
$$x=-1 \text{ or } x=\frac{1}{2} \text{ or } x=3$$

**39.**
$$(y-3)(y+4)=8$$
$$y^2+y-12=8$$
$$y^2+y-20=0$$
$$(y+5)(y-4)=0$$
$$y+5=0 \text{ or } y-4=0$$
$$y=-5 \text{ or } y=4$$

**41.**
$$(2a-1)(a-1)=6$$
$$2a^2-3a+1=6$$
$$2a^2-3a-5=0$$
$$(2a-5)(a+1)=0$$
$$2a-5=0 \text{ or } a+1=0$$
$$2a=5 \text{ or } a=-1$$
$$a=\frac{5}{2} \text{ or } a=-1$$

**43.**

$$p^2+(p+7)^2=169$$
$$p^2+p^2+14p+49=169$$
$$2p^2+14p-120=0$$
$$2(p^2+7p-60)=0$$
$$2(p+12)(p-5)=0$$
$$2\neq 0 \text{ or } p+12=0 \text{ or } p-5=0$$
$$p=-12 \text{ or } p=5$$

**45.**

$$3t(t+5)-t^2=2t^2+4t-1$$
$$3t^2+15t-t^2=2t^2+4t-1$$
$$11t=-1$$
$$t=-\frac{1}{11}$$

**47.**

$$2x^3-8x^2-24x=0$$
$$2x(x^2-4x-12)=0$$
$$2x(x-6)(x+2)=0$$
$$2x=0 \text{ or } x-6=0 \text{ or } x+2=0$$
$$x=0 \text{ or } x=6 \text{ or } x=-2$$

**49.**

$$w^3=16w$$
$$w^3-16w=0$$
$$w(w^2-16)=0$$
$$w(w+4)(w-4)=0$$
$$w=0 \text{ or } w+4=0 \text{ or } w-4=0$$
$$w=0 \text{ or } x=-4 \text{ or } x=4$$

**51.**

$$0=2x^3+5x^2-18x-45$$
$$0=x^2(2x+5)-9(2x+5)$$
$$0=(2x+5)(x^2-9)$$
$$0=(2x+5)(x+3)(x-3)$$
$$2x+5=0 \text{ or } x+3=0 \text{ or } x-3=0$$
$$2x=-5 \text{ or } x=-3 \text{ or } x=3$$
$$x=-\frac{5}{2} \text{ or } x=-3 \text{ or } x=3$$

**53.** Let $x$ = the number

$$x^2+5=30$$
$$x^2-25=0$$
$$(x+5)(x-5)=0$$
$$x+5=0 \text{ or } x-5=0$$
$$x=-5 \text{ or } x=5$$

**55.** Let $x$ = the number

$$x^2=x+12$$
$$x^2-x-12=0$$
$$(x+3)(x-4)=0$$
$$x+3=0 \text{ or } x-4=0$$
$$x=-3 \text{ or } x=4$$

**57.** Let $x$ = the first consecutive integer
$x+1$ = the second consecutive integer

$$x(x+1)=42$$
$$x^2+x=42$$
$$x^2+x-42=0$$
$$(x+7)(x-6)=0$$
$$x+7=0 \text{ or } x-6=0$$
$$x=-7 \text{ or } x=6$$
$$x+1=-7+1=-6 \text{ or } x+1=6+1=7$$

The consecutive integers are –7 and –6 or 6 and 7.

**59.** Let $x$ = the first consecutive odd integer
$x + 2$ = second consecutive odd integer

$$x(x+2)=63$$
$$x^2+2x=63$$
$$x^2+2x-63=0$$
$$(x+9)(x-7)=0$$
$$x+9=0 \text{ or } x-7=0$$
$$x=-9 \text{ or } x=7$$
$$x+2=-9+2=-7 \text{ or } x+2=7+2=9$$

The consecutive odd integers are –9 and –7 or 7 and 9.

**61.** Let $x$ = the length
$x - 2$ = the width

$$x(x-2)=35$$
$$x^2-2x=35$$
$$x^2-2x-35=0$$
$$(x+5)(x-7)=0$$
$$x+5=0 \text{ or } x-7=0$$
$$x=-5 \text{ or } x=7$$
$$x-2=-5-2=-7 \text{ or } x-2=7-2=5$$

The length is 7 ft and the width is 5 ft.

**63.** Let $x$ = the width
$x + 5$ = the length

$$x(x+5)=300$$
$$x^2+5x=300$$
$$x^2+5x-300=0$$
$$(x+20)(x-15)=0$$
$$x+20=0 \text{ or } x-15=0$$
$$x=-20 \text{ or } x=15$$
$$x+5=-20+5=-15 \text{ or } x+5=15+5=20$$

The width is 15 yd and the length is 20 yd.

**65.** **a.** Let $b$ = the base of the triangle
$b + 1$ = the height of the triangle

$$\frac{1}{2}b(b+1+2)=20$$
$$b(b+3)=40$$
$$b^2+3b=40$$
$$b^2+3b-40=0$$
$$(b+8)(b-5)=0$$
$$b+8=0 \text{ or } b-5=0$$
$$b=-8 \text{ or } b=5$$
$$b+1=5+1=6$$

The base is 5 in and the height is 6 in.

**b.** $A=\frac{1}{2}(5)(6)=15 \text{ in}^2$

**67.** Let $h$ = the height of the triangle
$2h$ = the base of the triangle

$$\frac{1}{2}(2h)(h)=25$$
$$h^2=25$$
$$h^2-25=0$$
$$(h+5)(h-5)=0$$
$$h+5=0 \text{ or } h-5=0$$
$$h=-5 \text{ or } h=5$$
$$2h=2(5)=10$$

The height is 5 ft and the base is 10 ft.

**69.** Let $x$ = the first consecutive integer
$x + 1$ = the second consecutive integer

$$x^2+(x+1)^2=41$$
$$x^2+x^2+2x+1=41$$
$$2x^2+2x-40=0$$
$$2(x^2+x-20)=0$$
$$2(x+5)(x-4)=0$$
$$x+5=0 \text{ or } x-4=0$$
$$x=-5 \text{ or } x=4$$
$$x+1=-5+1=-4 \text{ or } x+1=4+1=5$$

The consecutive positive integers are 4 and 5.

**71.** **a.** Let $x$ = the northern leg
$x - 2$ = the eastern leg

$$x^2+(x-2)^2=10^2$$
$$x^2+x^2-4x+4=100$$
$$2x^2-4x-96=0$$
$$2(x^2-2x-48)=0$$
$$2(x+6)(x-8)=0$$
$$x+6=0 \text{ or } x-8=0$$
$$x=-6 \text{ or } x=8$$
$$x-2=8-2=6$$

The alternative route is 8 mi + 6 mi = 14 mi.

**b.** $t=\dfrac{d}{r}=\dfrac{10}{40}=\dfrac{1}{4}=0.25$ hr

$t=\dfrac{d}{r}=\dfrac{14}{60}=\dfrac{7}{30}\approx 0.23$ hr

The alternative route using superhighways takes less time.

**73.** Let $x$ = the first consecutive even integer
$x + 2$ = second consecutive even integer
$x + 4$ = third consecutive even integer

$$x^2+(x+2)^2=(x+4)^2$$
$$x^2+x^2+4x+4=x^2+8x+16$$
$$x^2-4x-12=0$$
$$(x+2)(x-6)=0$$
$$x+2=0 \text{ or } x-6=0$$
$$x=-2 \text{ or } x=6$$
$$x+2=6+2=8$$
$$x+4=6+4=10$$

The lengths of the sides are 6 m, 8 m, and 10 m.

**75.** Let $r$ = the radius of the circle

$$\pi r^2=2\pi r$$
$$r^2=2r$$
$$r^2-2r=0$$
$$r(r-2)=0$$
$$r=0 \text{ or } r-2=0$$
$$r=0 \text{ or } r=2$$

The radius is 2 units.

**77.** **a.** $f(x)=x^2-3x=0$

$$x(x-3)=0$$
$$x=0 \text{ or } x-3=0$$
$$x=0 \text{ or } x=3$$

**b.** $f(0)=0^2-3(0)=0-0=0$

**79.** **a.** $f(x)=x^2-6x-7=0$

$$(x-7)(x+1)=0$$
$$x-7=0 \text{ or } x+1=0$$
$$x=7 \text{ or } x=-1$$

**b.** $f(0)=0^2-6(0)-7=0-0-7=-7$

**81.**

$$f(x)=\frac{1}{2}(x-2)(x+1)(2x)=0$$
$$\frac{1}{2}\neq 0 \text{ or } x-2=0 \text{ or } x+1=0 \text{ or } 2x=0$$
$$x=2 \text{ or } x=-1 \text{ or } x=0$$
$$f(0)=\frac{1}{2}(0-2)(0+1)(2\cdot 0)$$
$$=\frac{1}{2}(-2)(1)(0)=0$$

$x$-intercepts: (2, 0), (–1, 0), (0, 0)
$y$-intercept: (0, 0)

**83.** $f(x)=x^2-2x+1=0$

$(x-1)^2=0$

$x-1=0$

$x=1$

$f(0)=0^2-2(0)+1=0-0+1=1$

$x$-intercepts: (1, 0)
$y$-intercept: (0, 1)

**85.** $g(x)=(x+3)(x-3)=0$

$(x+3)=0$ or $x-3=0$

$x=-3$ or $x=3$

$x$-intercepts: (–3, 0), (3,0)
Graph d.

**87.** $f(x)=4(x+1)=0$

$4\neq 0$ or $x+1=0$

$x=-1$

$x$-intercepts: (–1, 0)
Graph a.

**89.** **a.** The function is in the form $s(t)=at^2+bt+c$

**b.** $s(t)=-4.9t^2+490t=0$

$-4.9t(t-100)=0$

$-4.9t=0$ or $t-100=0$

$t=0$ or $t=100$

$t$-intercepts (0, 0), (100, 0)

**c.** At 0 s and 100 s, the rocket is at ground level (height = 0).

**d.** $s(t)=-4.9t^2+490t=485.1$

$-4.9t^2+490t-485.1=0$

$-4.9(t^2-100t+99)=0$

$-4.9(t-1)(t-99)=0$

$-4.9\neq 0$ or $t-1=0$ or $t-99=0$

$t=1$ or $t=99$

The height is 485.1 m at 1 s and 99 s.

**91.** $f(x)=x^2-7x+10=0$

$f(x)=(x-5)(x-2)=0$

$x-5=0$ or $x-2=0$

$x=5$ or $x=2$

$x$ = 5 and $x$ = 2 represent the $x$-intercepts.

**93.** $f(x)=x^2+2x+1=0$

$f(x)=(x+1)^2=0$

$x+1=0$

$x=-1$

$x$ = –1 represents the $x$-intercept.

**95.** Let $l$ = the length
$w$ = the width

$2l+2w=20$

$2w=20-2l$

$w=10-l$

$A=l(10-l)=16$

$10l-l^2=16$

$0=l^2-10l+16$

$0=(l-8)(l-2)$

$l-8=0$ or $l-2=0$

$l=8$ or $l=2$

$w=10-8=2$

The length is 8 yd and the width is 2 yd.

**97.** $x=-3$ and $x=1$

$(x+3)(x-1)=0$

$x^2+2x-3=0$

**99.** $x = 0$ and $x = -5$

$$(x-0)(x+5) = 0$$
$$x^2 + 5x = 0$$

**101.** $Y_1 = -x^2 + x + 2 = 0$

$$-(x^2 - x - 2) = 0$$
$$-(x-2)(x+1) = 0$$
$$-1 \neq 0 \text{ or } x - 2 = 0 \text{ or } x + 1 = 0$$
$$x = 2 \text{ or } x = -1$$

$x$-intercepts: (2, 0), (–1, 0)

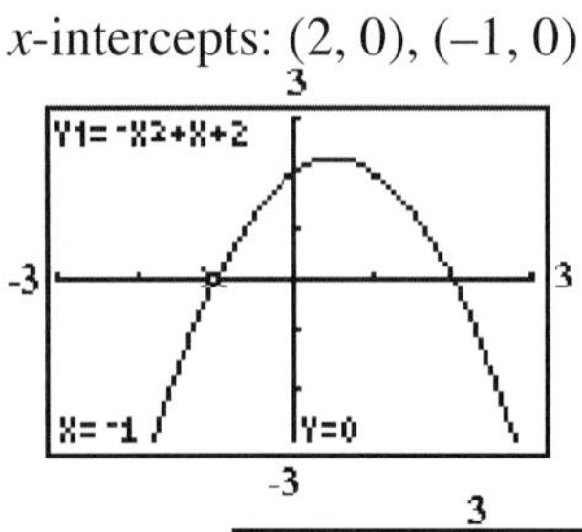


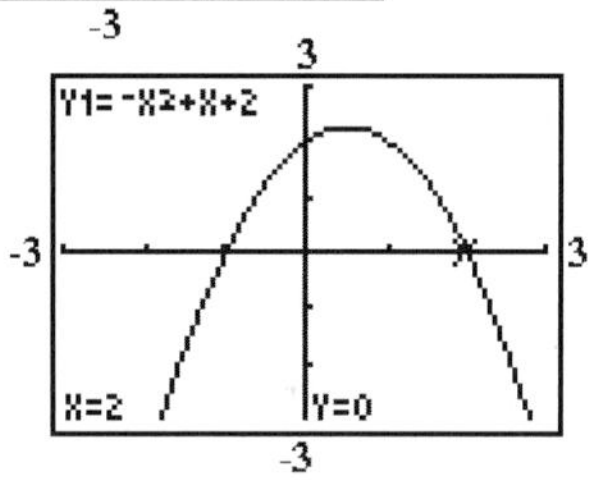


**103.** $Y_1 = x^2 - 6x + 9 = 0$

$$(x-3)^2 = 0$$
$$x - 3 = 0$$
$$x = 3$$

$x$-intercepts: (3, 0)

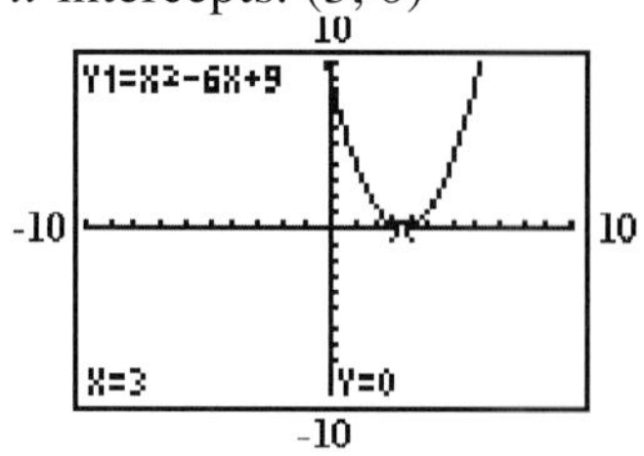


## Chapter 4 Review Exercises

### Section 4.1

**1.** $6x^4 + 10x - 1$ Trinomial; degree 4

**3.** $g(x) = 4x - 7$

**a.** $g(0) = 4(0) - 7 = 0 - 7 = -7$

**b.** $g(-4) = 4(-4) - 7 = -16 - 7 = -23$

**c.** $g(3) = 4(3) - 7 = 12 - 7 = 5$

**5. a.** $S(x) = 4.567x^2 + 40.43x - 40.13$

$$S(5) = 4.567(5^2) + 40.43(5) - 40.13$$
$$= 4.567(25) + 40.43(5) - 40.13$$
$$= 114.175 + 202.15 - 40.13$$
$$S(5) \approx 276$$

$$S(13) = 4.567(13^2) + 40.43(13) - 40.13$$
$$= 4.567(169) + 40.43(13) - 40.13$$
$$= 771.823 + 525.59 - 40.13$$
$$S(13) \approx 1257$$

**b.** $S(13) = 1257$ means that in 2003 there were approximately 1257 new Starbucks sites established.

**7.**
$$\begin{array}{r} 7xy-\ 3xz+5yz \\ +13xy-15xz-8yz \\ \hline 20xy-18xz-3yz \end{array}$$

**9.**
$$\left(3a^2-2a-a^3\right)-\left(5a^2-a^3-8a\right)$$
$$=3a^2-2a-a^3-5a^2+a^3+8a$$
$$=-2a^2+6a$$

**11.**
$$\left(\frac{5}{6}x^4+\frac{1}{2}x^2-\frac{1}{3}\right)-\left(-\frac{1}{6}x^4-\frac{1}{4}x^2-\frac{1}{3}\right)$$
$$=\frac{5}{6}x^4+\frac{1}{2}x^2-\frac{1}{3}+\frac{1}{6}x^4+\frac{1}{4}x^2+\frac{1}{3}$$
$$=x^4+\frac{3}{4}x^2$$

**13.**
$$-(4x-4y)-\left[(4x+2y)-(3x+7y)\right]$$
$$=-4x+4y-\left[4x+2y-3x-7y\right]$$
$$=-4x+4y-4x-2y+3x+7y$$
$$=-5x+9y$$

**15.** $\left(2x^2-4x\right)+\left(2x^2-7x\right)=4x^2-11x$

**17.**
$$\left(2x^2-7x\right)-\left(2x^2-4x\right)=2x^2-7x-2x^2+4x$$
$$=-3x$$

## Section 4.2

**19.** $-3x\left(6x^2-5x+4\right)=-18x^3+15x^2-12x$

**21.**
$$(x-2)(x-9)=x^2-9x-2x+18$$
$$=x^2-11x+18$$

**23.**
$$\left(-\frac{1}{5}+2y\right)\left(\frac{1}{5}+y\right)=-\frac{1}{25}-\frac{1}{5}y+\frac{2}{5}y+2y^2$$
$$=2y^2+\frac{1}{5}y-\frac{1}{25}$$

**25.**
$$(x-y)\left(x^2+xy+y^2\right)$$
$$=x^3+x^2y+xy^2-x^2y-xy^2-y^3$$
$$=x^3-y^3$$

**27.**
$$\left(\frac{1}{2}x+4\right)^2=\left(\frac{1}{2}x\right)^2+2\left(\frac{1}{2}x\right)(4)+(4)^2$$
$$=\frac{1}{4}x^2+4x+16$$

**29.**
$$(6w-1)(6w+1)=(6w)^2-(1)^2$$
$$=36w^2-1$$

**31.**
$$\left(z+\frac{1}{4}\right)\left(z-\frac{1}{4}\right)=(z)^2-\left(\frac{1}{4}\right)^2$$
$$=z^2-\frac{1}{16}$$

**33.**
$$\left[c-(w+3)\right]\left[c+(w+3)\right]=c^2-(w+3)^2$$
$$=c^2-\left(w^2+6w+9\right)$$
$$=c^2-w^2-6w-9$$

**35.**
$$\left(y^2-3\right)^3=\left(y^2-3\right)\left(y^2-3\right)^2$$
$$=\left(y^2-3\right)\left(y^4-6y^2+9\right)$$
$$=y^6-6y^4+9y^2-3y^4+18y^2-27$$
$$=y^6-9y^4+27y^2-27$$

**37.** Let $x$ = the width of the rectangle
$3x + 2$ = the length of the rectangle

**a.** $P(x)=2(3x+2)+2x$
$$=6x+4+2x=8x+4$$

**b.** $A(x)=(3x+2)(x)=3x^2+2x$

## Section 4.3

**39.** $(6x^3y+12x^2y^2-9xy^3)\div(3xy)$

$$\frac{6x^3y}{3xy}+\frac{12x^2y^2}{3xy}-\frac{9xy^3}{3xy}=2x^2+4xy-3y^2$$

**41.** **a.**

$$\begin{array}{r}
3y^3-2y^2+6y-4 \\
3y+2\overline{)\;9y^4 \qquad +14y^2 \qquad -8} \\
\underline{-(9y^4+6y^3)} \\
-6y^3+14y^2 \\
\underline{-(-6y^3-4y^2)} \\
18y^2 \\
\underline{-(18y^2+12y)} \\
-12y-8 \\
\underline{-(-12y-8)} \\
0
\end{array}$$

**b.** Quotient: $3y^3-2y^2+6y-4$

Remainder: 0

**c.** Multiply the quotient and the divisor.

**43.**

$$\begin{array}{r}
x+4 \\
x+4\overline{)\;x^2+8x-16} \\
\underline{-(x^2+4x)} \\
4x-16 \\
\underline{-(4x+16)} \\
-32
\end{array}$$

The quotient is $x+4+\frac{-32}{x+4}$.

**45.**

$$\begin{array}{r}
2x^3-2x^2+5x-4 \\
x^2+x\overline{)\;2x^5 \qquad +3x^3+x^2 \qquad -4} \\
\underline{-(2x^5+2x^4)} \\
-2x^4+3x^3 \\
\underline{-(-2x^4-2x^3)} \\
5x^3+x^2 \\
\underline{-(5x^3+5x^2)} \\
-4x^2 \\
\underline{-(-4x^2-4x)} \\
4x-4
\end{array}$$

The quotient is $2x^3-2x^2+5x-4+\frac{4x-4}{x^2+x}$.

**47.** **a.** Divisor: $x-3$

**b.** Quotient: $2x^3+11x^2+31x+99$

**c.** Remainder: 298

**49.**

$$\begin{array}{r|rrr}
-5 & 1 & 7 & 14 \\
 & & -5 & -10 \\
\hline
 & 1 & 2 & \lfloor 4
\end{array}$$

Quotient: $x+2+\frac{4}{x+5}$

**51.**

$$\begin{array}{r|rrrr}
3 & 1 & -6 & 0 & 8 \\
 & & 3 & -9 & -27 \\
\hline
 & 1 & -3 & -9 & \lfloor -19
\end{array}$$

Quotient: $w^2-3w-9+\frac{-19}{w-3}$

## Section 4.4

**53.** $-x^3-4x^2+11x=-x\left(x^2+4x-11\right)$
or $x\left(-x^2-4x+11\right)$

**55.** $5x(x-7)-2(x-7)=(x-7)(5x-2)$

**57.** $2x^2-26x=2x(x-13)$

**59.** $24x^3-36x^2+72x-108$
$=12\left(2x^3-3x^2+6x-9\right)$
$=12\left[x^2(2x-3)+3(2x-3)\right]$
$=12(2x-3)\left(x^2+3\right)$

**61.** $y^3-6y^2+y-6=y^2(y-6)+(y-6)$
$=(y-6)\left(y^2+1\right)$

## Section 4.5

**63.** $18x^2+27xy+10y^2$
$=18x^2+15xy+12xy+10y^2$
$=3x(6x+5y)+2y(6x+5y)$
$=(6x+5y)(3x+2y)$

**65.** $60a^2+65a^3-20a^4=-5a^2\left(4a^2-13a-12\right)$
$=-5a^2\left(4a^2-16a+3a-12\right)$
$=-5a^2\left[4a(a-4)+3(a-4)\right]$
$=-5a^2(a-4)(4a+3)$

**67.** $n^2+10n+25=n^2+2(n)(5)+5^2=(n+5)^2$

**69.** $y^3-y(10-3y)=y\left[y^2-(10-3y)\right]$
$=y\left[y^2+3y-10\right]$
$=y(y+5)(y-2)$

**71.** $9x^2-12x+4=(3x)^2-2(3x)(2)+2^2$
$=(3x-2)^2$

## Section 4.6

**73.** $25-y^2=5^2-y^2=(5+y)(5-y)$

**75.** $b^2+64$ is prime.

**77.** $h^3+9h=h\left(h^2+9\right)$

**79.** $9y^3-4y=y\left(9y^2-4\right)=y\left[(3y)^2-2^2\right]$
$=y(3y+2)(3y-2)$

**81.** $a^2+12a+36-b^2=(a+6)^2-b^2$
$=(a+6+b)(a+6-b)$

## Section 4.7

**83.** $5p^4q-20q^3=5q(p^4-4q^2)$
$=5q(p^2+2q)(p^2-2q)$

**85.** $(y-4)^3+4(y-4)^2=(y-4)^2(y-4+4)$
$=y(y-4)^2$

**87.** $80z+32+50z^2=2(25z^2+40z+16)$
$=2(5z+4)^2$

**89.** $w^4+w^3-56w^2=w^2(w^2+w-56)$
$=w^2(w+8)(w-7)$

**91.** $14m^3-14=14(m^3-1)$
$=14(m-1)(m^2+m+1)$

**93.** $a^2-6a+9-16x^2=(a-3)^2-(4x)^2$
$=(a-3+4x)(a-3-4x)$

**95.** $(4x+3)^2-12(4x+3)+36=[(4x+3)-6]^2$
$=(4x-3)^2$

## Section 4.8

**97.** The graph of a quadratic function is a parabola.

**99.** $(x-3)(x+4)=9$
$x^2+4x-3x-12=9$
$x^2+x-21=0$ Quadratic

**101.** $x+3=5x^2$
$0=5x^2-x-3$ Quadratic

**103.** $8x^2=59x-21$
$8x^2-59x+21=0$
$8x^2-56x-3x+21=0$
$8x(x-7)-3(x-7)=0$
$(x-7)(8x-3)=0$
$x-7=0$ or $8x-3=0$
$x=7$ or $8x=3$
$x=7$ or $x=\frac{3}{8}$

**105.** $3(x-1)(x+5)(2x-9)=0$
$3\neq 0$ or $x-1=0$ or $x+5=0$ or $2x-9=0$
$x=1$ or $x=-5$ or $2x=9$
$x=1$ or $x=-5$ or $x=\frac{9}{2}$

**107.** $g(x)=2x^2-2=0$
$2(x^2-1)=0$
$2(x+1)(x-1)=0$
$2\neq 0$ or $(x+1)=0$ or $x-1=0$
$x=-1$ or $x=1$
$g(0)=2(0)^2-2=0-2=-2$
$x$-intercepts: (–1, 0), (1,0)
$y$-intercept: (0, –2)
Graph d.

**109.**
$$k(x) = -\frac{1}{8}x^2 + \frac{1}{2} = 0$$
$$-\frac{1}{8}(x^2 - 4) = 0$$
$$-\frac{1}{8}(x+2)(x-2) = 0$$
$$-\frac{1}{8} \neq 0 \text{ or } x+2=0 \text{ or } x-2=0$$
$$x=-2 \text{ or } x=2$$
$$k(0) = -\frac{1}{8}(0)^2 + \frac{1}{2} = 0 + \frac{1}{2} = \frac{1}{2}$$
$x$-intercepts: (−2, 0), (2,0)
$y$-intercept: $\left(0, \frac{1}{2}\right)$
Graph a.

**111.** **a.**

| Time | Height |
|---|---|
| 0 | −1280 |
| 1 | −624 |
| 3 | 592 |
| 10 | 3840 |
| 20 | 5760 |
| 30 | 4480 |
| 40 | 0 |
| 42 | −1280 |

**b.** The negative values mean that the missile is below sea level.

**c.**
$$h(t) = -16t^2 + 672t - 1280 = 0$$
$$-16(t^2 - 42t + 80) = 0$$
$$-16(t-40)(t-2) = 0$$
$$t-40=0 \text{ or } t-2=0$$
$$t=40 \text{ or } t=2$$
The missile will be at sea level after 2 sec and again after 40 sec.

## Chapter 4 Test

**1.**
$$F(x) = 5x^3 - 2x^2 + 8$$
$$F(-1) = 5(-1)^3 - 2(-1)^2 + 8 = -5 - 2 + 8 = 1$$
$$F(2) = 5(2)^3 - 2(2)^2 + 8 = 40 - 8 + 8 = 40$$
$$F(0) = 5(0)^3 - 2(0)^2 + 8 = 0 - 0 + 8 = 8$$

**3.**
$$(2a-5)(a^2-4a-9)$$
$$= 2a^3 - 8a^2 - 18a - 5a^2 + 20a + 45$$
$$= 2a^3 - 13a^2 + 2a + 45$$

**5.**
$$(5x-4y^2)(5x+4y^2) = (5x)^2 - (4y^2)^2$$
$$= 25x^2 - 16y^4$$

**7.**
$$(7x-4)^2 = (7x)^2 - 2(7x)(4) + 4^2$$
$$= 49x^2 - 56x + 16$$

**9.**
$$\begin{array}{r} 5p^2 - p + 1 \\ 2p+3 \enclose{longdiv}{10p^3 + 13p^2 - \phantom{2}p + 3} \\ \underline{-(10p^3 + 15p^2)} \phantom{- p + 3} \\ -2p^2 - \phantom{2}p \phantom{+ 3} \\ \underline{-(-2p^2 - 3p)} \phantom{+ 3} \\ 2p + 3 \\ \underline{-(2p+3)} \\ 0 \end{array}$$
Quotient: $5p^2 - p + 1$

**11.**
1. Take out the GCF.
2. If there are more than three terms, try grouping.
3. If a trinomial, look for a perfect square trinomial. Otherwise, use the grouping or trial-and-error method.
4. If a binomial, look for a difference of squares, a difference of cubes, or a sum of cubes.

**13.** $3a^2+27ab+54b^2=3(a^2+9ab+18b^2)$
$=3(a+6b)(a+3b)$

**15.** $xy-7x+3y-21=x(y-7)+3(y-7)$
$=(y-7)(x+3)$

**17.** $-10u^2+30u-20=-10(u^2-3u+2)$
$=-10(u-2)(u-1)$

**19.** $5y^2-50y+125=5(y^2-10y+25)$
$=5(y-5)(y-5)$
$=5(y-5)^2$

**21.** $2x^3+x^2-8x-4=x^2(2x+1)-4(2x+1)$
$=(2x+1)(x^2-4)$
$=(2x+1)(x+2)(x-2)$

**23.** $x^2+8x+16-y^2=(x+4)^2-y^2$
$=(x+4+y)(x+4-y)$

**25.** $\left(x^2+1\right)^2+3\left(x^2+1\right)+2$
Let $u=x^2+1$
$u^2+3u+2=(u+2)(u+1)$
$=\left(x^2+1+2\right)\left(x^2+1+1\right)$
$=\left(x^2+3\right)\left(x^2+2\right)$

**27.** $(2x-3)(x+5)=0$
$2x-3=0$ or $x+5=0$
$x=\frac{3}{2}$ $\quad x=-5$

**29.** $y^2-6y=16$
$y^2-6y-16=0$
$(y+2)(y-8)=0$
$y+2=0$ or $y-8=0$
$y=-2$ $\quad y=8$

**31.** $4p-64p^3=0$
$-4p\left(16p^2-1\right)=0$
$-4p(4p+1)(4p-1)=0$
$-4p=0$ or $4p+1=0$ or $4p-1=0$
$p=0$ or $4p=-1$ or $4p=1$
$p=0$ or $p=-\frac{1}{4}$ or $p=\frac{1}{4}$

**33.** $f(x)=x^2-6x+8=0$
$(x-4)(x-2)=0$
$x-4=0$ or $x-2=0$
$x=4$ or $x=2$
$f(0)=(0)^2-6(0)+8=0-0+8=8$
$x$-intercepts: (4, 0), (2,0)
$y$-intercept: (0, 8)
Graph c.

**35.** $p(x)=-2x^2-8x-6=0$
$-2\left(x^2+4x+3\right)=0$
$-2(x+3)(x+1)=0$
$-2\neq 0$ or $x+3=0$ or $x+1=0$
$x=-3$ or $x=-1$
$p(0)=-2(0)^2-8(0)-6=0-0-6=-6$
$x$-intercepts: (–3, 0), (–1,0)
$y$-intercept: (0, –6)
Graph d.

**37.**
$$h(x) = -\frac{x^2}{256} + x = 0$$
$$x^2 - 256x = 0$$
$$x(x-256) = 0$$
$$x = 0 \text{ or } x - 256 = 0$$
$$x = 0 \text{ or } x = 256$$
The rocket hits the ground 256 ft from the launch pad.

## Chapters 1 – 4 Cumulative Review Exercises

**1.** 

**3.** **a.** $y = x^2$

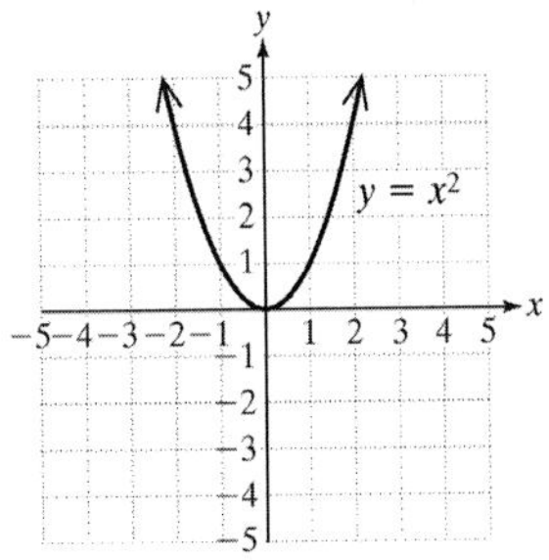


**b.** $y = |x|$

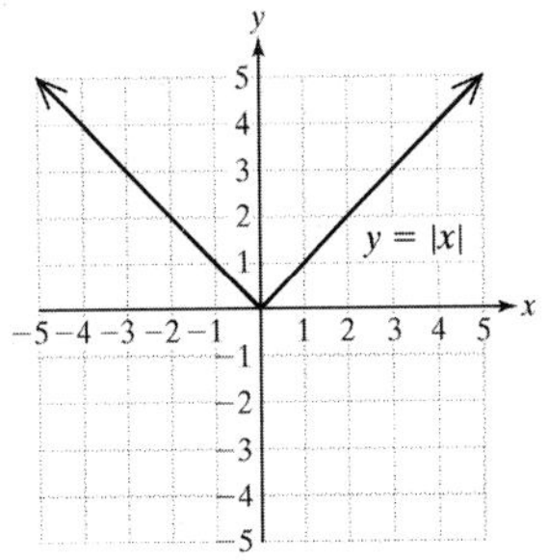


**5.** $2(9.85 \times 10^7) = 19.7 \times 10^7$
$$= 1.97 \times 10^1 \times 10^7 = 1.97 \times 10^8$$

**7.**
$$x + (2x) + (2x - 5) = 180$$
$$5x - 5 = 180$$
$$5x = 185$$
$$x = 37$$
$$2x = 2(37) = 74$$
$$2x - 5 = 2(37) - 5 = 69$$
The angles are 37°, 74°, and 69°.

**9.**
$$4x - 3y = -9$$
$$-3y = -4x - 9$$
$$\frac{-3y}{-3} = \frac{-4x}{-3} - \frac{9}{-3}$$
$$y = \frac{4}{3}x + 3$$
Slope $= \frac{4}{3}$; $y$-intercept: (0, 3)

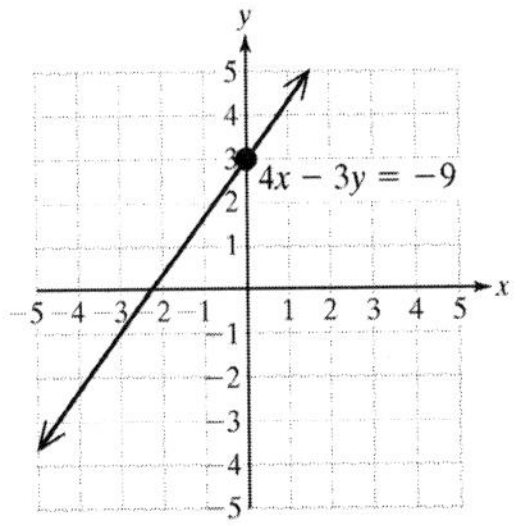

**11.** $\left(\frac{36a^{-2}b^{4}}{18b^{-6}}\right)^{-3}=\left(2a^{-2}b^{4-(-6)}\right)^{-3}=\left(2a^{-2}b^{10}\right)^{-3}$

$=2^{-3}a^{6}b^{-30}=\frac{1}{2^{3}}a^{6}\frac{1}{b^{30}}=\frac{a^{6}}{8b^{30}}$

**13.** **a.** Function
**b.** Not a function

**15.** $P(x)=\frac{1}{6}x^{2}+x-5$

$P(6)=\frac{1}{6}(6)^{2}+6-5$

$=\frac{1}{6}(36)+6-5=6+6-5=7$

**17.** $3x-2y=5$

$-2y=-3x+5$

$\frac{-2y}{-2}=\frac{-3x}{-2}+\frac{5}{-2}$

$y=\frac{3}{2}x-\frac{5}{2}$

**19.**

| | 40% Solution | 15% Solution | 30% Solution |
|---|---|---|---|
| Amount of Solution | $x$ | $25-x$ | 25 |
| Amount of Alcohol | $0.40x$ | $0.15(25-x)$ | $0.30(25)$ |

(amt of 40%) + (amt of 15%)=(amt of 30%)

$0.40x+0.15(25-x)=0.30(25)$

$0.40x+3.75-0.15x=7.5$

$0.25x+3.75=7.5$

$0.25x=3.75$

$x=15$

$25-x=25-15=10$

15 L of 40% solution and 10 L of 15% solution must be mixed.

**21.** $(5a^{2}+3a-1)+(3a^{3}-5a+6)$

$=3a^{3}+5a^{2}-2a+5$

**23.** $y^{2}-5y=14$

$y^{2}-5y-14=0$

$(y-7)(y+2)=0$

$y-7=0$ or $y+2=0$

$y=7$ or $y=-2$

**25.** $a^{3}+9a^{2}+20a=0$

$a(a^{2}+9a+20)=0$

$a(a+5)(a+4)=0$

$a=0$ or $a+5=0$ or $a+4=0$

$a=0$ or $a=-5$ or $a=-4$

# Chapter 5 Rational Expressions and Rational Equations

## Chapter Opener Puzzle

| | | | |
|---|---|---|---|
| 14 | −25 | C<br>19 | −2 |
| −10 | E<br>30 | −7 | B<br>−7 |
| D<br>−1 | −24 | A<br>24 | 7 |
| F<br>3 | 25 | −30 | 8 |

## Section 5.1 Rational Expressions and Rational Functions

### Section 5.1 Practice Exercises

**1.** **a.** An expression is a <u>rational expression</u> if it can be written in the form $\frac{p}{q}$, where $p$ and $q$ are polynomials and $q \neq 0$.

**b.** A function $f$ is a <u>rational function</u> if it can be written in the form $f(x)=\dfrac{p(x)}{q(x)}$, where $p$ and $q$ are polynomial functions and $q(x) \neq 0$.

**3.**
$$\frac{x-4}{x+6}$$
$$\frac{-6-4}{-6+6}=\frac{-10}{0} \text{ is undefined}$$
$$\frac{-4-4}{-4+6}=\frac{-8}{2}=-4$$
$$\frac{0-4}{0+6}=\frac{-4}{6}=-\frac{2}{3}$$
$$\frac{4-4}{4+6}=\frac{0}{10}=0$$

**5.**
$$\frac{3a+1}{a^2+1}$$
$$\frac{3(1)+1}{(1)^2+1}=\frac{3+1}{1+1}=\frac{4}{2}=2$$
$$\frac{3(0)+1}{(0)^2+1}=\frac{0+1}{0+1}=\frac{1}{1}=1$$
$$\frac{3\left(-\frac{1}{3}\right)+1}{\left(-\frac{1}{3}\right)^2+1}=\frac{-1+1}{\frac{1}{9}+1}=\frac{0}{\frac{10}{9}}=0$$
$$\frac{3(-1)+1}{(-1)^2+1}=\frac{-3+1}{1+1}=\frac{-2}{2}=-1$$

**7.**
$$y \neq 0$$
$$\{y \mid y \text{ is a real number and } y \neq 0\}$$

**9.**
$$v-8 \square 0$$
$$v \square 8$$
$$\{v \mid v \text{ is a real number and } v \square 8\}$$

**11.** $2x-5 \square 0$

$2x \square 5$

$x \square \dfrac{5}{2}$

$\left\{x \,\middle|\, x \text{ is a real number and } x \square \dfrac{5}{2}\right\}$

**13.** $q^2+6q-27 \neq 0$

$(q+9)(q-3) \neq 0$

$q+9 \neq 0 \text{ or } q-3 \neq 0$

$q \neq -9 \text{ or } q \neq 3$

$\{q \mid q \text{ is a real number and } q \neq -9,\ q \neq 3\}$

**15.** Because $c^2$ is nonnegative for any real number $c$, the denominator $c^2+25$ cannot equal zero; therefore, no real numbers are excluded from the domain.

$\{c \mid c \text{ is a real number}\}$

**17.** $x^2-25 \neq 0$

$(x+5)(x-5) \neq 0$

$x+5 \neq 0 \text{ or } x-5 \neq 0$

$x \neq -5 \text{ or } x \neq 5$

$\{x \mid x \text{ is a real number and } x \neq -5,\ x \neq 5\}$

**19.** $\dfrac{x^2+6x+8}{x^2+3x-4}$

**a.** $\dfrac{(x+4)(x+2)}{(x+4)(x-1)}$

**b.** $(x+4)(x-1)=0$

$x+4=0 \text{ or } x-1=0$

$x=-4 \text{ or } x=1$

$\{x \mid x \text{ is a real number and } x \neq -4,\ x \neq 1\}$

**c.** $(-\infty, -4)\cup(-4, 1)\cup(1, \infty)$

**d.** $\dfrac{\cancel{(x+4)}(x+2)}{\cancel{(x+4)}(x-1)} = \dfrac{x+2}{x-1}$

provided $x \neq -4,\ x \neq 1$

**21.** $p(x) = \dfrac{x^2-18x+81}{x^2-81}$

**a.** $\dfrac{(x-9)(x-9)}{(x+9)(x-9)}$

**b.** $(x+9)(x-9)=0$

$x+9=0 \text{ or } x-9=0$

$x=-9 \text{ or } x=9$

$\{x \mid x \text{ is a real number and } x \neq -9,\ x \neq 9\}$

**c.** $(-\infty, -9)\cup(-9, 9)\cup(9, \infty)$

**d.** $\dfrac{(x-9)\cancel{(x-9)}}{(x+9)\cancel{(x-9)}} = \dfrac{x-9}{x+9}$

provided $x \neq -9,\ x \neq 9$

**23.** $\dfrac{100x^3y^5}{36xy^8} = \dfrac{25}{9}x^{3-1}y^{5-8} = \dfrac{25}{9}x^2y^{-3}$

$= \dfrac{25x^2}{9y^3}$ provided $x \neq 0,\ y \neq 0$

**25.** $\dfrac{7w^{11}z^6}{14w^3z^3} = \dfrac{1}{2}w^{11-3}z^{6-3} = \dfrac{1}{2}w^8z^3$

$= \dfrac{w^8z^3}{2}$ provided $w \neq 0,\ z \neq 0$

**27.** $\dfrac{-3m^4n}{12m^6n^4} = -\dfrac{1}{4}m^{4-6}n^{1-4} = -\dfrac{1}{4}m^{-2}n^{-3}$

$= -\dfrac{1}{4m^2n^3}$ provided $m \neq 0,\ n \neq 0$

**29.** $\dfrac{6a+18}{9a+27} = \dfrac{6\cancel{(a+3)}}{9\cancel{(a+3)}} = \dfrac{2}{3}$ provided $a \neq -3$

**31.** $\dfrac{x-5}{x^2-25} = \dfrac{\cancel{x-5}}{(x+5)\cancel{(x-5)}} = \dfrac{1}{x+5}$

provided $x \neq -5,\ x \neq 5$

**33.** $\dfrac{-7c}{21c^2-35c} = \dfrac{-1\cdot\cancel{7c}}{\cancel{7c}(3c-5)} = -\dfrac{1}{3c-5}$

provided $c \neq 0,\ c \neq \dfrac{5}{3}$

**35.** $$\frac{2t^2+7t-4}{-2t^2-5t+3}=\frac{(2t-1)(t+4)}{-(2t^2+5t-3)}=\frac{\cancel{(2t-1)}(t+4)}{-\cancel{(2t-1)}(t+3)}=-\frac{t+4}{t+3}\text{ provided } t\neq\frac{1}{2},\ t\neq-3$$

**37.** $$\frac{(p+1)(2p-1)^4}{(p+1)^2(2p-1)^2}=(p+1)^{1-2}(2p-1)^{4-2}=(p+1)^{-1}(2p-1)^2=\frac{(2p-1)^2}{p+1}\text{ provided } p\neq\frac{1}{2},\ p\neq-1$$

**39.** $$\frac{9-z^2}{2z^2+z-15}=\frac{\cancel{(3+z)}(3-z)}{(2z-5)\cancel{(z+3)}}=\frac{3-z}{2z-5}\text{ provided } z\neq\frac{5}{2},\ z\neq-3$$

**41.** $$\frac{2z^3+16}{-10-3z+z^2}=\frac{2(z^3+8)}{z^2-3z-10}=\frac{2\cancel{(z+2)}(z^2-2z+4)}{(z-5)\cancel{(z+2)}}=\frac{2(z^2-2z+4)}{z-5}\text{ provided } z\neq5,\ z\neq-2$$

**43.** $$\frac{10x^3-25x^2+4x-10}{-4-10x^2}=\frac{5x^2(2x-5)+2(2x-5)}{-2(5x^2+2)}=\frac{(2x-5)\cancel{(5x^2+2)}}{-2\cancel{(5x^2+2)}}=-\frac{2x-5}{2}$$

**45.** $$\frac{r+6}{6+r}=\frac{r+6}{r+6}=1\text{ provided } r\neq-6$$

**47.** $$\frac{b+8}{-b-8}=\frac{\cancel{b+8}}{-\cancel{(b+8)}}=-1\text{ provided } b\neq-8$$

**49.** $$\frac{10-x}{x-10}=\frac{-\cancel{(x-10)}}{\cancel{x-10}}=-1\text{ provided } x\neq10$$

**51.** $$\frac{2t-2}{1-t}=\frac{2\cancel{(t-1)}}{-\cancel{(t-1)}}=-2\text{ provided } t\neq1$$

**53.** $\frac{c+4}{c-4}$ cannot be simplified

**55.** $$\frac{y-x}{12x^2-12y^2}=\frac{-(x-y)}{12(x^2-y^2)}=\frac{-\cancel{(x-y)}}{12(x+y)\cancel{(x-y)}}=-\frac{1}{12(x+y)}\text{ provided } x\neq y,\ x\neq-y$$

**57.** $$\frac{t^2-1}{t^2+7t+6}=\frac{(t-1)\cancel{(t+1)}}{(t+6)\cancel{(t+1)}}=\frac{t-1}{t+6}\text{ provided } t\neq-6,\ t\neq-1$$

**59.** $$\frac{8p+8}{2p^2-4p-6}=\frac{8(p+1)}{2(p^2-2p-3)}=\frac{\cancel{2}\cdot4\cancel{(p+1)}}{\cancel{2}(p-3)\cancel{(p+1)}}=\frac{4}{(p-3)}\text{ provided } p\neq3,\ p\neq-1$$

**61.** $$\frac{-16a^2bc^4}{8ab^2c^4}=-\frac{16}{8}a^{2-1}b^{1-2}c^{4-4}=-2a^1b^{-1}c^0=-\frac{2a}{b}\text{ provided } a\neq0,\ b\neq0,\ c\neq0$$

**63.** $\dfrac{x^2-y^2}{8y-8x}=\dfrac{(x-y)(x+y)}{-8(x-y)}=-\dfrac{x+y}{8}$

provided $x \neq y$

**65.** $\dfrac{b+4}{2b^2+5b-12}=\dfrac{b+4}{(2b-3)(b+4)}=\dfrac{1}{2b-3}$

provided $b \neq \dfrac{3}{2},\ b \neq -4$

**67.** $\dfrac{-2x+34}{-4x+6}=\dfrac{-2(x-17)}{-2(2x-3)}=\dfrac{x-17}{2x-3}$

provided $x \neq \dfrac{3}{2}$

**69.** $\dfrac{(a-2)^2(a-5)^3}{(a-2)^3(a-5)}=(a-2)^{2-3}(a-5)^{3-1}$

$=(a-2)^{-1}(a-5)^2=\dfrac{(a-5)^2}{a-2}$

provided $a \neq 2,\ a \neq 5$

**71.** $\dfrac{4x-2x^2}{5x-10}=\dfrac{-2x(x-2)}{5(x-2)}=-\dfrac{2x}{5}$

provided $x \neq 2$

**73.** $\dfrac{x^3-2x^2-25x+50}{x^3+5x^2-4x-20}=\dfrac{x^2(x-2)-25(x-2)}{x^2(x+5)-4(x+5)}$

$=\dfrac{(x-2)(x^2-25)}{(x+5)(x^2-4)}$

$=\dfrac{(x-2)(x+5)(x-5)}{(x+5)(x+2)(x-2)}=\dfrac{x-5}{x+2}$

provided $x \neq -5,\ x \neq -2,\ x \neq 2$

**75.** $\dfrac{t^3+8}{3t^2+t-10}=\dfrac{(t+2)(t^2-2t+4)}{(3t-5)(t+2)}$

$=\dfrac{t^2-2t+4}{3t-5}$

provided $t \neq \dfrac{5}{3},\ t \neq -2$

**77.** $h(x)=\dfrac{-3}{x-1}$

$h(0)=\dfrac{-3}{0-1}=\dfrac{-3}{-1}=3$

$h(1)=\dfrac{-3}{1-1}=\dfrac{-3}{0}$ is undefined

$h(-3)=\dfrac{-3}{-3-1}=\dfrac{-3}{-4}=\dfrac{3}{4}$

$h(-1)=\dfrac{-3}{-1-1}=\dfrac{-3}{-2}=\dfrac{3}{2}$

$h\left(\tfrac{1}{2}\right)=\dfrac{-3}{\frac{1}{2}-1}=\dfrac{-3}{-\frac{1}{2}}=6$

**79.** $m(x)=\dfrac{1}{x+4}$

$x+4=0$

$x=-4$

$D:(-\infty,-4)\cup(-4,\infty)$

Graph: b

**81.** $q(x)=\dfrac{1}{x-4}$

$x-4=0$

$x=4$

$D:(-\infty,4)\cup(4,\infty)$

Graph: d

**83.**
$$f(x)=\frac{1}{3x-1}$$
$$3x-1=0$$
$$3x=1$$
$$x=\frac{1}{3}$$
$$D:\left(-\infty,\ \frac{1}{3}\right)\cup\left(\frac{1}{3},\ \infty\right)$$

**85.**
$$q(t)=\frac{t+2}{8}$$
$$8 \neq 0$$
$$D:(-\infty,\ \infty)$$

**87.**
$$w(x)=\frac{x-2}{3x-6}$$
$$3x-6=0$$
$$3x=6$$
$$x=2$$
$$D:(-\infty,\ 2)\cup(2,\ \infty)$$

**89.**
$$m(x)=\frac{3}{6x^2-7x-10}$$
$$6x^2-7x-10=0$$
$$(6x+5)(x-2)=0$$
$$6x+5=0 \text{ or } x-2=0$$
$$6x=-5 \text{ or } x=2$$
$$x=-\frac{5}{6} \text{ or } x=2$$
$$D:\left(-\infty,\ -\frac{5}{6}\right)\cup\left(-\frac{5}{6},\ 2\right)\cup(2,\ \infty)$$

**91.**
$$r(x)=\frac{x+1}{6x^3-x^2-15x}$$
$$6x^3-x^2-15x=0$$
$$x\left(6x^2-x-15\right)=0$$
$$x(3x-5)(2x+3)=0$$
$$x=0 \text{ or } 3x-5=0 \text{ or } 2x+3=0$$
$$x=0 \text{ or } 3x=5 \text{ or } 2x=-3$$
$$x=0 \text{ or } x=\frac{5}{3} \text{ or } x=-\frac{3}{2}$$
$$D:\left(-\infty,\ -\frac{3}{2}\right)\cup\left(-\frac{3}{2},\ 0\right)\cup\left(0,\ \frac{5}{3}\right)\cup\left(\frac{5}{3},\ \infty\right)$$

**93.** For example: $\frac{1}{x-3}$

**95.** For example: $f(x)=\frac{1}{x+6}$

## Section 5.2 Multiplication and Division of Rational Expressions

### Section 5.2 Practice Exercises

**1.** Answers will vary.

**3.**
$$\frac{t^2-5t-6}{t^2-7t+6}=\frac{\cancel{(t-6)}(t+1)}{\cancel{(t-6)}(t-1)}=\frac{t+1}{t-1}$$

**5.**
$$\frac{2-p}{p^2-p-2}=\frac{-1\cancel{(p-2)}}{\cancel{(p-2)}(p+1)}=-\frac{1}{p+1}$$

**7.** $$\frac{7x+14}{7x^2-7x-42}=\frac{7(x+2)}{7(x^2-x-6)}=\frac{\cancel{7}\cancel{(x+2)}}{\cancel{7}(x-3)\cancel{(x+2)}}=\frac{1}{x-3}$$

**9.** $$\frac{a^3b^2c^5}{2a^3bc^2}=\frac{1}{2}a^{3-3}b^{2-1}c^{5-2}=\frac{1}{2}a^0bc^3=\frac{bc^3}{2}$$

**11.** $$\frac{16}{z^7}\cdot\frac{z^4}{8}=\frac{16z^4}{8z^7}=2z^{4-7}=2z^{-3}=\frac{2}{z^3}$$

**13.** $$\frac{27r^5}{7s}\cdot\frac{28rs^3}{9r^3s^2}=\frac{\cancel{9}\cdot 3\cancel{r^3}\cdot r^2}{\cancel{7}\cancel{s}}\cdot\frac{\cancel{7}\cdot 4r\cancel{s^2}\cdot\cancel{s}}{\cancel{9}\cancel{r^3}\cancel{s^2}}$$
$$=3\cdot 4\cdot r^2\cdot r=12r^{2+1}=12r^3$$

**15.** $$\frac{x^2y}{x^2-4x-5}\cdot\frac{2x^2-13x+15}{xy^3}$$
$$=\frac{\cancel{x}\cdot x\cdot\cancel{y}}{\cancel{(x-5)}(x+1)}\cdot\frac{(2x-3)\cancel{(x-5)}}{\cancel{x}\cdot\cancel{y}\cdot y^2}=\frac{x(2x-3)}{y^2(x+1)}$$

**17.** $$\frac{10w-8}{w+2}\cdot\frac{3w^2-w-14}{25w^2-16}$$
$$=\frac{2\cancel{(5w-4)}}{\cancel{w+2}}\cdot\frac{(3w-7)\cancel{(w+2)}}{(5w+4)\cancel{(5w-4)}}$$
$$=\frac{2(3w-7)}{5w+4}$$

**19.** $$\frac{3x-15}{4x^2-2x}\cdot\frac{10x-20x^2}{5-x}$$
$$=\frac{3\cancel{(x-5)}}{\cancel{2x}\cancel{(2x-1)}}\cdot\frac{\cancel{-}5\cdot\cancel{2x}\cancel{(2x-1)}}{\cancel{-}\cancel{(x-5)}}=15$$

**21.** $$y(y^2-4)\cdot\frac{y}{y+2}=\frac{y^2\cancel{(y+2)}(y-2)}{\cancel{y+2}}$$
$$=y^2(y-2)$$

**23.** $$\frac{(r+3)^2}{4r^3s}\div\frac{r+3}{rs}=\frac{(r+3)^2}{4r^3s}\cdot\frac{rs}{r+3}$$
$$=\frac{(r+3)\cancel{(r+3)}}{4r^2\cdot\cancel{r}\cdot\cancel{s}}\cdot\frac{\cancel{r}\cdot\cancel{s}}{\cancel{r+3}}=\frac{r+3}{4r^2}$$

**25.** $$\frac{6p+7}{p+2}\div(36p^2-49)=\frac{6p+7}{p+2}\cdot\frac{1}{36p^2-49}$$
$$=\frac{\cancel{6p+7}}{p+2}\cdot\frac{1}{\cancel{(6p+7)}(6p-7)}$$
$$=\frac{1}{(p+2)(6p-7)}$$

**27.** $$\frac{b^2-6b+9}{b^2-b-6}\div\frac{b^2-9}{4}=\frac{b^2-6b+9}{b^2-b-6}\cdot\frac{4}{b^2-9}$$
$$=\frac{\cancel{(b-3)}\cancel{(b-3)}}{\cancel{(b-3)}(b+2)}\cdot\frac{4}{(b+3)\cancel{(b-3)}}$$
$$=\frac{4}{(b+2)(b+3)}$$

**29.** $$\frac{6s^2+st-2t^2}{6s^2-5st+t^2}\div\frac{3s^2+17st+10t^2}{6s^2+13st-5t^2}$$
$$=\frac{6s^2+st-2t^2}{6s^2-5st+t^2}\cdot\frac{6s^2+13st-5t^2}{3s^2+17st+10t^2}$$
$$=\frac{\cancel{(3s+2t)}\cancel{(2s-t)}}{\cancel{(3s-t)}\cancel{(2s-t)}}\cdot\frac{\cancel{(3s-t)}(2s+5t)}{\cancel{(3s+2t)}(s+5t)}$$
$$=\frac{2s+5t}{s+5t}$$

**31.** $$\frac{a^3+a+a^2+1}{a^3+a^2+ab^2+b^2} \div \frac{a^3+a+a^2b+b}{2a^2+2ab+ab^2+b^3} = \frac{a^3+a+a^2+1}{a^3+a^2+ab^2+b^2} \cdot \frac{2a^2+2ab+ab^2+b^3}{a^3+a+a^2b+b}$$
$$= \frac{a(a^2+1)+(a^2+1)}{a^2(a+1)+b^2(a+1)} \cdot \frac{2a(a+b)+b^2(a+b)}{a(a^2+1)+b(a^2+1)} = \frac{\cancel{(a^2+1)}\cancel{(a+1)}}{\cancel{(a+1)}(a^2+b^2)} \cdot \frac{\cancel{(a+b)}(2a+b^2)}{\cancel{(a^2+1)}\cancel{(a+b)}} = \frac{2a+b^2}{a^2+b^2}$$

**33.** $$\frac{8x-4x^2}{xy-2y+3x-6} \div \frac{3x+6}{y+3}$$
$$= \frac{8x-4x^2}{y(x-2)+3(x-2)} \cdot \frac{y+3}{3x+6}$$
$$= \frac{-4x\cancel{(x-2)}}{\cancel{(x-2)}\cancel{(y+3)}} \cdot \frac{\cancel{y+3}}{3(x+2)} = \frac{-4x}{3(x+2)}$$

**35.** $$\frac{3x^5}{2x^2y^7} \div \frac{4x^3y}{6y^6} = \frac{3x^5}{2x^2y^7} \cdot \frac{6y^6}{4x^3y}$$
$$= \frac{3\cancel{x^2}\,\cancel{x^3}}{\cancel{2}\cancel{x^2}\,\cancel{y^6}\,y} \cdot \frac{\cancel{2}\cdot 3\cancel{y^6}}{4\cancel{x^3}\,y} = \frac{9}{4y^2}$$

**37.** $$\frac{4y}{7} \div \frac{y^2}{14} \cdot \frac{3}{y} = \frac{4y}{7} \cdot \frac{14}{y^2} \cdot \frac{3}{y} = \frac{4\cancel{y}}{\cancel{7}} \cdot \frac{\cancel{7}\cdot 2}{y^2} \cdot \frac{3}{\cancel{y}} = \frac{24}{y^2}$$

**39.** $$\frac{6a^2+ab-b^2}{10a^2+5ab} \cdot \frac{2a^3+4a^2b}{3a^2+5ab-2b^2}$$
$$= \frac{\cancel{(3a-b)}\cancel{(2a+b)}}{5a\cancel{(2a+b)}} \cdot \frac{2a^2\cancel{(a+2b)}}{\cancel{(3a-b)}\cancel{(a+2b)}}$$
$$= \frac{2a}{5}$$

**41.** $$\frac{m^2-n^2}{(m-n)^2} \div \frac{m^2-2mn+n^2}{m^2-mn+n^2} \cdot \frac{(m-n)^4}{m^3+n^3} = \frac{m^2-n^2}{(m-n)^2} \cdot \frac{m^2-mn+n^2}{m^2-2mn+n^2} \cdot \frac{(m-n)^4}{m^3+n^3}$$
$$= \frac{\cancel{(m+n)}(m-n)}{\cancel{(m-n)^2}} \cdot \frac{\cancel{m^2-mn+n^2}}{\cancel{(m-n)^2}} \cdot \frac{\cancel{(m-n)^2}\,\cancel{(m-n)^2}}{\cancel{(m+n)}\cancel{(m^2-mn+n^2)}} = m-n$$

**43.** $$\frac{x^2-6xy+9y^2}{x^2-4y^2} \cdot \frac{x^2-5xy+6y^2}{3y-x} \div \frac{x^2-9y^2}{x+2y} = \frac{x^2-6xy+9y^2}{x^2-4y^2} \cdot \frac{x^2-5xy+6y^2}{3y-x} \cdot \frac{x+2y}{x^2-9y^2}$$
$$= \frac{(x-3y)\cancel{(x-3y)}}{\cancel{(x+2y)}\cancel{(x-2y)}} \cdot \frac{\cancel{(x-3y)}\cancel{(x-2y)}}{-\cancel{(x-3y)}} \cdot \frac{\cancel{x+2y}}{(x+3y)\cancel{(x-3y)}} = -\frac{x-3y}{x+3y} \text{ or } \frac{3y-x}{x+3y}$$

**45.** $$\frac{25m^2-1}{125m^3-1} \div \frac{5m+1}{25m^2+5m+1} = \frac{25m^2-1}{125m^3-1} \cdot \frac{25m^2+5m+1}{5m+1}$$
$$= \frac{\cancel{(5m+1)}\cancel{(5m-1)}}{\cancel{(5m-1)}\cancel{(25m^2+5m+1)}} \cdot \frac{\cancel{25m^2+5m+1}}{\cancel{5m+1}} = 1$$

**47.** $$\frac{2a^2+ab-8a-4b}{2a^2-6a+ab-3b} \cdot \frac{a^2-6a+9}{a^2-16} = \frac{a(2a+b)-4(2a+b)}{2a(a-3)+b(a-3)} \cdot \frac{(a-3)(a-3)}{(a+4)(a-4)}$$
$$= \frac{\cancel{(2a+b)}\cancel{(a-4)}}{\cancel{(a-3)}\cancel{(2a+b)}} \cdot \frac{(a-3)\cancel{(a-3)}}{(a+4)\cancel{(a-4)}} = \frac{a-3}{a+4}$$

**49.** $$\frac{2x^2-11x-6}{3x-2}\div\frac{2x^2-5x-3}{3x^2-7x-6}=\frac{2x^2-11x-6}{3x-2}\div\frac{3x^2-7x-6}{2x^2-5x-3}=\frac{\cancel{(2x+1)}(x-6)}{3x-2}\cdot\frac{(3x+2)\cancel{(x-3)}}{\cancel{(2x+1)}\cancel{(x-3)}}$$
$$=\frac{(x-6)(3x+2)}{3x-2}$$

**51.** $$A=\frac{1}{2}\left(\frac{k^2}{2h^2}\right)\left(\frac{8}{hk}\right)=\frac{1}{\cancel{2}}\left(\frac{k\cdot\cancel{k}}{\cancel{2}h^2}\right)\left(\frac{\cancel{2}\cdot\cancel{2}\cdot 2}{h\cancel{k}}\right)$$
$$=\frac{2k}{h^3}\text{ cm}^2$$

**53.** $$A=\frac{x^2}{x-3}\cdot\frac{5x-15}{4x}=\frac{x\cdot\cancel{x}}{\cancel{x-3}}\cdot\frac{5\cancel{(x-3)}}{4\cancel{x}}$$
$$=\frac{5x}{4}\text{ ft}^2$$

## Section 5.3 Addition and Subtraction of Rational Expressions

### Section 5.3 Practice Exercises

**1.** **a.** The least common denominator (LCD) of two or more rational expressions is defined as the least common multiple of the denominators.

**b.** Equivalent rational expressions can be simplified to the same expression.

**3.** $$\frac{9b+9}{4b+8}\cdot\frac{2b+4}{3b-3}=\frac{\cancel{3}\cdot 3(b+1)}{\cancel{2}\cdot 2\cancel{(b+2)}}\cdot\frac{\cancel{2}\cancel{(b+2)}}{\cancel{3}(b-1)}=\frac{3(b+1)}{2(b-1)}$$

**5.** $$\frac{(5-a)^2}{10a-2}\cdot\frac{25a^2-1}{a^2-10a+25}=\frac{(-1)^2\cancel{(a-5)^2}}{2\cancel{(5a-1)}}\cdot\frac{(5a+1)\cancel{(5a-1)}}{\cancel{(a-5)^2}}=\frac{5a+1}{2}$$

**7.** $$\frac{3}{5x}+\frac{7}{5x}=\frac{10}{5x}=\frac{\cancel{5}\cdot 2}{\cancel{5}x}=\frac{2}{x}$$

**9.** $$\frac{x}{x^2-2x-3}-\frac{3}{x^2-2x-3}=\frac{x-3}{x^2-2x-3}$$
$$=\frac{\cancel{x-3}}{\cancel{(x-3)}(x+1)}=\frac{1}{x+1}$$

**11.** $$\frac{5x-1}{(2x+9)(x-6)}-\frac{3x-6}{(2x+9)(x-6)}$$
$$=\frac{5x-1-(3x-6)}{(2x+9)(x-6)}$$
$$=\frac{5x-1-3x+6}{(2x+9)(x-6)}$$
$$=\frac{2x+5}{(2x+9)(x-6)}$$

**13.** $$\frac{x+2}{x-5}+\frac{x-12}{x-5}=\frac{2x-10}{x-5}=\frac{2\cancel{(x-5)}}{\cancel{x-5}}=2$$

**15.** $\frac{5}{8}=\frac{5}{2^3}$, $\frac{3}{20x}=\frac{3}{5\cdot 2^2 x}$

LCD $=2^3\cdot 5\cdot x=40x$

**17.** $\frac{-5}{6m^4}=\frac{-5}{2\cdot 3\cdot m^4}$, $\frac{1}{15mn^7}=\frac{1}{3\cdot 5\cdot mn^7}$

LCD $=2\cdot 3\cdot 5\cdot m^4n^7=30m^4n^7$

**19.** $\frac{6}{(x-4)(x+2)}$, $\frac{-8}{(x-4)(x-6)}$

LCD $=(x-4)(x+2)(x-6)$

**21.** $\frac{3}{x(x-1)(x+7)^2}$, $\frac{-1}{x^2(x+7)}$

LCD $=x^2(x-1)(x+7)^2$

**23.** $\frac{5}{x-6}$, $\frac{x-5}{x^2-8x+12}=\frac{x-5}{(x-6)(x-2)}$

LCD $=(x-6)(x-2)$

**25.** $\frac{3a}{a-4}$, $\frac{5}{4-a}=\frac{5(-1)}{(4-a)(-1)}=\frac{-5}{a-4}$

LCD $=a-4$ or $4-a$

**27.**
$$\frac{5}{3x}=\frac{}{9x^2y}$$
$$\frac{5}{3x}\cdot\frac{3xy}{3xy}=\frac{15xy}{9x^2y}$$

**29.**
$$\frac{2x}{x-1}=\frac{}{x(x-1)(x+2)}$$
$$\frac{2x}{x-1}\cdot\frac{x(x+2)}{x(x+2)}=\frac{2x^2(x+2)}{x(x-1)(x+2)}$$
$$=\frac{2x^3+4x^2}{x(x-1)(x+2)}$$

**31.**
$$\frac{y}{y+6}=\frac{}{y^2+5y-6}$$
$$\frac{y}{y+6}=\frac{}{(y+6)(y-1)}$$
$$\frac{y}{y+6}\cdot\frac{y-1}{y-1}=\frac{y^2-y}{(y+6)(y-1)}$$

**33.** $\frac{4}{3p}-\frac{5}{2p^2}$ LCD $=2\cdot 3\cdot p^2=6p^2$
$$=\frac{4}{3p}\cdot\frac{2p}{2p}-\frac{5}{2p^2}\cdot\frac{3}{3}=\frac{8p}{6p^2}-\frac{15}{6p^2}=\frac{8p-15}{6p^2}$$

**35.** $\frac{s-1}{s}-\frac{t+1}{t}$ LCD $=st$
$$=\frac{s-1}{s}\cdot\frac{t}{t}-\frac{t+1}{t}\cdot\frac{s}{s}=\frac{st-t}{st}-\frac{st+s}{st}$$
$$=\frac{st-t-st-s}{st}=\frac{-t-s}{st}$$

**37.** $\frac{4a-2}{3a+12}-\frac{a-2}{a+4}=\frac{4a-2}{3(a+4)}-\frac{a-2}{a+4}$

LCD $=3(a+4)$
$$=\frac{4a-2}{3(a+4)}-\frac{a-2}{a+4}\cdot\frac{3}{3}=\frac{4a-2-3(a-2)}{3(a+4)}$$
$$=\frac{4a-2-3a+6}{3(a+4)}=\frac{\cancel{a+4}}{3\cancel{(a+4)}}=\frac{1}{3}$$

**39.** $\frac{10}{b(b+5)}+\frac{2}{b}$ LCD $=b(b+5)$
$$=\frac{10}{b(b+5)}+\frac{2}{b}\cdot\frac{b+5}{b+5}=\frac{10+2(b+5)}{b(b+5)}$$
$$=\frac{10+2b+10}{b(b+5)}=\frac{2b+20}{b(b+5)}$$

**41.** $\frac{x-2}{x-6}-\frac{x+2}{6-x}=\frac{x-2}{x-6}-\frac{x+2}{6-x}\cdot\frac{(-1)}{(-1)}$
$$=\frac{x-2}{x-6}-\frac{-(x+2)}{x-6}=\frac{x-2+x+2}{x-6}=\frac{2x}{x-6}$$

**43.** $\dfrac{6b}{b-4}-\dfrac{1}{b+1}$ LCD $=(b-4)(b+1)$

$=\dfrac{6b}{b-4}\cdot\dfrac{b+1}{b+1}-\dfrac{1}{b+1}\cdot\dfrac{b-4}{b-4}$

$=\dfrac{6b(b+1)-1(b-4)}{(b-4)(b+1)}$

$=\dfrac{6b^2+6b-b+4}{(b-4)(b+1)}=\dfrac{6b^2+5b+4}{(b-4)(b+1)}$

**45.** $\dfrac{2}{2x+1}+\dfrac{4}{x-2}$

LCD $=(2x+1)(x-2)$

$=\dfrac{2}{2x+1}\cdot\dfrac{x-2}{x-2}+\dfrac{4}{x-2}\cdot\dfrac{2x+1}{2x+1}$

$=\dfrac{2x-4+8x+4}{(2x+1)(x-2)}=\dfrac{10x}{(2x+1)(x-2)}$

**47.** $\dfrac{y-2}{y-4}+\dfrac{2y^2-15y+12}{y^2-16}=\dfrac{y-2}{y-4}+\dfrac{2y^2-15y+12}{(y+4)(y-4)}$ LCD $=(y+4)(y-4)$

$=\dfrac{y-2}{y-4}\cdot\dfrac{y+4}{y+4}+\dfrac{2y^2-15y+12}{(y+4)(y-4)}=\dfrac{y^2+2y-8+2y^2-15y+12}{(y+4)(y-4)}=\dfrac{3y^2-13y+4}{(y+4)(y-4)}$

$=\dfrac{(3y-1)\cancel{(y-4)}}{(y+4)\cancel{(y-4)}}=\dfrac{3y-1}{y+4}$

**49.** $\dfrac{x+2}{x^2-36}-\dfrac{x}{x^2+9x+18}=\dfrac{x+2}{(x+6)(x-6)}-\dfrac{x}{(x+6)(x+3)}$ LCD $=(x+6)(x-6)(x+3)$

$=\dfrac{x+2}{(x+6)(x-6)}\cdot\dfrac{x+3}{x+3}-\dfrac{x}{(x+6)(x+3)}\cdot\dfrac{x-6}{x-6}=\dfrac{(x+2)(x+3)-x(x-6)}{(x+6)(x-6)(x+3)}=\dfrac{x^2+5x+6-x^2+6x}{(x+6)(x-6)(x+3)}$

$=\dfrac{11x+6}{(x+6)(x-6)(x+3)}$

**51.** $\dfrac{5}{w}+\dfrac{8}{-w}=\dfrac{5}{w}+\dfrac{8}{-w}\cdot\dfrac{(-1)}{(-1)}=\dfrac{5}{w}+\dfrac{-8}{w}=-\dfrac{3}{w}$

**53.** $\dfrac{n}{5-n}+\dfrac{2n-5}{n-5}=\dfrac{n}{5-n}\cdot\dfrac{(-1)}{(-1)}+\dfrac{2n-5}{n-5}$

$=\dfrac{-n}{n-5}+\dfrac{2n-5}{n-5}=\dfrac{n-5}{n-5}=1$

**55.** $\dfrac{2}{3x-15}+\dfrac{x}{25-x^2}=\dfrac{2}{3x-15}+\dfrac{x}{25-x^2}\cdot\dfrac{(-1)}{(-1)}=\dfrac{2}{3(x-5)}+\dfrac{-x}{(x+5)(x-5)}$ LCD $=3(x+5)(x-5)$

$=\dfrac{2}{3(x-5)}\cdot\dfrac{x+5}{x+5}+\dfrac{-x}{(x+5)(x-5)}\cdot\dfrac{3}{3}=\dfrac{2x+10-3x}{3(x+5)(x-5)}=\dfrac{10-x}{3(x+5)(x-5)}$

**57.** $\dfrac{x+3}{x^2}+\dfrac{x+5}{2x}$ LCD $=2x^2$

$=\dfrac{x+3}{x^2}\cdot\dfrac{2}{2}+\dfrac{x+5}{2x}\cdot\dfrac{x}{x}=\dfrac{2x+6}{2x^2}+\dfrac{x^2+5x}{2x^2}$

$=\dfrac{x^2+7x+6}{2x^2}$

**59.** $w+2+\dfrac{1}{w-2}$ LCD $=w-2$

$=(w+2)\cdot\dfrac{w-2}{w-2}+\dfrac{1}{w-2}=\dfrac{w^2-4+1}{w-2}$

$=\dfrac{w^2-3}{w-2}$

**61.** $\dfrac{9}{x^2-2x+1}-\dfrac{x-3}{x^2-x}=\dfrac{9}{(x-1)^2}-\dfrac{x-3}{x(x-1)}$ LCD $=x(x-1)^2$

$=\dfrac{9}{(x-1)^2}\cdot\dfrac{x}{x}-\dfrac{x-3}{x(x-1)}\cdot\dfrac{x-1}{x-1}=\dfrac{9x-(x^2-4x+3)}{x(x-1)^2}=\dfrac{9x-x^2+4x-3}{x(x-1)^2}=\dfrac{-x^2+13x-3}{x(x-1)^2}$

**63.** $\dfrac{t+1}{t+3}-\dfrac{t-2}{t-3}+\dfrac{6}{t^2-9}=\dfrac{t+1}{t+3}-\dfrac{t-2}{t-3}+\dfrac{6}{(t+3)(t-3)}$ LCD $=(t+3)(t-3)$

$=\dfrac{t+1}{t+3}\cdot\dfrac{t-3}{t-3}-\dfrac{t-2}{t-3}\cdot\dfrac{t+3}{t+3}+\dfrac{6}{(t+3)(t-3)}=\dfrac{t^2-2t-3-(t^2+t-6)+6}{(t+3)(t-3)}$

$=\dfrac{t^2-2t-3-t^2-t+6+6}{(t+3)(t-3)}=\dfrac{-3t+9}{(t+3)(t-3)}=\dfrac{-3\cancel{(t-3)}}{(t+3)\cancel{(t-3)}}=-\dfrac{3}{t+3}$

**65.** $(b-1)\cdot\left[\dfrac{3}{b^2-1}+\dfrac{b}{2b-2}\right]=\dfrac{3\cancel{(b-1)}}{(b+1)\cancel{(b-1)}}+\dfrac{b\cancel{(b-1)}}{2\cancel{(b-1)}}=\dfrac{3}{b+1}+\dfrac{b}{2}$ LCD $=2(b+1)$

$=\dfrac{3}{b+1}\cdot\dfrac{2}{2}+\dfrac{b}{2}\cdot\dfrac{b+1}{b+1}=\dfrac{6+b^2+b}{2(b+1)}=\dfrac{b^2+b+6}{2(b+1)}$

**67.** $\dfrac{3z}{z-3}-\dfrac{z}{z+4}$ LCD $=(z-3)(z+4)$

$=\dfrac{3z}{z-3}\cdot\dfrac{z+4}{z+4}-\dfrac{z}{z+4}\cdot\dfrac{z-3}{z-3}=\dfrac{3z^2+12z-(z^2-3z)}{(z-3)(z+4)}=\dfrac{3z^2+12z-z^2+3z}{(z-3)(z+4)}=\dfrac{2z^2+15z}{(z-3)(z+4)}$

**69.** $\dfrac{2x}{x^2-y^2}-\dfrac{1}{x-y}+\dfrac{1}{y-x}=\dfrac{2x}{(x+y)(x-y)}-\dfrac{1}{x-y}+\dfrac{1}{y-x}$ LCD $=(x+y)(x-y)$

$=\dfrac{2x}{(x+y)(x-y)}-\dfrac{1}{x-y}\cdot\dfrac{x+y}{x+y}+\dfrac{1}{y-x}\cdot\dfrac{(-1)}{(-1)}\cdot\dfrac{x+y}{x+y}=\dfrac{2x-1(x+y)-1(x+y)}{(x+y)(x-y)}=\dfrac{2x-x-y-x-y}{(x+y)(x-y)}$

$=\dfrac{-2y}{(x+y)(x-y)}$

**71.** $(2p+1)\cdot\left[\dfrac{2p}{6p+3}-\dfrac{1}{p+4}\right]=\dfrac{2p\cancel{(2p+1)}}{3\cancel{(2p+1)}}-\dfrac{2p+1}{p+4}=\dfrac{2p}{3}-\dfrac{2p+1}{p+4}$ LCD $=3(p+4)$

$=\dfrac{2p}{3}\cdot\dfrac{p+4}{p+4}-\dfrac{2p+1}{p+4}\cdot\dfrac{3}{3}=\dfrac{2p^2+8p-(6p+3)}{3(p+4)}=\dfrac{2p^2+8p-6p-3}{3(p+4)}=\dfrac{2p^2+2p-3}{3(p+4)}$

**73.** $\dfrac{3}{y}+\dfrac{2}{y-6}$ LCD $=y(y-6)$

$=\dfrac{3}{y}\cdot\dfrac{y-6}{y-6}+\dfrac{2}{y-6}\cdot\dfrac{y}{y}$

$=\dfrac{3y-18+2y}{y(y-6)}=\dfrac{5y-18}{y(y-6)}$

**75.** $\dfrac{2}{3x}+\dfrac{x+1}{x}+\dfrac{6}{x^2}$ LCD $=3x^2$

$=\dfrac{2}{3x}\cdot\dfrac{x}{x}+\dfrac{x+1}{x}\cdot\dfrac{3x}{3x}+\dfrac{6}{x^2}\cdot\dfrac{3}{3}$

$=\dfrac{2x+3x^2+3x+18}{3x^2}=\dfrac{3x^2+5x+18}{3x^2}$ cm

**77.** $2\left(\frac{5}{x-3}\right)+2\left(\frac{2x}{x+5}\right)$ LCD $=(x-3)(x+5)$

$$=\frac{10}{x-3}\cdot\frac{x+5}{x+5}+\frac{4x}{x+5}\cdot\frac{x-3}{x-3}$$

$$=\frac{10x+50+4x^2-12x}{(x-3)(x+5)}=\frac{4x^2-2x+50}{(x-3)(x+5)}\text{ m}$$

**78.** $2\left(\frac{3}{x+2}\right)+2\left(\frac{x}{x+1}\right)$ LCD $=(x+2)(x+1)$

$$=\frac{6}{x+2}\cdot\frac{x+1}{x+1}+\frac{2x}{x+1}\cdot\frac{x+2}{x+2}$$

$$=\frac{6x+6+2x^2+4x}{(x+2)(x+1)}=\frac{2x^2+10x+6}{(x+2)(x+1)}\text{ ft}$$

## Section 5.4 Complex Fractions

### Section 5.4 Practice Exercises

**1.** The complex fraction is a fraction whose numerator or denominator contains one or more fractions.

**3.** $\frac{25a^3b^3c}{15a^4bc}=\frac{25}{15}a^{3-4}b^{3-1}c^{1-1}=\frac{5}{3}a^{-1}b^2c^0=\frac{5b^2}{3a}$

**5.** $\frac{5}{x^2}+\frac{3}{2x}$ LCD $=2x^2$

$$=\frac{5}{x^2}\cdot\frac{2}{2}+\frac{3}{2x}\cdot\frac{x}{x}=\frac{10+3x}{2x^2}$$

**7.** $\frac{3}{a-5}-\frac{1}{a+1}$ LCD $=(a-5)(a+1)$

$$=\frac{3}{a-5}\cdot\frac{a+1}{a+1}-\frac{1}{a+1}\cdot\frac{a-5}{a-5}$$

$$=\frac{3a+3-a+5}{(a-5)(a+1)}=\frac{2a+8}{(a-5)(a+1)}$$

**9.** $$\frac{\frac{5x^2}{9y^2}}{\frac{3x}{y^2x}}=\frac{5x^2}{9y^2}\cdot\frac{y^2x}{3x}=\frac{5x^2}{27}$$

**11.** $$\frac{\frac{x-6}{3x}}{\frac{3x-18}{9}}=\frac{x-6}{3x}\cdot\frac{9}{3x-18}$$

$$=\frac{x-6}{3x}\cdot\frac{3\cdot3}{3(x-6)}=\frac{1}{x}$$

**13.** $$\frac{\frac{2}{3}+\frac{1}{6}}{\frac{1}{2}-\frac{1}{4}}=\frac{\frac{4}{6}+\frac{1}{6}}{\frac{2}{4}-\frac{1}{4}}=\frac{\frac{5}{6}}{\frac{1}{4}}=\frac{5}{6}\cdot\frac{4}{1}$$

$$=\frac{5}{2\cdot3}\cdot\frac{2\cdot2}{1}=\frac{10}{3}$$

**15.** $$\frac{2-\frac{1}{y}}{4+\frac{1}{y}}=\frac{2\cdot\frac{y}{y}-\frac{1}{y}}{4\cdot\frac{y}{y}+\frac{1}{y}}=\frac{\frac{2y-1}{y}}{\frac{4y+1}{y}}=\frac{2y-1}{y}\cdot\frac{y}{4y+1}$$

$$=\frac{2y-1}{4y+1}$$

**17.** $$\frac{\frac{7y}{y+3}}{\frac{1}{4y+12}}=\frac{\frac{7y}{y+3}}{\frac{1}{4(y+3)}}$$ LCD $=4(y+3)$

$$\frac{4(y+3)\left(\frac{7y}{y+3}\right)}{4(y+3)\left(\frac{1}{4(y+3)}\right)}=\frac{4(7y)}{1}=28y$$

**19.** $\dfrac{1+\frac{1}{3}}{\frac{5}{6}-1}$ LCD = 6

$$\frac{6\left(1+\frac{1}{3}\right)}{6\left(\frac{5}{6}-1\right)}=\frac{6\cdot 1+6\left(\frac{1}{3}\right)}{6\left(\frac{5}{6}\right)-6\cdot 1}=\frac{6+2}{5-6}=\frac{8}{-1}=-8$$

**21.** $\dfrac{\frac{3q}{p}-q}{q-\frac{q}{p}}$ LCD = $p$

$$\frac{p\left(\frac{3q}{p}-q\right)}{p\left(q-\frac{q}{p}\right)}=\frac{\not{p}\left(\frac{3q}{\not{p}}\right)-pq}{pq-\not{p}\left(\frac{q}{\not{p}}\right)}=\frac{3q-pq}{pq-q}$$

$$=\frac{\not{q}(3-p)}{\not{q}(p-1)}=\frac{3-p}{p-1}$$

**23.** $\dfrac{\frac{2}{a}+\frac{3}{a^2}}{\frac{4}{a^2}-\frac{9}{a}}$ LCD = $a^2$

$$\frac{a^2\left(\frac{2}{a}+\frac{3}{a^2}\right)}{a^2\left(\frac{4}{a^2}-\frac{9}{a}\right)}=\frac{a^2\left(\frac{2}{a}\right)+a^2\left(\frac{3}{a^2}\right)}{a^2\left(\frac{4}{a^2}\right)-a^2\left(\frac{9}{a}\right)}=\frac{2a+3}{4-9a}$$

**25.** $\dfrac{t^{-1}-1}{1-t^{-2}}=\dfrac{\frac{1}{t}-1}{1-\frac{1}{t^2}}$ LCD = $t^2$

$$\frac{t^2\left(\frac{1}{t}-1\right)}{t^2\left(1-\frac{1}{t^2}\right)}=\frac{t^2\left(\frac{1}{t}\right)-t^2(1)}{t^2(1)-t^2\left(\frac{1}{t^2}\right)}=\frac{t-t^2}{t^2-1}$$

$$=\frac{-t(\cancel{t-1})}{(t+1)(\cancel{t-1})}=-\frac{t}{t+1}$$

**27.** $\dfrac{-8}{\frac{6w}{w-1}-4}$ LCD = $w-1$

$$\frac{(w-1)(-8)}{(w-1)\left(\frac{6w}{w-1}-4\right)}$$

$$=\frac{(w-1)(-8)}{(\cancel{w-1})\left(\frac{6w}{\cancel{w-1}}\right)-(w-1)4}$$

$$=\frac{-8w+8}{6w-4w+4}=\frac{-8w+8}{2w+4}$$

$$=\frac{-4\cdot\cancel{2}(w-1)}{\cancel{2}(w+2)}=-\frac{4(w-1)}{w+2}$$

**29.** $\dfrac{\frac{y}{y+3}}{\frac{y}{y+3}+y}$ LCD = $y+3$

$$\frac{(y+3)\left(\frac{y}{y+3}\right)}{(y+3)\left(\frac{y}{y+3}+y\right)}$$

$$=\frac{(\cancel{y+3})\left(\frac{y}{\cancel{y+3}}\right)}{(\cancel{y+3})\left(\frac{y}{\cancel{y+3}}\right)+(y+3)y}=\frac{y}{y+y^2+3y}$$

$$=\frac{y}{y^2+4y}=\frac{y}{y(y+4)}=\frac{1}{y+4}$$

**31.** $\dfrac{1-\dfrac{1}{x}-\dfrac{6}{x^2}}{1-\dfrac{4}{x}+\dfrac{3}{x^2}}$ LCD $= x^2$

$$\frac{x^2\left(1-\frac{1}{x}-\frac{6}{x^2}\right)}{x^2\left(1-\frac{4}{x}+\frac{3}{x^2}\right)}=\frac{x^2(1)-x^2\left(\frac{1}{x}\right)-x^2\left(\frac{6}{x^2}\right)}{x^2(1)-x^2\left(\frac{4}{x}\right)+x^2\left(\frac{3}{x^2}\right)}=\frac{x^2-x-6}{x^2-4x+3}=\frac{\cancel{(x-3)}(x+2)}{\cancel{(x-3)}(x-1)}=\frac{x+2}{x-1}$$

**33.** $\dfrac{2-\dfrac{2}{t+1}}{2+\dfrac{2}{t}}$ LCD $= t(t+1)$

$$\frac{t(t+1)\left(2-\frac{2}{t+1}\right)}{t(t+1)\left(2+\frac{2}{t}\right)}=\frac{t(t+1)(2)-t\cancel{(t+1)}\left(\frac{2}{\cancel{t+1}}\right)}{t(t+1)(2)+\cancel{t}(t+1)\left(\frac{2}{\cancel{t}}\right)}=\frac{2t^2+2t-2t}{2t^2+2t+2t+2}=\frac{\cancel{2}t^2}{\cancel{2}\left(t^2+2t+1\right)}=\frac{t^2}{(t+1)^2}$$

**35.** $\dfrac{\dfrac{2}{a}-\dfrac{3}{a+1}}{\dfrac{2}{a+1}-\dfrac{3}{a}}$ LCD $= a(a+1)$

$$\frac{a(a+1)\left(\frac{2}{a}-\frac{3}{a+1}\right)}{a(a+1)\left(\frac{2}{a+1}-\frac{3}{a}\right)}=\frac{\cancel{a}(a+1)\left(\frac{2}{\cancel{a}}\right)-a\cancel{(a+1)}\left(\frac{3}{\cancel{a+1}}\right)}{a\cancel{(a+1)}\left(\frac{2}{\cancel{a+1}}\right)-\cancel{a}(a+1)\left(\frac{3}{\cancel{a}}\right)}=\frac{2a+2-3a}{2a-3a-3}=\frac{-a+2}{-a-3}$$

**37.** $\dfrac{\dfrac{1}{y+2}+\dfrac{4}{y-3}}{\dfrac{2}{y-3}-\dfrac{7}{y+2}}$ LCD $= (y+2)(y-3)$

$$\frac{(y+2)(y-3)\left(\frac{1}{y+2}+\frac{4}{y-3}\right)}{(y+2)(y-3)\left(\frac{2}{y-3}-\frac{7}{y+2}\right)}=\frac{\cancel{(y+2)}(y-3)\left(\frac{1}{\cancel{y+2}}\right)+(y+2)\cancel{(y-3)}\left(\frac{4}{\cancel{y-3}}\right)}{(y+2)\cancel{(y-3)}\left(\frac{2}{\cancel{y-3}}\right)-\cancel{(y+2)}(y-3)\left(\frac{7}{\cancel{y+2}}\right)}$$

$$=\frac{y-3+4y+8}{2y+4-7y+21}=\frac{5y+5}{-5y+25}=\frac{\cancel{5}(y+1)}{-\cancel{5}(y-5)}=-\frac{y+1}{y-5}$$

**39.** $\dfrac{\dfrac{2}{x+h}-\dfrac{2}{x}}{h}$ $\quad$ LCD $= x(x+h)$

$$\frac{x(x+h)\left(\frac{2}{x+h}-\frac{2}{x}\right)}{x(x+h)(h)}=\frac{x(\cancel{x+h})\left(\frac{2}{\cancel{x+h}}\right)-\cancel{x}(x+h)\left(\frac{2}{\cancel{x}}\right)}{x(x+h)(h)}=\frac{2x-2x-2h}{x(x+h)(h)}=\frac{-2\cancel{h}}{x(x+h)(\cancel{h})}$$

$$=-\frac{2}{x(x+h)}$$

**41.** $\dfrac{x^{-2}}{x+3x^{-1}}=\dfrac{\dfrac{1}{x^2}}{x+\dfrac{3}{x}}$ $\quad$ LCD $= x^2$

$$\frac{x^2\left(\frac{1}{x^2}\right)}{x^2\left(x+\frac{3}{x}\right)}=\frac{x^2\left(\frac{1}{x^2}\right)}{x^2(x)+x^2\left(\frac{3}{x}\right)}=\frac{1}{x^3+3x}$$

$$=\frac{1}{x(x^2+3)}$$

**43.** $\dfrac{2a^{-1}+3b^{-2}}{a^{-1}-b^{-1}}=\dfrac{\dfrac{2}{a}+\dfrac{3}{b^2}}{\dfrac{1}{a}-\dfrac{1}{b}}$ $\quad$ LCD $= ab^2$

$$\frac{ab^2\left(\frac{2}{a}+\frac{3}{b^2}\right)}{ab^2\left(\frac{1}{a}-\frac{1}{b}\right)}=\frac{ab^2\left(\frac{2}{a}\right)+ab^2\left(\frac{3}{b^2}\right)}{ab^2\left(\frac{1}{a}\right)-ab^2\left(\frac{1}{b}\right)}$$

$$=\frac{2b^2+3a}{b^2-ab}=\frac{2b^2+3a}{b(b-a)}$$

**45.** $m=\dfrac{y_2-y_1}{x_2-x_1}$

**47.** $m=\dfrac{-3-\dfrac{3}{5}}{-1-\left(-\dfrac{3}{7}\right)}=\dfrac{-3-\dfrac{3}{5}}{-1+\dfrac{3}{7}}$ $\quad$ LCD $= 35$

$$=\frac{35\left(-3-\frac{3}{5}\right)}{35\left(-1+\frac{3}{7}\right)}=\frac{-105-21}{-35+15}=\frac{-126}{-20}=\frac{63}{10}$$

**49.** $m=\dfrac{\dfrac{1}{6}-\dfrac{1}{3}}{\dfrac{1}{8}-\dfrac{1}{4}}$ $\quad$ LCD $= 24$

$$=\frac{24\left(\frac{1}{6}-\frac{1}{3}\right)}{24\left(\frac{1}{8}-\frac{1}{4}\right)}=\frac{4-8}{3-6}=\frac{-4}{-3}=\frac{4}{3}$$

**51.** $\left(x^{-1}+y^{-1}\right)^{-1}=\dfrac{1}{x^{-1}+y^{-1}}=\dfrac{1}{\dfrac{1}{x}+\dfrac{1}{y}}$ $\quad$ LCD $= xy$

$$=\frac{xy(1)}{xy\left(\frac{1}{x}+\frac{1}{y}\right)}=\frac{xy}{y+x}=\frac{xy}{x+y}$$

**53.**

$$\frac{x}{1-\left(1-\frac{1}{x}\right)^{-1}}=\frac{x}{1-\frac{1}{1-\frac{1}{x}}}=\frac{x}{1-\frac{1}{\frac{x}{x}-\frac{1}{x}}}=\frac{x}{1-\frac{1}{\frac{x-1}{x}}}=\frac{x}{1-1\cdot\frac{x}{x-1}}=\frac{x}{\frac{x-1}{x-1}-\frac{x}{x-1}}=\frac{x}{\frac{-1}{x-1}}$$

$$=x\cdot\frac{x-1}{-1}=-x(x-1)$$

## Problem Recognition Exercises: Operations on Rational Expressions

**1.** $\dfrac{2}{2y-3}-\dfrac{3}{2y}+1 \qquad \text{LCD}=2y(2y-3)$

$=\dfrac{2}{2y-3}\cdot\dfrac{2y}{2y}-\dfrac{3}{2y}\cdot\dfrac{2y-3}{2y-3}+1\cdot\dfrac{2y(2y-3)}{2y(2y-3)}$

$=\dfrac{4y-3(2y-3)+2y(2y-3)}{2y(2y-3)}$

$=\dfrac{4y-6y+9+4y^2-6y}{2y(2y-3)}=\dfrac{4y^2-8y+9}{2y(2y-3)}$

**3.** $\dfrac{5x^2-6x+1}{x^2-1}\div\dfrac{16x^2-9}{4x^2+7x+3}-\dfrac{x}{4x-3}$

$=\dfrac{5x^2-6x+1}{x^2-1}\cdot\dfrac{4x^2+7x+3}{16x^2-9}-\dfrac{x}{4x-3}$

$=\dfrac{(5x-1)\cancel{(x-1)}}{\cancel{(x+1)}\cancel{(x-1)}}\cdot\dfrac{\cancel{(4x+3)}\cancel{(x+1)}}{\cancel{(4x+3)}(4x-3)}-\dfrac{x}{4x-3}$

$=\dfrac{5x-1}{4x-3}-\dfrac{x}{4x-3}=\dfrac{4x-1}{4x-3}$

**5.** $\dfrac{4}{y+1}+\dfrac{y+2}{y^2-1}-\dfrac{3}{y-1}=\dfrac{4}{y+1}+\dfrac{y+2}{(y+1)(y-1)}-\dfrac{3}{y-1} \qquad \text{LCD}=(y+1)(y-1)$

$=\dfrac{4}{y+1}\cdot\dfrac{y-1}{y-1}+\dfrac{y+2}{(y+1)(y-1)}-\dfrac{3}{y-1}\cdot\dfrac{y+1}{y+1}=\dfrac{4(y-1)+y+2-3(y+1)}{(y+1)(y-1)}=\dfrac{4y-4+y+2-3y-3}{(y+1)(y-1)}$

$=\dfrac{2y-5}{(y+1)(y-1)}$

**7.** $\dfrac{a^2-16}{2x+6}\cdot\dfrac{x+3}{a-4}=\dfrac{(a+4)\cancel{(a-4)}}{2\cancel{(x+3)}}\cdot\dfrac{\cancel{x+3}}{\cancel{a-4}}$

$=\dfrac{a+4}{2}$

**9.** $\dfrac{2+\dfrac{1}{a}}{4-\dfrac{1}{a^2}} \qquad \text{LCD}=a^2$

$\dfrac{a^2\left(2+\dfrac{1}{a}\right)}{a^2\left(4-\dfrac{1}{a^2}\right)}=\dfrac{a^2(2)+a^2\left(\dfrac{1}{a}\right)}{a^2(4)-a^2\left(\dfrac{1}{a^2}\right)}=\dfrac{2a^2+a}{4a^2-1}$

$=\dfrac{a\cancel{(2a+1)}}{\cancel{(2a+1)}(2a-1)}=\dfrac{a}{2a-1}$

**11.** $\dfrac{6xy}{x^2-y^2}+\dfrac{x+y}{y-x}=\dfrac{6xy}{(x+y)(x-y)}+\dfrac{x+y}{y-x}$

$\text{LCD}=(x+y)(x-y)$

$=\dfrac{6xy}{(x+y)(x-y)}+\dfrac{x+y}{y-x}\cdot\dfrac{(-1)}{(-1)}\cdot\dfrac{x+y}{x+y}$

$=\dfrac{6xy-\left(x^2+2xy+y^2\right)}{(x+y)(x-y)}$

$=\dfrac{6xy-x^2-2xy-y^2}{(x+y)(x-y)}=\dfrac{-x^2+4xy-y^2}{(x+y)(x-y)}$

**13.** $\dfrac{1}{w-1}-\dfrac{w+2}{3w-3}=\dfrac{1}{w-1}-\dfrac{w+2}{3(w-1)}$

$\text{LCD}=3(w-1)$

$=\dfrac{3}{3}\cdot\dfrac{1}{w-1}-\dfrac{w+2}{3(w-1)}=\dfrac{3-w-2}{3(w-1)}$

$=\dfrac{1-w}{3(w-1)}=\dfrac{-1\cancel{(w-1)}}{3\cancel{(w-1)}}=-\dfrac{1}{3}$

**15.** $$\frac{y+\frac{2}{y}-3}{1-\frac{2}{y}} \qquad \text{LCD} = y$$

$$\frac{y\left(y+\frac{2}{y}-3\right)}{y\left(1-\frac{2}{y}\right)} = \frac{y(y)+y\left(\frac{2}{y}\right)-y(3)}{y(1)-y\left(\frac{2}{y}\right)} = \frac{y^2+2-3y}{y-2} = \frac{\cancel{(y-2)}(y-1)}{\cancel{y-2}} = y-1$$

**17.** $$\frac{4x^2+22x+24}{4x+4}\cdot\frac{6x+6}{4x^2-9} = \frac{2\left(2x^2+11x+12\right)}{4(x+1)}\cdot\frac{6(x+1)}{(2x-3)(2x+3)}$$

$$= \frac{\cancel{2}\,\cancel{(2x+3)}(x+4)}{\cancel{2}\cdot\cancel{2}\,\cancel{(x+1)}}\cdot\frac{\cancel{2}\cdot 3\cancel{(x+1)}}{(2x-3)\cancel{(2x+3)}} = \frac{3(x+4)}{2x-3}$$

**19.** $$(y+2)\cdot\frac{2y+1}{y^2-4}-\frac{y-2}{y+3} = \frac{\cancel{(y+2)}(2y+1)}{\cancel{(y+2)}(y-2)}-\frac{y-2}{y+3} = \frac{2y+1}{y-2}-\frac{y-2}{y+3}$$

$$\text{LCD} = (y-2)(y+3)$$

$$\left(\frac{y+3}{y+3}\right)\left(\frac{2y+1}{y-2}\right)-\left(\frac{y-2}{y-2}\right)\left(\frac{y-2}{y+3}\right) = \frac{2y^2+7y+3-\left(y^2-4y+4\right)}{(y-2)(y+3)}$$

$$= \frac{2y^2+7y+3-y^2+4y-4}{(y-2)(y+3)} = \frac{y^2+11y-1}{(y-2)(y+3)}$$

# Section 5.5 Solving Rational Equations

## Section 5.5 Practice Exercises

**1.** An equation with one or more rational expressions is called a rational equation.

**3.** $$\frac{3}{y^2-1}-\frac{2}{y^2-2y+1} = \frac{3}{(y+1)(y-1)}-\frac{2}{(y-1)^2} \qquad \text{LCD} = (y-1)^2(y+1)$$

$$= \frac{3}{(y+1)(y-1)}\cdot\frac{y-1}{y-1}-\frac{2}{(y-1)^2}\cdot\frac{y+1}{y+1} = \frac{3y-3-2y-2}{(y-1)^2(y+1)} = \frac{y-5}{(y-1)^2(y+1)}$$

**5.** $$\frac{2t^2+7t+3}{4t^2-1}\div(t+3) = \frac{2t^2+7t+3}{4t^2-1}\cdot\frac{1}{t+3} = \frac{\cancel{(2t+1)}\cancel{(t+3)}}{\cancel{(2t+1)}(2t-1)}\cdot\frac{1}{\cancel{t+3}} = \frac{1}{2t-1}$$

**7.** $\dfrac{x+y}{x^{-1}+y^{-1}}=\dfrac{x+y}{\dfrac{1}{x}+\dfrac{1}{y}}$ $\quad$ LCD $= xy$

$$\frac{xy(x+y)}{xy\left(\frac{1}{x}+\frac{1}{y}\right)}=\frac{xy(x)+xy(y)}{xy\left(\frac{1}{x}\right)+xy\left(\frac{1}{y}\right)}=\frac{x^2y+xy^2}{y+x}$$

$$=\frac{xy\left(\cancel{x+y}\right)}{\cancel{x+y}}=xy$$

**9.** $\dfrac{x+2}{3}-\dfrac{x-4}{4}=\dfrac{1}{2}$ $\quad$ LCD $= 12$

$$12\left(\frac{x+2}{3}-\frac{x-4}{4}\right)=12\left(\frac{1}{2}\right)$$

$$12\left(\frac{x+2}{3}\right)-12\left(\frac{x-4}{4}\right)=12\left(\frac{1}{2}\right)$$

$$4(x+2)-3(x-4)=6$$

$$4x+8-3x+12=6$$

$$x+20=6$$

$$x=-14$$

**11.** $\dfrac{3y}{4}-2=\dfrac{5y}{6}$ $\quad$ LCD $= 12$

$$12\left(\frac{3y}{4}-2\right)=12\left(\frac{5y}{6}\right)$$

$$12\left(\frac{3y}{4}\right)-12(2)=12\left(\frac{5y}{6}\right)$$

$$9y-24=10y$$

$$-24=y$$

**13.** $\dfrac{5}{4p}-\dfrac{7}{6}+3=0$

LCD $= 12p$ $\quad$ so $p\neq 0$

$$12p\left(\frac{5}{4p}-\frac{7}{6}+3\right)=12p(0)$$

$$12p\left(\frac{5}{4p}\right)-12p\left(\frac{7}{6}\right)+12p(3)=0$$

$$15-14p+36p=0$$

$$15+22p=0$$

$$22p=-15$$

$$p=-\frac{15}{22}$$

**15.** $\dfrac{1}{2}-\dfrac{3}{2x}=\dfrac{4}{x}-\dfrac{5}{12}$

LCD $= 12x$ $\quad$ so $x\neq 0$

$$12x\left(\frac{1}{2}-\frac{3}{2x}\right)=12x\left(\frac{4}{x}-\frac{5}{12}\right)$$

$$12x\left(\frac{1}{2}\right)-12x\left(\frac{3}{2x}\right)=12x\left(\frac{4}{x}\right)-12x\left(\frac{5}{12}\right)$$

$$6x-18=48-5x$$

$$11x=66$$

$$x=6$$

**17.** $\dfrac{3}{x-4}+2=\dfrac{5}{x-4}$

LCD $= x-4$ $\quad$ so $x\neq 4$

$$(x-4)\left(\frac{3}{x-4}+2\right)=\left(\cancel{x-4}\right)\left(\frac{5}{\cancel{x-4}}\right)$$

$$\left(\cancel{x-4}\right)\left(\frac{3}{\cancel{x-4}}\right)+(x-4)(2)=5$$

$$3+2x-8=5$$

$$2x-5=5$$

$$2x=10$$

$$x=5$$

**19.**
$$\frac{1}{3}+\frac{2}{w-3}=1$$
$\text{LCD}=3(w-3)$ so $w\neq 3$
$$3(w-3)\left(\frac{1}{3}+\frac{2}{w-3}\right)=3(w-3)(1)$$
$$\cancel{3}(w-3)\left(\frac{1}{\cancel{3}}\right)+3(\cancel{w-3})\left(\frac{2}{\cancel{w-3}}\right)=3w-9$$
$$w-3+6=3w-9$$
$$w+3=3w-9$$
$$-2w=-12$$
$$w=6$$

**21.**
$$\frac{12}{x}-\frac{12}{x-5}=\frac{2}{x}$$
$\text{LCD}=x(x-5)$ so $x\neq 0$ or $x\neq 5$
$$x(x-5)\left(\frac{12}{x}-\frac{12}{x-5}\right)=\cancel{x}(x-5)\left(\frac{2}{\cancel{x}}\right)$$
$$\cancel{x}(x-5)\left(\frac{12}{\cancel{x}}\right)-x(\cancel{x-5})\left(\frac{12}{\cancel{x-5}}\right)=2x-10$$
$$12x-60-12x=2x-10$$
$$-60=2x-10$$
$$-50=2x$$
$$x=-25$$

**23.**
$$\frac{3}{a^2}-\frac{4}{a}=-1$$
$\text{LCD}=a^2$ so $a\neq 0$
$$a^2\left(\frac{3}{a^2}-\frac{4}{a}\right)=a^2(-1)$$
$$\cancel{a^2}\left(\frac{3}{\cancel{a^2}}\right)-a\cdot\cancel{a}\left(\frac{4}{\cancel{a}}\right)=-a^2$$
$$3-4a=-a^2$$
$$a^2-4a+3=0$$
$$(a-3)(a-1)=0$$
$$a-3=0 \text{ or } a-1=0$$
$$a=3 \text{ or } a=1$$

**25.**
$$\frac{1}{4}a-4a^{-1}=0$$
$$\frac{a}{4}-\frac{4}{a}=0$$
$\text{LCD}=4a$ so $a\neq 0$
$$4a\left(\frac{a}{4}-\frac{4}{a}\right)=4a(0)$$
$$\cancel{4}a\left(\frac{a}{\cancel{4}}\right)-4\cancel{a}\left(\frac{4}{\cancel{a}}\right)=0$$
$$a^2-16=0$$
$$(a+4)(a-4)=0$$
$$a+4=0 \text{ or } a-4=0$$
$$a=-4 \text{ or } a=4$$

**27.**
$$\frac{y}{y+3}+\frac{2}{y^2+3y}=\frac{6}{y}$$
$$\frac{y}{y+3}+\frac{2}{y(y+3)}=\frac{6}{y}$$
$\text{LCD}=y(y+3)$ so $y\neq 0$, $y\neq -3$
$$y(y+3)\left(\frac{y}{y+3}+\frac{2}{y(y+3)}\right)=y(y+3)\frac{6}{y}$$
$$y(\cancel{y+3})\left(\frac{y}{\cancel{y+3}}\right)+\cancel{y}(\cancel{y+3})\left(\frac{2}{\cancel{y}(\cancel{y+3})}\right)$$
$$=\cancel{y}(y+3)\frac{6}{\cancel{y}}$$
$$y^2+2=(y+3)6$$
$$y^2+2=6y+18$$
$$y^2-6y-16=0$$
$$(y-8)(y+2)=0$$
$$y-8=0 \text{ or } y+2=0$$
$$y=8 \text{ or } y=-2$$

**29.**

$$\frac{4}{t-2}-\frac{8}{t^2-2t}=-2$$

$$\frac{4}{t-2}-\frac{8}{t(t-2)}=-2 \qquad \text{LCD}=t(t-2) \qquad \text{so } t\neq 0 \text{ or } t\neq 2$$

$$t(t-2)\left(\frac{4}{t-2}-\frac{8}{t(t-2)}\right)=t(t-2)(-2)$$

$$t\cancel{(t-2)}\left(\frac{4}{\cancel{t-2}}\right)-\cancel{t}\cancel{(t-2)}\left(\frac{8}{\cancel{t}\cancel{(t-2)}}\right)=-2t(t-2)$$

$$4t-8=-2t^2+4t$$

$$2t^2-8=0$$

$$2(t^2-4)=0$$

$$2(t+2)(t-2)=0$$

$$2\neq 0 \text{ or } t+2=0 \text{ or } t-2=0$$

$$t=-2 \text{ or } t=2$$

$t=-2$ is the solution. $t=2$ does not check because the denominator is zero.

**31.**

$$\frac{6}{5y+10}-\frac{1}{y-5}=\frac{4}{y^2-3y-10}$$

$$\frac{6}{5(y+2)}-\frac{1}{y-5}=\frac{4}{(y-5)(y+2)}$$

$\text{LCD}=5(y-5)(y+2)$ so $y\neq 5$ or $y\neq -2$

$$5(y-5)(y+2)\left(\frac{6}{5(y+2)}-\frac{1}{y-5}\right)=5(y-5)(y+2)\left(\frac{4}{(y-5)(y+2)}\right)$$

$$\cancel{5}(y-5)\cancel{(y+2)}\left(\frac{6}{\cancel{5}\cancel{(y+2)}}\right)-5\cancel{(y-5)}(y+2)\left(\frac{1}{\cancel{y-5}}\right)=5\cancel{(y-5)}\cancel{(y+2)}\left(\frac{4}{\cancel{(y-5)}\cancel{(y+2)}}\right)$$

$$6y-30-5y-10=20$$

$$y-40=20$$

$$y=60$$

$y=60$ is the solution.

**33.** $\frac{x}{x-5}+\frac{1}{5}=\frac{5}{x-5}$

$\text{LCD}=5(x-5)$

$$5(x-5)\left(\frac{x}{x-5}+\frac{1}{5}\right)=5(x-5)\left(\frac{5}{x-5}\right)$$

$$5\cancel{(x-5)}\left(\frac{x}{\cancel{x-5}}\right)+\cancel{5}(x-5)\left(\frac{1}{\cancel{5}}\right)=5\cancel{(x-5)}\left(\frac{5}{\cancel{x-5}}\right)$$

$$5x+x-5=25$$

$$6x-5=25$$

$$6x=30$$

$$x=5$$

No solution. ($x=5$ does not check because it makes the denominator zero.)

**35.**

$$\frac{6}{x^2-4x+3}-\frac{1}{x-3}=\frac{1}{4x-4}$$
$$\frac{6}{(x-3)(x-1)}-\frac{1}{x-3}=\frac{1}{4(x-1)}$$

$\text{LCD}=4(x-3)(x-1)$ so $x\neq 3$ or $x\neq 1$

$$4(x-3)(x-1)\left(\frac{6}{(x-3)(x-1)}-\frac{1}{x-3}\right)=\cancel{4}(x-3)(\cancel{x-1})\left(\frac{1}{\cancel{4}(\cancel{x-1})}\right)$$

$$4(\cancel{x-3})(\cancel{x-1})\left(\frac{6}{(\cancel{x-3})(\cancel{x-1})}\right)-4(\cancel{x-3})(x-1)\left(\frac{1}{\cancel{x-3}}\right)=x-3$$

$$24-4x+4=x-3$$
$$-4x+28=x-3$$
$$-5x=-31$$
$$x=\frac{31}{5}$$

$x=\frac{31}{5}$ is the solution.

**37.**

$$\frac{1}{k+2}-\frac{4}{k-2}-\frac{k^2}{4-k^2}=0$$
$$\frac{1}{k+2}-\frac{4}{k-2}+\frac{k^2}{(k+2)(k-2)}=0$$

$\text{LCD}=(k+2)(k-2)$ so $k\neq -2$ or $k\neq 2$

$$(k+2)(k-2)\left(\frac{1}{k+2}-\frac{4}{k-2}+\frac{k^2}{(k+2)(k-2)}\right)=(k+2)(k-2)(0)$$

$$(\cancel{k+2})(k-2)\left(\frac{1}{\cancel{k+2}}\right)-(k+2)(\cancel{k-2})\left(\frac{4}{\cancel{k-2}}\right)+(\cancel{k+2})(\cancel{k-2})\left(\frac{k^2}{(\cancel{k+2})(\cancel{k-2})}\right)=0$$

$$k-2-4k-8+k^2=0$$
$$k^2-3k-10=0$$
$$(k-5)(k+2)=0$$
$$k-5=0 \text{ or } k+2=0$$
$$k=5 \text{ or } k=-2$$

$k=5$ is the solution. $k=-2$ does not check because the denominator is zero.

**39.**

$$\frac{5}{x^2-7x+12}=\frac{2}{x-3}+\frac{5}{x-4}$$

$$\frac{5}{(x-4)(x-3)}=\frac{2}{x-3}+\frac{5}{x-4} \qquad \text{LCD}=(x-4)(x-3) \qquad \text{so } x\neq 4 \text{ or } x\neq 3$$

$$(x-4)(x-3)\left(\frac{5}{(x-4)(x-3)}\right)=(x-4)(x-3)\left(\frac{2}{x-3}+\frac{5}{x-4}\right)$$

$$\cancel{(x-4)}\cancel{(x-3)}\left(\frac{5}{\cancel{(x-4)}\cancel{(x-3)}}\right)=(x-4)\cancel{(x-3)}\left(\frac{2}{\cancel{x-3}}\right)+\cancel{(x-4)}(x-3)\left(\frac{5}{\cancel{x-4}}\right)$$

$$5=2x-8+5x-15$$
$$5=7x-23$$
$$28=7x$$
$$x=4$$

There is no solution. $x=4$ does not check because the denominator is zero.

**41.**

$$K=\frac{ma}{F} \quad \text{for } m$$
$$KF=ma$$
$$\frac{KF}{a}=m$$

**43.**

$$K=\frac{IR}{E} \quad \text{for } E$$
$$KE=IR$$
$$E=\frac{IR}{K}$$

**45.**

$$I=\frac{E}{R+r} \quad \text{for } R$$
$$I(R+r)=E$$
$$IR+Ir=E$$
$$IR=E-Ir$$
$$R=\frac{E-Ir}{I} \quad \text{or} \quad R=\frac{E}{I}-r$$

**47.**

$$h=\frac{2A}{B+b} \quad \text{for } B$$
$$h(B+b)=2A$$
$$hB+hb=2A$$
$$hB=2A-hb$$
$$B=\frac{2A-hb}{h} \quad \text{or} \quad B=\frac{2A}{h}-b$$

**49.**

$$x=\frac{at+b}{t} \quad \text{for } t$$
$$xt=at+b$$
$$xt-at=b$$
$$t(x-a)=b$$
$$t=\frac{b}{x-a}$$

**51.**

$$\frac{x-y}{xy}=z \quad \text{for } x$$
$$x-y=xyz$$
$$x-xyz=y$$
$$x(1-yz)=y$$
$$x=\frac{y}{1-yz}$$

**53.**

$$a+b=\frac{2A}{h} \quad \text{for } h$$
$$h(a+b)=2A$$
$$h=\frac{2A}{a+b}$$

**55.**

$$\frac{1}{R}=\frac{1}{R_1}+\frac{1}{R_2} \quad \text{for } R$$

$$RR_1R_2\left(\frac{1}{R}\right)=RR_1R_2\left(\frac{1}{R_1}+\frac{1}{R_2}\right)$$

$$\cancel{R}R_1R_2\left(\frac{1}{\cancel{R}}\right)=R\cancel{R_1}R_2\left(\frac{1}{\cancel{R_1}}\right)+RR_1\cancel{R_2}\left(\frac{1}{\cancel{R_2}}\right)$$

$$R_1R_2=RR_2+RR_1$$

$$R_1R_2=R\left(R_2+R_1\right)$$

$$\frac{R_1R_2}{R_2+R_1}=R$$

**57.**

$$v=\frac{s_2-s_1}{t_2-t_1} \quad \text{for } t_2$$

$$v\left(t_2-t_1\right)=s_2-s_1$$

$$vt_2-vt_1=s_2-s_1$$

$$vt_2=s_2-s_1+vt_1$$

$$t_2=\frac{s_2-s_1+vt_1}{v}$$

**59.**

$$\frac{3}{x+2}+\frac{2}{x}=\frac{-4}{x^2+2x}$$

$$\frac{3}{x+2}+\frac{2}{x}=\frac{-4}{x(x+2)}$$

$\text{LCD}=x(x+2)$ so $x\neq 0,\ x\neq -2$

$$x(x+2)\left(\frac{3}{x+2}+\frac{2}{x}\right)=x(x+2)\frac{-4}{x(x+2)}$$

$$x\cancel{(x+2)}\frac{3}{\cancel{x+2}}+\cancel{x}(x+2)\frac{2}{\cancel{x}}$$

$$=\cancel{x}\cancel{(x+2)}\frac{-4}{\cancel{x}\cancel{(x+2)}}$$

$$3x+2x+4=-4$$

$$5x+4=-4$$

$$5x=-8$$

$$x=-\frac{8}{5}$$

**61.**

$$4c(c+1)=3\left(c^2+4\right)$$

$$4c^2+4c=3c^2+12$$

$$c^2+4c-12=0$$

$$(c+6)(c-2)=0$$

$$c+6=0 \quad \text{or} \quad c-2=0$$

$$c=-6 \quad \text{or} \quad c=2$$

**63.**

$$\frac{2}{v-1}-\frac{4}{v+5}=\frac{3}{v^2+4v-5}$$
$$\frac{2}{v-1}-\frac{4}{v+5}=\frac{3}{(v+5)(v-1)}$$

$\text{LCD}=(v+5)(v-1)$ so $v\neq -5$ or $v\neq 1$

$$(v+5)(v-1)\left(\frac{2}{v-1}-\frac{4}{v+5}\right)=(v+5)(v-1)\left(\frac{3}{(v+5)(v-1)}\right)$$
$$(v+5)\cancel{(v-1)}\left(\frac{2}{\cancel{v-1}}\right)-\cancel{(v+5)}(v-1)\left(\frac{4}{\cancel{v+5}}\right)=\cancel{(v+5)}\cancel{(v-1)}\left(\frac{3}{\cancel{(v+5)}\cancel{(v-1)}}\right)$$
$$2v+10-4v+4=3$$
$$-2v+14=3$$
$$-2v=-11$$
$$v=\frac{11}{2}$$

**65.**

$$5(x-9)=3(x+4)-2(4x+1)$$
$$5x-45=3x+12-8x-2$$
$$5x-45=-5x+10$$
$$10x-45=10$$
$$10x=55$$
$$x=\frac{55}{10}=\frac{11}{2}$$

**67.**

$$\frac{3y}{10}-\frac{5}{2y}=\frac{y}{5}$$

$\text{LCD}=10y$ so $y\neq 0$

$$10y\left(\frac{3y}{10}-\frac{5}{2y}\right)=10y\left(\frac{y}{5}\right)$$
$$\cancel{10}y\left(\frac{3y}{\cancel{10}}\right)-5\cdot\cancel{2y}\left(\frac{5}{\cancel{2y}}\right)=\cancel{5}\cdot 2y\left(\frac{y}{\cancel{5}}\right)$$
$$3y^2-25=2y^2$$
$$y^2-25=0$$
$$(y-5)(y+5)=0$$
$$y-5=0 \text{ or } y+5=0$$
$$y=5 \text{ or } y=-5$$

**69.**

$$\frac{1}{2}(4d-1)+\frac{2}{3}(2d+2)=\frac{5}{6}(4d+1)$$

$\text{LCD}=6$

$$6\left[\frac{1}{2}(4d-1)+\frac{2}{3}(2d+2)\right]=6\left[\frac{5}{6}(4d+1)\right]$$
$$3(4d-1)+4(2d+2)=5(4d+1)$$
$$12d-3+8d+8=20d+5$$
$$20d+5=20d+5$$
$$5=5$$

The solution is the set of all real numbers.

**71.**

$$8t^{-1}+2=3t^{-1}$$
$$\frac{8}{t}+2=\frac{3}{t}$$

$\text{LCD}=t$ so $t\neq 0$

$$t\left(\frac{8}{t}+2\right)=t\left(\frac{3}{t}\right)$$
$$\cancel{t}\left(\frac{8}{\cancel{t}}\right)+t(2)=\cancel{t}\left(\frac{3}{\cancel{t}}\right)$$
$$8+2t=3$$
$$2t=-5$$
$$t=-\frac{5}{2}$$

**73.** Let $x$ = the number

$$\frac{1}{x}+5=\frac{16}{3}$$

LCD $= 3x$ so $x \neq 0$

$$3x\left(\frac{1}{x}+5\right)=3x\left(\frac{16}{3}\right)$$

$$3\cancel{x}\left(\frac{1}{\cancel{x}}\right)+3x(5)=\cancel{3}x\left(\frac{16}{\cancel{3}}\right)$$

$$3+15x=16x$$

$$3=x$$

**75.** Let $x$ = the number

$$7-\frac{1}{x}=\frac{9}{2}$$

LCD $= 2x$ so $x \neq 0$

$$2x\left(7-\frac{1}{x}\right)=2x\left(\frac{9}{2}\right)$$

$$2x(7)-2\cancel{x}\left(\frac{1}{\cancel{x}}\right)=\cancel{2}x\left(\frac{9}{\cancel{2}}\right)$$

$$14x-2=9x$$

$$5x=2$$

$$x=\frac{2}{5}$$

## Problem Recognition Exercises: Rational Equations and Expressions

**1.** **a.**

$$\frac{3}{w-5}+\frac{10}{w^2-25}-\frac{1}{w+5}=\frac{3}{w-5}+\frac{10}{(w+5)(w-5)}-\frac{1}{w+5} \qquad \text{LCD}=(w+5)(w-5)$$

$$=\frac{3}{w-5}\cdot\frac{w+5}{w+5}+\frac{10}{(w+5)(w-5)}-\frac{1}{w+5}\cdot\frac{w-5}{w-5}=\frac{3w+15+10-w+5}{(w+5)(w-5)}=\frac{2w+30}{(w+5)(w-5)}$$

**b.**

$$\frac{3}{w-5}+\frac{10}{w^2-25}-\frac{1}{w+5}=0$$

$$\frac{2w+30}{(w+5)(w-5)}=0$$

$$\cancel{(w+5)}\cancel{(w-5)}\left(\frac{2w+30}{\cancel{(w+5)}\cancel{(w-5)}}\right)=(w+5)(w-5)(0)$$

$$2w+30=0$$

$$2w=-30$$

$$w=-15$$

**c.** The problem in part (a) is an expression, and the problem in part (b) is an equation.

**3.**

$$\frac{2}{a^2+4a+3}+\frac{1}{a+3}=\frac{2}{(a+3)(a+1)}+\frac{1}{a+3}$$

LCD $=(a+3)(a+1)$

$$=\frac{2}{(a+3)(a+1)}+\frac{1}{a+3}\cdot\frac{a+1}{a+1}=\frac{2+a+1}{(a+3)(a+1)}=\frac{\cancel{a+3}}{\cancel{(a+3)}(a+1)}=\frac{1}{a+1}$$

**5.**

$$\frac{7}{y^2-y-2}+\frac{1}{y+1}-\frac{3}{y-2}=0$$
$$\frac{7}{(y-2)(y+1)}+\frac{1}{y+1}-\frac{3}{y-2}=0$$

$\text{LCD}=(y-2)(y+1)$ so $y\neq 2$ or $y\neq -1$

$$(y-2)(y+1)\left(\frac{7}{(y-2)(y+1)}+\frac{1}{y+1}-\frac{3}{y-2}\right)=(y-2)(y+1)(0)$$
$$\cancel{(y-2)}\cancel{(y+1)}\left(\frac{7}{\cancel{(y-2)}\cancel{(y+1)}}\right)+(y-2)\cancel{(y+1)}\left(\frac{1}{\cancel{y+1}}\right)-\cancel{(y-2)}(y+1)\left(\frac{3}{\cancel{y-2}}\right)=0$$
$$7+y-2-3y-3=0$$
$$-2y+2=0$$
$$-2y=-2$$
$$y=1$$

$y=1$ is the solution.

**7.** $\frac{x}{x-1}-\frac{12}{x^2-x}=\frac{x}{x-1}-\frac{12}{x(x-1)}$

$\text{LCD}=x(x-1)$

$$=\frac{x}{x-1}\cdot\frac{x}{x}-\frac{12}{x(x-1)}=\frac{x^2-12}{x(x-1)}$$

**9.**
$$\frac{3}{w}-5=\frac{7}{w}-1$$

$\text{LCD}=w$ so $w\neq 0$

$$w\left(\frac{3}{w}-5\right)=w\left(\frac{7}{w}-1\right)$$
$$\cancel{w}\left(\frac{3}{\cancel{w}}\right)-w(5)=\cancel{w}\left(\frac{7}{\cancel{w}}\right)-w(1)$$
$$3-5w=7-w$$
$$-4w=4$$
$$w=-1$$

**11.** $\frac{4p+1}{8p-12}+\frac{p-3}{2p-3}=\frac{4p+1}{4(2p-3)}+\frac{p-3}{2p-3}$

$\text{LCD}=4(2p-3)$

$$=\frac{4p+1}{4(2p-3)}+\frac{p-3}{2p-3}\cdot\frac{4}{4}$$
$$=\frac{4p+1+4p-12}{4(2p-3)}=\frac{8p-11}{4(2p-3)}$$

**13.** $\frac{1}{2x^2}+\frac{1}{6x}$ $\quad\text{LCD}=6x^2$

$$=\frac{1}{2x^2}\cdot\frac{3}{3}+\frac{1}{6x}\cdot\frac{x}{x}=\frac{3+x}{6x^2}$$

**15.**

$$\frac{3}{2t}+\frac{2}{3t^2}=\frac{-1}{t}$$

$\text{LCD}=6t^2$ so $t\neq 0$

$$6t^2\left(\frac{3}{2t}+\frac{2}{3t^2}\right)=6t^2\left(\frac{-1}{t}\right)$$

$$\cancel{2t}\cdot 3t\left(\frac{3}{\cancel{2t}}\right)+2\cdot\cancel{3t^2}\left(\frac{2}{\cancel{3t^2}}\right)=6t\cdot\cancel{t}\left(\frac{-1}{\cancel{t}}\right)$$

$$9t+4=-6t$$

$$4=-15t$$

$$-\frac{4}{15}=t$$

**17.**

$$\frac{3}{c^2+4c+3}-\frac{2}{c^2+6c+9}$$

$$=\frac{3}{(c+3)(c+1)}-\frac{2}{(c+3)^2}$$

$\text{LCD}=(c+3)^2(c+1)$

$$=\frac{3}{(c+3)(c+1)}\cdot\frac{c+3}{c+3}-\frac{2}{(c+3)^2}\cdot\frac{c+1}{c+1}$$

$$=\frac{3c+9-2c-2}{(c+3)^2(c+1)}=\frac{c+7}{(c+3)^2(c+1)}$$

**19.**

$$\frac{4}{w-4}-\frac{36}{2w^2-7w-4}=\frac{3}{2w+1}$$

$$\frac{4}{w-4}-\frac{36}{(2w+1)(w-4)}=\frac{3}{2w+1}$$

$\text{LCD}=(2w+1)(w-4)$ so $w\neq -\frac{1}{2}$ or $w\neq 4$

$$(2w+1)(w-4)\left(\frac{4}{w-4}-\frac{36}{(2w+1)(w-4)}\right)=(2w+1)(w-4)\left(\frac{3}{2w+1}\right)$$

$$(2w+1)\cancel{(w-4)}\left(\frac{4}{\cancel{w-4}}\right)-\cancel{(2w+1)}\cancel{(w-4)}\left(\frac{36}{\cancel{(2w+1)}\cancel{(w-4)}}\right)=\cancel{(2w+1)}(w-4)\left(\frac{3}{\cancel{2w+1}}\right)$$

$$8w+4-36=3w-12$$

$$8w-32=3w-12$$

$$5w-32=-12$$

$$5w=20$$

$$w=4$$

There is no solution. $w=4$ does not check because the denominator is zero.

## Section 5.6 Applications of Rational Equations and Proportions

### Section 5.6 Practice Exercises

**1.** **a.** The ratio of $a$ to $b$ is $\frac{a}{b}$ $(b\neq 0)$ and can also be expressed as $a{:}b$ or $a\div b$.

**b.** An equation that equates two ratios or rates is called a proportion. Therefore, if $b\neq 0$ and $d\neq 0$, then $\frac{a}{b}=\frac{c}{d}$ is a proportion.

**c.** Two triangles are said to be similar triangles if their corresponding angles are equal.

**3.**

$$2+\frac{6}{x}=x+7$$

LCD $= x$ so $x \neq 0$

$$x\left(2+\frac{6}{x}\right)=x(x+7)$$

$$x(2)+\cancel{x}\left(\frac{6}{\cancel{x}}\right)=x^2+7x$$

$$2x+6=x^2+7x$$

$$0=x^2+5x-6$$

$$(x+6)(x-1)=0$$

$$x+6=0 \text{ or } x-1=0$$

$$x=-6 \text{ or } x=1$$

**5.**

$$\frac{4}{5t-1}+\frac{1}{10t-2}=\frac{4}{5t-1}+\frac{1}{2(5t-1)}$$

LCD $=2(5t-1)$

$$=\frac{4}{5t-1}\cdot\frac{2}{2}+\frac{1}{2(5t-1)}$$

$$=\frac{8+1}{2(5t-1)}=\frac{9}{2(5t-1)}$$

**7.**

$$\frac{5}{w-2}=7-\frac{10}{w+2} \qquad \text{LCD}=(w+2)(w-2) \quad \text{so } w\neq -2 \text{ or } w\neq 2$$

$$(w+2)(w-2)\left(\frac{5}{w-2}\right)=(w+2)(w-2)\left(7-\frac{10}{w+2}\right)$$

$$(w+2)\cancel{(w-2)}\left(\frac{5}{\cancel{w-2}}\right)=(w+2)(w-2)(7)-\cancel{(w+2)}(w-2)\left(\frac{10}{\cancel{w+2}}\right)$$

$$5w+10=7(w^2-4)-10w+20$$

$$5w+10=7w^2-28-10w+20$$

$$0=7w^2-15w-18$$

$$(7w+6)(w-3)=0$$

$$7w+6=0 \text{ or } w-3=0$$

$$7w=-6 \text{ or } w=3$$

$$w=-\frac{6}{7} \text{ or } w=3$$

**9.**

$$\frac{8p^2-32}{p^2-4p+4}\cdot\frac{3p^2-3p-6}{2p^2+20p+32}=\frac{8(p^2-4)}{p^2-4p+4}\cdot\frac{3(p^2-p-2)}{2(p^2+10p+16)}$$

$$=\frac{4\cdot\cancel{2}\cancel{(p+2)}\cancel{(p-2)}}{\cancel{(p-2)}\cancel{(p-2)}}\cdot\frac{3\cancel{(p-2)}(p+1)}{\cancel{2}(p+8)\cancel{(p+2)}}=\frac{12(p+1)}{p+8}$$

**11.**

$$\frac{y}{6}=\frac{20}{15} \qquad \text{LCD}=30$$

$$30\left(\frac{y}{6}\right)=30\left(\frac{20}{15}\right)$$

$$5y=40$$

$$y=8$$

**13.**

$$\frac{9}{75}=\frac{m}{50} \qquad \text{LCD}=150$$

$$150\left(\frac{9}{75}\right)=150\left(\frac{m}{50}\right)$$

$$18=3m$$

$$m=6$$

**15.**

$$\frac{p-1}{4}=\frac{p+3}{3} \qquad \text{LCD}=12$$
$$12\left(\frac{p-1}{4}\right)=12\left(\frac{p+3}{3}\right)$$
$$3(p-1)=4(p+3)$$
$$3p-3=4p+12$$
$$-15=p$$

**17.**

$$\frac{x+1}{5}=\frac{4}{15} \qquad \text{LCD}=15$$
$$15\left(\frac{x+1}{5}\right)=15\left(\frac{4}{15}\right)$$
$$3(x+1)=4$$
$$3x+3=4$$
$$3x=1$$
$$x=\frac{1}{3}$$

**19.**

$$\frac{5-2x}{x}=\frac{1}{4} \qquad \text{LCD}=4x$$
$$4x\left(\frac{5-2x}{x}\right)=4x\left(\frac{1}{4}\right)$$
$$4(5-2x)=x$$
$$20-8x=x$$
$$20=9x$$
$$x=\frac{20}{9}$$

**21.**

$$\frac{2}{y-1}=\frac{y-3}{4} \qquad \text{LCD}=4(y-1)$$
$$4(\cancel{y-1})\left(\frac{2}{\cancel{y-1}}\right)=\cancel{4}(y-1)\left(\frac{y-3}{\cancel{4}}\right)$$
$$8=y^2-4y+3$$
$$0=y^2-4y-5$$
$$(y-5)(y+1)=0$$
$$y-5=0 \text{ or } y+1=0$$
$$y=5 \text{ or } y=-1$$

**23.**

$$\frac{1}{49w}=\frac{w}{9} \qquad \text{LCD}=9\cdot 49w$$
$$9\cdot\cancel{49w}\left(\frac{1}{\cancel{49w}}\right)=\cancel{9}\cdot 49w\left(\frac{w}{\cancel{9}}\right)$$
$$9=49w^2$$
$$0=49w^2-9$$
$$(7w+3)(7w-3)=0$$
$$7w+3=0 \text{ or } 7w-3=0$$
$$7w=-3 \text{ or } 7w=3$$
$$w=-\frac{3}{7} \text{ or } w=\frac{3}{7}$$

**25.**

$$\frac{x+3}{5x+26}=\frac{2}{x+4}$$
$$\text{LCD}=(5x+26)(x+4)$$
$$\cancel{(5x+26)}(x+4)\left(\frac{x+3}{\cancel{5x+26}}\right)$$
$$=(5x+26)\cancel{(x+4)}\left(\frac{2}{\cancel{x+4}}\right)$$
$$x^2+7x+12=10x+52$$
$$x^2-3x-40=0$$
$$(x-8)(x+5)=0$$
$$x-8=0 \text{ or } x+5=0$$
$$x=8 \text{ or } x=-5$$

**27.** Let $a$ = the number of adults

$$\frac{3}{1}=\frac{18}{a} \qquad \text{LCD}=a$$
$$a\left(\frac{3}{1}\right)=a\left(\frac{18}{a}\right)$$
$$3a=18$$
$$a=6$$

6 adults must be on the staff.

**29.** Let $x$ = the number of grams of fat

$$\frac{3.5}{21.0}=\frac{14}{x} \qquad \text{LCD}=21x$$
$$21x\left(\frac{3.5}{21.0}\right)=21x\left(\frac{14}{x}\right)$$
$$3.5x=294$$
$$x=84$$

The 14-oz box of candy contains 84 g of fat.

**31.** Let $x$ = the number of fish

$$\frac{8}{1840}=\frac{x}{230,000}$$

LCD = 230,000

$$230,000\left(\frac{8}{1840}\right)=230,000\left(\frac{x}{230,000}\right)$$

$$1000=x$$

There were 1000 swordfish.

**33.** Let $x$ = the number of gallons of gas

$$\frac{243}{4.5}=\frac{621}{x} \qquad \text{LCD}=4.5x$$

$$4.5x\left(\frac{243}{4.5}\right)=4.5x\left(\frac{621}{x}\right)$$

$$243x=2794.5$$

$$x=11.5$$

Pam needs 11.5 gallons of gas.

**35.** Let $x$ = the total number of bison

$$\frac{x}{200}=\frac{120}{6} \qquad \text{LCD}=600$$

$$600\left(\frac{x}{200}\right)=600\left(\frac{120}{6}\right)$$

$$3x=12000$$

$$x=4000$$

There are approximately 4000 bison in the park.

**37.** Let $x$ = the number of women

$81-x$ = the number of men

$$\frac{2}{1}=\frac{81-x}{x} \qquad \text{LCD}=x$$

$$x\left(\frac{2}{1}\right)=x\left(\frac{81-x}{x}\right)$$

$$2x=81-x$$

$$3x=81$$

$$x=27$$

$$81-x=81-27=54$$

There are 54 men and 27 women in the firm.

**39.** Let $x$ = the number of women

$1095-x$ = the number of men

$$\frac{119}{100}=\frac{1095-x}{x} \qquad \text{LCD}=100x$$

$$100x\left(\frac{119}{100}\right)=100x\left(\frac{1095-x}{x}\right)$$

$$119x=109,500-100x$$

$$219x=109,500$$

$$x=500$$

$$1095-x=1095-500=595$$

There are 595 men and 500 women in the group.

**41.**

$$\frac{11.2}{a}=\frac{14}{10}$$

$$10a\left(\frac{11.2}{a}\right)=10a\left(\frac{14}{10}\right)$$

$$112=14a$$

$$a=8 \text{ ft}$$

$$\frac{b}{6}=\frac{14}{10}$$

$$30\left(\frac{b}{6}\right)=30\left(\frac{14}{10}\right)$$

$$5b=42$$

$$b=8.4 \text{ ft}$$

**43.**

$$\frac{1.75}{5}=\frac{4.55}{y}$$

$$5y\left(\frac{1.75}{5}\right)=5y\left(\frac{4.55}{y}\right)$$

$$1.75y=22.75$$

$$y=13 \text{ in}$$

$$(1.75)^2+z^2=(4.55)^2$$

$$3.0625+z^2=20.7025$$

$$z^2=17.64$$

$$z=4.2 \text{ in}$$

$$\frac{1.75}{5}=\frac{4.2}{x}$$

$$5x\left(\frac{1.75}{5}\right)=5x\left(\frac{4.2}{x}\right)$$

$$1.75x=21$$

$$x=12 \text{ in}$$

**45.** **a.** $x+7$

**b.** $\frac{48}{x}$

**c.** $\frac{83}{x+7}$

**47.** Let $x$ = the speed in rainstorm
$x + 20$ = the speed in sunny weather

| | Distance | Rate | Time |
|---|---|---|---|
| Rain | 80 | $x$ | $80/x$ |
| Sunny | 120 | $x + 20$ | $120/(x + 20)$ |

(Time rain) = (Time sunny)

$$\frac{80}{x} = \frac{120}{x+20} \quad \text{LCD } = x(x+20)$$

$$x(x+20)\left(\frac{80}{x}\right) = x(x+20)\left(\frac{120}{x+20}\right)$$

$$80x + 1600 = 120x$$

$$1600 = 40x$$

$$x = 40$$

$$x + 20 = 40 + 20 = 60$$

The motorist drives 40 mph in the rainstorm and 60 mph in sunny weather.

**49.** Let $x$ = the speed of the boat

| | Distance | Rate | Time |
|---|---|---|---|
| Down | 26 | $x + 2$ | $26/(x + 2)$ |
| Up | 18 | $x - 2$ | $18/(x - 2)$ |

(Time Down) = (Time Up)

$$\frac{26}{x+2} = \frac{18}{x-2}$$

LCD $= (x+2)(x-2)$

$$(x+2)(x-2)\left(\frac{26}{x+2}\right) = (x+2)(x-2)\left(\frac{18}{x-2}\right)$$

$$26x - 52 = 18x + 36$$

$$8x = 88$$

$$x = 11$$

The speed of the boat in still water is 11 mph.

**51.** Let $x$ = the speed against the wind
$x + 5$ = the speed with the wind

$$\frac{30}{x} + \frac{30}{x+5} = 5$$

LCD $= x(x+5)$

$$x(x+5)\left(\frac{30}{x} + \frac{30}{x+5}\right) = x(x+5)(5)$$

$$30(x+5) + 30x = 5x(x+5)$$

$$30x + 150 + 30x = 5x^2 + 25x$$

$$5x^2 - 35x - 150 = 0$$

$$5(x^2 - 7x - 30) = 0$$

$$5(x-10)(x+3) = 0$$

$$x - 10 = 0 \text{ or } x + 3 = 0$$

$$x = 10 \text{ or } x = -3$$

The cyclist rides at a speed of 10 mph against the wind.

**53.** Let $x$ = Celeste's walking speed
$x + 2$ = speed on moving walkway

| | Distance | Rate | Time |
|---|---|---|---|
| Off walkway | 100 | $x$ | $100/x$ |
| On walkway | 140 | $x + 2$ | $140/(x + 2)$ |

(Time off walkway)+(Time on walkway) = 40

$$\frac{100}{x} + \frac{140}{x+2} = 40 \quad \text{LCD } = x(x+2)$$

$$x(x+2)\left(\frac{100}{x} + \frac{140}{x+2}\right) = x(x+2)(40)$$

$$100(x+2) + 140x = 40x(x+2)$$

$$100x + 200 + 140x = 40x^2 + 80x$$

$$240x + 200 = 40x^2 + 80x$$

$$0 = 40x^2 - 160x - 200$$

$$0 = 40(x^2 - 4x - 5)$$

$$0 = 40(x-5)(x+1)$$

$$x - 5 = 0 \text{ or } x + 1 = 0$$

$$x = 5 \text{ or } x = -1$$

$$x + 2 = 5 + 2 = 7$$

Celeste walks 5 ft/sec and travels 7 ft/sec while on the walkway.

**55.** Let $x$ = Joe's speed

$x+2$ = Beatrice's speed

| | Distance | Rate | Time |
|---|---|---|---|
| Joe | 12 | $x$ | $12/x$ |
| Beatrice | 12 | $x+2$ | $12/(x+2)$ |

(Joe's time) – (Beatrice's time) = 0.5

$$\frac{12}{x}-\frac{12}{x+2}=\frac{1}{2} \quad \text{LCD} = 2x(x+2)$$

$$2x(x+2)\left(\frac{12}{x}-\frac{12}{x+2}\right)=2x(x+2)\left(\frac{1}{2}\right)$$

$$24(x+2)-24x=x(x+2)$$

$$24x+48-24x=x^2+2x$$

$$48=x^2+2x$$

$$0=x^2+2x-48$$

$$0=(x-6)(x+8)$$

$$x-6=0 \text{ or } x+8=0$$

$$x=6 \text{ or } x=-8$$

$$x+2=6+2=8$$

Joe runs at 6 mph and Beatrice runs at 8 mph.

**57.**

| | Work Rate | Time | Portion of Job Comp |
|---|---|---|---|
| Paint#1 | 1/6 | $x$ | $(1/6)x$ |
| Paint#2 | 1/8 | $x$ | $(1/8)x$ |

(Paint#1 Part) + (Paint#2 Part) = (1 Job)

$$\frac{1}{6}x+\frac{1}{8}x=1 \quad \text{LCD} = 24$$

$$24\left(\frac{1}{6}x+\frac{1}{8}x\right)=24(1)$$

$$4x+3x=24$$

$$7x=24$$

$$x=\frac{24}{7} \text{ hr or } 3\frac{3}{7} \text{ hr}$$

Together, the painters can paint the room in $3\frac{3}{7}$ hr.

**59.**

| | Work Rate | Time | Portion of Job Comp |
|---|---|---|---|
| Joel | 1/12 | $x$ | $(1/12)x$ |
| Michael | 1/15 | $x$ | $(1/15)x$ |

(Joel's Part) + (Michael's Part) = (1 Job)

$$\frac{1}{12}x+\frac{1}{15}x=1 \quad \text{LCD} = 60$$

$$60\left(\frac{1}{12}x+\frac{1}{15}x\right)=60(1)$$

$$5x+4x=60$$

$$9x=60$$

$$x=\frac{60}{9}=\frac{20}{3} \text{ hr or } 6\frac{2}{3} \text{ hr}$$

Together, they can fence the yard in $6\frac{2}{3}$ hr.

**61.**

| | Work Rate | Time | Part of Job Comp |
|---|---|---|---|
| Carp#1 | 1/8 | 4 | (1/8) 4 |
| Carp#2 | $1/x$ | 4 | $(1/x)$ 4 |

(Carp#1 Part) + (Carp#2 Part) = (1 Job)

$$\frac{1}{8}\cdot 4+\frac{1}{x}\cdot 4=1 \quad \text{LCD} = 8x$$

$$8x\left(\frac{1}{8}\cdot 4+\frac{1}{x}\cdot 4\right)=8x(1)$$

$$4x+32=8x$$

$$32=4x$$

$$x=8 \text{ days}$$

The second carpenter completes the job in 8 days working alone.

**63.**

| | Work Rate | Time | Part of Job Comp |
|---|---|---|---|
| Gus | $1/x$ | 4 | $(1/x)$ 4 |
| Sid | $1/(2x)$ | 4 | $(1/(2x))$ 4 |

(Gus's Part) + (Sid's Part) = (1 Job)

$$\frac{1}{x}\cdot 4+\frac{1}{2x}\cdot 4=1 \quad \text{LCD} = 2x$$

$$2x\left(\frac{1}{x}\cdot 4+\frac{1}{2x}\cdot 4\right)=2x(1)$$

$$8+4=2x$$

$$12=2x$$

$$x=6 \text{ hr}$$

$$2x=2(6)=12 \text{ hr}$$

Gus would take 6 hr and Sid would take 12 hr to dig the garden.

**65.**
$$\frac{y-1}{11-3}=\frac{1}{2}$$
$$\frac{y-1}{8}=\frac{1}{2} \qquad \text{LCD}=8$$
$$\not{8}\left(\frac{y-1}{\not{8}}\right)=4\cdot\not{2}\left(\frac{1}{\not{2}}\right)$$
$$y-1=4$$
$$y=5$$

**67.**
$$\frac{2-(-2)}{x-4}=4$$
$$\frac{4}{x-4}=4 \qquad \text{LCD}=x-4$$
$$(\cancel{x-4})\left(\frac{4}{\cancel{x-4}}\right)=(x-4)(4)$$
$$4=4x-16$$
$$20=4x$$
$$x=5$$

## Section 5.7 Variation

### Section 5.7 Practice Exercises

**1.** Page 431

**3.** $f(-3)=0$

**5.** $f(x)=1$ when $x=-2$

**7.** Domain: $[-4, \infty)$

**9.** Directly

**11.** $T=kq$

**13.** $b=\frac{k}{c}$

**15.** $Q=\frac{kx}{y}$

**17.** $c=kst$

**19.** $L=kw\sqrt{v}$

**21.** $x=\frac{ky^2}{z}$

**23.**
$$y=kx$$
$$18=k(4)$$
$$k=\frac{18}{4}=\frac{9}{2}$$

**25.**
$$p=\frac{k}{q}$$
$$32=\frac{k}{16}$$
$$k=32(16)=512$$

**27.**
$$y=kwv$$
$$8.75=k(50)(0.1)$$
$$8.75=5k$$
$$k=\frac{8.75}{5}=1.75$$

**29.**
$$x=kp$$
$$50=k(10)$$
$$k=\frac{50}{10}=5$$
$$x=5(14)=70$$

**31.**
$$b=\frac{k}{c}$$
$$4=\frac{k}{3}$$
$$k=4\cdot3=12$$
$$b=\frac{12}{2}=6$$

**33.**
$$Z=kw^2$$
$$14=k(4)^2$$
$$14=16k$$
$$k=\frac{14}{16}=\frac{7}{8}$$
$$Z=\frac{7}{8}(8)^2=\frac{7}{8}(64)=56$$

**35.**
$$Q=\frac{k}{p^2}$$
$$4=\frac{k}{3^2}$$
$$k=4\cdot3^2=4\cdot9=36$$
$$Q=\frac{36}{2^2}=\frac{36}{4}=9$$

**37.**
$$L=ka\sqrt{b}$$
$$72=k(8)\sqrt{9}$$
$$72=k\cdot8\cdot3$$
$$72=24k$$
$$k=3$$
$$L=3\left(\frac{1}{2}\right)\sqrt{36}=3\left(\frac{1}{2}\right)(6)=9$$

**39.**
$$B=\frac{km}{n}$$
$$20=\frac{k\cdot10}{3}$$
$$k=\frac{20\cdot3}{10}=\frac{60}{10}=6$$
$$B=\frac{6\cdot15}{12}=\frac{90}{12}=\frac{15}{2}$$

**41.**
$$m=kw$$
$$3=k(150)$$
$$k=\frac{3}{150}=\frac{1}{50}$$

**a.** $m=\frac{1}{50}\cdot180=3.6\text{ g}$

**b.** $m=\frac{1}{50}\cdot225=4.5\text{ g}$

**c.** $m=\frac{1}{50}\cdot120=2.4\text{ g}$

**43.**
$$c=\frac{k}{n}$$
$$0.48=\frac{k}{5000}$$
$$k=0.48(5000)=2400$$

**a.** $c=\frac{2400}{6000}=\$0.40$

**b.** $c=\frac{2400}{8000}=\$0.30$

**c.** $c=\frac{2400}{2400}=\$1.00$

**45.** Let $A$ = the amount of pollution
$P$ = the number of people
$$A=kP$$
$$56{,}800=k(80{,}000)$$
$$k=\frac{56{,}800}{80{,}000}=0.71$$
$$A=0.71(500{,}000)=355{,}000\text{ tons}$$

**47.** Let $I$ = the intensity of the light source
$d$ = the distance from the source

$$I=\frac{k}{d^2}$$

$$48=\frac{k}{5^2}$$

$$k=48\cdot 5^2=48\cdot 25=1200$$

$$I=\frac{1200}{8^2}=\frac{1200}{64}=18.75 \text{ lumens}$$

**49.** Let $I$ = the current
$V$ = the voltage
$R$ = the resistance

$$I=\frac{kV}{R}$$

$$9=\frac{k(90)}{10}$$

$$k=\frac{9\cdot 10}{90}=\frac{90}{90}=1$$

$$I=\frac{1\cdot 185}{10}=\frac{185}{10}=18.5 \text{ A}$$

**51.** Let $I$ = the interest
$P$ = the principal
$T$ = the time

$$I=kPt$$

$$500=k(2500)(4)$$

$$500=10{,}000k$$

$$k=\frac{500}{10{,}000}=0.05$$

$$I=0.05(7000)(10)=\$3500$$

**53.** Let $d$ = the stopping distance
$s$ = the speed of the car

$$d=ks^2$$

$$109=k(40)^2$$

$$k=\frac{109}{40^2}=\frac{109}{1600}$$

$$d=\frac{109}{1600}(25)^2=\frac{109}{1600}(625)\approx 42.6 \text{ ft}$$

**55.** Let $S$ = the surface area
$L$ = the length of an edge

$$S=kL^2$$

$$24=k(2)^2$$

$$k=\frac{24}{2^2}=\frac{24}{4}=6$$

$$S=6(5)^2=6(25)=150 \text{ ft}^2$$

**57.** Let $P$ = the power
$I$ = the current
$R$ = the resistance

$$P=kIR^2$$

$$144=k(4)(6)^2$$

$$k=\frac{144}{4(6)^2}=\frac{144}{144}=1$$

$$P=1(3)(10)^2=3\cdot 100=300 \text{ W}$$

**59.** **a.** $A=kl^2$

**b.** $A=k(2l)^2=k(4l^2)=4kl^2$

The area is 4 times the original.

**c.** $A=k(3l)^2=k(9l^2)=9kl^2$

The area is 9 times the original.

# Chapter 5 Review Exercises

## Section 5.1

**1.** $\dfrac{t-2}{t+9}$

**a.** $t=0$ $\quad \dfrac{0-2}{0+9}=\dfrac{-2}{9}=-\dfrac{2}{9}$

$t=1$ $\quad \dfrac{1-2}{1+9}=\dfrac{-1}{10}=-\dfrac{1}{10}$

$t=2$ $\quad \dfrac{2-2}{2+9}=\dfrac{0}{11}=0$

$t=-3$ $\quad \dfrac{-3-2}{-3+9}=\dfrac{-5}{6}=-\dfrac{5}{6}$

$t=-9$ $\quad \dfrac{-9-2}{-9+9}=\dfrac{-11}{0}$ is undefined

**b.** $\{t \mid t \text{ is a real number and } t \neq -9\}$

**3.** $k(y)=\dfrac{y}{y^2-1}$

**a.** $k(2)=\dfrac{2}{2^2-1}=\dfrac{2}{4-1}=\dfrac{2}{3}$

$k(0)=\dfrac{0}{0^2-1}=\dfrac{0}{0-1}=\dfrac{0}{-1}=0$

$k(1)=\dfrac{1}{1^2-1}=\dfrac{1}{1-1}=\dfrac{1}{0}$ is undefined

$k(-1)=\dfrac{-1}{(-1)^2-1}=\dfrac{-1}{1-1}=\dfrac{-1}{0}$ undefined

$k\left(\dfrac{1}{2}\right)=\dfrac{\frac{1}{2}}{\left(\frac{1}{2}\right)^2-1}=\dfrac{\frac{1}{2}}{\frac{1}{4}-\frac{4}{4}}=\dfrac{\frac{1}{2}}{-\frac{3}{4}}$

$=\dfrac{1}{2}\cdot\left(-\dfrac{4}{3}\right)=-\dfrac{2}{3}$

**b.** $(-\infty, -1)\cup(-1, 1)\cup(1, \infty)$

**5.** $\dfrac{28a^3b^3}{14a^2b^3}=2a^{3-2}b^{3-3}=2a^1b^0=2a$

**7.** $\dfrac{x^2-4x+3}{x-3}=\dfrac{(\cancel{x-3})(x-1)}{\cancel{x-3}}=x-1$

**9.** $\dfrac{x^3-27}{9-x^2}=\dfrac{x^3-3^3}{-(x^2-9)}=\dfrac{(\cancel{x-3})(x^2+3x+9)}{-(x+3)(\cancel{x-3})}$

$=-\dfrac{x^2+3x+9}{x+3}$

**11.** $\dfrac{2t^2+3t-5}{7-6t-t^2}=\dfrac{(2t+5)(t-1)}{-(t^2+6t-7)}$

$=\dfrac{(2t+5)(\cancel{t-1})}{-(t+7)(\cancel{t-1})}=-\dfrac{2t+5}{t+7}$

**13.** $f(x)=\dfrac{1}{x-3}$

$x-3=0$

$x=3$

$(-\infty, 3)\cup(3, \infty)$

Graph: c

**15.** $k(x)=\dfrac{6}{x^2-3x}=\dfrac{6}{x(x-3)}$

$x(x-3)=0$

$x=0$ or $x-3=0$

$x=0$ or $x=3$

$(-\infty, 0)\cup(0, 3)\cup(3, \infty)$

Graph: b

## Section 5.2

**17.** $\dfrac{3a+9}{a^2}\cdot\dfrac{a^3}{6a+18}=\dfrac{\cancel{3}(\cancel{a+3})}{\cancel{a^2}}\cdot\dfrac{\cancel{a^2}\cdot a}{2\cdot\cancel{3}(\cancel{a+3})}$

$=\dfrac{a}{2}$

**19.** $\dfrac{x-4y}{x^2+xy}\div\dfrac{20y-5x}{x^2-y^2}=\dfrac{x-4y}{x^2+xy}\cdot\dfrac{x^2-y^2}{20y-5x}$

$=\dfrac{\cancel{x-4y}}{x(\cancel{x+y})}\cdot\dfrac{(\cancel{x+y})(x-y)}{-5(\cancel{x-4y})}=-\dfrac{x-y}{5x}$

**21.** $\dfrac{7k+28}{2k+4}\cdot\dfrac{k^2-2k-8}{k^2+2k-8}$

$=\dfrac{7(\cancel{k+4})}{2(\cancel{k+2})}\cdot\dfrac{(k-4)(\cancel{k+2})}{(\cancel{k+4})(k-2)}=\dfrac{7(k-4)}{2(k-2)}$

**23.** $\dfrac{x^2+8x-20}{x^2+6x-16}\div\dfrac{x^2+6x-40}{x^2+3x-40}=\dfrac{x^2+8x-20}{x^2+6x-16}\cdot\dfrac{x^2+3x-40}{x^2+6x-40}=\dfrac{(\cancel{x+10})(\cancel{x-2})}{(\cancel{x+8})(\cancel{x-2})}\cdot\dfrac{(\cancel{x+8})(x-5)}{(\cancel{x+10})(x-4)}=\dfrac{x-5}{x-4}$

**25.** $\dfrac{2w}{21}\div\dfrac{3w^2}{7}\cdot\dfrac{4}{w}=\dfrac{2w}{21}\cdot\dfrac{7}{3w^2}\cdot\dfrac{4}{w}=\dfrac{2\cancel{w}}{\cancel{7}\cdot3}\cdot\dfrac{\cancel{7}}{3w^2}\cdot\dfrac{4}{\cancel{w}}=\dfrac{8}{9w^2}$

**27.** $\dfrac{x^2+x-20}{x^2-4x+4}\cdot\dfrac{x^2+x-6}{12+x-x^2}\div\dfrac{2x+10}{10-5x}=\dfrac{x^2+x-20}{x^2-4x+4}\cdot\dfrac{x^2+x-6}{-(x^2-x-12)}\cdot\dfrac{10-5x}{2x+10}$

$=\dfrac{(\cancel{x+5})(\cancel{x-4})}{(\cancel{x-2})(\cancel{x-2})}\cdot\dfrac{(\cancel{x+3})(\cancel{x-2})}{-(\cancel{x-4})(\cancel{x+3})}\cdot\dfrac{-5(\cancel{x-2})}{2(\cancel{x+5})}=\dfrac{-5}{-2}=\dfrac{5}{2}$

## Section 5.3

**29.** $\dfrac{1}{x}+\dfrac{1}{x^2}-\dfrac{1}{x^3}$ LCD $=x^3$

$=\dfrac{1}{x}\cdot\dfrac{x^2}{x^2}+\dfrac{1}{x^2}\cdot\dfrac{x}{x}-\dfrac{1}{x^3}=\dfrac{x^2+x-1}{x^3}$

**31.** $\dfrac{y}{2y-1}+\dfrac{3}{1-2y}=\dfrac{y}{2y-1}+\dfrac{3}{1-2y}\cdot\dfrac{(-1)}{(-1)}$

$=\dfrac{y}{2y-1}+\dfrac{-3}{2y-1}=\dfrac{y-3}{2y-1}$

**33.** $\dfrac{4k}{k^2+2k+1}+\dfrac{3}{k^2-1}=\dfrac{4k}{(k+1)^2}+\dfrac{3}{(k+1)(k-1)}$ LCD $=(k+1)^2(k-1)$

$=\dfrac{4k}{(k+1)^2}\cdot\dfrac{k-1}{k-1}+\dfrac{3}{(k+1)(k-1)}\cdot\dfrac{k+1}{k+1}=\dfrac{4k^2-4k+3k+3}{(k+1)^2(k-1)}=\dfrac{4k^2-k+3}{(k+1)^2(k-1)}$

**35.** $\dfrac{2}{a+3}+\dfrac{2a^2-2a}{a^2-2a-15}=\dfrac{2}{a+3}+\dfrac{2a^2-2a}{(a-5)(a+3)}=\dfrac{2}{a+3}\cdot\dfrac{a-5}{a-5}+\dfrac{2a^2-2a}{(a-5)(a+3)}=\dfrac{2a-10+2a^2-2a}{(a-5)(a+3)}$

$=\dfrac{2a^2-10}{(a-5)(a+3)}=\dfrac{2(a^2-5)}{(a-5)(a+3)}$

**37.** $$\frac{2}{3x-5}-8=\frac{2}{3x-5}-8\cdot\frac{3x-5}{3x-5}=\frac{2-24x+40}{3x-5}=\frac{-24x+42}{3x-5}=\frac{-6(4x-7)}{3x-5}$$

**39.** $$\frac{6a}{3a^2-7a+2}-\frac{2}{3a-1}+\frac{3a}{a-2}=\frac{6a}{(3a-1)(a-2)}-\frac{2}{3a-1}+\frac{3a}{a-2}\qquad \text{LCD}=(3a-1)(a-2)$$
$$=\frac{6a}{(3a-1)(a-2)}-\frac{2}{3a-1}\cdot\frac{a-2}{a-2}+\frac{3a}{a-2}\cdot\frac{3a-1}{3a-1}=\frac{6a-2a+4+9a^2-3a}{(3a-1)(a-2)}=\frac{9a^2+a+4}{(3a-1)(a-2)}$$

## Section 5.4

**41.** $$\frac{\frac{2x}{3x^2-3}}{\frac{4x}{6x-6}}=\frac{2x}{3(x^2-1)}\cdot\frac{6x-6}{4x}$$
$$=\frac{2x}{3(x+1)(x-1)}\cdot\frac{3\cdot 2(x-1)}{2\cdot 2x}=\frac{1}{x+1}$$

**43.** $$\frac{\frac{2}{x}+\frac{1}{xy}}{\frac{4}{x^2}}\qquad \text{LCD}=x^2y$$
$$=\frac{x^2y\left(\frac{2}{x}+\frac{1}{xy}\right)}{x^2y\left(\frac{4}{x^2}\right)}=\frac{x^2y\left(\frac{2}{x}\right)+x^2y\left(\frac{1}{xy}\right)}{x^2y\left(\frac{4}{x^2}\right)}$$
$$=\frac{2xy+x}{4y}=\frac{x(2y+1)}{4y}$$

**45.** $$\frac{\frac{1}{a-1}+1}{\frac{1}{a+1}-1}\qquad \text{LCD}=(a+1)(a-1)$$
$$=\frac{(a+1)(a-1)\left(\frac{1}{a-1}+1\right)}{(a+1)(a-1)\left(\frac{1}{a+1}-1\right)}=\frac{(a+1)(a-1)\left(\frac{1}{a-1}\right)+(a+1)(a-1)(1)}{(a+1)(a-1)\left(\frac{1}{a+1}\right)-(a+1)(a-1)(1)}$$
$$=\frac{a+1+a^2-1}{a-1-(a^2-1)}=\frac{a^2+a}{a-1-a^2+1}=\frac{a^2+a}{-a^2+a}=\frac{a(a+1)}{-a(a-1)}=-\frac{a+1}{a-1}$$

**47.** $$\frac{1+xy^{-1}}{x^2y^{-2}-1}=\frac{1+\frac{x}{y}}{\frac{x^2}{y^2}-1}\qquad \text{LCD}=y^2$$
$$=\frac{y^2\left(1+\frac{x}{y}\right)}{y^2\left(\frac{x^2}{y^2}-1\right)}=\frac{y^2(1)+y\cdot y\left(\frac{x}{y}\right)}{y^2\left(\frac{x^2}{y^2}\right)-y^2(1)}=\frac{y^2+xy}{x^2-y^2}=\frac{y(y+x)}{(x+y)(x-y)}=\frac{y}{x-y}$$

**49.**

$$m=\frac{-\frac{5}{3}-\left(-\frac{7}{4}\right)}{\frac{13}{6}-\frac{2}{3}}\qquad \text{LCD}=12$$

$$=\frac{12\left(-\frac{5}{3}+\frac{7}{4}\right)}{12\left(\frac{13}{6}-\frac{2}{3}\right)}=\frac{-20+21}{26-8}=\frac{1}{18}$$

## Section 5.5

**51.**

$$\frac{x+3}{x^2-x}-\frac{8}{x^2-1}=0$$

$$\frac{x+3}{x(x-1)}-\frac{8}{(x+1)(x-1)}=0$$

$\text{LCD}=x(x-1)(x+1)$ so $x\neq 0$ or $x\neq 1$ or $x\neq -1$

$$x(x-1)(x+1)\left(\frac{x+3}{x(x-1)}-\frac{8}{(x+1)(x-1)}\right)=x(x-1)(x+1)(0)$$

$$\cancel{x}(\cancel{x-1})(x+1)\left(\frac{x+3}{\cancel{x}(\cancel{x-1})}\right)-x(\cancel{x-1})(\cancel{x+1})\left(\frac{8}{(\cancel{x+1})(\cancel{x-1})}\right)=0$$

$$x^2+4x+3-8x=0$$

$$x^2-4x+3=0$$

$$(x-3)(x-1)=0$$

$$x-3=0 \text{ or } x-1=0$$

$$x=3 \text{ or } x=1$$

$x=3$ is the solution. $x=1$ does not check because the denominator is zero.

**53.**

$$x-9=\frac{72}{x-8}\qquad \text{LCD}=(x-8)\qquad \text{so } x\neq 8$$

$$(x-8)(x-9)=(\cancel{x-8})\left(\frac{72}{\cancel{x-8}}\right)$$

$$x^2-17x+72=72$$

$$x^2-17x=0$$

$$x(x-17)=0$$

$$x=0 \text{ or } x-17=0$$

$$x=0 \text{ or } x=17$$

**55.**

$$5y^{-2}+1=6y^{-1}$$
$$\frac{5}{y^2}+1=\frac{6}{y}$$
$$\text{LCD}=y^2 \quad \text{so } y\neq 0$$
$$y^2\left(\frac{5}{y^2}+1\right)=y^2\left(\frac{6}{y}\right)$$
$$\cancel{y^2}\left(\frac{5}{\cancel{y^2}}\right)+y^2(1)=y\cdot\cancel{y}\left(\frac{6}{\cancel{y}}\right)$$
$$5+y^2=6y$$
$$y^2-6y+5=0$$
$$(y-5)(y-1)=0$$
$$y-5=0 \text{ or } y-1=0$$
$$y=5 \text{ or } y=1$$

**57.**

$$c=\frac{ax+b}{x} \quad \text{for } x$$
$$cx=ax+b$$
$$cx-ax=b$$
$$x(c-a)=b$$
$$x=\frac{b}{c-a}$$

## Section 5.6

**59.**

$$\frac{5}{4}=\frac{x}{6} \quad \text{LCD}=12$$
$$12\left(\frac{5}{4}\right)=12\left(\frac{x}{6}\right)$$
$$15=2x$$
$$x=\frac{15}{2}$$

**61.**

$$\frac{x+2}{3}=\frac{5(x+1)}{4} \quad \text{LCD}=12$$
$$12\left(\frac{x+2}{3}\right)=12\left(\frac{5(x+1)}{4}\right)$$
$$4(x+2)=15(x+1)$$
$$4x+8=15x+15$$
$$-11x=7$$
$$x=-\frac{7}{11}$$

**63.** Let $y$ = the number of yards gained

$$\frac{34}{357}=\frac{22}{y} \quad \text{LCD}=357y$$
$$\cancel{357}y\left(\frac{34}{\cancel{357}}\right)=357\cancel{y}\left(\frac{22}{\cancel{y}}\right)$$
$$34y=7854$$
$$y=231$$

Manning would gain 231 yd.

**65.** Let $x$ = the walking speed
$15x$ = the driving speed

| | Distance | Rate | Time |
|---|---|---|---|
| Walking | 3 | $x$ | $3/x$ |
| Driving | 45 | $15x$ | $45/(15x)$ |

(Time walk) + (Time drive) = 1.5

$$\frac{3}{x}+\frac{45}{15x}=\frac{3}{2} \quad \text{LCD}=30x$$
$$30x\left(\frac{3}{x}+\frac{45}{15x}\right)=30x\left(\frac{3}{2}\right)$$
$$90+90=45x$$
$$180=45x$$
$$x=4$$
$$15x=15(4)=60$$

The driving speed was 60 mph.

### Section 5.7

**67.** **a.** $F = kd$

**b.** $6 = k(2)$

$k = 3$

**c.** $5 = 3d$

$d = \frac{5}{3} = 1\frac{2}{3}$ ft

**69.** $y = kx\sqrt{z}$

$3 = k(3)\sqrt{4}$

$3 = k(3)(2)$

$k = \frac{3}{3 \cdot 2} = \frac{3}{6} = \frac{1}{2}$

$y = \frac{1}{2}(8)\sqrt{9} = 4 \cdot 3 = 12$

## Chapter 5 Test

**1.** $\frac{2x+6}{x^2-x-12} = \frac{2(x+3)}{(x-4)(x+3)}$

**a.** $\{x \mid x \text{ is a real number and } x \neq 4,\ x \neq -3\}$

**b.** $\frac{2x+6}{x^2-x-12} = \frac{2\cancel{(x+3)}}{(x-4)\cancel{(x+3)}} = \frac{2}{x-4}$

**3.** $(-\infty, \infty)$

**5.** $\frac{9x^2-9}{3x^2+2x-5} = \frac{9(x^2-1)}{(3x+5)(x-1)}$

$= \frac{9(x+1)\cancel{(x-1)}}{(3x+5)\cancel{(x-1)}} = \frac{9(x+1)}{3x+5}$

**7.** $\frac{2x-5}{25-4x^2} \cdot (2x^2-x-15)$

$= \frac{2x-5}{-(4x^2-25)} \cdot \frac{(2x+5)(x-3)}{1}$

$= \frac{\cancel{2x-5}}{-\cancel{(2x+5)}\cancel{(2x-5)}} \cdot \frac{\cancel{(2x+5)}(x-3)}{1}$

$= -(x-3)$

**9.** $\frac{4x}{x+1} + x + \frac{2}{x+1} = \frac{4x}{x+1} + x \cdot \frac{x+1}{x+1} + \frac{2}{x+1}$

$= \frac{4x + x^2 + x + 2}{x+1} = \frac{x^2+5x+2}{x+1}$

**11.** $\frac{2u^{-1}+2v^{-1}}{4u^{-3}+4v^{-3}} = \frac{\frac{2}{u}+\frac{2}{v}}{\frac{4}{u^3}+\frac{4}{v^3}}$ LCD $= u^3v^3$

$= \frac{u^3v^3\left(\frac{2}{u}+\frac{2}{v}\right)}{u^3v^3\left(\frac{4}{u^3}+\frac{4}{v^3}\right)} = \frac{2u^2v^3+2u^3v^2}{4v^3+4u^3} = \frac{2u^2v^2(v+u)}{4(v^3+u^3)} = \frac{\cancel{2}u^2v^2\cancel{(v+u)}}{\cancel{2} \cdot 2\cancel{(v+u)}(v^2-vu+u^2)} = \frac{u^2v^2}{2(v^2-vu+u^2)}$

**13.** $\dfrac{3}{x^2+8x+15}-\dfrac{1}{x^2+7x+12}-\dfrac{1}{x^2+9x+20}=\dfrac{3}{(x+5)(x+3)}-\dfrac{1}{(x+4)(x+3)}-\dfrac{1}{(x+5)(x+4)}$

$\text{LCD}=(x+5)(x+3)(x+4)$

$$=\frac{3}{(x+5)(x+3)}\cdot\frac{x+4}{x+4}-\frac{1}{(x+4)(x+3)}\cdot\frac{x+5}{x+5}-\frac{1}{(x+5)(x+4)}\cdot\frac{x+3}{x+3}=\frac{3x+12-x-5-x-3}{(x+5)(x+3)(x+4)}$$

$$=\frac{\cancel{x+4}}{(x+5)(x+3)(\cancel{x+4})}=\frac{1}{(x+5)(x+3)}$$

**15.**

$$\frac{3}{y^2-9}+\frac{4}{y+3}=1$$

$$\frac{3}{(y+3)(y-3)}+\frac{4}{y+3}=1$$

$\text{LCD}=(y+3)(y-3)$ so $y\neq-3$ or $y\neq3$

$$(y+3)(y-3)\left(\frac{3}{(y+3)(y-3)}+\frac{4}{y+3}\right)=(y+3)(y-3)(1)$$

$$(\cancel{y+3})(\cancel{y-3})\left(\frac{3}{(\cancel{y+3})(\cancel{y-3})}\right)+(\cancel{y+3})(y-3)\left(\frac{4}{\cancel{y+3}}\right)=(y+3)(y-3)$$

$$3+4y-12=y^2-9$$
$$0=y^2-4y$$
$$y(y-4)=0$$
$$y=0 \text{ or } y-4=0$$
$$y=0 \text{ or } y=4$$

**17.** $\dfrac{1+Tv}{T}=p$ for $T$

$$1+Tv=pT$$
$$1=pT-Tv$$
$$1=T(p-v)$$
$$\frac{1}{p-v}=T$$

**19.** Let $x$ = the number

$$\frac{1}{x}+3x=\frac{13}{2}$$

$\text{LCD}=2x$ so $x\neq0$

$$2x\left(\frac{1}{x}+3x\right)=2x\left(\frac{13}{2}\right)$$

$$2\cancel{x}\left(\frac{1}{\cancel{x}}\right)+2x(3x)=\cancel{2}x\left(\frac{13}{\cancel{2}}\right)$$

$$2+6x^2=13x$$
$$6x^2-13x+2=0$$
$$(6x-1)(x-2)=0$$
$$6x-1=0 \text{ or } x-2=0$$
$$6x=1 \text{ or } x=2$$
$$x=\frac{1}{6} \text{ or } x=2$$

**21.** Let $x$ = the actual distance

$$\frac{8.2}{2820} = \frac{5.7}{x} \qquad \text{LCD} = 2820x$$

$$2820x\left(\frac{8.2}{2820}\right) = 2820x\left(\frac{5.7}{x}\right)$$

$$8.2x = 16074$$

$$x \approx 1960 \text{ mi}$$

The actual distance is about 1960 mi.

**23.**

| | Work Rate | Time | Portion of Job Comp |
|---|---|---|---|
| Gail | 1/4 | $x$ | $(1/4)x$ |
| Jack | 1/10 | $x$ | $(1/10)x$ |

(Gail's Part) + (Jack's Part) = (1 Job)

$$\frac{1}{4}x + \frac{1}{10}x = 1 \qquad \text{LCD} = 20$$

$$20\left(\frac{1}{4}x + \frac{1}{10}x\right) = 20(1)$$

$$5x + 2x = 20$$

$$7x = 20$$

$$x = \frac{20}{7} \text{ hr or } 2\frac{6}{7} \text{ hr}$$

Together, they can type the chapter in $2\frac{6}{7}$ hr.

**25.** Let $P$ = the period of the pendulum
$L$ = the length of the pendulum

$$P = k\sqrt{L}$$

$$2.2 = k\sqrt{4}$$

$$k = \frac{2.2}{\sqrt{4}} = \frac{2.2}{2} = 1.1$$

$$P = 1.1\sqrt{9} = 1.1(3) = 3.3 \text{ sec}$$

**25.**

## Chapters 1 – 5 Cumulative Review Exercises

**1.**

| | $-22$ | $\pi$ | 6 | $-\sqrt{2}$ |
|---|---|---|---|---|
| Real numbers | ✔ | ✔ | ✔ | ✔ |
| Irrational numbers | | ✔ | | ✔ |
| Rational numbers | ✔ | | ✔ | |
| Integers | ✔ | | ✔ | |
| Whole numbers | | | ✔ | |
| Natural numbers | | | ✔ | |

**3.**

$$(2x-3)(x-4)-(x-5)^2$$

$$= 2x^2 - 8x - 3x + 12 - (x^2 - 10x + 25)$$

$$= 2x^2 - 11x + 12 - x^2 + 10x - 25$$

$$= x^2 - x - 13$$

**5.** Let $w$ = the width of the pool
$2w - 10$ = the length of the pool

$$2w + 2(2w - 10) = 160$$

$$2w + 4w - 20 = 160$$

$$6w = 180$$

$$w = 30$$

$$2w - 10 = 2(30) - 10 = 60 - 10 = 50$$

The length is 50 m and the width is 30 m.

**7.** The slope of the line is 3 and the slope of the perpendicular line is $-\frac{1}{3}$.

$$y-5=-\frac{1}{3}(x-(-3))$$
$$y-5=-\frac{1}{3}x-1$$
$$y=-\frac{1}{3}x+4$$

**9.**
$$s=\frac{k}{t}$$
$$60=\frac{k}{10}$$
$$600=k$$
$$s=\frac{600}{8}=75$$

The speed of the car is 75 mph.

**11.** $$64y^3-8z^6=8(8y^3-z^6)=8\left[(2y)^3-(z^2)^3\right]=8(2y-z^2)(4y^2+2yz^2+z^4)$$

**13.** $$\frac{2x^2+11x-21}{4x^2-10x+6}\div\frac{2x^2-98}{x^2-x+xa-a}=\frac{2x^2+11x-21}{2(2x^2-5x+3)}\cdot\frac{x^2-x+xa-a}{2x^2-98}$$
$$=\frac{(2x-3)(x+7)}{2(2x-3)(x-1)}\cdot\frac{x(x-1)+a(x-1)}{2(x^2-49)}=\frac{\cancel{(2x-3)}\cancel{(x+7)}}{2\cancel{(2x-3)}\cancel{(x-1)}}\cdot\frac{\cancel{(x-1)}(x+a)}{2\cancel{(x+7)}(x-7)}=\frac{x+a}{4(x-7)}$$

**15.** $$\frac{1-\frac{49}{c^2}}{\frac{7}{c}+1}\qquad \text{LCD}=c^2\qquad =\frac{c^2\left(1-\frac{49}{c^2}\right)}{c^2\left(\frac{7}{c}+1\right)}=\frac{c^2(1)-\cancel{c^2}\left(\frac{49}{\cancel{c^2}}\right)}{c\cdot\cancel{c}\left(\frac{7}{\cancel{c}}\right)+c^2(1)}=\frac{c^2-49}{7c+c^2}=\frac{\cancel{(c+7)}(c-7)}{c\cancel{(c+7)}}=\frac{c-7}{c}$$

**17.**
$$\frac{4y}{y+2}-\frac{y}{y-1}=\frac{9}{y^2+y-2}$$
$$\frac{4y}{y+2}-\frac{y}{y-1}=\frac{9}{(y+2)(y-1)}$$

$\text{LCD}=(y+2)(y-1)$ so $y\neq-2$ or $y\neq1$

$$(y+2)(y-1)\left(\frac{4y}{y+2}-\frac{y}{y-1}\right)=(y+2)(y-1)\left(\frac{9}{(y+2)(y-1)}\right)$$
$$\cancel{(y+2)}(y-1)\left(\frac{4y}{\cancel{y+2}}\right)-(y+2)\cancel{(y-1)}\left(\frac{y}{\cancel{y-1}}\right)=\cancel{(y+2)}\cancel{(y-1)}\left(\frac{9}{\cancel{(y+2)}\cancel{(y-1)}}\right)$$
$$4y^2-4y-y^2-2y=9$$
$$3y^2-6y-9=0$$
$$3(y^2-2y-3)=0$$
$$3(y-3)(y+1)=0$$
$$y-3=0 \text{ or } y+1=0$$
$$y=3 \text{ or } y=-1$$

**19.** **a.** $x=-5$ is a vertical line. The slope is undefined.

**b.** $2y=8$ is a horizontal line. The slope of the line is 0.

# Chapter 6 Radicals and Complex Numbers

## Chapter Opener Puzzle

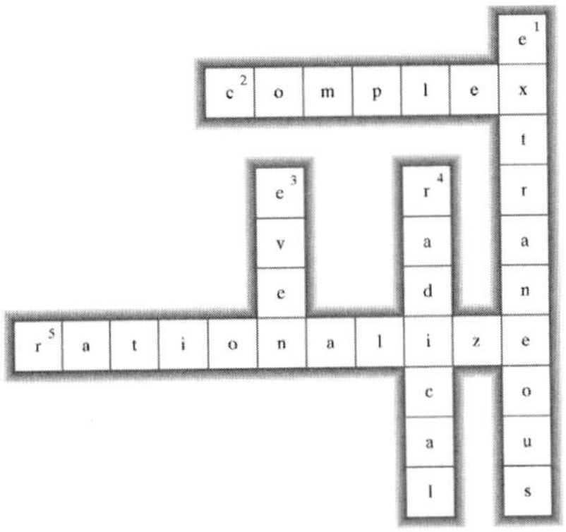


## Section 6.1 Definition of an *n* th Root

### Section 6.1 Practice Exercises

**1.** **a.** $b$ is a <u>square root</u> of $a$ if $b^2 = a$.

**b.** The positive square root of a real number can be denoted with a <u>radical sign</u> $\sqrt{\ }$.

**c.** The positive square root is called the <u>principal square root</u>.

**d.** A number is a <u>perfect square</u> if its square root is a rational number.

**e.** $b$ is an <u>*n*th root</u> of $a$ if $b^n = a$.

**f.** In the expression $\sqrt[n]{a}$, $n$ is called the <u>index</u> of the radical.

**g.** In the expression $\sqrt[n]{a}$, $a$ is called the <u>radicand</u> of the radical.

**h.** A radical with an index of 3 is called a <u>cube root</u>, denoted by $\sqrt[3]{a}$.

**i.** If $a$ and $b$ are the legs of a right triangle and $c$ is the hypotenuse of a right triangle, the sides are related by the <u>Pythagorean Theorem</u>, $a^2 + b^2 = c^2$.

**j.** If $n$ is an integer greater than 1, then a function written in the form $f(x) = \sqrt[n]{x}$ is called a <u>radical function</u>.

**3.** **a.** 8 is a square root of 64 because $8^2 = 64$.
–8 is a square root of 64 because

$$(-8)^2 = 64.$$

**b.** $\sqrt{64} = 8$

**c.** There are two square roots for every positive number. $\sqrt{64}$ identifies the positive square root.

**5.** **a.** $\sqrt{81} = 9$

**b.** $-\sqrt{81} = -9$

**7.** There is no real number $b$ such that $b^2 = -36$.

**9.** $\sqrt{49}=7$

**11.** $-\sqrt{49}=-7$

**13.** $\sqrt{-49}$ is not a real number.

**15.** $\sqrt{\dfrac{64}{9}}=\dfrac{8}{3}$

**17.** $\sqrt{0.81}=0.9$

**19.** $-\sqrt{0.16}=-0.4$

**21.** **a.** $\sqrt{64}=8$
**b.** $\sqrt[3]{64}=4$
**c.** $-\sqrt{64}=-8$
**d.** $-\sqrt[3]{64}=-4$
**e.** $\sqrt{-64}$ is not a real number.
**f.** $\sqrt[3]{-64}=-4$

**23.** $\sqrt[3]{-27}=-3$

**25.** $\sqrt[3]{\dfrac{1}{8}}=\dfrac{1}{2}$

**27.** $\sqrt[5]{32}=2$

**29.** $\sqrt[3]{-\dfrac{125}{64}}=-\dfrac{5}{4}$

**31.** $\sqrt[4]{-1}$ is not a real number.

**33.** $\sqrt[6]{1{,}000{,}000}=10$

**35.** $-\sqrt[3]{0.008}=-0.2$

**37.** $\sqrt[4]{0.0625}=0.5$

**39.** $\sqrt{a^2}=|a|$

**41.** $\sqrt[3]{a^3}=a$

**43.** $\sqrt[6]{a^6}=|a|$

**45.** $\sqrt{(x+1)^2}=|x+1|$

**47.** $\sqrt{x^2y^4}=\sqrt{x^2\left(y^2\right)^2}=|x|y^2$

**49.** $-\sqrt[3]{\dfrac{x^3}{y^3}}=-\dfrac{x}{y},\ y\neq 0$

**51.** $\dfrac{2}{\sqrt[4]{x^4}}=\dfrac{2}{|x|},\ x\neq 0$

**53.** $\sqrt[3]{(-92)^3}=-92$

**55.** $\sqrt[10]{(-2)^{10}}=|-2|=2$

**57.** $\sqrt[7]{(-923)^7}=-923$

**59.** $\sqrt{x^2y^4}=\sqrt{x^2\left(y^2\right)^2}=xy^2$

**61.** $\sqrt{\dfrac{a^6}{b^2}}=\sqrt{\dfrac{\left(a^3\right)^2}{b^2}}=\dfrac{a^3}{b}$

**63.** $-\sqrt{\dfrac{25}{q^2}}=-\dfrac{5}{q}$

**65.** $\sqrt{9x^2y^4z^2} = \sqrt{9x^2\left(y^2\right)^2 z^2} = 3xy^2z$

**67.** $\sqrt{\dfrac{h^2k^4}{16}} = \sqrt{\dfrac{h^2\left(k^2\right)^2}{16}} = \dfrac{hk^2}{4}$

**69.** $-\sqrt[3]{\dfrac{t^3}{27}} = -\dfrac{t}{3}$

**71.** $\sqrt[5]{32y^{10}} = \sqrt[5]{32\left(y^2\right)^5} = 2y^2$

**73.** $\sqrt[6]{64p^{12}q^{18}} = \sqrt[6]{64\left(p^2\right)^6\left(q^3\right)^6} = 2p^2q^3$

**75.**
$a^2 + b^2 = c^2$
$12^2 + b^2 = 15^2$
$144 + b^2 = 225$
$b^2 = 81$
$b = 9$ cm

**77.**
$a^2 + b^2 = c^2$
$12^2 + 5^2 = c^2$
$144 + 25 = c^2$
$169 = c^2$
$c = 13$ ft

**79.**
$a^2 + b^2 = c^2$
$4^2 + 3^2 = c^2$
$16 + 9 = c^2$
$25 = c^2$
$c = 5$ mi
They are 5 mi apart when they stop.

**81.**
$a^2 + b^2 = c^2$
$20^2 + 15^2 = c^2$
$400 + 225 = c^2$
$625 = c^2$
$c = 25$ mi
They are 25 mi apart when they stop.

**83.** $h(x) = \sqrt{x-2}$

**a.** $h(0) = \sqrt{0-2} = \sqrt{-2}$ not a real number

**b.** $h(1) = \sqrt{1-2} = \sqrt{-1}$ not a real number

**c.** $h(2) = \sqrt{2-2} = \sqrt{0} = 0$

**d.** $h(3) = \sqrt{3-2} = \sqrt{1} = 1$

**e.** $h(6) = \sqrt{6-2} = \sqrt{4} = 2$

$x - 2 \ge 0$
$x \ge 2$
Domain: $[2, \infty)$

**85.** $g(x) = \sqrt[3]{x-2}$

**a.** $g(-6) = \sqrt[3]{-6-2} = \sqrt[3]{-8} = -2$

**b.** $g(1) = \sqrt[3]{1-2} = \sqrt[3]{-1} = -1$

**c.** $g(2) = \sqrt[3]{2-2} = \sqrt[3]{0} = 0$

**d.** $g(3) = \sqrt[3]{3-2} = \sqrt[3]{1} = 1$

Domain: $(-\infty, \infty)$

**87.** $q(x) = \sqrt{x+5}$
$x + 5 \ge 0$
$x \ge -5$
Domain: $[-5, \infty)$

**89.** $R(x) = \sqrt[3]{x+1}$
Domain: $(-\infty, \infty)$

**91.** $p(x) = \sqrt{1-x}$
Graph: b

**93.** $T(x)=\sqrt{x-10}$
Graph: d

**95.** $q+p^2$

**97.** $\dfrac{6}{\sqrt[3]{x}}$

**99.** $s^2=64$
$s=\sqrt{64}=8$ in

**101.** $\sqrt{69}\approx 8.3066$

**103.** $2+\sqrt[3]{5}\approx 2+1.7100=3.7100$

**105.** $7\sqrt[4]{25}\approx 15.6525$

**107.** $\dfrac{3-\sqrt{19}}{11}\approx -0.1235$

**109.** $h(x)=\sqrt{x-2}$

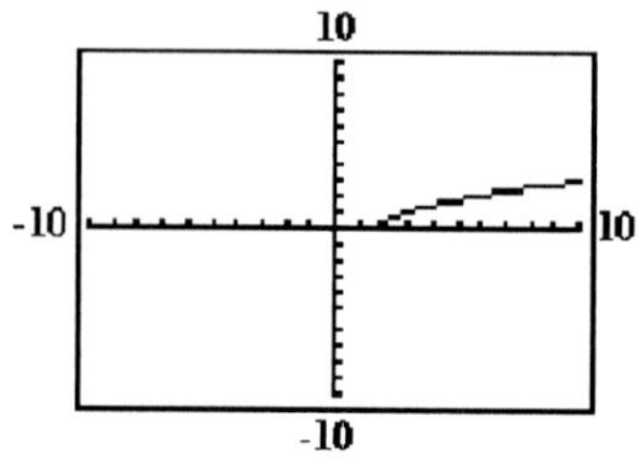


**111.** $g(x)=\sqrt[3]{x-2}$

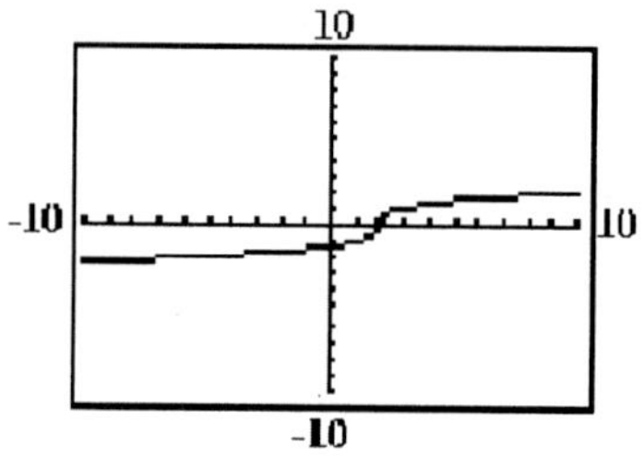


# Section 6.2 Rational Exponents

## Section 6.2 Practice Exercises

**1.** Answers will vary.

**3.** $\sqrt[3]{27}$
**a.** Index: 3
**b.** Radicand: 27

**5.** $\sqrt{25}=5$

**7.** $\sqrt[4]{81}=3$

**9.** $144^{1/2}=\sqrt{144}=12$

**11.** $-144^{1/2}=-\sqrt{144}=-12$

**13.** $(-144)^{1/2}=\sqrt{-144}$ is not a real number.

**15.** $(-64)^{1/3}=\sqrt[3]{-64}=-4$

**17.** $(25)^{-1/2}=\dfrac{1}{25^{1/2}}=\dfrac{1}{\sqrt{25}}=\dfrac{1}{5}$

**19.** $-49^{-1/2}=-\dfrac{1}{49^{1/2}}=-\dfrac{1}{\sqrt{49}}=-\dfrac{1}{7}$

**21.** $a^{m/n}=\sqrt[n]{a^m}$ ; The numerator of the exponent represents the power of the base. The denominator of the exponent represents the index of the radical.

**23.**
**a.** $16^{3/4} = \left(\sqrt[4]{16}\right)^3 = 2^3 = 8$

**b.** $-16^{3/4} = -\left(\sqrt[4]{16}\right)^3 = -\left(2^3\right) = -8$

**c.** $(-16)^{3/4} = \left(\sqrt[4]{-16}\right)^3$ is not a real number.

**d.** $16^{-3/4} = \dfrac{1}{16^{3/4}} = \dfrac{1}{\left(\sqrt[4]{16}\right)^3} = \dfrac{1}{2^3} = \dfrac{1}{8}$

**e.** $-16^{-3/4} = \dfrac{1}{-16^{3/4}} = \dfrac{1}{-\left(\sqrt[4]{16}\right)^3} = \dfrac{1}{-\left(2^3\right)} = -\dfrac{1}{8}$

**f.** $(-16)^{-3/4} = \dfrac{1}{(-16)^{3/4}} = \dfrac{1}{\left(\sqrt[4]{-16}\right)^3}$ is not a real number.

**25.**
**a.** $25^{3/2} = \left(\sqrt{25}\right)^3 = 5^3 = 125$

**b.** $-25^{3/2} = -\left(\sqrt{25}\right)^3 = -\left(5^3\right) = -125$

**c.** $(-25)^{3/2} = \left(\sqrt{-25}\right)^3$ is not a real number.

**d.** $25^{-3/2} = \dfrac{1}{25^{3/2}} = \dfrac{1}{\left(\sqrt{25}\right)^3} = \dfrac{1}{5^3} = \dfrac{1}{125}$

**e.** $-25^{-3/2} = \dfrac{1}{-25^{3/2}} = \dfrac{1}{-\left(\sqrt{25}\right)^3} = \dfrac{1}{-\left(5^3\right)} = -\dfrac{1}{125}$

**f.** $(-25)^{-3/2} = \dfrac{1}{(-25)^{3/2}} = \dfrac{1}{\left(\sqrt{-25}\right)^3}$ is not a real number.

**27.** $64^{-3/2} = \dfrac{1}{64^{3/2}} = \dfrac{1}{\left(\sqrt{64}\right)^3} = \dfrac{1}{8^3} = \dfrac{1}{512}$

**29.** $243^{3/5} = \left(\sqrt[5]{243}\right)^3 = 3^3 = 27$

**31.** $-27^{-4/3} = \dfrac{1}{-27^{4/3}} = \dfrac{1}{-\left(\sqrt[3]{27}\right)^4} = \dfrac{1}{-(3)^4} = -\dfrac{1}{81}$

**33.** $\left(\dfrac{100}{9}\right)^{-3/2} = \dfrac{1}{\left(\dfrac{100}{9}\right)^{3/2}} = \dfrac{1}{\left(\sqrt{\dfrac{100}{9}}\right)^3} = \dfrac{1}{\left(\dfrac{10}{3}\right)^3} = \dfrac{1}{\dfrac{1000}{27}} = \dfrac{27}{1000}$

**35.** $(-4)^{-3/2} = \dfrac{1}{(-4)^{3/2}} = \dfrac{1}{\left(\sqrt{-4}\right)^3}$ is not a real number

**37.** $(-8)^{1/3} = \sqrt[3]{-8} = -2$

**39.** $-8^{1/3} = -\sqrt[3]{8} = -2$

**41.** $\dfrac{1}{36^{-1/2}} = 36^{1/2} = \sqrt{36} = 6$

**43.** $\dfrac{1}{1000^{-1/3}} = 1000^{1/3} = \sqrt[3]{1000} = 10$

**45.** $\left(\dfrac{1}{8}\right)^{2/3} + \left(\dfrac{1}{4}\right)^{1/2} = \left(\sqrt[3]{\dfrac{1}{8}}\right)^2 + \sqrt{\dfrac{1}{4}} = \left(\dfrac{1}{2}\right)^2 + \dfrac{1}{2} = \dfrac{1}{4} + \dfrac{1}{2} = \dfrac{3}{4}$

**47.** $\left(\frac{1}{16}\right)^{-3/4}-\left(\frac{1}{49}\right)^{-1/2}=16^{3/4}-49^{1/2}$
$=\left(\sqrt[4]{16}\right)^3-\sqrt{49}=(2)^3-7=8-7=1$

**49.** $\left(\frac{1}{4}\right)^{1/2}+\left(\frac{1}{64}\right)^{-1/3}=\left(\frac{1}{4}\right)^{1/2}+(64)^{1/3}$
$=\sqrt{\frac{1}{4}}+\sqrt[3]{64}=\frac{1}{2}+4=\frac{9}{2}$

**51.** $q^{2/3}=\sqrt[3]{q^2}$

**53.** $6y^{3/4}=6\sqrt[4]{y^3}$

**55.** $\left(x^2y\right)^{1/3}=\sqrt[3]{x^2y}$

**57.** $(qr)^{-1/5}=\frac{1}{(qr)^{1/5}}=\frac{1}{\sqrt[5]{qr}}$

**59.** $\sqrt[3]{x}=x^{1/3}$

**61.** $10\sqrt{b}=10b^{1/2}$

**63.** $\sqrt[3]{y^2}=y^{2/3}$

**65.** $\sqrt[4]{a^2b^3}=\left(a^2b^3\right)^{1/4}$

**67.** $x^{1/4}x^{-5/4}=x^{1/4+(-5/4)}=x^{-1}=\frac{1}{x}$

**69.** $\frac{p^{5/3}}{p^{2/3}}=p^{(5/3)-(2/3)}=p^1=p$

**71.** $\left(y^{1/5}\right)^{10}=y^{(1/5)(10)}=y^2$

**73.** $6^{-1/5}6^{3/5}=6^{(-1/5)+(3/5)}=6^{2/5}$

**75.** $\frac{4t^{-1/3}}{t^{4/3}}=4t^{(-1/3)-(4/3)}=4t^{-5/3}=\frac{4}{t^{5/3}}$

**77.** $\left(a^{1/3}a^{1/4}\right)^{12}=\left(a^{1/3}\right)^{12}\left(a^{1/4}\right)^{12}=a^{12/3}a^{12/4}$
$=a^4a^3=a^{3+4}=a^7$

**79.** $\left(5a^2c^{-1/2}d^{1/2}\right)^2=5^2\left(a^2\right)^2\left(c^{-1/2}\right)^2\left(d^{1/2}\right)^2$
$=5^2a^4c^{-2/2}d^{2/2}=25a^4c^{-1}d^1=\frac{25a^4d}{c}$

**81.** $\left(\frac{x^{-2/3}}{y^{-3/4}}\right)^{12}=\frac{\left(x^{-2/3}\right)^{12}}{\left(y^{-3/4}\right)^{12}}=\frac{x^{-24/3}}{y^{-36/4}}=\frac{x^{-8}}{y^{-9}}=\frac{y^9}{x^8}$

**83.** $\left(\frac{16w^{-2}z}{2wz^{-8}}\right)^{1/3}=\left(8w^{-2-1}z^{1-(-8)}\right)^{1/3}=\left(8w^{-3}z^9\right)^{1/3}$
$=8^{1/3}\left(w^{-3}\right)^{1/3}\left(z^9\right)^{1/3}=\sqrt[3]{8}w^{-3/3}z^{9/3}$
$=2w^{-1}z^3=\frac{2z^3}{w}$

**85.** $\left(25x^2y^4z^6\right)^{1/2}=25^{1/2}\left(x^2\right)^{1/2}\left(y^4\right)^{1/2}\left(z^6\right)^{1/2}$
$=\sqrt{25}x^{2/2}y^{4/2}z^{6/2}=5xy^2z^3$

**87.** $\left(x^2y^{-1/3}\right)^6\left(x^{1/2}yz^{2/3}\right)^2$
$=\left(x^2\right)^6\left(y^{-1/3}\right)^6\left(x^{1/2}\right)^2y^2\left(z^{2/3}\right)^2$
$=x^{12}y^{-2}x^1y^2z^{4/3}=x^{12+1}y^{-2+2}z^{4/3}$
$=x^{13}y^0z^{4/3}=x^{13}z^{4/3}$

**89.** $\left(\frac{x^{3m}y^{2m}}{z^{5m}}\right)^{1/m}=\frac{\left(x^{3m}\right)^{1/m}\left(y^{2m}\right)^{1/m}}{\left(z^{5m}\right)^{1/m}}$
$=\frac{x^{3m/m}y^{2m/m}}{z^{5m/m}}=\frac{x^3y^2}{z^5}$

d

**91.** **a.** $r = \left(\frac{A}{P}\right)^{1/t} - 1$

$r = \left(\frac{16,802}{10,000}\right)^{1/5} - 1 \approx 0.109 = 10.9\%$

**b.** $r = \left(\frac{18,000}{10,000}\right)^{1/7} - 1 \approx 0.088 = 8.8\%$

**c.** The account in part (a).

**93.** $r = \left(\frac{3V}{4\pi}\right)^{1/3}$

$r = \left(\frac{3(85)}{4\pi}\right)^{1/3} = \sqrt[3]{\frac{3(85)}{4\pi}} \approx 2.7 \text{ in}$

**95.** $\sqrt[6]{y^3} = y^{3/6} = y^{1/2} = \sqrt{y}$

**97.** $\sqrt[12]{z^3} = z^{3/12} = z^{1/4} = \sqrt[4]{z}$

**99.** $\sqrt[9]{x^6} = x^{6/9} = x^{2/3} = \sqrt[3]{x^2}$

**101.** $\sqrt{\sqrt[3]{x}} = \sqrt{x^{1/3}} = \left(x^{1/3}\right)^{1/2} = x^{(1/3)(1/2)} = x^{1/6} = \sqrt[6]{x}$

**103.** $\sqrt[5]{\sqrt[3]{w}} = \sqrt[5]{w^{1/3}} = \left(w^{1/3}\right)^{1/5} = w^{(1/3)(1/5)} = w^{1/15}$

$= \sqrt[15]{w}$

**105.** $9^{1/2} = 3$

**107.** $50^{-1/4} \approx 0.3761$

**109.** $\sqrt[3]{5^2} \approx 2.9240$

**111.** $\sqrt{10^3} \approx 31.6228$

## Section 6.3 Simplifying Radical Expressions

### Section 6.3 Practice Exercises

**1.** Answers will vary.

**3.** $\left(\frac{p^4}{q^{-6}}\right)^{-1/2}\left(p^3q^{-2}\right) = \frac{\left(p^4\right)^{-1/2}}{\left(q^{-6}\right)^{-1/2}}\left(p^3q^{-2}\right)$

$= \frac{p^{-4/2}}{q^{6/2}}\left(p^3q^{-2}\right) = \frac{p^{-2}}{q^3}\cdot p^3q^{-2}$

$= p^{-2+3}q^{-2-3} = pq^{-5} = \frac{p}{q^5}$

**5.** $x^{4/7} = \sqrt[7]{x^4}$

**7.** $\sqrt{y^9} = y^{9/2}$

**9.** $\sqrt{x^{11}} = \sqrt{x^{10}\cdot x} = \sqrt{x^{10}}\cdot\sqrt{x} = x^5\sqrt{x}$

**11.** $\sqrt[3]{q^7} = \sqrt[3]{q^6\cdot q} = \sqrt[3]{q^6}\cdot\sqrt[3]{q} = q^2\sqrt[3]{q}$

**13.** $\sqrt{a^5b^4} = \sqrt{a^4b^4\cdot a} = \sqrt{a^4b^4}\cdot\sqrt{a} = a^2b^2\sqrt{a}$

**15.** $-\sqrt[4]{x^8y^{13}} = -\sqrt[4]{x^8y^{12}\cdot y} = -\sqrt[4]{x^8y^{12}}\cdot\sqrt[4]{y}$

$= -x^2y^3\sqrt[4]{y}$

**17.** $\sqrt{28}=\sqrt{4\cdot 7}=\sqrt{4}\cdot\sqrt{7}=2\sqrt{7}$

**19.** $5\sqrt{18}=5\sqrt{9\cdot 2}=5\sqrt{9}\cdot\sqrt{2}=5\cdot 3\sqrt{2}=15\sqrt{2}$

**21.** $\sqrt[3]{54}=\sqrt[3]{27\cdot 2}=\sqrt[3]{27}\cdot\sqrt[3]{2}=3\sqrt[3]{2}$

**23.** $\sqrt{25ab^3}=\sqrt{25b^2\cdot ab}=\sqrt{25b^2}\cdot\sqrt{ab}=5b\sqrt{ab}$

**25.** $\sqrt[3]{-16x^6yz^3}=\sqrt[3]{-8x^6z^3\cdot 2y}$
$=\sqrt[3]{-8x^6z^3}\cdot\sqrt[3]{2y}=-2x^2z\sqrt[3]{2y}$

**27.** $\sqrt[4]{80w^4z^7}=\sqrt[4]{16w^4z^4\cdot 5z^3}$
$=\sqrt[4]{16w^4z^4}\cdot\sqrt[4]{5z^3}=2wz\sqrt[4]{5z^3}$

**29.** $\sqrt{\dfrac{x^3}{x}}=\sqrt{x^2}=x$

**31.** $\sqrt{\dfrac{p^7}{p^3}}=\sqrt{p^4}=p^2$

**33.** $\sqrt{\dfrac{50}{2}}=\sqrt{25}=5$

**35.** $\sqrt[3]{\dfrac{3}{24}}=\sqrt[3]{\dfrac{1}{8}}=\dfrac{1}{2}$

**37.** $\dfrac{5\sqrt[3]{16}}{6}=\dfrac{5\sqrt[3]{8\cdot 2}}{6}=\dfrac{5\sqrt[3]{8}\cdot\sqrt[3]{2}}{6}$
$=\dfrac{5\cdot 2\sqrt[3]{2}}{6}=\dfrac{5\sqrt[3]{2}}{3}$

**39.** $\dfrac{5\sqrt[3]{72}}{12}=\dfrac{5\sqrt[3]{8\cdot 9}}{12}=\dfrac{5\sqrt[3]{8}\cdot\sqrt[3]{9}}{12}$
$=\dfrac{5\cdot 2\sqrt[3]{9}}{12}=\dfrac{5\sqrt[3]{9}}{6}$

**41.** $\sqrt{80}=\sqrt{16\cdot 5}=\sqrt{16}\cdot\sqrt{5}=4\sqrt{5}$

**43.** $-6\sqrt{75}=-6\sqrt{25\cdot 3}=-6\sqrt{25}\cdot\sqrt{3}$
$=-6\cdot 5\sqrt{3}=-30\sqrt{3}$

**45.** $\sqrt{25x^4y^3}=\sqrt{25x^4y^2\cdot y}$
$=\sqrt{25x^4y^2}\cdot\sqrt{y}=5x^2y\sqrt{y}$

**47.** $\sqrt[3]{27x^2y^3z^4}=\sqrt[3]{27y^3z^3\cdot x^2z}$
$=\sqrt[3]{27y^3z^3}\cdot\sqrt[3]{x^2z}=3yz\sqrt[3]{x^2z}$

**49.** $\sqrt{\dfrac{12w^5}{3w}}=\sqrt{4w^4}=2w^2$

**51.** $\sqrt{\dfrac{3y^3}{300y^{15}}}=\sqrt{\dfrac{1}{100y^{12}}}=\dfrac{1}{10y^6}$

**53.** $\sqrt[3]{\dfrac{16a^2b}{2a^2b^4}}=\sqrt[3]{\dfrac{8}{b^3}}=\dfrac{2}{b}$

**55.** $\sqrt{2^3a^{14}b^8c^{31}d^{22}}=\sqrt{2^2a^{14}b^8c^{30}d^{22}\cdot 2c}$
$=\sqrt{2^2a^{14}b^8c^{30}d^{22}}\cdot\sqrt{2c}$
$=2a^7b^4c^{15}d^{11}\sqrt{2c}$

**57.** $\sqrt{18a^6b^3}=\sqrt{9a^6b^2\cdot 2b}$
$=\sqrt{9a^6b^2}\cdot\sqrt{2b}=3a^3b\sqrt{2b}$

**59.** $-5a\sqrt{12a^3b^4c}=-5a\sqrt{4\cdot 3\cdot a^2\cdot a\cdot b^4\cdot c}$
$=-5a\cdot 2ab^2\sqrt{3ac}$
$=-10a^2b^2\sqrt{3ac}$

**61.** $\sqrt{7x^5y}=\sqrt{7x^4\cdot xy}=x^2\sqrt{7xy}$

**63.** $\sqrt{54a^4b^2}=\sqrt{6\cdot 9a^4b^2}=3a^2b\sqrt{6}$

**65.** $\dfrac{2\sqrt{27}}{3}=\dfrac{2\sqrt{9\cdot 3}}{3}=\dfrac{2\cdot 3\sqrt{3}}{3}=2\sqrt{3}$

**67.** $\dfrac{3\sqrt{125}}{20}=\dfrac{3\sqrt{25\cdot 5}}{20}=\dfrac{3\cdot 5\sqrt{5}}{20}=\dfrac{3\sqrt{5}}{4}$

**69.** $\dfrac{1}{\sqrt[3]{w^6}} = \dfrac{1}{w^2}$

**71.** $\sqrt{k^3} = \sqrt{k^2 \cdot k} = k\sqrt{k}$

**73.**
$$a^2 + b^2 = c^2$$
$$8^2 + 10^2 = c^2$$
$$64 + 100 = c^2$$
$$164 = c^2$$
$$c = \sqrt{164} = \sqrt{4 \cdot 41} = 2\sqrt{41} \text{ ft}$$

**75.**
$$a^2 + b^2 = c^2$$
$$a^2 + 12^2 = 18^2$$
$$a^2 + 144 = 324$$
$$a^2 = 180$$
$$a = \sqrt{180} = \sqrt{36 \cdot 5} = 6\sqrt{5} \text{ m}$$

**77.**
$$a^2 + b^2 = c^2$$
$$90^2 + 90^2 = c^2$$
$$8100 + 8100 = c^2$$
$$16200 = c^2$$
$$c = \sqrt{16200} = \sqrt{8100 \cdot 2}$$
$$= 90\sqrt{2} \text{ ft} \approx 127.3 \text{ ft}$$

**79.** Let $b$ = the distance from B to C
$$40^2 + b^2 = 50^2$$
$$1600 + b^2 = 2500$$
$$b^2 = 900$$
$$b = \sqrt{900} = 30 \text{ mi}$$
The distance along the four lane highway is 40 + 30 = 70 mi. The time from A to C via B is
$$t = \frac{70}{55} = \frac{14}{11} \approx 1.27 \text{ hr}.$$
The time from A to C along the direct route is
$$t = \frac{50}{35} = \frac{10}{7} \approx 1.43 \text{ hr}.$$
The route form A to C via B is the faster.

# Section 6.4 Addition and Subtraction of Radicals

## Section 6.4 Practice Exercises

**1.** Two radical terms are said to be like radicals if they have the same index and the same radicand.

**3.**
$$-\sqrt[4]{x^7y^4} = -\sqrt[4]{x^4y^4 \cdot x^3}$$
$$= -\sqrt[4]{x^4y^4} \cdot \sqrt[4]{x^3} = -xy\sqrt[4]{x^3}$$

**5.** $\dfrac{\sqrt[3]{7b^8}}{\sqrt[3]{56b^2}} = \sqrt[3]{\dfrac{7b^8}{56b^2}} = \sqrt[3]{\dfrac{b^6}{8}} = \dfrac{b^2}{2}$

**7.** $\sqrt[4]{x^3y} = (x^3y)^{1/4} = (x^3)^{1/4} y^{1/4} = x^{3/4}y^{1/4}$

**9.** $y^{2/3}y^{1/4} = y^{(2/3)+(1/4)} = y^{11/12}$

**11.**
- **a.** $\sqrt{2}$ and $\sqrt[3]{2}$ are not like radicals. The indices are different.
- **b.** $\sqrt{2}$ and $3\sqrt{2}$ are like radicals.
- **c.** $\sqrt{2}$ and $\sqrt{5}$ are not like radicals. The radicands are different.

**13.**
- **a.** $7\sqrt{5} + 4\sqrt{5}$ and $7x + 4x$
  Both expressions can be simplified by using the distributive property.
- **b.** $-2\sqrt{6} - 9\sqrt{3}$ and $-2x - 9y$
  Neither expression can be simplified because they do not contain like terms or like radicals.

**15.** $3\sqrt{5}+6\sqrt{5}=(3+6)\sqrt{5}=9\sqrt{5}$

**17.** $3\sqrt[3]{tw}-2\sqrt[3]{tw}+\sqrt[3]{tw}=(3-2+1)\sqrt[3]{tw}=2\sqrt[3]{tw}$

**19.** $6\sqrt{10}-\sqrt{10}=(6-1)\sqrt{10}=5\sqrt{10}$

**21.** $\sqrt[4]{3}+7\sqrt[4]{3}-\sqrt[4]{14}=(1+7)\sqrt[4]{3}-\sqrt[4]{14}$
$=8\sqrt[4]{3}-\sqrt[4]{14}$

**23.** $8\sqrt{x}+2\sqrt{y}-6\sqrt{x}=(8-6)\sqrt{x}+2\sqrt{y}$
$=2\sqrt{x}+2\sqrt{y}$

**25.** $\sqrt[3]{ab}+a\sqrt[3]{b}$ cannot be simplified further.

**27.** $\sqrt{2t}+\sqrt[3]{2t}$ cannot be simplified further.

**29.** $\frac{5}{6}z\sqrt[3]{6}+\frac{7}{9}z\sqrt[3]{6}=\left(\frac{5}{6}+\frac{7}{9}\right)z\sqrt[3]{6}$
$=\left(\frac{15}{18}+\frac{14}{18}\right)z\sqrt[3]{6}=\frac{29}{18}z\sqrt[3]{6}$

**31.** $0.81x\sqrt{y}-0.11x\sqrt{y}=(0.81-0.11)x\sqrt{y}$
$=0.70x\sqrt{y}$

**33.** $5x\sqrt{x}+6\sqrt{x}=(5x+6)\sqrt{x}$

**35.** $14a\sqrt{2a}-3\sqrt{2a}=(14a-3)\sqrt{2a}$

**37.** $\sqrt{36}+\sqrt{81}=6+9=15$

**39.** $2\sqrt{12}+\sqrt{48}=2\sqrt{4\cdot3}+\sqrt{16\cdot3}$
$=2\cdot2\sqrt{3}+4\sqrt{3}=4\sqrt{3}+4\sqrt{3}$
$=(4+4)\sqrt{3}=8\sqrt{3}$

**41.** $4\sqrt{7}+\sqrt{63}-2\sqrt{28}=4\sqrt{7}+\sqrt{9\cdot7}-2\sqrt{4\cdot7}$
$=4\sqrt{7}+3\sqrt{7}-2\cdot2\sqrt{7}$
$=4\sqrt{7}+3\sqrt{7}-4\sqrt{7}$
$=(4+3-4)\sqrt{7}=3\sqrt{7}$

**43.** $5\sqrt{18}+\sqrt{32}-4\sqrt{50}$
$=5\sqrt{9\cdot2}+\sqrt{16\cdot2}-4\sqrt{25\cdot2}$
$=5\cdot3\sqrt{2}+4\sqrt{2}-4\cdot5\sqrt{2}$
$=15\sqrt{2}+4\sqrt{2}-20\sqrt{2}$
$=(15+4-20)\sqrt{2}=-\sqrt{2}$

**45.** $\sqrt[3]{81}-\sqrt[3]{24}=\sqrt[3]{27\cdot3}-\sqrt[3]{8\cdot3}=3\sqrt[3]{3}-2\sqrt[3]{3}$
$=(3-2)\sqrt[3]{3}=\sqrt[3]{3}$

**47.** $3\sqrt{2a}-\sqrt{8a}-\sqrt{72a}$
$=3\sqrt{2a}-\sqrt{4\cdot2a}-\sqrt{36\cdot2a}$
$=3\sqrt{2a}-2\sqrt{2a}-6\sqrt{2a}$
$=(3-2-6)\sqrt{2a}=-5\sqrt{2a}$

**49.** $2s^2\sqrt[3]{s^2t^6}+3t^2\sqrt[3]{8s^8}$
$=2s^2\sqrt[3]{t^6\cdot s^2}+3t^2\sqrt[3]{8s^6\cdot s^2}$
$=2s^2\cdot t^2\sqrt[3]{s^2}+3t^2\cdot2s^2\sqrt[3]{s^2}$
$=2s^2t^2\sqrt[3]{s^2}+6s^2t^2\sqrt[3]{s^2}$
$=\left(2s^2t^2+6s^2t^2\right)\sqrt[3]{s^2}=8s^2t^2\sqrt[3]{s^2}$

**51.** $7\sqrt[3]{x^4} - x\sqrt[3]{x} = 7\sqrt[3]{x^3 \cdot x} - x\sqrt[3]{x}$
$= 7x\sqrt[3]{x} - x\sqrt[3]{x}$
$= (7x - x)\sqrt[3]{x} = 6x\sqrt[3]{x}$

**53.** $5p\sqrt{20p^2} + p^2\sqrt{80} = 5p\sqrt{4p^2 \cdot 5} + p^2\sqrt{16 \cdot 5}$
$= 5p \cdot 2p\sqrt{5} + p^2 \cdot 4\sqrt{5}$
$= 10p^2\sqrt{5} + 4p^2\sqrt{5}$
$= (10p^2 + 4p^2)\sqrt{5} = 14p^2\sqrt{5}$

**55.** $\sqrt[3]{a^2b} - \sqrt[3]{8a^2b} = \sqrt[3]{a^2b} - 2\sqrt[3]{a^2b}$
$= (1-2)\sqrt[3]{a^2b} = -\sqrt[3]{a^2b}$

**57.** $11\sqrt[3]{54cd^3} - 2\sqrt[3]{2cd^3} + d\sqrt[3]{16c}$
$= 11\sqrt[3]{27 \cdot 2cd^3} - 2\sqrt[3]{2cd^3} + d\sqrt[3]{8 \cdot 2c}$
$= 11 \cdot 3d\sqrt[3]{2c} - 2 \cdot d\sqrt[3]{2c} + d \cdot 2\sqrt[3]{2c}$
$= 33d\sqrt[3]{2c} - 2d\sqrt[3]{2c} + 2d\sqrt[3]{2c}$
$= (33 - 2 + 2)d\sqrt[3]{2c} = 33d\sqrt[3]{2c}$

**59.** $\frac{3}{2}ab\sqrt{24a^3} + \frac{4}{3}\sqrt{54a^5b^2} - a^2b\sqrt{150a} = \frac{3}{2}ab\sqrt{4a^2 \cdot 6a} + \frac{4}{3}\sqrt{9a^4b^2 \cdot 6a} - a^2b\sqrt{25 \cdot 6a}$
$= \frac{3}{2}ab \cdot 2a\sqrt{6a} + \frac{4}{3} \cdot 3a^2b\sqrt{6a} - a^2b \cdot 5\sqrt{6a} = 3a^2b\sqrt{6a} + 4a^2b\sqrt{6a} - 5a^2b\sqrt{6a}$
$= (3 + 4 - 5)a^2b\sqrt{6a} = 2a^2b\sqrt{6a}$

**61.** $x\sqrt[3]{16} - 2\sqrt[3]{27x} + \sqrt[3]{54x^3}$
$= x\sqrt[3]{8 \cdot 2} - 2\sqrt[3]{27x} + \sqrt[3]{27x^3 \cdot 2}$
$= x \cdot 2\sqrt[3]{2} - 2 \cdot 3\sqrt[3]{x} + 3x\sqrt[3]{2}$
$= 2x\sqrt[3]{2} - 6\sqrt[3]{x} + 3x\sqrt[3]{2}$
$= (2 + 3)x\sqrt[3]{2} - 6\sqrt[3]{x} = 5x\sqrt[3]{2} - 6\sqrt[3]{x}$

**63.** $\sqrt{x} + \sqrt{y} = \sqrt{x + y}$ False.
$\sqrt{9} + \sqrt{16} \neq \sqrt{9 + 16}$
$3 + 4 \neq \sqrt{25}$
$7 \neq 5$

**65.** $5\sqrt[3]{x} + 2\sqrt[3]{x} = 7\sqrt[3]{x}$ True.

**67.** $\sqrt{y} + \sqrt{y} = \sqrt{2y}$ False.
$\sqrt{y} + \sqrt{y} = 2\sqrt{y} \neq \sqrt{2y}$

**69.** $\sqrt{48} + \sqrt{12} = \sqrt{16 \cdot 3} + \sqrt{4 \cdot 3} = 4\sqrt{3} + 2\sqrt{3}$
$= (4 + 2)\sqrt{3} = 6\sqrt{3}$

**71.** $5\sqrt[3]{x^6} - x^2 = 5x^2 - x^2 = 4x^2$

**73.** $\sqrt{18} - 5^2$
The difference of the principal square root of 18 and the square of 5.

**75.** $\sqrt[4]{x} + y^3$
The sum of the principal fourth root of $x$ and the cube of $y$.

**77.** $P = 2\sqrt{6} + 2\sqrt{24} + \sqrt{54}$
$= 2\sqrt{6} + 2\sqrt{4\cdot 6} + \sqrt{9\cdot 6}$
$= 2\sqrt{6} + 2\cdot 2\sqrt{6} + 3\sqrt{6}$
$= 2\sqrt{6} + 4\sqrt{6} + 3\sqrt{6}$
$= (2+4+3)\sqrt{6} = 9\sqrt{6}$ cm $\approx 22.0$ cm

**79.** $2\sqrt{50} + 2x = 14\sqrt{2}$
$2\sqrt{25\cdot 2} + 2x = 14\sqrt{2}$
$2\cdot 5\sqrt{2} + 2x = 14\sqrt{2}$
$10\sqrt{2} + 2x = 14\sqrt{2}$
$2x = 4\sqrt{2}$
$x = 2\sqrt{2}$ ft

**81. a.** Side from (0, 6) to (6, 9):
$c^2 = 3^2 + 6^2 = 9 + 36 = 45$
$c = \sqrt{45} = \sqrt{9\cdot 5} = 3\sqrt{5}$
Side from (6, 9) to (7, 7):
$c^2 = 1^2 + 2^2 = 1 + 4 = 5$
$c = \sqrt{5}$
Side from (7, 7) to (4, 1):
$c^2 = 3^2 + 6^2 = 9 + 36 = 45$
$c = \sqrt{45} = \sqrt{9\cdot 5} = 3\sqrt{5}$
Side from (4, 1) to (2, 2):
$c^2 = 1^2 + 2^2 = 1 + 4 = 5$
$c = \sqrt{5}$
Side from (2, 2) to (0, 6):
$c^2 = 2^2 + 4^2 = 4 + 16 = 20$
$c = \sqrt{20} = \sqrt{4\cdot 5} = 2\sqrt{5}$
$P = 3\sqrt{5} + \sqrt{5} + 3\sqrt{5} + \sqrt{5} + 2\sqrt{5}$
$= (3+1+3+1+2)\sqrt{5} = 10\sqrt{5}$ yd

**b.** $10\sqrt{5} \approx 22.36$ yd

**c.** $C = 1.49(22.36)(3) + 0.06(1.49(22.36)(3))$
$= 99.95 + 6.00 = \$105.95$

## Section 6.5 Multiplication of Radicals

### Section 6.5 Practice Exercises

**1.** $\sqrt[3]{-16x^5y^6z^7} = \sqrt[3]{-8x^3y^6z^6\cdot 2x^2z}$
$= -2xy^2z^2\sqrt[3]{2x^2z}$

**3.** $\sqrt{\dfrac{8y^3z^5}{y}} = \sqrt{8y^2z^5} = \sqrt{4\cdot 2\cdot y^2\cdot z^4\cdot z}$
$= 2yz^2\sqrt{2z}$

**5.** $p^{1/8}q^{1/2}p^{-1/4}q^{3/2} = p^{(1/8)+(-1/4)}q^{(1/2)+(3/2)}$
$= p^{-1/8}q^2 = \dfrac{q^2}{p^{1/8}}$

**7.** $-2\sqrt[3]{7} + 4\sqrt[3]{7} = (-2+4)\sqrt[3]{7} = 2\sqrt[3]{7}$

**9.** $\sqrt[3]{7}\cdot\sqrt[3]{3} = \sqrt[3]{21}$

**11.** $\sqrt{2}\cdot\sqrt{10} = \sqrt{20} = \sqrt{4\cdot 5} = 2\sqrt{5}$

**13.** $\sqrt[4]{16}\cdot\sqrt[4]{64} = \sqrt[4]{2^4}\cdot\sqrt[4]{2^6} = 2\sqrt[4]{2^4\cdot 2^2}$
$= 2\cdot 2\sqrt[4]{2^2} = 4\sqrt[4]{4}$

**15.** $(4\sqrt[3]{4})(2\sqrt[3]{5}) = (4\cdot 2)(\sqrt[3]{4}\cdot\sqrt[3]{5}) = 8\sqrt[3]{20}$

**17.** $\left(8a\sqrt{b}\right)\left(-3\sqrt{ab}\right)=(8a)(-3)\left(\sqrt{b}\cdot\sqrt{ab}\right)$
$=-24a\sqrt{ab^2}=-24ab\sqrt{a}$

**19.** $\sqrt{30}\cdot\sqrt{12}=\sqrt{360}=\sqrt{36\cdot 10}=6\sqrt{10}$

**21.** $\sqrt{6x}\sqrt{12x}=\sqrt{72x^2}=\sqrt{36x^2\cdot 2}=6x\sqrt{2}$

**23.** $\sqrt{5a^3b^2}\sqrt{20a^3b^3}=\sqrt{100a^6b^5}$
$=\sqrt{100a^6b^4\cdot b}$
$=10a^3b^2\sqrt{b}$

**25.** $\left(4\sqrt{3xy^3}\right)\left(-2\sqrt{6x^3y^2}\right)=-8\sqrt{18x^4y^5}$
$=-8\sqrt{9x^4y^4\cdot 2y}=-8\cdot 3x^2y^2\sqrt{2y}$
$=-24x^2y^2\sqrt{2y}$

**27.** $\left(\sqrt[3]{4a^2b}\right)\left(\sqrt[3]{2ab^3}\right)\left(\sqrt[3]{54a^2b}\right)$
$=\sqrt[3]{8a^3b^3\cdot b}\cdot\sqrt[3]{27\cdot 2a^2b}$
$=2ab\sqrt[3]{b}\cdot 3\sqrt[3]{2a^2b}=6ab\sqrt[3]{2a^2b^2}$

**29.** $\sqrt{3}\left(4\sqrt{3}-6\right)=\sqrt{3}\cdot 4\sqrt{3}-\sqrt{3}\cdot(6)$
$=4\sqrt{9}-6\sqrt{3}$
$=4\cdot 3-6\sqrt{3}=12-6\sqrt{3}$

**31.** $\sqrt{2}\left(\sqrt{6}-\sqrt{3}\right)=\sqrt{2}\cdot\sqrt{6}-\sqrt{2}\cdot\sqrt{3}$
$=\sqrt{12}-\sqrt{6}=\sqrt{4\cdot 3}-\sqrt{6}$
$=2\sqrt{3}-\sqrt{6}$

**33.** $-\frac{1}{3}\sqrt{x}\left(6\sqrt{x}+7\right)=-\frac{1}{3}\sqrt{x}\cdot 6\sqrt{x}-\frac{1}{3}\sqrt{x}\cdot(7)$
$=-2\sqrt{x^2}-\frac{7}{3}\sqrt{x}=-2x-\frac{7}{3}\sqrt{x}$

**35.** $\left(\sqrt{3}+2\sqrt{10}\right)\left(4\sqrt{3}-\sqrt{10}\right)=\sqrt{3}\cdot 4\sqrt{3}-\sqrt{3}\cdot\sqrt{10}+2\sqrt{10}\cdot 4\sqrt{3}-2\sqrt{10}\cdot\sqrt{10}$
$=4\sqrt{9}-\sqrt{30}+8\sqrt{30}-2\sqrt{100}=4\cdot 3+7\sqrt{30}-2\cdot 10=12+7\sqrt{30}-20=-8+7\sqrt{30}$

**37.** $\left(\sqrt{x}+4\right)\left(\sqrt{x}-9\right)=\sqrt{x}\cdot\sqrt{x}-\sqrt{x}\cdot 9+4\cdot\sqrt{x}-4\cdot 9=\sqrt{x^2}-9\sqrt{x}+4\sqrt{x}-36=x-5\sqrt{x}-36$

**39.** $\left(\sqrt[3]{y}+2\right)\left(\sqrt[3]{y}-3\right)=\sqrt[3]{y}\cdot\sqrt[3]{y}-\sqrt[3]{y}\cdot 3+2\cdot\sqrt[3]{y}-2\cdot 3=\sqrt[3]{y^2}-3\sqrt[3]{y}+2\sqrt[3]{y}-6=\sqrt[3]{y^2}-\sqrt[3]{y}-6$

**41.** $\left(\sqrt{a}-3\sqrt{b}\right)\left(9\sqrt{a}-\sqrt{b}\right)=\sqrt{a}\cdot 9\sqrt{a}-\sqrt{a}\cdot\sqrt{b}-3\sqrt{b}\cdot 9\sqrt{a}+3\sqrt{b}\cdot\sqrt{b}$
$=9\sqrt{a^2}-\sqrt{ab}-27\sqrt{ab}+3\sqrt{b^2}=9a-28\sqrt{ab}+3b$

**43.** $\left(\sqrt{p}+2\sqrt{q}\right)\left(8+3\sqrt{p}-\sqrt{q}\right)=\sqrt{p}\cdot 8+\sqrt{p}\cdot 3\sqrt{p}-\sqrt{p}\cdot\sqrt{q}+2\sqrt{q}\cdot 8+2\sqrt{q}\cdot 3\sqrt{p}-2\sqrt{q}\cdot\sqrt{q}$
$=8\sqrt{p}+3\sqrt{p^2}-\sqrt{pq}+16\sqrt{q}+6\sqrt{pq}-2\sqrt{q^2}=8\sqrt{p}+3p+5\sqrt{pq}+16\sqrt{q}-2q$

**45.** $\left(\sqrt{15}\right)^2=15$

**47.** $\left(\sqrt{3y}\right)^2=3y$

**49.** $\left(\sqrt[3]{6}\right)^3=6$

**51.** $\sqrt{709}\cdot\sqrt{709}=\left(\sqrt{709}\right)^2=709$

**53.** **a.** $(x+y)(x-y)=x^2-y^2$

**b.** $(x+5)(x-5)=x^2-5^2=x^2-25$

**55.** $\left(\sqrt{13}+4\right)^2=\left(\sqrt{13}\right)^2+2\left(\sqrt{13}\right)(4)+4^2$
$=13+8\sqrt{13}+16=29+8\sqrt{13}$

**57.** $\left(\sqrt{p}-\sqrt{7}\right)^2=\left(\sqrt{p}\right)^2-2\left(\sqrt{p}\right)\left(\sqrt{7}\right)+\left(\sqrt{7}\right)^2$
$=p-2\sqrt{7p}+7$

**59.** $\left(\sqrt{2a}-3\sqrt{b}\right)^2$
$=\left(\sqrt{2a}\right)^2-2\left(\sqrt{2a}\right)\left(3\sqrt{b}\right)+\left(3\sqrt{b}\right)^2$
$=2a-6\sqrt{2ab}+9b$

**61.** $\left(\sqrt{3}+x\right)\left(\sqrt{3}-x\right)=\left(\sqrt{3}\right)^2-x^2=3-x^2$

**63.** $\left(\sqrt{6}+\sqrt{2}\right)\left(\sqrt{6}-\sqrt{2}\right)=\left(\sqrt{6}\right)^2-\left(\sqrt{2}\right)^2$
$=6-2=4$

**65.** $\left(\frac{2}{3}\sqrt{x}+\frac{1}{2}\sqrt{y}\right)\left(\frac{2}{3}\sqrt{x}-\frac{1}{2}\sqrt{y}\right)$
$=\left(\frac{2}{3}\sqrt{x}\right)^2-\left(\frac{1}{2}\sqrt{y}\right)^2=\frac{4}{9}x-\frac{1}{4}y$

**67.** **a.** $\left(\sqrt{3}+\sqrt{x}\right)\left(\sqrt{3}-\sqrt{x}\right)=\sqrt{3}^2-\sqrt{x}^2=3-x$

**b.** $\left(\sqrt{3}+\sqrt{x}\right)\left(\sqrt{3}+\sqrt{x}\right)=\sqrt{3}^2+2\sqrt{3}\sqrt{x}+\sqrt{x}^2$
$=3+2\sqrt{3x}+x$

**c.** $\left(\sqrt{3}-\sqrt{x}\right)\left(\sqrt{3}-\sqrt{x}\right)=\sqrt{3}^2-2\sqrt{3}\sqrt{x}+\sqrt{x}^2$
$=3-2\sqrt{3x}+x$

**69.** $\sqrt{3}\cdot\sqrt{2}=\sqrt{6}$ True.

**71.** $\left(x-\sqrt{5}\right)^2=x-5$ False.
$\left(x-\sqrt{5}\right)^2=x^2-2x\sqrt{5}+\left(\sqrt{5}\right)^2$
$=x^2-2x\sqrt{5}+5$

**73.** $5\left(3\sqrt{4x}\right)=15\sqrt{20x}$ False.
5 is multiplied by 3 only.

**75.** $\frac{3\sqrt{x}}{3}=\sqrt{x}$ True.

**77.** $\left(-\sqrt{6x}\right)^2=6x$

**79.** $\left(\sqrt{3x+1}\right)^2=3x+1$

**81.** $\left(\sqrt{x+3}-4\right)^2$
$=\left(\sqrt{x+3}\right)^2-2\left(\sqrt{x+3}\right)(4)+(4)^2$
$=x+3-8\sqrt{x+3}+16$
$=x+19-8\sqrt{x+3}$

**83.** $\left(\sqrt{2t-3}+5\right)^2$
$=\left(\sqrt{2t-3}\right)^2+2\left(\sqrt{2t-3}\right)(5)+(5)^2$
$=2t-3+10\sqrt{2t-3}+25$
$=2t+22+10\sqrt{2t-3}$

**85.** $A=\sqrt{40}\cdot3\sqrt{2}=3\sqrt{80}=3\sqrt{16\cdot5}$
$=3\cdot4\sqrt{5}=12\sqrt{5}\text{ ft}^2$

**87.** $A=\frac{1}{2}\cdot3\sqrt{5}\cdot6\sqrt{12}=9\sqrt{60}=9\sqrt{4\cdot15}$
$=9\cdot2\sqrt{15}=18\sqrt{15}\text{ in}^2$

**89.** $\sqrt{x}\cdot\sqrt[4]{x}=x^{1/2}\cdot x^{1/4}=x^{(1/2)+(1/4)}=x^{3/4}=\sqrt[4]{x^3}$

**91.** $\sqrt[5]{2z}\cdot\sqrt[3]{2z}=(2z)^{1/5}\cdot(2z)^{1/3}=(2z)^{(1/5)+(1/3)}$
$=(2z)^{8/15}=\sqrt[15]{(2z)^8}$

**93.** $\sqrt[3]{p^2}\cdot\sqrt{p^3}=p^{2/3}\cdot p^{3/2}=p^{(2/3)+(3/2)}=p^{13/6}$
$=\sqrt[6]{p^{13}}=\sqrt[6]{p^{12}\cdot p}=p^2\sqrt[6]{p}$

**95.** $\dfrac{\sqrt{u^3}}{\sqrt[3]{u}}=\dfrac{u^{3/2}}{u^{1/3}}=u^{(3/2)-(1/3)}=u^{7/6}=\sqrt[6]{u^7}$
$=\sqrt[6]{u^6\cdot u}=u\sqrt[6]{u}$

**97.** $\sqrt[3]{x}\cdot\sqrt[6]{y}=x^{1/3}\cdot y^{1/6}=x^{2/6}\cdot y^{1/6}$
$=(x^2y)^{1/6}=\sqrt[6]{x^2y}$

**99.** $\sqrt[4]{8}\cdot\sqrt{3}=\sqrt[4]{2^3}\cdot\sqrt{3}=2^{3/4}\cdot 3^{1/2}=2^{3/4}\cdot 3^{2/4}$
$=(2^3\cdot 3^2)^{1/4}=\sqrt[4]{2^3\cdot 3^2}=\sqrt[4]{8\cdot 9}=\sqrt[4]{72}$

**101.** $\left(\sqrt[3]{a}+\sqrt[3]{b}\right)\left(\sqrt[3]{a^2}-\sqrt[3]{ab}+\sqrt[3]{b^2}\right)=\sqrt[3]{a}\cdot\sqrt[3]{a^2}-\sqrt[3]{a}\cdot\sqrt[3]{ab}+\sqrt[3]{a}\cdot\sqrt[3]{b^2}+\sqrt[3]{b}\cdot\sqrt[3]{a^2}-\sqrt[3]{b}\cdot\sqrt[3]{ab}+\sqrt[3]{b}\cdot\sqrt[3]{b^2}$
$=\sqrt[3]{a^3}-\sqrt[3]{a^2b}+\sqrt[3]{ab^2}+\sqrt[3]{a^2b}-\sqrt[3]{ab^2}+\sqrt[3]{b^3}=a+b$

## Problem Recognition Exercises: Simplifying Radical Expressions

**1.** **a.** $\sqrt{24}=\sqrt{4\cdot 6}=2\sqrt{6}$
**b.** $\sqrt[3]{24}=\sqrt[3]{8\cdot 3}=2\sqrt[3]{3}$

**3.** **a.** $\sqrt{200y^6}=\sqrt{100\cdot 2y^6}=10y^3\sqrt{2}$
**b.** $\sqrt[3]{200y^6}=\sqrt[3]{8\cdot 25y^6}=2y^2\sqrt[3]{25}$

**5.** **a.** $\sqrt{80}=\sqrt{16\cdot 5}=4\sqrt{5}$
**b.** $\sqrt[3]{80}=\sqrt[3]{8\cdot 10}=2\sqrt[3]{10}$
**c.** $\sqrt[4]{80}=\sqrt[4]{16\cdot 5}=2\sqrt[4]{5}$

**7.** **a.** $\sqrt{x^5y^6}=\sqrt{x^4\cdot x\cdot y^6}=x^2y^3\sqrt{x}$
**b.** $\sqrt[3]{x^5y^6}=\sqrt[3]{x^3\cdot x^2\cdot y^6}=xy^2\sqrt[3]{x^2}$
**c.** $\sqrt[4]{x^5y^6}=\sqrt[4]{x^4\cdot x\cdot y^4\cdot y^2}=xy\sqrt[4]{xy^2}$

**9.** **a.** $\sqrt[3]{32s^5t^6}=\sqrt[3]{8\cdot 4\cdot s^3\cdot s^2\cdot t^6}=2st^2\sqrt[3]{4s^2}$
**b.** $\sqrt[4]{32s^5t^6}=\sqrt[4]{16\cdot 2\cdot s^4\cdot s\cdot t^4\cdot t^2}=4st\sqrt[4]{2st^2}$
**c.** $\sqrt[5]{32s^5t^6}=\sqrt[5]{32\cdot s^5\cdot t^5\cdot t}=2st\sqrt[5]{t}$

**11.** **a.** $\sqrt{5}+\sqrt{5}=2\sqrt{5}$
**b.** $\sqrt{5}\cdot\sqrt{5}=\sqrt{25}=5$

**13.** **a.** $2\sqrt{6}-5\sqrt{6}=-3\sqrt{6}$
**b.** $2\sqrt{6}\cdot 5\sqrt{6}=10\sqrt{36}=10\cdot 6=60$

**15.** **a.** $\sqrt{8}+\sqrt{2}=\sqrt{4\cdot 2}+\sqrt{2}=2\sqrt{2}+\sqrt{2}=3\sqrt{2}$
**b.** $\sqrt{8}\cdot\sqrt{2}=\sqrt{16}=4$

**17.** **a.** $5\sqrt{18}-4\sqrt{8}=5\sqrt{9\cdot 2}-4\sqrt{4\cdot 2}$
$=5\cdot 3\sqrt{2}-4\cdot 2\sqrt{2}$
$=15\sqrt{2}-8\sqrt{2}=7\sqrt{2}$
**b.** $5\sqrt{18}\cdot 4\sqrt{8}=20\sqrt{144}=20\cdot 12=240$

**19.** **a.** $4\sqrt[3]{24}+6\sqrt[3]{3}=4\sqrt[3]{8\cdot 3}+6\sqrt[3]{3}$
$=4\cdot 2\sqrt[3]{3}+6\sqrt[3]{3}$
$=8\sqrt[3]{3}+6\sqrt[3]{3}=14\sqrt[3]{3}$
**b.** $4\sqrt[3]{24}\cdot 6\sqrt[3]{3}=24\sqrt[3]{72}=24\sqrt[3]{8\cdot 9}$
$=24\cdot 2\sqrt[3]{9}=48\sqrt[3]{9}$

# Section 6.6 Division of Radicals and Rationalization

## Section 6.6 Practice Exercises

**1.** The process to remove a radical from the denominator is called rationalizing the denominator.

**3.** $2y\sqrt{45}+3\sqrt{20y^2}=2y\sqrt{9\cdot 5}+3\sqrt{4y^2\cdot 5}$
$=2y\cdot 3\sqrt{5}+3\cdot 2y\sqrt{5}$
$=6y\sqrt{5}+6y\sqrt{5}=12y\sqrt{5}$

**5.** $\left(-6\sqrt{y}+3\right)\left(3\sqrt{y}+1\right)$
$=-6\sqrt{y}\cdot 3\sqrt{y}-6\sqrt{y}\cdot(1)+3\cdot 3\sqrt{y}+3\cdot 1$
$=-18\sqrt{y^2}-6\sqrt{y}+9\sqrt{y}+3$
$=-18y+3\sqrt{y}+3$

**7.** $\left(8-\sqrt{t}\right)^2=8^2-2\cdot 8\cdot\sqrt{t}+\left(\sqrt{t}\right)^2$
$=64-16\sqrt{t}+t$

**9.** $\left(\sqrt{2}+\sqrt{7}\right)\left(\sqrt{2}-\sqrt{7}\right)=\left(\sqrt{2}\right)^2-\left(\sqrt{7}\right)^2$
$=2-7=-5$

**11.** $\sqrt{\dfrac{49x^4}{y^6}}=\dfrac{\sqrt{49x^4}}{\sqrt{y^6}}=\dfrac{7x^2}{y^3}$

**13.** $\sqrt{\dfrac{8a^2}{x^6}}=\dfrac{\sqrt{2\cdot 4a^2}}{\sqrt{x^6}}=\dfrac{2a\sqrt{2}}{x^3}$

**15.** $\sqrt[3]{\dfrac{-16j^3}{k^3}}=\dfrac{\sqrt[3]{-8j^3\cdot 2}}{\sqrt[3]{k^3}}=\dfrac{-2j\sqrt[3]{2}}{k}$

**17.** $\sqrt[4]{\dfrac{3s^2t^4}{10{,}000}}=\dfrac{\sqrt[4]{3s^2t^4}}{\sqrt[4]{10^4}}=\dfrac{t\sqrt[4]{3s^2}}{10}$

**19.** $\dfrac{\sqrt{72ab^5}}{\sqrt{8ab}}=\sqrt{\dfrac{72ab^5}{8ab}}=\sqrt{9b^4}=3b^2$

**21.** $\dfrac{\sqrt[4]{3b^3}}{\sqrt[4]{48b^{11}}}=\sqrt[4]{\dfrac{3b^3}{48b^{11}}}=\sqrt[4]{\dfrac{1}{16b^8}}=\dfrac{\sqrt[4]{1}}{\sqrt[4]{16b^8}}=\dfrac{1}{2b^2}$

**23.** $\dfrac{\sqrt{54x^5}}{\sqrt{3x}}=\sqrt{\dfrac{54x^5}{3x}}=\sqrt{18x^4}=\sqrt{2\cdot 9x^4}$
$=3x^2\sqrt{2}$

**25.** $\dfrac{\sqrt{3yz^2}}{\sqrt{w^4}}=\dfrac{z\sqrt{3y}}{w^2}$

**27.** $\dfrac{x}{\sqrt{5}}=\dfrac{x}{\sqrt{5}}\cdot\dfrac{\sqrt{5}}{\sqrt{5}}$

**29.** $\dfrac{7}{\sqrt[3]{x}}=\dfrac{7}{\sqrt[3]{x}}\cdot\dfrac{\sqrt[3]{x^2}}{\sqrt[3]{x^2}}$

**31.** $\dfrac{8}{\sqrt{3z}}=\dfrac{8}{\sqrt{3z}}\cdot\dfrac{\sqrt{3z}}{\sqrt{3z}}$

**33.** $\dfrac{1}{\sqrt[4]{8a^2}}=\dfrac{1}{\sqrt[4]{8a^2}}\cdot\dfrac{\sqrt[4]{2a^2}}{\sqrt[4]{2a^2}}$

**35.** $\dfrac{1}{\sqrt{3}}=\dfrac{1}{\sqrt{3}}\cdot\dfrac{\sqrt{3}}{\sqrt{3}}=\dfrac{1\sqrt{3}}{\sqrt{3^2}}=\dfrac{\sqrt{3}}{3}$

**37.** $\sqrt{\dfrac{1}{x}}=\dfrac{\sqrt{1}}{\sqrt{x}}=\dfrac{1}{\sqrt{x}}\cdot\dfrac{\sqrt{x}}{\sqrt{x}}=\dfrac{1\sqrt{x}}{\sqrt{x^2}}=\dfrac{\sqrt{x}}{x}$

**39.** $$\frac{6}{\sqrt{2y}}=\frac{6}{\sqrt{2y}}\cdot\frac{\sqrt{2y}}{\sqrt{2y}}=\frac{6\sqrt{2y}}{\sqrt{(2y)^2}}=\frac{6\sqrt{2y}}{2y}=\frac{3\sqrt{2y}}{y}$$

**41.** $$\sqrt{\frac{a^3}{2}}=\frac{\sqrt{a^3}}{\sqrt{2}}\cdot\frac{\sqrt{2}}{\sqrt{2}}=\frac{\sqrt{2a\cdot a^2}}{\sqrt{4}}=\frac{a\sqrt{2a}}{2}$$

**43.** $$\frac{6}{\sqrt{8}}=\frac{6}{\sqrt{4\cdot 2}}=\frac{6}{2\sqrt{2}}\cdot\frac{\sqrt{2}}{\sqrt{2}}=\frac{3\sqrt{2}}{\sqrt{(2)^2}}=\frac{3\sqrt{2}}{2}$$

**45.** $$\frac{3}{\sqrt[3]{2}}=\frac{3}{\sqrt[3]{2}}\cdot\frac{\sqrt[3]{2^2}}{\sqrt[3]{2^2}}=\frac{3\sqrt[3]{2^2}}{\sqrt[3]{2^3}}=\frac{3\sqrt[3]{4}}{2}$$

**47.** $$\frac{-6}{\sqrt[4]{x}}=\frac{-6}{\sqrt[4]{x}}\cdot\frac{\sqrt[4]{x^3}}{\sqrt[4]{x^3}}=\frac{-6\sqrt[4]{x^3}}{\sqrt[4]{x^4}}=\frac{-6\sqrt[4]{x^3}}{x}$$

**49.** $$\frac{7}{\sqrt[3]{4}}=\frac{7}{\sqrt[3]{2^2}}=\frac{7}{\sqrt[3]{2^2}}\cdot\frac{\sqrt[3]{2}}{\sqrt[3]{2}}=\frac{7\sqrt[3]{2}}{\sqrt[3]{2^3}}=\frac{7\sqrt[3]{2}}{2}$$

**51.** $$\sqrt[3]{\frac{4}{w^2}}=\frac{\sqrt[3]{4}}{\sqrt[3]{w^2}}=\frac{\sqrt[3]{4}}{\sqrt[3]{w^2}}\cdot\frac{\sqrt[3]{w}}{\sqrt[3]{w}}=\frac{\sqrt[3]{4}\sqrt[3]{w}}{\sqrt[3]{w^3}}=\frac{\sqrt[3]{4w}}{w}$$

**53.** $$\sqrt[4]{\frac{16}{3}}=\frac{\sqrt[4]{16}}{\sqrt[4]{3}}=\frac{2}{\sqrt[4]{3}}\cdot\frac{\sqrt[4]{3^3}}{\sqrt[4]{3^3}}=\frac{2\sqrt[4]{3^3}}{\sqrt[4]{3^4}}=\frac{2\sqrt[4]{27}}{3}$$

**55.** $$\frac{2}{\sqrt[3]{4x^2}}=\frac{2}{\sqrt[3]{2^2x^2}}\cdot\frac{\sqrt[3]{2x}}{\sqrt[3]{2x}}=\frac{2\sqrt[3]{2x}}{\sqrt[3]{2^3x^3}}=\frac{2\sqrt[3]{2x}}{2x}=\frac{\sqrt[3]{2x}}{x}$$

**57.** $$\frac{8}{7\sqrt{24}}=\frac{8}{7\sqrt{4\cdot 6}}=\frac{8}{7\cdot 2\sqrt{6}}=\frac{4}{7\sqrt{6}}\cdot\frac{\sqrt{6}}{\sqrt{6}}=\frac{4\sqrt{6}}{7\sqrt{6^2}}=\frac{4\sqrt{6}}{7\cdot 6}=\frac{2\sqrt{6}}{21}$$

**59.** $$\frac{1}{\sqrt{x^7}}=\frac{1}{\sqrt{x^6\cdot x}}=\frac{1}{x^3\sqrt{x}}=\frac{1}{x^3\sqrt{x}}\cdot\frac{\sqrt{x}}{\sqrt{x}}=\frac{\sqrt{x}}{x^3\sqrt{x^2}}=\frac{\sqrt{x}}{x^3\cdot x}=\frac{\sqrt{x}}{x^4}$$

**61.** $$\frac{2}{\sqrt{8x^5}}=\frac{2}{\sqrt{4x^4\cdot 2x}}=\frac{2}{2x^2\sqrt{2x}}=\frac{1}{x^2\sqrt{2x}}\cdot\frac{\sqrt{2x}}{\sqrt{2x}}=\frac{\sqrt{2x}}{x^2\sqrt{2^2x^2}}=\frac{\sqrt{2x}}{x^2\cdot 2x}=\frac{\sqrt{2x}}{2x^3}$$

**63.** $\sqrt{2}+\sqrt{6}$

**65.** $\sqrt{x}-23$

**67.** $$\frac{4}{\sqrt{2}+3}=\frac{4}{\sqrt{2}+3}\cdot\frac{\sqrt{2}-3}{\sqrt{2}-3}=\frac{4\left(\sqrt{2}-3\right)}{\left(\sqrt{2}\right)^2-3^2}=\frac{4\sqrt{2}-12}{2-9}=\frac{4\sqrt{2}-12}{-7}$$

**69.** $$\frac{8}{\sqrt{6}-2}=\frac{8}{\sqrt{6}-2}\cdot\frac{\sqrt{6}+2}{\sqrt{6}+2}=\frac{8\left(\sqrt{6}+2\right)}{\left(\sqrt{6}\right)^2-2^2}=\frac{8\left(\sqrt{6}+2\right)}{6-4}=\frac{8\left(\sqrt{6}+2\right)}{2}=4\left(\sqrt{6}+2\right)=4\sqrt{6}+8$$

**71.** $$\frac{\sqrt{7}}{\sqrt{3}+2}=\frac{\sqrt{7}}{\sqrt{3}+2}\cdot\frac{\sqrt{3}-2}{\sqrt{3}-2}=\frac{\sqrt{7}\left(\sqrt{3}-2\right)}{\left(\sqrt{3}\right)^2-2^2}=\frac{\sqrt{7}\cdot\sqrt{3}-\sqrt{7}\cdot(2)}{3-4}=\frac{\sqrt{21}-2\sqrt{7}}{-1}=-\sqrt{21}+2\sqrt{7}$$

**73.** $$\frac{-1}{\sqrt{p}+\sqrt{q}}=\frac{-1}{\sqrt{p}+\sqrt{q}}\cdot\frac{\sqrt{p}-\sqrt{q}}{\sqrt{p}-\sqrt{q}}=\frac{-1\left(\sqrt{p}-\sqrt{q}\right)}{\left(\sqrt{p}\right)^2-\left(\sqrt{q}\right)^2}=\frac{-\sqrt{p}+\sqrt{q}}{p-q}$$

**75.** $\frac{x-5}{\sqrt{x}+\sqrt{5}}=\frac{x-5}{\sqrt{x}+\sqrt{5}}\cdot\frac{\sqrt{x}-\sqrt{5}}{\sqrt{x}-\sqrt{5}}$

$=\frac{(x-5)(\sqrt{x}-\sqrt{5})}{(\sqrt{x})^2-(\sqrt{5})^2}$

$=\frac{(\cancel{x-5})(\sqrt{x}-\sqrt{5})}{\cancel{x-5}}=\sqrt{x}-\sqrt{5}$

**77.** $\frac{-7}{2\sqrt{a}-5\sqrt{b}}=\frac{-7}{2\sqrt{a}-5\sqrt{b}}\cdot\frac{2\sqrt{a}+5\sqrt{b}}{2\sqrt{a}+5\sqrt{b}}$

$=\frac{-7(2\sqrt{a}+5\sqrt{b})}{(2\sqrt{a})^2-(5\sqrt{b})^2}$

$=\frac{-14\sqrt{a}-35\sqrt{b}}{4a-25b}$

**79.** $\frac{3\sqrt{x}-\sqrt{y}}{\sqrt{y}+\sqrt{x}}=\frac{3\sqrt{x}-\sqrt{y}}{\sqrt{y}+\sqrt{x}}\cdot\frac{\sqrt{y}-\sqrt{x}}{\sqrt{y}-\sqrt{x}}$

$=\frac{(3\sqrt{x}-\sqrt{y})(\sqrt{y}-\sqrt{x})}{(\sqrt{y})^2-(\sqrt{x})^2}$

$=\frac{3\sqrt{xy}-3\sqrt{x^2}-\sqrt{y^2}+\sqrt{xy}}{y-x}$

$=\frac{4\sqrt{xy}-3x-y}{y-x}$

**81.** $\frac{3\sqrt{10}}{2+\sqrt{10}}=\frac{3\sqrt{10}}{2+\sqrt{10}}\cdot\frac{2-\sqrt{10}}{2-\sqrt{10}}$

$=\frac{3\sqrt{10}(2-\sqrt{10})}{(2)^2-(\sqrt{10})^2}=\frac{6\sqrt{10}-3\sqrt{100}}{4-10}$

$=\frac{6\sqrt{10}-3\cdot 10}{-6}=\frac{6\sqrt{10}-30}{-6}$

$=\frac{\cancel{-6}(5-\sqrt{10})}{\cancel{-6}}=5-\sqrt{10}$

**83.** $\frac{2\sqrt{3}+\sqrt{7}}{3\sqrt{3}-\sqrt{7}}=\frac{2\sqrt{3}+\sqrt{7}}{3\sqrt{3}-\sqrt{7}}\cdot\frac{3\sqrt{3}+\sqrt{7}}{3\sqrt{3}+\sqrt{7}}$

$=\frac{(2\sqrt{3}+\sqrt{7})(3\sqrt{3}+\sqrt{7})}{(3\sqrt{3})^2-(\sqrt{7})^2}$

$=\frac{6\sqrt{9}+2\sqrt{21}+3\sqrt{21}+\sqrt{49}}{9\cdot 3-7}$

$=\frac{6\cdot 3+5\sqrt{21}+7}{27-7}=\frac{18+5\sqrt{21}+7}{20}$

$=\frac{25+5\sqrt{21}}{20}=\frac{\cancel{5}(5+\sqrt{21})}{\cancel{5}\cdot 4}$

$=\frac{5+\sqrt{21}}{4}$

**85.** $\frac{\sqrt{5}+4}{2-\sqrt{5}}=\frac{\sqrt{5}+4}{2-\sqrt{5}}\cdot\frac{2+\sqrt{5}}{2+\sqrt{5}}$

$=\frac{(\sqrt{5}+4)(2+\sqrt{5})}{(2)^2-(\sqrt{5})^2}$

$=\frac{2\sqrt{5}+\sqrt{25}+8+4\sqrt{5}}{4-5}$

$=\frac{6\sqrt{5}+5+8}{-1}=\frac{6\sqrt{5}+13}{-1}$

$=-6\sqrt{5}-13$

**87.** $\frac{16}{\sqrt[3]{4}}=\frac{16}{\sqrt[3]{2^2}}\cdot\frac{\sqrt[3]{2}}{\sqrt[3]{2}}=\frac{16\sqrt[3]{2}}{\sqrt[3]{2^3}}=\frac{16\sqrt[3]{2}}{2}=8\sqrt[3]{2}$

**89.** $\frac{4}{x-\sqrt{2}}=\frac{4}{x-\sqrt{2}}\cdot\frac{x+\sqrt{2}}{x+\sqrt{2}}$

$=\frac{4(x+\sqrt{2})}{x^2-(\sqrt{2})^2}=\frac{4x+4\sqrt{2}}{x^2-2}$

**91.** $T(x)=2\pi\sqrt{\dfrac{x}{32}}$

$T(1)=2\pi\sqrt{\dfrac{1}{32}}=2\pi\dfrac{1}{\sqrt{16\cdot 2}}=\dfrac{2\pi}{4\sqrt{2}}$

$=\dfrac{2\pi}{4\sqrt{2}}\cdot\dfrac{\sqrt{2}}{\sqrt{2}}=\dfrac{2\pi\sqrt{2}}{4\cdot 2}=\dfrac{\pi\sqrt{2}}{4}$ sec

$\approx 1.11$ sec

**93.** $\dfrac{\sqrt{6}}{2}+\dfrac{1}{\sqrt{6}}=\dfrac{\sqrt{6}}{2}+\dfrac{1}{\sqrt{6}}\cdot\dfrac{\sqrt{6}}{\sqrt{6}}=\dfrac{\sqrt{6}}{2}+\dfrac{\sqrt{6}}{6}$

$=\dfrac{\sqrt{6}}{2}\cdot\dfrac{3}{3}+\dfrac{\sqrt{6}}{6}=\dfrac{3\sqrt{6}+\sqrt{6}}{6}$

$=\dfrac{4\sqrt{6}}{6}=\dfrac{2\sqrt{6}}{3}$

**95.** $\sqrt{15}-\sqrt{\dfrac{3}{5}}+\sqrt{\dfrac{5}{3}}=\sqrt{15}-\dfrac{\sqrt{3}}{\sqrt{5}}\cdot\dfrac{\sqrt{5}}{\sqrt{5}}+\dfrac{\sqrt{5}}{\sqrt{3}}\cdot\dfrac{\sqrt{3}}{\sqrt{3}}$

$=\dfrac{\sqrt{15}}{1}-\dfrac{\sqrt{15}}{5}+\dfrac{\sqrt{15}}{3}$

$=\dfrac{\sqrt{15}}{1}\cdot\dfrac{15}{15}-\dfrac{\sqrt{15}}{5}\cdot\dfrac{3}{3}+\dfrac{\sqrt{15}}{3}\cdot\dfrac{5}{5}$

$=\dfrac{15\sqrt{15}-3\sqrt{15}+5\sqrt{15}}{15}=\dfrac{17\sqrt{15}}{15}$

**97.** $\sqrt[3]{25}+\dfrac{3}{\sqrt[3]{5}}=\sqrt[3]{5^2}+\dfrac{3}{\sqrt[3]{5}}\cdot\dfrac{\sqrt[3]{5^2}}{\sqrt[3]{5^2}}=\dfrac{\sqrt[3]{5^2}}{1}+\dfrac{3\sqrt[3]{5^2}}{\sqrt[3]{5^3}}$

$=\dfrac{\sqrt[3]{5^2}}{1}+\dfrac{3\sqrt[3]{5^2}}{5}=\dfrac{\sqrt[3]{5^2}}{1}\cdot\dfrac{5}{5}+\dfrac{3\sqrt[3]{5^2}}{5}$

$=\dfrac{5\sqrt[3]{5^2}+3\sqrt[3]{5^2}}{5}=\dfrac{8\sqrt[3]{5^2}}{5}=\dfrac{8\sqrt[3]{25}}{5}$

**99.** $\dfrac{\sqrt{3}+6}{2}=\dfrac{\sqrt{3}+6}{2}\cdot\dfrac{\sqrt{3}-6}{\sqrt{3}-6}=\dfrac{\left(\sqrt{3}\right)^2-6^2}{2\left(\sqrt{3}-6\right)}$

$=\dfrac{3-36}{2\sqrt{3}-12}=\dfrac{-33}{2\sqrt{3}-12}$

**101.** $\dfrac{\sqrt{a}-\sqrt{b}}{\sqrt{a}+\sqrt{b}}=\dfrac{\sqrt{a}-\sqrt{b}}{\sqrt{a}+\sqrt{b}}\cdot\dfrac{\sqrt{a}+\sqrt{b}}{\sqrt{a}+\sqrt{b}}$

$=\dfrac{\left(\sqrt{a}\right)^2-\left(\sqrt{b}\right)^2}{\left(\sqrt{a}+\sqrt{b}\right)^2}$

$=\dfrac{a-b}{\left(\sqrt{a}\right)^2+2\sqrt{a}\cdot\sqrt{b}+\left(\sqrt{b}\right)^2}$

$=\dfrac{a-b}{a+2\sqrt{ab}+b}$

## Section 6.7 Solving Radical Equations

### Section 6.7 Practice Exercises

**1.** **a.** An equation with one or more radicals containing a variable is called a radical equation.
**b.** A potential solution to an equation that does not check in the original equation is called an extraneous solution.

**3.** $\sqrt{\dfrac{9w^3}{16}}=\sqrt{\dfrac{9w^2\cdot w}{16}}=\dfrac{3w\sqrt{w}}{4}$

**5.** $\sqrt[3]{54c^4}=\sqrt[3]{27c^3\cdot 2c}=3c\sqrt[3]{2c}$

**7.** $\left(\sqrt{4x-6}\right)^2=4x-6$

**9.** $\left(\sqrt[3]{9p+7}\right)^3=9p+7$

**11.** $\sqrt{x}+4=6$

$\sqrt{x}=2$

$\left(\sqrt{x}\right)^2=2^2$

$x=4$

The solution is $x=4$.

Check:

$\sqrt{4}+4=6$

$2+4=6$

$6=6$

**13.** $\sqrt{5y+1}=4$

$\left(\sqrt{5y+1}\right)^2=4^2$

$5y+1=16$

$5y=15$

$y=3$

The solution is $y=3$.

Check:

$\sqrt{5(3)+1}=4$

$\sqrt{15+1}=4$

$\sqrt{16}=4$

$4=4$

**15.** $(2z-3)^{1/2}-3=6$

$(2z-3)^{1/2}=9$

$\left(\sqrt{2z-3}\right)^2=9^2$

$2z-3=81$

$2z=84$

$z=42$

The solution is $z=42$.

Check:

$(2(42)-3)^{1/2}-3=6$

$(84-3)^{1/2}-3=6$

$81^{1/2}-3=6$

$9-3=6$

$6=6$

**17.** $\sqrt[3]{x-2}-3=0$

$\sqrt[3]{x-2}=3$

$\left(\sqrt[3]{x-2}\right)^3=3^3$

$x-2=27$

$x=29$

The solution is $x=29$.

Check:

$\sqrt[3]{29-2}-3=0$

$\sqrt[3]{27}-3=0$

$3-3=0$

$0=0$

**19.** $(15-w)^{1/3}=-5$

$\left(\sqrt[3]{15-w}\right)^3=(-5)^2$

$15-w=-125$

$140=w$

The solution is $w=140$.

Check:

$(15-w)^{1/3}=-5$

$(15-140)^{1/3}=-5$

$(-125)^{1/3}=-5$

$-5=-5$

**21.** $3+\sqrt{x-16}=0$

$\sqrt{x-16}=-3$

$\left(\sqrt{x-16}\right)^2=(-3)^2$

$x-16=9$

$x=25$

There is no solution ($x=25$ does not check).

Check:

$3+\sqrt{25-16}=0$

$3+\sqrt{9}=0$

$3+3=0$

$6\neq 0$

**23.** $2\sqrt{6a+7}-2a=0$

$2\sqrt{6a+7}=2a$

$\sqrt{6a+7}=a$

$\left(\sqrt{6a+7}\right)^2=(a)^2$

$6a+7=a^2$

$a^2-6a-7=0$

$(a-7)(a+1)=0$

$a-7=0$ or $a+1=0$

$a=7$ or $a=-1$

The solution is $a=7$. ($a=-1$ does not check).

Check $a=7$:

$2\sqrt{6(7)+7}-2(7)=0$

$2\sqrt{42+7}-14=0$

$2\sqrt{49}-14=0$

$2\cdot 7-14=0$

$14-14=0$

$0=0$

Check $a=-1$:

$2\sqrt{6(-1)+7}-2(-1)=0$

$2\sqrt{-6+7}+2=0$

$2\sqrt{1}+2=0$

$2\cdot 1+2=0$

$2+2=0$

$4\neq 0$

**25.**
$$\sqrt[4]{2x-5}=-1$$
$$\left(\sqrt[4]{2x-5}\right)^4=(-1)^4$$
$$2x-5=1$$
$$2x=6$$
$$x=3$$

Check:
$$\sqrt[4]{2(3)-5}=-1$$
$$\sqrt[4]{6-5}=-1$$
$$\sqrt[4]{1}=-1$$
$$1\neq -1$$

There is no solution ($x = 3$ does not check).

**27.**
$$r=\sqrt[3]{\frac{3V}{4\pi}} \quad \text{for } V$$
$$r^3=\left(\sqrt[3]{\frac{3V}{4\pi}}\right)^3$$
$$r^3=\frac{3V}{4\pi}$$
$$4\pi r^3=3V$$
$$\frac{4\pi r^3}{3}=V$$

**29.**
$$r=\pi\sqrt{r^2+h^2} \quad \text{for } h^2$$
$$\frac{r}{\pi}=\sqrt{r^2+h^2}$$
$$\left(\frac{r}{\pi}\right)^2=\left(\sqrt{r^2+h^2}\right)^2$$
$$\frac{r^2}{\pi^2}=r^2+h^2$$
$$\frac{r^2}{\pi^2}-r^2=h^2$$

**31.** $(a+5)^2=a^2+2\cdot a\cdot 5+5^2=a^2+10a+25$

**33.**
$$\left(\sqrt{5a}-3\right)^2=\left(\sqrt{5a}\right)^2-2\cdot\sqrt{5a}\cdot 3+3^2$$
$$=5a-6\sqrt{5a}+9$$

**35.**
$$\left(\sqrt{r-3}+5\right)^2=\left(\sqrt{r-3}\right)^2+2\cdot\sqrt{r-3}\cdot 5+5^2$$
$$=r-3+10\sqrt{r-3}+25$$
$$=r+22+10\sqrt{r-3}$$

**37.**
$$\sqrt{a^2+2a+1}=a+5$$
$$\left(\sqrt{a^2+2a+1}\right)^2=(a+5)^2$$
$$a^2+2a+1=a^2+10a+25$$
$$-8a=24$$
$$a=-3$$

Check:
$$\sqrt{(-3)^2+2(-3)+1}=-3+5$$
$$\sqrt{9-6+1}=2$$
$$\sqrt{4}=2$$
$$2=2$$

The solution is $a = -3$.

**39.**
$$\sqrt{25w^2-2w-3}=5w-4$$
$$\left(\sqrt{25w^2-2w-3}\right)^2=(5w-4)^2$$
$$25w^2-2w-3=25w^2-40w+16$$
$$38w=19$$
$$w=\frac{1}{2}$$

Check:
$$\sqrt{25\left(\frac{1}{2}\right)^2-2\left(\frac{1}{2}\right)-3}=5\left(\frac{1}{2}\right)-4$$
$$\sqrt{\frac{25}{4}-1-3}=\frac{5}{2}-4$$
$$\sqrt{\frac{9}{4}}=-\frac{3}{2}$$
$$\frac{3}{2}\neq-\frac{3}{2}$$

There is no solution. ($w=\frac{1}{2}$ does not check.)

**41.** $\sqrt{5y+1}+2=y+3$

$\sqrt{5y+1}=y+1$

$\left(\sqrt{5y+1}\right)^2=(y+1)^2$

$5y+1=y^2+2y+1$

$y^2-3y=0$

$y(y-3)=0$

$y=0$ or $y-3=0$

$y=0$ or $y=3$

The solution is $y=0$ or $y=3$.

Check $y=0$:

$\sqrt{5(0)+1}+2=0+3$

$\sqrt{1}+2=3$

$1+2=3$

$3=3$

Check $y=3$:

$\sqrt{5(3)+1}+2=3+3$

$\sqrt{15+1}+2=6$

$\sqrt{16}+2=6$

$4+2=6$

$6=6$

**43.** $\sqrt[4]{h+4}=\sqrt[4]{2h-5}$

$\left(\sqrt[4]{h+4}\right)^4=\left(\sqrt[4]{2h-5}\right)^4$

$h+4=2h-5$

$9=h$

The solution is $h=9$.

Check:

$\sqrt[4]{9+4}=\sqrt[4]{2(9)-5}$

$\sqrt[4]{13}=\sqrt[4]{18-5}$

$\sqrt[4]{13}=\sqrt[4]{13}$

**45.** $\sqrt[3]{5a+3}-\sqrt[3]{a-13}=0$

$\sqrt[3]{5a+3}=\sqrt[3]{a-13}$

$\left(\sqrt[3]{5a+3}\right)^3=\left(\sqrt[3]{a-13}\right)^3$

$5a+3=a-13$

$4a=-16$

$a=-4$

The solution is $a=-4$.

Check:

$\sqrt[3]{5(-4)+3}-\sqrt[3]{-4-13}=0$

$\sqrt[3]{-20+3}-\sqrt[3]{-17}=0$

$\sqrt[3]{-17}-\sqrt[3]{-17}=0$

$0=0$

**47.** $\sqrt{5a-9}=\sqrt{5a}-3$

$\left(\sqrt{5a-9}\right)^2=\left(\sqrt{5a}-3\right)^2$

$5a-9=5a-6\sqrt{5a}+9$

$6\sqrt{5a}=18$

$\sqrt{5a}=3$

$\left(\sqrt{5a}\right)^2=3^2$

$5a=9$

$a=\dfrac{9}{5}$

The solution is $a=\frac{9}{5}$.

Check:

$\sqrt{5\left(\dfrac{9}{5}\right)-9}=\sqrt{5\left(\dfrac{9}{5}\right)}-3$

$\sqrt{9-9}=\sqrt{9}-3$

$\sqrt{0}=3-3$

$0=0$

**49.** $\sqrt{2h+5}-\sqrt{2h}=1$

$$\sqrt{2h+5}=\sqrt{2h}+1$$
$$\left(\sqrt{2h+5}\right)^2=\left(\sqrt{2h}+1\right)^2$$
$$2h+5=2h+2\sqrt{2h}+1$$
$$4=2\sqrt{2h}$$
$$\sqrt{2h}=2$$
$$\left(\sqrt{2h}\right)^2=2^2$$
$$2h=4$$
$$h=2$$

The solution is $h=2$.

Check:

$$\sqrt{2(2)+5}-\sqrt{2(2)}=1$$
$$\sqrt{4+5}-\sqrt{4}=1$$
$$\sqrt{9}-\sqrt{4}=1$$
$$3-2=1$$
$$1=1$$

**51.** $\sqrt{t-9}-\sqrt{t}=3$

$$\sqrt{t-9}=\sqrt{t}+3$$
$$\left(\sqrt{t-9}\right)^2=\left(\sqrt{t}+3\right)^2$$
$$t-9=t+6\sqrt{t}+9$$
$$-18=6\sqrt{t}$$
$$\sqrt{t}=-3$$
$$\left(\sqrt{t}\right)^2=(-3)^2$$
$$t=9$$

There is no solution. ($t=9$ does not check.)

Check:

$$\sqrt{9-9}-\sqrt{9}=3$$
$$\sqrt{9-9}-\sqrt{9}=3$$
$$\sqrt{0}-\sqrt{9}=3$$
$$0-3=3$$
$$-3\neq 3$$

**53.**

$$6=\sqrt{x^2+3}-x$$
$$x+6=\sqrt{x^2+3}$$
$$(x+6)^2=\left(\sqrt{x^2+3}\right)^2$$
$$x^2+12x+36=x^2+3$$
$$12x=-33$$
$$x=-\frac{33}{12}=-\frac{11}{4}$$

The solution is $x=-\frac{11}{4}$.

Check:

$$6=\sqrt{\left(-\frac{11}{4}\right)^2+3}-\left(-\frac{11}{4}\right)$$
$$6=\sqrt{\frac{121}{16}+3}+\frac{11}{4}$$
$$6=\sqrt{\frac{169}{16}}+\frac{11}{4}$$
$$6=\frac{13}{4}+\frac{11}{4}$$
$$6=\frac{24}{4}$$
$$6=6$$

**55.**

$$\sqrt{3t-7}=2-\sqrt{3t+1}$$
$$\left(\sqrt{3t-7}\right)^2=\left(2-\sqrt{3t+1}\right)^2$$
$$3t-7=4-4\sqrt{3t+1}+3t+1$$
$$-12=-4\sqrt{3t+1}$$
$$\sqrt{3t+1}=3$$
$$\left(\sqrt{3t+1}\right)^2=(3)^2$$
$$3t+1=9$$
$$3t=8$$
$$t=\frac{8}{3}$$

Check:

$$\sqrt{3\left(\frac{8}{3}\right)-7}=2-\sqrt{3\left(\frac{8}{3}\right)+1}$$
$$\sqrt{8-7}=2-\sqrt{8+1}$$
$$\sqrt{1}=2-\sqrt{9}$$
$$1=2-3$$
$$1\neq-1$$

There is no solution. ($t=\frac{8}{3}$ does not check.)

**57.**

$$\sqrt{z+1}+\sqrt{2z+3}=1$$
$$\sqrt{2z+3}=1-\sqrt{z+1}$$
$$\left(\sqrt{2z+3}\right)^2=\left(1-\sqrt{z+1}\right)^2$$
$$2z+3=1-2\sqrt{z+1}+z+1$$
$$z+1=-2\sqrt{z+1}$$
$$(z+1)^2=\left(-2\sqrt{z+1}\right)^2$$
$$z^2+2z+1=4(z+1)$$
$$z^2+2z+1=4z+4$$
$$z^2-2z-3=0$$
$$(z-3)(z+1)=0$$
$$z-3=0 \text{ or } z+1=0$$
$$z=3 \text{ or } \quad z=-1$$

Check $z=3$:

$$\sqrt{3+1}+\sqrt{2(3)+3}=1$$
$$\sqrt{4}+\sqrt{6+3}=1$$
$$\sqrt{4}+\sqrt{9}=1$$
$$2+3=1$$
$$5\neq1$$

Check $z=-1$:

$$\sqrt{-1+1}+\sqrt{2(-1)+3}=1$$
$$\sqrt{0}+\sqrt{-2+3}=1$$
$$\sqrt{0}+\sqrt{1}=1$$
$$0+1=1$$
$$1=1$$

The solution is $z=-1$. ($z=3$ does not check.)

**59.** $\sqrt{6m+7}-\sqrt{3m+3}=1$

$$\begin{aligned}
\sqrt{6m+7} &= 1+\sqrt{3m+3}\\
\left(\sqrt{6m+7}\right)^2 &= \left(1+\sqrt{3m+3}\right)^2\\
6m+7 &= 1+2\sqrt{3m+3}+3m+3\\
3m+3 &= 2\sqrt{3m+3}\\
(3m+3)^2 &= \left(2\sqrt{3m+3}\right)^2\\
9m^2+18m+9 &= 4(3m+3)\\
9m^2+18m+9 &= 12m+12\\
9m^2+6m-3 &= 0\\
3\left(3m^2+2m-1\right) &= 0\\
3(3m-1)(m+1) &= 0\\
3m-1=0 &\text{ or } m+1=0\\
3m=1 &\text{ or } \quad m=-1\\
m=\frac{1}{3} &\text{ or } \quad m=-1
\end{aligned}$$

The solution is $m=\frac{1}{3}$ or $m=-1$.

Check $m=\frac{1}{3}$:

$$\begin{aligned}
\sqrt{6\left(\frac{1}{3}\right)+7}-\sqrt{3\left(\frac{1}{3}\right)+3} &= 1\\
\sqrt{2+7}-\sqrt{1+3} &= 1\\
\sqrt{9}-\sqrt{4} &= 1\\
3-2 &= 1\\
1 &= 1
\end{aligned}$$

Check $m=-1$:

$$\begin{aligned}
\sqrt{6(-1)+7}-\sqrt{3(-1)+3} &= 1\\
\sqrt{-6+7}-\sqrt{-3+3} &= 1\\
\sqrt{1}-\sqrt{0} &= 1\\
1-0 &= 1\\
1 &= 1
\end{aligned}$$

**61.** $2+2\sqrt{2t+3}+2\sqrt{3t-5}=0$

$$\begin{aligned}
2+2\sqrt{2t+3} &= -2\sqrt{3t-5}\\
1+\sqrt{2t+3} &= -\sqrt{3t-5}\\
\left(1+\sqrt{2t+3}\right)^2 &= \left(-\sqrt{3t-5}\right)^2\\
1+2\sqrt{2t+3}+2t+3 &= 3t-5\\
2\sqrt{2t+3} &= t-9\\
\left(2\sqrt{2t+3}\right)^2 &= (t-9)^2\\
4(2t+3) &= t^2-18t+81\\
8t+12 &= t^2-18t+81\\
t^2-26t+69 &= 0\\
(t-3)(t-23) &= 0\\
t-3=0 &\text{ or } t-23=0\\
t=3 &\text{ or } \quad t=23
\end{aligned}$$

There is no solution. ($t=3$ and $t=23$ do not check.)

Check $t=3$:

$$\begin{aligned}
2+2\sqrt{2(3)+3}+2\sqrt{3(3)-5} &= 0\\
2+2\sqrt{6+3}+2\sqrt{9-5} &= 0\\
2+2\sqrt{9}+2\sqrt{4} &= 0\\
2+2\cdot 3+2\cdot 2 &= 0\\
2+6+4 &= 0\\
12 &\neq 0
\end{aligned}$$

Check $t=23$:

$$\begin{aligned}
2+2\sqrt{2(23)+3}+2\sqrt{3(23)-5} &= 0\\
2+2\sqrt{46+3}+2\sqrt{69-5} &= 0\\
2+2\sqrt{49}+2\sqrt{64} &= 0\\
2+2\cdot 7+2\cdot 8 &= 0\\
2+14+16 &= 0\\
32 &\neq 0
\end{aligned}$$

**63.**

$$3\sqrt{y-3}=\sqrt{4y+3}$$
$$\left(3\sqrt{y-3}\right)^2=\left(\sqrt{4y+3}\right)^2$$
$$9(y-3)=4y+3$$
$$9y-27=4y+3$$
$$5y=30$$
$$y=6$$

The solution is $y=6$.

Check:

$$3\sqrt{6-3}=\sqrt{4(6)+3}$$
$$3\sqrt{3}=\sqrt{24+3}$$
$$3\sqrt{3}=\sqrt{27}$$
$$3\sqrt{3}=3\sqrt{3}$$

**65.**

$$\sqrt{p+7}=\sqrt{2p}+1$$
$$\left(\sqrt{p+7}\right)^2=\left(\sqrt{2p}+1\right)^2$$
$$p+7=2p+2\sqrt{2p}+1$$
$$-p+6=2\sqrt{2p}$$
$$(-p+6)^2=\left(2\sqrt{2p}\right)^2$$
$$p^2-12p+36=4(2p)$$
$$p^2-12p+36=8p$$
$$p^2-20p+36=0$$
$$(p-18)(p-2)=0$$
$$p-18=0 \quad \text{or}\ p-2=0$$
$$p=18 \ \text{or} \quad p=2$$

The solution is $p = 2$. ($p = 18$ does not check.)

Check $p=18$:

$$\sqrt{18+7}=\sqrt{2\cdot 18}+1$$
$$\sqrt{25}=\sqrt{36}+1$$
$$5=6+1$$
$$5\neq 7$$

Check $p=2$:

$$\sqrt{2+7}=\sqrt{2\cdot 2}+1$$
$$\sqrt{9}=\sqrt{4}+1$$
$$3=2+1$$
$$3=3$$

**67.**

$$v=\sqrt{2gh}$$

**a.**

$$44=\sqrt{2(32)h}$$
$$44=\sqrt{64h}$$
$$44=8\sqrt{h}$$
$$11=2\sqrt{h}$$
$$11^2=\left(2\sqrt{h}\right)^2$$
$$121=4h$$
$$h=\frac{121}{4}=30.25 \text{ ft}$$

**b.**

$$26=\sqrt{2(9.8)h}$$
$$26=\sqrt{19.6h}$$
$$26^2=\left(\sqrt{19.6h}\right)^2$$
$$676=19.6h$$
$$h=\frac{676}{19.6}\approx 34.5 \text{ m}$$

**69.**

$$C(x)=\sqrt{0.3x+1}$$

**a.**

$$C(x)=\sqrt{0.3(10)+1}=\sqrt{3+1}=\sqrt{4}$$
$$=\$2 \text{ million}$$

**b.**

$$P(x)=R(x)-C(x)$$
$$P(x)=320(10{,}000)-2{,}000{,}000$$
$$=3{,}200{,}000-2{,}000{,}000$$
$$=\$1.2 \text{ million}$$

**c.**

$$4=\sqrt{0.3x+1}$$
$$4^2=\left(\sqrt{0.3x+1}\right)^2$$
$$16=0.3x+1$$
$$15=0.3x$$
$$x=\frac{15}{0.3}=50 \quad (50{,}000 \text{ passengers})$$

**71.** $t(x) = 0.90\sqrt[5]{x^3}$

**a.**
$$4 = 0.90\sqrt[5]{x^3}$$
$$\frac{4}{0.90} = \sqrt[5]{x^3}$$
$$\left(\frac{4}{0.90}\right)^5 = \left(\sqrt[5]{x^3}\right)^5$$
$$1734.15 = x^3$$
$$x = \sqrt[3]{1734.15} \approx 12 \text{ lb}$$

**b.** $t(18) = 0.90\sqrt[5]{18^3} \approx 5.1$ hr

An 18-lb turkey will take about 5.1 hr to cook.

**73.**
$$a^2 + b^2 = c^2$$
$$h^2 + b^2 = 5^2$$
$$b^2 = 5^2 - h^2$$
$$b = \sqrt{25 - h^2}$$

**75.**
$$a^2 + b^2 = c^2$$
$$a^2 + 14^2 = k^2$$
$$a^2 = k^2 - 14^2$$
$$a = \sqrt{k^2 - 196}$$

**77.**

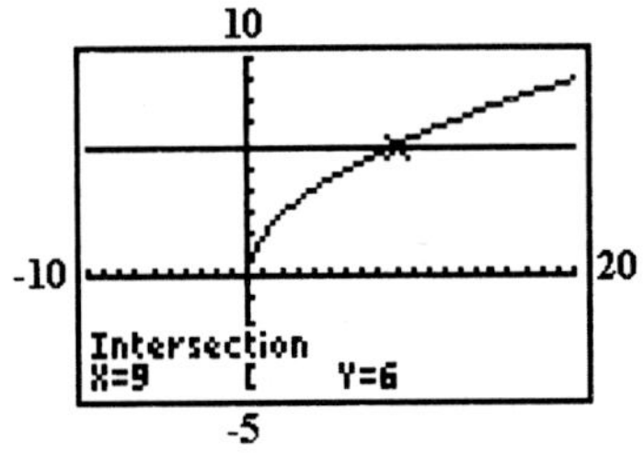


**79.**

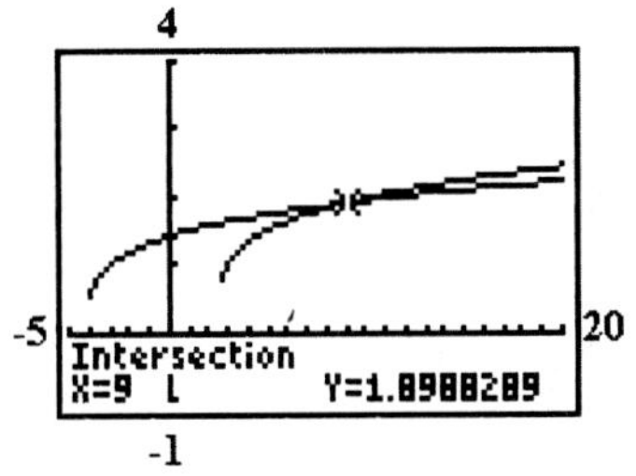


## Section 6.8 Complex Numbers

### Section 6.8 Practice Exercises

**1.** **a.** The square roots of a negative number are defined over a set of numbers called the imaginary numbers.

**b.** $i = \sqrt{-1}$.

**c.** A complex number is a number of the form $a + bi$, where $a$ and $b$ are real numbers and $i = \sqrt{-1}$.

**d.** The complex numbers $a - bi$ and $a + bi$ are called conjugates.

**3.** $(3 - \sqrt{x})(3 + \sqrt{x}) = 3^2 - (\sqrt{x})^2 = 9 - x$

**5.**
$$\sqrt[3]{3p+7} - \sqrt[3]{2p-1} = 0$$
$$\sqrt[3]{3p+7} = \sqrt[3]{2p-1}$$
$$\left(\sqrt[3]{3p+7}\right)^3 = \left(\sqrt[3]{2p-1}\right)^3$$
$$3p + 7 = 2p - 1$$
$$p = -8$$

The solution is $p = -8$.

Check:
$$\sqrt[3]{3(-8)+7} - \sqrt[3]{2(-8)-1} = 0$$
$$\sqrt[3]{-24+7} - \sqrt[3]{-16-1} = 0$$
$$\sqrt[3]{-17} - \sqrt[3]{-17} = 0$$
$$0 = 0$$

**7.**

$$\sqrt{4a+29}=2\sqrt{a}+5$$
$$\left(\sqrt{4a+29}\right)^2=\left(2\sqrt{a}+5\right)^2$$
$$4a+29=4a+20\sqrt{a}+25$$
$$4=20\sqrt{a}$$
$$5\sqrt{a}=1$$
$$\left(5\sqrt{a}\right)^2=1^2$$
$$25a=1$$
$$a=\frac{1}{25}$$

The solution is $a=\frac{1}{25}$.

Check:

$$\sqrt{4\left(\frac{1}{25}\right)+29}=2\sqrt{\frac{1}{25}}+5$$
$$\sqrt{\frac{4}{25}+29}=2\cdot\frac{1}{5}+5$$
$$\sqrt{\frac{729}{25}}=\frac{2}{5}+5$$
$$\frac{27}{5}=\frac{27}{5}$$

**9.** $\sqrt{-1}=i$ and $-\sqrt{1}=-1$

**11.** $\sqrt{-144}=i\sqrt{144}=12i$

**13.** $\sqrt{-3}=i\sqrt{3}$

**15.** $\sqrt{-20}=i\sqrt{20}=i\sqrt{4\cdot5}=2i\sqrt{5}$

**17.** $2\sqrt{-25}\cdot3\sqrt{-4}=2i\sqrt{25}\cdot3i\sqrt{4}=5\cdot2i\cdot2\cdot3i$
$=10i\cdot6i=60i^2=60(-1)=-60$

**19.** $7\sqrt{-63}-4\sqrt{-28}=7\sqrt{-9\cdot7}-4\sqrt{-4\cdot7}$
$=7\cdot3i\sqrt{7}-4\cdot2i\sqrt{7}$
$=21i\sqrt{7}-8i\sqrt{7}=13i\sqrt{7}$

**21.** $\sqrt{-7}\cdot\sqrt{-7}=i\sqrt{7}\cdot i\sqrt{7}=i^2\sqrt{49}=-1\cdot7=-7$

**23.** $\sqrt{-9}\cdot\sqrt{-16}=3i\cdot4i=12i^2=12(-1)=-12$

**25.** $\sqrt{-15}\cdot\sqrt{-6}=i\sqrt{15}\cdot i\sqrt{6}=i^2\sqrt{90}$
$=-1\sqrt{9\cdot10}=-3\sqrt{10}$

**27.** $\dfrac{\sqrt{-50}}{\sqrt{25}}=\dfrac{\sqrt{-25\cdot2}}{5}=\dfrac{5i\sqrt{2}}{5}=i\sqrt{2}$

**29.** $\dfrac{\sqrt{-90}}{\sqrt{10}}=\dfrac{\sqrt{-9\cdot10}}{\sqrt{10}}=\dfrac{3i\sqrt{10}}{\sqrt{10}}=3i$

**31.** $i^7=i^4\cdot i^3=1(-i)=-i$

**33.** $i^{64}=\left(i^4\right)^{16}=1^{64}=1$

**35.** $i^{41}=i^{40}\cdot i=\left(i^4\right)^{10}\cdot i=1^{10}\cdot i=1\cdot i=i$

**37.** $i^{52}=\left(i^4\right)^{13}=1^{13}=1$

**39.** $i^{23}=i^{20}\cdot i^3=\left(i^4\right)^5\cdot i^3=1^5(-i)=1(-i)=-i$

**41.** $i^6=i^4\cdot i^2=1(-1)=-1$

**43.** $a-bi$

**45.** $-5+12i$
Real part: –5; Imaginary part: 12

**47.** $-6i=0-6i$
Real part: 0; Imaginary part: –6

**49.** $35=35+0i$
Real part: 35; Imaginary part: 0

**51.** $\dfrac{3}{5}+i$

Real part: $\dfrac{3}{5}$; Imaginary part: 1

**53.** $(2-i)+(5+7i)=(2+5)+(-1+7)i$
$=7+6i$

**55.** $\left(\frac{1}{2}+\frac{2}{3}i\right)-\left(\frac{1}{5}-\frac{5}{6}i\right)=\frac{1}{2}+\frac{2}{3}i-\frac{1}{5}+\frac{5}{6}i$
$=\left(\frac{1}{2}-\frac{1}{5}\right)+\left(\frac{2}{3}+\frac{5}{6}\right)i$
$=\left(\frac{5}{10}-\frac{2}{10}\right)+\left(\frac{4}{6}+\frac{5}{6}\right)i$
$=\frac{3}{10}+\frac{9}{6}i=\frac{3}{10}+\frac{3}{2}i$

**57.** $(1+3i)+(4-3i)=(1+4)+(3-3)i=5+0i$

**59.** $(2+3i)-(1-4i)+(-2+3i)$
$=2+3i-1+4i-2+3i$
$=(2-1-2)+(3+4+3)i$
$=-1+10i$

**61.** $(8i)(3i)=24i^2=24(-1)=-24$

**63.** $6i(1-3i)=6i(1)-6i(3i)=6i-18i^2$
$=6i-18(-1)=18+6i$

**65.** $(2-10i)(3+2i)$
$=2(3)+2(2i)-10i(3)-10i(2i)$
$=6+4i-30i-20i^2$
$=6-26i-20(-1)$
$=6-26i+20=26-26i$

**67.** $(-5+2i)(5+2i)$
$=-5(5)-5(2i)+2i(5)+(2i)(2i)$
$=-25-10i+10i+4i^2$
$=-25+4(-1)=-25-4$
$=-29+0i$

**69.** $(4+5i)^2=4^2+2\cdot4\cdot5i+(5i)^2$
$=16+40i+25i^2=16+40i+25(-1)$
$=16+40i-25=-9+40i$

**71.** $(2+i)(3-2i)(4+3i)$
$=[2\cdot3-2\cdot2i+i\cdot3-i(2i)](4+3i)$
$=(6-4i+3i-2i^2)(4+3i)$
$=(6-i-2(-1))(4+3i)$
$=(6-i+2)(4+3i)=(8-i)(4+3i)$
$=8\cdot4+8\cdot3i-i\cdot4-i(3i)$
$=32+24i-4i-3i^2$
$=32+20i-3(-1)$
$=32+20i+3=35+20i$

**73.** $(-4-6i)^2=(-4)^2+2\cdot4\cdot6i+(6i)^2$
$=16+48i+36i^2$
$=16+48i+36(-1)$
$=16+48i-36=-20+48i$

**75.** $\left(-\frac{1}{2}-\frac{3}{4}i\right)\left(-\frac{1}{2}+\frac{3}{4}i\right)=\left(-\frac{1}{2}\right)^2-\left(\frac{3}{4}i\right)^2$
$=\frac{1}{4}-\frac{9}{16}i^2=\frac{1}{4}-\frac{9}{16}(-1)$
$=\frac{1}{4}+\frac{9}{16}=\frac{4}{16}+\frac{9}{16}=\frac{13}{16}$

**77.** $\dfrac{2}{1+3i}=\dfrac{2}{1+3i}\cdot\dfrac{1-3i}{1-3i}=\dfrac{2(1-3i)}{1^2-(3i)^2}=\dfrac{2(1-3i)}{1-9i^2}$
$=\dfrac{2(1-3i)}{1-9(-1)}=\dfrac{2(1-3i)}{1+9}=\dfrac{2(1-3i)}{10}$
$=\dfrac{1-3i}{5}=\dfrac{1}{5}-\dfrac{3}{5}i$

**79.** $\dfrac{-i}{4-3i}=\dfrac{-i}{4-3i}\cdot\dfrac{4+3i}{4+3i}=\dfrac{-i(4+3i)}{4^2-(3i)^2}$
$=\dfrac{-i\cdot 4-i(3i)}{16-9i^2}=\dfrac{-4i-3i^2}{16-9(-1)}$
$=\dfrac{-4i-3(-1)}{16+9}=\dfrac{3-4i}{25}=\dfrac{3}{25}-\dfrac{4}{25}i$

**81.** $\dfrac{5+2i}{5-2i}=\dfrac{5+2i}{5-2i}\cdot\dfrac{5+2i}{5+2i}$
$=\dfrac{5\cdot 5+5\cdot 2i+2i\cdot 5+2i\cdot 2i}{5^2-(2i)^2}$
$=\dfrac{25+10i+10i+4i^2}{25-4i^2}$
$=\dfrac{25+20i+4(-1)}{25-4(-1)}=\dfrac{25+20i-4}{25+4}$
$=\dfrac{21+20i}{29}=\dfrac{21}{29}+\dfrac{20}{29}i$

**83.** $\dfrac{3+7i}{-2-4i}=\dfrac{3+7i}{-2-4i}\cdot\dfrac{-2+4i}{-2+4i}$
$=\dfrac{3(-2)+3\cdot 4i-7i\cdot 2+7i\cdot 4i}{(-2)^2-(4i)^2}$
$=\dfrac{-6+12i-14i+28i^2}{4-16i^2}$
$=\dfrac{-6-2i+28(-1)}{4-16(-1)}=\dfrac{-6-2i-28}{4+16}$
$=\dfrac{-34-2i}{20}=\dfrac{2(-17-i)}{20}$
$=\dfrac{-17-i}{10}=-\dfrac{17}{10}-\dfrac{1}{10}i$

**85.** $\dfrac{13i}{-5-i}=\dfrac{13i}{-5-i}\cdot\dfrac{-5+i}{-5+i}=\dfrac{13i(-5)+13i\cdot i}{(-5)^2-i^2}$
$=\dfrac{-65i+13i^2}{25-(-1)}=\dfrac{-65i+13(-1)}{25+1}$
$=\dfrac{-13-65i}{26}=\dfrac{13(-1-5i)}{26}$
$=\dfrac{-1-5i}{2}=-\dfrac{1}{2}-\dfrac{5}{2}i$

**87.** $\dfrac{2+3i}{6i}=\dfrac{2+3i}{6i}\cdot\dfrac{-6i}{-6i}=\dfrac{-12i-18i^2}{-36i^2}$
$=\dfrac{-12i-18(-1)}{-36(-1)}=\dfrac{18-12i}{36}$
$=\dfrac{6(3-2i)}{36}=\dfrac{3-2i}{6}=\dfrac{1}{2}-\dfrac{1}{3}i$

**89.** $\dfrac{-10+i}{i}=\dfrac{-10+i}{i}\cdot\dfrac{-i}{-i}=\dfrac{10i-i^2}{-i^2}$
$=\dfrac{10i-(-1)}{-(-1)}=\dfrac{1+10i}{1}=1+10i$

**91.** $\dfrac{2+\sqrt{-16}}{8}=\dfrac{2+4i}{8}=\dfrac{2(1+2i)}{8}$
$=\dfrac{1+2i}{4}=\dfrac{1}{4}+\dfrac{1}{2}i$

**93.** $\dfrac{-6+\sqrt{-72}}{6}=\dfrac{-6+\sqrt{-36\cdot 2}}{6}=\dfrac{-6+6i\sqrt{2}}{6}$
$=\dfrac{6\left(-1+i\sqrt{2}\right)}{6}=-1+i\sqrt{2}$

**95.** $\dfrac{-8-\sqrt{-48}}{4}=\dfrac{-8-\sqrt{-16\cdot 3}}{4}=\dfrac{-8-4i\sqrt{3}}{4}$
$=\dfrac{4\left(-2-i\sqrt{3}\right)}{4}=-2-i\sqrt{3}$

**97.** $\frac{-5+\sqrt{-50}}{10}=\frac{-5+\sqrt{-25\cdot 2}}{10}=\frac{-5+5i\sqrt{2}}{10}$
$=\frac{5\left(-1+i\sqrt{2}\right)}{5\cdot 2}=-\frac{1}{2}+\frac{\sqrt{2}}{2}i$

**99.** $x^2-4x+5=0 \qquad x=2+i$
$(2+i)^2-4(2+i)+5=0$
$4+4i+i^2-8-4i+5=0$
$4+4i-1-8-4i+5=0$
$0=0$
$2+i$ is a solution.

**101.** $x^2+12=0 \qquad x=-2i\sqrt{3}$
$\left(-2i\sqrt{3}\right)^2+12=0$
$4i^2\cdot 3+12=0$
$-12+12=0$
$0=0$
$-2i\sqrt{3}$ is a solution.

## Chapter 6 Review Exercises

### Section 6.1

**1.** **a.** False. $\sqrt{0}=0$ is not positive.
**b.** False. $\sqrt[3]{-8}=-2$

**3.** **a.** False.
**b.** True

**5.** $\sqrt[4]{625}=\sqrt[4]{5^4}=5$

**7.** $f(x)=\sqrt{x-1}$
**a.** $f(10)=\sqrt{10-1}=\sqrt{9}=3$
**b.** $f(1)=\sqrt{1-1}=\sqrt{0}=0$
**c.** $f(8)=\sqrt{8-1}=\sqrt{7}$
**d.** $x-1\ge 0$
$x\ge 1 \qquad [1,\infty)$

**9.** $\frac{\sqrt[3]{2x}}{\sqrt[4]{2x}}+4$

**11.** **a.** $\sqrt{4y^2}=2|y|$
**b.** $\sqrt[3]{27y^3}=3y$
**c.** $\sqrt[100]{y^{100}}=|y|$
**d.** $\sqrt[101]{y^{101}}=y$

### Section 6.2

**13.** Yes, provided the expressions are well defined. For example: $x^5\cdot x^3=x^8$ and $x^{1/5}\cdot x^{2/5}=x^{3/5}$

**15.** Take the reciprocal of the base and change the exponent to positive.

**17.** $16^{-1/4} = \left(\frac{1}{16}\right)^{1/4} = \sqrt[4]{\frac{1}{16}} = \frac{1}{2}$

**19.** $\left(b^{1/2} \cdot b^{1/3}\right)^{12} = \left(b^{1/2}\right)^{12}\left(b^{1/3}\right)^{12} = b^6 \cdot b^4$
$= b^{6+4} = b^{10}$

**21.** $\left(\frac{a^{12}b^{-4}c^7}{a^3b^2c^4}\right)^{1/3} = \left(a^{12-3}b^{-4-2}c^{7-4}\right)^{1/3}$
$= \left(a^9b^{-6}c^3\right)^{1/3} = \left(a^9\right)^{1/3}\left(b^{-6}\right)^{1/3}\left(c^3\right)^{1/3}$
$= a^3b^{-2}c^1 = \frac{a^3c}{b^2}$

**23.** $\sqrt[3]{2y^2} = \left(2y^2\right)^{1/3}$

**25.** $17.8^{2/3} \approx 6.8173$

## Section 6.3

**27.** For a radical expression to be simplified the following conditions must be met:
1. Factors of the radicand must have powers less than the index.
2. There may be no fractions in the radicand.
3. There may be no radical in the denominator of a fraction.

**29.** $\sqrt[4]{x^5yz^4} = \sqrt[4]{x^4z^4 \cdot xy} = xz\sqrt[4]{xy}$

**31.** $\sqrt[3]{\frac{-16a^4}{2ab^3}} = \sqrt[3]{\frac{-8a^3}{b^3}} = -\frac{2a}{b}$

**33.** Let $h$ = the height of the bulge
$\frac{1}{2}$ length of the bridge $= \frac{1}{8}$ mi $= \frac{1}{8}(5280)$
$= 660$ ft
$h^2 + 660^2 = 660.75^2$
$h^2 = 660.75^2 - 660^2$
$h^2 = 436{,}590.5625 - 435{,}600$
$h^2 = 990.5625$
$h = \sqrt{990.5625} \approx 31$ ft

## Section 6.4

**35.** $\sqrt[3]{2x} - 2\sqrt{2x}$ cannot be combined; the indices are different.

**37.** $\sqrt[4]{3xy} + 2\sqrt[4]{3xy} = 3\sqrt[4]{3xy}$ can be combined.

**39.** $4\sqrt{7} - 2\sqrt{7} + 3\sqrt{7} = (4-2+3)\sqrt{7} = 5\sqrt{7}$

**41.** $\sqrt{50} + 7\sqrt{2} - \sqrt{8} = \sqrt{25 \cdot 2} + 7\sqrt{2} - \sqrt{4 \cdot 2}$
$= 5\sqrt{2} + 7\sqrt{2} - 2\sqrt{2} = 10\sqrt{2}$

**43.** False; 5 and $3\sqrt{x}$ are not like radicals.

## Section 6.5

**45.** $\sqrt{3}\cdot\sqrt{12}=\sqrt{36}=6$

**47.** $-2\sqrt{3}\left(\sqrt{3}-3\sqrt{3}\right)=-2\sqrt{3}\cdot\sqrt{3}+2\sqrt{3}\cdot 3\sqrt{3}$
$=-2\sqrt{9}+6\sqrt{9}=4\sqrt{9}=4\cdot 3=12$

**49.** $\left(2\sqrt{x}-3\right)\left(2\sqrt{x}+3\right)=\left(2\sqrt{x}\right)^2-3^2=4x-9$

**51.** $\left(\sqrt{7y}-\sqrt{3x}\right)^2$
$=\left(\sqrt{7y}\right)^2-2\cdot\sqrt{7y}\cdot\sqrt{3x}+\left(\sqrt{3x}\right)^2$
$=7y-2\sqrt{21xy}+3x$

**53.** $\left(-\sqrt{z}-\sqrt{6}\right)\left(2\sqrt{z}+7\sqrt{6}\right)=\left(-\sqrt{z}\right)\left(2\sqrt{z}\right)-\sqrt{z}\left(7\sqrt{6}\right)-\sqrt{6}\left(2\sqrt{z}\right)-\sqrt{6}\left(7\sqrt{6}\right)$
$=-2\sqrt{z^2}-7\sqrt{6z}-2\sqrt{6z}-7\sqrt{36}=-2z-9\sqrt{6z}-7\cdot 6=-2z-9\sqrt{6z}-42$

**55.** $\sqrt[3]{u}\cdot\sqrt{u^5}=u^{1/3}\cdot u^{5/2}=u^{(1/3)+(5/2)}=u^{17/6}=\sqrt[6]{u^{17}}=\sqrt[6]{u^{12}\cdot u^5}=u^2\sqrt[6]{u^5}$

## Section 6.6

**57.** $\sqrt{\dfrac{3y^5}{25x^6}}=\dfrac{\sqrt{3y\cdot y^4}}{\sqrt{25x^6}}=\dfrac{y^2\sqrt{3y}}{5x^3}$

**59.** $\dfrac{\sqrt{324w^7}}{\sqrt{4w^3}}=\sqrt{\dfrac{324w^7}{4w^3}}=\sqrt{81w^4}=9w^2$

**61.** $\sqrt{\dfrac{7}{2y}}=\dfrac{\sqrt{7}}{\sqrt{2y}}=\dfrac{\sqrt{7}}{\sqrt{2y}}\cdot\dfrac{\sqrt{2y}}{\sqrt{2y}}=\dfrac{\sqrt{14y}}{\sqrt{4y^2}}=\dfrac{\sqrt{14y}}{2y}$

**63.** $\dfrac{4}{\sqrt[3]{9p^2}}=\dfrac{4}{\sqrt[3]{3^2\cdot p^2}}\cdot\dfrac{\sqrt[3]{3p}}{\sqrt[3]{3p}}=\dfrac{4\sqrt[3]{3p}}{\sqrt[3]{3^3p^3}}=\dfrac{4\sqrt[3]{3p}}{3p}$

**65.** $\dfrac{-5}{\sqrt{15}-\sqrt{10}}=\dfrac{-5}{\sqrt{15}-\sqrt{10}}\cdot\dfrac{\sqrt{15}+\sqrt{10}}{\sqrt{15}+\sqrt{10}}$
$=\dfrac{-5\left(\sqrt{15}+\sqrt{10}\right)}{\left(\sqrt{15}\right)^2-\left(\sqrt{10}\right)^2}=\dfrac{-5\left(\sqrt{15}+\sqrt{10}\right)}{15-10}$
$=\dfrac{-5\left(\sqrt{15}+\sqrt{10}\right)}{5}=-\sqrt{15}-\sqrt{10}$

**67.** $\dfrac{t-3}{\sqrt{t}-\sqrt{3}}=\dfrac{t-3}{\sqrt{t}-\sqrt{3}}\cdot\dfrac{\sqrt{t}+\sqrt{3}}{\sqrt{t}+\sqrt{3}}$
$=\dfrac{(t-3)\left(\sqrt{t}+\sqrt{3}\right)}{\left(\sqrt{t}\right)^2-\left(\sqrt{3}\right)^2}=\dfrac{\cancel{(t-3)}\left(\sqrt{t}+\sqrt{3}\right)}{\cancel{t-3}}$
$=\sqrt{t}+\sqrt{3}$

**69.** The quotient of the principal square root of 2 and the square of *x*.

## Section 6.7

**71.**
$\sqrt{a-6}-5=0$
$\sqrt{a-6}=5$
$\left(\sqrt{a-6}\right)^2=5^2$
$a-6=25$
$a=31$
The solution is $a=31$.

Check:
$\sqrt{31-6}-5=0$
$\sqrt{25}-5=0$
$5-5=0$
$0=0$

**73.** $\sqrt[4]{p+12}-\sqrt[4]{5p-16}=0$

$$\sqrt[4]{p+12}=\sqrt[4]{5p-16}$$
$$\left(\sqrt[4]{p+12}\right)^4=\left(\sqrt[4]{5p-16}\right)^4$$
$$p+12=5p-16$$
$$-4p=-28$$
$$p=7$$

Check:
$$\sqrt[4]{7+12}-\sqrt[4]{5(7)-16}=0$$
$$\sqrt[4]{19}-\sqrt[4]{35-16}=0$$
$$\sqrt[4]{19}-\sqrt[4]{19}=0$$
$$0=0$$

The solution is $p=7$.

**75.** $\sqrt{8x+1}=-\sqrt{x-13}$

$$\left(\sqrt{8x+1}\right)^2=\left(-\sqrt{x-13}\right)^2$$
$$8x+1=x-13$$
$$7x=-14$$
$$x=-2$$

Check:
$$\sqrt{8(-2)+1}=-\sqrt{-2-13}$$
$$\sqrt{-16+1}=-\sqrt{-15}$$
$$\sqrt{-15}\neq-\sqrt{-15}$$

There is no solution. ($x=-2$ does not check.)

**77.** $\sqrt{x+2}=1-\sqrt{2x+5}$

$$\left(\sqrt{x+2}\right)^2=\left(1-\sqrt{2x+5}\right)^2$$
$$x+2=1-2\sqrt{2x+5}+2x+5$$
$$-x-4=-2\sqrt{2x+5}$$
$$(-x-4)^2=\left(-2\sqrt{2x+5}\right)^2$$
$$x^2+8x+16=4(2x+5)$$
$$x^2+8x+16=8x+20$$
$$x^2-4=0$$
$$(x+2)(x-2)=0$$
$$x+2=0 \text{ or } x-2=0$$
$$x=-2 \text{ or } x=2$$

Check $x=-2$:
$$\sqrt{-2+2}=1-\sqrt{2(-2)+5}$$
$$\sqrt{0}=1-\sqrt{-4+5}$$
$$0=1-\sqrt{1}$$
$$0=1-1$$
$$0=0$$

Check $x=2$:
$$\sqrt{2+2}=1-\sqrt{2(2)+5}$$
$$\sqrt{4}=1-\sqrt{4+5}$$
$$2=1-\sqrt{9}$$
$$2=1-3$$
$$2\neq-2$$

The solution is $x=-2$. ($x=2$ does not check.)

**79.** $v(d)=\sqrt{32d}$

**a.** $v(20)=\sqrt{32(20)}=\sqrt{640}=\sqrt{64\cdot10}$

$$=8\sqrt{10}\text{ ft/sec}\approx 25.3\text{ ft/sec}$$

When the water is 20 ft deep, a wave travels about 25.3 ft/sec.

**b.** $16=\sqrt{32d}$

$$16^2=\left(\sqrt{32d}\right)^2$$
$$256=32d$$
$$d=8\text{ ft}$$

## Section 6.8

**81.** $a+bi$, where $b\neq0$.

**83.** $\sqrt{-16}=4i$

**85.** $\sqrt{-75}\cdot\sqrt{-3}=\sqrt{-25\cdot 3}\cdot\sqrt{-3}=5i\sqrt{3}\cdot i\sqrt{3}$
$=5i^2\sqrt{9}=5(-1)(3)=-15$

**87.** $i^{38}=i^{36}\cdot i^2=\left(i^4\right)^9\cdot i^2=1^9(-1)=1(-1)=-1$

**89.** $i^{19}=i^{16}\cdot i^3=\left(i^4\right)^4\cdot i^3=1^4(-i)=1(-i)=-i$

**91.** $(-3+i)-(2-4i)=-3+i-2+4i$
$=(-3-2)+(1+4)i=-5+5i$

**93.** $(4-3i)(4+3i)=4^2-(3i)^2=16-9i^2$
$=16-9(-1)=16+9=25+0i$

**95.** $\dfrac{17-4i}{-4}=-\dfrac{17}{4}+\dfrac{4}{4}i=-\dfrac{17}{4}+i$

Real part: $-\dfrac{17}{4}$

Imaginary part: 1

**97.** $\dfrac{2-i}{3+2i}=\dfrac{2-i}{3+2i}\cdot\dfrac{3-2i}{3-2i}$
$=\dfrac{2\cdot 3-2\cdot 2i-i\cdot 3+i\cdot 2i}{3^2-(2i)^2}$
$=\dfrac{6-4i-3i+2i^2}{9-4i^2}=\dfrac{6-7i+2(-1)}{9-4(-1)}$
$=\dfrac{6-7i-2}{9+4}=\dfrac{4-7i}{13}=\dfrac{4}{13}-\dfrac{7}{13}i$

**99.** $\dfrac{5+3i}{-2i}=\dfrac{5+3i}{-2i}\cdot\dfrac{2i}{2i}=\dfrac{5\cdot 2i+3i\cdot 2i}{-(2i)^2}=\dfrac{10i+6i^2}{-4i^2}$
$=\dfrac{10i+6(-1)}{-4(-1)}=\dfrac{-6+10i}{4}=-\dfrac{6}{4}+\dfrac{10}{4}i$
$=-\dfrac{3}{2}+\dfrac{5}{2}i$

**101.** $\dfrac{-8+\sqrt{-40}}{12}=\dfrac{-8+\sqrt{-4\cdot 10}}{12}=\dfrac{-8+2i\sqrt{10}}{12}$
$=\dfrac{2\left(-4+i\sqrt{10}\right)}{12}=\dfrac{-4+i\sqrt{10}}{6}$
$=-\dfrac{4}{6}+\dfrac{\sqrt{10}}{6}i=-\dfrac{2}{3}+\dfrac{\sqrt{10}}{6}i$

## Chapter 6 Test

**1.** **a.** $\sqrt{36}=6$
**b.** $-\sqrt{36}=-6$

**3.** **a.** $\sqrt[3]{y^3}=y$
**b.** $\sqrt[4]{y^4}=|y|$

**5.** $\sqrt{\dfrac{16}{9}}=\dfrac{4}{3}$

**7.** $\sqrt{a^4b^3c^5}=\sqrt{a^4b^2c^4\cdot bc}=a^2bc^2\sqrt{bc}$

**9.** $\sqrt{\dfrac{32w^6}{2w}}=\sqrt{16w^5}=\sqrt{16w^4\cdot w}=4w^2\sqrt{w}$

**11.** $\dfrac{2\sqrt{72}}{8}=\dfrac{2\sqrt{36\cdot 2}}{8}=\dfrac{2\cdot 6\sqrt{2}}{8}=\dfrac{12\sqrt{2}}{8}=\dfrac{3\sqrt{2}}{2}$

**13.** $\dfrac{-3-\sqrt{5}}{17} \approx -0.3080$

**15.** $\dfrac{t^{-1} \cdot t^{1/2}}{t^{1/4}} = \dfrac{t^{-1+(1/2)}}{t^{1/4}} = \dfrac{t^{-1/2}}{t^{1/4}}$

$= t^{(-1/2)-(1/4)} = t^{-3/4} = \dfrac{1}{t^{3/4}}$

**17.** $\dfrac{\sqrt[3]{10}}{\sqrt[4]{10}} = \dfrac{10^{1/3}}{10^{1/4}} = 10^{(1/3)-(1/4)} = 10^{1/12} = \sqrt[12]{10}$

**19.** $3\sqrt{x}\left(\sqrt{2}-\sqrt{5}\right) = 3\sqrt{x}\cdot\sqrt{2} - 3\sqrt{x}\cdot\sqrt{5}$

$= 3\sqrt{2x} - 3\sqrt{5x}$

**21.** $\dfrac{-2}{\sqrt[3]{x}} = \dfrac{-2}{\sqrt[3]{x}} \cdot \dfrac{\sqrt[3]{x^2}}{\sqrt[3]{x^2}} = \dfrac{-2\sqrt[3]{x^2}}{\sqrt[3]{x^3}} = \dfrac{-2\sqrt[3]{x^2}}{x}$

**23.** **a.** $\sqrt{-8} = \sqrt{-4 \cdot 2} = 2i\sqrt{2}$

**b.** $2\sqrt{-16} = 2 \cdot 4i = 8i$

**c.** $\dfrac{2+\sqrt{-8}}{4} = \dfrac{2+\sqrt{-4\cdot 2}}{4} = \dfrac{2+2i\sqrt{2}}{4}$

$= \dfrac{2\left(1+i\sqrt{2}\right)}{4} = \dfrac{1+i\sqrt{2}}{2}$

**25.** $(4+i)(8+2i) = 4\cdot 8 + 4\cdot 2i + i\cdot 8 + i\cdot 2i$

$= 32 + 8i + 8i + 2i^2$

$= 32 + 16i - 2 = 30 + 16i$

**27.** $(4-7i)^2 = 4^2 - 2\cdot 4\cdot 7i + (7i)^2$

$= 16 - 56i + 49i^2$

$= 16 - 56i + 49(-1)$

$= 16 - 56i - 49 = -33 - 56i$

**29.** $\dfrac{3-2i}{3-4i} = \dfrac{3-2i}{3-4i} \cdot \dfrac{3+4i}{3+4i}$

$= \dfrac{3\cdot 3 + 3\cdot 4i - 2i\cdot 3 - 2i\cdot 4i}{3^2 - (4i)^2}$

$= \dfrac{9+12i-6i-8i^2}{9-16i^2} = \dfrac{9+6i-8(-1)}{9-16(-1)}$

$= \dfrac{9+6i+8}{9+16} = \dfrac{17+6i}{25} = \dfrac{17}{25} + \dfrac{6}{25}i$

**31.** $r(V) = \sqrt[3]{\dfrac{3V}{4\pi}}$

$r(10) = \sqrt[3]{\dfrac{3(10)}{4\pi}} = \sqrt[3]{\dfrac{30}{4\pi}} \approx 1.34$

The radius of a sphere of volume 10 cubic units is approximately 1.34 units.

**33.** $\sqrt[3]{2x+5} = -3$

$\left(\sqrt[3]{2x+5}\right)^3 = (-3)^3$

$2x+5 = -27$

$2x = -32$

$x = -16$

The solution is $x = -16$.

Check:

$\sqrt[3]{2(-16)+5} = -3$

$\sqrt[3]{-32+5} = -3$

$\sqrt[3]{-27} = -3$

$-3 = -3$

**35.** $\sqrt{t+7}-\sqrt{2t-3}=2$

$$\sqrt{t+7}=2+\sqrt{2t-3}$$
$$\left(\sqrt{t+7}\right)^2=\left(2+\sqrt{2t-3}\right)^2$$
$$t+7=4+4\sqrt{2t-3}+2t-3$$
$$-t+6=4\sqrt{2t-3}$$
$$(-t+6)^2=\left(4\sqrt{2t-3}\right)^2$$
$$t^2-12t+36=16(2t-3)$$
$$t^2-12t+36=32t-48$$
$$t^2-44t+84=0$$
$$(t-42)(t-2)=0$$
$$t-42=0 \text{ or } t-2=0$$
$$t=42 \text{ or } \quad t=2$$

The solution is $t=2$. ($t=42$ does not check.)

Check $t=42$:
$$\sqrt{42+7}-\sqrt{2(42)-3}=2$$
$$\sqrt{49}-\sqrt{84-3}=2$$
$$7-\sqrt{81}=2$$
$$7-9=2$$
$$-2\neq 2$$

Check $t=2$:
$$\sqrt{2+7}-\sqrt{2(2)-3}=2$$
$$\sqrt{9}-\sqrt{4-3}=2$$
$$3-\sqrt{1}=2$$
$$3-1=2$$
$$2=2$$

## Chapters 1 – 6 Cumulative Review Exercises

**1.** $6^2-2[5-8(3-1)+4\div 2]$

$$=6^2-2[5-8(2)+4\div 2]$$
$$=6^2-2[5-16+2]$$
$$=6^2-2[-9]=36-2[-9]$$
$$=36+18=54$$

**3.** $9(2y+8)=20-(y+5)$

$$18y+72=20-y-5$$
$$18y+72=-y+15$$
$$19y=-57$$
$$y=-3$$

**5.** $2x+y=9$

$$y=-2x+9$$

The slope is –2 so the slope of the parallel line is also –2.

$$y-(-1)=-2(x-3)$$
$$y+1=-2x+6$$
$$y=-2x+5$$

**7.**
$$\begin{array}{r} 2x-3y=\ \ 0 \\ -4x+3y=-1 \\ \hline -2x \qquad =-1 \end{array}$$
$$x=\frac{1}{2}$$

$$2\left(\frac{1}{2}\right)-3y=0$$
$$1-3y=0$$
$$-3y=-1$$
$$y=\frac{1}{3}$$

The solution is $\left(\frac{1}{2},\frac{1}{3}\right)$.

**9.** $x=6$

$y=3$

$z=8$

**11.** Not a function.

**13.** $\left(\dfrac{a^{3/2}b^{-1/4}c^{1/3}}{ab^{-5/4}c^0}\right)^{12}=\left(a^{(3/2)-1}b^{(-1/4)-(-5/4)}c^{1/3}\right)^{12}$

$=\left(a^{1/2}b^1c^{1/3}\right)^{12}$

$=\left(a^{1/2}\right)^{12}\left(b^{12}\right)\left(c^{1/3}\right)^{12}$

$=a^6b^{12}c^4$

**15.** $(2x+5)(x-3)=2x\cdot x-2x\cdot 3+5\cdot x-5\cdot 3$

$=2x^2-6x+5x-15$

$=2x^2-x-15$

The product is a second degree polynomial.

**17.** $\dfrac{x^2-x-12}{x+3}=\dfrac{(x-4)(\cancel{x+3})}{\cancel{x+3}}=x-4$

**19.** $\sqrt[3]{\dfrac{54c^4}{cd^3}}=\sqrt[3]{\dfrac{27c^3\cdot 2\cancel{c}}{\cancel{c}d^3}}=\dfrac{3c\sqrt[3]{2}}{d}$

**21.** $\dfrac{13i}{3+2i}=\dfrac{13i}{3+2i}\cdot\dfrac{3-2i}{3-2i}=\dfrac{13i(3-2i)}{3^2-(2i)^2}$

$=\dfrac{13i(3-2i)}{9-4i^2}=\dfrac{13\left(3i-2i^2\right)}{9-4(-1)}$

$=\dfrac{13(3i-2(-1))}{9+4}=\dfrac{\cancel{13}(3i+2)}{\cancel{13}}$

$=2+3i$

**23.** $\dfrac{3}{x^2+5x}+\dfrac{-2}{x^2-25}$

$=\dfrac{3}{x(x+5)}+\dfrac{-2}{(x+5)(x-5)}$

$\text{LCD}=x(x+5)(x-5)$

$=\dfrac{3}{x(x+5)}\cdot\dfrac{x-5}{x-5}+\dfrac{-2}{(x+5)(x-5)}\cdot\dfrac{x}{x}$

$=\dfrac{3x-15-2x}{x(x+5)(x-5)}=\dfrac{x-15}{x(x+5)(x-5)}$

**25.** $\left(-5x^2-4x+8\right)-(3x-5)^2$

$=\left(-5x^2-4x+8\right)-\left(9x^2-30x+25\right)$

$=-5x^2-4x+8-9x^2+30x-25$

$=-14x^2+26x-17$

**27.** $\dfrac{4}{3-5i}=\dfrac{4}{3-5i}\cdot\dfrac{3+5i}{3+5i}=\dfrac{12+20i}{9-25i^2}$

$=\dfrac{12+20i}{9-25(-1)}=\dfrac{12+20i}{9+25}=\dfrac{12+20i}{34}$

$=\dfrac{12}{34}+\dfrac{20}{34}i=\dfrac{6}{17}+\dfrac{10}{17}i$

**29.** $x^2+6x+9-y^2=(x+3)^2-y^2$

$=(x+3-y)(x+3+y)$

# Chapter 7 Quadratic Equations and Functions

## Chapter Opener Puzzle

| | | | | | |
|---|---|---|---|---|---|
| D 5 | 3 | 1 | 6 | 2 | 4 |
| 2 | 4 | 6 | 3 | 1 | 5 |
| 4 | C 2 | 5 | A 1 | 3 | 6 |
| 1 | 6 | 3 | 4 | 5 | 2 |
| 6 | 1 | 2 | 5 | 4 | B 3 |
| 3 | 5 | 4 | 2 | E 6 | 1 |

## Section 7.1 Square Root Property and Completing the Square

### Section 7.1 Practice Exercises

**1.** **a.** The square root property states that for any real number $k$, if $x^2 = k$, then $x = \sqrt{k}$ or $x = -\sqrt{k}$.

**b.** Any equation $ax^2 + bx + c = 0$ $(a \neq 0)$ can be written in the form $(x-h)^2 = k$ by using a process called completing the square.

**3.**
$$y^2 = 4$$
$$y = \pm\sqrt{4}$$
$$y = \pm 2$$

**5.**
$$k^2 - 7 = 0$$
$$k^2 = 7$$
$$k = \pm\sqrt{7}$$

**7.**
$$-2m^2 = 50$$
$$m^2 = -25$$
$$m = \pm\sqrt{-25}$$
$$m = \pm 5i$$

**9.**
$$(q+3)^2 = 4$$
$$q+3 = \pm\sqrt{4}$$
$$q+3 = \pm 2$$
$$q = -3 \pm 2$$
$$q = -1 \text{ or } q = -5$$

**11.**
$$(2y+3)^2 - 7 = 0$$
$$(2y+3)^2 = 7$$
$$2y+3 = \pm\sqrt{7}$$
$$2y = -3 \pm \sqrt{7}$$
$$y = \frac{-3 \pm \sqrt{7}}{2}$$

**13.**
$$(t+5)^2 = -18$$
$$t+5 = \pm\sqrt{-18}$$
$$t+5 = \pm 3i\sqrt{2}$$
$$t = -5 \pm 3i\sqrt{2}$$

**15.**
$$15 = 4 + 3w^2$$
$$3w^2 = 11$$
$$w^2 = \frac{11}{3}$$
$$w = \pm\sqrt{\frac{11}{3}} \cdot \sqrt{\frac{3}{3}}$$
$$w = \pm\frac{\sqrt{33}}{3}$$

**17.**
$$\left(m + \frac{4}{5}\right)^2 - \frac{3}{25} = 0$$
$$\left(m + \frac{4}{5}\right)^2 = \frac{3}{25}$$
$$m + \frac{4}{5} = \pm\sqrt{\frac{3}{25}}$$
$$m + \frac{4}{5} = \pm\frac{\sqrt{3}}{5}$$
$$x = -\frac{4}{5} \pm \frac{\sqrt{3}}{5}$$

**19.** 1. Factoring and applying the zero product rule.
$$x^2 - 36 = 0$$
$$(x+6)(x-6) = 0$$
$$x + 6 = 0 \text{ or } x - 6 = 0$$
$$x = -6 \text{ or } x = 6$$

2. Applying the square root property.
$$x^2 - 36 = 0$$
$$x^2 = 36$$
$$x = \pm\sqrt{36}$$
$$x = \pm 6$$

**21.** $x^2 - 6x + n$
$$n = \left(\frac{1}{2}b\right)^2 = \left(\frac{1}{2}\cdot(-6)\right)^2 = (-3)^2 = 9$$
$$x^2 - 6x + 9 = (x-3)^2$$

**23.** $t^2 + 8t + n$
$$n = \left(\frac{1}{2}b\right)^2 = \left(\frac{1}{2}\cdot 8\right)^2 = (4)^2 = 16$$
$$t^2 + 8t + 16 = (t+4)^2$$

**25.** $c^2 - c + n$
$$n = \left(\frac{1}{2}b\right)^2 = \left(\frac{1}{2}\cdot(-1)\right)^2 = \left(-\frac{1}{2}\right)^2 = \frac{1}{4}$$
$$c^2 - c + \frac{1}{4} = \left(c - \frac{1}{2}\right)^2$$

**27.** $y^2 + 5y + n$
$$n = \left(\frac{1}{2}b\right)^2 = \left(\frac{1}{2}\cdot 5\right)^2 = \left(\frac{5}{2}\right)^2 = \frac{25}{4}$$
$$y^2 + 5y + \frac{25}{4} = \left(y + \frac{5}{2}\right)^2$$

**29.**
$$b^2 + \frac{2}{5}b + n$$
$$n = \left(\frac{1}{2}b\right)^2 = \left(\frac{1}{2}\cdot\frac{2}{5}\right)^2 = \left(\frac{1}{5}\right)^2 = \frac{1}{25}$$
$$b^2 + \frac{2}{5}b + \frac{1}{25} = \left(b + \frac{1}{5}\right)^2$$

**31.** $p^2 - \frac{2}{3}p + n$

$n = \left(\frac{1}{2}b\right)^2 = \left(\frac{1}{2}\cdot\left(-\frac{2}{3}\right)\right)^2 = \left(-\frac{1}{3}\right)^2 = \frac{1}{9}$

$p^2 - \frac{2}{3}p + \frac{1}{9} = \left(p - \frac{1}{3}\right)^2$

**33.**
1. Write the equation in the form $ax^2 + bx + c = 0$.
2. Divide each term by *a*.
3. Isolate the variable terms.
4. Complete the square and factor.
5. Apply the square root property.

**35.**
$$t^2 + 8t + 15 = 0$$
$$t^2 + 8t = -15$$
$$t^2 + 8t + 16 = -15 + 16$$
$$(t+4)^2 = 1$$
$$t + 4 = \pm\sqrt{1}$$
$$t + 4 = \pm 1$$
$$t = -4 \pm 1$$
$$t = -3 \text{ or } t = -5$$

**37.**
$$x^2 + 6x = -16$$
$$x^2 + 6x + 9 = -16 + 9$$
$$(x+3)^2 = -7$$
$$x + 3 = \pm\sqrt{-7}$$
$$x + 3 = \pm i\sqrt{7}$$
$$x = -3 \pm i\sqrt{7}$$

**39.**
$$p^2 + 4p + 6 = 0$$
$$p^2 + 4p = -6$$
$$p^2 + 4p + 4 = -6 + 4$$
$$(p+2)^2 = -2$$
$$p + 2 = \pm\sqrt{-2}$$
$$p + 2 = \pm i\sqrt{2}$$
$$p = -2 \pm i\sqrt{2}$$

**41.**
$$y^2 - 3y - 10 = 0$$
$$y^2 - 3y = 10$$
$$y^2 - 3y + \frac{9}{4} = 10 + \frac{9}{4}$$
$$\left(y - \frac{3}{2}\right)^2 = \frac{49}{4}$$
$$y - \frac{3}{2} = \pm\sqrt{\frac{49}{4}}$$
$$y - \frac{3}{2} = \pm\frac{7}{2}$$
$$y = \frac{3}{2} \pm \frac{7}{2}$$
$$y = 5 \text{ or } y = -2$$

**43.**
$$2a^2+4a+5=0$$
$$\frac{2a^2}{2}+\frac{4a}{2}+\frac{5}{2}=\frac{0}{2}$$
$$a^2+2a+\frac{5}{2}=0$$
$$a^2+2a=-\frac{5}{2}$$
$$a^2+2a+1=-\frac{5}{2}+1$$
$$(a+1)^2=-\frac{3}{2}$$
$$a+1=\pm\sqrt{-\frac{3}{2}}\cdot\sqrt{\frac{2}{2}}$$
$$a+1=\pm\frac{i\sqrt{6}}{2}$$
$$a=-1\pm\frac{i\sqrt{6}}{2}$$

**45.**
$$9x^2-36x+40=0$$
$$\frac{9x^2}{9}-\frac{36x}{9}+\frac{40}{9}=\frac{0}{9}$$
$$x^2-4x+\frac{40}{9}=0$$
$$x^2-4x=-\frac{40}{9}$$
$$x^2-4x+4=-\frac{40}{9}+4$$
$$(x-2)^2=-\frac{4}{9}$$
$$x-2=\pm\sqrt{-\frac{4}{9}}$$
$$x-2=\pm\frac{2i}{3}$$
$$x=2\pm\frac{2}{3}i$$

**47.**
$$p^2-\frac{2}{5}p=\frac{2}{25}$$
$$p^2-\frac{2}{5}p+\frac{1}{25}=\frac{2}{25}+\frac{1}{25}$$
$$\left(p-\frac{1}{5}\right)^2=\frac{3}{25}$$
$$p-\frac{1}{5}=\pm\sqrt{\frac{3}{25}}$$
$$p-\frac{1}{5}=\pm\frac{\sqrt{3}}{5}$$
$$p=\frac{1}{5}\pm\frac{\sqrt{3}}{5}$$

**49.**
$$(2w+5)(w-1)=2$$
$$2w^2+3w-5=2$$
$$2w^2+3w-7=0$$
$$\frac{2w^2}{2}+\frac{3w}{2}-\frac{7}{2}=\frac{0}{2}$$
$$w^2+\frac{3}{2}w-\frac{7}{2}=0$$
$$w^2+\frac{3}{2}w=\frac{7}{2}$$
$$w^2+\frac{3}{2}w+\frac{9}{16}=\frac{7}{2}+\frac{9}{16}$$
$$\left(w+\frac{3}{4}\right)^2=\frac{65}{16}$$
$$w+\frac{3}{4}=\pm\sqrt{\frac{65}{16}}$$
$$w+\frac{3}{4}=\pm\frac{\sqrt{65}}{4}$$
$$w=-\frac{3}{4}\pm\frac{\sqrt{65}}{4}$$

**51.**
$$n(n-4)=7$$
$$n^2-4n=7$$
$$n^2-4n+4=7+4$$
$$(n-2)^2=11$$
$$n-2=\pm\sqrt{11}$$
$$n=2\pm\sqrt{11}$$

**53.**
$$2x(x+6)=14$$
$$x(x+6)=7$$
$$x^2+6x=7$$
$$x^2+6x+9=7+9$$
$$(x+3)^2=16$$
$$x+3=\pm\sqrt{16}$$
$$x=-3\pm4$$
$$x=1 \text{ or } x=-7$$

**55. a.**
$$d=16t^2$$
$$t^2=\frac{d}{16}$$
$$t=\frac{\sqrt{d}}{4}$$

**b.**
$$t=\frac{\sqrt{1024}}{4}=\frac{32}{4}=8 \text{ sec}$$

**57.** $A=\pi r^2$ for $r$
$$r^2=\frac{A}{\pi}$$
$$r=\sqrt{\frac{A}{\pi}} \text{ or } r=\frac{\sqrt{A\pi}}{\pi}$$

**59.** $a^2+b^2+c^2=d^2$ for $a$
$$a^2=d^2-b^2-c^2$$
$$a=\sqrt{d^2-b^2-c^2}$$

**61.** $V=\frac{1}{3}\pi r^2h$ for $r$
$$3V=\pi r^2h$$
$$r^2=\frac{3V}{\pi h}$$
$$r=\sqrt{\frac{3V}{\pi h}} \text{ or } r=\frac{\sqrt{3V\pi h}}{\pi h}$$

**63.**
$$x^2+x^2=6^2$$
$$2x^2=36$$
$$x^2=18$$
$$x=\sqrt{18}=3\sqrt{2}\text{ ft}\approx4.2\text{ ft}$$

**65.**
$$x^2=50$$
$$x=\sqrt{50}=5\sqrt{2}\text{ in}\approx7.1\text{ in}$$

**67. a.**

$$P(x) = -\frac{1}{8}x^2 + 5x$$

$$-\frac{1}{8}x^2 + 5x = 20$$

$$-8\left(-\frac{1}{8}x^2 + 5x\right) = -8(20)$$

$$x^2 - 40x = -160$$

$$x^2 - 40x + 400 = -160 + 400$$

$$(x-20)^2 = 240$$

$$x - 20 = \pm\sqrt{240}$$

$$x = 20 \pm \sqrt{240}$$

$$x \approx 20 \pm 15.5$$

$$x \approx 4.5 \text{ or } x \approx 35.5$$

4.5 thousand or 35.5 thousand textbooks are sold for a profit of \$20,000.

**b.** Profit increases to a point as more books are produced. Beyond that point, the market is "flooded", and profit decreases. Hence there are two points at which the profit is \$20,000. Producing 4.5 thousand books makes the same profit using fewer resources as producing 35.5 thousand books.

## Section 7.2 Quadratic Formula

### Section 7.2 Practice Exercises

**1. a.** For any quadratic equation of the form $ax^2 + bx + c = 0$ $(a \neq 0)$ the solutions are $x = \dfrac{-b \pm \sqrt{b^2 - 4ac}}{2a}$ which is called the quadratic formula.

**b.** The expression $b^2 - 4ac$ is called the discriminant.

**3.**

$$(x+5)^2 = 49$$

$$x + 5 = \pm\sqrt{49}$$

$$x + 5 = \pm 7$$

$$x = -5 \pm 7$$

$$x = 2 \text{ or } x = -12$$

**5.**

$$x^2 - 2x + 10 = 0$$

$$x^2 - 2x = -10$$

$$x^2 - 2x + 1 = -10 + 1$$

$$(x-1)^2 = -9$$

$$x - 1 = \pm\sqrt{-9}$$

$$x - 1 = \pm 3i$$

$$x = 1 \pm 3i$$

**7.**

$$\frac{16-\sqrt{320}}{4} = \frac{16-\sqrt{64\cdot 5}}{4} = \frac{16-8\sqrt{5}}{4} = \frac{\cancel{4}\left(4-2\sqrt{5}\right)}{\cancel{4}} = 4 - 2\sqrt{5}$$

**9.**

$$\frac{14-\sqrt{-147}}{7} = \frac{14-\sqrt{-49\cdot 3}}{7} = \frac{14-7i\sqrt{3}}{7} = \frac{\cancel{7}\left(2-i\sqrt{3}\right)}{\cancel{7}} = 2 - i\sqrt{3}$$

**11.** The quadratic formula can be applied when the equation is in the form $ax^2 + bx + c = 0$ $(a \neq 0)$.

**13.** $x^2+11x-12=0$

$a=1,\ b=11,\ c=-12$

$$x=\frac{-(11)\pm\sqrt{(11)^2-4(1)(-12)}}{2(1)}$$

$$=\frac{-11\pm\sqrt{121+48}}{2}=\frac{-11\pm\sqrt{169}}{2}$$

$$=\frac{-11\pm13}{2}$$

$$x=\frac{2}{2}=1 \text{ or } x=-\frac{24}{2}=-12$$

**15.** $9y^2-2y+5=0$

$a=9,\ b=-2,\ c=5$

$$y=\frac{-(-2)\pm\sqrt{(-2)^2-4(9)(5)}}{2(9)}$$

$$=\frac{2\pm\sqrt{4-180}}{18}=\frac{2\pm\sqrt{-176}}{18}=\frac{2\pm4i\sqrt{11}}{18}$$

$$=\frac{\cancel{2}\left(1\pm2i\sqrt{11}\right)}{\cancel{2}\cdot9}=\frac{1\pm2i\sqrt{11}}{9}$$

**17.** $12p^2-4p+5=0$

$a=12,\ b=-4,\ c=5$

$$p=\frac{-(-4)\pm\sqrt{(-4)^2-4(12)(5)}}{2(12)}$$

$$=\frac{4\pm\sqrt{16-240}}{24}=\frac{4\pm\sqrt{-224}}{24}$$

$$=\frac{4\pm4i\sqrt{14}}{24}=\frac{\cancel{4}\left(1\pm i\sqrt{14}\right)}{\cancel{4}\cdot6}=\frac{1\pm i\sqrt{14}}{6}$$

**19.** $-z^2=-2z-35$

$z^2-2z-35=0$

$a=1,\ b=-2,\ c=-35$

$$z=\frac{-(-2)\pm\sqrt{(-2)^2-4(1)(-35)}}{2(1)}$$

$$=\frac{2\pm\sqrt{4+140}}{2}=\frac{2\pm\sqrt{144}}{2}=\frac{2\pm12}{2}$$

$$z=\frac{14}{2}=7 \text{ or } z=-\frac{10}{2}=-5$$

**21.** $y^2+3y=8$

$y^2+3y-8=0$

$a=1,\ b=3,\ c=-8$

$$y=\frac{-(3)\pm\sqrt{(3)^2-4(1)(-8)}}{2(1)}=\frac{-3\pm\sqrt{9+32}}{2}$$

$$=\frac{-3\pm\sqrt{41}}{2}$$

**23.** $25x^2-20x+4=0$

$a=25,\ b=-20,\ c=4$

$$x=\frac{-(-20)\pm\sqrt{(-20)^2-4(25)(4)}}{2(25)}$$

$$=\frac{20\pm\sqrt{400-400}}{50}=\frac{20\pm\sqrt{0}}{50}=\frac{20}{50}=\frac{2}{5}$$

**25.** $w(w-6)=-14$

$w^2-6w+14=0$

$a=1,\ b=-6,\ c=14$

$$w=\frac{-(-6)\pm\sqrt{(-6)^2-4(1)(14)}}{2(1)}$$

$$=\frac{6\pm\sqrt{36-56}}{2}=\frac{6\pm\sqrt{-20}}{2}=\frac{6\pm2i\sqrt{5}}{2}$$

$$=\frac{\cancel{2}\left(3\pm i\sqrt{5}\right)}{\cancel{2}}=3\pm i\sqrt{5}$$

**27.** $(x+2)(x-3)=1$

$x^2-x-6=1$

$x^2-x-7=0$

$a=1,\ b=-1,\ c=-7$

$$x=\frac{-(-1)\pm\sqrt{(-1)^2-4(1)(-7)}}{2(1)}$$

$$=\frac{1\pm\sqrt{1+28}}{2}=\frac{1\pm\sqrt{29}}{2}$$

**29.** $-4a^2 - 2a + 3 = 0$

$a = -4,\ b = -2,\ c = 3$

$$a = \frac{-(-2) \pm \sqrt{(-2)^2 - 4(-4)(3)}}{2(-4)}$$

$$= \frac{2 \pm \sqrt{4+48}}{-8} = \frac{2 \pm \sqrt{52}}{-8} = \frac{2 \pm 2\sqrt{13}}{-8}$$

$$= \frac{\not{2}\left(1 \pm \sqrt{13}\right)}{\not{2}(-4)} = \frac{1 \pm \sqrt{13}}{-4} = \frac{-1 \pm \sqrt{13}}{4}$$

**31.** $\frac{1}{2}y^2 + \frac{2}{3} = -\frac{2}{3}y$

$$6\left(\frac{1}{2}y^2 + \frac{2}{3}\right) = 6\left(-\frac{2}{3}y\right)$$

$3y^2 + 4 = -4y$

$3y^2 + 4y + 4 = 0$

$a = 3,\ b = 4,\ c = 4$

$$y = \frac{-(4) \pm \sqrt{(4)^2 - 4(3)(4)}}{2(3)}$$

$$= \frac{-4 \pm \sqrt{16-48}}{6} = \frac{-4 \pm \sqrt{-32}}{6}$$

$$= \frac{-4 \pm 4i\sqrt{2}}{6} = \frac{\not{2}\left(-2 \pm 2i\sqrt{2}\right)}{\not{2}(3)}$$

$$= \frac{-2 \pm 2i\sqrt{2}}{3}$$

**33.** $\frac{1}{5}h^2 + h + \frac{3}{5} = 0$

$$5\left(\frac{1}{5}h^2 + h + \frac{3}{5}\right) = 5(0)$$

$h^2 + 5h + 3 = 0$

$a = 1,\ b = 5,\ c = 3$

$$h = \frac{-(5) \pm \sqrt{(5)^2 - 4(1)(3)}}{2(1)}$$

$$= \frac{-5 \pm \sqrt{25-12}}{2} = \frac{-5 \pm \sqrt{13}}{2}$$

**35.** $0.01x^2 + 0.06x + 0.08 = 0$

$100\left(0.01x^2 + 0.06x + 0.08\right) = 100(0)$

$x^2 + 6x + 8 = 0$

$a = 1,\ b = 6,\ c = 8$

$$x = \frac{-(6) \pm \sqrt{(6)^2 - 4(1)(8)}}{2(1)}$$

$$= \frac{-6 \pm \sqrt{36-32}}{2} = \frac{-6 \pm \sqrt{4}}{2} = \frac{-6 \pm 2}{2}$$

$$x = \frac{-4}{2} = -2 \text{ or } x = \frac{-8}{2} = -4$$

**37.** $0.3t^2 + 0.7t - 0.5 = 0$

$10\left(0.3t^2 + 0.7t - 0.5\right) = 10(0)$

$3t^2 + 7t - 5 = 0$

$a = 3,\ b = 7,\ c = -5$

$$t = \frac{-(7) \pm \sqrt{(7)^2 - 4(3)(-5)}}{2(3)}$$

$$= \frac{-7 \pm \sqrt{49+60}}{6} = \frac{-7 \pm \sqrt{109}}{6}$$

**39. a.** $x^3 - 27 = x^3 - 3^3 = (x-3)\left(x^2 + 3x + 9\right)$

**b.** $x^3 - 27 = 0$

$(x-3)\left(x^2 + 3x + 9\right) = 0$

$x - 3 = 0$ or $x^2 + 3x + 9 = 0$

$x = 3$ or $a = 1,\ b = 3,\ c = 9$

$$x = \frac{-(3) \pm \sqrt{(3)^2 - 4(1)(9)}}{2(1)}$$

$$= \frac{-3 \pm \sqrt{9-36}}{2} = \frac{-3 \pm \sqrt{-27}}{2}$$

$$x = 3 \text{ or } x = \frac{-3 \pm 3i\sqrt{3}}{2}$$

**41. a.** $3x^3-6x^2+6x=3x\left(x^2-2x+2\right)$

**b.** $3x^3-6x^2+6x=0$

$(3x)\left(x^2-2x+2\right)=0$

$3x=0$ or $x^2-2x+2=0$

$x=0$ or $a=1,\ b=-2,\ c=2$

$$x=\frac{-(-2)\pm\sqrt{(-2)^2-4(1)(2)}}{2(1)}$$

$$=\frac{2\pm\sqrt{4-8}}{2}=\frac{2\pm\sqrt{-4}}{2}$$

$$x=0 \text{ or } x=\frac{2\pm 2i}{2}=1\pm i$$

**43.** $s^3=27$

$s=\sqrt[3]{27}=3$

The length of a side of the cube is 3 ft.

**45.** Let $x$ = one leg of the triangle
$x+2$ = the other leg of the triangle

$$x^2+(x+2)^2=4^2$$

$$x^2+x^2+4x+4=16$$

$$2x^2+4x-12=0$$

$a=2,\ b=4,\ c=-12$

$$x=\frac{-(4)\pm\sqrt{(4)^2-4(2)(-12)}}{2(2)}$$

$$x=\frac{-4\pm\sqrt{16+96}}{4}$$

$$=\frac{-4\pm\sqrt{112}}{4}$$

$$=\frac{-4\pm 10.58}{4}$$

$x\approx 1.6$ or $x\approx 3.6$

The legs are 1.6 in and 3.6 in.

**47.** Let $x$ = one leg of the triangle
$x-2.1$ = the other leg of the triangle

$$x^2+(x-2.1)^2=10.2^2$$

$$x^2+x^2-4.2x+4.41=104.04$$

$$2x^2-4.2x-99.63=0$$

$$100\left(2x^2-4.2x-99.63\right)=100(0)$$

$$200x^2-420x-9963=0$$

$a=200,\ b=-420,\ c=-9963$

$$x=\frac{-(-420)\pm\sqrt{(-420)^2-4(200)(-9963)}}{2(200)}$$

$$x=\frac{420\pm\sqrt{176{,}400+7{,}970{,}400}}{400}$$

$$=\frac{420\pm\sqrt{8{,}146{,}800}}{400}$$

$$=\frac{420\pm 2854.259974}{400}$$

$x\approx 8.2$ or $x\approx -6.1$

The legs are 8.2 m and 6.1 m.

**49. a.** $F(x)=0.0036x^2-0.35x+9.2$

$F(x)=0.0036(16)^2-0.35(16)+9.2=4.5216\approx 4.5$ fatalities per 100 million miles driven

**b.** $F(x)=0.0036(40)^2-0.35(40)+9.2=0.96\approx 1$ fatalities per 100 million miles driven

**c.** $F(x)=0.0036(80)^2-0.35(80)+9.2=4.24\approx 4.2$ fatalities per 100 million miles driven

**d.** $0.0036x^2-0.35x+9.2=2.5$

$0.0036x^2-0.35x+6.7=0$

$a=0.0036,\ b=-0.35,\ c=6.7$

$$t=\frac{-(-0.35)\pm\sqrt{(-0.35)^2-4(0.0036)(6.7)}}{2(0.0036)}=\frac{0.35\pm\sqrt{0.02602}}{0.0072}=\frac{0.35\pm0.1613}{0.0072}$$

$t\approx 71$ or $t\approx 26$

The fatality rate is 2.5 for drivers 26 years old or 71 years old.

**51.** $h(t)=-16t^2+48t+48$

$64=-16t^2+48t+48$

$16t^2-48t+16=0$

$t^2-3t+1=0$

$a=1,\ b=-3,\ c=1$

$$t=\frac{-(-3)\pm\sqrt{(-3)^2-4(1)(1)}}{2(1)}=\frac{3\pm\sqrt{5}}{2}$$

$t=\dfrac{3+\sqrt{5}}{2}\approx 2.62$ sec

or $t=\dfrac{3-\sqrt{5}}{2}\approx 0.38$ sec

**53. a.** $x^2+2x=-1$

$x^2+2x+1=0$

**b.** $b^2-4ac=2^2-4(1)(1)=4-4=0$

**c.** 1 rational solution

**55. a.** $19m^2=8m$

$19m^2-8m+0=0$

**b.** $b^2-4ac=(-8)^2-4(19)(0)=64-0=64$

**c.** 2 rational solutions

**57. a.** $5p^2-21=0$

$5p^2+0p-21=0$

**b.** $b^2-4ac=(0)^2-4(5)(-21)$

$=0+420=420$

**c.** 2 irrational solutions

**59. a.** $4n(n-2)-5n(n-1)=4$

$4n^2-8n-5n^2+5n=4$

$-n^2-3n-4=0$

$n^2+3n+4=0$

**b.** $b^2-4ac=(3)^2-4(1)(4)=9-16=-7$

**c.** 2 imaginary solutions

**61.** $f(x)=x^2-5x+3=0$

$a=1,\ b=-5,\ c=3$

$$x=\frac{-(-5)\pm\sqrt{(-5)^2-4(1)(3)}}{2(1)}$$

$$=\frac{5\pm\sqrt{25-12}}{2}=\frac{5\pm\sqrt{13}}{2}$$

$x$-intercepts: $\left(\dfrac{5+\sqrt{13}}{2},0\right),\left(\dfrac{5-\sqrt{13}}{2},0\right)$

$f(0)=0^2-5(0)+3=3$ $y$-intercept: $(0,\ 3)$

**63.** $g(x)=-x^2+x-1=0$

$a=-1,\ b=1,\ c=-1$

$$x=\frac{-(1)\pm\sqrt{(1)^2-4(-1)(-1)}}{2(-1)}$$

$$=\frac{-1\pm\sqrt{1-4}}{-2}=\frac{-1\pm\sqrt{-3}}{-2}=\frac{-1\pm i\sqrt{3}}{-2}$$

$x$-intercepts: none - solutions imaginary

$g(0)=-(0)^2+0-1=-1$

$y$-intercept: $(0, -1)$

**65.** $p(x)=2x^2+5x-2=0$

$a=2,\ b=5,\ c=-2$

$$x=\frac{-(5)\pm\sqrt{(5)^2-4(2)(-2)}}{2(2)}$$

$$=\frac{-5\pm\sqrt{25+16}}{4}=\frac{-5\pm\sqrt{41}}{4}$$

$x$-intercepts: $\left(\frac{-5+\sqrt{41}}{4}, 0\right), \left(\frac{-5-\sqrt{41}}{4}, 0\right)$

$p(0)=2(0)^2+5(0)-2=-2$

$y$-intercept: $(0, -2)$

**67.** $a^2+3a+4=0$

$a=1,\ b=3,\ c=4$

$$a=\frac{-(3)\pm\sqrt{(3)^2-4(1)(4)}}{2(1)}$$

$$=\frac{-3\pm\sqrt{9-16}}{2}=\frac{-3\pm\sqrt{-7}}{2}=\frac{-3\pm i\sqrt{7}}{2}$$

**69.**

$$(x-2)^2+2x^2-13x=10$$

$$x^2-4x+4+2x^2-13x-10=0$$

$$3x^2-17x-6=0$$

$$(3x+1)(x-6)=0$$

$3x+1=0$ or $x-6=0$

$3x=-1$ or $x=6$

$x=-\frac{1}{3}$ or $x=6$

**71.**

$$4y^2+8y-5=0$$

$$(2y+5)(2y-1)=0$$

$2y+5=0$ or $2y-1=0$

$2y=-5$ or $2y=1$

$y=-\frac{5}{2}$ or $y=\frac{1}{2}$

**73.**

$$\left(x+\frac{1}{2}\right)^2+4=0$$

$$\left(x+\frac{1}{2}\right)^2=-4$$

$$x+\frac{1}{2}=\pm\sqrt{-4}$$

$$x+\frac{1}{2}=\pm 2i$$

$$x=-\frac{1}{2}\pm 2i$$

**75.**

$$2y(y-3)=-1$$

$$2y^2-6y=-1$$

$$2y^2-6y+1=0$$

$a=2,\ b=-6,\ c=1$

$$y=\frac{-(-6)\pm\sqrt{(-6)^2-4(2)(1)}}{2(2)}=\frac{6\pm\sqrt{36-8}}{4}$$

$$=\frac{6\pm\sqrt{28}}{4}=\frac{6\pm 2\sqrt{7}}{4}=\frac{3\pm\sqrt{7}}{2}$$

**77.** $(2t+5)(t-1)=(t-3)(t+8)$

$$2t^2+3t-5=t^2+5t-24$$

$$t^2-2t+19=0$$

$a=1,\ b=-2,\ c=19$

$$t=\frac{-(-2)\pm\sqrt{(-2)^2-4(1)(19)}}{2(1)}$$

$$=\frac{2\pm\sqrt{4-76}}{2}=\frac{2\pm\sqrt{-72}}{2}=\frac{2\pm 6i\sqrt{2}}{2}$$

$$=1\pm 3i\sqrt{2}$$

**79.**

$$\frac{1}{8}x^2-\frac{1}{2}x+\frac{1}{4}=0$$
$$8\left(\frac{1}{8}x^2-\frac{1}{2}x+\frac{1}{4}\right)=8(0)$$
$$x^2-4x+2=0$$
$$x^2-4x=-2$$
$$x^2-4x+4=-2+4$$
$$(x-2)^2=2$$
$$x-2=\pm\sqrt{2}$$
$$x=2\pm\sqrt{2}$$

**81.**

$$32z^2-20z-3=0$$
$$(8z+1)(4z-3)=0$$
$$8z+1=0 \text{ or } 4z-3=0$$
$$8z=-1 \text{ or } 4z=3$$
$$z=-\frac{1}{8} \text{ or } z=\frac{3}{4}$$

**83.**

$$3p^2-27=0$$
$$3(p^2-9)=0$$
$$3(p-3)(p+3)=0$$
$$p-3=0 \text{ or } p+3=0$$
$$p=3 \text{ or } p=-3$$

**85. a.**

$$x^2+6x=5$$
$$x^2+6x+9=5+9$$
$$(x+3)^2=14$$
$$x+3=\pm\sqrt{14}$$
$$x=-3\pm\sqrt{14}$$

**b.**

$$x^2+6x=5$$
$$x^2+6x-5=0$$
$$a=1,\ b=6,\ c=-5$$
$$x=\frac{-6\pm\sqrt{6^2-4(1)(-5)}}{2(1)}=\frac{-6\pm\sqrt{36+20}}{2}$$
$$=\frac{-6\pm\sqrt{56}}{2}=\frac{-6\pm2\sqrt{14}}{2}$$
$$=\frac{2(-3\pm\sqrt{14})}{2}=-3\pm\sqrt{14}$$

**c.** Answers will vary.

**87. a.** The length of the two legs on one side of the square is $18-x$. Therefore, the length of one of the legs is half that, $\frac{18-x}{2}$.

**b.**

$$x^2=\left(\frac{18-x}{2}\right)^2+\left(\frac{18-x}{2}\right)^2$$

**c.**

$$x^2=\frac{324-36x+x^2}{4}+\frac{324-36x+x^2}{4}$$
$$4x^2=324-36x+x^2+324-36x+x^2$$
$$4x^2=648-72x+2x^2$$
$$2x^2+72x-648=0$$
$$x^2+36x-324=0$$

**d.**

$$2x^2+72x-648=0$$
$$a=2,\ b=72,\ c=-648$$
$$x=\frac{-72\pm\sqrt{72^2-4(2)(-648)}}{2(2)}$$
$$=\frac{-72\pm\sqrt{5184+5184}}{4}=\frac{-72\pm72\sqrt{2}}{4}$$
$$=-18\pm18\sqrt{2}$$
$$x\approx7.5 \text{ or } x\approx-43.5$$

**e.** 7.5 in is the appropriate answer because the length of the leg cannot be negative.

**89.** $y = x^3 - 27$

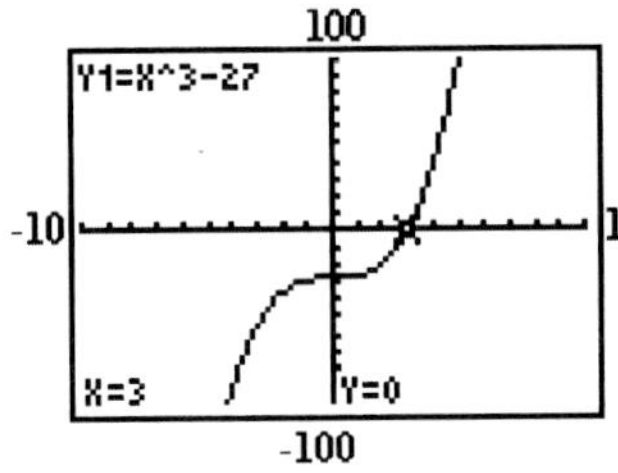


**91.** $y = 3x^3 - 6x^2 + 6x$

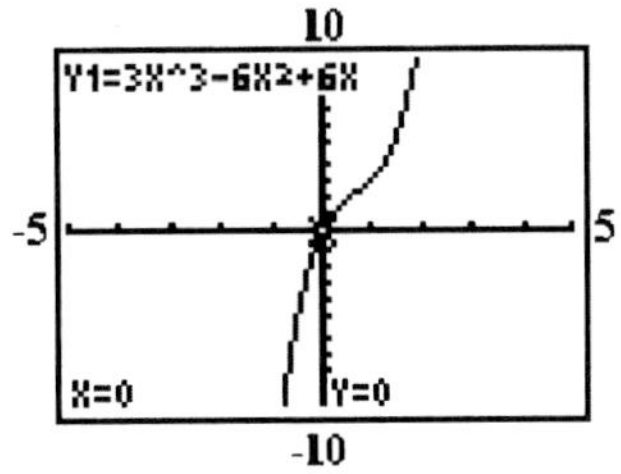


# Section 7.3 Equations in Quadratic Form

## Section 7.3 Practice Exercises

**1.** Some equations that are not quadratic can be manipulated to appear as <u>equations in quadratic form</u> by using substitution.

**3.**
$$\left(x-\frac{3}{2}\right)^2=\frac{7}{4}$$
$$x-\frac{3}{2}=\pm\sqrt{\frac{7}{4}}$$
$$x=\frac{3}{2}\pm\frac{\sqrt{7}}{2}$$

**5.**
$$x(x+8)=-16$$
$$x^2+8x=-16$$
$$x^2+8x+16=0$$
$$(x+4)^2=0$$
$$x+4=0$$
$$x=-4$$

**7.** $2x^2-8x-44=0$

$a=2,\ b=-8,\ c=-44$

$$k=\frac{-(-8)\pm\sqrt{(-8)^2-4(2)(-44)}}{2(2)}$$
$$=\frac{8\pm\sqrt{64+352}}{4}=\frac{8\pm\sqrt{416}}{4}$$
$$=\frac{8\pm4\sqrt{26}}{4}=2\pm\sqrt{26}$$

**9.** **a.** $u^2-2u-35=0$

$$(u-7)(u+5)=0$$
$$u-7=0 \text{ or } u+5=0$$
$$u=7 \text{ or } u=-5$$

**b.** $(w^2-6w)^2-2(w^2-6w)-35=0$

Let $u=w^2-6w$

$$u^2-2u-35=0$$
$$(u-7)(u+5)=0$$
$$u-7=0 \text{ or } u+5=0$$
$$u=7 \text{ or } u=-5$$
$$w^2-6w=7 \text{ or } w^2-6w=-5$$
$$w^2-6w-7=0 \text{ or } w^2-6w+5=0$$
$$(w-7)(w+1)=0 \text{ or } (w-5)(w-1)=0$$
$$w-7=0 \text{ or } w+1=0 \text{ or } w-5=0 \text{ or } w-1=0$$
$$w=7 \text{ or } w=-1 \text{ or } w=5 \text{ or } w=1$$

**11. a.**
$$u^2-4u+3=0$$
$$(u-3)(u-1)=0$$
$$u-3=0 \text{ or } u-1=0$$
$$u=3 \text{ or } u=1$$

**b.**
$$\left(2p^2+p\right)^2-4\left(2p^2+p\right)+3=0$$
Let $u=2p^2+p$
$$u^2-4u+3=0$$
$$(u-3)(u-1)=0$$
$$u-3=0 \text{ or } u-1=0$$
$$u=3 \text{ or } u=1$$
$$2p^2+p=3 \text{ or } 2p^2+p=1$$
$$2p^2+p-3=0 \text{ or } 2p^2+p-1=0$$
$$(2p+3)(p-1)=0 \text{ or } (2p-1)(p+1)=0$$
$$2p+3=0 \text{ or } p-1=0 \text{ or } 2p-1=0 \text{ or } p+1=0$$
$$2p=-3 \text{ or } p=1 \text{ or } 2p=1 \text{ or } p=-1$$
$$p=-\frac{3}{2} \text{ or } p=1 \text{ or } p=\frac{1}{2} \text{ or } p=-1$$

**13.**
$$\left(x^2+x\right)^2-8\left(x^2+x\right)=-12$$
Let $u=x^2+x$
$$u^2-8u=-12$$
$$u^2-8u+12=0$$
$$(u-6)(u-2)=0$$
$$u-6=0 \text{ or } u-2=0$$
$$x^2+x-6=0 \text{ or } x^2+x-2=0$$
$$(x-2)(x+3)=0 \text{ or } (x+2)(x-1)=0$$
$$x-2=0 \text{ or } x+3=0 \text{ or } x+2=0 \text{ or } x-1=0$$
$$x=2 \text{ or } x=-3 \text{ or } x=-2 \text{ or } x=1$$

**15.**
$$2n^{2/3}+7n^{1/3}-15=0$$
$$2\left(n^{1/3}\right)^2+7n^{1/3}-15=0$$
Let $u=n^{1/3}$
$$2u^2+7u-15=0$$
$$(2u-3)(u+5)=0$$
$$2u-3=0 \text{ or } u+5=0$$
$$2u=3 \text{ or } u=-5$$
$$u=\frac{3}{2} \text{ or } u=-5$$
$$n^{1/3}=\frac{3}{2} \text{ or } n^{1/3}=-5$$
$$\left(n^{1/3}\right)^3=\left(\frac{3}{2}\right)^3 \text{ or } \left(n^{1/3}\right)^3=(-5)^3$$
$$n=\frac{27}{8} \text{ or } n=-125$$

**17.**
$$p^{2/5}+p^{1/5}-2=0$$
$$\left(p^{1/5}\right)^2+p^{1/5}-2=0$$
Let $u=p^{1/5}$
$$u^2+u-2=0$$
$$(u-1)(u+2)=0$$
$$u-1=0 \text{ or } u+2=0$$
$$u=1 \text{ or } u=-2$$
$$p^{1/5}=1 \text{ or } p^{1/5}=-2$$
$$\left(p^{1/5}\right)^5=1^5 \text{ or } \left(p^{1/5}\right)^5=(-2)^5$$
$$p=1 \text{ or } p=-32$$

**19.**

$$p-8\sqrt{p}=-15$$
$$p+15=8\sqrt{p}$$
$$(p+15)^2=\left(8\sqrt{p}\right)^2$$
$$p^2+30p+225=64p$$
$$p^2-34p+225=0$$
$$(p-25)(p-9)=0$$
$$p-25=0 \text{ or } p-9=0$$
$$p=25 \text{ or } p=9$$

Check:

$p=25$:

$$25-8\sqrt{25}=-15$$
$$25-8(5)=-15$$
$$25-40=-15$$
$$-15=-15$$

$p=9$:

$$9-8\sqrt{9}=-15$$
$$9-8(3)=-15$$
$$9-24=-15$$
$$-15=-15$$

Solutions: $p = 25, p = 9$

**21.**

$$3t+5\sqrt{t}-2=0$$
$$3t-2=-5\sqrt{t}$$
$$(3t-2)^2=\left(-5\sqrt{t}\right)^2$$
$$9t^2-12t+4=25t$$
$$9t^2-37t+4=0$$
$$(9t-1)(t-4)=0$$
$$9t-1=0 \text{ or } t-4=0$$
$$9t=1 \text{ or } t=4$$
$$t=\frac{1}{9} \text{ or } t=4$$

Check:

$t=\frac{1}{9}$:

$$3\left(\frac{1}{9}\right)+5\sqrt{\frac{1}{9}}-2=0$$
$$\frac{1}{3}+5\left(\frac{1}{3}\right)-2=0$$
$$\frac{1}{3}+\frac{5}{3}-\frac{6}{3}=0$$
$$0=0$$

$t=4$:

$$3(4)+5\sqrt{4}-2=0$$
$$12+5(2)-2=0$$
$$12+10-2=0$$
$$20\neq 0$$

Solution: $t=\frac{1}{9}$ ($t = 4$ does not check.)

**23.**

$$9\left(\frac{x+3}{2}\right)^2-6\left(\frac{x+3}{2}\right)+1=0$$

Let $u=\dfrac{x+3}{2}$

$$9u^2-6u+1=0$$
$$(3u-1)(3u-1)=0$$
$$3u-1=0 \text{ or } 3u-1=0$$
$$3u=1 \text{ or } 3u=1$$
$$3\left(\frac{x+3}{2}\right)=1 \text{ or } 3\left(\frac{x+3}{2}\right)=1$$
$$3x+9=2 \text{ or } 3x+9=2$$
$$3x=-7 \text{ or } 3x=-7$$
$$x=-\frac{7}{3} \text{ or } x=-\frac{7}{3}$$

**25.**

$$t^4+t^2-12=0$$
$$\left(t^2+4\right)\left(t^2-3\right)=0$$
$$t^2+4=0 \text{ or } t^2-3=0$$
$$t^2=-4 \text{ or } t^2=3$$
$$t=\pm\sqrt{-4} \text{ or } t=\pm\sqrt{3}$$
$$t=\pm 2i \text{ or } t=\pm\sqrt{3}$$

**27.**

$$x^2\left(9x^2+7\right)=2$$
$$9x^4+7x^2-2=0$$
$$\left(9x^2-2\right)\left(x^2+1\right)=0$$
$$9x^2-2=0 \text{ or } x^2+1=0$$
$$9x^2=2 \text{ or } x^2=-1$$
$$3x=\pm\sqrt{2} \text{ or } x=\pm\sqrt{-1}$$
$$x=\pm\frac{\sqrt{2}}{3} \text{ or } x=\pm i$$

**29.**

$$\frac{y}{10}-1=-\frac{12}{5y}$$
$$10y\left(\frac{y}{10}-1\right)=10y\left(-\frac{12}{5y}\right)$$
$$y^2-10y=-24$$
$$y^2-10y+24=0$$
$$(y-6)(y-4)=0$$
$$y-6=0 \text{ or } y-4=0$$
$$y=6 \text{ or } y=4$$

**31.**

$$\frac{3x}{x+1}-\frac{2}{x-3}=1$$
$$(x+1)(x-3)\left(\frac{3x}{x+1}-\frac{2}{x-3}\right)=(x+1)(x-3)\cdot 1$$
$$3x(x-3)-2(x+1)=x^2-2x-3$$
$$3x^2-9x-2x-2=x^2-2x-3$$
$$2x^2-9x+1=0$$
$$a=2,\ b=-9,\ c=1$$
$$x=\frac{-(-9)\pm\sqrt{(-9)^2-4(2)(1)}}{2(2)}$$
$$x=\frac{9\pm\sqrt{73}}{4}$$

**33.**

$$\frac{x}{2x-1}=\frac{1}{x-2}$$
$$(2x-1)(x-2)\left(\frac{x}{2x-1}\right)=(2x-1)(x-2)\left(\frac{1}{x-2}\right)$$
$$x(x-2)=1(2x-1)$$
$$x^2-2x=2x-1$$
$$x^2-4x=-1$$
$$x^2-4x+4=-1+4$$
$$(x-2)^2=3$$
$$x-2=\pm\sqrt{3}$$
$$x=2\pm\sqrt{3}$$

**35.**

$$x^4-16=0$$
$$\left(x^2-4\right)\left(x^2+4\right)=0$$
$$x^2-4=0 \text{ or } x^2+4=0$$
$$x^2=4 \text{ or } x^2=-4$$
$$x=\pm\sqrt{4} \text{ or } x=\pm\sqrt{-4}$$
$$x=\pm 2 \text{ or } x=\pm 2i$$

Solutions: $x=2,\ x=-2,\ x=2i,\ x=-2i$

**37.**

$$(4x+5)^2+3(4x+5)+2=0$$

Let $u=4x+5$

$$u^2+3u+2=0$$
$$(u+2)(u+1)=0$$
$$u+2=0 \text{ or } u+1=0$$
$$u=-2 \text{ or } u=-1$$
$$4x+5=-2 \text{ or } 4x+5=-1$$
$$4x=-7 \text{ or } 4x=-6$$
$$x=-\frac{7}{4} \text{ or } x=-\frac{6}{4}=-\frac{3}{2}$$

**39.**

$$4m^4 - 9m^2 + 2 = 0$$
$$4\left(m^2\right)^2 - 9m^2 + 2 = 0$$

Let $u = m^2$

$$4u^2 - 9u + 2 = 0$$
$$(4u-1)(u-2) = 0$$
$$4u - 1 = 0 \text{ or } u - 2 = 0$$
$$4m^2 - 1 = 0 \text{ or } m^2 - 2 = 0$$
$$4m^2 = 1 \text{ or } m^2 = 2$$
$$m^2 = \frac{1}{4} \text{ or } m = \pm\sqrt{2}$$
$$m = \pm\frac{1}{2} \text{ or } m = \pm\sqrt{2}$$
$$m = \frac{1}{2} \text{ or } m = -\frac{1}{2} \text{ or } m = \sqrt{2} \text{ or } m = -\sqrt{2}$$

**41.**

$$x^6 - 9x^3 + 8 = 0$$
$$\left(x^3\right)^2 - 9x^3 + 8 = 0$$

Let $u = x^3$

$$u^2 - 9u + 8 = 0$$
$$(u-8)(u-1) = 0$$
$$u - 8 = 0 \text{ or } u - 1 = 0$$
$$x^3 - 8 = 0 \text{ or } x^3 - 1 = 0$$
$$(x-2)\left(x^2 + 2x + 4\right) = 0 \text{ or } (x-1)\left(x^2 + x + 1\right) = 0$$
$$x - 2 = 0 \text{ or } x^2 + 2x + 4 = 0 \text{ or } x - 1 = 0 \text{ or } x^2 + x + 1 = 0$$
$$x = 2 \text{ or } x = \frac{-2 \pm \sqrt{2^2 - 4(1)(4)}}{2(1)} \text{ or } x = 1 \text{ or } x = \frac{-1 \pm \sqrt{1^2 - 4(1)(1)}}{2(1)}$$
$$x = 2 \text{ or } x = \frac{-2 \pm \sqrt{-12}}{2} \text{ or } x = 1 \text{ or } x = \frac{-1 \pm \sqrt{-3}}{2}$$
$$x = 2 \text{ or } x = \frac{-2 \pm 2i\sqrt{3}}{2} \text{ or } x = 1 \text{ or } x = \frac{-1 \pm i\sqrt{3}}{2}$$
$$x = 2 \text{ or } x = -1 \pm i\sqrt{3} \text{ or } x = 1 \text{ or } x = \frac{-1 \pm i\sqrt{3}}{2}$$

**43.**
$$\sqrt{x^2+20}=3\sqrt{x}$$
$$\left(\sqrt{x^2+20}\right)^2=\left(3\sqrt{x}\right)^2$$
$$x^2+20=9x$$
$$x^2-9x+20=0$$
$$(x-5)(x-4)=0$$
$$x-5=0 \text{ or } x-4=0$$
$$x=5 \text{ or } x=4$$

Check:

$x=5$:
$$\sqrt{5^2+20}=3\sqrt{5}$$
$$\sqrt{45}=3\sqrt{5}$$
$$3\sqrt{5}=3\sqrt{5}$$

$x=4$:
$$\sqrt{4^2+20}=3\sqrt{4}$$
$$\sqrt{36}=3(2)$$
$$6=6$$

Solutions: $x = 5$, $x = 4$

**45.**
$$2\left(\frac{t-4}{3}\right)^2-\left(\frac{t-4}{3}\right)-3=0$$

Let $u=\dfrac{t-4}{3}$
$$2u^2-u-3=0$$
$$(2u-3)(u+1)=0$$
$$2u-3=0 \text{ or } u+1=0$$
$$2u=3 \text{ or } u=-1$$
$$u=\frac{3}{2} \text{ or } u=-1$$
$$\frac{t-4}{3}=\frac{3}{2} \text{ or } \frac{t-4}{3}=-1$$
$$t-4=\frac{9}{2} \text{ or } t-4=-3$$
$$t=\frac{17}{2} \text{ or } t=1$$

**47.**
$$x^{2/3}+x^{1/3}=20$$
$$\left(x^{1/3}\right)^2+x^{1/3}-20=0$$

Let $u=x^{1/3}$
$$u^2+u-20=0$$
$$(u+5)(u-4)=0$$
$$u+5=0 \text{ or } u-4=0$$
$$u=-5 \text{ or } u=4$$
$$x^{1/3}=-5 \text{ or } x^{1/3}=4$$
$$\left(x^{1/3}\right)^3=(-5)^3 \text{ or } \left(x^{1/3}\right)^3=(4)^3$$
$$x=-125 \text{ or } x=64$$

**49.**
$$m^4+2m^2-8=0$$
$$\left(m^2+4\right)\left(m^2-2\right)=0$$
$$m^2+4=0 \text{ or } m^2-2=0$$
$$m^2=-4 \text{ or } m^2=2$$
$$m=\pm\sqrt{-4} \text{ or } m=\pm\sqrt{2}$$
$$m=\pm 2i \text{ or } m=\pm\sqrt{2}$$

**51.**
$$a^3+16a-a^2-16=0$$
$$a\left(a^2+16\right)-1\left(a^2+16\right)=0$$
$$\left(a^2+16\right)(a-1)=0$$
$$a^2+16=0 \text{ or } a-1=0$$
$$a^2=-16 \text{ or } a=1$$
$$a=\pm 4i \text{ or } a=1$$

**53.**
$$x^3+5x-4x^2-20=0$$
$$x\left(x^2+5\right)-4\left(x^2+5\right)=0$$
$$\left(x^2+5\right)(x-4)=0$$
$$x^2+5=0 \text{ or } x-4=0$$
$$x^2=-5 \text{ or } x=4$$
$$x=\pm i\sqrt{5} \text{ or } x=4$$

**55. a.**

$$x^4 + 4x^2 + 4 = 0$$

$$\left(x^2\right)^2 + 4x^2 + 4 = 0$$

Let $u = x^2$

$$u^2 + 4u + 4 = 0$$

$$(u+2)^2 = 0$$

$$u + 2 = 0$$

$$x^2 + 2 = 0$$

$$x^2 = -2$$

$$x = \pm i\sqrt{2}$$

**b.** Two imaginary solutions; zero real solutions.

**c.** No $x$-intercepts.

**d.**

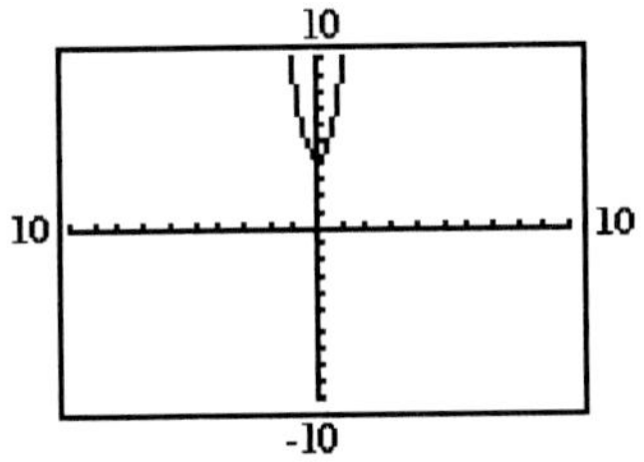


**57. a.**

$$x^4 - x^3 - 6x^2 = 0$$

$$x^2\left(x^2 - x - 6\right) = 0$$

$$x^2(x-3)(x+2) = 0$$

$$x^2 = 0 \quad \text{or} \quad x - 3 = 0 \quad \text{or} \quad x + 2 = 0$$

$$x = 0 \quad \text{or} \quad x = 3 \quad \text{or} \quad x = -2$$

**b.** Three real solutions; zero imaginary solutions.

**c.** Three $x$-intercepts.

**d.**

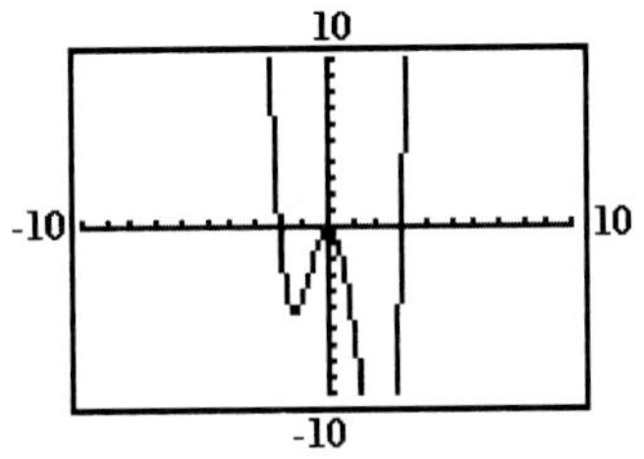


## Problem Recognition Exercises: Quadratic and Quadratic Type Equations

**1. a.**

$$x^2 + 10x + 3 = 0$$

$$x^2 + 10x = -3$$

$$x^2 + 10x + 25 = -3 + 25$$

$$(x+5)^2 = 22$$

$$x + 5 = \pm\sqrt{22}$$

$$x = -5 \pm \sqrt{22}$$

**b.**

$$x^2 + 10x + 3 = 0$$

$$a = 1,\ b = 10,\ c = 3$$

$$x = \frac{-10 \pm \sqrt{10^2 - 4(1)(3)}}{2(1)}$$

$$= \frac{-10 \pm \sqrt{100 - 12}}{2} = \frac{-10 \pm \sqrt{88}}{2}$$

$$= \frac{-10 \pm 2\sqrt{22}}{2} = -5 \pm \sqrt{22}$$

**3. a.**

$$\begin{aligned} 3t^2+t+4&=0\\ 3t^2+t&=-4\\ t^2+\frac{1}{3}t&=-\frac{4}{3}\\ t^2+\frac{1}{3}t+\frac{1}{36}&=-\frac{4}{3}+\frac{1}{36}\\ \left(t+\frac{1}{6}\right)^2&=-\frac{47}{36}\\ t+\frac{1}{6}&=\pm\frac{i\sqrt{47}}{6}\\ t&=\frac{-1\pm i\sqrt{47}}{6} \end{aligned}$$

**b.**

$$3t^2+t+4=0$$

$$a=3,\ b=1,\ c=4$$

$$t=\frac{-(1)\pm\sqrt{(1)^2-4(3)(4)}}{2(3)}=\frac{-1\pm\sqrt{1-48}}{6}$$

$$=\frac{-1\pm\sqrt{-47}}{6}=\frac{-1\pm i\sqrt{47}}{6}$$

**5. a.** Quadratic equation

**b.**

$$\begin{aligned} t^2+5t-14&=0\\ (t-7)(t+2)&=0\\ t-7=0 &\text{ or } t+2=0\\ t=7 &\text{ or } t=-2 \end{aligned}$$

**7. a.** Quadratic in form

**b.**

$$a^4-10a^2+9=0$$

Let $t=a^2$

$$\begin{aligned} t^2-10t+9&=0\\ (t-9)(t-1)&=0\\ t-9=0 &\text{ or } t-1=0\\ t=9 &\text{ or } t=1\\ a^2=9 &\text{ or } a^2=1\\ a=\pm3 &\text{ or } a=\pm1 \end{aligned}$$

**9. a.** Quadratic equation

**b.**

$$y^2+7y+4=0$$

$$a=1,\ b=7,\ c=4$$

$$y=\frac{-(7)\pm\sqrt{(7)^2-4(1)(4)}}{2(1)}$$

$$=\frac{-7\pm\sqrt{49-16}}{2}=\frac{-7\pm\sqrt{33}}{2}$$

**11. a.** Linear equation

**b.**

$$\begin{aligned} 8b(b+1)+2(3b-4)&=4b(2b+3)\\ 8b^2+8b+6b-8&=8b^2+12b\\ 14b-8&=12b\\ 2b&=8\\ b&=4 \end{aligned}$$

**13. a.** Quadratic equation

**b.**

$$\begin{aligned} 5a(a+6)&=10(3a-1)\\ 5a^2+30a&=30a-10\\ 5a^2&=-10\\ a^2&=-2\\ a&=\pm\sqrt{-2}=\pm i\sqrt{2} \end{aligned}$$

**15. a.** Rational equation

**b.**

$$\frac{t}{t+5}+\frac{3}{t-4}=\frac{17}{t^2+t-20}$$

$$\frac{t}{t+5}+\frac{3}{t-4}=\frac{17}{(t+5)(t-4)}$$

$$(t+5)(t-4)\left(\frac{t}{t+5}+\frac{3}{t-4}\right)=(t+5)(t-4)\left(\frac{17}{(t+5)(t-4)}\right)$$

$$t(t-4)+3(t+5)=17$$

$$t^2-4t+3t+15=17$$

$$t^2-t-2=0$$

$$(t-2)(t+1)=0$$

$$t-2=0 \text{ or } t+1=0$$

$$t=2 \text{ or } t=-1$$

**17. a.** Quadratic equation

**b.** $c^2-20c-1=0$

$a=1,\ b=-20,\ c=-1$

$$c=\frac{-(-20)\pm\sqrt{(-20)^2-4(1)(-1)}}{2(1)}$$

$$=\frac{20\pm\sqrt{400+4}}{2}=\frac{20\pm\sqrt{404}}{2}$$

$$=\frac{20\pm 2\sqrt{101}}{2}=10\pm\sqrt{101}$$

**19. a.** Quadratic equation

**b.**

$$2u(u-3)=4(2-u)$$

$$2u^2-6u=8-4u$$

$$2u^2-2u-8=0$$

$$u^2-u-4=0$$

$a=1,\ b=-1,\ c=-4$

$$u=\frac{-(-1)\pm\sqrt{(-1)^2-4(1)(-4)}}{2(1)}$$

$$=\frac{1\pm\sqrt{1+16}}{2}=\frac{1\pm\sqrt{17}}{2}$$

**21. a.** Radical equation

**b.**

$$\sqrt{2b+3}=b$$

$$\left(\sqrt{2b+3}\right)^2=(b)^2$$

$$2b+3=b^2$$

$$b^2-2b-3=0$$

$$(b-3)(b+1)=0$$

$$b-3=0 \text{ or } b+1=0$$

$$b=3 \text{ or } b=-1$$

Check: $\sqrt{2(3)+3}=3$; $\sqrt{6+3}=3$; $\sqrt{9}=3$; $3=3$

Check: $\sqrt{2(-1)+3}=-1$; $\sqrt{-2+3}=-1$; $\sqrt{1}=-1$; $1\neq-1$

The solution is $b=3$. ($b=-1$ does not check.)

**23. a.** Quadratic in form (or radical)

**b.** $x^{2/3}+2x^{1/3}-15=0$

Let $t=x^{1/3}$

$$t^2+2t-15=0$$

$$(t-3)(t+5)=0$$

$$t-3=0 \text{ or } t+5=0$$

$$t=3 \text{ or } t=-5$$

$$x^{1/3}=3 \text{ or } x^{1/3}=-5$$

$$x=3^3 \text{ or } x=(-5)^3$$

$$x=27 \text{ or } x=-125$$

# Section 7.4 Graphs of Quadratic Functions

## Section 7.4 Practice Exercises

**1.** **a.** The graph of a quadratic function is called a parabola.
**b.** If a parabola opens up, the vertex is the lowest point on the graph. If a parabola opens down, the vertex is the highest point on the graph.
**c.** The axis of symmetry is the vertical line that passes through the vertex.
**d.** If $a < 0$, the maximum value of the function is the highest value of the function.
**e.** If $a > 0$, the minimum value of the function is the lowest value of the function.

**3.**
$$(y-3)^2=-4$$
$$y-3=\pm\sqrt{-4}$$
$$y-3=\pm 2i$$
$$y=3\pm 2i$$

**5.**
$$5t(t-2)=-3$$
$$5t^2-10t=-3$$
$$5t^2-10t+3=0$$
$$a=5,\ b=-10,\ c=3$$
$$t=\frac{-(-10)\pm\sqrt{(-10)^2-4(5)(3)}}{2(5)}$$
$$=\frac{10\pm\sqrt{100-60}}{10}=\frac{10\pm\sqrt{40}}{10}$$
$$=\frac{10\pm 2\sqrt{10}}{10}=\frac{\not{2}(5\pm\sqrt{10})}{\not{2}\cdot 5}=\frac{5\pm\sqrt{10}}{5}$$

**7.**
$$x^{2/3}+5x^{1/3}+6=0$$
$$\left(x^{1/3}\right)^2+5x^{1/3}+6=0$$
Let $u=x^{1/3}$
$$u^2+5u+6=0$$
$$(u+3)(u+2)=0$$
$$u+3=0 \text{ or } u+2=0$$
$$u=-3 \text{ or } u=-2$$
$$x^{1/3}=-3 \text{ or } x^{1/3}=-2$$
$$\left(x^{1/3}\right)^3=(-3)^3 \text{ or } \left(x^{1/3}\right)^3=(-2)^3$$
$$x=-27 \text{ or } x=-8$$

**9.** The value of $k$ shifts the graph of $y=x^2$ vertically.

**11.** $f(x)=x^2+2$

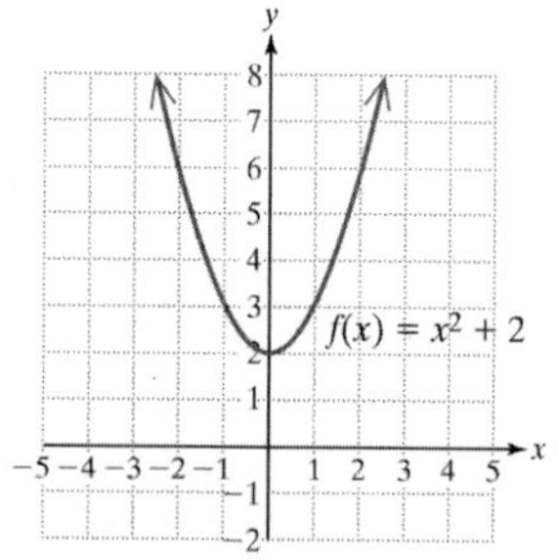


**13.** $q(x)=x^2-4$

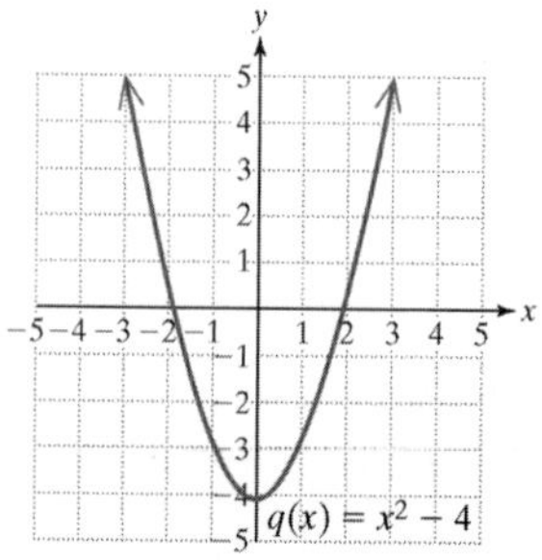

**15.** $S(x) = x^2 + \dfrac{3}{2}$

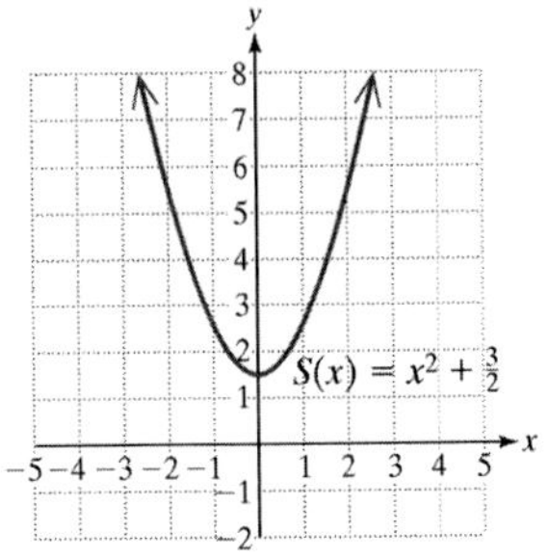


**17.** $n(x) = x^2 - \dfrac{1}{3}$

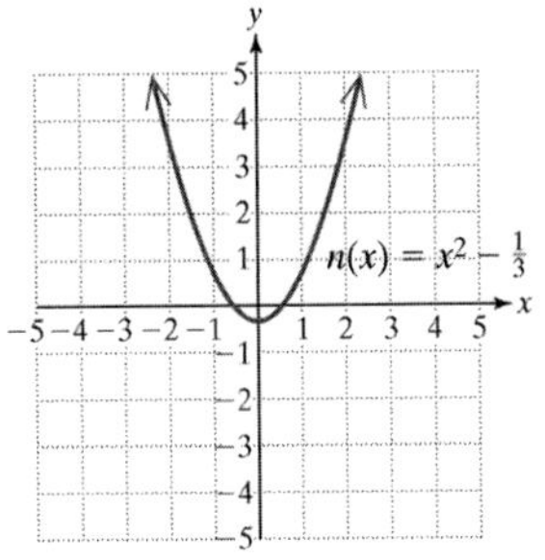


**19.** $r(x) = (x+1)^2$

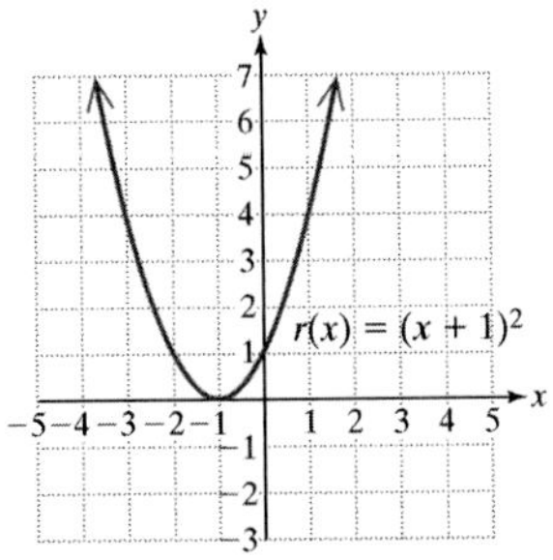


**21.** $k(x) = (x-3)^2$

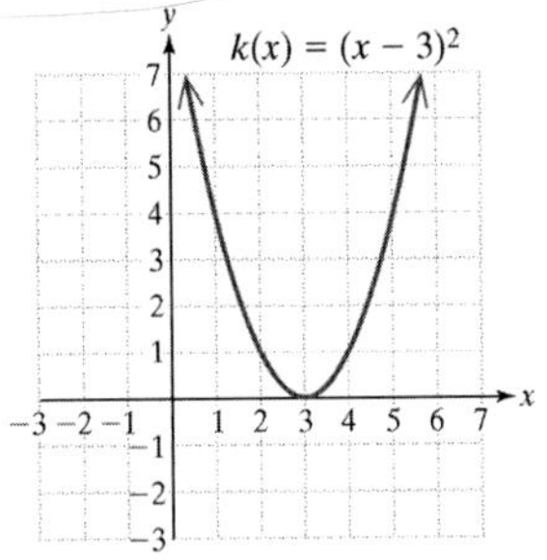


**23.** $A(x) = \left(x + \dfrac{3}{4}\right)^2$

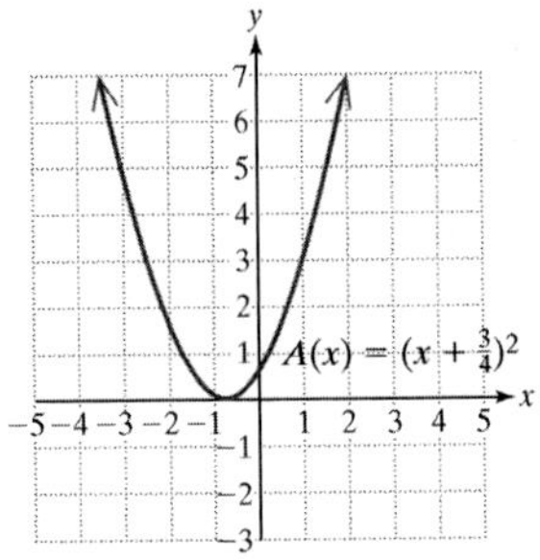


**25.** $W(x) = (x - 1.25)^2$

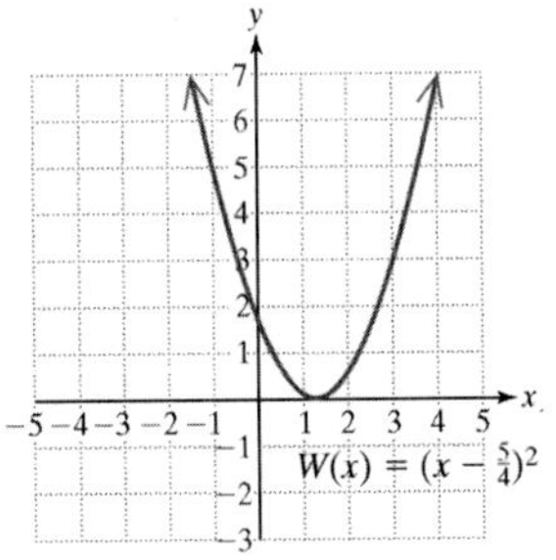


**27.** The value of $a$ vertically stretches or shrinks the graph of $y = x^2$.

**29.** $f(x) = 2x^2$

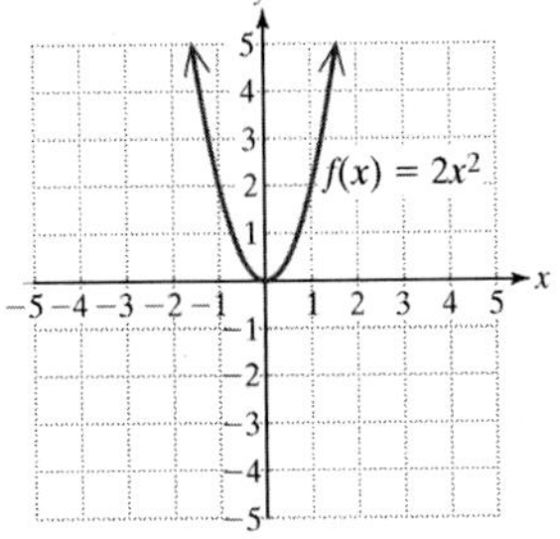


**31.** $h(x) = \dfrac{1}{2}x^2$

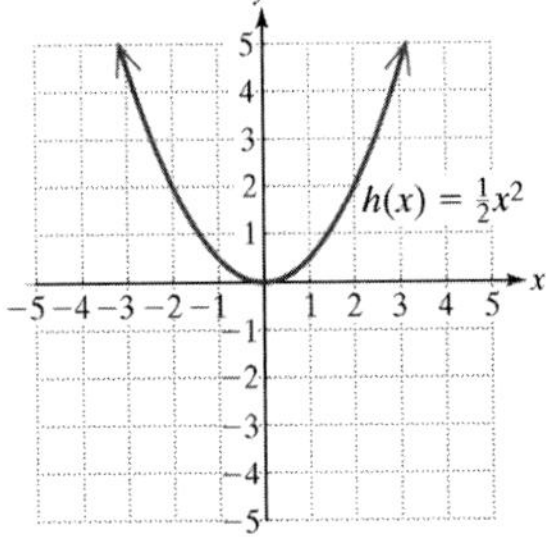

**33.** $c(x) = -x^2$

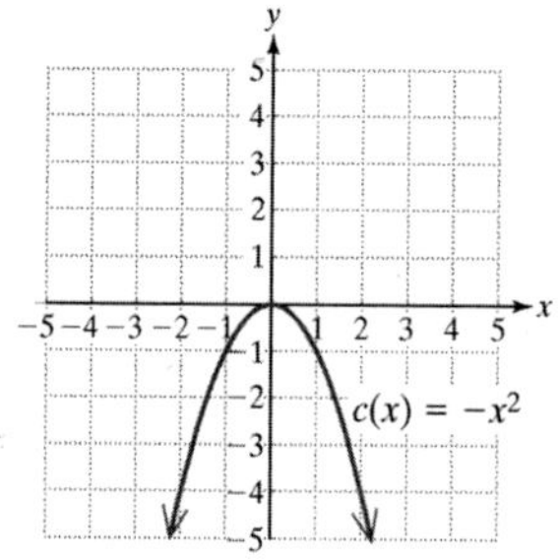


**35.** $v(x) = -\frac{1}{3}x^2$

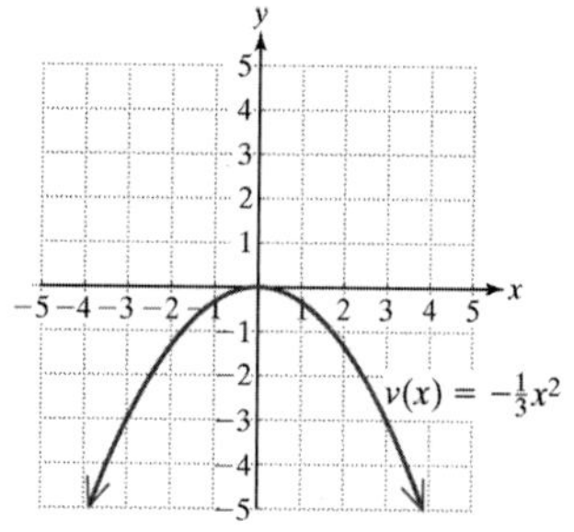


**37.** d

**39.** g

**41.** a

**43.** e

**45.** $y = (x-3)^2 + 2$

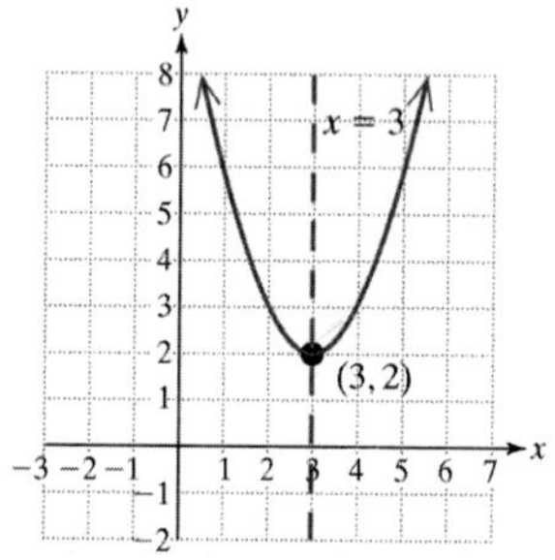


**47.** $y = (x+1)^2 - 3$

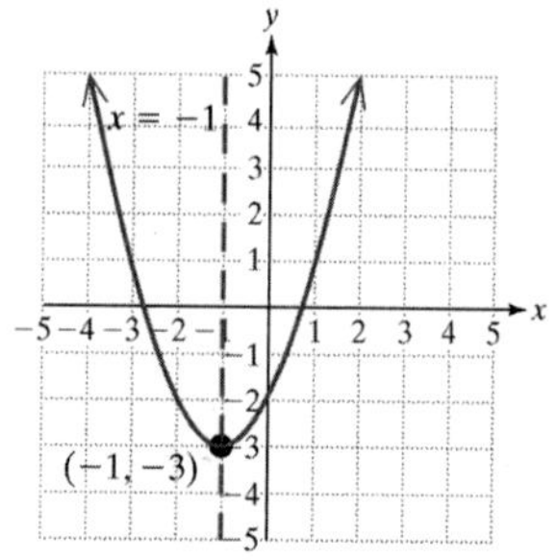


**49.** $y = -(x-4)^2 - 2$

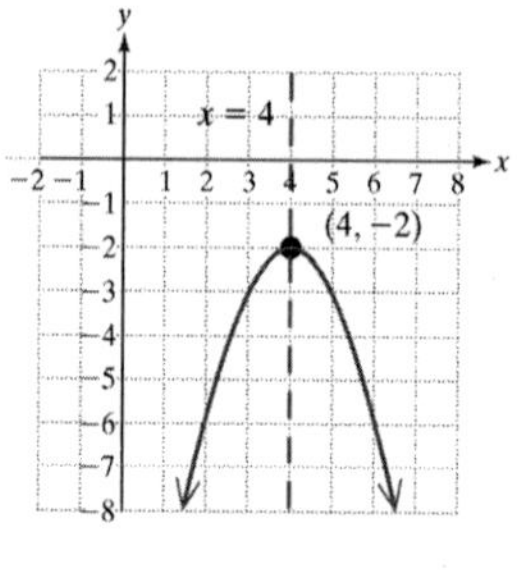


**51.** $y = -(x+3)^2 + 3$

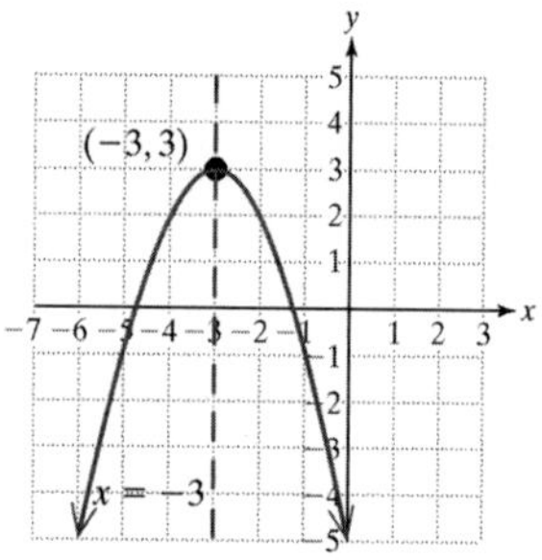


**53.** $y = (x+1)^2 + 1$

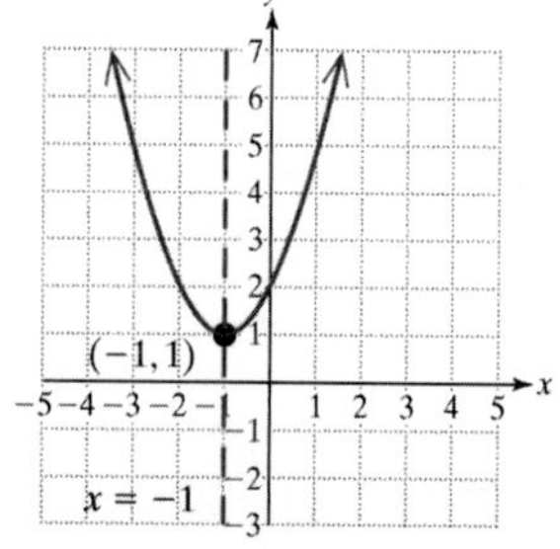


**55.** $y = 3(x-1)^2$

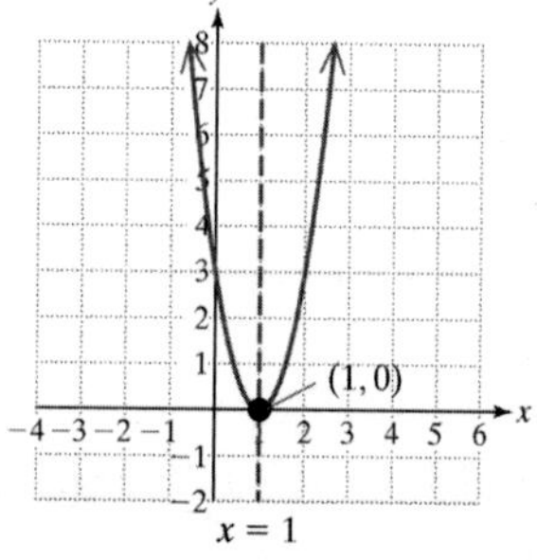

**57.** $y = -4x^2 + 3$

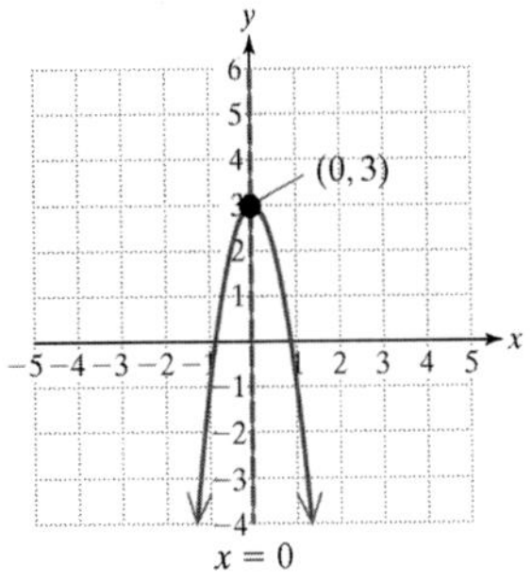


**59.** $y = 2(x+3)^2 - 1$

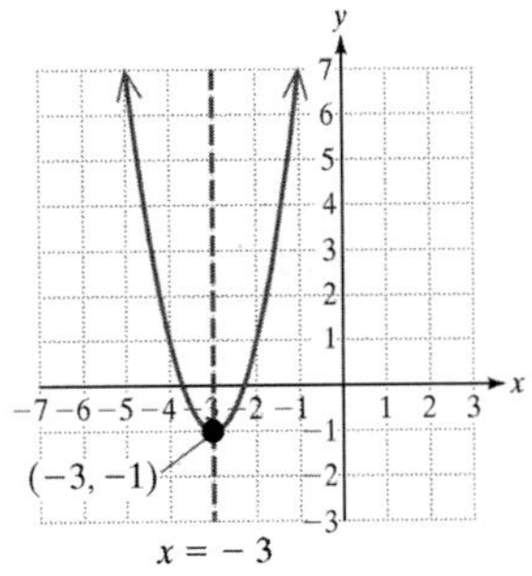


**61.** $y = -\frac{1}{4}(x-1)^2 + 2$

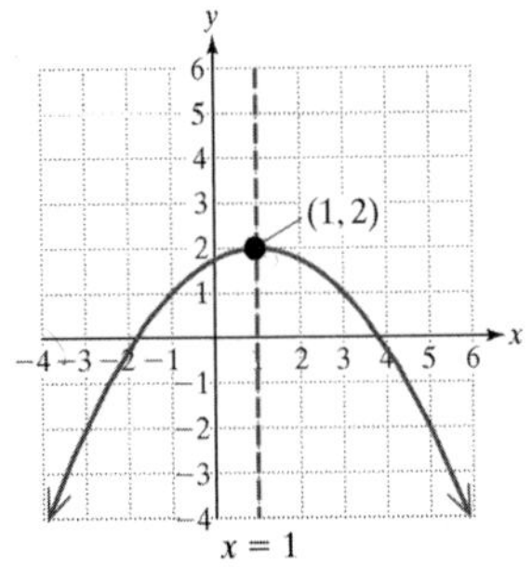


**63.** $y = \frac{1}{3}(x-2)^2 + 1$

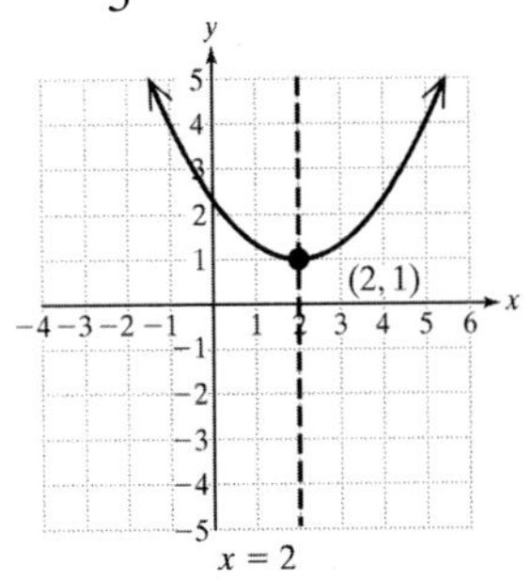


**65.** **a.** $y = x^2 + 3$ is $y = x^2$ shifted up 3 units.

**b.** $y = (x+3)^2$ is $y = x^2$ shifted left 3 units.

**c.** $y = 3x^2$ is $y = x^2$ with a vertical stretch.

**67.** $f(x) = 4(x-6)^2 - 9$

Vertex: (6, –9) is a minimum point with minimum value of –9.

**69.** $p(x) = -\frac{2}{5}(x-2)^2 + 5$

Vertex: (2, 5) is a maximum point with maximum value of 5.

**71.** $k(x) = \frac{1}{2}(x+8)^2$

Vertex: (–8, 0) is a minimum point with minimum value of 0.

**73.** $n(x) = -6x^2 + \frac{21}{4}$

Vertex: $\left(0, \frac{21}{4}\right)$ is a maximum point with maximum value of $\frac{21}{4}$.

**75.** $A(x) = 2(x-7)^2 - \frac{3}{2}$

Vertex: $\left(7, -\frac{3}{2}\right)$ is a minimum point with minimum value of $-\frac{3}{2}$.

**77.** $F(x) = 7x^2$

Vertex: $(0, 0)$ is a minimum point with minimum value of 0.

**79.** True, since the parabola opens down.

**81.** False, since the minimum value corresponds to the $y$-value of 8.

**83.** $H(x)=\dfrac{1}{90}(x-60)^2+30$

**a.** Vertex: $(60,\ 30)$

**b.** Minimum height: 30 ft

**c.** $H(0)=\dfrac{1}{90}(0-60)^2+30$

$=\dfrac{1}{90}(3600)+30=40+30=70$ ft

The towers are 70 ft high.

**85.** $Y_1=4(x-6)^2-9$

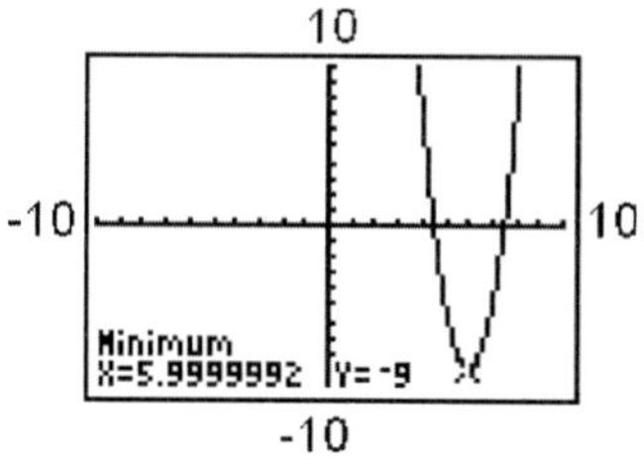


**87.** $Y_1=-\dfrac{2}{5}(x-2)^2+5$

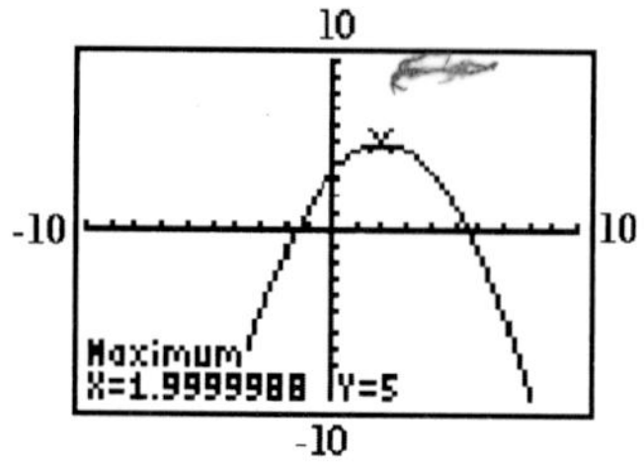


# Section 7.5 Vertex of a Parabola: Applications and Modeling

## Section 7.5 Practice Exercises

**1.** The vertex formula: For $f(x)=ax^2+bx+c\ (a\neq 0)$, the vertex is given by $\left(\dfrac{-b}{2a},\ \dfrac{4ac-b^2}{4a}\right)$ or $\left(\dfrac{-b}{2a},\ f\left(\dfrac{-b}{2a}\right)\right)$.

**3.** The graph of $p$ is the graph of $y=x^2$ shrunk vertically by a factor of $\dfrac{1}{4}$.

**5.** The graph of $r$ is the graph of $y=x^2$ shifted up 7 units.

**7.** The graph of $t$ is the graph of $y=x^2$ shifted to the left 10 units.

**9.** $x^2-8x+n$

$$n=\left(\frac{1}{2}b\right)^2=\left(\frac{1}{2}\cdot(-8)\right)^2=(-4)^2=16$$

$$x^2-8x+16=(x-4)^2$$

**11.** $y^2+7y+n$

$$n=\left(\frac{1}{2}b\right)^2=\left(\frac{1}{2}\cdot(7)\right)^2=\left(\frac{7}{2}\right)^2=\frac{49}{4}$$

$$y^2+7y+\frac{49}{4}=\left(y+\frac{7}{2}\right)^2$$

**13.** $b^2+\dfrac{2}{9}b+n$

$$n=\left(\frac{1}{2}b\right)^2=\left(\frac{1}{2}\cdot\left(\frac{2}{9}\right)\right)^2=\left(\frac{1}{9}\right)^2=\frac{1}{81}$$

$$b^2+\frac{2}{9}b+\frac{1}{81}=\left(b+\frac{1}{9}\right)^2$$

**15.** $t^2 - \frac{1}{3}t + n$

$$n = \left(\frac{1}{2}b\right)^2 = \left(\frac{1}{2}\cdot\left(-\frac{1}{3}\right)\right)^2 = \left(-\frac{1}{6}\right)^2 = \frac{1}{36}$$

$$t^2 - \frac{1}{3}t + \frac{1}{36} = \left(t - \frac{1}{6}\right)^2$$

**17.** $g(x) = x^2 - 8x + 5$

$$= 1\left(x^2 - 8x\right) + 5$$
$$= 1\left(x^2 - 8x + 16 - 16\right) + 5$$
$$= 1\left(x^2 - 8x + 16\right) - 16 + 5$$
$$g(x) = (x-4)^2 - 11$$

Vertex: $(4, -11)$

**19.** $n(x) = 2x^2 + 12x + 13$

$$= 2\left(x^2 + 6x\right) + 13$$
$$= 2\left(x^2 + 6x + 9 - 9\right) + 13$$
$$= 2\left(x^2 + 6x + 9\right) - 18 + 13$$
$$n(x) = 2(x+3)^2 - 5$$

Vertex: $(-3, -5)$

**21.** $p(x) = -3x^2 + 6x - 5$

$$= -3\left(x^2 - 2x\right) - 5$$
$$= -3\left(x^2 - 2x + 1 - 1\right) - 5$$
$$= -3\left(x^2 - 2x + 1\right) + 3 - 5$$
$$p(x) = -3(x-1)^2 - 2$$

Vertex: $(1, -2)$

**23.** $k(x) = x^2 + 7x - 10$

$$= 1\left(x^2 + 7x\right) - 10$$
$$= 1\left(x^2 + 7x + \frac{49}{4} - \frac{49}{4}\right) - 10$$
$$= 1\left(x^2 + 7x + \frac{49}{4}\right) - \frac{49}{4} - \frac{40}{4}$$
$$k(x) = \left(x + \frac{7}{2}\right)^2 - \frac{89}{4}$$

Vertex: $\left(-\frac{7}{2}, -\frac{89}{4}\right)$

**25.** $F(x) = 5x^2 + 10x + 1$

$$= 5\left(x^2 + 2x\right) + 1$$
$$= 5\left(x^2 + 2x + 1 - 1\right) + 1$$
$$= 5\left(x^2 + 2x + 1\right) - 5 + 1$$
$$F(x) = 5(x+1)^2 - 4$$

Vertex: $(-1, -4)$

**27.** $P(x) = -2x^2 + x$

$$= -2\left(x^2 - \frac{1}{2}x\right)$$
$$= -2\left(x^2 - \frac{1}{2}x + \frac{1}{16} - \frac{1}{16}\right)$$
$$= -2\left(x^2 - \frac{1}{2}x + \frac{1}{16}\right) + \frac{1}{8}$$
$$P(x) = -2\left(x - \frac{1}{4}\right)^2 + \frac{1}{8}$$

Vertex: $\left(\frac{1}{4}, \frac{1}{8}\right)$

**29.** $Q(x) = x^2 - 4x + 7$

$a = 1,\ b = -4,\ c = 7$

$$\frac{-b}{2a} = \frac{-(-4)}{2(1)} = \frac{4}{2} = 2$$

$Q(2) = 2^2 - 4(2) + 7 = 4 - 8 + 7 = 3$

Vertex: $(2, 3)$

**31.** $r(x)=-3x^2-6x-5$

$a=-3,\ b=-6,\ c=-5$

$\frac{-b}{2a}=\frac{-(-6)}{2(-3)}=\frac{6}{-6}=-1$

$r(-1)=-3(-1)^2-6(-1)-5$

$=-3+6-5=-2$

Vertex: $(-1, -2)$

**33.** $N(x)=x^2+8x+1$

$a=1,\ b=8,\ c=1$

$\frac{-b}{2a}=\frac{-(8)}{2(1)}=\frac{-8}{2}=-4$

$N(-4)=(-4)^2+8(-4)+1$

$=16-32+1=-15$

Vertex: $(-4, -15)$

**35.** $m(x)=\frac{1}{2}x^2+x+\frac{5}{2}$

$a=\frac{1}{2},\ b=1,\ c=\frac{5}{2}$

$\frac{-b}{2a}=\frac{-(1)}{2\left(\frac{1}{2}\right)}=\frac{-1}{1}=-1$

$m(-1)=\frac{1}{2}(-1)^2+(-1)+\frac{5}{2}=\frac{1}{2}-1+\frac{5}{2}=2$

Vertex: $(-1, 2)$

**37.** $k(x)=-x^2+2x+2$

$a=-1,\ b=2,\ c=2$

$\frac{-b}{2a}=\frac{-(2)}{2(-1)}=\frac{-2}{-2}=1$

$k(1)=-(1)^2+2(1)+2=-1+2+2=3$

Vertex: $(1, 3)$

**39.** $A(x)=-\frac{1}{3}x^2+x$

$a=-\frac{1}{3},\ b=1,\ c=0$

$\frac{-b}{2a}=\frac{-(1)}{2\left(-\frac{1}{3}\right)}=\frac{-1}{-\frac{2}{3}}=\frac{3}{2}$

$A\left(\frac{3}{2}\right)=-\frac{1}{3}\left(\frac{3}{2}\right)^2+\left(\frac{3}{2}\right)=-\frac{3}{4}+\frac{3}{2}=\frac{3}{4}$

Vertex: $\left(\frac{3}{2}, \frac{3}{4}\right)$

**41. a.** $p(x)=x^2+8x+1$

$p(x)=\left(x^2+8x+16\right)+1-16$

$p(x)=(x+4)^2-15$

Vertex: $(-4, -15)$

**b.** $p(x)=x^2+8x+1$

$a=1,\ b=8,\ c=1$

$\frac{-b}{2a}=\frac{-(8)}{2(1)}=\frac{-8}{2}=-4$

$p(-4)=(-4)^2+8(-4)+1=16-32+1$

$=-15$

Vertex: $(-4, -15)$

**43. a.** $f(x)=2x^2+4x+6$

$f(x)=2\left(x^2+2x+1\right)+6-2$

$f(x)=2(x+1)^2+4$

Vertex: $(-1, 4)$

**b.** $f(x)=2x^2+4x+6$

$a=2,\ b=4,\ c=6$

$\frac{-b}{2a}=\frac{-(4)}{2(2)}=\frac{-4}{4}=-1$

$f(-1)=2(-1)^2+4(-1)+6=2-4+6=4$

Vertex: $(-1, 4)$

**45. a.** $y = x^2 + 2x - 3$

$a = 1,\ b = 2,\ c = -3$

$\frac{-b}{2a} = \frac{-(2)}{2(1)} = \frac{-2}{2} = -1$

$f(-1) = (-1)^2 + 2(-1) - 3 = 1 - 2 - 3 = -4$

Vertex: $(-1, -4)$

**b.** $y = (0)^2 + 2(0) - 3 = 0 + 0 - 3 = -3$

*y*-intercept: $(0, -3)$

**c.** $x^2 + 2x - 3 = 0$

$(x+3)(x-1) = 0$

$x + 3 = 0$ or $x - 1 = 0$

$x = -3$ or $x = 1$

*x*-intercepts: $(-3, 0), (1, 0)$

**d.**

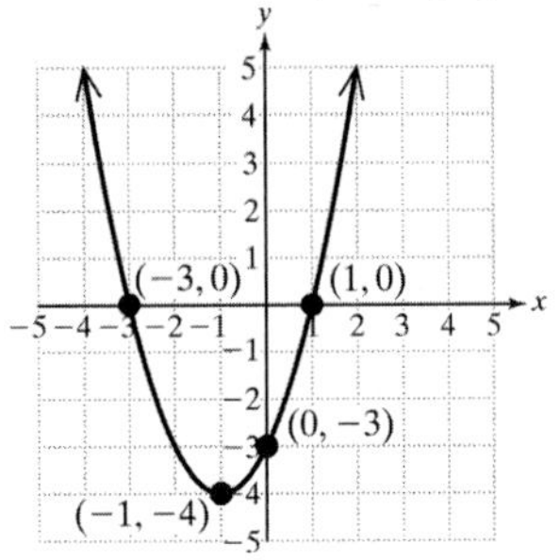


**47. a.** $y = 2x^2 - 2x + 4$

$a = 2,\ b = -2,\ c = 4$

$\frac{-b}{2a} = \frac{-(-2)}{2(2)} = \frac{2}{4} = \frac{1}{2}$

$f\left(\frac{1}{2}\right) = 2\left(\frac{1}{2}\right)^2 - 2\left(\frac{1}{2}\right) + 4$

$= \frac{1}{2} - 1 + 4 = \frac{7}{2}$

Vertex: $\left(\frac{1}{2}, \frac{7}{2}\right)$

**b.** $y = 2(0)^2 - 2(0) + 4 = 0 - 0 + 4 = 4$

*y*-intercept: $(0, 4)$

**c.** $2x^2 - 2x + 4 = 0$

$x = \frac{-(-2) \pm \sqrt{(-2)^2 - 4(2)(4)}}{2(2)}$

$= \frac{2 \pm \sqrt{4 - 32}}{4} = \frac{2 \pm \sqrt{-28}}{4}$

No *x*-intercepts (Complex solutions)

**d.**

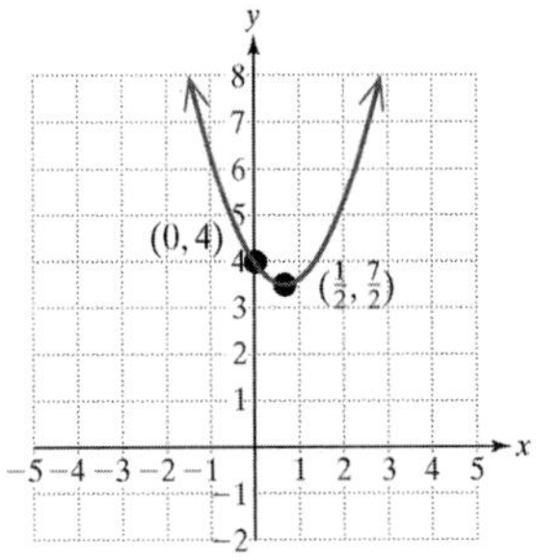

**49. a.**

$$y=-x^2+3x-\frac{9}{4}$$

$$a=-1,\ b=3,\ c=-\frac{9}{4}$$

$$\frac{-b}{2a}=\frac{-(3)}{2(-1)}=\frac{-3}{-2}=\frac{3}{2}$$

$$f\left(\frac{3}{2}\right)=-\left(\frac{3}{2}\right)^2+3\left(\frac{3}{2}\right)-\frac{9}{4}$$

$$=-\frac{9}{4}+\frac{9}{2}-\frac{9}{4}=0$$

Vertex: $\left(\frac{3}{2}, 0\right)$

**b.** $y=-(0)^2+3(0)-\frac{9}{4}=-0+0-\frac{9}{4}=-\frac{9}{4}$

$y$-intercept: $\left(0, -\frac{9}{4}\right)$

**c.**

$$-x^2+3x-\frac{9}{4}=0$$

$$4x^2-12x+9=0$$

$$(2x-3)^2=0$$

$$2x-3=0$$

$$2x=3$$

$$x=\frac{3}{2}$$

$x$-intercept: $\left(\frac{3}{2}, 0\right)$

**d.**

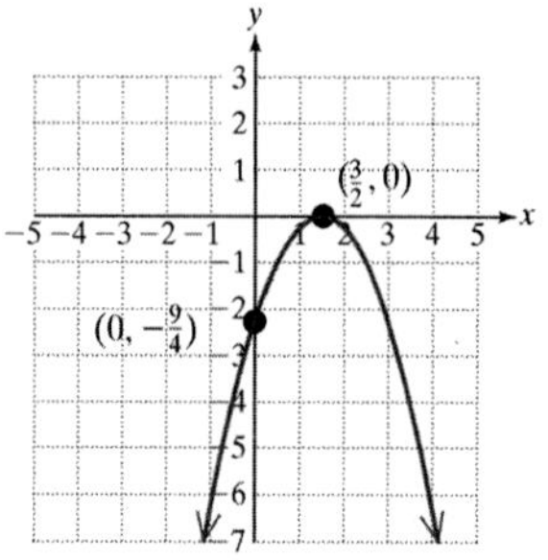


**51. a.**

$$y=-x^2-2x+3$$

$$a=-1,\ b=-2,\ c=3$$

$$\frac{-b}{2a}=\frac{-(-2)}{2(-1)}=\frac{2}{-2}=-1$$

$$f(-1)=-(-1)^2-2(-1)+3=-1+2+3$$

$$=4$$

Vertex: $(-1, 4)$

**b.** $y=-(0)^2-2(0)+3=-0+0+3=3$

$y$-intercept: $(0, 3)$

**c.**

$$-x^2-2x+3=0$$

$$x^2+2x-3=0$$

$$(x+3)(x-1)=0$$

$$x+3=0 \text{ or } x-1=0$$

$$x=-3 \text{ or } x=1$$

$x$-intercept: $(-3, 0), (1, 0)$

**d.**

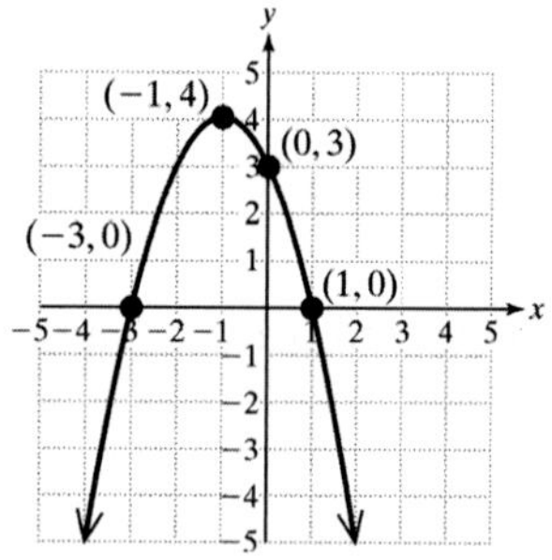

**53.** $C(x)=2x^2-40x+2200$

$a=2,\ b=-40,\ c=2200$

$$\frac{-b}{2a}=\frac{-(-40)}{2(2)}=\frac{40}{4}=10$$

$$C(10)=2(10)^2-40(10)+2200$$
$$=200-400+2200=2000$$

Vertex: $(10,\ 2000)$

Mia must produce 10 MP3 players to minimize her average cost at $2000.

**55. a.** $P(x)=-0.857x^2+56.1x-880$

$a=-0.857,\ b=56.1,\ c=-880$

$$\frac{-b}{2a}=\frac{-(56.1)}{2(-0.857)}=\frac{-56.1}{-1.714}=32.73\approx 33$$

The tire pressure for maximum mileage is approximately 33 psi.

**b.** $P(33)=-0.857(33)^2+56.1(33)-880$

$$=-933.273+1851.3-880=38.027$$

The maximum number of miles the tire can last is approximately 38,000 miles.

**57.** $m(x)=-0.04x^2+3.6x-49$

$a=-0.04,\ b=3.6,\ c=-49$

$$\frac{-b}{2a}=\frac{-(3.6)}{2(-0.04)}=\frac{-3.6}{-0.08}=45$$

The maximum gas mileage will occur at a speed of 45 mph.

**59.** $b(t)=-\frac{1}{1152}t^2+\frac{1}{12}t$

$a=-\frac{1}{1152},\ b=\frac{1}{12},\ c=0$

$$\frac{-b}{2a}=\frac{-\left(\frac{1}{12}\right)}{2\left(-\frac{1}{1152}\right)}=\frac{-\frac{1}{12}}{-\frac{1}{576}}=\frac{576}{12}=48$$

The maximum yield occurs at 48 hours.

**61.** Substitute each ordered pair for $x$ and $y$ into the standard form of a parabola to get three equations in $a$, $b$, and $c$:

$$4=a(0)^2+b(0)+c$$
$$4=c$$
$$0=a(1)^2+b(1)+c$$
$$0=a+b+c$$
$$-10=a(-1)^2+b(-1)+c$$
$$-10=a-b+c$$

Substitute $c=4$ and solve for $a$:

$$a+b+4=0 \quad\rightarrow\quad a+b=-4$$
$$a-b+4=-10 \quad\rightarrow\quad \underline{a-b=-14}$$
$$2a=-18$$
$$a=-9$$

Solve for $b$:

$$-9+b=-4$$
$$b=5$$

The equation is: $y=-9x^2+5x+4$.

**63.** Substitute each ordered pair for $x$ and $y$ into the standard form of a parabola to get three equations in $a$, $b$, and $c$:

$1=a(2)^2+b(2)+c$

$1=4a+2b+c$ (A)

$5=a(-2)^2+b(-2)+c$

$5=4a-2b+c$ (B)

$-4=a(1)^2+b(1)+c$

$-4=a+b+c$ (C)

Subtract (B) from (A) and solve for $b$:

$$\begin{array}{l} 4a+2b+c=1 \\ \underline{-(4a-2b+c=5)} \\ \quad 4b \quad =-4 \\ \quad\quad b=-1 \end{array}$$

Substitute $b=-1$ into (B) and (C), subtract and solve for $a$:

$$\begin{array}{rl} 5=4a-2(-1)+c\rightarrow & 4a+c=3 \\ -4=a+(-1)+c\rightarrow & \underline{a+c=-3} \\ & 3a=6 \\ & a=2 \end{array}$$

Solve for $c$:

$$\begin{aligned} 2+(-1)+c&=-4 \\ 1+c&=-4 \\ c&=-5 \end{aligned}$$

The equation is: $y=2x^2-x-5$.

**65.** Substitute each ordered pair for $x$ and $y$ into the standard form of a parabola to get three equations in $a$, $b$, and $c$:

$-4=a(2)^2+b(2)+c$

$-4=4a+2b+c$ (A)

$1=a(1)^2+b(1)+c$

$1=a+b+c$ (B)

$-7=a(-1)^2+b(-1)+c$

$-7=a-b+c$ (C)

Subtract (C) from (B) and solve for $b$:

$$\begin{array}{l} a+b+c=1 \\ \underline{-(a-b+c=-7)} \\ \quad 2b \quad =8 \\ \quad\quad b=4 \end{array}$$

Substitute $b=4$ into (A) and (B), subtract and solve for $a$:

$$\begin{array}{rl} 4a+2(4)+c=-4\rightarrow & 4a+c=-12 \\ a+(4)+c=1\rightarrow & \underline{a+c=-3} \\ & 3a=-9 \\ & a=-3 \end{array}$$

Solve for $c$:

$$\begin{aligned} -3+4+c&=1 \\ 1+c&=1 \\ c&=0 \end{aligned}$$

The equation is: $y=-3x^2+4x$.

**67. a.** The sum of the three sides must equal the total amount of fencing.

**b.** $A=x(200-2x)$

**c.** $A=200x-2x^2$

$A=-2x^2+200x$

$a=-2,\ b=200,\ c=0$

$$x=\frac{-b}{2a}=\frac{-(200)}{2(-2)}=\frac{-200}{-4}=50$$

$y=200-2(50)=200-100=100$

The dimensions of the corral are 50 ft by 100 ft.

**69.** $Y_1=x^2+2x-3$

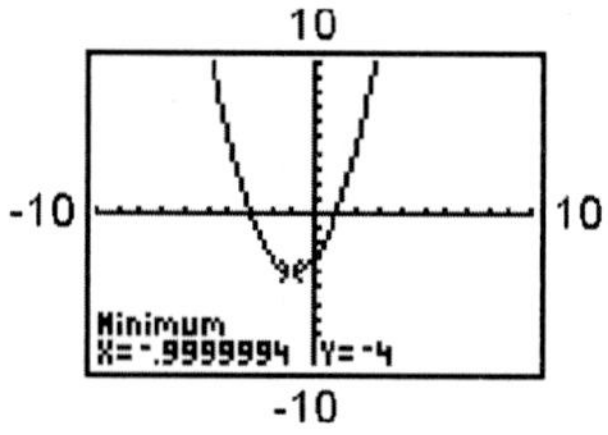

**71.** $Y_1 = 2x^2 - 2x + 4$

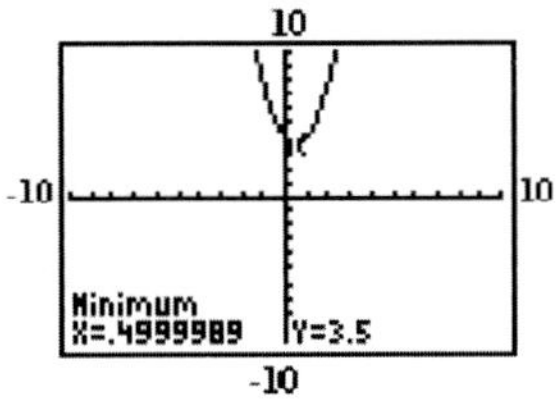


**73.** $Y_1 = -x^2 + 3x - \dfrac{9}{4}$

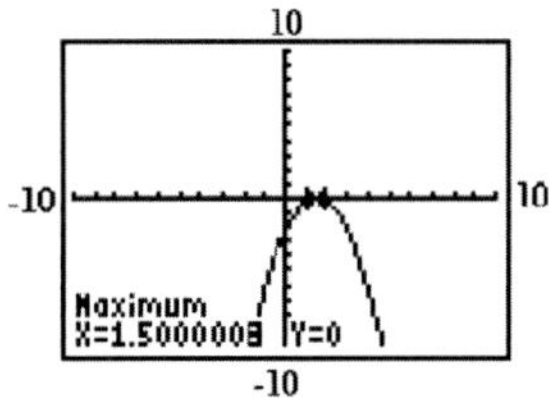


# Chapter 7 Review Exercises

## Section 7.1

**1.**
$$x^2 = 5$$
$$x = \pm\sqrt{5}$$

**3.**
$$a^2 = 81$$
$$a = \pm 9$$

**5.**
$$(x-2)^2 = 72$$
$$x - 2 = \pm\sqrt{72}$$
$$x - 2 = \pm 6\sqrt{2}$$
$$x = 2 \pm 6\sqrt{2}$$

**7.**
$$(3y-1)^2 = 3$$
$$3y - 1 = \pm\sqrt{3}$$
$$3y = 1 \pm \sqrt{3}$$
$$y = \frac{1 \pm \sqrt{3}}{3}$$

**9.** Let $h$ = the height of the triangle
$$5^2 + h^2 = 10^2$$
$$25 + h^2 = 100$$
$$h^2 = 75$$
$$h = \pm\sqrt{75} = \pm 5\sqrt{3} \approx 8.7$$
The height of the triangle is about 8.7 in.

**11.** Let $s$ = the length of a side of the square
$$s^2 = 150$$
$$s = \pm\sqrt{150} = \pm 5\sqrt{6} \approx 12.2$$
The length of a side of the square is about 12.2 in.

**13.** $x^2 - 9x + n$
$$n = \left(\frac{1}{2}b\right)^2 = \left(\frac{1}{2}\cdot(-9)\right)^2 = \left(-\frac{9}{2}\right)^2 = \frac{81}{4}$$
$$x^2 - 9k + \frac{81}{4} = \left(x - \frac{9}{2}\right)^2$$

**15.** $z^2 - \dfrac{2}{5}z + n$
$$n = \left(\frac{1}{2}b\right)^2 = \left(\frac{1}{2}\cdot\left(-\frac{2}{5}\right)\right)^2 = \left(-\frac{1}{5}\right)^2 = \frac{1}{25}$$
$$z^2 - \frac{2}{5}z + \frac{1}{25} = \left(z - \frac{1}{5}\right)^2$$

**17.**
$$4y^2-12y+13=0$$
$$y^2-3y+\frac{13}{4}=0$$
$$y^2-3y=-\frac{13}{4}$$
$$y^2-3y+\frac{9}{4}=-\frac{13}{4}+\frac{9}{4}$$
$$\left(y-\frac{3}{2}\right)^2=-1$$
$$y-\frac{3}{2}=\pm\sqrt{-1}$$
$$y-\frac{3}{2}=\pm i$$
$$y=\frac{3}{2}\pm i$$

**19.**
$$b^2+\frac{7}{2}b=2$$
$$b^2+\frac{7}{2}b+\frac{49}{16}=2+\frac{49}{16}$$
$$\left(b+\frac{7}{4}\right)^2=\frac{81}{16}$$
$$b+\frac{7}{4}=\pm\sqrt{\frac{81}{16}}$$
$$b+\frac{7}{4}=\pm\frac{9}{4}$$
$$b=-\frac{7}{4}\pm\frac{9}{4}$$
$$b=\frac{2}{4}=\frac{1}{2} \text{ or } b=-\frac{16}{4}=-4$$

**21.**
$$-t^2+8t-25=0$$
$$t^2-8t+25=0$$
$$t^2-8t=-25$$
$$t^2-8t+16=-25+16$$
$$(t-4)^2=-9$$
$$t-4=\pm\sqrt{-9}$$
$$t-4=\pm 3i$$
$$t=4\pm 3i$$

**23.** $A=6s^2$, Solve for $s$:
$$\frac{A}{6}=s^2$$
$$s=\sqrt{\frac{A}{6}} \text{ or } s=\frac{\sqrt{6A}}{6}$$

## Section 7.2

**25.**
$$x^2-5x=-6$$
$$x^2-5x+6=0$$
$$b^2-4ac=(-5)^2-4(1)(6)=25-24=1$$
2 rational solutions

**27.**
$$z^2+23=17z$$
$$z^2-17z+23=0$$
$$b^2-4ac=(-17)^2-4(1)(23)$$
$$=289-92=197$$
2 irrational solutions

**29.**
$$10b+1=-25b^2$$
$$25b^2+10b+1=0$$
$$b^2-4ac=(10)^2-4(25)(1)=100-100=0$$
1 rational solution

**31.** $y^2-4y+1=0$

$a=1,\ b=-4,\ c=1$
$$y=\frac{-(-4)\pm\sqrt{(-4)^2-4(1)(1)}}{2(1)}$$
$$=\frac{4\pm\sqrt{16-4}}{2}=\frac{4\pm\sqrt{12}}{2}=\frac{4\pm2\sqrt{3}}{2}$$
$$=\frac{\cancel{2}\left(2\pm\sqrt{3}\right)}{\cancel{2}}=2\pm\sqrt{3}$$

**33.**
$$6a(a-1)=10+a$$
$$6a^2-6a=10+a$$
$$6a^2-7a-10=0$$
$$a=6,\ b=-7,\ c=-10$$
$$a=\frac{-(-7)\pm\sqrt{(-7)^2-4(6)(-10)}}{2(6)}$$
$$=\frac{7\pm\sqrt{49+240}}{12}=\frac{7\pm\sqrt{289}}{12}=\frac{7\pm17}{12}$$
$$a=\frac{24}{12}=2 \text{ or } a=-\frac{10}{12}=-\frac{5}{6}$$

**35.**
$$b^2-\frac{4}{25}=\frac{3}{5}b$$
$$b^2-\frac{3}{5}b-\frac{4}{25}=0$$
$$25b^2-15b-4=0$$
$$a=25,\ b=-15,\ c=-4$$
$$b=\frac{-(-15)\pm\sqrt{(-15)^2-4(25)(-4)}}{2(25)}$$
$$=\frac{15\pm\sqrt{225+400}}{50}=\frac{15\pm\sqrt{625}}{50}=\frac{15\pm25}{50}$$
$$b=\frac{40}{50}=\frac{4}{5} \text{ or } b=-\frac{10}{50}=-\frac{1}{5}$$

**37.**
$$-32+4x-x^2=0$$
$$x^2-4x+32=0$$
$$a=1,\ b=-4,\ c=32$$
$$x=\frac{-(-4)\pm\sqrt{(-4)^2-4(1)(32)}}{2(1)}$$
$$=\frac{4\pm\sqrt{16-128}}{2}=\frac{4\pm\sqrt{-112}}{2}=\frac{4\pm4i\sqrt{7}}{2}$$
$$=\frac{2\left(2\pm2i\sqrt{7}\right)}{2}=2\pm2i\sqrt{7}$$

**39.**
$$3x^2-4x=6$$
$$3x^2-4x-6=0$$
$$a=3,\ b=-4,\ c=-6$$
$$x=\frac{-(-4)\pm\sqrt{(-4)^2-4(3)(-6)}}{2(3)}$$
$$=\frac{4\pm\sqrt{16+72}}{6}=\frac{4\pm\sqrt{88}}{6}=\frac{4\pm2\sqrt{22}}{6}$$
$$=\frac{2\left(2\pm\sqrt{22}\right)}{6}=\frac{2\pm\sqrt{22}}{3}$$

**41.**
$$y^2+14y=-46$$
$$y^2+14y+46=0$$
$$a=1,\ b=14,\ c=46$$
$$x=\frac{-(14)\pm\sqrt{(14)^2-4(1)(46)}}{2(1)}$$
$$=\frac{-14\pm\sqrt{196-184}}{2}=\frac{-14\pm\sqrt{12}}{2}$$
$$=\frac{-14\pm2\sqrt{3}}{2}=\frac{2\left(-7\pm\sqrt{3}\right)}{2}=-7\pm\sqrt{3}$$

**43. a.**
$$D(s)=\frac{1}{10}s^2-3s+22$$
$$D(150)=\frac{1}{10}(150)^2-3(150)+22$$
$$=2250-450+22=1822$$
The landing distance is 1822 ft.

**b.**
$$1000=\frac{1}{10}s^2-3s+22$$
$$10{,}000=s^2-30s+220$$
$$0=s^2-30s-9780$$
$$a=1,\ b=-30,\ c=-9780$$
$$x=\frac{-(-30)\pm\sqrt{(-30)^2-4(1)(-9780)}}{2(1)}$$
$$=\frac{30\pm\sqrt{900+39120}}{2}=\frac{30\pm\sqrt{40020}}{2}$$
$$x\approx115 \text{ or } x\approx-85$$
The landing speed is about 115 ft/sec.

## Section 7.3

**45.** $x-4\sqrt{x}-21=0$

Let $u=\sqrt{x}$

$u^2-4u-21=0$

$(u-7)(u+3)=0$

$u-7=0$ or $u+3=0$

$u=7$ or $u=-3$

$\sqrt{x}=7$ or $\sqrt{x}=-3$

$x=49$ or $x=9$

Check:

$x=49$:

$49-4\sqrt{49}-21=0$

$49-28-21=0$

$0=0$

$x=9$:

$9-4\sqrt{9}-21=0$

$9-12-21=0$

$-24\neq 0$

Solution: $x = 49$ ($x = 9$ does not check.)

**47.** $y^4-11y^2+18=0$

$(y^2)^2-11y^2+18=0$

Let $u=y^2$

$u^2-11u+18=0$

$(u-9)(u-2)=0$

$u-9=0$ or $u-2=0$

$y^2-9=0$ or $y^2-2=0$

$y^2=9$ or $y^2=2$

$y=\pm 3$ or $y=\pm\sqrt{2}$

**49.** $t^{2/5}+t^{1/5}-6=0$

$(t^{1/5})^2+t^{1/5}-6=0$

Let $u=t^{1/5}$

$u^2+u-6=0$

$(u-2)(u+3)=0$

$u-2=0$ or $u+3=0$

$u=2$ or $u=-3$

$t^{1/5}=2$ or $t^{1/5}=-3$

$(t^{1/5})^5=(2)^5$ or $(t^{1/5})^5=(-3)^5$

$t=32$ or $t=-243$

**51.** $\dfrac{2t}{t+1}+\dfrac{-3}{t-2}=1$

$(t+1)(t-2)\left(\dfrac{2t}{t+1}+\dfrac{-3}{t-2}\right)=(t+1)(t-2)1$

$2t(t-2)-3(t+1)=t^2-t-2$

$2t^2-4t-3t-3=t^2-t-2$

$t^2-6t=1$

$t^2-6t+9=1+9$

$(t-3)^2=10$

$t-3=\pm\sqrt{10}$

$t=3\pm\sqrt{10}$

**53.** $(x^2+5)^2+2(x^2+5)-8=0$

Let $u=x^2+5$

$u^2+2u-8=0$

$(u+4)(u-2)=0$

$u+4=0$ or $u-2=0$

$x^2+5+4=0$ or $x^2+5-2=0$

$x^2+9=0$ or $x^2+3=0$

$x^2=-9$ or $x^2=-3$

$x=\pm 3i$ or $x=\pm i\sqrt{3}$

## Section 7.4

**55.** $g(x)=x^2-5$

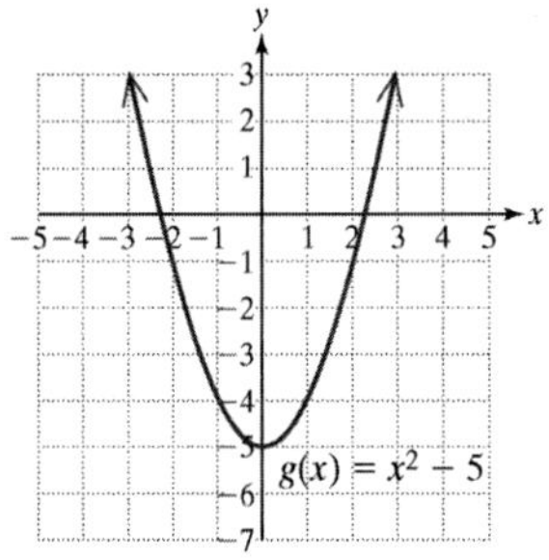


**57.** $h(x)=(x-5)^2$

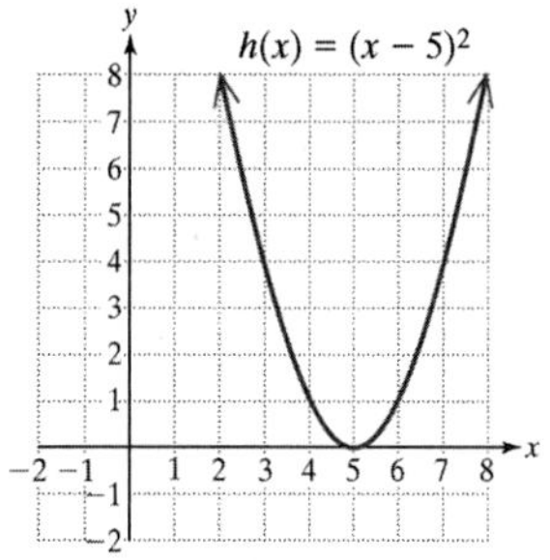


**59.** $m(x)=-2x^2$

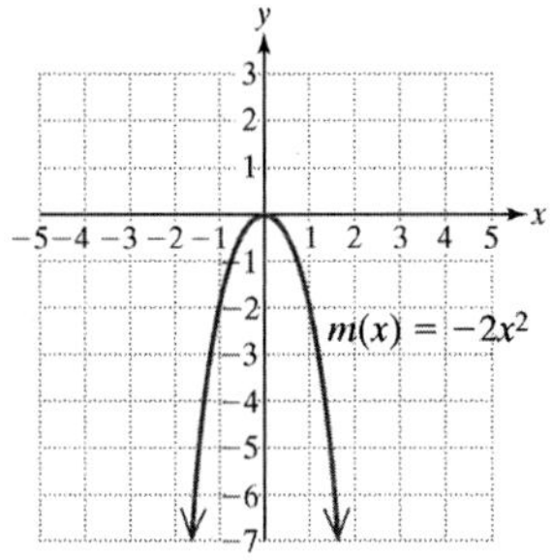


**61.** $p(x)=-2(x-5)^2-5$

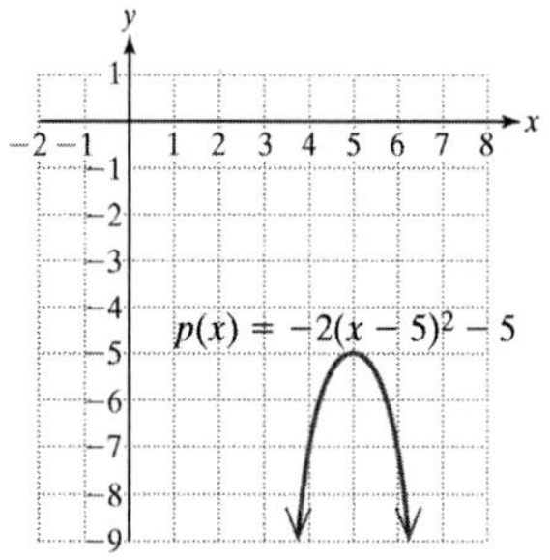


**63.** $t(x)=\frac{1}{3}(x-4)^2+\frac{5}{3}$

Vertex: $\left(4, \frac{5}{3}\right)$ is a minimum point with minimum value of $\frac{5}{3}$.

**65.** $a(x)=-\frac{3}{2}\left(x+\frac{2}{11}\right)^2-\frac{14}{3}$

Axis of symmetry: $x=-\frac{2}{11}$

## Section 7.5

**67.**
$$\begin{aligned} z(x)&=x^2-6x+7\\ &=\left(x^2-6x\right)+7\\ &=\left(x^2-6x+9-9\right)+7\\ &=\left(x^2-6x+9\right)-9+7 \end{aligned}$$
$z(x)=(x-3)^2-2$

Vertex: $(3, -2)$

**69.**
$$\begin{aligned} p(x)&=-5x^2-10x-13\\ &=-5\left(x^2+2x\right)-13\\ &=-5\left(x^2+2x+1-1\right)-13\\ &=-5\left(x^2+2x+1\right)+5-13 \end{aligned}$$
$p(x)=-5(x+1)^2-8$

Vertex: $(-1, -8)$

**71.** $f(x) = -2x^2 + 4x - 17$

$a = -2,\ b = 4,\ c = -17$

$\frac{-b}{2a} = \frac{-(4)}{2(-2)} = \frac{-4}{-4} = 1$

$f(1) = -2(1)^2 + 4(1) - 17$

$= -2 + 4 - 17 = -15$

Vertex: $(1, -15)$

**73.** $m(x) = 3x^2 - 3x + 11$

$a = 3,\ b = -3,\ c = 11$

$\frac{-b}{2a} = \frac{-(-3)}{2(3)} = \frac{3}{6} = \frac{1}{2}$

$m\left(\frac{1}{2}\right) = 3\left(\frac{1}{2}\right)^2 - 3\left(\frac{1}{2}\right) + 11$

$= \frac{3}{4} - \frac{3}{2} + 11 = \frac{41}{4}$

Vertex: $\left(\frac{1}{2}, \frac{41}{4}\right)$

**75. a.** $y = \frac{3}{4}x^2 - 3x$

$y = \frac{3}{4}\left(x^2 - 4x + 4\right) - 3$

$y = \frac{3}{4}(x - 2)^2 - 3$

Vertex: $(2, -3)$

**b.** $0 = \frac{3}{4}x^2 - 3x$

$\frac{3}{4}x(x - 4) = 0$

$\frac{3}{4}x = 0$ or $x - 4 = 0$

$x = 0$ or $x = 4$

*x*-intercepts: $(0, 0), (4, 0)$

$y = \frac{3}{4}(0)^2 - 3(0) = 0 - 0 = 0$

*y*-intercept: $(0, 0)$

**c.**

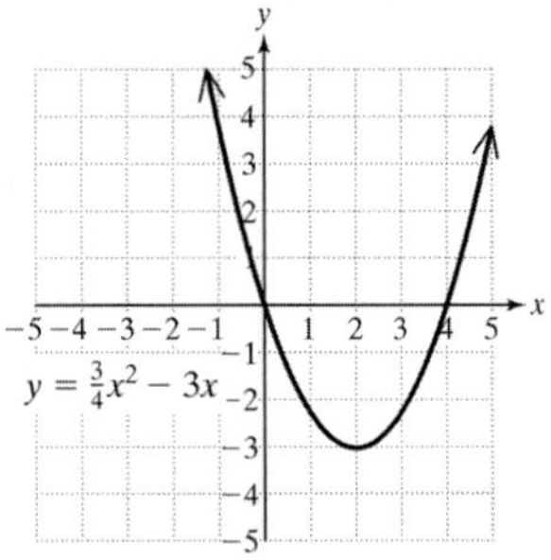


**77.** $h(t) = -16t^2 + 96t$

$a = -16,\ b = 96,\ c = 0$

$\frac{-b}{2a} = \frac{-(96)}{2(-16)} = \frac{-96}{-32} = 3$

The projectile reaches its maximum height at 3 sec.

**79.** Substitute each ordered pair for $x$ and $y$ into the standard form of a parabola to get three equations in $a$, $b$, and $c$:

$$-4=a(-3)^2+b(-3)+c$$
$$-4=9a-3b+c \qquad \text{(A)}$$
$$-5=a(-2)^2+b(-2)+c$$
$$-5=4a-2b+c \qquad \text{(B)}$$
$$4=a(1)^2+b(1)+c$$
$$4=a+b+c \qquad \text{(C)}$$

Subtract (B) from (A) to eliminate $c$:

$$\begin{array}{l} 9a-3b+c=-4 \\ \underline{-(4a-2b+c=-5)} \\ 5a-\ b \quad\ =\ 1 \qquad \text{(D)} \end{array}$$

Subtract (C) from (B) to eliminate $c$:

$$\begin{array}{l} 4a-2b+c=-5 \\ \underline{-(\ a+\ b+c=\ 4)} \\ 3a-3b \qquad =-9 \to a-b=-3 \qquad \text{(E)} \end{array}$$

Subtract (E) from (D) to eliminate $b$:

$$\begin{array}{l} 5a-b=\ 1 \\ \underline{-(\ a-b=-3)} \\ 4a \qquad =4 \\ \qquad a=1 \end{array}$$

Substitute $a=1$ into (E) and solve for $b$:

$$1-b=-3$$
$$b=4$$

Solve for $c$:

$$1+4+c=4$$
$$5+c=4$$
$$c=-1$$

The equation is: $y=x^2+4x-1$.

## Chapter 7 Test

**1.**
$$(x+3)^2=25$$
$$x+3=\pm 5$$
$$x=-3\pm 5$$
$$x=2 \text{ or } x=-8$$

**3.**
$$(m+1)^2=-1$$
$$m+1=\pm\sqrt{-1}$$
$$m+1=\pm i$$
$$m=-1\pm i$$

**5.**
$$2x^2+12x-36=0$$
$$x^2+6x-18=0$$
$$x^2+6x=18$$
$$x^2+6x+9=18+9$$
$$(x+3)^2=27$$
$$x+3=\pm\sqrt{27}$$
$$x+3=\pm 3\sqrt{3}$$
$$x=-3\pm 3\sqrt{3}$$

**7.** **a.** $x^2-3x=-12$

$x^2-3x+12=0$

**b.** $a=1,\ b=-3,\ c=12$

**c.** $b^2-4ac=(-3)^2-4(1)(12)$

$=9-48=-39$

**d.** Two imaginary solutions

**9.** $3x^2-4x+1=0$

$a=3,\ b=-4,\ c=1$

$$x=\frac{-(-4)\pm\sqrt{(-4)^2-4(3)(1)}}{2(3)}$$

$$=\frac{4\pm\sqrt{16-12}}{6}=\frac{4\pm\sqrt{4}}{6}=\frac{4\pm 2}{6}$$

$$x=\frac{6}{6}=1 \text{ or } x=\frac{2}{6}=\frac{1}{3}$$

**11.** Let $h$ = the height of the triangle

$2h-3$ = the base of the triangle

$$\frac{1}{2}(2h-3)(h)=14$$

$$(2h-3)(h)=28$$

$$2h^2-3h=28$$

$$2h^2-3h-28=0$$

$a=2,\ b=-3,\ c=-28$

$$h=\frac{-(-3)\pm\sqrt{(-3)^2-4(2)(-28)}}{2(2)}$$

$$=\frac{3\pm\sqrt{9+224}}{4}=\frac{3\pm\sqrt{233}}{4}$$

$h\approx 4.6$ or $h\approx -3.1$

$2h-3=2(4.6)-3=9.2-3=6.2$

The height is 4.6 ft and the base is 6.2 ft.

**13.** $x-\sqrt{x}-6=0$

Let $u=\sqrt{x}$

$$u^2-u-6=0$$

$$(u-3)(u+2)=0$$

$u-3=0$ or $u+2=0$

$u=3$ or $u=-2$

$\sqrt{x}=3$ or $\sqrt{x}=-2$

$x=9$ or $x=4$

Check:

$x=9$:

$9-\sqrt{9}-6=0$

$9-3-6=0$

$0=0$

$x=4$:

$4-\sqrt{4}-6=0$

$4-2-6=0$

$-4\neq 0$

Solution: $x=9$ ($x=4$ does not check.)

**15.** $(3y-8)^2-13(3y-8)+30=0$

Let $u=3y-8$

$$u^2-13u+30=0$$

$$(u-3)(u-10)=0$$

$u-3=0$ or $u-10=0$

$3y-8-3=0$ or $3y-8-10=0$

$3y-11=0$ or $3y-18=0$

$3y=11$ or $3y=18$

$y=\frac{11}{3}$ or $y=6$

**17.** $$3=\frac{y}{2}-\frac{1}{y+1}$$

$$3\cdot 2(y+1)=\left(\frac{y}{2}-\frac{1}{y+1}\right)2(y+1)$$

$$6y+6=y(y+1)-2$$

$$6y+6=y^2+y-2$$

$$0=y^2-5y-8$$

$a=1,\ b=-5,\ c=-8$

$$y=\frac{-(-5)\pm\sqrt{(-5)^2-4(1)(-8)}}{2(1)}$$

$$=\frac{5\pm\sqrt{25+32}}{2}=\frac{5\pm\sqrt{57}}{2}$$

**19.** $h(x)=x^2-4$

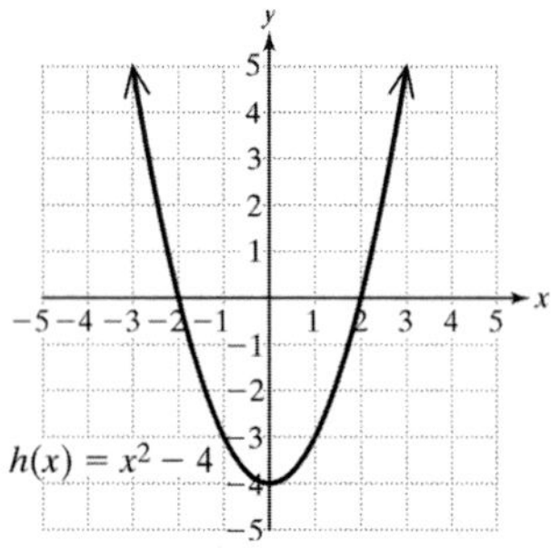

**21.** $g(x)=\frac{1}{2}(x+2)^2-3$

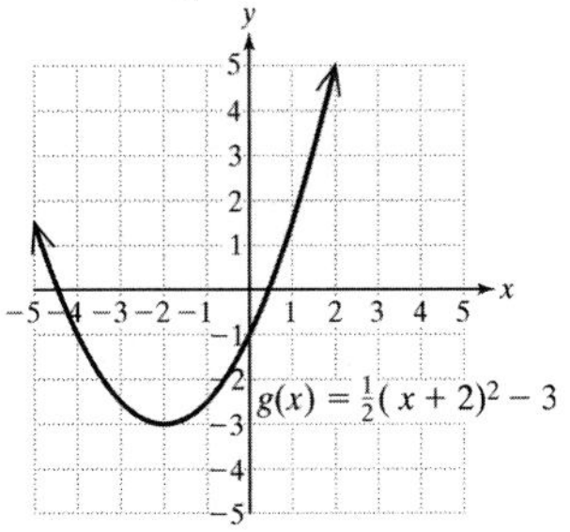


**23. a.** $P(t)=0.135t^2+12.6t+600$

$P(40)=0.135(40)^2+12.6(40)+600$

$\approx 1320$

The population in 2014 will be approximately 1,320,000,000.

**b.** $1000=0.135t^2+12.6t+600$

$0.135t^2+12.6t-400=0$

$$t=\frac{-12.6\pm\sqrt{(12.6)^2-4(0.135)(-400)}}{2(0.135)}$$

$$=\frac{-12.6\pm\sqrt{158.76+216}}{0.27}$$

$$=\frac{-12.6\pm\sqrt{374.76}}{0.27}$$

$t\approx 25.03\approx 25$

The population would be 1 billion in 1999.

**25.** The graph of $y=(x+3)^2$ is the graph of $y=x^2$ shifted 3 units to the left.

**27. a.** $f(x)=-(x-4)^2+2$

**b.** Vertex: $(4,\ 2)$

**c.** The parabola opens downward.

**d.** The vertex is the maximum point of the function.

**e.** The maximum value of the function is 2. The axis of symmetry is $x=4$.

**29. a.** $f(x)=x^2+4x-12$

$f(x)=(x^2+4x+4)-12-4$

$f(x)=(x+2)^2-16$

**b.** The vertex is $(-2, -16)$.

**c.** $x^2+4x-12=0$

$(x-2)(x+6)=0$

$x-2=0$ or $x+6=0$

$x=2$ or $x=-6$

The $x$-intercepts are: $(2,\ 0)$, $(-6,\ 0)$

$f(0)=0^2+4(0)-12=0+0-12=-12$

The $y$-intercept is: $(0,\ -12)$

**d.** The minimum value is $-16$.

**e.** The axis of symmetry is $x=-2$.

## Chapters 1 – 7 Cumulative Review Exercises

**1.** **a.** $A \cup B = \{2, 4, 6, 8, 10, 12, 16\}$

**b.** $A \cap B = \{2, 8\}$

**3.**
$$4^0 - \left(\frac{1}{2}\right)^{-3} - 81^{1/2} = 1 - 2^3 - \sqrt{81}$$
$$= 1 - 8 - 9 = -16$$

**5.** **a.**
$$x^3 + 2x^2 - 9x - 18 = x^2(x+2) - 9(x+2)$$
$$= (x+2)(x^2 - 9)$$
$$= (x+2)(x+3)(x-3)$$

**b.**
$$\begin{array}{r|l} & x^2 + 5x + 6 \\ x - 3 & x^3 + 2x^2 - 9x - 18 \\ & -(x^3 - 3x^2) \\ \hline & 5x^2 - 9x \\ & -(5x^2 - 15x) \\ \hline & 6x - 18 \\ & -(6x - 18) \\ \hline & 0 \end{array}$$

Quotient: $x^2 + 5x + 6$ Remainder: 0

**7.**
$$\frac{4}{\sqrt{2x}} = \frac{4}{\sqrt{2x}} \cdot \frac{\sqrt{2x}}{\sqrt{2x}} = \frac{4\sqrt{2x}}{2x} = \frac{2\sqrt{2x}}{x}$$

**9.** Multiply each equation by the LCD:
$$\frac{1}{9}x - \frac{1}{3}y = -\frac{13}{9} \rightarrow x - 3y = -13$$
$$x - \frac{1}{2}y = \frac{9}{2} \rightarrow 2x - y = 9$$
Multiply the first equation by –2, add to the second equation, and solve for $y$:
$$\begin{array}{rl} x - 3y = -13 \xrightarrow{\times -2} & -2x + 6y = 26 \\ 2x - y = 9 \longrightarrow & 2x - y = 9 \\ \hline & 5y = 35 \\ & y = 7 \end{array}$$
Substitute into the first equation and solve:
$$x - 3(7) = -13$$
$$x - 21 = -13$$
$$x = 8$$
The solution is $(8, 7)$.

**11.**
$$(x-3)^2 + 16 = 0$$
$$(x-3)^2 = -16$$
$$x - 3 = \pm\sqrt{-16}$$
$$x - 3 = \pm 4i$$
$$x = 3 \pm 4i$$

**13.** $x^2 + 10x + n$
$$n = \left(\frac{1}{2}b\right)^2 = \left(\frac{1}{2}\cdot(10)\right)^2 = (5)^2 = 25$$
$$x^2 + 10x + 25 = (x+5)^2$$

**15.** $3x - 5y = 10$

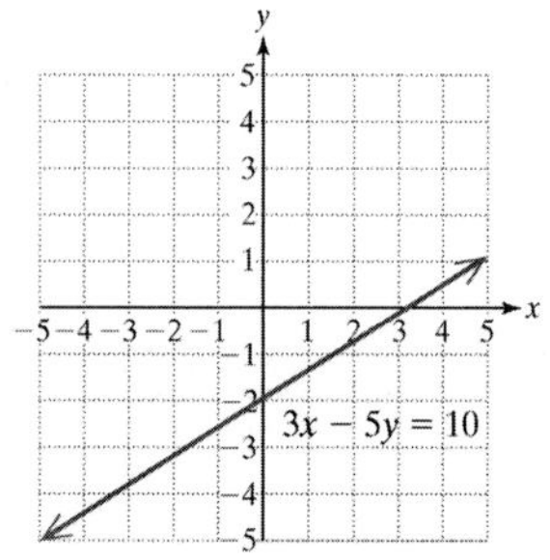

**17.** Let $x$ = the number of 1-point free-throws
Let $y$ = the number of 2-point field goals
Let $z$ = the number of 3-point field goals

$$x + 2y + 3z = 2357$$
$$y = x + 286$$
$$z = y - 821$$

Substitute the second equation into the third:

$$z = (x + 286) - 821 = x - 535$$

Substitute this result and the second equation into the first equation and solve for $x$:

$$x + 2(x + 286) + 3(x - 535) = 2357$$
$$x + 2x + 572 + 3x - 1605 = 2357$$
$$6x - 1033 = 2357$$
$$6x = 3390$$
$$x = 565$$

Substitute and solve for $y$ and $z$:

$$y = 565 + 286 = 851$$
$$z = 851 - 821 = 30$$

Michael Jordan made 565 free-throws, 851 2-point field goals, and 30 3-point field goals.

**19.** $f(x) = \frac{1}{x}$

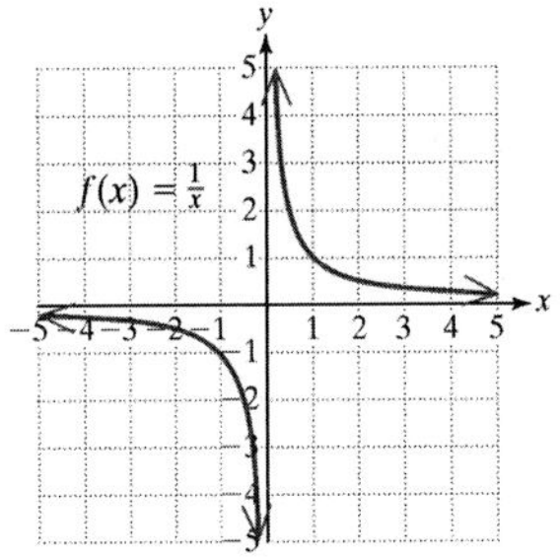


**21. a.** Linear

**b.** $F(0) = 300{,}000 + 0.008(0) = 300{,}000$

$y$-intercept: (0, 300,000)

If there are no passengers, the airport runs 300,000 flights per year.

**c.** $m = 0.008$ or $m = \frac{8}{1000}$

There are eight additional flights per 1000 passengers.

**23. a.** $m(x) = \sqrt{x + 4}$

Domain: $[-4, \infty)$

**b.** $n(x) = x^2 + 2$

Domain: $(-\infty, \infty)$

**25.**

$$\sqrt{8x+5}=\sqrt{2x}+2$$
$$\left(\sqrt{8x+5}\right)^2=\left(\sqrt{2x}+2\right)^2$$
$$8x+5=2x+4\sqrt{2x}+4$$
$$6x+1=4\sqrt{2x}$$
$$(6x+1)^2=\left(4\sqrt{2x}\right)^2$$
$$36x^2+12x+1=16(2x)$$
$$36x^2+12x+1=32x$$
$$36x^2-20x+1=0$$
$$(18x-1)(2x-1)=0$$
$$18x-1=0 \text{ or } 2x-1=0$$
$$18x=1 \text{ or } 2x=1$$
$$x=\frac{1}{18} \text{ or } x=\frac{1}{2}$$

Check:

$x=\frac{1}{18}$: $\sqrt{8\left(\frac{1}{18}\right)+5}=\sqrt{2\left(\frac{1}{18}\right)}+2$

$$\sqrt{\frac{49}{9}}=\sqrt{\frac{1}{9}}+2$$
$$\frac{7}{3}=\frac{1}{3}+2$$
$$\frac{7}{3}=\frac{7}{3}$$

$x=\frac{1}{2}$: $\sqrt{8\left(\frac{1}{2}\right)+5}=\sqrt{2\left(\frac{1}{2}\right)}+2$

$$\sqrt{9}=\sqrt{1}+2$$
$$3=1+2$$
$$3=3$$

Solutions: $x=\frac{1}{18}$, $x=\frac{1}{2}$

**27.**

$$\frac{15}{t^2-2t-8}=\frac{1}{t-4}+\frac{2}{t+2}$$

LCD: $(t-4)(t+2)$

$$(t-4)(t+2)\left(\frac{15}{(t-4)(t+2)}\right)=(t-4)(t+2)\left(\frac{1}{t-4}+\frac{2}{t+2}\right)$$
$$15=1(t+2)+2(t-4)$$
$$15=t+2+2t-8$$
$$15=3t-6$$
$$3t=21$$
$$t=7$$

**29.** **a.** $f(x)=2(x-3)^2+1$

Vertex: $(3, 1)$

**b.** The graph opens upward.

**c.** $f(0)=2(0-3)^2+1=2(-3)^2+1$
$=18+1=19$

$y$-intercept: $(0, 19)$

**d.** $2(x-3)^2+1=0$

$$2(x-3)^2=-1$$
$$(x-3)^2=-\frac{1}{2}$$
$$x-3=\pm\sqrt{-\frac{1}{2}}$$

There are no $x$-intercepts.

**e.**

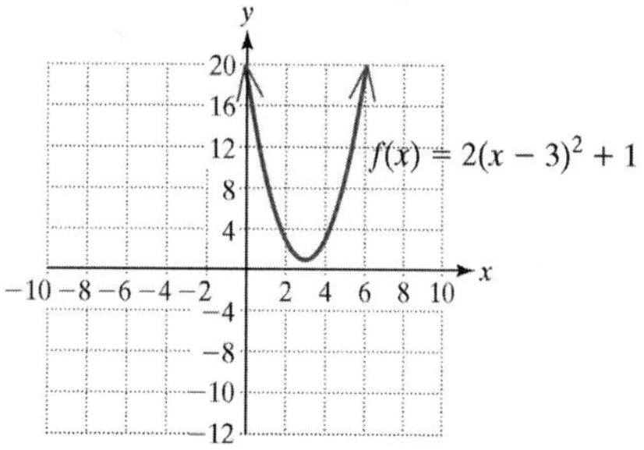

# Chapter 8 More Equations and Inequalities

## Chapter Opener Puzzle

**1.** a
**2.** m
**3.** n
**4.** r
**5.** i
**6.** g
**7.** y

i m a g i n a r y

## Section 8.1 Compound Inequalities

### Section 8.1 Practice Exercises

**1.** **a.** Compound inequalities involve the union or intersection of two or more inequalities.

**b.** The intersection of two sets *A* and *B*, denoted $A \cap B$, is the set of elements common to both *A* and *B*.

**c.** The union of sets *A* and *B*, denoted $A \cup B$, is the set of elements that belong to set *A* or to set *B* or to both sets *A* and *B*.

**3.**
$$2 - 3z \geq -4$$
$$-3z \geq -6$$
$$\frac{-3z}{-3} \leq \frac{-6}{-3}$$
$$z \leq 2 \qquad (-\infty, 2]$$

**5.**
$$\frac{1}{3} > 6q$$
$$\frac{1}{6}\left(\frac{1}{3}\right) > \frac{1}{6}(6q)$$
$$\frac{1}{18} > q \qquad \left(-\infty, \frac{1}{18}\right)$$

**7.** **a.** $(-2, 5) \cap [-1, \infty) = [-1, 5)$

**b.** $(-2, 5) \cup [-1, \infty) = (-2, \infty)$

**9.** **a.** $\left(-\frac{5}{2}, 3\right) \cap \left(-1, \frac{9}{2}\right) = (-1, 3)$

**b.** $\left(-\frac{5}{2}, 3\right) \cup \left(-1, \frac{9}{2}\right) = \left(-\frac{5}{2}, \frac{9}{2}\right)$

**11.** **a.** $(-4, 5] \cap (0, 2] = (0, 2]$

**b.** $(-4, 5] \cup (0, 2] = (-4, 5]$

**13.** $y - 7 \geq -9$ and $y + 2 \leq 5$
$$y \geq -2 \quad \cap \quad y \leq 3$$
$$[-2, \infty) \cap (-\infty, 3] = [-2, 3]$$

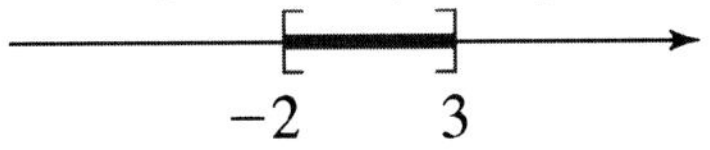

**15.** $2t+7<19$ and $5t+13>28$

$$2t<12 \quad \cap \quad 5t>15$$
$$t<6 \quad \cap \quad t>3$$
$$(-\infty, 6)\cap(3, \infty)=(3, 6)$$

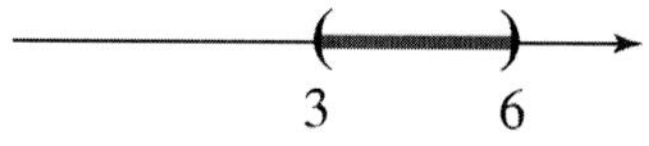

**17.** $2.1k-1.1\le 0.6k+1.9$ and $0.3k-1.1<-0.1k+0.9$

$$10(2.1k-1.1)\le 10(0.6k+1.9) \text{ and } 10(0.3k-1.1)<10(-0.1k+0.9)$$
$$21k-11\le 6k+19 \text{ and } 3k-11<-k+9$$
$$15k-11\le 19 \quad \cap \quad 4k-11<9$$
$$15k\le 30 \quad \cap \quad 4k<20$$
$$k\le 2 \quad \cap \quad k<5$$
$$(-\infty, 2]\cap(-\infty, 5)=(-\infty, 2]$$

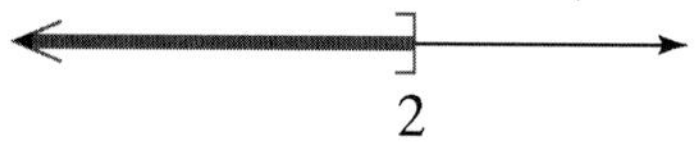

**19.** $\frac{2}{3}(2p-1)\ge 10$ and $\frac{4}{5}(3p+4)\ge 20$

$$\frac{3}{2}\cdot\frac{2}{3}(2p-1)\ge\frac{3}{2}\cdot 10\cap\frac{5}{4}\cdot\frac{4}{5}(3p+4)\ge\frac{5}{4}\cdot 20$$
$$2p-1\ge 15 \quad \cap \quad 3p+4\ge 25$$
$$2p\ge 16 \quad \cap \quad 3p\ge 21$$
$$p\ge 8 \quad \cap \quad p\ge 7$$
$$[8, \infty)\cap[7, \infty)=[8, \infty)$$

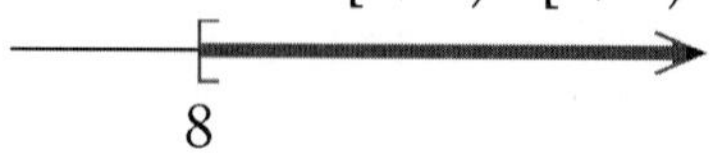

**21.** $-2<-x-12$ and $-14<5(x-3)+6x$

$$10<-x \quad \cap \quad -14<5x-15+6x$$
$$-10>x \quad \cap \quad -14<11x-15$$
$$x<-10 \quad \cap \quad 1<11x$$
$$x<-10 \quad \cap \quad x>\frac{1}{11}$$
$$(-\infty, -10)\cap\left(\frac{1}{11}, \infty\right)=\text{No Solution}$$

**23.** $-4\le t$ and $t<\frac{3}{4}$

**25.** The statement $6<x<2$ is equivalent to $6<x$ and $x<2$. However, no real number is greater than 6 and also less than 2.

**27.** The statement $-5>y>-2$ is equivalent to $-5>y$ and $y>-2$. However, no real number is less than –5 and also greater than –2.

**29.** $0\le 2b-5<9$

$$5\le 2b<14$$
$$\frac{5}{2}\le b<7 \qquad \left[\frac{5}{2}, 7\right)$$

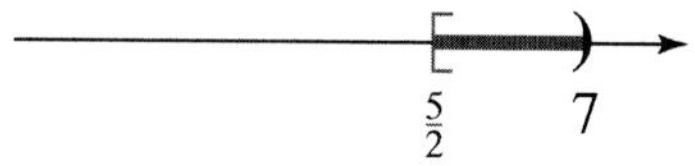

**31.** $-1<\dfrac{a}{6}\le 1$

$-6<a\le 6 \qquad (-6,\ 6]$

**33.** $-\dfrac{2}{3}<\dfrac{y-4}{-6}<\dfrac{1}{3}$

$4>y-4>-2$

$8>y>2 \qquad (2,\ 8)$

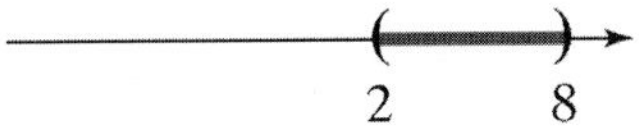

**35.** $5\le -3x-2\le 8$

$7\le -3x\le 10$

$-\dfrac{7}{3}\ge x\ge -\dfrac{10}{3} \qquad \left[-\dfrac{10}{3},\ -\dfrac{7}{3}\right]$

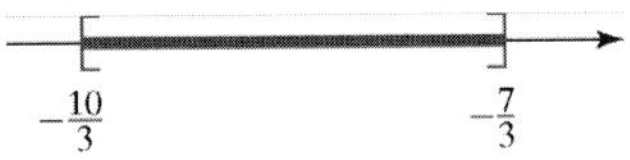

**37.** $12>6x+3\ge 0$

$9>6x\ge -3$

$\dfrac{3}{2}>x\ge -\dfrac{1}{2} \qquad \left[-\dfrac{1}{2},\ \dfrac{3}{2}\right)$

**39.** $-0.2<2.6+7t<4$

$-2.8<7t<1.4$

$-0.4<t<0.2 \qquad (-0.4,\ 0.2)$

**41.** $h+4<0$ or $6h>-12$

$h<-4 \cup h>-2$

$(-\infty,\ -4)\cup(-2,\ \infty)$

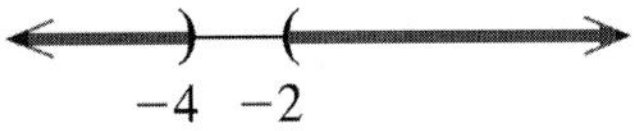

**43.** $2y-1\ge 3$ or $y<-2$

$2y\ge 4 \cup y<-2$

$y\ge 2 \cup y<-2$

$(-\infty,\ -2)\cup[2,\ \infty)$

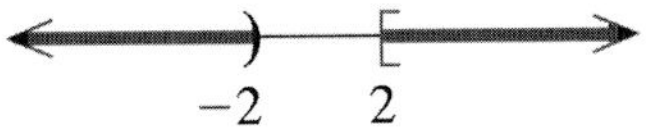

**45.** $1>6z-8$ or $8z-6\le 10$

$9>6z \qquad \cup \qquad 8z\le 16$

$\dfrac{3}{2}>z \qquad \cup \qquad z\le 2$

$\left(-\infty,\ \dfrac{3}{2}\right)\cup(-\infty,\ 2]=(-\infty,\ 2]$

**47.** $5(x-1)\ge -5$ or $5-x\le 11$

$5x-5\ge -5 \quad \cup \quad -x\le 6$

$5x\ge 0 \quad \cup \quad x\ge -6$

$x\ge 0 \quad \cup \quad x\ge -6$

$[0,\ \infty)\cup[-6,\ \infty)=[-6,\ \infty)$

**49.** $\dfrac{5}{3}v\le 5$ or $-v-6<1$

$\dfrac{3}{5}\cdot\dfrac{5}{3}v\le \dfrac{3}{5}\cdot 5 \quad \cup \quad -v<7$

$v\le 3 \quad \cup \quad v>-7$

$(-\infty,\ 3]\cup(-7,\ \infty)=(-\infty,\ \infty)$

**51.** $\frac{3t-1}{10} > \frac{1}{2}$ or $\frac{3t-1}{10} < -\frac{1}{2}$

$3t-1 > 5 \ \cup \ 3t-1 < -5$

$3t > 6 \ \cup \ 3t < -4$

$t > 2 \ \cup \ t < -\frac{4}{3}$

$(2, \infty) \cup \left(-\infty, -\frac{4}{3}\right)$

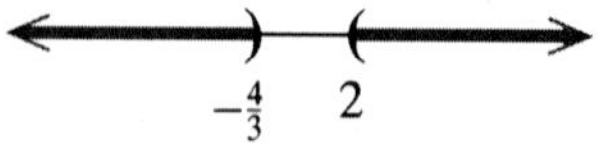


**53.** $0.5w + 5 < 2.5w - 4$ or $0.3w \leq -0.1w - 1.6$

$-2w + 5 < -4 \ \cup \ 0.4w \leq -1.6$

$-2w < -9 \ \cup \ w \leq -4$

$w > \frac{9}{2} \ \cup \ w \leq -4$

$\left(\frac{9}{2}, \infty\right) \cup (-\infty, -4]$

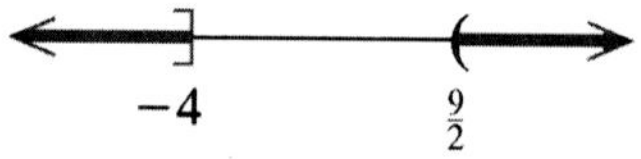


**55. a.** $3x - 5 < 19$ and $-2x + 3 < 23$

$3x < 24 \ \cap \ -2x < 20$

$x < 8 \ \cap \ x > -10$

$(-\infty, 8) \cap (-10, \infty) = (-10, 8)$

**b.** $3x - 5 < 19$ or $-2x + 3 < 23$

$3x < 24 \ \cup \ -2x < 20$

$x < 8 \ \cup \ x > -10$

$(-\infty, 8) \cup (-10, \infty) = (-\infty, \infty)$

**57. a.** $8x - 4 \geq 6.4$ or $0.3(x + 6) \leq -0.6$

$8x \geq 10.4 \ \cup \ x + 6 \leq -2$

$x \geq 1.3 \ \cup \ x \leq -8$

$[1.3, \infty) \cup (-\infty, -8]$

**b.** $8x - 4 \geq 6.4$ and $0.3(x + 6) \leq -0.6$

$8x \geq 10.4 \ \cap \ x + 6 \leq -2$

$x \geq 1.3 \ \cap \ x \leq -8$

$[1.3, \infty) \cap (-\infty, -8] =$ No Solution

**59.** $-4 \leq \frac{2-4x}{3} < 8$

$-12 \leq 2 - 4x < 24$

$-14 \leq -4x < 22$

$\frac{7}{2} \geq x > -\frac{11}{2}$ $\quad \left(-\frac{11}{2}, \frac{7}{2}\right]$

**61.** $5 \geq -4(t-3) + 3t$ or $6 < 12t + 8(4 - t)$

$5 \geq -4t + 12 + 3t \ \cup \ 6 < 12t + 32 - 8t$

$5 \geq -t + 12 \ \cup \ 6 < 4t + 32$

$-7 \geq -t \ \cup \ -26 < 4t$

$7 \leq t \ \cup \ -\frac{13}{2} < t$

$[7, \infty) \cup \left(-\frac{13}{2}, \infty\right) = \left(-\frac{13}{2}, \infty\right)$

**63.** $-7(3 - x) < 9[x - 3(x+1)]$ and $6x - (4 - x) + 3 < -3[8 - 2(x+1)]$

$-21 + 7x < 9[x - 3x - 3] \ \cap \ 6x - 4 + x + 3 < -3[8 - 2x - 2]$

$-21 + 7x < 9[-2x - 3] \ \cap \ 7x - 1 < -3[-2x + 6]$

$-21 + 7x < -18x - 27 \ \cap \ 7x - 1 < 6x - 18$

$-21 + 25x < -27 \ \cap \ x - 1 < -18$

$25x < -6 \ \cap \ x < -17$

$x < -\frac{6}{25} \ \cap \ x < -17$

$\left(-\infty, -\frac{6}{25}\right) \cap (-\infty, -17) = (-\infty, -17)$

**65.** $\frac{-x+3}{2} > \frac{4+x}{5}$ or $\frac{1-x}{4} > \frac{2-x}{3}$

$5(-x+3) > 2(4+x) \cup 3(1-x) > 4(2-x)$

$-5x+15 > 8+2x \quad \cup \quad 3-3x > 8-4x$

$-7x+15 > 8 \quad \cup \quad 3+x > 8$

$-7x > -7 \quad \cup \quad x > 5$

$x < 1 \quad \cup \quad x > 5$

$(-\infty, 1) \cup (5, \infty)$

**67. a.** $4800 \le x \le 10{,}800$

**b.** $x < 4800$ or $x > 10{,}800$

**69. a.** $2.0 \times 10^5 \le x \le 3.5 \times 10^5$

**b.** $x < 2.0 \times 10^5$ or $x > 3.5 \times 10^5$

**71. a.** $0.8(92) + 0.2x \ge 90$

$73.6 + 0.2x \ge 90$

$0.2x \ge 16.4$

$x \ge 82$

Amy would need 82% or better on her final exam.

**b.** $80 \le 0.8(92) + 0.2x < 90$

$80 \le 73.6 + 0.2x < 90$

$6.4 \le 0.2x < 16.4$

$32 \le x < 82$

If Amy scores at least 32% and less than 82% on her final exam, she will receive a "B" in the class.

**73.** $-3 < 2x < 12$

$-\frac{3}{2} < x < 6$

All real numbers between $-\frac{3}{2}$ and 6

**75.** $2x+1 > 5$ or $2x+1 < -1$

$2x > 4$ or $2x < -2$

$x > 2$ or $x < -1$

All real numbers greater than 2 or less than $-1$

# Section 8.2 Polynomial and Rational Inequalities

## Section 8.2 Practice Exercises

**1. a.** A quadratic inequality has the form of a quadratic $(ax^2 + bx + c)$ followed by an inequality sign and zero.

**b.** The boundary points of an inequality consist of the real solutions to the related equation and the points where the inequality is undefined.

**c.** The test point method selects a point between each boundary point and then determines whether the inequality is true or false for that test point. This determines the truth or falsity of the inequality in the interval in which the test point was.

**d.** A rational inequality is an inequality in which one or more terms is a rational expression.

**3.**
$$3(a-1)+2>0 \text{ or } 2a>5a+12$$
$$3a-3+2>0 \cup -3a>12$$
$$3a-1>0 \cup a<-4$$
$$3a>1 \cup a<-4$$
$$a>\frac{1}{3} \cup a<-4$$
$$\left(\frac{1}{3}, \infty\right)\cup(-\infty, -4)$$

**5.**
$$2y+4\geq 10 \text{ and } 5y-3\leq 13$$
$$2y\geq 6 \cap 5y\leq 16$$
$$y\geq 3 \cap y\leq\frac{16}{5}$$
$$[3, \infty)\cap\left(-\infty, \frac{16}{5}\right]=\left[3, \frac{16}{5}\right]$$

**7.**
$$6\geq 4-2x\geq -2$$
$$2\geq -2x\geq -6$$
$$-1\leq x\leq 3 \quad [-1, 3]$$

**9.** **a.** $(-\infty, -2)\cup(3, \infty)$
**b.** $(-2, 3)$
**c.** $[-2, 3]$
**d.** $(-\infty, -2]\cup[3, \infty)$

**11.** **a.** $(-2, 0)\cup(3, \infty)$
**b.** $(-\infty, -2)\cup(0, 3)$
**c.** $(-\infty, -2]\cup[0, 3]$
**d.** $[-2, 0]\cup[3, \infty)$

**13.** **a.** $3(4-x)(2x+1)=0$
$$4-x=0 \text{ or } 2x+1=0$$
$$-x=-4 \text{ or } 2x=-1$$
$$x=4 \text{ or } x=-\frac{1}{2}$$

**b.** $3(4-x)(2x+1)<0$ The boundary points are 4 and $-\frac{1}{2}$.
Use test points $x=-1$, $x=0$, and $x=5$.
Test $x=-1$: $3(4-(-1))(2(-1)+1)=3(5)(-1)=-15<0$ True
Test $x=0$: $3(4-0)(2(0)+1)=3(4)(1)=12<0$ False
Test $x=5$: $3(4-5)(2(5)+1)=3(-1)(11)=-33<0$ True
The boundary points are not included.
The solution is $\left\{x \,\middle|\, x<-\frac{1}{2} \text{ or } x>4\right\}$ or $\left(-\infty, -\frac{1}{2}\right)\cup(4, \infty)$.

**c.** $3(4-x)(2x+1)>0$ The boundary points are 4 and $-\frac{1}{2}$.
Use test points $x=-1$, $x=0$, and $x=5$.
Test $x=-1$: $3(4-(-1))(2(-1)+1)=3(5)(-1)=-15>0$ False
Test $x=0$: $3(4-0)(2(0)+1)=3(4)(1)=12>0$ True
Test $x=5$: $3(4-5)(2(5)+1)=3(-1)(11)=-33>0$ False
The boundary points are not included.
The solution is $\left\{x \,\middle|\, -\frac{1}{2}<x<4\right\}$ or $\left(-\frac{1}{2}, 4\right)$.

**15.** **a.**

$$x^2 + 7x = 30$$
$$x^2 + 7x - 30 = 0$$
$$(x+10)(x-3) = 0$$
$$x+10 = 0 \quad \text{or} \quad x-3 = 0$$
$$x = -10 \quad \text{or} \quad x = 3$$

**b.** $x^2 + 7x < 30$ The boundary points are –10 and 3.
Use test points $x = -11$, $x = 0$, and $x = 4$.

| | | |
|---|---|---|
| Test $x = -11$: | $(-11)^2 + 7(-11) = 121 - 77 = 44 < 30$ | False |
| Test $x = 0$: | $(0)^2 + 7(0) = 0 + 0 = 0 < 30$ | True |
| Test $x = 4$: | $(4)^2 + 7(4) = 16 + 28 = 44 < 30$ | False |

The boundary points are not included. The solution is $\{x \mid -10 < x < 3\}$ or $(-10, 3)$.

**c.** $x^2 + 7x > 30$ The boundary points are –10 and 3. Use test points $x = -11$, $x = 0$, and $x = 4$.

| | | |
|---|---|---|
| Test $x = -11$: | $(-11)^2 + 7(-11) = 121 - 77 = 44 > 30$ | True |
| Test $x = 0$: | $(0)^2 + 7(0) = 0 + 0 = 0 > 30$ | False |
| Test $x = 4$: | $(4)^2 + 7(4) = 16 + 28 = 44 > 30$ | True |

The boundary points are not included.
The solution is $\{x \mid x < -10 \text{ or } x > 3\}$ or $(-\infty, -10) \cup (3, \infty)$.

**17.** **a.**

$$2p(p-2) = p+3$$
$$2p^2 - 4p = p+3$$
$$2p^2 - 5p - 3 = 0$$
$$(2p+1)(p-3) = 0$$
$$2p+1 = 0 \quad \text{or} \quad p-3 = 0$$
$$2p = -1 \quad \text{or} \quad p = 3$$
$$p = -\frac{1}{2} \quad \text{or} \quad p = 3$$

**b.** $2p(p-2) \le p+3$ The boundary points are $-\frac{1}{2}$ and 3.
Use test points $p = -1$, $p = 0$, and $p = 4$.

| | | |
|---|---|---|
| Test $p = -1$: | $2(-1)(-1-2) = -2(-3) = 6 \le -1+3 = 2$ | False |
| Test $p = 0$: | $2(0)(0-2) = 0(-2) = 0 \le 0+3 = 3$ | True |
| Test $p = 4$: | $2(4)(4-2) = 8(2) = 16 \le 4+3 = 7$ | False |

The boundary points are included.

The solution is $\left\{p \,\middle|\, -\frac{1}{2} \le p \le 3\right\}$ or $\left[-\frac{1}{2}, 3\right]$.

**c.** $2p(p-2) \ge p+3$ The boundary points are $-\frac{1}{2}$ and 3. Use test points $p = -1$, $p = 0$, and $p = 4$.

| | | |
|---|---|---|
| Test $p = -1$: | $2(-1)(-1-2) = -2(-3) = 6 \ge -1+3 = 2$ | True |
| Test $p = 0$: | $2(0)(0-2) = 0(-2) = 0 \ge 0+3 = 3$ | False |
| Test $p = 4$: | $2(4)(4-2) = 8(2) = 16 \ge 4+3 = 7$ | True |

The boundary points are included.

The solution is $\left\{p \,\middle|\, p \le -\frac{1}{2} \text{ or } p \ge 3\right\}$ or $\left(-\infty, -\frac{1}{2}\right] \cup [3, \infty)$.

**19.** $(t-7)(t+1)<0$

$(t-7)(t+1)=0$

$t-7=0$ or $t+1=0$

$t=7$ or $t=-1$

The boundary points are –1 and 7.
Use test points $t = -2$, $t = 0$, and $t = 8$.

| | | |
|---|---|---|
| Test $t=-2$: | $(-2-7)(-2+1)=-9(-1)=9<0$ | False |
| Test $t=0$: | $(0-7)(0+1)=-7(1)=-7<0$ | True |
| Test $t=8$: | $(8-7)(8+1)=1(9)=9<0$ | False |

The boundary points are not included.
The solution is $\{t|-1<t<7\}$ or $(-1, 7)$.

**21.** $-6(4+2x)(5-x)>0$

$-6(4+2x)(5-x)=0$

$4+2x=0$ or $5-x=0$

$2x=-4$ or $-x=-5$

$x=-2$ or $x=5$

The boundary points are –2 and 5.
Use test points $x = -3$, $x = 0$, and $x = 6$.

| | | |
|---|---|---|
| Test $x=-3$: | $-6(4+2(-3))(5-(-3))=-6(-2)(8)=96>0$ | True |
| Test $x=0$: | $-6(4+2(0))(5-0)=-6(4)(5)=-120>0$ | False |
| Test $x=6$: | $-6(4+2(6))(5-6)=-6(16)(-1)=96>0$ | True |

The boundary points are not included.
The solution is $\{x|x<-2 \text{ or } x>5\}$ or $(-\infty, -2)\cup(5, \infty)$.

**23.** $m(m+1)^2(m+5)\le 0$

$m(m+1)^2(m+5)=0$

$m=0$ or $m+1=0$ or $m+5=0$

$m=0$ or $m=-1$ or $m=-5$

The boundary points are –5, –1, and 0.
Use test points $m = -6$, $m = -2$, $m = -0.5$, and $m = 1$.

| | | |
|---|---|---|
| Test $m=-6$: | $-6(-6+1)^2(-6+5)=-6(-5)^2(-1)=150\le 0$ | False |
| Test $m=-2$: | $-2(-2+1)^2(-2+5)=-2(-1)^2(3)=-6\le 0$ | True |
| Test $m=-0.5$: | $-0.5(-0.5+1)^2(-0.5+5)=-0.5(0.5)^2(4.5)=-0.5625\le 0$ | True |
| Test $m=1$: | $1(1+1)^2(1+5)=1(2)^2(6)=24\le 0$ | False |

The boundary points are included.
The solution is $\{m|-5\le m\le 0\}$ or $[-5, 0]$.

**25.**

$$a^2 - 12a \le -32$$
$$a^2 - 12a = -32$$
$$a^2 - 12a + 32 = 0$$
$$(a-8)(a-4) = 0$$
$$a - 8 = 0 \quad \text{or} \quad a - 4 = 0$$
$$a = 8 \quad \text{or} \quad a = 4$$

The boundary points are 4 and 8.
Use test points $a = 0$, $a = 5$, and $a = 9$.

Test $a = 0$: $0^2 - 12(0) = 0 - 0 = 0 \le -32$ False

Test $a = 5$: $5^2 - 12(5) = 25 - 60 = -35 \le -32$ True

Test $a = 9$: $9^2 - 12(9) = 81 - 108 = -27 \le -32$ False

The boundary points are included. The solution is $\{a \mid 4 \le a \le 8\}$ or $[4, 8]$.

**27.** $5x^2 - 2x - 1 > 0$

$a = 5,\ b = -2,\ c = -1$

$$x = \frac{-(-2) \pm \sqrt{(-2)^2 - 4(5)(-1)}}{2(5)}$$
$$= \frac{2 \pm \sqrt{4+20}}{10} = \frac{2 \pm \sqrt{24}}{10} = \frac{2 \pm 2\sqrt{6}}{10}$$
$$= \frac{2\left(1 \pm \sqrt{6}\right)}{10} = \frac{1 \pm \sqrt{6}}{5}$$

The boundary points are $\frac{1-\sqrt{6}}{5}$ and $\frac{1+\sqrt{6}}{5}$.

Use test points $x = -1$, $x = 0$, and $x = 1$.

Test $x = -1$: $5(-1)^2 - 2(-1) - 1 = 5 + 2 - 1 = 6 > 0$ True

Test $x = 0$: $5(0)^2 - 2(0) - 1 = 0 + 0 - 1 = -1 > 0$ False

Test $x = 1$: $5(1)^2 - 2(1) - 1 = 5 - 2 - 1 = 2 > 0$ True

The boundary points are not included.

The solution is $\left\{x \,\middle|\, x < \frac{1-\sqrt{6}}{5} \text{ or } x > \frac{1+\sqrt{6}}{5}\right\}$ or $\left(-\infty, \frac{1-\sqrt{6}}{5}\right) \cup \left(\frac{1+\sqrt{6}}{5}, \infty\right)$.

**29.**

$$x^2 + 3x \le 6$$

$$x^2 + 3x - 6 \le 0$$

$$a = 1,\ b = 3,\ c = -6$$

$$x = \frac{-(3) \pm \sqrt{(3)^2 - 4(1)(-6)}}{2(1)}$$

$$= \frac{-3 \pm \sqrt{9 + 24}}{2} = \frac{-3 \pm \sqrt{33}}{2}$$

The boundary points are $\frac{-3 - \sqrt{33}}{2}$ and $\frac{-3 + \sqrt{33}}{2}$.

Use test points $x = -5$, $x = 0$, and $x = 2$.

Test $x = -5$: $(-5)^2 + 3(-5) = 25 - 15 = 10 \le 6$ False

Test $x = 0$: $(0)^2 + 3(0) = 0 - 0 = 0 \le 6$ True

Test $x = 2$: $(2)^2 + 3(2) = 4 + 6 = 10 \le 6$ False

The boundary points are included.

The solution is $\left\{x \middle| \frac{-3 - \sqrt{33}}{2} \le x \le \frac{-3 + \sqrt{33}}{2}\right\}$ or $\left[\frac{-3 - \sqrt{33}}{2}, \frac{-3 + \sqrt{33}}{2}\right]$.

**31.**

$$b^2 - 121 < 0$$

$$b^2 - 121 = 0$$

$$(b + 11)(b - 11) = 0$$

$$b + 11 = 0 \quad \text{or} \quad b - 11 = 0$$

$$b = -11 \quad \text{or} \quad b = 11$$

The boundary points are $-11$ and $11$.

Use test points $b = -12$, $b = 0$, and $b = 12$.

Test $b = -12$: $(-12)^2 - 121 = 144 - 121 = 23 < 0$ False

Test $b = 0$: $(0)^2 - 121 = 0 - 121 = -121 < 0$ True

Test $b = 12$: $(12)^2 - 121 = 144 - 121 = 23 < 0$ False

The boundary points are not included. The solution is $\{b \mid -11 < b < 11\}$ or $(-11, 11)$.

**33.**
$$3p(p-2)-3\geq 2p$$
$$3p(p-2)-3=2p$$
$$3p^2-6p-3=2p$$
$$3p^2-8p-3=0$$
$$(3p+1)(p-3)=0$$
$$3p+1=0 \quad \text{or} \quad p-3=0$$
$$3p=-1 \quad \text{or} \quad p=3$$
$$p=-\frac{1}{3} \quad \text{or} \quad p=3$$

The boundary points are $-\frac{1}{3}$ and 3.
Use test points $p=-1$, $p=0$, and $p=4$.

| | | |
|---|---|---|
| Test $p=-1$: | $3(-1)(-1-2)-3=-3(-3)-3=6\geq 2(-1)=-2$ | True |
| Test $p=0$: | $3(0)(0-2)-3=0(-2)-3=-3\geq 2(0)=0$ | False |
| Test $p=4$: | $3(4)(4-2)-3=12(2)-3=21\geq 2(4)=8$ | True |

The boundary points are included.

The solution is $\left\{p \middle| p\leq -\frac{1}{3} \text{ or } p\geq 3\right\}$ or $\left(-\infty, -\frac{1}{3}\right]\cup[3, \infty)$.

**35.**
$$x^3-x^2\leq 12x$$
$$x^3-x^2=12x$$
$$x^3-x^2-12x=0$$
$$x\left(x^2-x-12\right)=0$$
$$x(x+3)(x-4)=0$$
$$x=0 \quad \text{or} \quad x+3=0 \quad \text{or} \quad x-4=0$$
$$x=0 \quad \text{or} \quad x=-3 \quad \text{or} \quad x=4$$

The boundary points are –3, 0, and 4.
Use test points $x=-4$, $x=-1$, $x=1$, and $x=5$.

| | | |
|---|---|---|
| Test $x=-4$: | $(-4)^3-(-4)^2=-64-16=-80\leq 12(-4)=-48$ | True |
| Test $x=-1$: | $(-1)^3-(-1)^2=-1-1=-2\leq 12(-1)=-12$ | False |
| Test $x=1$: | $(1)^3-(1)^2=1-1=0\leq 12(1)=12$ | True |
| Test $x=5$: | $(5)^3-(5)^2=125-25=100\leq 12(5)=60$ | False |

The boundary points are included.
The solution is $\{x \mid x\leq -3 \text{ or } 0\leq x\leq 4\}$ or $(-\infty, -3]\cup[0, 4]$.

**37.**

$$w^3 + w^2 > 4w + 4$$
$$w^3 + w^2 = 4w + 4$$
$$w^3 + w^2 - 4w - 4 = 0$$
$$w^2(w+1) - 4(w+1) = 0$$
$$(w+1)(w^2 - 4) = 0$$
$$(w+1)(w+2)(w-2) = 0$$
$$w+1=0 \quad \text{or} \quad w+2=0 \quad \text{or} \quad w-2=0$$
$$w=-1 \quad \text{or} \quad w=-2 \quad \text{or} \quad w=2$$

The boundary points are –2, –1, and 2.
Use test points $w = -3$, $w = -1.5$, $w = 0$, and $w = 3$.

Test $w=-3$: $(-3)^3 + (-3)^2 = -27 + 9 = -18 > 4(-3) + 4 = -12 + 4 = -8$ False

Test $w=-1.5$: $(-1.5)^3 + (-1.5)^2 = -3.375 + 2.25 = -1.125 > 4(-1.5) + 4 = -6 + 4 = -2$ True

Test $w=0$: $(0)^3 + (0)^2 = 0 + 0 = 0 > 4(0) + 4 = 0 + 4 = 4$ False

Test $w=3$: $(3)^3 + (3)^2 = 27 + 9 = 36 > 4(3) + 4 = 12 + 4 = 16$ True

The boundary points are not included.
The solution is $\{w \mid -2 < w < -1 \text{ or } w > 2\}$ or $(-2, -1) \cup (2, \infty)$.

**39.** **a.**

$$\frac{10}{x-5} = 5$$
$$10 = 5(x-5)$$
$$10 = 5x - 25$$
$$35 = 5x$$
$$x = 7$$

**b.** $\dfrac{10}{x-5} < 5$ The boundary points are 7 and 5 (undefined).

Use test points $x = 0$, $x = 6$, and $x = 8$.

Test $x=0$: $\dfrac{10}{0-5} = \dfrac{10}{-5} = -2 < 5$ True

Test $x=6$: $\dfrac{10}{6-5} = \dfrac{10}{1} = 10 < 5$ False

Test $x=8$: $\dfrac{10}{8-5} = \dfrac{10}{3} < 5$ True

The boundary points are not included.
The solution is $\{x \mid x < 5 \text{ or } x > 7\}$ or $(-\infty, 5) \cup (7, \infty)$.

**c.** $\frac{10}{x-5}>5$ The boundary points are 7 and 5 (undefined).

Use test points $x = 0$, $x = 6$, and $x = 8$.

Test $x=0$: $\frac{10}{0-5}=\frac{10}{-5}=-2>5$ False

Test $x=6$: $\frac{10}{6-5}=\frac{10}{1}=10>5$ True

Test $x=8$: $\frac{10}{8-5}=\frac{10}{3}>5$ False

The boundary points are not included.

The solution is $\{x|5<x<7\}$ or $(5, 7)$.

**41. a.** $\frac{z+2}{z-6}=-3$

$z+2=-3(z-6)$

$z+2=-3z+18$

$4z=16$

$z=4$

**b.** $\frac{z+2}{z-6}\leq -3$ The boundary points are 4 and 6 (undefined).

Use test points $z = 0$, $z = 5$, and $z = 7$.

Test $z=0$: $\frac{0+2}{0-6}=\frac{2}{-6}=-\frac{1}{3}\leq -3$ False

Test $z=5$: $\frac{5+2}{5-6}=\frac{7}{-1}=-7\leq -3$ True

Test $z=7$: $\frac{7+2}{7-6}=\frac{9}{1}=9\leq -3$ False

The boundary point at $z = 4$ is included. The solution is $\{z|4\leq z<6\}$ or $[4, 6)$.

**c.** $\frac{z+2}{z-6}\geq -3$ The boundary points are 4 and 6 (undefined).

Use test points $z = 0$, $z = 5$, and $z = 7$.

Test $z=0$: $\frac{0+2}{0-6}=\frac{2}{-6}=-\frac{1}{3}\geq -3$ True

Test $z=5$: $\frac{5+2}{5-6}=\frac{7}{-1}=-7\geq -3$ False

Test $z=7$: $\frac{7+2}{7-6}=\frac{9}{1}=9\geq -3$ True

The boundary point at $z = 4$ is included.

The solution is $\{z|z\leq 4 \text{ or } z>6\}$ or $(-\infty, 4]\cup(6, \infty)$.

**43.** $\dfrac{2}{x-1} \ge 0$

$\dfrac{2}{x-1} = 0$

$2 = 0(x-1)$

$2 = 0$ No Solution

The boundary point is 1 (undefined).
Use test points $x = 0$ and $x = 2$.

Test $x = 0$: $\dfrac{2}{0-1} = \dfrac{2}{-1} = -2 \ge 0$ False

Test $x = 2$: $\dfrac{2}{2-1} = \dfrac{2}{1} = 2 \ge 0$ True

The boundary point is not included.
The solution is $\{x | x > 1\}$ or $(1, \infty)$.

**45.** $\dfrac{b+4}{b-4} > 0$

$\dfrac{b+4}{b-4} = 0$

$b + 4 = 0$

$b = -4$

Boundary points are –4 and 4 (undefined).
Use test points $b = -5$, $b = 0$, and $b = 5$.

Test $b = -5$: $\dfrac{-5+4}{-5-4} = \dfrac{-1}{-9} = \dfrac{1}{9} > 0$ True

Test $b = 0$: $\dfrac{0+4}{0-4} = \dfrac{4}{-4} = -1 > 0$ False

Test $b = 5$: $\dfrac{5+4}{5-4} = \dfrac{9}{1} = 9 > 0$ True

The boundary points are not included.
The solution is
$\{b | b < -4 \text{ or } b > 4\}$ or $(-\infty, -4) \cup (4, \infty)$.

**47.** $\dfrac{3}{2x-7} < -1$

$\dfrac{3}{2x-7} = -1$

$3 = -1(2x-7)$

$3 = -2x + 7$

$2x = 4$

$x = 2$

Boundary points are 2 and $\frac{7}{2}$ (undefined).
Use test points $x = 0$, $x = 3$, and $x = 4$.

Test $x = 0$: $\dfrac{3}{2(0)-7} = \dfrac{3}{-7} = -\dfrac{3}{7} < -1$ False

Test $x = 3$: $\dfrac{3}{2(3)-7} = \dfrac{3}{-1} = -3 < -1$ True

Test $x = 4$: $\dfrac{3}{2(4)-7} = \dfrac{3}{1} = 3 < -1$ False

The boundary points are not included.
The solution is $\left\{x \middle| 2 < x < \dfrac{7}{2}\right\}$ or $\left(2, \dfrac{7}{2}\right)$.

**49.** $\dfrac{x+1}{x-5} \ge 4$

$\dfrac{x+1}{x-5} = 4$

$x + 1 = 4(x-5)$

$x + 1 = 4x - 20$

$-3x = -21$

$x = 7$

Boundary points are 7 and 5 (undefined).
Use test points $x = 0$, $x = 6$, and $x = 8$.

Test $x = 0$: $\dfrac{0+1}{0-5} = \dfrac{1}{-5} = -\dfrac{1}{5} \ge 4$ False

Test $x = 6$: $\dfrac{6+1}{6-5} = \dfrac{7}{1} = 7 \ge 4$ True

Test $x = 8$: $\dfrac{8+1}{8-5} = \dfrac{9}{3} = 3 \ge 4$ False

The boundary point $x = 7$ is included.
The solution is $\{x | 5 < x \le 7\}$ or $(5, 7]$.

**51.** $\frac{1}{x} \le 2$

$\frac{1}{x} = 2$

$1 = 2x$

$x = \frac{1}{2}$

Boundary points are $\frac{1}{2}$ and 0 (undefined).
Use test points $x = -1$, $x = 0.1$, and $x = 1$.

Test $x = -1$: $\frac{1}{-1} = -1 \le 2$ True

Test $x = 0.1$: $\frac{1}{0.1} = 10 \le 2$ False

Test $x = 1$: $\frac{1}{1} = 1 \le 2$ True

The boundary point $x = \frac{1}{2}$ is included.
The solution is

$\left\{x \middle| x < 0 \text{ or } x \ge \frac{1}{2}\right\}$ or $(-\infty, 0) \cup \left[\frac{1}{2}, \infty\right)$.

**53.** $\frac{(x+2)^2}{x} > 0$

$\frac{(x+2)^2}{x} = 0$

$(x+2)^2 = 0$

$x + 2 = 0$

$x = -2$

Boundary points are –2 and 0 (undefined).
Use test points $x = -3$, $x = -1$, and $x = 1$.

Test $x = -3$: $\frac{(-3+2)^2}{-3} = \frac{1}{-3} > 0$ False

Test $x = -1$: $\frac{(-1+2)^2}{-1} = \frac{1}{-1} = -1 > 0$ False

Test $x = 1$: $\frac{(1+2)^2}{1} = \frac{9}{1} = 9 > 0$ True

The boundary points are not included.
The solution is $\{x | x > 0\}$ or $(0, \infty)$.

**55.** $x^2 + 10x + 25 \ge 0$

$(x+5)^2 \ge 0$

The quantity $(x+5)^2$ is greater than or equal to zero for all real numbers. The solution is all real numbers, $(-\infty, \infty)$.

**57.** $x^2 + 2x + 1 < 0$

$(x+1)^2 < 0$

The quantity $(x+1)^2$ is greater than or equal to zero for all real numbers. There is no solution.

**59.** $x^4 + 3x^2 \le 0$

The expression $x^4 + 3x^2$ is greater than zero for all real numbers, $x$, except 0 which makes the expression equal to 0. The solution is {0} since the inequality is "≤".

**61.** $x^2 + 12x + 36 < 0$

$(x+6)^2 < 0$

The quantity $(x+6)^2$ is greater than or equal to zero for all real numbers. There is no solution.

**63.** $x^2 + 3x + 5 < 0$

$a = 1$, $b = 3$, $c = 5$

$$x = \frac{-3 \pm \sqrt{3^2 - 4(1)(5)}}{2(1)} = \frac{-3 \pm \sqrt{9-20}}{2}$$

$$= \frac{-3 \pm \sqrt{-11}}{2} = \frac{-3 \pm i\sqrt{11}}{2}$$

Since the solutions for the related equation are complex numbers, there are either no real number solutions or all real numbers as solutions. Test to check.

Test $x = 0$:

$0^2 + 3(0) + 5 = 0 + 0 + 5 = 5 < 0$ False

There are no real number solutions.

**65.** $-5x^2+x<1$

$-5x^2+x-1<0$

$a=-5,\ b=1,\ c=-1$

$x=\dfrac{-1\pm\sqrt{1^2-4(-5)(-1)}}{2(-5)}=\dfrac{-1\pm\sqrt{1-20}}{-10}$

$=\dfrac{-1\pm\sqrt{-19}}{-10}=\dfrac{-1\pm i\sqrt{19}}{-10}$

Since the solutions for the related equation are complex numbers, there are either no real number solutions or all real numbers as solutions. Test to check.

Test $x=0$:

$-5(0)^2+(0)=0+0=0<1$ True

The solution is all real numbers. $(-\infty,\ \infty)$

**67.** $2y^2-8\le 24$ Quadratic

$2y^2-8=24$

$2y^2-32=0$

$2(y^2-16)=0$

$2(y+4)(y-4)=0$

$y+4=0$ or $y-4=0$

$y=-4$ or $y=4$

The boundary points are –4 and 4.

Use test points $y=-5$, $y=0$, and $y=5$.

Test $y=-5$:

$2(-5)^2-8=50-8=42\le 24$ False

Test $y=0$:

$2(0)^2-8=0-8=-8\le 24$ True

Test $y=5$:

$2(5)^2-8=50-8=42\le 24$ False

The boundary points are included.

The solution is $\{y|-4\le y\le 4\}$ or $[-4,4]$.

**69.** $(5x+2)^2>-4$ Quadratic

The quantity $(5x+2)^2$ is greater than or equal to zero which is greater than –4 for all real numbers. The solution is all real numbers, $(-\infty,\ \infty)$.

**71.** $4(x-2)<6x-3$ Linear

$4x-8<6x-3$

$-2x<5$

$x>-\dfrac{5}{2}$ $\left(-\dfrac{5}{2},\ \infty\right)$

**73.** $\dfrac{2x+3}{x+1}\le 2$ Rational

$\dfrac{2x+3}{x+1}=2$

$2x+3=2(x+1)$

$2x+3=2x+2$

$3=2$ No Solution

Boundary point is –1 (undefined).

Use test points $x=-2$ and $x=0$.

Test $x=-2$: $\dfrac{2(-2)+3}{-2+1}=\dfrac{-1}{-1}=1\le 2$ True

Test $x=0$: $\dfrac{2(0)+3}{0+1}=\dfrac{3}{1}=3\le 2$ False

The boundary point is not included.

The solution is $\{x|x<-1\}$ or $(-\infty,\ -1)$.

**75.** $4x^3-40x^2+100x>0$ Polynomial (degree > 2)

$4x^3-40x^2+100x=0$

$4x\left(x^2-10x+25\right)=0$

$4x(x-5)^2=0$

$4x=0$ or $x-5=0$

$x=0$ or $x=5$

The boundary points are 0 and 5.
Use test points $x=-1$, $x=1$, and $x=6$.

Test $x=-1$: $4(-1)^3-40(-1)^2+100(-1)=-4-40-100=-144>0$ False

Test $x=1$: $4(1)^3-40(1)^2+100(1)=4-40+100=64>0$ True

Test $x=6$: $4(6)^3-40(6)^2+100(6)=864-1440+600=24>0$ True

The boundary points are not included.

The solution is $\{x|0<x<5 \text{ or } x>5\}$ or $(0, 5)\cup(5, \infty)$.

**77.** $2p^3>4p^2$ Polynomial (degree > 2)

$2p^3=4p^2$

$2p^3-4p^2=0$

$2p^2(p-2)=0$

$p^2=0$ or $p-2=0$

$p=0$ or $p=2$

The boundary points are 0 and 2.
Use test points $p=-1$, $p=1$, and $p=3$.

Test $p=-1$: $2(-1)^3=-2>4(-1)^2=4$ False

Test $p=1$: $2(1)^3=2>4(1)^2=4$ False

Test $p=3$: $2(3)^3=54>4(3)^2=36$ True

The boundary points are not included.

The solution is $\{p|p>2\}$ or $(2, \infty)$.

**79.** $-3(x+4)^2(x-5)\geq 0$ Polynomial (degree > 2)

$x+4=0$ or $x-5=0$

$x=-4$ or $x=5$

The boundary points are –4 and 5.
Use test points $x=-5$, $x=0$, and $x=6$.

Test $x=-5$: $-3(-5+4)^2(-5-5)=-3(-1)^2(-10)=-3(1)(-10)=30\geq 0$ True

Test $x=0$: $-3(0+4)^2(0-5)=-3(4)^2(-5)=-3(16)(-5)=240\geq 0$ True

Test $x=6$: $-3(6+4)^2(6-5)=-3(10)^2(1)=-3(100)(1)=-300\geq 0$ False

The boundary points are included.

The solution is $\{x|x\leq 5\}$ or $(-\infty, 5]$.

**81.** $x^2 - 2 < 0$ Quadratic

$x^2 - 2 = 0$

$x^2 = 2$

$x = \pm\sqrt{2}$

The boundary points are $-\sqrt{2}$ and $\sqrt{2}$.
Use test points $x = -2$, $x = 0$, and $x = 2$.

Test $x = -2$: $(-2)^2 - 2 = 4 - 2 = 2 < 0$ False

Test $x = 0$: $(0)^2 - 2 = 0 - 2 = -2 < 0$ True

Test $x = 2$: $(2)^2 - 2 = 4 - 2 = 2 < 0$ False

The boundary points are not included.
The solution is

$\{x \mid -\sqrt{2} < x < \sqrt{2}\}$ or $(-\sqrt{2}, \sqrt{2})$.

**83.** $x^2 + 5x - 2 \geq 0$ Quadratic

$x^2 + 5x - 2 = 0$

$$x = \frac{-5 \pm \sqrt{5^2 - 4(1)(-2)}}{2(1)} = \frac{-5 \pm \sqrt{25 + 8}}{2} = \frac{-5 \pm \sqrt{33}}{2}$$

The boundary points are $\frac{-5-\sqrt{33}}{2}$ and $\frac{-5+\sqrt{33}}{2}$.

Use test points $x = -6$, $x = 0$, and $x = 1$.

Test $x = -6$: $(-6)^2 + 5(-6) - 2 = 36 - 30 - 2 = 4 \geq 0$ True

Test $x = 0$: $(0)^2 + 5(0) - 2 = 0 + 0 - 2 = -2 \geq 0$ False

Test $x = 1$: $(1)^2 + 5(1) - 2 = 1 + 5 - 2 = 4 \geq 0$ True

The boundary points are included.

The solution is $\left\{x \,\middle|\, x \leq \frac{-5-\sqrt{33}}{2} \text{ or } x \geq \frac{-5+\sqrt{33}}{2}\right\}$ or $\left(-\infty, \frac{-5-\sqrt{33}}{2}\right] \cup \left[\frac{-5+\sqrt{33}}{2}, \infty\right)$.

**85.** $\frac{a+2}{a-5} \geq 0$ Rational

$\frac{a+2}{a-5} = 0$

$a + 2 = 0$

$a = -2$

Boundary points are $-2$ and 5 (undefined).
Use test points $a = -3$, $a = 0$, and $a = 6$.

Test $a = -3$: $\frac{-3+2}{-3-5} = \frac{-1}{-8} = \frac{1}{8} \geq 0$ True

Test $a = 0$: $\frac{0+2}{0-5} = \frac{2}{-5} = -\frac{2}{5} \geq 0$ False

Test $a = 6$: $\frac{6+2}{6-5} = \frac{8}{1} = 8 \geq 0$ True

The boundary points $a = -2$ is included.
The solution is

$\{a \mid a \leq -2 \text{ or } a > 5\}$ or $(-\infty, -2] \cup (5, \infty)$.

**87.** $2 \geq t - 3$ Linear

$5 \geq t$

$t \leq 5 \quad (-\infty, 5]$

**89.** $4x^2 + 2 \geq -x$ Quadratic

$4x^2 + x + 2 \geq 0$

$a = 4, b = 1, c = 2$

$$x = \frac{-1 \pm \sqrt{1^2 - 4(4)(2)}}{2(4)} = \frac{-1 \pm \sqrt{1 - 32}}{8}$$

$$= \frac{-1 \pm \sqrt{-31}}{8} = \frac{-1 \pm i\sqrt{31}}{8}$$

Since the solutions for the related equation are complex numbers, there are either no real number solutions or all real numbers as solutions. Test to check.

Test $x = 0$:

$4(0)^2 + 2 = 0 + 2 = 2 \geq 0$ True

The solution is all real numbers. $(-\infty, \infty)$

**91.** $\dfrac{x}{x-2} > 0$

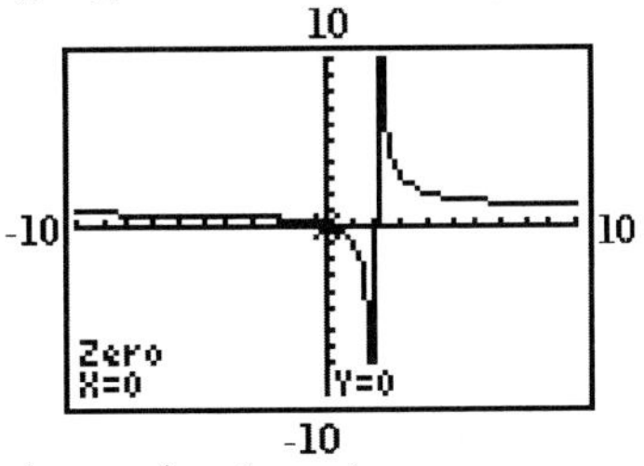


$(-\infty, 0) \cup (2, \infty)$

**93.** $x^2 - 1 < 0$

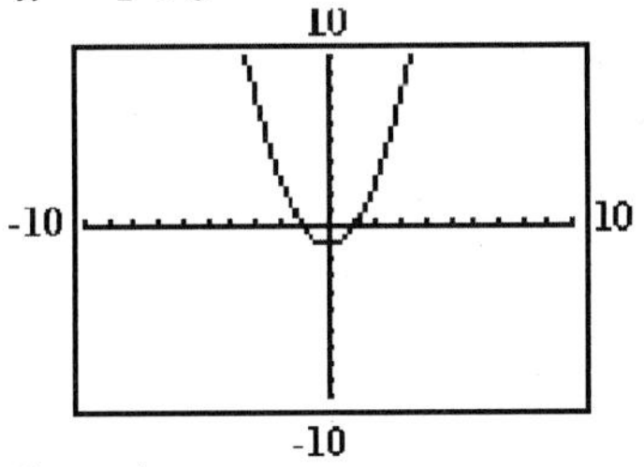


$(-1, 1)$

**95.** $x^2 + 10x + 25 \leq 0$

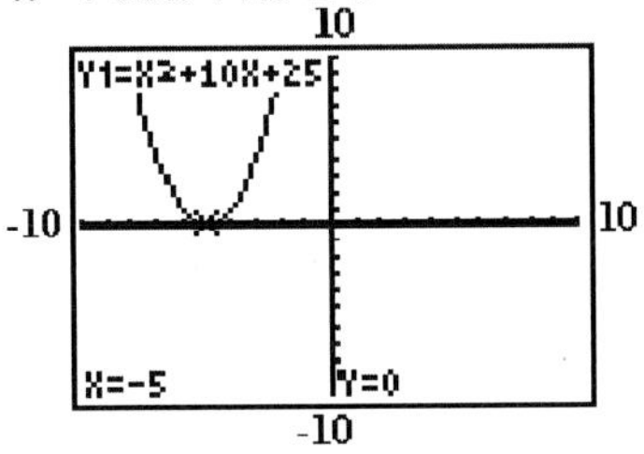


$\{-5\}$

**97.** $\dfrac{8}{x^2 + 2} < 0$

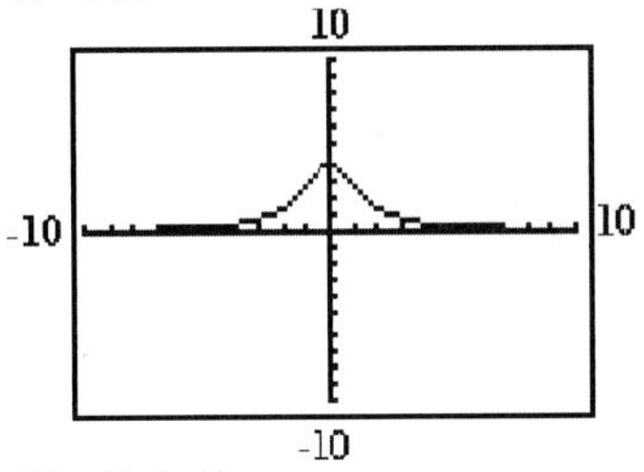


No Solution

## Section 8.3 Absolute Value Equations

### Section 8.3 Practice Exercises

**1.** An equation of the form $|x| = a$ is called an absolute value equation.

**3.** $3x-5\geq 7x+3$ or $2x-1\leq 4x-5$

$-4x-5\geq 3 \quad \cup \quad -2x-1\leq -5$

$-4x\geq 8 \quad \cup \quad -2x\leq -4$

$x\leq -2 \quad \cup \quad x\geq 2$

$(-\infty, -2]\cup[2, \infty)$

**5.** $\dfrac{3}{t+1}\leq 2$

$\dfrac{3}{t+1}=2$

$3=2(t+1)$

$3=2t+2$

$1=2t$

$t=\dfrac{1}{2}$

Boundary points are $\frac{1}{2}$ and $-1$ (undefined).
Use test points $t=-2$, $t=0$, and $t=1$.

Test $t=-2$: $\dfrac{3}{3+1}=\dfrac{3}{4}\leq 2$ True

Test $t=0$: $\dfrac{3}{0+1}=\dfrac{3}{1}=3\leq 2$ False

Test $t=1$: $\dfrac{3}{1+1}=\dfrac{3}{2}\leq 2$ True

The boundary point $t=\frac{1}{2}$ is included.
The solution is

$\left\{t \,\middle|\, t<-1 \text{ or } t\geq \dfrac{1}{2}\right\}$ or $(-\infty, -1)\cup\left[\dfrac{1}{2}, \infty\right)$.

**7.** $|p|=7$

$p=7$ or $p=-7$

**9.** $|x|+5=11$

$|x|=6$

$x=6$ or $x=-6$

**11.** $|y|=\sqrt{2}$

$y=\sqrt{2}$ or $y=-\sqrt{2}$

**13.** $|w|-3=-5$

$|w|=-2$

No solution

**15.** $|3q|=0$

$3q=0$ or $3q=-0$

$q=0$

**17.** $\left|3x-\dfrac{1}{2}\right|=\dfrac{1}{2}$

$3x-\dfrac{1}{2}=\dfrac{1}{2}$ or $3x-\dfrac{1}{2}=-\dfrac{1}{2}$

$3x=1$ or $3x=0$

$x=\dfrac{1}{3}$ or $x=0$

**19.**

$$5=|2x-4|$$
$$2x-4=5 \quad \text{or} \quad 2x-4=-5$$
$$2x=9 \quad \text{or} \quad 2x=-1$$
$$x=\frac{9}{2} \quad \text{or} \quad x=-\frac{1}{2}$$

**21.**

$$\left|\frac{7z}{3}-\frac{1}{3}\right|+3=6$$
$$\left|\frac{7z}{3}-\frac{1}{3}\right|=3$$
$$\frac{7z}{3}-\frac{1}{3}=3 \quad \text{or} \quad \frac{7z}{3}-\frac{1}{3}=-3$$
$$7z-1=9 \quad \text{or} \quad 7z-1=-9$$
$$7z=10 \quad \text{or} \quad 7z=-8$$
$$z=\frac{10}{7} \quad \text{or} \quad z=-\frac{8}{7}$$

**23.** $|0.2x-3.5|=-5.6$

No solution

**25.**

$$1=-4+\left|2-\frac{1}{4}w\right|$$
$$\left|2-\frac{1}{4}w\right|=5$$
$$2-\frac{1}{4}w=5 \quad \text{or} \quad 2-\frac{1}{4}w=-5$$
$$8-w=20 \quad \text{or} \quad 8-w=-20$$
$$-w=12 \quad \text{or} \quad -w=-28$$
$$w=-12 \quad \text{or} \quad w=28$$

**27.**

$$10=4+|2y+1|$$
$$|2y+1|=6$$
$$2y+1=6 \quad \text{or} \quad 2y+1=-6$$
$$2y=5 \quad \text{or} \quad 2y=-7$$
$$y=\frac{5}{2} \quad \text{or} \quad y=-\frac{7}{2}$$

**29.**

$$-2|3b-7|-9=-9$$
$$-2|3b-7|=0$$
$$|3b-7|=0$$
$$3b-7=0 \quad \text{or} \quad 3b-7=-0$$
$$3b=7$$
$$b=\frac{7}{3}$$

**31.** $-2|x+3|=5$

$$|x+3|=-\frac{5}{2}$$

No solution

**33.**

$$0=|6x-9|$$
$$6x-9=0 \quad \text{or} \quad 6x-9=-0$$
$$6x=9$$
$$x=\frac{3}{2}$$

**35.** $\left|-\frac{1}{5}-\frac{1}{2}k\right|=\frac{9}{5}$

$-\frac{1}{5}-\frac{1}{2}k=\frac{9}{5}$ or $-\frac{1}{5}-\frac{1}{2}k=-\frac{9}{5}$

$-2-5k=18$ or $-2-5k=-18$

$-5k=20$ or $-5k=-16$

$k=-4$ or $k=\frac{16}{5}$

**37.** $-3|2-6x|+5=-10$

$-3|2-6x|=-15$

$|2-6x|=5$

$2-6x=5$ or $2-6x=-5$

$-6x=3$ or $-6x=-7$

$x=-\frac{1}{2}$ or $x=\frac{7}{6}$

**39.** $|4x-2|=|-8|$

$|4x-2|=8$

$4x-2=8$ or $4x-2=-8$

$4x=10$ or $4x=-6$

$x=\frac{5}{2}$ or $x=-\frac{3}{2}$

**41.** $|4w+3|=|2w-5|$

$4w+3=2w-5$ or $4w+3=-(2w-5)$

$4w+3=2w-5$ or $4w+3=-2w+5$

$2w+3=-5$ or $6w+3=5$

$2w=-8$ or $6w=2$

$w=-4$ or $w=\frac{1}{3}$

**43.** $|2y+5|=|7-2y|$

$2y+5=7-2y$ or $2y+5=-(7-2y)$

$2y+5=7-2y$ or $2y+5=-7+2y$

$4y+5=7$ or $5=-7$

$4y=2$ or contradiction

$y=\frac{1}{2}$

**45.** $\left|\frac{4w-1}{6}\right|=\left|\frac{2w}{3}+\frac{1}{4}\right|$

$\frac{4w-1}{6}=\frac{2w}{3}+\frac{1}{4}$ or $\frac{4w-1}{6}=-\left(\frac{2w}{3}+\frac{1}{4}\right)$

$\frac{4w-1}{6}=\frac{2w}{3}+\frac{1}{4}$ or $\frac{4w-1}{6}=-\frac{2w}{3}-\frac{1}{4}$

$2(4w-1)=8w+3$ or $2(4w-1)=-8w-3$

$8w-2=8w+3$ or $8w-2=-8w-3$

$-2=3$ or $16w-2=-3$

contradiction or $16w=-1$

$w=-\frac{1}{16}$

**47.** $|2h-6|=|2h+5|$

$2h-6=2h+5$ or $2h-6=-(2h+5)$

$2h-6=2h+5$ or $2h-6=-2h-5$

$-6=5$ or $4h-6=-5$

contradiction or $4h=1$

$h=\frac{1}{4}$

**49.** $|3.5m-1.2|=|8.5m+6|$

$3.5m-1.2=8.5m+6$ or

$3.5m-1.2=-(8.5m+6)$

$3.5m-1.2=8.5m+6$ or

$3.5m-1.2=-8.5m-6$

$-5m-1.2=6$ or $12m-1.2=-6$

$-5m=7.2$ or $12m=-4.8$

$m=-1.44$ or $m=-0.4$

**51.** $|4x-3|=-|2x-1|$

No solution - A positive number cannot equal a negative number.

**53.** $|x|=6$

**55.** $|x|=\frac{4}{3}$

**57.** $|5y-3|+\sqrt{5}=1+\sqrt{5}$

$$|5y-3|=1$$

$$5y-3=1 \quad \text{or} \quad 5y-3=-1$$

$$5y=4 \quad \text{or} \quad 5y=2$$

$$y=\frac{4}{5} \quad \text{or} \quad y=\frac{2}{5}$$

**59.** $|\sqrt{3}+x|=7$

$$\sqrt{3}+x=7 \quad \text{or} \quad \sqrt{3}+x=-7$$

$$x=7-\sqrt{3} \quad \text{or} \quad x=-7-\sqrt{3}$$

**61.** $|w-\sqrt{6}|=|3w+\sqrt{6}|$

$$w-\sqrt{6}=3w+\sqrt{6} \quad \text{or} \quad w-\sqrt{6}=-\left(3w+\sqrt{6}\right)$$

$$w-\sqrt{6}=3w+\sqrt{6} \quad \text{or} \quad w-\sqrt{6}=-3w-\sqrt{6}$$

$$-2w-\sqrt{6}=\sqrt{6} \quad \text{or} \quad 4w-\sqrt{6}=-\sqrt{6}$$

$$-2w=2\sqrt{6} \quad \text{or} \quad 4w=0$$

$$w=-\sqrt{6} \quad \text{or} \quad w=0$$

**63.** $|4x-3|=5$

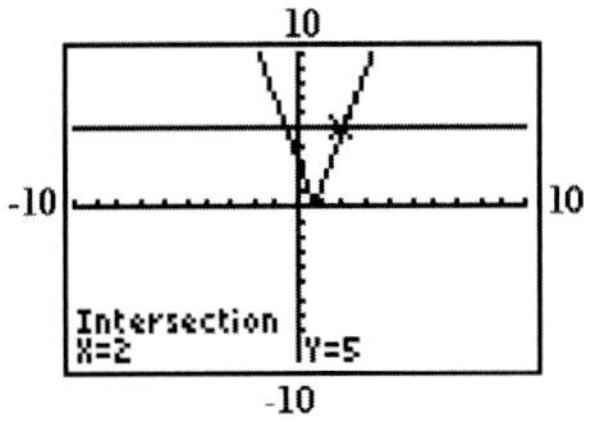


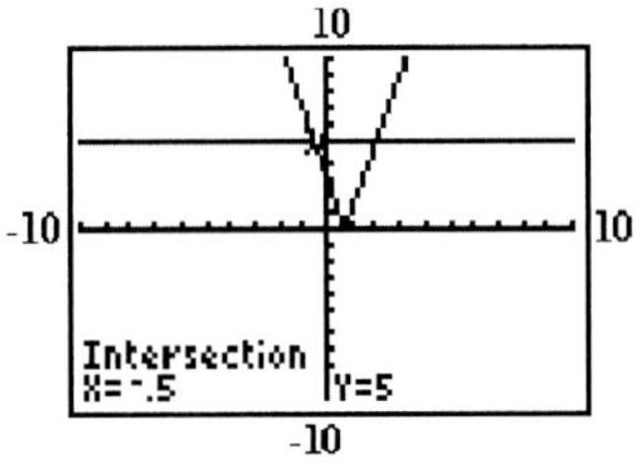


$x=2$ or $x=-\frac{1}{2}$

**65.** $|8x+1|+8=1$

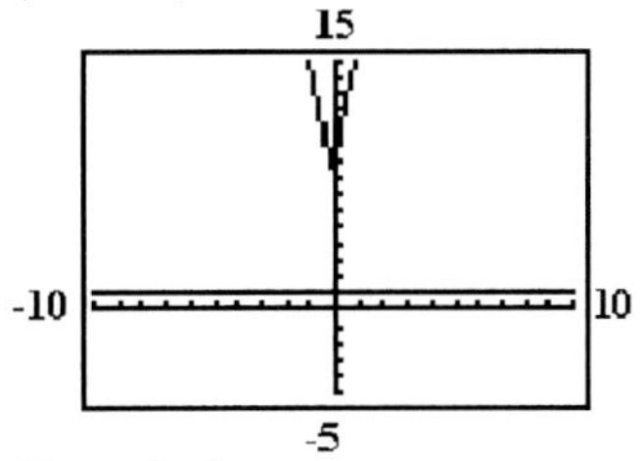


No solution

**67.** $|x-3|=|x+2|$

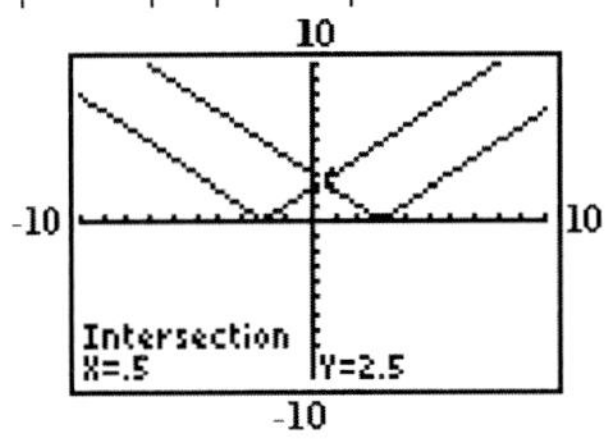


$x=\frac{1}{2}$

# Section 8.4 Absolute Value Inequalities

## Section 8.4 Practice Exercises

**1.** An inequality of the form $|x| < a$, $|x| > a$, $|x| \le a$, or $|x| \ge a$ is called an absolute value inequality.

**3.**
$$2 = |5-7x| + 1$$
$$1 = |5-7x|$$
$$5-7x = 1 \quad \text{or} \quad 5-7x = -1$$
$$-7x = -4 \quad \text{or} \quad -7x = -6$$
$$x = \frac{4}{7} \quad \text{or} \quad x = \frac{6}{7}$$

**5.**
$$-15 < 3w - 6 \le -9$$
$$-9 < 3w \le -3$$
$$-3 < w \le -1 \qquad (-3, -1]$$

**7.**
$$m - 7 \le -5 \quad \text{or} \quad m - 7 \ge -10$$
$$m \le 2 \quad \cup \quad m \ge -3$$
$$(-\infty, 2] \cup [-3, \infty) = (-\infty, \infty)$$

**9.** **a.** $|x| = 5$

$x = -5$ or $x = 5$

**b.** $|x| > 5$

$x < -5$ or $x > 5 \qquad (-\infty, -5) \cup (5, \infty)$

**c.** $|x| < 5$

$-5 < x < 5 \qquad (-5, 5)$

**11.** **a.** $|x-3| = 7$

$x - 3 = -7$ or $x - 3 = 7$

$x = -4$ or $x = 10$

**b.** $|x-3| > 7$

$x - 3 < -7$ or $x - 3 > 7$

$x < -4$ or $x > 10$

$(-\infty, -4) \cup (10, \infty)$

**c.** $|x-3| < 7$

$-7 < x - 3 < 7$

$-4 < x < 10 \qquad (-4, 10)$

**13.** **a.** $|p| = -2$

No solution

**b.** $|p| > -2$

All real numbers $\quad (-\infty, \infty)$

**c.** $|p| < -2$

No solution

**15.** **a.** $|y+1|=-6$

No solution

**b.** $|y+1|>-6$

All real numbers $(-\infty, \infty)$

**c.** $|y+1|<-6$

No solution

**17.** **a.** $|x|=0$

$x=0$

**b.** $|x|>0$

$x<0$ or $x>0$ $(-\infty, 0)\cup(0, \infty)$

**c.** $|x|<0$

No solution

**19.** **a.** $|k-7|=0$

$k-7=0$

$k=7$

**b.** $|k-7|>0$

$k-7<0$ or $k-7>0$

$k<7$ or $k>7$ $(-\infty, 7)\cup(7, \infty)$

**c.** $|k-7|<0$

No solution

**21.** $|x|\le 6$

$-6\le x\le 6$ $[-6, 6]$

**23.** $|p|>3$

$p<-3$ or $p>3$ $(-\infty, -3)\cup(3, \infty)$

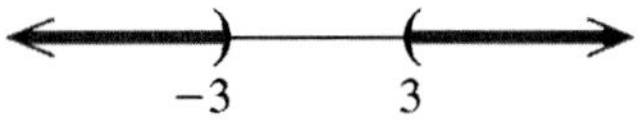


**25.** $0\le|7n+2|$

All real numbers $(-\infty, \infty)$

**27.** $|x-2|\ge 7$

$x-2\le -7$ or $x-2\ge 7$

$x\le -5$ or $x\ge 9$

$(-\infty, -5]\cup[9, \infty)$

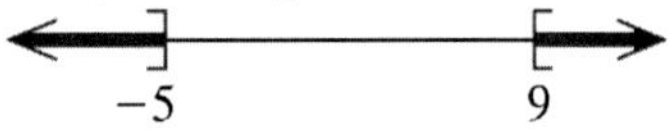


**29.** $|h+2|<-9$

No solution

**31.** $\left|\frac{x+3}{2}\right|-2\ge 4$

$\left|\frac{x+3}{2}\right|\ge 6$

$\frac{x+3}{2}\le -6$ or $\frac{x+3}{2}\ge 6$

$x+3\le -12$ or $x+3\ge 12$

$x\le -15$ or $x\ge 9$

$(-\infty, -15]\cup[9, \infty)$

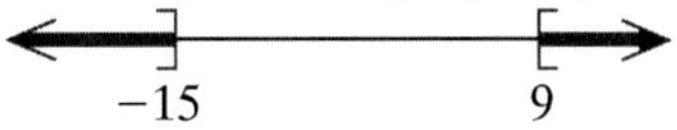

**33.**

$$5 > |2m-7| + 4$$
$$1 > |2m-7|$$
$$|2m-7| < 1$$
$$-1 < 2m-7 < 1$$
$$6 < 2m < 8$$
$$3 < m < 4 \qquad (3, 4)$$

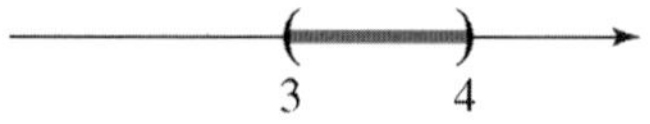


**35.**

$$\left|\frac{x-4}{5}\right| \le 7$$
$$-7 \le \frac{x-4}{5} \le 7$$
$$-35 \le x-4 \le 35$$
$$-31 \le x \le 39 \qquad [-31, 39]$$

**37.**

$$-16 < |5x-1| - 1$$
$$-15 < |5x-1|$$
$$|5x-1| > -15$$

All real numbers $(-\infty, \infty)$

**39.**

$$3 - |5x+3| > 3$$
$$-|5x+3| > 0$$
$$|5x+3| < 0$$

No solution

**41.**

$$|y+1| - 4 \le -4$$
$$|y+1| \le 0$$
$$-0 \le y+1 \le 0$$
$$-1 \le y \le -1$$
$$\{-1\}$$

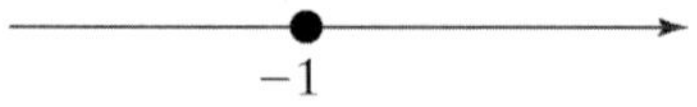


**43.**

$$|2c-1| - 4 > -4$$
$$|2c-1| > 0$$
$$2c-1 < -0 \text{ or } 2c-1 > 0$$
$$2c < 1 \text{ or } 2c > 1$$
$$c < \frac{1}{2} \text{ or } c > \frac{1}{2}$$
$$\left(-\infty, \frac{1}{2}\right) \cup \left(\frac{1}{2}, \infty\right)$$

**45.**

$$7|y+1| - 3 \ge 11$$
$$7|y+1| \ge 14$$
$$|y+1| \ge 2$$
$$y+1 \le -2 \text{ or } y+1 \ge 2$$
$$y \le -3 \text{ or } y \ge 1$$
$$(-\infty, -3] \cup [1, \infty)$$

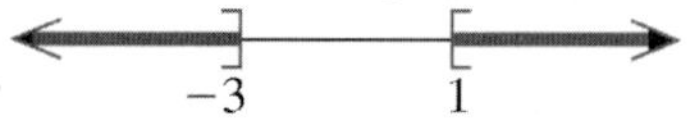


**47.**

$$-4|8-x| + 2 > -14$$
$$-4|8-x| > -16$$
$$|8-x| < 4$$
$$-4 < 8-x < 4$$
$$-12 < -x < -4$$
$$12 > x > 4 \qquad (4, 12)$$

**49.**

$$|0.05x - 0.04| - 0.01 < 0.11$$
$$|0.05x - 0.04| < 0.12$$
$$-0.12 < 0.05x - 0.04 < 0.12$$
$$-0.08 < 0.05x < 0.16$$
$$-1.6 < x < 3.2$$
$$(-1.6, 3.2)$$

**51.**

$$|x+3| < 4$$

**53.** $|x| \geq 6$

**55.** $|x - 32.3| \leq 0.2$

**57.** $\left|x - \dfrac{7}{8}\right| \leq \dfrac{1}{16}$

**59.** $|p - 0.70| \leq 0.03$

$-0.03 \leq p - 0.70 \leq 0.03$

$0.67 \leq p \leq 0.73 \qquad [0.67, 0.73]$

This means that the actual percentage of votes received by Senator Obama was projected to be between 67% and 73%, inclusive.

**61.** d

**63.** c

**65.** $|3 - x| > 6$

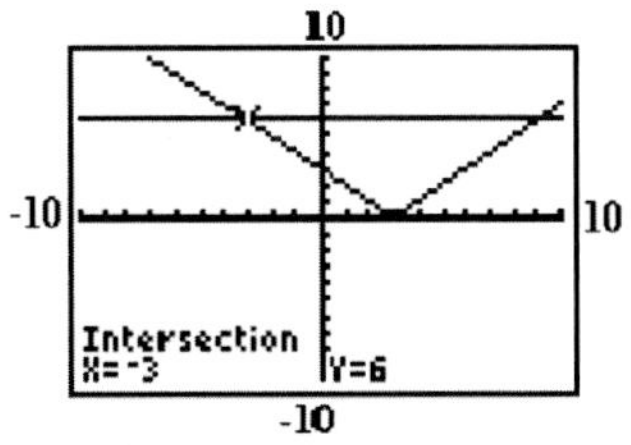


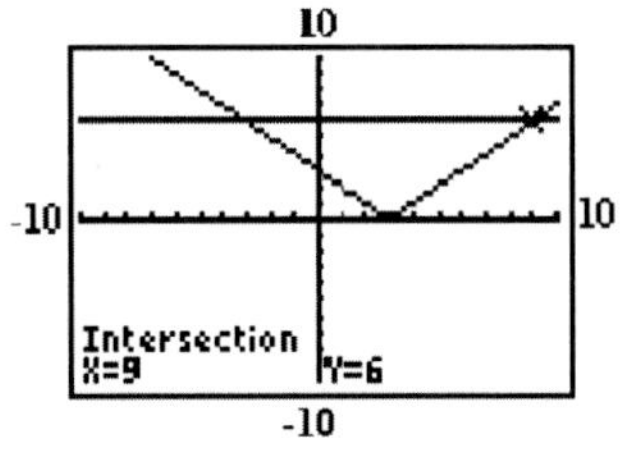


$(-\infty, -3) \cup (9, \infty)$

**67.** $\left|\dfrac{x-1}{4}\right| < 1$

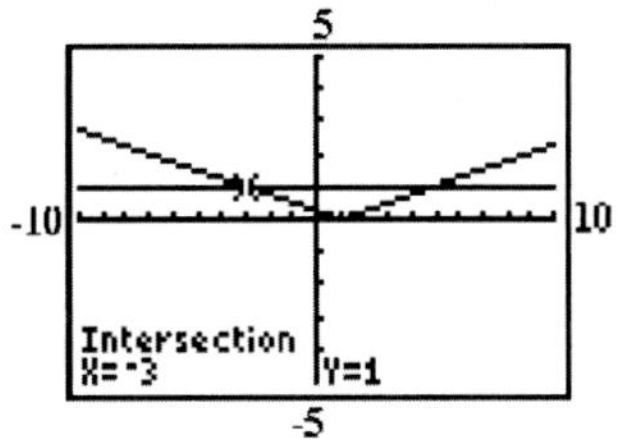


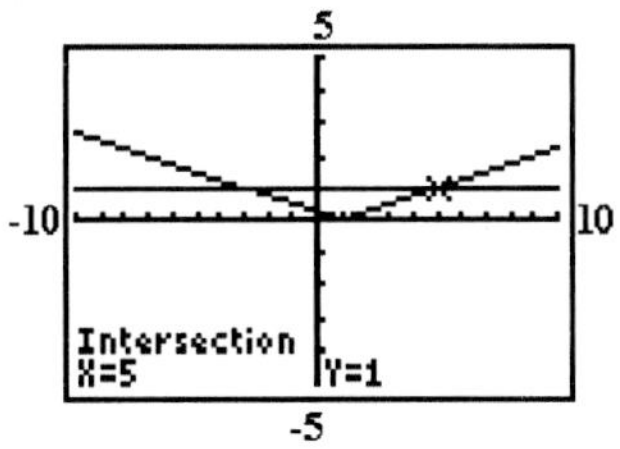


$(-3, 5)$

**69.** $|x + 2| < -2$

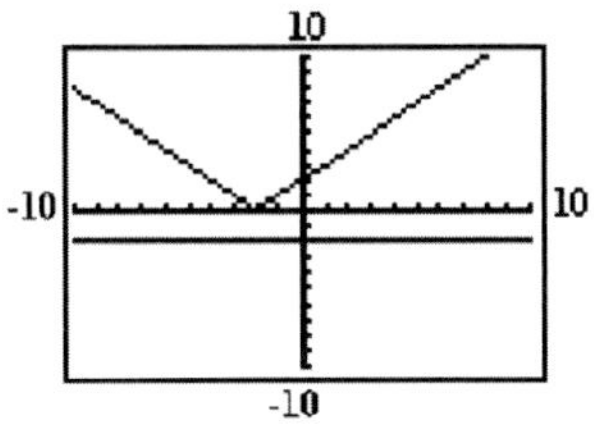


No solution

**71.** $|1 - 2x| > -4$

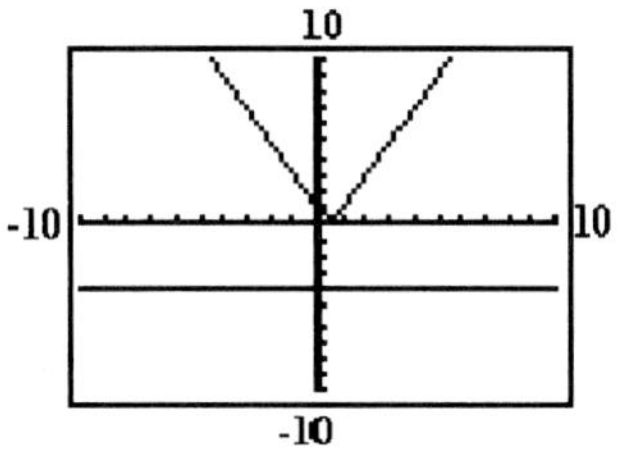


$(-\infty, \infty)$

**73.** $|3x - 4| \leq 0$

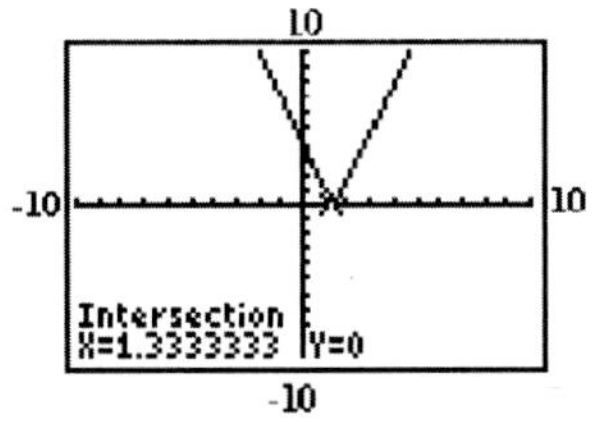


$x = \dfrac{4}{3}$

## Problem Recognition Exercises: Equations and Inequalities

**1.** $z^2+10z+9>0$ Quadratic

$(z+9)(z+1)=0$

$z+9=0$ or $z+1=0$

$z=-9$ or $z=-1$

The boundary points are –9 and –1.
Use test points $z=-10$, $z=-2$, and $z=0$.

Test $z=-10$: $(-10)^2+10(-10)+9=100-100+9=9>0$ True

Test $z=-2$: $(-2)^2+10(-2)+9=4-20+9=-7>0$ False

Test $z=0$: $(0)^2+10(0)+9=0+0+9=9>0$ True

The boundary points are not included.
The solution is $\{z|z<-9 \text{ or } z>-1\}$ or $(-\infty,-9)\cup(-1,\infty)$.

**3.** $\dfrac{x-4}{2x+4}\geq 1$ Rational

$\dfrac{x-4}{2x+4}=1$

$x-4=1(2x+4)$

$x-4=2x+4$

$-8=x$

Boundary points are –8 and –2 (undefined).
Use test points $x=-9$, $x=-3$, and $x=0$.

Test $x=-9$: $\dfrac{-9-4}{2(-9)+4}=\dfrac{-13}{-14}=\dfrac{13}{14}\geq 1$ False

Test $x=-3$: $\dfrac{-3-4}{2(-3)+4}=\dfrac{-7}{-2}=\dfrac{7}{2}\geq 1$ True

Test $x=0$: $\dfrac{0-4}{2(0)+4}=\dfrac{-4}{4}=-1\geq 1$ False

The boundary point $x=-8$ is included.
The solution is

$\{x|-8\leq x<-2\}$ or $[-8,-2)$.

**5.** $|3x-1|+4<6$ Absolute value

$|3x-1|<2$

$-2<3x-1<2$

$-1<3x<3$

$-\dfrac{1}{3}<x<1$ $\left(-\dfrac{1}{3},1\right)$

**7.** $\dfrac{1}{2}p-\dfrac{2}{3}<\dfrac{1}{6}p-4$ Linear

$6\left(\dfrac{1}{2}p-\dfrac{2}{3}\right)<6\left(\dfrac{1}{6}p-4\right)$

$3p-4<p-24$

$2p<-20$

$p<-10$ $(-\infty,-10)$

**9.** $3y^2-2y-2\ge 0$ Quadratic

$3y^2-2y-2=0$

$$y=\frac{-(-2)\pm\sqrt{(-2)^2-4(3)(-2)}}{2(3)}=\frac{2\pm\sqrt{4+24}}{6}=\frac{2\pm\sqrt{28}}{6}=\frac{2\pm 2\sqrt{7}}{6}=\frac{2\left(1\pm\sqrt{7}\right)}{6}=\frac{1\pm\sqrt{7}}{3}$$

The boundary points are $\frac{1-\sqrt{7}}{3}$ and $\frac{1+\sqrt{7}}{3}$.

Use test points $x=-1$, $x=0$, and $x=2$.

Test $y=-1$: $2(-1)^2-2(-1)-2=2+2-2=2\ge 0$ True

Test $y=0$: $2(0)^2-2(0)-2=0-0-2=-2\ge 0$ False

Test $y=2$: $2(2)^2-2(2)-2=8-4-2=2\ge 0$ True

The boundary points are included.

The solution is $\left\{y\,\middle|\,y\le\frac{1-\sqrt{7}}{3}\text{ or }y\ge\frac{1+\sqrt{7}}{3}\right\}$ or $\left(-\infty,\ \frac{1-\sqrt{7}}{3}\right]\cup\left[\frac{1+\sqrt{7}}{3},\ \infty\right)$.

**11.** $3(2x-4)\ge 1-(x-3)$ Linear

$6x-12\ge 1-x+3$

$6x-12\ge -x+4$

$7x\ge 16$

$x\ge\frac{16}{7}$ $\left[\frac{16}{7},\ \infty\right)$

**13.** $(x-3)(2x+1)(x+5)\ge 0$ Polynomial $(\text{degree}>2)$

$(x-3)(2x+1)(x+5)=0$

$x-3=0$ or $2x+1=0$ or $x+5=0$

$x=3$ or $2x=-1$ or $x=-5$

$x=3$ or $x=-\frac{1}{2}$ or $x=-5$

The boundary points are $-5$, $-\frac{1}{2}$, and 3.

Use test points $x=-6$, $x=-1$, $x=0$, and $x=4$.

Test $x=-6$: $(-6-3)(2(-6)+1)(-6+5)=(-9)(-11)(-1)=-99\ge 0$ False

Test $x=-1$: $(-1-3)(2(-1)+1)(-1+5)=(-4)(-1)(4)=16\ge 0$ True

Test $x=0$: $(0-3)(2(0)+1)(0+5)=(-3)(1)(5)=-15\ge 0$ False

Test $x=4$: $(4-3)(2(4)+1)(4+5)=(1)(9)(9)=81\ge 0$ True

The boundary points are included.

The solution is $\left\{x\,\middle|\,-5\le x\le -\frac{1}{2}\text{ or }x\ge 3\right\}$ or $\left[-5,\ -\frac{1}{2}\right]\cup[3,\ \infty)$.

**15.** $\frac{-6}{y-2}<2$ Rational

$$\frac{-6}{y-2}=2$$
$$-6=2(y-2)$$
$$-6=2y-4$$
$$-2=2y$$
$$y=-1$$

Boundary points are –1 and 2 (undefined).
Use test points $y=-2$, $y=0$, and $y=3$.

Test $y=-2$: $\frac{-6}{-2-2}=\frac{-6}{-4}=\frac{3}{2}<2$ True

Test $y=0$: $\frac{-6}{0-2}=\frac{-6}{-2}=3<2$ False

Test $y=3$: $\frac{-6}{3-2}=\frac{-6}{1}=-6<2$ True

The boundary points are not included.
The solution is
$\{y|y<-1 \text{ or } y>2\}$ or $(-\infty,-1)\cup(2,\infty)$.

**17.** $\left|\frac{x}{4}+2\right|+6>6$ Absolute value

$$\left|\frac{x}{4}+2\right|>0$$
$$\frac{x}{4}+2<0 \text{ or } \frac{x}{4}+2>0$$
$$\frac{x}{4}<-2 \text{ or } \frac{x}{4}>-2$$
$$x<-8 \text{ or } x>-8$$
$$(-\infty,-8)\cup(-8,\infty)$$

**19.** $3y^3+5y^2-12y-20=0$ Polynomial (degree > 2)

$$y^2(3y+5)-4(3y+5)=0$$
$$(3y+5)(y^2-4)=0$$
$$(3y+5)(y+2)(y-2)=0$$
$$3y+5=0 \text{ or } y+2=0 \text{ or } y-2=0$$
$$3y=-5 \text{ or } y=-2 \text{ or } y=2$$
$$y=-\frac{5}{3} \text{ or } y=-2 \text{ or } y=2$$

**21.** $5b-10-3b=3(b-2)-4$ Linear

$$2b-10=3b-6-4$$
$$2b-10=3b-10$$
$$0=b$$

**23.** $|6x+1|=|5+6x|$ Absolute value

$$6x+1=-(5+6x) \text{ or } 6x+1=5+6x$$
$$6x+1=-5-6x \text{ or } 1\neq 5$$
$$x=-\frac{1}{2}$$

# Section 8.5 Linear Inequalities in Two Variables

## Section 8.5 Practice Exercises

**1.** A linear inequality in two variables $x$ and $y$ is an inequality that can be written in one of the following forms: $ax+by<c$, $ax+by>c$, $ax+by\le c$, or $ax+by\ge c$, provided $a$ and $b$ are not both zero.

**3.** $5-x\le 4$ and $6>3x-3$

$-x\le -1$ and $9>3x$

$x\ge 1$ and $x<3$ $\quad [1, 3)$

**5.** $-2x<4$ or $3x-1\le -13$

$x>-2$ or $3x\le -12$

$x>-2$ or $x\le -4$

$(-\infty, -4]\cup(-2, \infty)$

**7.** $3y+x<5$

**a.** $3(7)+(-1)=21-1=20<5$ No

**b.** $3(0)+(5)=0+5=5<5$ No

**c.** $3(0)+(0)=0+0=0<5$ Yes

**d.** $3(-3)+(2)=-9+2=-7<5$ Yes

**9.** $x\ge 5$

**a.** $4\ge 5$ No

**b.** $5\ge 5$ Yes

**c.** $8\ge 5$ Yes

**d.** $0\ge 5$ No

**11.** To choose the correct inequality symbol, three observations must be made. First, notice the shading occurs below the line. Second, since the coefficient of $y$ is negative in the given statement, the direction of the inequality will change. Third, the boundary line is dashed indicating no equality. Thus use the symbol $>$ for the inequality: $x-y>2$.

**13.** To choose the correct inequality symbol, three observations must be made. First, notice the shading occurs above the line. Second, since the coefficient of $y$ is positive in the given statement, the direction of the inequality will not change. Third, the boundary line is solid indicating equality. Thus use the symbol $\ge$ for the inequality: $y\ge -4$.

**15.** The graph of $x\ge 0$ includes Quadrant I and Quadrant IV. The graph of $y\le 0$ includes Quadrant III and Quadrant IV. The intersection of the graphs occurs in Quadrant IV. Thus, the statements are $x\ge 0$ and $y\le 0$.

**17.** $x-2y>4$

Graph the related equation $x-2y=4$ by using a dashed line.

Test point above $(0, 0)$:

$0-2(0)>4$

$0>4$

$(0, 0)$ is not a solution.

Test point below $(0, -3)$:

$0-2(-3)>4$

$6>4$

$(0, -3)$ is a solution.

Shade the region below the boundary line.

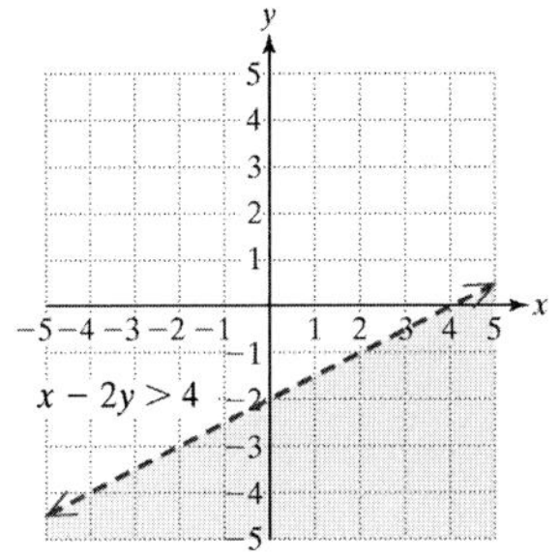

**19.** $5x-2y<10$

Graph the related equation $5x-2y=10$ by using a dashed line.

Test point above $(0, 0)$:

$5(0)-2(0)<10$

$0<10$

$(0, 0)$ is a solution.

Test point below $(2, -3)$:

$5(2)-2(-3)<10$

$16<10$

$(2, -3)$ is not a solution.

Shade the region above the boundary line.

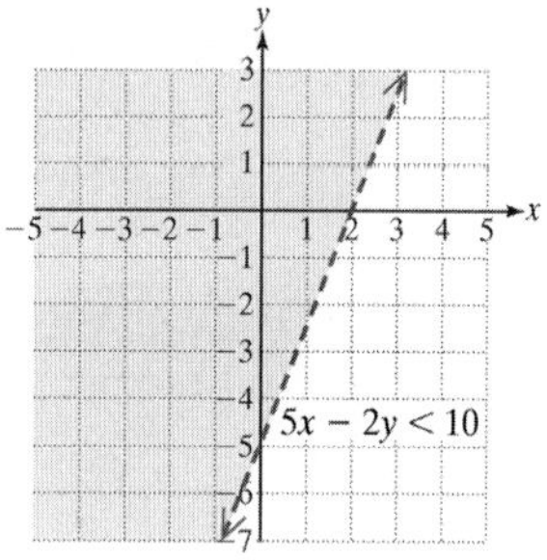


**21.** $2x\le -6y+12$

Graph the related equation $2x=-6y+12$ by using a solid line.

Test point above $(0, 3)$:

$2(0)\le -6(3)+12$

$0\le -6$

$(0, 3)$ is not a solution.

Test point below $(0, 0)$:

$2(0)\le -6(0)+12$

$0\le 12$

$(0, 0)$ is a solution.

Shade the region below the boundary line.

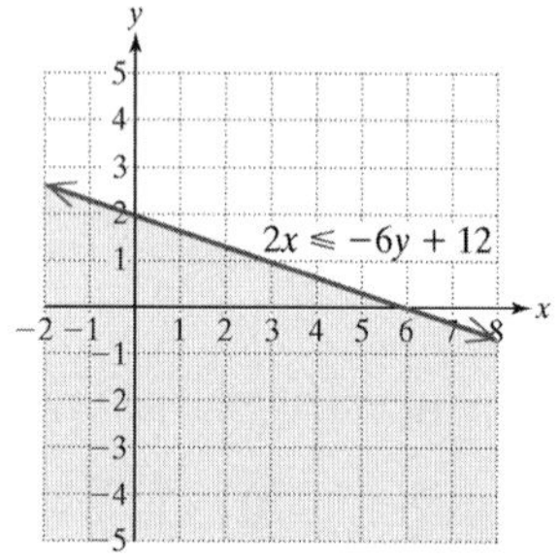


**23.** $2y\le 4x$

Graph the related equation $2y=4x$ by using a solid line.

Test point above $(0, 1)$:

$2(1)\le 4(0)$

$2\le 0$

$(0, 1)$ is not a solution.

Test point below $(0, -1)$:

$2(-1)\le 4(0)$

$-2\le 0$

$(0, -1)$ is a solution.

Shade the region below the boundary line.

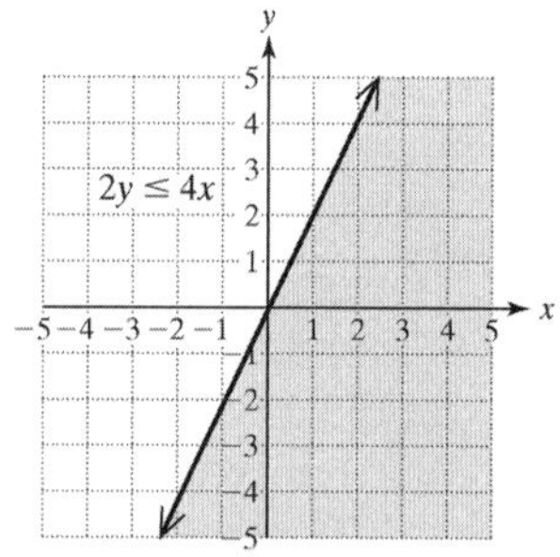


**25.** $y\ge -2$

Graph the related equation $y=-2$ by using a solid line.

Test point above $(0, 0)$:

$0\ge -2$

$(0, 0)$ is a solution.

Test point below $(0, -3)$:

$-3\ge -2$

$(0, -3)$ is not a solution.

Shade the region above the boundary line.

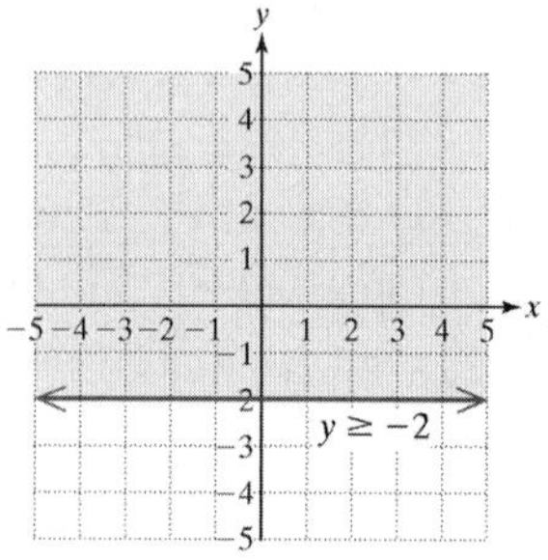


**27.** $4x<5$ or $x<\dfrac{5}{4}$ represents all the points to the left of the vertical line $x=\dfrac{5}{4}$. The boundary is a dashed line.

Shade the region to the left of the boundary line.

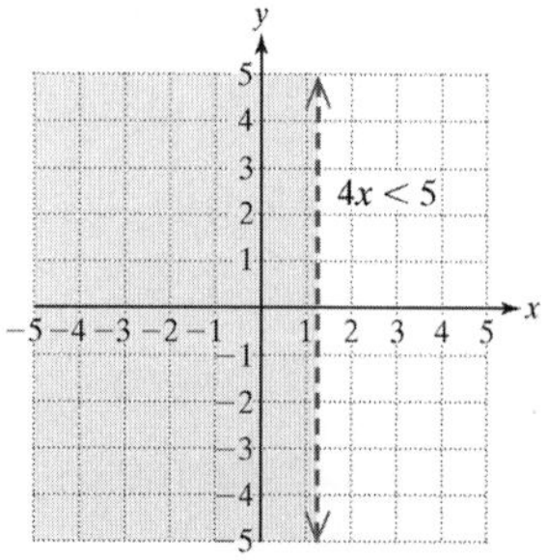

**29.** $y \ge \frac{2}{5}x - 4$

Graph the related equation $y = \frac{2}{5}x - 4$ by using a solid line.

Test point above $(0, 0)$: Test point below $(0, -5)$:

$0 \ge \frac{2}{5}(0) - 4$ $\qquad -5 \ge \frac{2}{5}(0) - 4$

$0 \ge -4$ $\qquad -5 \ge -4$

$(0, 0)$ is a solution. $(0, -5)$ is not a solution.

Shade the region above the boundary line.

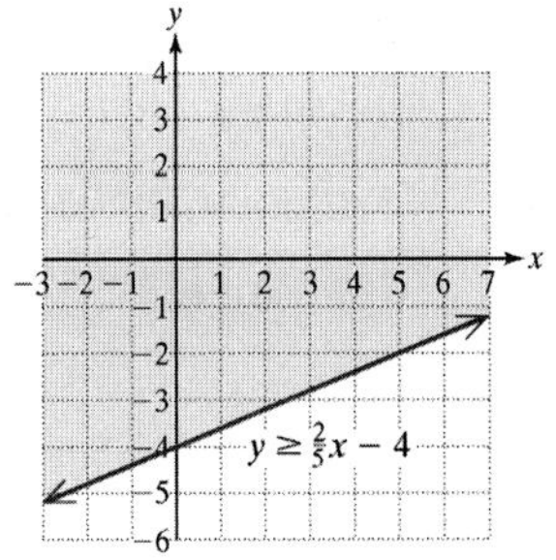


**31.** $y \le \frac{1}{3}x + 6$

Graph the related equation $y = \frac{1}{3}x + 6$ by using a solid line.

Test point above $(0, 7)$: Test point below $(0, 0)$:

$7 \le \frac{1}{3}(0) + 6$ $\qquad 0 \le \frac{1}{3}(0) + 6$

$7 \le 6$ $\qquad 0 \le 6$

$(0, 7)$ is not a solution. $(0, 0)$ is a solution.

Shade the region below the boundary line.

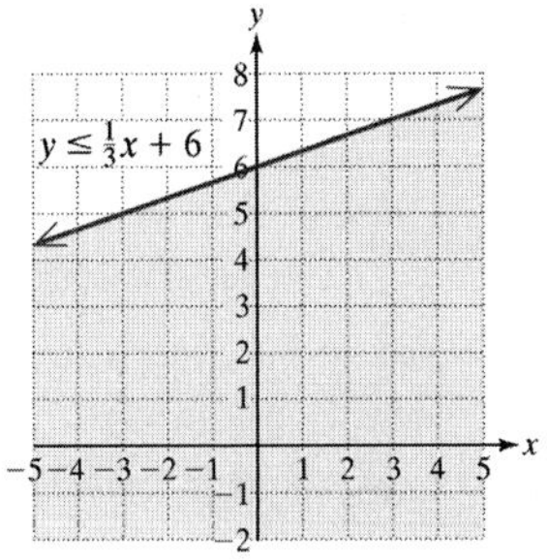


**33.** $y - 5x > 0$

Graph the related equation $y - 5x = 0$ by using a dashed line.

Test point above $(0, 3)$: Test point below $(0, -3)$:

$3 - 5(0) > 0$ $\qquad -3 - 5(0) > 0$

$3 > 0$ $\qquad -3 > 0$

$(0, 3)$ is a solution. $(0, -3)$ is not a solution.

Shade the region above the boundary line.

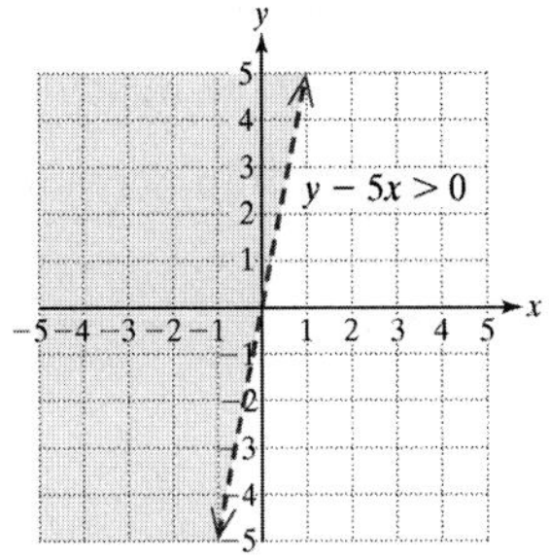


**35.** $\frac{x}{5} + \frac{y}{4} < 1$

Graph the related equation $\frac{x}{5} + \frac{y}{4} = 1$ by using a dashed line.

Test point above $(0, 5)$: Test point below $(0, 0)$:

$\frac{0}{5} + \frac{5}{4} < 1$ $\qquad \frac{0}{5} + \frac{0}{4} < 1$

$\frac{5}{4} < 1$ $\qquad 0 < 1$

$(0, 5)$ is not a solution. $(0, 0)$ is a solution.

Shade the region below the boundary line.

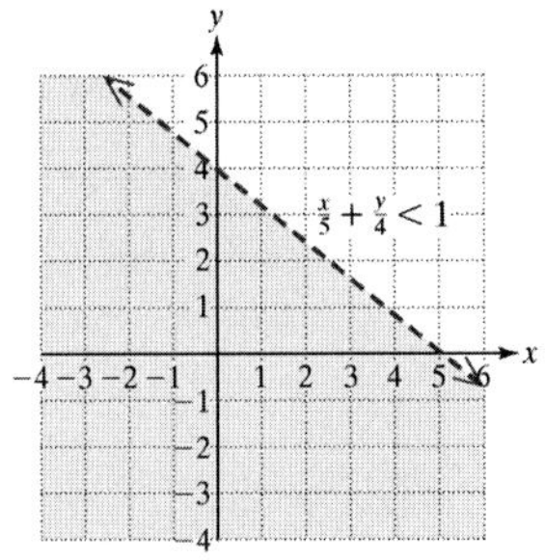

**37.** $0.1x+0.2y\le 0.6$

Graph the related equation $0.1x+0.2y=0.6$ by using a solid line.

Test point above $(0,\ 5)$: Test point below $(0,\ 0)$:

$0.1(0)+0.2(5)\le 0.6$ $\quad$ $0.1(0)+0.2(0)\le 0.6$

$1\le 0.6$ $\quad$ $0\le 0.6$

$(0,\ 5)$ is not a solution. $(0,\ 0)$ is a solution.

Shade the region below the boundary line.

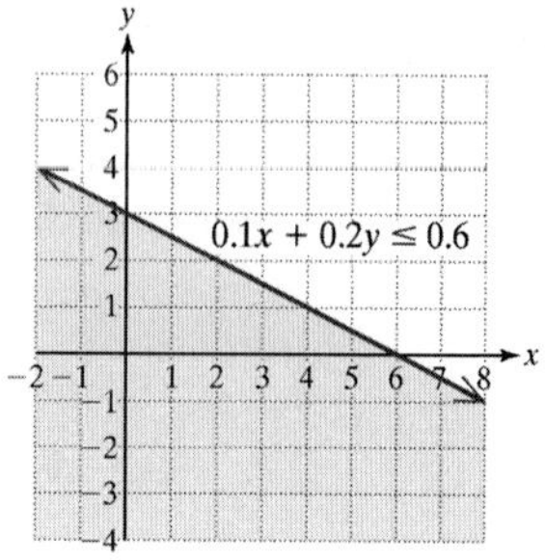


**39.** $x\le -\frac{2}{3}y$

Graph the related equation $x=-\frac{2}{3}y$ by using a solid line.

Test point above $(0,\ 3)$: Test point below $(0,\ -3)$:

$0\le -\frac{2}{3}(3)$ $\quad$ $0\le -\frac{2}{3}(-3)$

$0\le -2$ $\quad$ $0\le 2$

$(0,\ 3)$ is not a solution. $(0,\ -3)$ is a solution.

Shade the region below the boundary line.

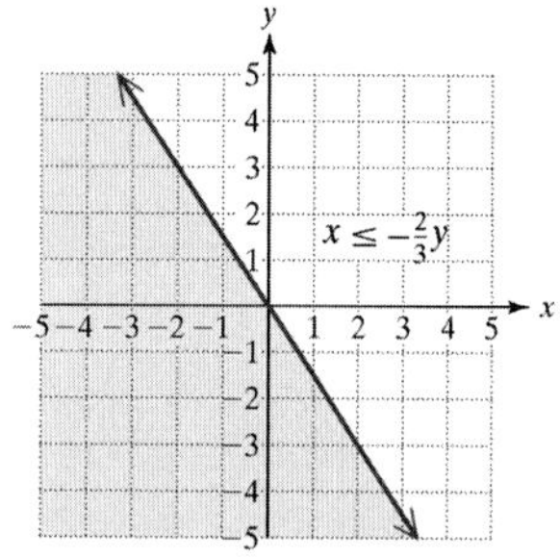


**41.** $y<4$ and $y>-x+2$

$y<4$ represents the points below the horizontal line $y=4$.

Shade the region below the boundary line using a dashed line border.

Graph the related equation $y=-x+2$ by using a dashed line.

Test point above $(0,\ 3)$: Test point below $(0,\ 0)$:

$3>-(0)+2$ $\quad$ $0>-(0)+2$

$3>2$ $\quad$ $0>2$

$(0,\ 3)$ is a solution. $(0,\ 0)$ is not a solution.

Shade the region above the boundary line.

The solution is the intersection of the graphs.

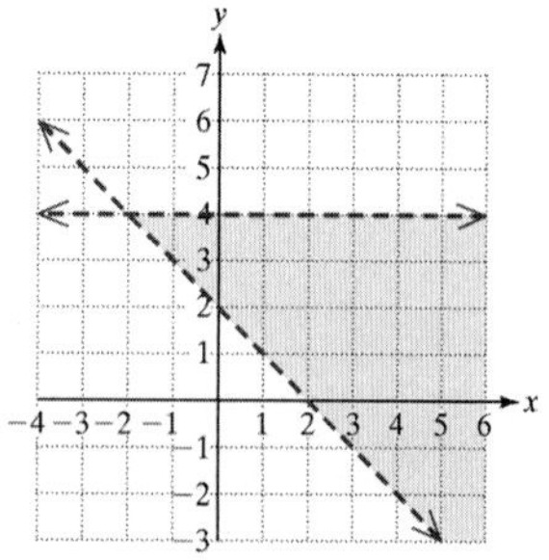

**43.** $2x+y\le 5$ or $x\ge 3$

Graph the related equation $2x+y=5$ by using a solid line.

Test point above $(0,\ 6)$: Test point below $(0,\ 0)$:

$2(0)+6\le 5$ $\quad$ $2(0)+0\le 5$

$6\le 5$ $\quad$ $0\le 5$

$(0,\ 6)$ is not a solution. $(0,\ 0)$ is a solution.

Shade the region below the boundary line.

$x\ge 3$ represents the points to the right of the vertical line $x=3$.

Shade the region to the right of the boundary line using a solid line border. The solution is the union of the graphs.

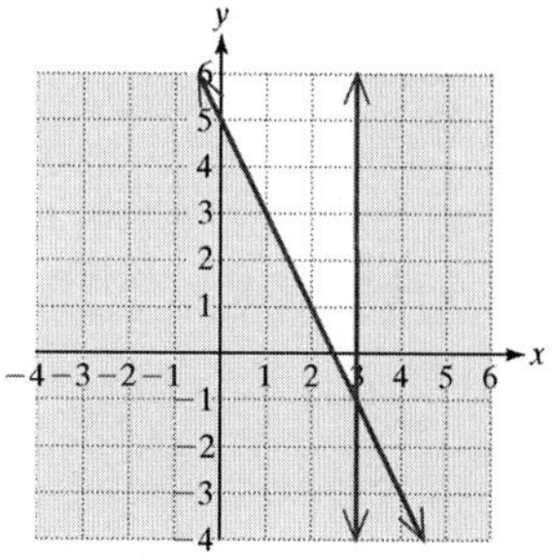

**45.** $x+y<3$ and $4x+y<6$

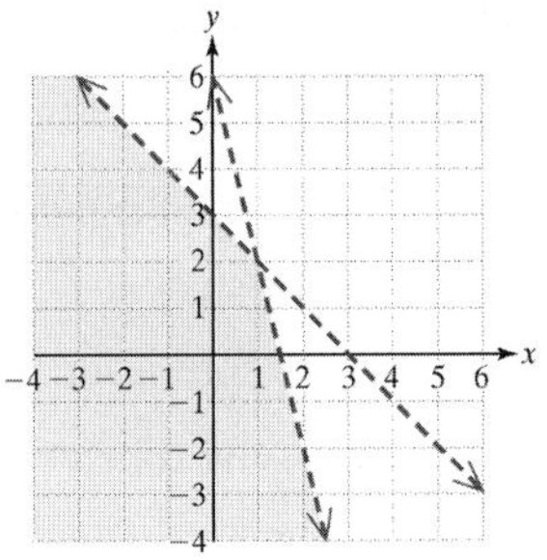

Graph the related equation $x+y=3$ by using a dashed line.

| Test point above $(0, 4)$: | Test point below $(0, 0)$: |
|---|---|
| $0+4<3$ | $0+0<3$ |
| $4<3$ | $0<3$ |
| $(0, 4)$ is not a solution. | $(0, 0)$ is a solution. |

Shade the region below the boundary line.

Graph the related equation $4x+y=6$ by using a dashed line.

| Test point above $(0, 7)$: | Test point below $(0, 0)$: |
|---|---|
| $4(0)+7<6$ | $4(0)+0<6$ |
| $7<6$ | $0<6$ |
| $(0, 7)$ is not a solution. | $(0, 0)$ is a solution. |

Shade the region below the boundary line.

The solution is the intersection of the graphs.

**47.** $2x-y\le 2$ or $2x+3y\ge 6$

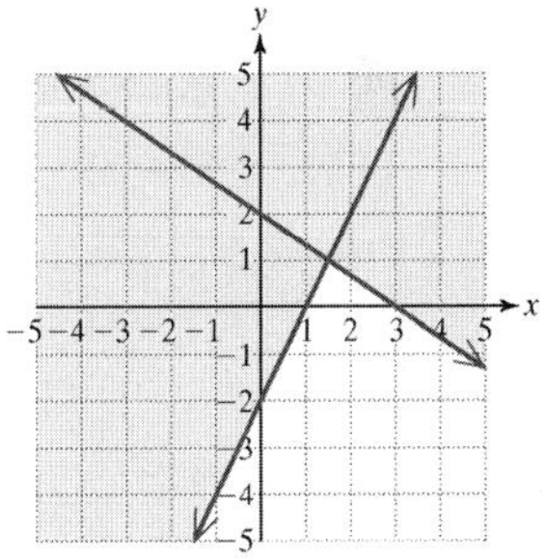

Graph the related equation $2x-y=2$ by using a solid line.

| Test point above $(0, 0)$: | Test point below $(0, -3)$: |
|---|---|
| $2(0)-0\le 2$ | $2(0)-(-3)\le 2$ |
| $0\le 2$ | $3\le 2$ |
| $(0, 0)$ is a solution. | $(0, -3)$ is not a solution. |

Shade the region above the boundary line.

Graph the related equation $2x+3y=6$ by using a solid line.

| Test point above $(0, 3)$: | Test point below $(0, 0)$: |
|---|---|
| $2(0)+3(3)\ge 6$ | $2(0)+3(0)\ge 6$ |
| $9\ge 6$ | $0\ge 6$ |
| $(0, 3)$ is a solution. | $(0, 0)$ is not a solution. |

Shade the region above the boundary line.

The solution is the union of the graphs.

**49.** $x>4$ and $y<2$

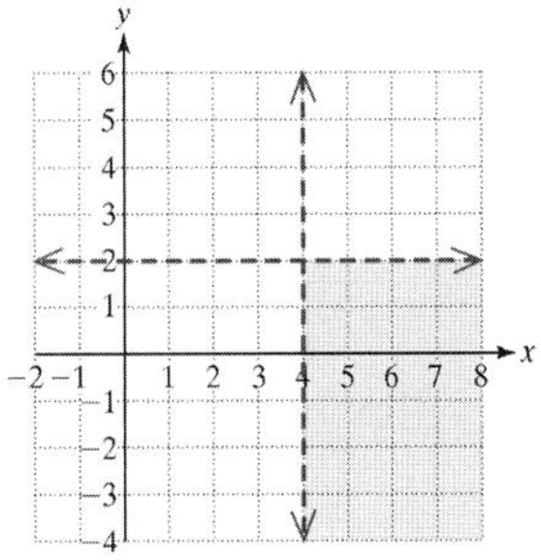

$x>4$ represents the points to the right of the vertical line $x=4$. Shade the region to the right of the boundary line using a dashed line border.

$y<2$ represents the points below the horizontal line $y=2$. Shade the region below the boundary line using a dashed line border. The solution is the intersection of the graphs.

**51.** $x \le -2$ or $y \le 0$

$x \le -2$ represents the points to the left of the vertical line $x = -2$. Shade the region to the left of the boundary line using a solid line border.

$y \le 0$ represents the points below the horizontal line $y = 0$. Shade the region below the boundary line using a solid line border. The solution is the union of the graphs.

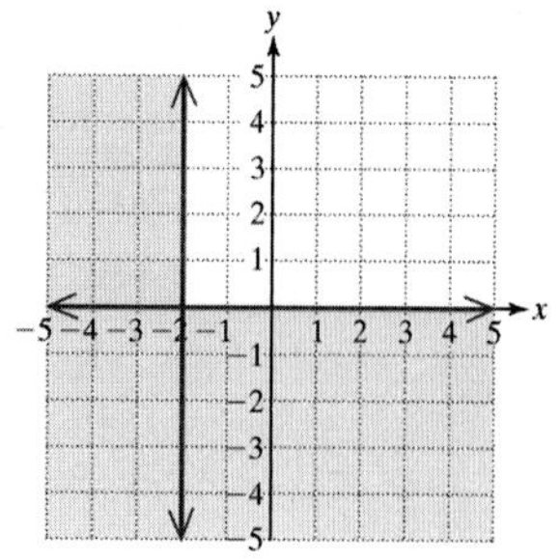

**53.** $x > 0$ and $x + y < 6$

$x > 0$ represents the points to the right of the vertical line $x = 0$. Shade the region to the right of the boundary line using a dashed line border.

Graph the related equation $x + y = 6$ by using a dashed line.

| Test point above $(0, 7)$: | Test point below $(0, 0)$: |
|---|---|
| $0 + 7 < 6$ | $0 + 0 < 6$ |
| $7 < 6$ | $0 < 6$ |
| $(0, 7)$ is not a solution. | $(0, 0)$ is a solution. |

Shade the region below the boundary line.

The solution is the intersection of the graphs.

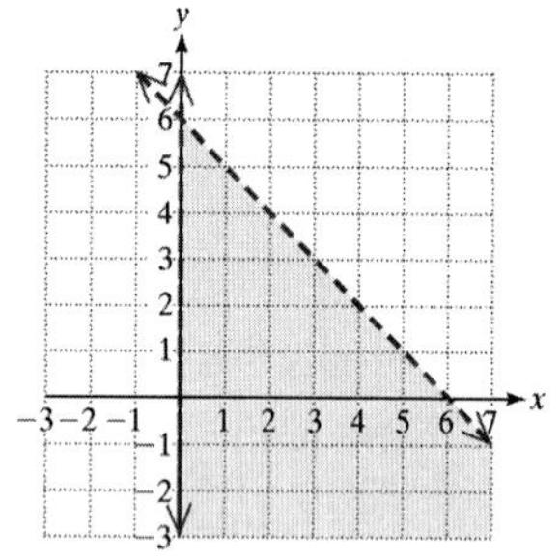

**55.** $y \le 0$ or $x - y \le -4$

$y \le 0$ represents the points below the horizontal line $y = 0$.

Shade the region below the boundary line using a solid line border.

Graph the related equation $x - y = -4$ by using a solid line.

| Test point above $(0, 5)$: | Test point below $(0, 0)$: |
|---|---|
| $0 - 5 \le -4$ | $0 - 0 \le -4$ |
| $-5 \le -4$ | $0 \le -4$ |
| $(0, 5)$ is a solution. | $(0, 0)$ is not a solution. |

Shade the region above the boundary line.

The solution is the union of the graphs.

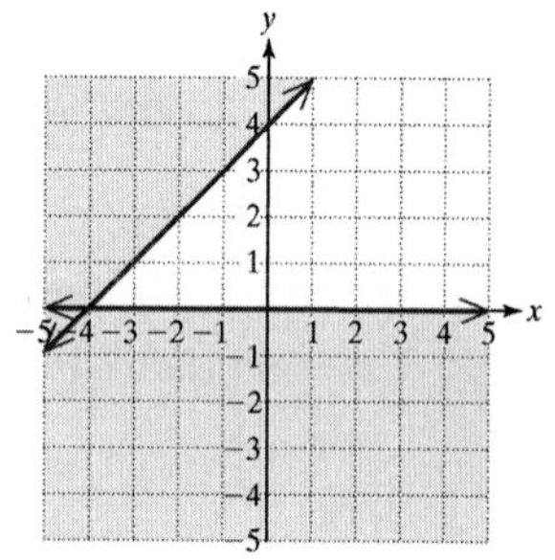

**57.** $x + y \le 3$ and $x \ge 0$ and $y \ge 0$

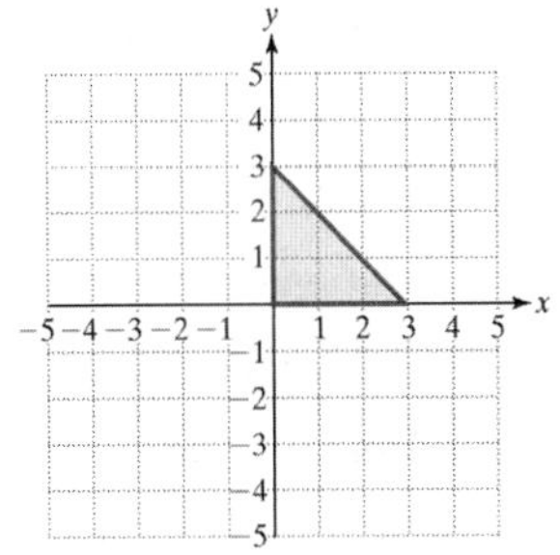

Graph the related equation $x + y = 3$ by using a solid line.

Test point above $(0, 4)$: Test point below $(0, 0)$:

$$0 + 4 \le 3 \qquad 0 + 0 \le 3$$

$$4 \le 3 \qquad 0 \le 3$$

$(0, 4)$ is not a solution. $(0, 0)$ is a solution.

Shade the region below the boundary line.

$x \ge 0$ represents the points to the right of the vertical line $x = 0$.

Shade the region to the right of the boundary line using a solid line border.

$y \ge 0$ represents the points above the horizontal line $y = 0$.

Shade the region above the boundary line using a solid line border.

The solution is the intersection of the graphs.

**59.** $y < \frac{1}{2}x - 3$ and $x \le 0$ and $y \ge -5$

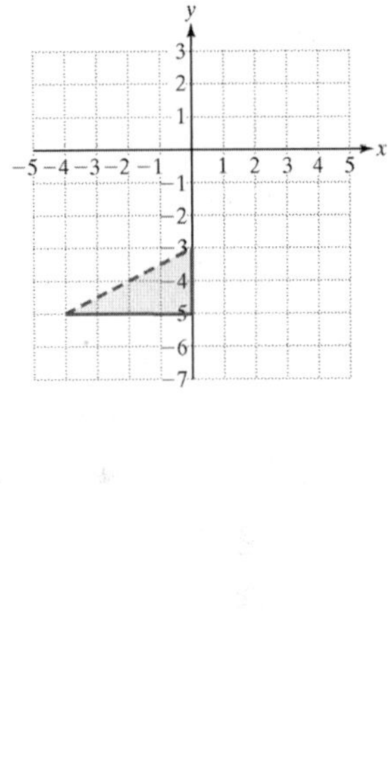

Graph the related equation $y = \frac{1}{2}x - 3$ by using a dashed line.

Test point above $(0, 0)$: Test point below $(0, -4)$:

$$0 < \frac{1}{2}(0) - 3 \qquad -4 < \frac{1}{2}(0) - 3$$

$$0 < -3 \qquad -4 < -3$$

$(0, 0)$ is not a solution. $(0, -4)$ is a solution.

Shade the region below the boundary line.

$x \le 0$ represents the points to the left of the vertical line $x = 0$.

Shade the region to the left of the boundary line using a solid line border.

$y \ge -5$ represents the points above the horizontal line $y = -5$.

Shade the region above the boundary line using a solid line border.

The solution is the intersection of the graphs.

**61.** $x \geq 0$ and $y \geq 0$ and $x + y \leq 8$ and $3x + 5y \leq 30$

$x \geq 0$ represents the points to the right of the vertical line $x = 0$. Shade the region to the right of the boundary line using a solid line border.

$y \geq 0$ represents the points above the horizontal line $y = 0$. Shade the region above the boundary line using a solid line border.

Graph the related equation $x + y = 8$ by using a solid line.

Test point above $(0, 9)$:
$$0 + 9 \leq 8$$
$$9 \leq 8$$
$(0, 9)$ is not a solution.

Test point below $(0, 0)$:
$$0 + 0 \leq 8$$
$$0 \leq 8$$
$(0, 0)$ is a solution.

Shade the region below the boundary line.

Graph the related equation $3x + 5y = 30$ by using a solid line.

Test point above $(0, 7)$:
$$3(0) + 5(7) \leq 30$$
$$35 \leq 30$$
$(0, 7)$ is not a solution.

Test point below $(0, 0)$:
$$3(0) + 5(0) \leq 30$$
$$0 \leq 30$$
$(0, 0)$ is a solution.

Shade the region below the boundary line.

The solution is the intersection of the graphs.

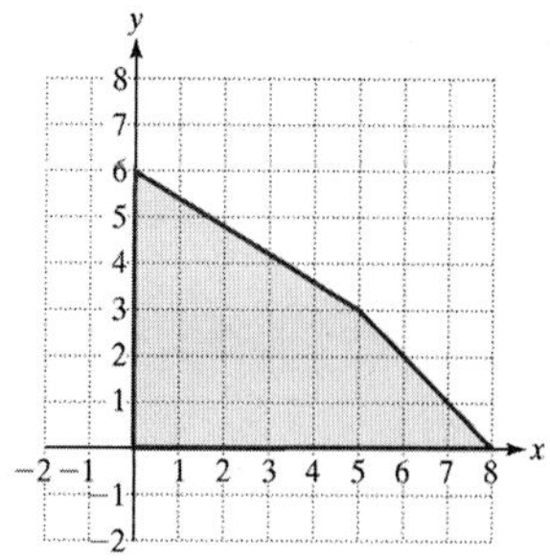

**63.** **a.** $2x + 2y \leq 50$

**b.** $x \geq 0$ and $y \geq 0$ and $2x + 2y \leq 50$

$x \geq 0$ represents the points to the right of the vertical line $x = 0$. Shade the region to the right of the boundary line using a solid line border.

$y \geq 0$ represents the points above the horizontal line $y = 0$. Shade the region above the boundary line using a solid line border.

Graph the related equation $2x + 2y = 50$ by using a solid line.

Test point above $(0, 27)$:
$$2(0) + 2(27) \leq 50$$
$$54 \leq 50$$
$(0, 27)$ is not a solution.

Test point below $(0, 0)$:
$$2(0) + 2(0) \leq 50$$
$$0 \leq 50$$
$(0, 0)$ is a solution.

Shade the region below the boundary line.

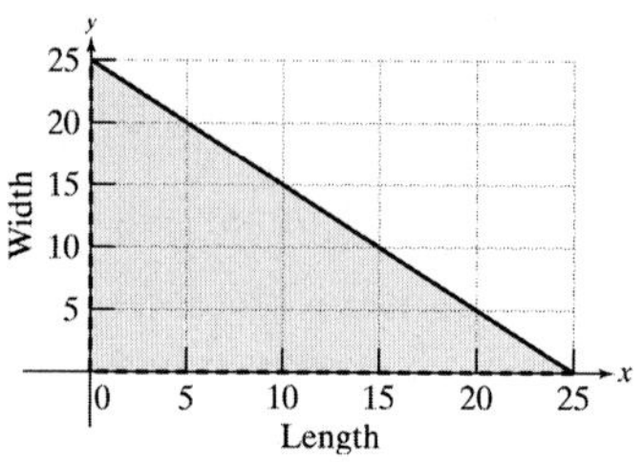

**65.** **a.** $x \ge 0,\ y \ge 0$

**b.** $x \le 40,\ y \le 40$

**c.** $x + y \ge 65$

**d.** $x \ge 0$ and $y \ge 0$ and $x \le 40$ and $y \le 40$ and $x + y \ge 65$

$x \ge 0$ represents the points to the right of the vertical line $x = 0$. Shade the region to the right of the boundary line using a solid line border.

$y \ge 0$ represents the points above the horizontal line $y = 0$. Shade the region above the boundary line using a solid line border.

$x \le 40$ represents the points to the left of the vertical line $x = 40$. Shade the region to the left of the boundary line using a solid line border.

$y \le 40$ represents the points below the horizontal line $y = 40$. Shade the region below the boundary line using a solid line border.

Graph the related equation $x + y = 65$ by using a solid line.

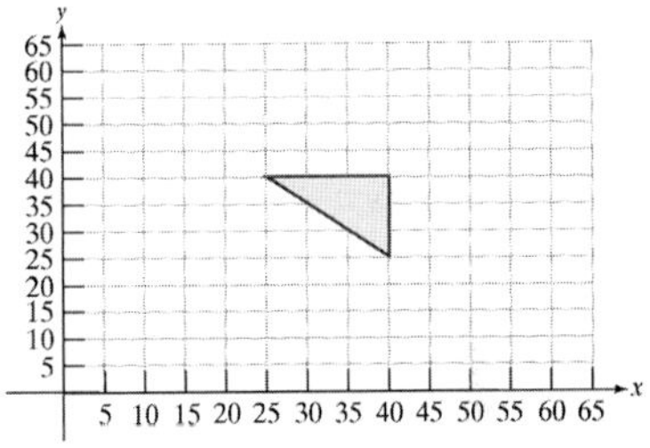

Test point above $(0, 66)$:

$$0 + 66 \ge 65$$
$$66 \ge 65$$

$(0, 66)$ is a solution.

Test point below $(0, 0)$:

$$0 + 0 \ge 65$$
$$0 \ge 65$$

$(0, 0)$ is not a solution.

Shade the region above the boundary line.

The solution is the intersection of the graphs.

**e.** Yes. The point (35, 40) means that Karen works 35 hours and Todd works 40 hours.

**f.** No. The point (20, 40) means that Karen works 20 hours and Todd works 40 hours. This does not satisfy the constraint that there must be at least 65 hours total.

# Chapter 8 Review Exercises

## Section 8.1

**1.** $4m > -11$ and $4m - 3 \le 13$

$$m > -\frac{11}{4} \quad \cap \quad 4m \le 16$$

$$m > -\frac{11}{4} \quad \cap \quad m \le 4$$

$$\left(-\frac{11}{4}, \infty\right) \cap (-\infty, 4] = \left(-\frac{11}{4}, 4\right]$$

**3.** $-3y + 1 \ge 10$ and $-2y - 5 \le -15$

$$-3y \ge 9 \quad \cap \quad -2y \le -10$$

$$y \le -3 \quad \cap \quad y \ge 5$$

$$(-\infty, -3] \cap [5, \infty) = \text{No solution}$$

**5.**
$$\frac{2}{3}t-3\le 1 \quad \text{or} \quad \frac{3}{4}t-2>7$$
$$\frac{2}{3}t\le 4 \quad \cup \quad \frac{3}{4}t>9$$
$$\frac{3}{2}\cdot\frac{2}{3}t\le\frac{3}{2}\cdot 4 \quad \cup \quad \frac{4}{3}\cdot\frac{3}{4}t>\frac{4}{3}\cdot 9$$
$$t\le 6 \quad \cup \quad t>12$$
$$(-\infty,\ 6]\cup(12,\ \infty)$$

**7.**
$$-7<-7(2w+3) \quad \text{or} \quad -2<-4(3w-1)$$
$$-7<-14w-21 \quad \cup \quad -2<-12w+4$$
$$14<-14w \quad \cup \quad -6<-12w$$
$$-1>w \quad \cup \quad \frac{1}{2}>w$$
$$(-\infty,\ -1)\cup\left(-\infty,\ \frac{1}{2}\right)=\left(-\infty,\ \frac{1}{2}\right)$$

**9.**
$$2\ge-(b-2)-5b\ge-6$$
$$2\ge-b+2-5b\ge-6$$
$$2\ge-6b+2\ge-6$$
$$0\ge-6b\ge-8$$
$$0\le b\le\frac{4}{3} \qquad \left[0,\ \frac{4}{3}\right]$$

**11.**
$$-1<\frac{1}{3}(x+3)<5$$
$$-3<x+3<15$$
$$-6<x<12 \qquad (-6,12)$$
All real numbers between –6 and 12

**13.** **a.** $125\le x\le 200$

**b.** $x<125$ or $x>200$

**15.** **a.** The solution is the intersection of the two inequalities. $\{x|-2\le x\le 5\}$

**b.** The solution is the union of the two inequalities – the set of all real numbers

## Section 8.2

**17.** **a.**
$$\frac{4x}{x-2}=0$$
$$4x=0(x-2)$$
$$4x=0$$
$$x=0 \qquad (0,\ 0) \text{ is the } x\text{-intercept.}$$

**b.** $k(x)$ is undefined for $x=2$. $x=2$ is the vertical asymptote.

**c.** $\frac{4x}{x-2}\ge 0$ The boundary points are 0 and 2 (undefined).

Use test points $x=-1$, $x=1$, and $x=3$.

Test $x=-1$: $\frac{4(-1)}{-1-2}=\frac{-4}{-3}=\frac{4}{3}\ge 0$ True

Test $x=1$: $\frac{4(1)}{1-2}=\frac{4}{-1}=-4\ge 0$ False

Test $x=3$: $\frac{4(3)}{3-2}=\frac{12}{1}=12\ge 0$ True

The boundary point at $x=0$ is included.

The solution is $\{x|x\le 0 \text{ or } x>2\}$ or $(-\infty,\ 0]\cup(2,\ \infty)$.

On the intervals $(-\infty,\ 0]$ and $(2,\ \infty)$ the graph is on or above the $x$-axis.

**d.** $\frac{4x}{x-2} \le 0$ The boundary points are 0 and 2 (undefined).

Use test points $x = -1$, $x = 1$, and $x = 3$.

Test $x=-1$: $\frac{4(-1)}{-1-2} = \frac{-4}{-3} = \frac{4}{3} \le 0$ False

Test $x=1$: $\frac{4(1)}{1-2} = \frac{4}{-1} = -4 \le 0$ True

Test $x=3$: $\frac{4(3)}{3-2} = \frac{12}{1} = 12 \le 0$ False

The boundary point at $x = 0$ is included.

The solution is $\{x | 0 \le x < 2\}$ or $[0, 2)$.

On the interval $[0, 2)$ the graph is on or below the $x$-axis.

**19.** $t^2 + 6t + 9 \ge 0$

$(t+3)^2 \ge 0$

The quantity $(t+3)^2$ is greater than or equal to zero for all real numbers. The solution is all real numbers, $(-\infty, \infty)$.

**21.** $\frac{8}{p-1} \ge -4$

$\frac{8}{p-1} = -4$

$8 = -4(p-1)$

$8 = -4p + 4$

$4 = -4p$

$p = -1$

Boundary points are $-1$ and 1 (undefined).
Use test points $p = -2$, $p = 0$, and $p = 2$.

Test $p=-2$: $\frac{8}{-2-1} = \frac{8}{-3} = -\frac{8}{3} \ge -4$ True

Test $p=0$: $\frac{8}{0-1} = \frac{8}{-1} = -8 \ge -4$ False

Test $p=2$: $\frac{8}{2-1} = \frac{8}{1} = 8 \ge -4$ True

The boundary point $p = -1$ is included.
The solution is

$\{p | p \le -1 \text{ or } p > 1\}$ or $(-\infty, -1] \cup (1, \infty)$.

**23.** $-3c(c+2)(2c-5)<0$

$-3c(c+2)(2c-5)=0$

$$-3c=0 \text{ or } c+2=0 \text{ or } 2c-5=0$$
$$c=0 \text{ or } c=-2 \text{ or } 2c=5$$
$$c=0 \text{ or } c=-2 \text{ or } c=\frac{5}{2}$$

The boundary points are –2, 0 and $\frac{5}{2}$.

Use test points $c = -3$, $c = -1$, $c = 1$, and $c = 3$.

Test $c=-3$: $-3(-3)(-3+2)(2(-3)-5)=9(-1)(-11)=99<0$ False

Test $c=-1$: $-3(-1)(-1+2)(2(-1)-5)=3(1)(-7)=-21<0$ True

Test $c=1$: $-3(1)(1+2)(2(1)-5)=-3(3)(-3)=27<0$ False

Test $c=3$: $-3(3)(3+2)(2(3)-5)=-9(5)(1)=-45<0$ True

The boundary points are not included.

The solution is $\left\{c \middle| -2<c<0 \text{ or } c>\frac{5}{2}\right\}$ or $(-2, 0)\cup\left(\frac{5}{2}, \infty\right)$.

**25.** $y^2+4y>5$

$y^2+4y=5$

$y^2+4y-5=0$

$(y+5)(y-1)=0$

$$y+5=0 \text{ or } y-1=0$$
$$y=-5 \text{ or } y=1$$

The boundary points are –5 and 1.

Use test points $y = -6$, $y = 0$, and $y = 2$.

Test $y=-6$:

$(-6)^2+4(-6)=36-24=12>5$ True

Test $y=0$:

$(0)^2+4(0)=0+0=0>5$ False

Test $y=2$:

$(2)^2+4(2)=4+8=12>5$ True

The boundary points are not included.

The solution is

$\{y \mid y<-5 \text{ or } y>1\}$ or $(-\infty, -5)\cup(1, \infty)$.

**27.** $\frac{2a}{a+3}\le 2$

$\frac{2a}{a+3}=2$

$2a=2(a+3)$

$2a=2a+6$

$0=6$ contradiction

Boundary point is –3 (undefined).

Use test points $a = -4$ and $a = 0$.

Test $a=-4$: $\frac{2(-4)}{-4+3}=\frac{-8}{-1}=8\le 2$ False

Test $a=0$: $\frac{2(0)}{0+3}=\frac{0}{3}=0\le 2$ True

The boundary point is not included.

The solution is $\{a \mid a>-3\}$ or $(-3, \infty)$.

**29.**
$$-x^2-4x<4$$
$$-x^2-4x-4<0$$
$$-\left(x^2+4x+4\right)<0$$
$$x^2+4x+4>0$$
$$(x+2)^2>0$$

The quantity $(x+2)^2$ is greater than zero for all real numbers except $x=-2$, for which it is zero. The solution is all real numbers except $-2$ or $(-\infty, -2)\cup(-2, \infty)$.

## Section 8.3

**31.** $|x|=17$

$x=17$ or $x=-17$

**33.** $|5.25-5x|=7.45$

$5.25-5x=7.45$ or $5.25-5x=-7.45$

$-5x=2.2$ or $-5x=-12.7$

$x=-0.44$ or $x=2.54$

**35.**
$$5=|x-2|+4$$
$$1=|x-2|$$

$x-2=1$ or $x-2=-1$

$x=3$ or $x=1$

**37.** $|3x-1|+7=3$

$|3x-1|=-4$

No solution

**39.**
$$\left|\frac{4x+5}{-2}\right|-3=-3$$
$$\left|\frac{4x+5}{-2}\right|=0$$

$\dfrac{4x+5}{-2}=0$ or $\dfrac{4x+5}{-2}=-0$

$$4x+5=0$$
$$4x=-5$$
$$x=-\frac{5}{4}$$

**41.** $|8x+9|=|8x-1|$

$8x+9=8x-1$ or $8x+9=-(8x-1)$

$8x+9=8x-1$ or $8x+9=-8x+1$

$9=-1$ or $16x+9=1$

contradiction or $16x=-8$

$x=-\dfrac{1}{2}$

## Section 8.4

**43.** $|x|>5$

**45.** $|x|<6$

**47.** $|x+6| \geq 8$

$x+6 \leq -8 \quad \text{or} \quad x+6 \geq 8$

$x \leq -14 \quad \text{or} \quad x \geq 2$

$(-\infty, -14] \cup [2, \infty)$

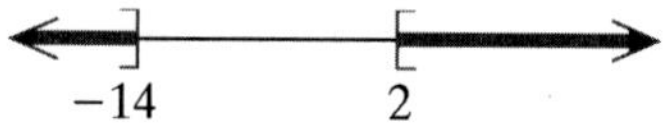


**49.** $2|7x-1|+4>4$

$2|7x-1|>0$

$|7x-1|>0$

$7x-1<-0 \quad \text{or} \quad 7x-1>0$

$7x<1 \quad \text{or} \quad 7x>1$

$x<\frac{1}{7} \quad \text{or} \quad x>\frac{1}{7}$

$\left(-\infty, \frac{1}{7}\right) \cup \left(\frac{1}{7}, \infty\right)$

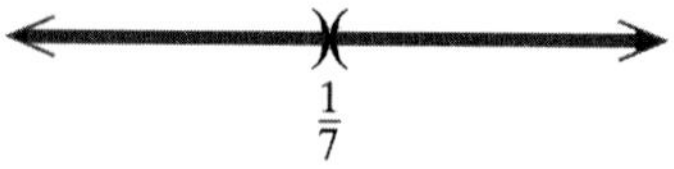


**51.** $|3x+4|-6 \leq -4$

$|3x+4| \leq 2$

$-2 \leq 3x+4 \leq 2$

$-6 \leq 3x \leq -2$

$-2 \leq x \leq -\frac{2}{3} \qquad \left[-2, -\frac{2}{3}\right]$

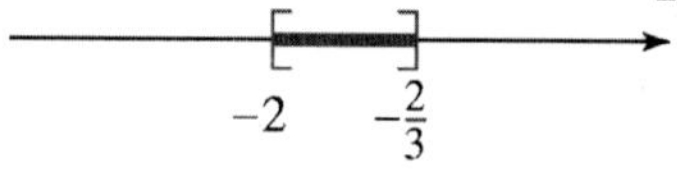


**53.** $\left|\frac{x}{2}-6\right|<5$

$-5<\frac{x}{2}-6<5$

$1<\frac{x}{2}<11$

$2<x<22 \qquad (2, 22)$

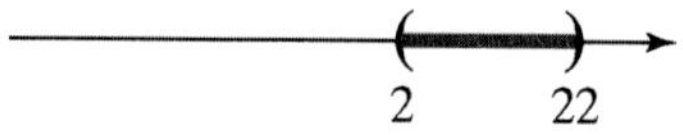


**55.** $|4-2x|+8 \geq 8$

$|4-2x| \geq 0$

$4-2x \leq -0 \quad \text{or} \quad 4-2x \geq 0$

$-2x \leq -4 \quad \text{or} \quad -2x \geq -4$

$x \geq 2 \quad \text{or} \quad x \leq 2$

$[2, \infty) \cup (-\infty, 2] = (-\infty, \infty)$

**57.** $-2|5.2x-7.8|<13$

$|5.2x-7.8|>-\frac{13}{2}$

All real numbers $\quad (-\infty, \infty)$

**59.** $|3x-8|<-1$

No solution

**61.** If an absolute value is less than a negative number, there will be no solution.

**63.** $|p-0.20| \leq 0.03$

$-0.03 \leq p-0.20 \leq 0.03$

$0.17 \leq p \leq 0.23 \qquad [0.17, 0.23]$

This means that the actual percentage of viewers is estimated to be between 17% and 23%, inclusive.

## Section 8.5

**65.** $2x > -y + 5$

Graph the related equation $2x = -y + 5$ by using a dashed line.

Test point above $(0, 6)$:

$$2(0) > -(6) + 5$$
$$0 > -1$$

$(0, 6)$ is a solution.

Test point below $(0, 0)$:

$$2(0) > -(0) + 5$$
$$0 > 5$$

$(0, 0)$ is not a solution.

Shade the region above the boundary line.

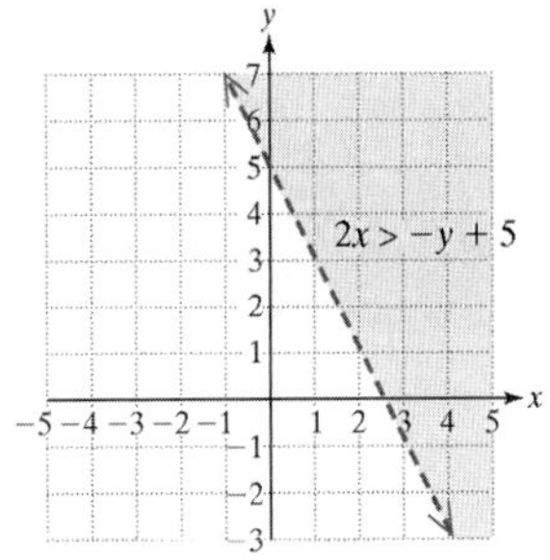


**67.** $y \geq -\frac{2}{3}x + 3$

Graph the related equation $y = -\frac{2}{3}x + 3$ by using a solid line.

Test point above $(0, 4)$:

$$4 \geq -\frac{2}{3}(0) + 3$$
$$4 \geq 3$$

$(0, 4)$ is a solution.

Test point below $(0, 0)$:

$$0 \geq -\frac{2}{3}(0) + 3$$
$$0 \geq 3$$

$(0, 0)$ is not a solution.

Shade the region above the boundary line.

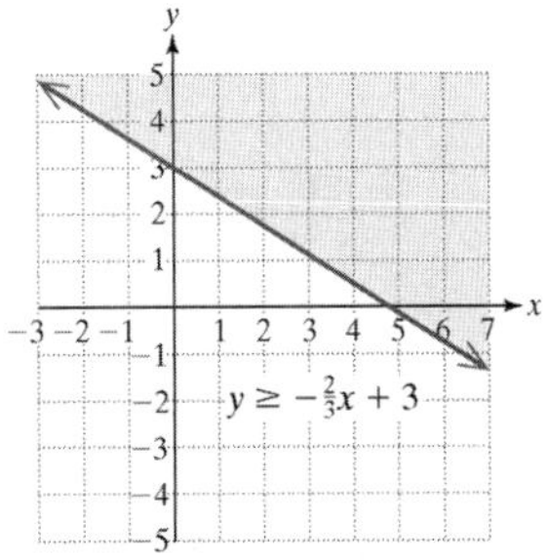


**69.** $x > -3$ represents all the points to the right of the vertical line $x = -3$. The boundary is a dashed line.

Shade the region to the right of the boundary line.

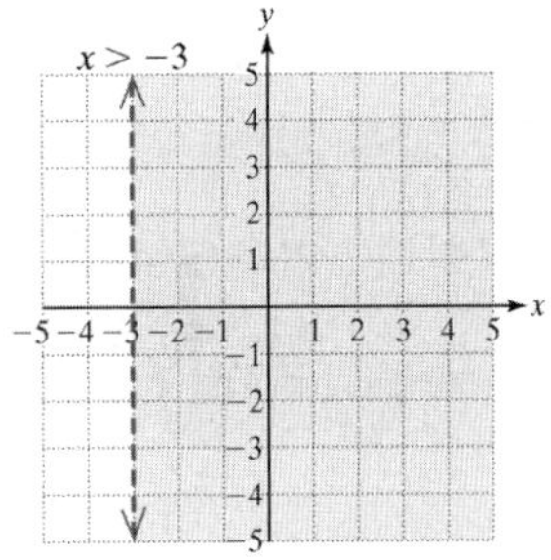


**71.** $x \geq \frac{1}{2}y$

Graph the related equation $x = \frac{1}{2}y$ by using a solid line.

Test point above $(0, 2)$:

$$0 \geq \frac{1}{2}(2)$$
$$0 \geq 1$$

$(0, 2)$ is not a solution.

Test point below $(0, -2)$:

$$0 \geq \frac{1}{2}(-2)$$
$$0 \geq -1$$

$(0, -2)$ is a solution.

Shade the region below the boundary line.

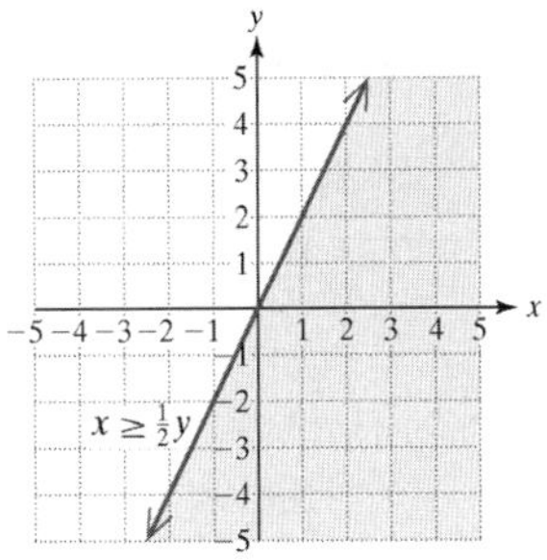

**73.** $2x-y>-2$ and $2x-y\le 2$

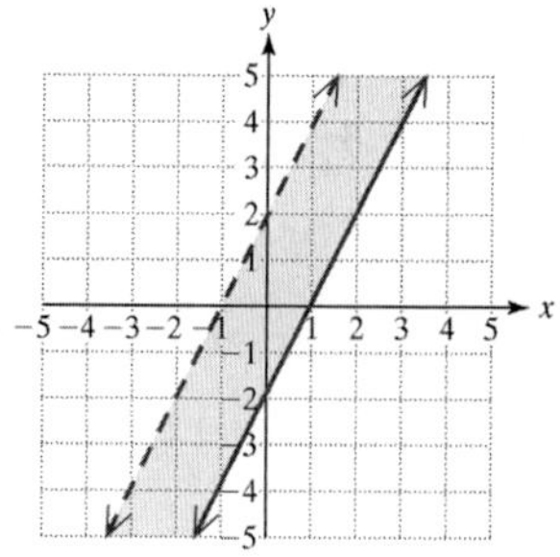


Graph the related equation $2x-y=-2$ by using a dashed line.

| Test point above $(0,\ 3)$: | Test point below $(0,\ 0)$: |
|---|---|
| $2(0)-3>-2$ | $2(0)-0>-2$ |
| $-3>-2$ | $0>-2$ |
| $(0,\ 3)$ is not a solution. | $(0,\ 0)$ is a solution. |

Shade the region below the boundary line.

Graph the related equation $2x-y=2$ by using a solid line.

| Test point above $(0,\ 0)$: | Test point below $(0,\ -3)$: |
|---|---|
| $2(0)-0\le 2$ | $2(0)-(-3)\le 2$ |
| $0\le 2$ | $3\le -2$ |
| $(0,\ 0)$ is a solution. | $(0,\ -3)$ is not a solution. |

Shade the region above the boundary line.

The solution is the intersection of the graphs.

**75.** $x\ge 0$ and $y\ge 0$ and $y\ge -\frac{3}{2}x+4$

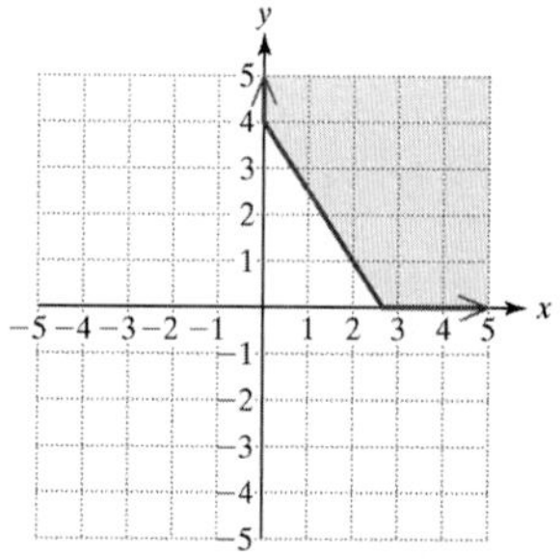


$x\ge 0$ represents the points to the right of the vertical line $x=0$. Shade the region to the right of the boundary line using a solid line border.

$y\ge 0$ represents the points above the horizontal line $y=0$.

Shade the region above the boundary line using a solid line border.

Graph the related equation $y=-\frac{3}{2}x+4$ by using a solid line.

| Test point above $(0,\ 5)$: | Test point below $(0,\ 0)$: |
|---|---|
| $5\ge -\frac{3}{2}(0)+4$ | $0\ge -\frac{3}{2}(0)+4$ |
| $5\ge 4$ | $0\ge 4$ |
| $(0,\ 5)$ is a solution. | $(0,\ 0)$ is not a solution. |

Shade the region above the boundary line.

The solution is the intersection of the graphs.

**77.** $-2x+y\leq 4$ and $y\leq -x+6$ and $y\geq 0$

Graph the related equation $-2x+y=4$ by using a solid line.

Test point above $(0, 5)$: Test point below $(0, 0)$:

$-2(0)+5\leq 4$ $\quad$ $-2(0)+0\leq 4$

$5\leq 4$ $\quad$ $0\leq 4$

$(0, 5)$ is not a solution. $(0, 0)$ is a solution.

Shade the region below the boundary line.

Graph the related equation $y=-x+6$ by using a solid line.

Test point above $(0, 7)$: Test point below $(0, 0)$:

$7\leq -(0)+6$ $\quad$ $0\leq -(0)+6$

$7\leq 6$ $\quad$ $0\leq 6$

$(0, 7)$ is not a solution. $(0, 0)$ is a solution.

Shade the region below the boundary line.

$y\geq 0$ represents the points above the horizontal line $y=0$.

Shade the region above the boundary line using a solid line border.

The solution is the intersection of the graphs.

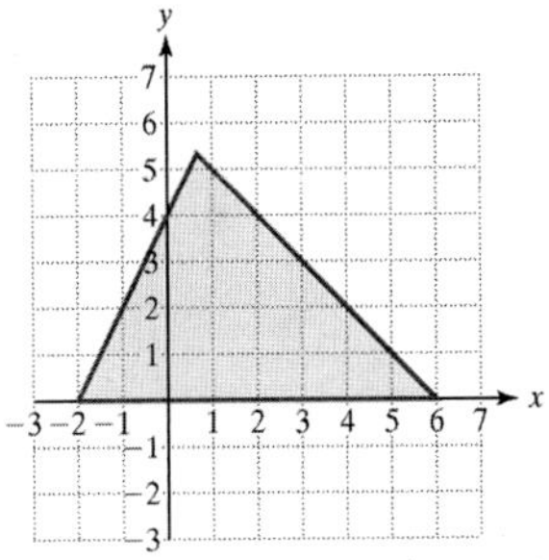


## Chapter 8 Test

**1.** $-2\leq 3x-1\leq 5$

$-1\leq 3x\leq 6$

$-\frac{1}{3}\leq x\leq 2$ $\quad$ $\left[-\frac{1}{3}, 2\right]$

**3.** $-2x-3>-3$ and $x+3\geq 0$

$-2x>0 \quad \cap \quad x\geq -3$

$x<0 \quad \cap \quad x\geq -3$

$(-\infty, 0)\cap[-3, \infty)=[-3, 0)$

**5.** $2x-3>1$ and $x+4<-1$

$2x>4 \cap \quad x<-5$

$x>2 \cap \quad x<-5$

$(2, \infty)\cap(-\infty, -5)=$ No solution

**7.** $\frac{2x-1}{x-6}\leq 0$

$\frac{2x-1}{x-6}=0$

$2x-1=0$

$2x=1$

$x=\frac{1}{2}$

Boundary points are $\frac{1}{2}$ and 6 (undefined).

Use test points $x = 0$, $x = 1$, and $x = 7$.

Test $x=0$: $\frac{2(0)-1}{0-6}=\frac{-1}{-6}=\frac{1}{6}\leq 0$ False

Test $x=1$: $\frac{2(1)-1}{1-6}=\frac{1}{-5}=-\frac{1}{5}\leq 0$ True

Test $x=7$: $\frac{2(7)-1}{7-6}=\frac{13}{1}=13\leq 0$ False

The boundary point $x=\frac{1}{2}$ is included.

The solution is $\left\{x\,\middle|\,\frac{1}{2}\leq x<6\right\}$ or $\left[\frac{1}{2}, 6\right)$.

**9.**
$$y^3+3y^2-4y-12<0$$
$$y^3+3y^2-4y-12=0$$
$$y^2(y+3)-4(y+3)=0$$
$$(y+3)(y^2-4)=0$$
$$(y+3)(y+2)(y-2)=0$$
$$y+3=0 \quad\text{or}\quad y+2=0 \quad\text{or}\quad y-2=0$$
$$y=-3 \quad\text{or}\quad y=-2 \quad\text{or}\quad y=2$$
The boundary points are –3, –2, and 2. Use test points $y=-4$, $y=-2.5$, $y=0$, and $y=3$.

Test $y=-4$: $(-4)^3+3(-4)^2-4(-4)-12=-64+48+16-12=-12<0$ True

Test $y=-2.5$: $(-2.5)^3+3(-2.5)^2-4(-2.5)-12=-15.625+18.75+10-12=1.125<0$ False

Test $y=0$: $(0)^3+3(0)^2-4(0)-12=0+0-0-12=-12<0$ True

Test $y=3$: $(3)^3+3(3)^2-4(3)-12=27+27-12-12=30<0$ False

The boundary points are not included.
The solution is $\{u|\,y<-3 \text{ or } -2<y<2\}$ or $(-\infty, -3)\cup(-2, 2)$.

**11.** $5x^2-2x+2<0$
$a=5,\ b=-2,\ c=2$
$$x=\frac{-(-2)\pm\sqrt{(-2)^2-4(5)(2)}}{2(5)}$$
$$=\frac{2\pm\sqrt{4-40}}{10}=\frac{2\pm\sqrt{-36}}{10}=\frac{2\pm 6i}{10}$$
Since the solutions for the related equation are complex numbers, there are either no real number solutions or all real numbers as solutions. Test to check.
Test $x=0$:
$5(0)^2-2(0)+2=0-0+2=2<0$ False
There are no real number solutions.

**13.**
$$\left|\frac{1}{2}x+3\right|-4=4$$
$$\left|\frac{1}{2}x+3\right|=8$$
$$\frac{1}{2}x+3=8 \quad\text{or}\quad \frac{1}{2}x+3=-8$$
$$\frac{1}{2}x=5 \quad\text{or}\quad \frac{1}{2}x=-11$$
$$x=10 \quad\text{or}\quad x=-22$$

**15.** **a.**
$$|x-3|-4=0$$
$$|x-3|=4$$
$$x-3=-4 \quad\text{or}\quad x-3=4$$
$$x=-1 \quad\text{or}\quad x=7$$
$(-1, 0)$ and $(7, 0)$ are the $x$-intercepts.

**b.**
$$|x-3|-4<0$$
$$|x-3|<4$$
$$-4<x-3<4$$
$$-1<x<7$$
On the interval $(-1, 7)$ the graph is below the $x$-axis.

**c.**
$$|x-3|-4>0$$
$$|x-3|>4$$
$$x-3<-4 \quad\text{or}\quad x-3>4$$
$$x<-1 \quad\text{or}\quad x>7$$
On the intervals $(-\infty, -1)$ and $(7, \infty)$ the graph is above the $x$-axis.

**17.** $|3x-8|>9$

$$3x-8<-9 \text{ or } 3x-8>9$$
$$3x<-1 \text{ or } 3x>17$$
$$x<-\frac{1}{3} \text{ or } x>\frac{17}{3}$$
$$\left(-\infty, -\frac{1}{3}\right)\cup\left(\frac{17}{3}, \infty\right)$$

**19.** $|7-3x|+1>-3$

$$|7-3x|>-4$$

All real numbers $(-\infty, \infty)$

**21.** $2x-5y\geq 10$

Graph the related equation $2x-5y=10$ by using a solid line.

Test point above $(0, 0)$: $2(0)-5(0)\geq 10$, $0\geq 10$. $(0, 0)$ is not a solution.

Test point below $(0, -3)$: $2(0)-5(-3)\geq 10$, $15\geq 10$. $(0, -3)$ is a solution.

Shade the region below the boundary line.

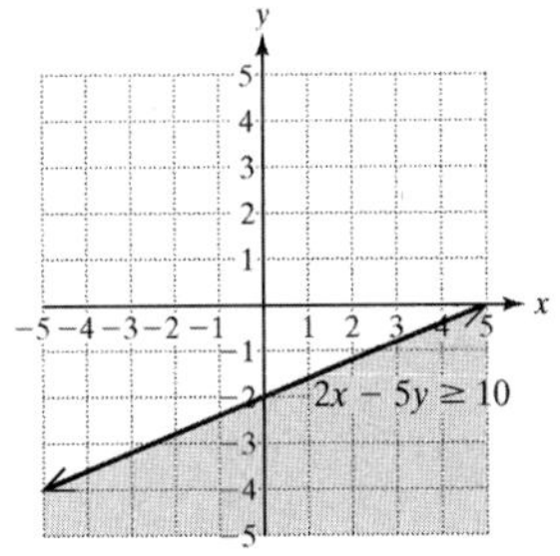


**23.** $5x\leq 5$ or $x+y\leq 0$

Graph the related equation $5x=5$ or $x=1$ by using a solid line.

Shade the region to the left of the boundary line.

Graph the related equation $x+y=0$ by using a solid line.

Test point above $(0, 1)$: $0+1\leq 0$, $1\leq 0$. $(0, 1)$ is not a solution.

Test point below $(0, -1)$: $0+(-1)\leq 0$, $-1\leq 0$. $(0, -1)$ is a solution.

Shade the region below the boundary line.

The solution is the intersection of the graphs.

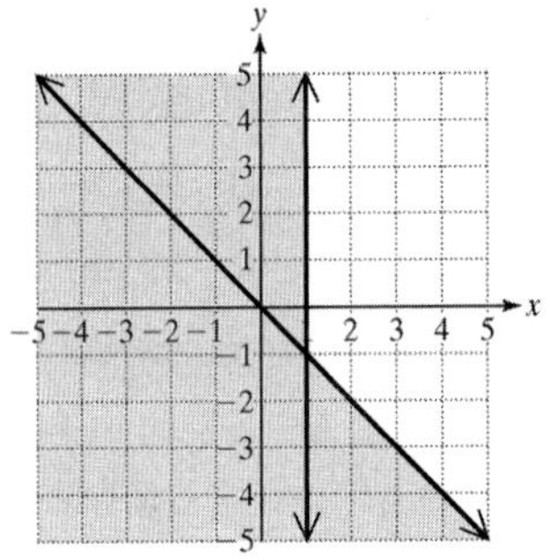

## Chapters 1 – 8 Cumulative Review Exercises

**1.** $(2x-3)(x-4)-(x-5)^2$

$$=2x^2-8x-3x+12-\left(x^2-10x+25\right)$$
$$=2x^2-11x+12-x^2+10x-25$$
$$=x^2-x-13$$

**3. a.**
$$\begin{aligned} 2|3-p|-4&=2\\ 2|3-p|&=6\\ |3-p|&=3\\ 3-p=-3 &\text{ or } 3-p=3\\ -p=-6 &\text{ or } -p=0\\ p=6 &\text{ or } p=0 \end{aligned}$$

**b.**
$$\begin{aligned} 2|3-p|-4&<2\\ 2|3-p|&<6\\ |3-p|&<3\\ -3<3-p&<3\\ -6<-p&<0\\ 6>p>0 &\quad (0, 6) \end{aligned}$$

**c.**
$$\begin{aligned} 2|3-p|-4&>2\\ 2|3-p|&>6\\ |3-p|&>3\\ 3-p<-3 &\text{ or } 3-p>3\\ -p<-6 &\text{ or } -p>0\\ p>6 &\text{ or } p<0\\ (-\infty, 0)&\cup(6, \infty) \end{aligned}$$

**5.** $4x-y>12$

Graph the related equation $4x-y=12$ by using a dashed line.

Test point above $(0, 0)$:

$4(0)-(0)>12$

$0>12$

$(0, 0)$ is not a solution.

Test point below $(4, 0)$:

$4(4)-(0)>12$

$16>0$

$(4, 0)$ is a solution.

Shade the region below the boundary line.

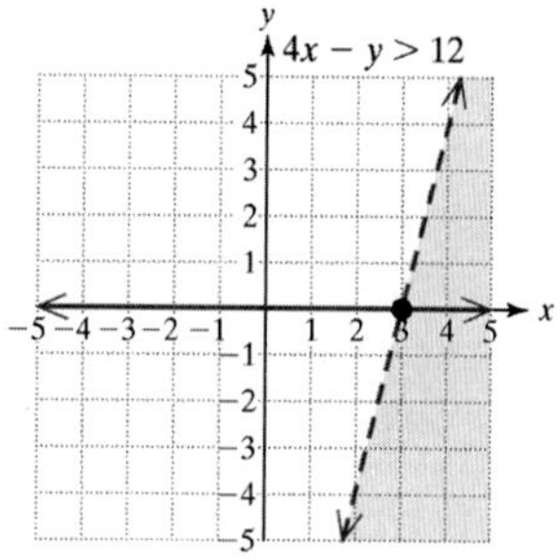


**7. a.**
$$\begin{aligned} 2x^2+x-10&\geq 0\\ 2x^2+x-10&=0\\ (2x+5)(x-2)&=0\\ 2x+5=0 &\text{ or } x-2=0\\ 2x=-5 &\text{ or } x=2\\ x=-\frac{5}{2} &\text{ or } x=2 \end{aligned}$$

The boundary points are $-\frac{5}{2}$ and 2.
Use test points $x = -3$, $x = 0$, and $x = 3$.

Test $x=-3$:

$2(-3)^2+(-3)-10=18-3-10=5\geq 0$ True

Test $x=0$:

$2(0)^2+(0)-10=0+0-10=-10\geq 0$ False

Test $x=3$:

$2(3)^2+(3)-10=18+3-10=11\geq 0$ True

The boundary points are included.
The solution is
$\left\{x \,\middle|\, x\leq -\frac{5}{2} \text{ or } x\geq 2\right\}$ or $\left(-\infty, -\frac{5}{2}\right]\cup[2, \infty)$.

**b.** On these intervals, the graph is on or above the $x$-axis.

**9.** $2-3(x-5)+2[4-(2x+6)]$
$=2-3x+15+2[4-2x-6]$
$=-3x+17+2[-2x-2]$
$=-3x+17-4x-4$
$=-7x+13$

**11. a.** $A=\frac{1}{2}h(b_1+b_2)$ Solve for $b_1$:
$2A=h(b_1+b_2)$
$2A=hb_1+hb_2$
$2A-hb_2=hb_1$
$b_1=\frac{2A-hb_2}{h}$ or $b_1=\frac{2A}{h}-b_2$

**b.** $b_1=\frac{2(32)-4(6)}{4}=\frac{64-24}{4}=\frac{40}{4}=10$ cm.

**13.** Let $x$ = measure of one angle
$2x+9$ = measure of the other angle
$x+(2x+9)=180$
$3x+9=180$
$3x=171$
$x=57$
$2x+9=2(57)+9=123$
The angles are 57° and 123°.

**15.** Write the equations of the lines in slope-intercept form:
$4x-2y=5 \rightarrow -2y=-4x+5 \rightarrow y=2x-\frac{5}{2}$
$-3x+6y=10 \rightarrow 6y=3x+10 \rightarrow y=\frac{1}{2}x+\frac{5}{3}$
The slopes are different and not negative reciprocals of each other, so the lines are neither parallel nor perpendicular.

**17.** $y-(-7)=-\frac{2}{3}(x-4)$
$y+7=-\frac{2}{3}x+\frac{8}{3}$
$y=-\frac{2}{3}x-\frac{13}{3}$

**19. a.** $4\times 3$
**b.** $3\times 3$

**21. a.** Quadratic function
**b.** $P(x)=-\frac{1}{5}(x-20)(x-650)$
$P(0)=-\frac{1}{5}(0-20)(0-650)$
$=-\frac{1}{5}(-20)(-650)$
$=-2600$
The company will lose \$2600 if no desks are produced.

**c.** $-\frac{1}{5}(x-20)(x-650)=0$
$x-20=0$ or $x-650=0$
$x=20$ or $x=650$

The company will break even (\$0 profit) when 20 desks or 650 desks are produced.

**23.** $\frac{x^{-1}-y^{-1}}{y^{-2}-x^{-2}}=\frac{\frac{1}{x}-\frac{1}{y}}{\frac{1}{y^2}-\frac{1}{x^2}}=\frac{\frac{1}{x}-\frac{1}{y}}{\frac{1}{y^2}-\frac{1}{x^2}}\cdot\frac{x^2y^2}{x^2y^2}$
$=\frac{xy^2-x^2y}{x^2-y^2}=\frac{xy(y-x)}{(x-y)(x+y)}=-\frac{xy}{x+y}$

**25.** $$\frac{1}{x^2-7x+10}+\frac{1}{x^2+8x-20}=\frac{1}{(x-5)(x-2)}+\frac{1}{(x+10)(x-2)}$$
$$=\frac{1}{(x-5)(x-2)}\cdot\frac{x+10}{x+10}+\frac{1}{(x+10)(x-2)}\cdot\frac{x-5}{x-5}$$
$$=\frac{x+10+x-5}{(x-5)(x-2)(x+10)}=\frac{2x+5}{(x-5)(x-2)(x+10)}$$

# Chapter 9 Exponential and Logarithmic Functions

## Chapter Opener Puzzle

| | | | | | |
|---|---|---|---|---|---|
| 6 | 5 | a 3 | 4 | 2 | b 1 |
| 4 | 2 | 1 | c 6 | d 5 | 3 |
| e 1 | f 4 | 5 | 3 | g 6 | h 2 |
| 3 | i 6 | 2 | 1 | j 4 | k 5 |
| 5 | l 1 | m 4 | 2 | 3 | 6 |
| n 2 | 3 | 6 | 5 | 1 | 4 |

## Section 9.1 Algebra of Functions and Composition

### Section 9.1 Practice Exercises

**1.** The <u>composition of functions</u> *f* and *g*, denoted $f \circ g$, is defined by the rule $(f \circ g)(x) = f(g(x))$ provided that $g(x)$ is in the domain of *f*.

**3.** $$\begin{aligned}(f+g)(x) &= f(x)+g(x)\\ &= (x+4)+(2x^2+4x)\\ &= x+4+2x^2+4x\\ &= 2x^2+5x+4\end{aligned}$$

**5.** $$\begin{aligned}(g-f)(x) &= g(x)-f(x)\\ &= (2x^2+4x)-(x+4)\\ &= 2x^2+4x-x-4\\ &= 2x^2+3x-4\end{aligned}$$

**7.** $$\begin{aligned}(f\cdot h)(x) &= f(x)\cdot h(x)\\ &= (x+4)(x^2+1)\\ &= x^3+4x^2+x+4\end{aligned}$$

**9.** $$\begin{aligned}(g\cdot f)(x) &= g(x)\cdot f(x)\\ &= (2x^2+4x)(x+4)\\ &= 2x^3+8x^2+4x^2+16x\\ &= 2x^3+12x^2+16x\end{aligned}$$

**11.** $$\left(\frac{h}{f}\right)(x) = \frac{h(x)}{f(x)} = \frac{x^2+1}{x+4},\ x \neq -4$$

**13.** $$\left(\frac{f}{g}\right)(x) = \frac{f(x)}{g(x)} = \frac{x+4}{2x^2+4x},\ x \neq 0,\ x \neq -2$$

**15.** $$\begin{aligned}(f\circ g)(x) &= f(g(x))\\ &= f(2x^2+4x) = 2x^2+4x+4\end{aligned}$$

**17.** $$\begin{aligned}(g\circ f)(x) &= g(f(x)) = g(x+4)\\ &= 2(x+4)^2+4(x+4)\\ &= 2(x^2+8x+16)+4x+16\\ &= 2x^2+16x+32+4x+16\\ &= 2x^2+20x+48\end{aligned}$$

**19.** $(k\circ h)(x)=k(h(x))=k(x^2+1)=\dfrac{1}{x^2+1}$

**21.** $(k\circ g)(x)=k(g(x))=k(2x^2+4x)$
$=\dfrac{1}{2x^2+4x},\quad x\neq 0, x\neq -2$

**23.** No

**25.** $f(x)=x^2-3x+1 \qquad g(x)=5x$
$(f\circ g)(x)=f(g(x))=f(5x)$
$=(5x)^2-3(5x)+1$
$=25x^2-15x+1$
$(g\circ f)(x)=g(f(x))=g(x^2-3x+1)$
$=5(x^2-3x+1)$
$=5x^2-15x+5$

**27.** $f(x)=|x| \qquad g(x)=x^3-1$
$(f\circ g)(x)=f(g(x))=f(x^3-1)$
$=|x^3-1|$
$(g\circ f)(x)=g(f(x))=g(|x|)$
$=|x|^3-1$

**29.** $h(x)=5x-4$
$(h\circ h)(x)=h(h(x))=h(5x-4)$
$=5(5x-4)-4=25x-20-4$
$=25x-24$

**31.** $(m\cdot r)(0)=m(0)\cdot r(0)$
$=0^3\cdot\sqrt{0+4}=0\sqrt{4}=0$

**33.** $(m+r)(-4)=m(-4)+r(-4)$
$=(-4)^3+\sqrt{-4+4}=-64+\sqrt{0}$
$=-64+0=-64$

**35.** $(r\circ n)(3)=r(n(3))=r(3-3)=r(0)$
$=\sqrt{0+4}=\sqrt{4}=2$

**37.** $(p\circ m)(-1)=p(m(-1))=p((-1)^3)=p(-1)$
$=\dfrac{1}{-1+2}=\dfrac{1}{1}=1$

**39.** $(m\circ p)(2)=m(p(2))=m\left(\dfrac{1}{2+2}\right)=m\left(\dfrac{1}{4}\right)$
$=\left(\dfrac{1}{4}\right)^3=\dfrac{1}{64}$

**41.** $(r+p)(-3)=r(-3)+p(-3)$
$=\sqrt{-3+4}+\dfrac{1}{-3+2}$
$=\sqrt{1}+\dfrac{1}{-1}=1-1=0$

**43.** $(m\circ p)(-2)=m(p(-2))=m\left(\dfrac{1}{-2+2}\right)$
$=m\left(\dfrac{1}{0}\right)=$ Undefined

**45.** $f(-4)=-2$

**47.** $g(-2)=2$

**49.** $(f+g)(2)=f(2)+g(2)=2+(-2)=0$

**51.** $(f\cdot g)(-1)=f(-1)\cdot g(-1)=1\cdot 1=1$

**53.** $\left(\dfrac{g}{f}\right)(0)=\dfrac{g(0)}{f(0)}=\dfrac{0}{2}=0$

**55.** $\left(\dfrac{f}{g}\right)(0)=\dfrac{f(0)}{g(0)}=\dfrac{2}{0}=$ Undefined

**57.** $(g \circ f)(-1) = g(f(-1)) = g(1) = -1$

**59.** $(f \circ g)(-4) = f(g(-4)) = f(2) = 2$

**61.** $(g \circ g)(2) = g(g(2)) = g(-2) = 2$

**63.** $a(-3) = -1$

**65.** $b(-1) = -2$

**67.** $(a-b)(-1) = a(-1) - b(-1) = 1-(-2) = 3$

**69.** $(b \cdot a)(1) = b(1) \cdot a(1) = -2 \cdot 3 = -6$

**71.** $(b \circ a)(0) = b(a(0)) = b(2) = -1$

**73.** $(a \circ b)(-4) = a(b(-4)) = a(4) = 4$

**75.** $\left(\frac{b}{a}\right)(3) = \frac{b(3)}{a(3)} = \frac{0}{5} = 0$

**77.** $(a \circ a)(-2) = a(a(-2)) = a(0) = 2$

**79.** **a.** $$\begin{aligned} P(x) &= R(x) - C(x) \\ &= 5.98x - (2.2x+1) \\ &= 5.98x - 2.2x - 1 \\ &= 3.78x - 1 \end{aligned}$$

**b.** $P(50) = 3.78(50) - 1 = 189 - 1 = \$188$

**81.** **a.** $$\begin{aligned} F(t) &= D(t) - R(t) \\ &= (0.925t + 26.958) - (0.725t + 20.558) \\ &= 0.925t + 26.958 - 0.725t - 20.558 \\ &= 0.2t + 6.4 \end{aligned}$$

$F$ represents the amount of child support (in billion dollars) not paid.

**b.** $F(4) = 0.2(4) + 6.4 = 7.2$ means that in 2004, \$7.2 billion of child support was not paid.

**83.** **a.** $$\begin{aligned} (D \circ r)(t) &= D(r(t)) = D(80t) \\ &= 7(80t) = 560t \end{aligned}$$

This function represents the total distance Joe travels as a function of time.

**b.** $(D \circ r)(10) = 560(10) = 5600$ ft

## Section 9.2 Inverse Functions

### Section 9.2 Practice Exercises

**1.** **a.** Interchanging the $x$ and $y$ values of a function creates a new function called an <u>inverse function</u>.

**b.** A <u>one-to-one function</u> is a function $f$ in which no two ordered pairs in $f$ have different $x$-coordinates and the same $y$-coordinates.

**c.** A <u>horizontal line test</u> determines whether a function is one-to-one.

**3.** The relation is a function.

**5.** The relation is not a function.

**7.** The relation is a function.

**9.** $g=\{(3, 5), (8, 1), (-3, 9), (0, 2)\}$
$g^{-1}=\{(5, 3), (1, 8), (9, -3), (2, 0)\}$

**11.** $r=\{(a, 3), (b, 6), (c, 9)\}$
$r^{-1}=\{(3, a), (6, b), (9, c)\}$

**13.** The function is not one-to-one.

**15.** The function is one-to-one.

**17.** The function is not one-to-one.

**19.** The function is one-to-one.

**21.**
$$\begin{aligned} h(x)&=x+4\\ y&=x+4\\ x&=y+4\\ x-4&=y\\ h^{-1}(x)&=x-4 \end{aligned}$$

**23.**
$$\begin{aligned} m(x)&=\frac{1}{3}x-2\\ y&=\frac{1}{3}x-2\\ x&=\frac{1}{3}y-2\\ x+2&=\frac{1}{3}y\\ 3(x+2)&=y\\ m^{-1}(x)&=3(x+2) \end{aligned}$$

**25.**
$$\begin{aligned} p(x)&=-x+10\\ y&=-x+10\\ x&=-y+10\\ x-10&=-y\\ -x+10&=y\\ p^{-1}(x)&=-x+10 \end{aligned}$$

**27.**
$$\begin{aligned} f(x)&=x^3\\ y&=x^3\\ x&=y^3\\ \sqrt[3]{x}&=y\\ f^{-1}(x)&=\sqrt[3]{x} \end{aligned}$$

**29.**
$$\begin{aligned} g(x)&=\sqrt[3]{2x-1}\\ y&=\sqrt[3]{2x-1}\\ x&=\sqrt[3]{2y-1}\\ x^3&=2y-1\\ x^3+1&=2y\\ \frac{x^3+1}{2}&=y\\ g^{-1}(x)&=\frac{x^3+1}{2} \end{aligned}$$

**31.**
$$\begin{aligned} g(x)&=x^2+9,\ x\ge 0\\ y&=x^2+9\\ x&=y^2+9\\ x-9&=y^2\\ \sqrt{x-9}&=y\\ g^{-1}(x)&=\sqrt{x-9} \end{aligned}$$

**33.**
$$\begin{aligned} q(x)&=\sqrt{x+4}\\ y&=\sqrt{x+4}\\ x&=\sqrt{y+4}\\ x^2&=y+4,\ x\ge 0\\ x^2-4&=y,\ x\ge 0\\ q^{-1}(x)&=x^2-4,\ x\ge 0 \end{aligned}$$

**35.**
$$\begin{aligned} z(x)&=-\sqrt{x+4}\\ y&=-\sqrt{x+4}\\ x&=-\sqrt{y+4}\\ x^2&=y+4,\ x\le 0\\ x^2-4&=y,\ x\le 0\\ z^{-1}(x)&=x^2-4,\ x\le 0 \end{aligned}$$

**37.** **a.** $f(x)=0.3048x$
$f(4)=0.3048(4)=1.2192$ m
$f(50)=0.3048(50)=15.24$ m

**b.** $f(x)=0.3048x$
$y=0.3048x$
$x=0.3048y$
$\dfrac{x}{0.3048}=y$
$f^{-1}(x)=\dfrac{x}{0.3048}$

**c.** $f^{-1}(1500)=\dfrac{1500}{0.3048}=4921.3$ ft

**39.** False, $x=2$ is not a function.

**41.** True, any function of the form $f(x)=mx+b\ (m\neq 0)$ has an inverse.

**43.** False, $k(1)=1$ and $k(-1)=1$.

**45.** True.

**47.** $(b, 0)$

**49.** **a.** $f(x)=\sqrt{x-1}$
Domain: $[1, \infty)$; Range: $[0, \infty)$

**b.** $f^{-1}(x)=x^2+1,\ x\geq 0$
Domain: $[0, \infty)$; Range: $[1, \infty)$

**51.** **a.** Domain $f$: $[-4, 0]$
**b.** Range $f$: $[0, 2]$
**c.** Domain $f^{-1}$: $[0, 2]$
**d.** Range $f^{-1}$: $[-4, 0]$
**f.**

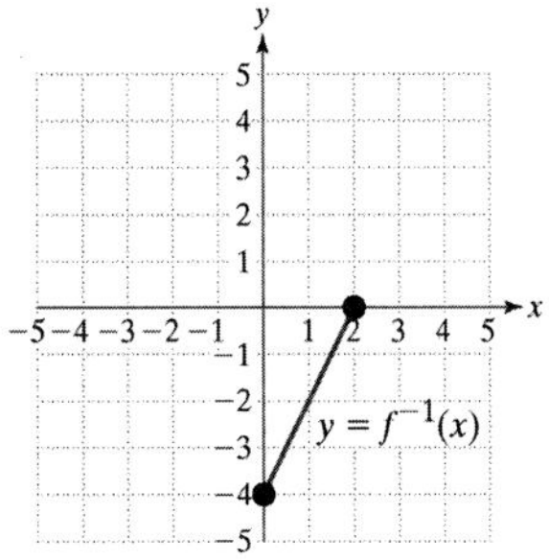


**53.** **a.** Domain $f$: $[0, 2]$
**b.** Range $f$: $[0, 4]$
**c.** Domain $f^{-1}$: $[0, 4]$
**d.** Range $f^{-1}$: $[0, 2]$
**f.**

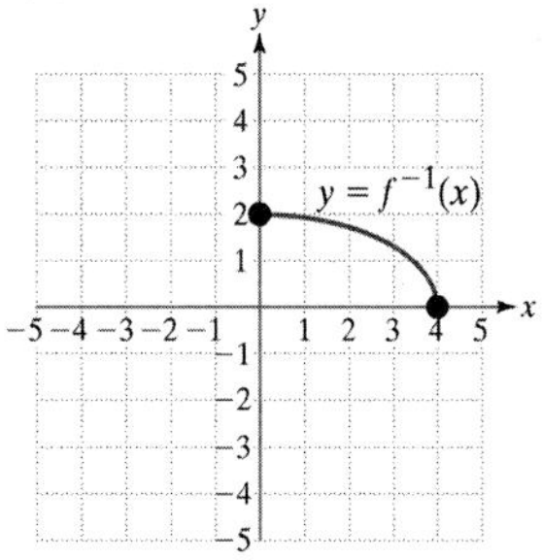


**55.** $f(x)=6x+1$; $g(x)=\dfrac{x-1}{6}$

**a.** $(f\circ g)(x)=f(g(x))=f\left(\dfrac{x-1}{6}\right)$
$=6\left(\dfrac{x-1}{6}\right)+1=x-1+1=x$

**b.** $(g\circ f)(x)=g(f(x))=g(6x+1)$
$=\dfrac{(6x+1)-1}{6}=\dfrac{6x}{6}=x$

**57.** $f(x)=\dfrac{\sqrt[3]{x}}{2}$; $g(x)=8x^3$

**a.** $(f\circ g)(x)=f(g(x))=f(8x^3)$

$=\dfrac{\sqrt[3]{8x^3}}{2}=\dfrac{2x}{2}=x$

**b.** $(g\circ f)(x)=g(f(x))=g\left(\dfrac{\sqrt[3]{x}}{2}\right)$

$=8\left(\dfrac{\sqrt[3]{x}}{2}\right)^3=\dfrac{8x}{8}=x$

**59.** $f(x)=x^2+1,\ x\ge 0$ ; $g(x)=\sqrt{x-1},\ x\ge 1$

**a.** $(f\circ g)(x)=f(g(x))=f\left(\sqrt{x-1}\right)$

$=\left(\sqrt{x-1}\right)^2+1=x-1+1=x$

**b.** $(g\circ f)(x)=g(f(x))=g(x^2+1)$

$=\sqrt{(x^2+1)-1}=\sqrt{x^2}=x$

**61.**

$$f(x)=\frac{x-1}{x+1}$$
$$y=\frac{x-1}{x+1}$$
$$x=\frac{y-1}{y+1}$$
$$x(y+1)=y-1$$
$$xy+x=y-1$$
$$xy-y=-x-1$$
$$y(x-1)=-x-1$$
$$y=\frac{-x-1}{x-1}=\frac{x+1}{1-x}$$
$$f^{-1}(x)=\frac{x+1}{1-x}$$

**63.**

$$t(x)=\frac{2}{x-1}$$
$$y=\frac{2}{x-1}$$
$$x=\frac{2}{y-1}$$
$$x(y-1)=2$$
$$xy-x=2$$
$$xy=x+2$$
$$y=\frac{x+2}{x}$$
$$t^{-1}(x)=\frac{x+2}{x}$$

**65.**

$$n(x)=x^2+9,\ x\le 0$$
$$y=x^2+9$$
$$x=y^2+9$$
$$x-9=y^2$$
$$-\sqrt{x-9}=y$$
$$n^{-1}(x)=-\sqrt{x-9}$$

**67.**

$$f(x)=\sqrt[3]{x+5}$$
$$y=\sqrt[3]{x+5}$$
$$x=\sqrt[3]{y+5}$$
$$x^3=y+5$$
$$x^3-5=y$$
$$f^{-1}(x)=x^3-5$$

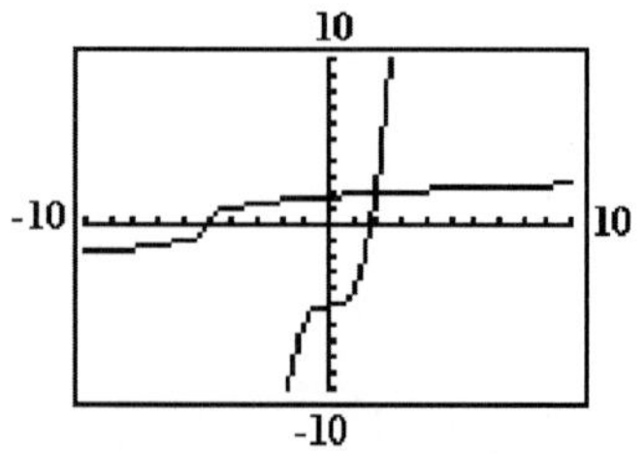

**69.**

$$g(x) = 0.5x^3 - 2$$
$$y = 0.5x^3 - 2$$
$$x = 0.5y^3 - 2$$
$$x + 2 = 0.5y^3$$
$$2x + 4 = y^3$$
$$\sqrt[3]{2x+4} = y$$
$$g^{-1}(x) = \sqrt[3]{2x+4}$$

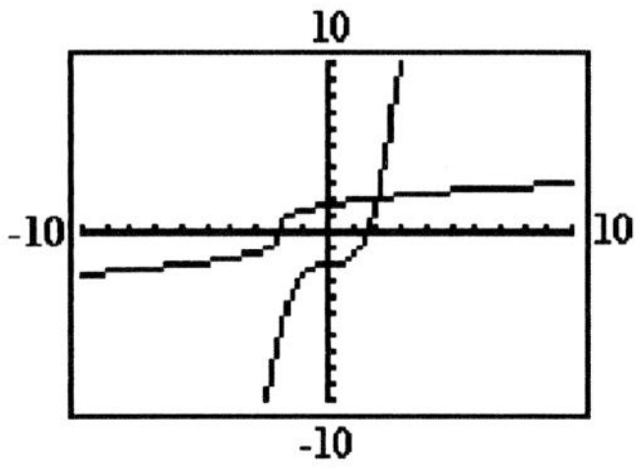


## Section 9.3 Exponential Functions

### Section 9.3 Practice Exercises

**1.** **a.** Let $b$ be any real number such that $b > 0$ and $b \neq 1$. Then for any real number $x$, a function of the form $y = b^x$ is called an exponential function.

**b.** If $b > 1$, $f$ is an increasing exponential function, sometimes called an exponential growth function.

**c.** If $0 < b < 1$, $f$ is a decreasing exponential function, sometimes called an exponential decay function.

**3.**
$$\begin{aligned}(g-f)(x) &= g(x) - f(x)\\ &= (3x-1) - (2x^2 + x + 2)\\ &= 3x - 1 - 2x^2 - x - 2\\ &= -2x^2 + 2x - 3\end{aligned}$$

**5.**
$$\left(\frac{g}{f}\right)(x) = \frac{g(x)}{f(x)} = \frac{3x-1}{2x^2+x+2}$$

**7.**
$$\begin{aligned}(g \circ f)(x) = g(f(x)) &= g(2x^2 + x + 2)\\ &= 3(2x^2 + x + 2) - 1\\ &= 6x^2 + 3x + 6 - 1\\ &= 6x^2 + 3x + 5\end{aligned}$$

**9.** $5^2 = 5 \cdot 5 = 25$

**11.** $10^{-3} = \dfrac{1}{10^3} = \dfrac{1}{10 \cdot 10 \cdot 10} = \dfrac{1}{1000}$

**13.** $36^{1/2} = \sqrt{36} = 6$

**15.** $16^{3/4} = \left(16^{1/4}\right)^3 = \left(\sqrt[4]{16}\right)^3 = 2^3 = 8$

**17.** $5^{1.1} \approx 5.8731$

**19.** $10^{\pi} \approx 1385.4557$

**21.** $36^{-\sqrt{2}} \approx 0.0063$

**23.** $16^{-0.04} \approx 0.8950$

**25.** **a.**
$$3^x = 9$$
$$3^x = 3^2$$
$$x = 2$$

**b.**
$$3^x = 27$$
$$3^x = 3^3$$
$$x = 3$$

**c.** Between 2 and 3

**27.** **a.**
$$2^x = 16$$
$$2^x = 2^4$$
$$x = 4$$

**b.**
$$2^x = 32$$
$$2^x = 2^5$$
$$x = 5$$

**c.** Between 4 and 5

**29.**
$$f(x) = \left(\tfrac{1}{5}\right)^x$$
$$f(0) = \left(\tfrac{1}{5}\right)^0 = 1$$
$$f(1) = \left(\tfrac{1}{5}\right)^1 = \frac{1}{5}$$
$$f(2) = \left(\tfrac{1}{5}\right)^2 = \frac{1}{25}$$
$$f(-1) = \left(\tfrac{1}{5}\right)^{-1} = 5$$
$$f(-2) = \left(\tfrac{1}{5}\right)^{-2} = 5^2 = 25$$

**31.**
$$h(x) = 3^x$$
$$h(0) = 3^0 = 1$$
$$h(1) = 3^1 = 3$$
$$h(-1) = 3^{-1} = \frac{1}{3} \approx 0.33$$
$$h\left(\sqrt{2}\right) = 3^{\sqrt{2}} \approx 4.73$$
$$h(\pi) = 3^\pi \approx 31.54$$

**33.** If $b > 1$, the graph is increasing. If $0 < b < 1$, the graph is decreasing.

**35.** $f(x) = 4^x$

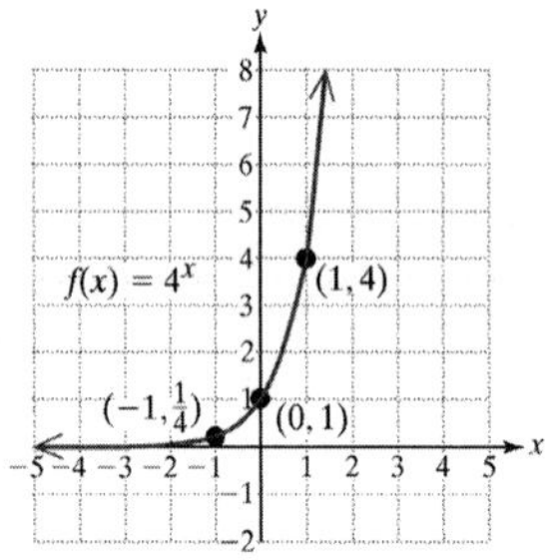


**37.** $m(x) = \left(\dfrac{1}{8}\right)^x$

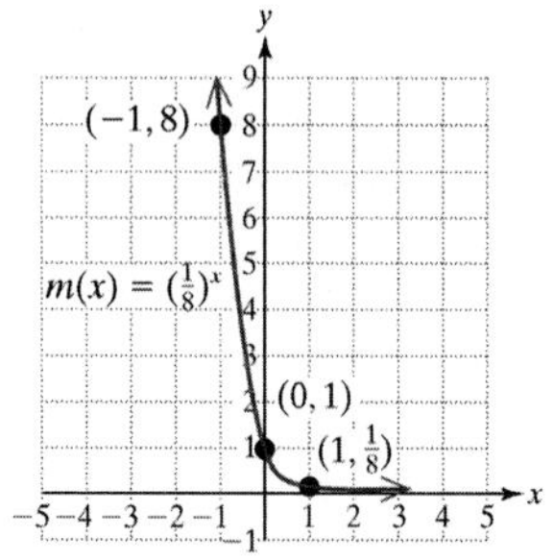


**39.** $h(x) = 2^{x+1}$

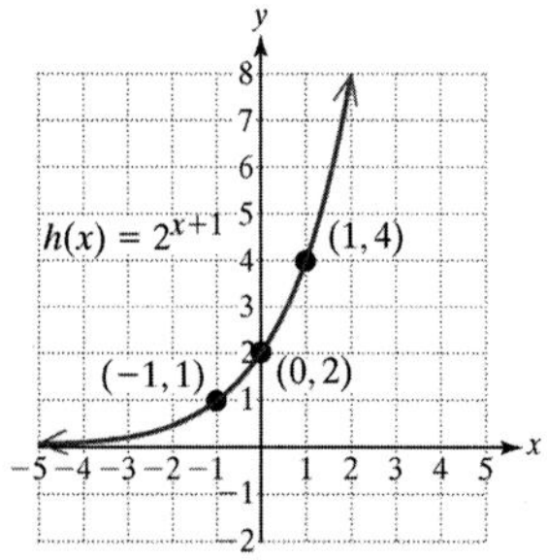


**41.** $g(x) = 5^{-x}$

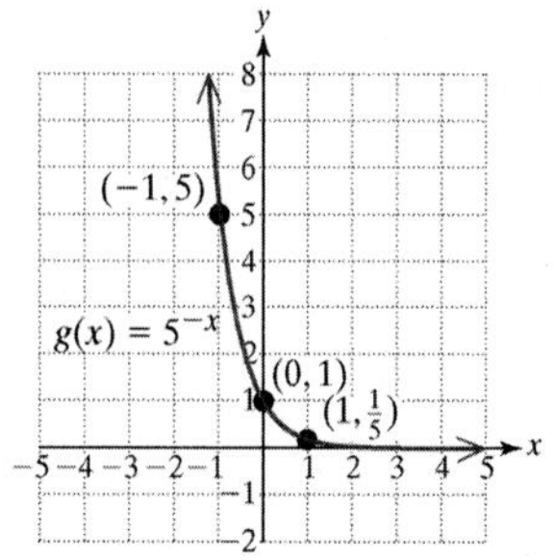

**43.** $A(t)=(0.5)^{t/3.8}$

**a.** $A(7.6)=(0.5)^{7.6/3.8}=(0.5)^2=0.25 \text{ g}$

**b.** $A(10)=(0.5)^{10/3.8}\approx 0.16 \text{ g}$

**45.** $A(t)=1{,}000{,}000(2)^{-t/5}$

**a.** $A(2)=1{,}000{,}000(2)^{-2/5}\approx 758{,}000$

**b.** $A(7)=1{,}000{,}000(2)^{-7/5}\approx 379{,}000$

**c.** $A(14)=1{,}000{,}000(2)^{-14/5}\approx 144{,}000$

**47. a.** $A(t)=A_0(1+r)^t$

$A(t)=153{,}000{,}000(1+0.0125)^t$

$A(t)=153{,}000{,}000(1.0125)^t$

**b.** $A(41)=153{,}000{,}000(1.0125)^{41}$

$\approx 255{,}000{,}000$

**49.** $A(t)=1000(2)^{t/7}$

**a.** $A(5)=1000(2)^{5/7}=\$1640.67$

**b.** $A(10)=1000(2)^{10/7}=\$2691.80$

**c.** $A(0)=1000(2)^{0/7}=\$1000$

The initial amount of the investment is \$1000.

$A(7)=1000(2)^{7/7}=\$2000$

The amount of the investment doubles in 7 years.

**51.** $f(x)=4^x$

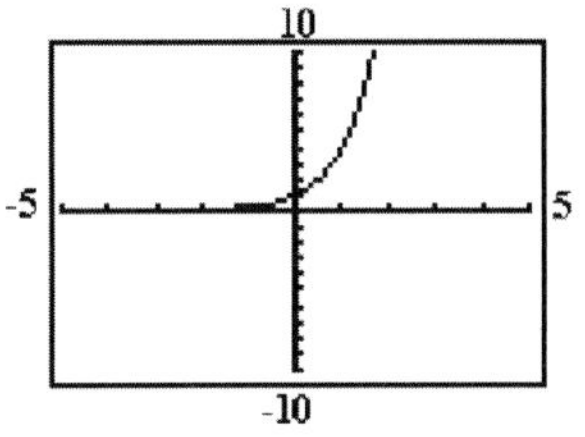


**53.** $m(x)=\left(\frac{1}{8}\right)^x$

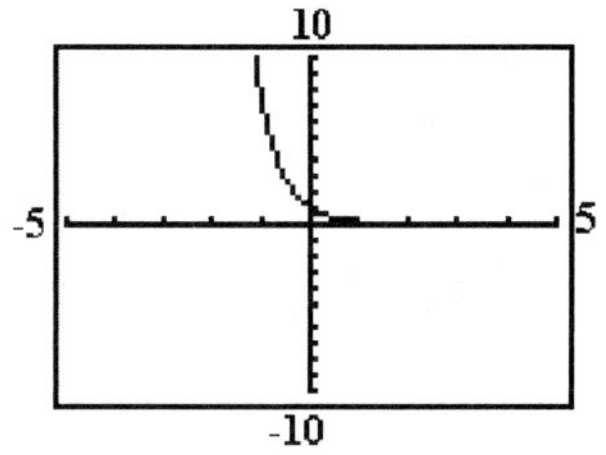


**55.** $h(x)=2^{x+1}$

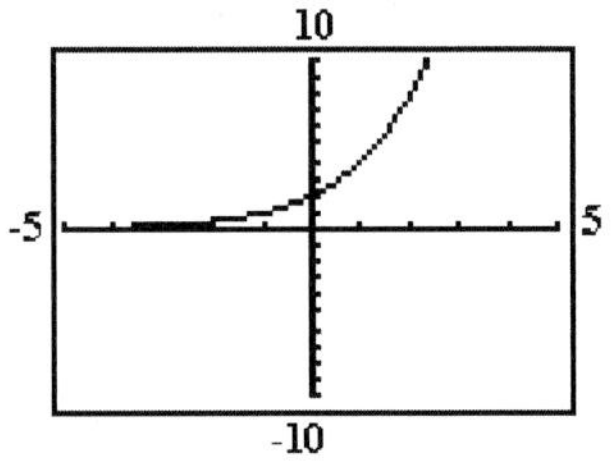


**57.** $g(x)=5^{-x}$

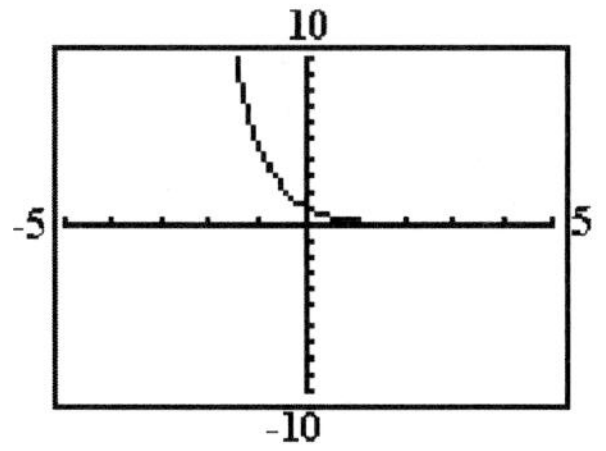


# Section 9.4 Logarithmic Functions

## Section 9.4 Practice Exercises

**1. a.** If $x$ and $b$ are positive real numbers such that $b\neq 1$, then $y=\log_b(x)$ is called the <u>logarithmic function</u> with base $b$ and $y=\log_b(x)$ is equivalent to $b^y=x$.

**b.** In the expression $y=\log_b x$, $y$ is called the <u>logarithm</u>.

**c.** In the expression $y=\log_b x$, $b$ is called the <u>base</u>.

**d.** In the expression $y=\log_b x$, $x$ is called the <u>argument</u>.

**e.** The logarithmic function with base 10 is called the <u>common logarithmic function</u>.

**f.** The <u>domain of a logarithmic function</u> is the set of all real numbers that make the argument positive.

**3.** Graph i is increasing.

**5.** **a.**

$$g(x)=3^x$$
$$g(-2)=3^{-2}=\frac{1}{3^2}=\frac{1}{9}$$
$$g(-1)=3^{-1}=\frac{1}{3}$$
$$g(0)=3^0=1$$
$$g(1)=3^1=3$$
$$g(2)=3^2=9$$

**b.**

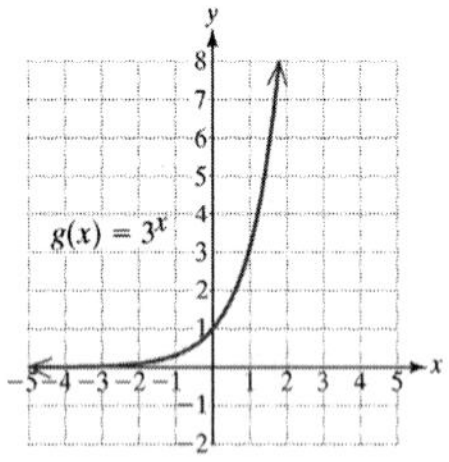


**7.** **a.**

$$s(x)=\left(\tfrac{2}{5}\right)^x$$
$$s(-2)=\left(\tfrac{2}{5}\right)^{-2}=\left(\tfrac{5}{2}\right)^2=\frac{25}{4}$$
$$s(-1)=\left(\tfrac{2}{5}\right)^{-1}=\frac{5}{2}$$
$$s(0)=\left(\tfrac{2}{5}\right)^0=1$$
$$s(1)=\left(\tfrac{2}{5}\right)^1=\frac{2}{5}$$
$$s(2)=\left(\tfrac{2}{5}\right)^2=\frac{4}{25}$$

**b.**

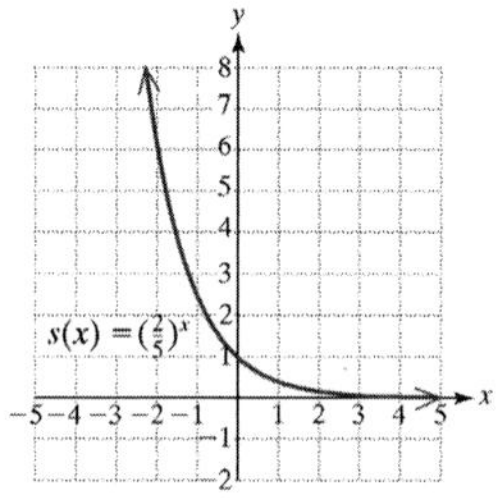


**9.** $y=\log_b x \leftrightarrow b^y=x$

**11.** $\log_5 625=4 \leftrightarrow 5^4=625$

**13.** $\log_{10} 0.0001=-4 \leftrightarrow 10^{-4}=0.0001$

**15.** $\log_6 36=2 \leftrightarrow 6^2=36$

**17.** $\log_b 15=x \leftrightarrow b^x=15$

**19.** $\log_3 5=x \leftrightarrow 3^x=5$

**21.** $\log_{\frac{1}{4}} x=10 \leftrightarrow \left(\frac{1}{4}\right)^{10}=x$

**23.** $3^x=81 \leftrightarrow \log_3 81=x$

**25.** $5^2=25 \leftrightarrow \log_5 25=2$

**27.** $7^{-1}=\frac{1}{7} \leftrightarrow \log_7\left(\frac{1}{7}\right)=-1$

**29.** $b^x=y \leftrightarrow \log_b y=x$

**31.** $e^x=y \leftrightarrow \log_e y=x$

**33.** $\left(\frac{1}{3}\right)^{-2}=9 \leftrightarrow \log_{\frac{1}{3}} 9=-2$

**35.**

$$y=\log_7 49$$
$$7^y=49$$
$$7^y=7^2$$
$$y=2$$

**37.**
$$y=\log_{10}0.1$$
$$10^y=0.1$$
$$10^y=10^{-1}$$
$$y=-1$$

**39.**
$$y=\log_{16}4$$
$$16^y=4$$
$$\left(4^2\right)^y=4^1$$
$$4^{2y}=4^1$$
$$2y=1$$
$$y=\frac{1}{2}$$

**41.**
$$y=\log_{\frac{7}{2}}1$$
$$\left(\frac{7}{2}\right)^y=1$$
$$\left(\frac{7}{2}\right)^y=\left(\frac{7}{2}\right)^0$$
$$y=0$$

**43.**
$$y=\log_3 3^5$$
$$3^y=3^5$$
$$y=5$$

**45.**
$$y=\log_{10}10$$
$$10^y=10$$
$$10^y=10^1$$
$$y=1$$

**47.**
$$y=\log_a\left(a^3\right)$$
$$a^y=a^3$$
$$y=3$$

**49.**
$$y=\log_x\sqrt{x}$$
$$x^y=\sqrt{x}$$
$$x^y=x^{1/2}$$
$$y=\frac{1}{2}$$

**51.**
$$y=\log 10$$
$$10^y=10$$
$$10^y=10^1$$
$$y=1$$

**53.**
$$y=\log 1000$$
$$10^y=1000$$
$$10^y=10^3$$
$$y=3$$

**55.**
$$y=\log\left(1.0\times 10^6\right)$$
$$10^y=1.0\times 10^6$$
$$10^y=10^6$$
$$y=6$$

**57.**
$$y=\log 0.01$$
$$10^y=0.01$$
$$10^y=10^{-2}$$
$$y=-2$$

**59.** $\log 6\approx 0.7782$

**61.** $\log\pi\approx 0.4971$

**63.** $\log\left(\frac{1}{32}\right)\approx -1.5051$

**65.** $\log(0.0054) \approx -2.2676$

**67.** $\log(3.4 \times 10^5) \approx 5.5315$

**69.** $\log(3.8 \times 10^{-8}) \approx -7.4202$

**71.** **a.** log 93 is slightly less than 2.
**b.** log 12 is slightly more than 1.
**c.** $\log 93 \approx 1.9685$
$\log 12 \approx 1.0792$

**73.** **a.**
$$f(x) = \log_4(x)$$
$$f\left(\tfrac{1}{64}\right) = \log_4\left(\tfrac{1}{64}\right) = x$$
$$4^x = \frac{1}{64}$$
$$4^x = 4^{-3}$$
$$x = -3$$
$$f\left(\tfrac{1}{16}\right) = \log_4\left(\tfrac{1}{16}\right) = x$$
$$4^x = \frac{1}{16}$$
$$4^x = 4^{-2}$$
$$x = -2$$
$$f\left(\tfrac{1}{4}\right) = \log_4\left(\tfrac{1}{4}\right) = x$$
$$4^x = \frac{1}{4}$$
$$4^x = 4^{-1}$$
$$x = -1$$
$$f(1) = \log_4(1) = x$$
$$4^x = 1$$
$$4^x = 4^0$$
$$x = 0$$
$$f(4) = \log_4(4) = x$$
$$4^x = 4$$
$$4^x = 4^1$$
$$x = 1$$
$$f(16) = \log_4(16) = x$$
$$4^x = 16$$
$$4^x = 4^2$$
$$x = 2$$
$$f(64) = \log_4(64) = x$$
$$4^x = 64$$
$$4^x = 4^3$$
$$x = 3$$

**b.**

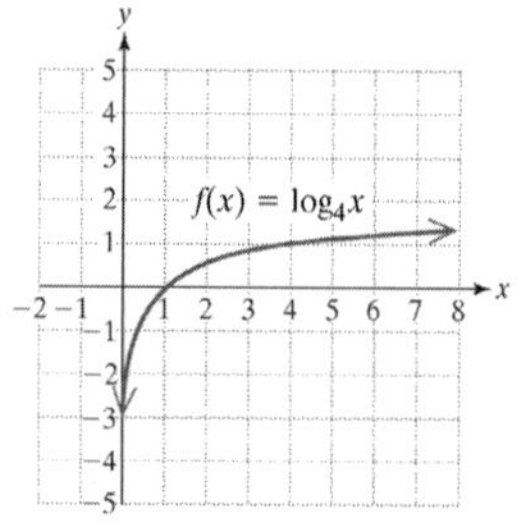


**75.** $y = \log_3 x \leftrightarrow 3^y = x$

| $x$ | $y$ |
|---|---|
| $\frac{1}{9}$ | $-2$ |
| $\frac{1}{3}$ | $-1$ |
| 1 | 0 |
| 3 | 1 |
| 9 | 2 |

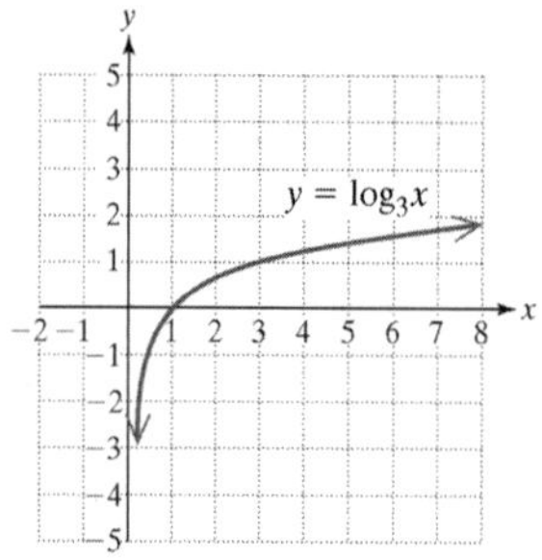


**77.** $y = \log_{\frac{1}{2}} x \leftrightarrow \left(\frac{1}{2}\right)^y = x$

| $x$ | $y$ |
|---|---|
| 4 | $-2$ |
| 2 | $-1$ |
| 1 | 0 |
| $\frac{1}{2}$ | 1 |
| $\frac{1}{4}$ | 2 |

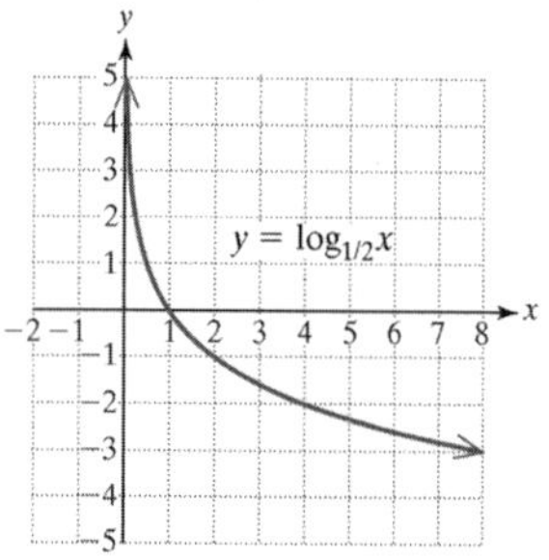

**79.** $y = \log_7(x-5)$

$x - 5 > 0$

$x > 5 \quad (5, \infty)$

**81.** $y = \log(2-x)$

$2 - x > 0$

$-x > -2$

$x < 2 \quad (-\infty, 2)$

**83.** $y = \log(3x-1)$

$3x - 1 > 0$

$3x > 1$

$x > \frac{1}{3} \quad \left(\frac{1}{3}, \infty\right)$

**85.** $y = \log_3(x+1.2)$

$x + 1.2 > 0$

$x > -1.2 \quad (-1.2, \infty)$

**87.** $y = \log(4-2x)$

$4 - 2x > 0$

$-2x > -4$

$x < 2 \quad (-\infty, 2)$

**89.** $y = \log(x^2)$

$x^2 > 0$

$x > 0$ or $x < 0 \quad (-\infty, 0) \cup (0, \infty)$

**91.** $\text{pH} = -\log(4.47 \times 10^{-8}) \approx -(-7.35) \approx 7.35$

**93.** **a.**

| $t$ | 0 | 1 | 2 | 6 | 12 | 24 |
|---|---|---|---|---|---|---|
| $S_1(t)$ | 91 | 82.0 | 76.7 | 65.6 | 57.6 | 49.1 |
| $S_2(t)$ | 88 | 83.5 | 80.8 | 75.3 | 71.3 | 67.0 |

**b.** Group 1: 91
Group 2: 88

**c.** Method II

**95.** $y = \log(x+6)$

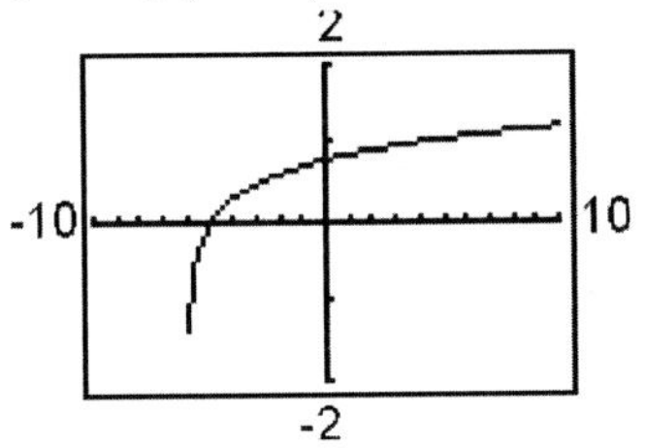


Domain: $(-6, \infty)$; Asymptote: $x = -6$

**97.** $y = \log(0.5x-1)$

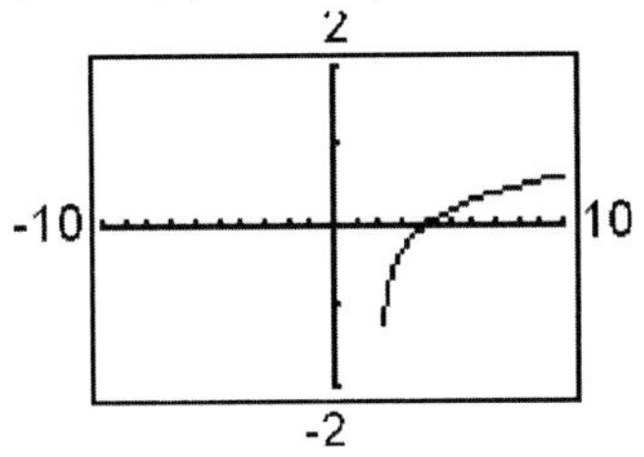


Domain: $(2, \infty)$; Asymptote: $x = 2$

**99.** $y = \log(2-x)$

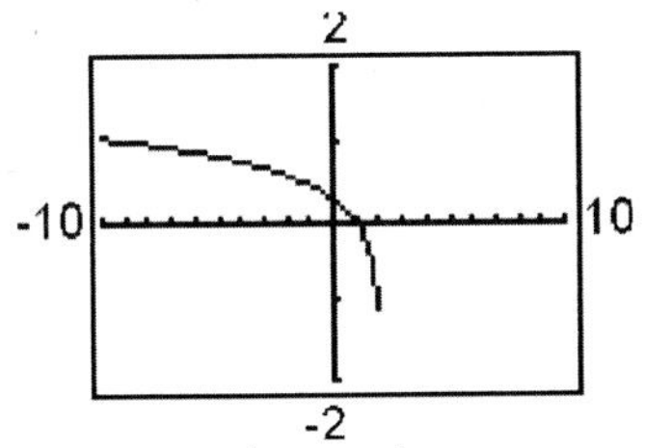


Domain: $(-\infty, 2)$; Asymptote: $x = 2$

## Problem Recognition Exercises: Identifying Graphs of Functions

**1.** $g(x)=3^x$ e

**3.** $h(x)=x^2$ j

**5.** $L(x)=|x|$ c

**7.** $B(x)=3$ k

**9.** $n(x)=\sqrt[3]{x}$ i

**11.** $q(x)=\dfrac{1}{x}$ f

# Section 9.5 Properties of Logarithms

### Section 9.5 Practice Exercises

**1.** **a.** Product property of logarithms – Let $b$, $x$, and $y$ be positive real numbers where $b \neq 1$. Then $\log_b(xy)=\log_b x+\log_b y$.

**b.** Quotient property of logarithms – Let $b$, $x$, and $y$ be positive real numbers where $b \neq 1$. Then $\log_b\left(\dfrac{x}{y}\right)=\log_b x-\log_b y$.

**c.** Power property of logarithms – Let $b$ and $x$ be positive real numbers where $b \neq 1$. Let $p$ be any real number. Then $\log_b\left(x^p\right)=p\log_b x$.

**3.**
$$\begin{aligned} y &= \log 10{,}000 \\ 10^y &= 10{,}000 \\ 10^y &= 10^4 \\ y &= 4 \end{aligned}$$

**5.** $6^{-1}=\dfrac{1}{6}$

**7.** $\log 8 \approx 0.9031$

**9.** $\pi^{\sqrt{2}} \approx 5.0475$

**11.** $q(x)=\left(\dfrac{1}{5}\right)^x$ a

**13.** $k(x)=\log_{\frac{1}{3}} x$ c

**15.** a, b, c

**17.** $\log_3 3=1$

**19.** $\log_5\left(5^4\right)=4$

**21.** $6^{\log_6 11}=11$

**23.** $\log\left(10^3\right)=3$

**25.** $\log_3 1=0$

**27.** $10^{\log 9}=9$

**29.** $\log_{\frac{1}{2}} 1=0$

**31.** $\log_2 1+\log_2\left(2^3\right)=0+3=3$

**33.** $\log_4 4+\log_2 1=1+0=1$

**35.** $\log_{\frac{1}{4}}\left(\frac{1}{4}\right)^{2x} = 2x$

**37.** $\log_a\left(a^4\right) = 4$

**39.** $\log 10^2 - \log_3 3^2 = 2 - 2 = 0$

**41.** **a.** $\log(3\cdot 5) \approx 1.1761$

**b.** $\log 3 \cdot \log 5 \approx 0.3335$

**c.** $\log 3 + \log 5 \approx 1.1761$

Expressions a and c are equivalent.

**43.** **a.** $\log\left(20^2\right) \approx 2.6021$

**b.** $\left[\log 20\right]^2 \approx 1.6927$

**c.** $2\log 20 \approx 2.6021$

Expressions a and c are equivalent.

**45.** $\log_3\left(\frac{x}{5}\right) = \log_3 x - \log_3 5$

**47.** $\log(2x) = \log 2 + \log x$

**49.** $\log_5\left(x^4\right) = 4\log_5 x$

**51.**
$$\begin{aligned}\log_4\left(\frac{ab}{c}\right) &= \log_4(ab) - \log_4 c\\ &= \log_4 a + \log_4 b - \log_4 c\end{aligned}$$

**53.**
$$\begin{aligned}\log_b\left(\frac{\sqrt{x}y}{z^3w}\right) &= \log_b\left(\sqrt{x}y\right) - \log_b\left(z^3w\right)\\ &= \log_b x^{1/2} + \log_b y - \left(\log_b z^3 + \log_b w\right)\\ &= \frac{1}{2}\log_b x + \log_b y - \left(3\log_b z + \log_b w\right)\\ &= \frac{1}{2}\log_b x + \log_b y - 3\log_b z - \log_b w\end{aligned}$$

**55.**
$$\begin{aligned}\log_2\left(\frac{x+1}{y^2\sqrt{z}}\right) &= \log_2(x+1) - \log_2\left(y^2\sqrt{z}\right)\\ &= \log_2(x+1) - \left(\log_2 y^2 + \log_2 z^{1/2}\right)\\ &= \log_2(x+1) - \left(2\log_2 y + \frac{1}{2}\log_2 z\right)\\ &= \log_2(x+1) - 2\log_2 y - \frac{1}{2}\log_2 z\end{aligned}$$

**57.**
$$\begin{aligned}\log\left(\sqrt[3]{\frac{ab^2}{c}}\right) = \log\left(\frac{ab^2}{c}\right)^{1/3} &= \frac{1}{3}\log\left(\frac{ab^2}{c}\right)\\ &= \frac{1}{3}\left(\log\left(ab^2\right) - \log c\right)\\ &= \frac{1}{3}\left(\log a + \log b^2 - \log c\right)\\ &= \frac{1}{3}\left(\log a + 2\log b - \log c\right)\\ &= \frac{1}{3}\log a + \frac{2}{3}\log b - \frac{1}{3}\log c\end{aligned}$$

**59.**
$$\begin{aligned}\log\left(\frac{1}{w^5}\right) &= \log 1 - \log w^5 = 0 - 5\log w\\ &= -5\log w\end{aligned}$$

**61.** $\log_b\left(\frac{\sqrt{a}}{b^3c}\right)=\log_b\sqrt{a}-\log_b\left(b^3c\right)$

$=\log_b a^{1/2}-\left(\log_b b^3+\log_b c\right)$

$=\frac{1}{2}\log_b a-\left(3\log_b b+\log_b c\right)$

$=\frac{1}{2}\log_b a-3\cdot 1-\log_b c$

$=\frac{1}{2}\log_b a-3-\log_b c$

**63.** $\log_3 270-\log_3 2-\log_3 5$

$=\log_3 270-\log_3(2\cdot 5)$

$=\log_3 270-\log_3 10$

$=\log_3\left(\frac{270}{10}\right)$

$=\log_3 27=\log_3 3^3=3$

**65.** $2\log_3 x-3\log_3 y+\log_3 z$

$=\log_3 x^2-\log_3 y^3+\log_3 z$

$=\log_3\left(x^2z\right)-\log_3 y^3$

$=\log_3\left(\frac{x^2z}{y^3}\right)$

**67.** $2\log_3 a-\frac{1}{4}\log_3 b+\log_3 c$

$=\log_3 a^2-\log_3 b^{1/4}+\log_3 c$

$=\log_3\left(a^2c\right)-\log_3 b^{1/4}$

$=\log_3\left(\frac{a^2c}{\sqrt[4]{b}}\right)$

**69.** $\log_b x-3\log_b x+4\log_b x=2\log_b x$

$=\log_b\left(x^2\right)$

**71.** $5\log_8 a-\log_8 1+\log_8 8=5\log_8 a-0+1$

$=\log_8\left(a^5\right)+1$

**73.** $2\log(x+6)+\frac{1}{3}\log y-5\log z$

$=\log(x+6)^2+\log y^{1/3}-\log z^5$

$=\log\left[(x+6)^2y^{1/3}\right]-\log z^5$

$=\log\left[\frac{(x+6)^2\sqrt[3]{y}}{z^5}\right]$

**75.** $\log_b(x+1)-\log_b\left(x^2-1\right)=\log_b\left(\frac{x+1}{x^2-1}\right)$

$=\log_b\left(\frac{x+1}{(x+1)(x-1)}\right)$

$=\log_b\left(\frac{1}{x-1}\right)$

**77.** $\log_b 6=\log_b(3\cdot 2)=\log_b 3+\log_b 2$

$\approx 1.099+0.693\approx 1.792$

**79.** $\log_b 12=\log_b\left(3\cdot 2^2\right)=\log_b 3+\log_b 2^2$

$=\log_b 3+2\log_b 2$

$\approx 1.099+2(0.693)\approx 2.485$

**81.** $\log_b 81=\log_b\left(3^4\right)=4\log_b 3$

$\approx 4(1.099)\approx 4.396$

**83.** $\log_b\left(\frac{5}{2}\right)=\log_b 5-\log_b 2$

$\approx 1.609-0.693\approx 0.916$

**85.** $\log_b\left(10^6\right)=6\log_b 10=6\log_b(2\cdot 5)$

$=6\left(\log_b 2+\log_b 5\right)$

$\approx 6(0.693+1.609)\approx 13.812$

**87.** $\log_b\left(5^{10}\right)=10\log_b 5\approx 10(1.609)\approx 16.09$

**89. a.** $B = 10\log\left(\frac{I}{I_0}\right) = 10(\log I - \log I_0)$

$= 10\log I - 10\log I_0$

**b.** $B = 10\log I - 10\log 10^{-16}$

$= 10\log I - 10\cdot(-16) = 10\log I + 160$

**91. a.** $Y_1 = \log(x^2)$

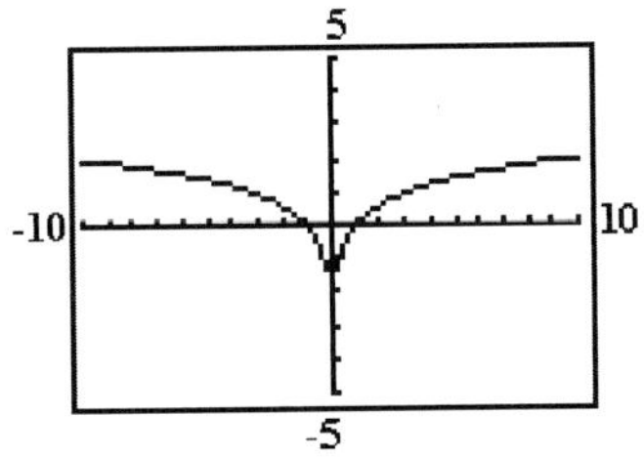


Domain: $(-\infty, 0)\cup(0, \infty)$

**b.** $Y_2 = 2\log(x)$

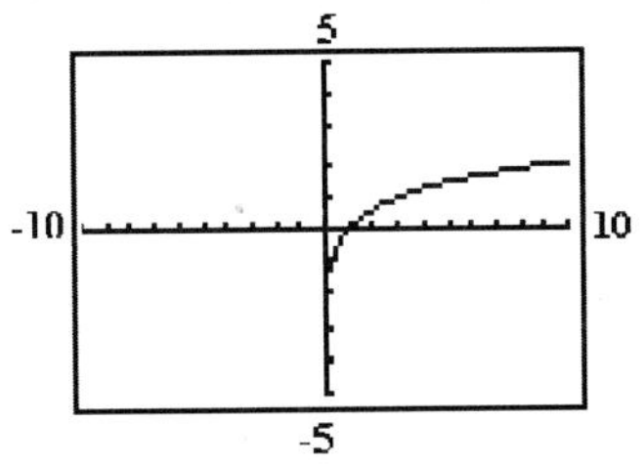


Domain: $(0, \infty)$

**c.** They are equivalent for all $x$ in the intersection of their domains, $(0, \infty)$

# Section 9.6 The Irrational Number *e*

## Section 9.6 Practice Exercises

**1. a.** As $x$ approaches infinity, the expression $\left(1+\frac{1}{x}\right)^x$ approaches a constant value that we call <u>$e$</u>.

**b.** If the number of compound periods per year is infinite, then interest is said to be <u>compounded continuously</u>.

**c.** The <u>natural logarithmic function</u> has a base of $e$ and is written as $y = \ln x$.

**d.** <u>Change-of-base formula</u> – Let $a$ and $b$ be positive real numbers such that $a \neq 1$ and $b \neq 1$. Then for any positive real number $x$, $\log_b x = \frac{\log_a x}{\log_a b}$.

**3.** $g(x) = \left(\frac{1}{5}\right)^x$

| $x$ | $g(x)$ |
|---|---|
| −3 | 125 |
| −2 | 25 |
| −1 | 5 |
| 0 | 1 |
| 1 | $\frac{1}{5}$ |
| 2 | $\frac{1}{25}$ |
| 3 | $\frac{1}{125}$ |

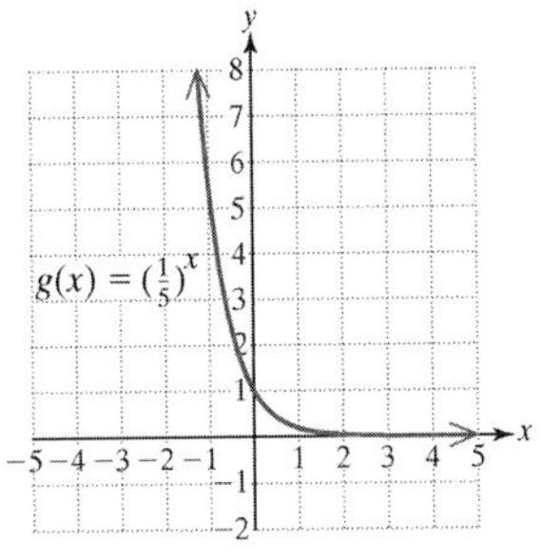


**5.** $r(x) = \log x$

| $x$ | $r(x)$ |
|---|---|
| 0.5 | −0.30 |
| 1 | 0 |
| 5 | 0.70 |
| 10 | 1.00 |

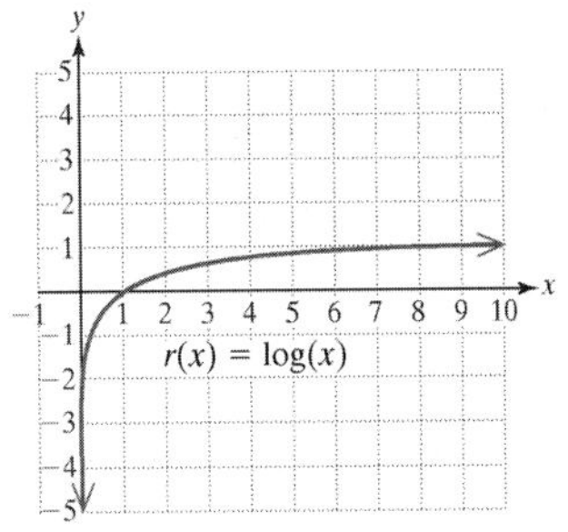

**7.** $y = e^{x+1}$

| $x$ | $y$ |
|---|---|
| −4 | 0.05 |
| −3 | 0.14 |
| −2 | 0.37 |
| −1 | 1 |
| 0 | 2.72 |
| 1 | 7.39 |

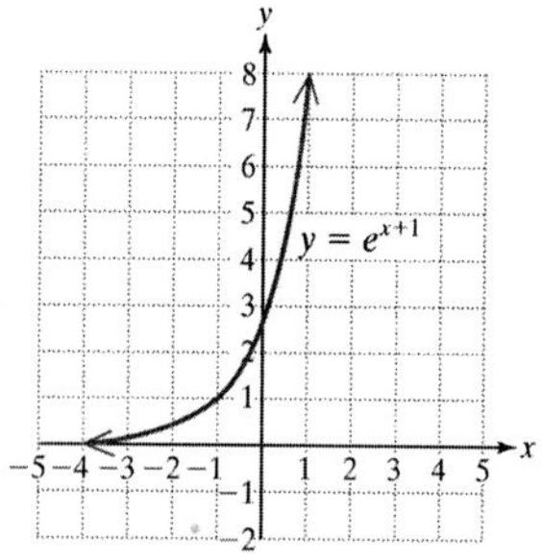


Domain: $(-\infty, \infty)$

**9.** $y = e^x + 2$

| $x$ | $y$ |
|---|---|
| −2 | 2.14 |
| −1 | 2.37 |
| 0 | 3 |
| 1 | 4.72 |
| 2 | 9.39 |
| 3 | 22.09 |

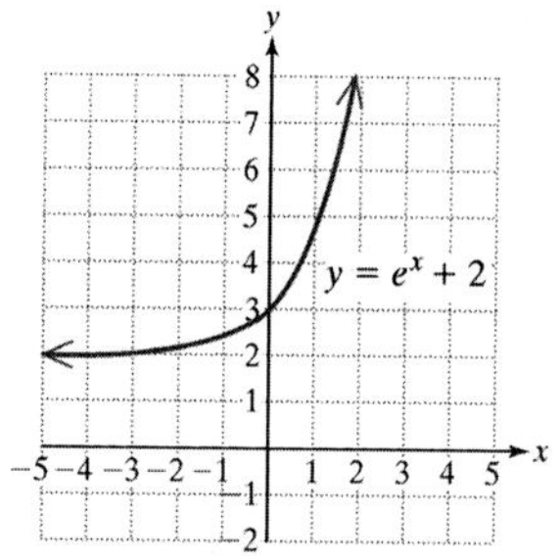


Domain: $(-\infty, \infty)$

**11.**

**a.** $A(5) = 10000\left(1 + \frac{0.04}{12}\right)^{12(5)} = \$12,209.97$

**b.** $A(5) = 10000\left(1 + \frac{0.06}{12}\right)^{12(5)} = \$13,488.50$

**c.** $A(5) = 10000\left(1 + \frac{0.08}{12}\right)^{12(5)} = \$14,898.46$

**d.** $A(5) = 10000\left(1 + \frac{.095}{12}\right)^{12(5)} = \$16,050.09$

An investment grows more rapidly at higher interest rates.

**13.**

**a.** $A(10) = 8000\left(1 + \frac{.045}{1}\right)^{1(10)} = \$12,423.76$

**b.** $A(10) = 8000\left(1 + \frac{.045}{4}\right)^{4(10)} = \$12,515.01$

**c.** $A(10) = 8000\left(1 + \frac{.045}{12}\right)^{12(10)} = \$12,535.94$

**d.** $A(10) = 8000\left(1 + \frac{.045}{365}\right)^{365(10)} = \$12,546.15$

**e.** $A(10) = 8000e^{0.045(10)} = \$12,546.50$

More money is earned at a greater number of compound periods per year.

**15.**

**a.** $A(5) = 5000e^{0.065(5)} = \$6920.15$

**b.** $A(10) = 5000e^{0.065(10)} = \$9577.70$

**c.** $A(15) = 5000e^{0.065(15)} = \$13,255.84$

**d.** $A(20) = 5000e^{0.065(20)} = \$18,346.48$

**e.** $A(30) = 5000e^{0.065(30)} = \$35,143.44$

More money is earned over a longer period of time.

**17.** $y = \ln(x-2)$

| $x$ | $y$ |
|---|---|
| 2.25 | −1.39 |
| 2.50 | −0.69 |
| 2.75 | −0.29 |
| 3 | 0 |
| 4 | 0.69 |
| 5 | 1.10 |
| 6 | 1.39 |

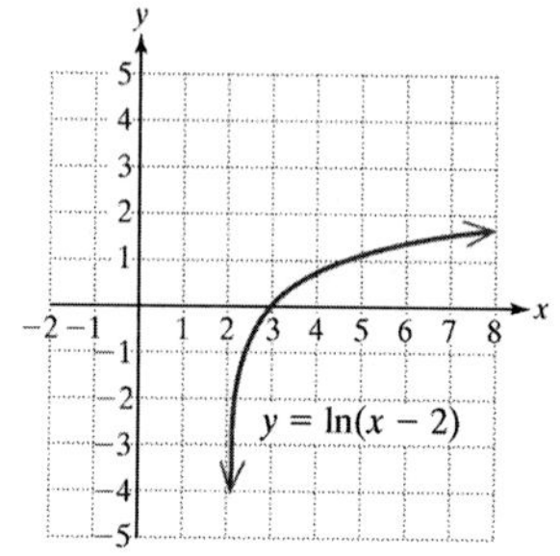


Domain: $(2, \infty)$

**19.** $y = \ln(x) - 1$

| $x$ | $y$ |
|---|---|
| 0.25 | −2.39 |
| 0.50 | −1.69 |
| 0.75 | −1.29 |
| 1 | −1.00 |
| 2 | −0.31 |
| 3 | 0.10 |
| 4 | 0.39 |

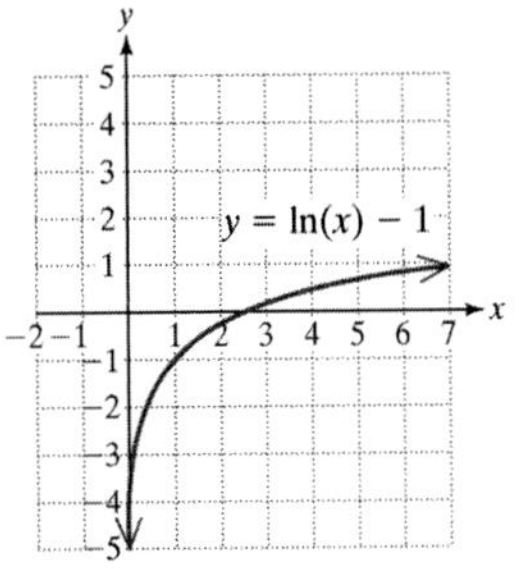


Domain: $(0, \infty)$

**21.** **a.** $f(x) = 10^x$

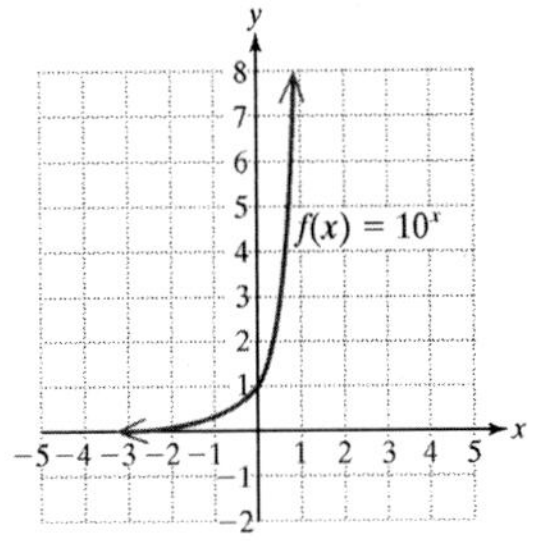


**b.** Domain: $(-\infty, \infty)$; Range: $(0, \infty)$

**c.** $g(x) = \log x$

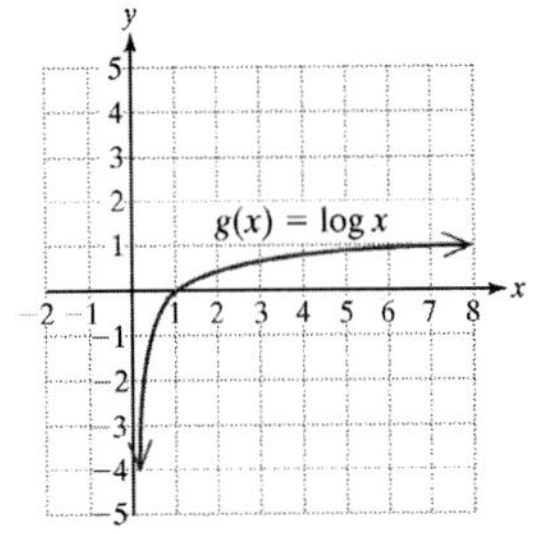


**d.** Domain: $(0, \infty)$; Range: $(-\infty, \infty)$

**23.** $\ln e = 1$

**25.** $\ln 1 = 0$

**27.** $\ln e^{-6} = -6$

**29.** $e^{\ln(2x+3)} = 2x + 3$

**31.** 
$$6\ln p + \frac{1}{3}\ln q = \ln p^6 + \ln q^{1/3} = \ln\left(p^6 q^{1/3}\right) = \ln\left(p^6 \sqrt[3]{q}\right)$$

**33.** 
$$\frac{1}{2}(\ln x - 3\ln y) = \frac{1}{2}\left(\ln x - \ln y^3\right) = \frac{1}{2}\ln\left(\frac{x}{y^3}\right) = \ln\left(\frac{x}{y^3}\right)^{1/2} = \ln\sqrt{\frac{x}{y^3}}$$

**35.** 
$$\begin{aligned} 2\ln a - \ln b - \frac{1}{3}\ln c &= 2\ln a - \left(\ln b + \frac{1}{3}\ln c\right) \\ &= \ln a^2 - \left(\ln b + \ln c^{1/3}\right) \\ &= \ln a^2 - \ln\left(b \cdot c^{1/3}\right) \\ &= \ln a^2 - \ln\left(b\sqrt[3]{c}\right) \\ &= \ln\left(\frac{a^2}{b\sqrt[3]{c}}\right) \end{aligned}$$

**37.** 
$$\begin{aligned} 4\ln x - 3\ln y - \ln z &= 4\ln x - (3\ln y + \ln z) \\ &= \ln x^4 - \left(\ln y^3 + \ln z\right) \\ &= \ln x^4 - \ln\left(y^3 z\right) \\ &= \ln\left(\frac{x^4}{y^3 z}\right) \end{aligned}$$

**39.** 
$$\begin{aligned} \ln\left(\frac{a}{b}\right)^2 = 2\ln\left(\frac{a}{b}\right) &= 2(\ln a - \ln b) \\ &= 2\ln a - 2\ln b \end{aligned}$$

**41.** $\ln\left(b^2 \cdot e\right) = \ln b^2 + \ln e = 2\ln b + 1$

**43.** $\ln\left(\frac{a^4\sqrt{b}}{c}\right) = \ln\left(a^4\sqrt{b}\right) - \ln c$

$= \ln a^4 + \ln b^{1/2} - \ln c$

$= 4\ln a + \frac{1}{2}\ln b - \ln c$

**45.** $\ln\left(\frac{ab}{c^2}\right)^{1/5} = \frac{1}{5}\ln\left(\frac{ab}{c^2}\right)$

$= \frac{1}{5}\left(\ln(ab) - \ln c^2\right)$

$= \frac{1}{5}\left(\ln a + \ln b - 2\ln c\right)$

$= \frac{1}{5}\ln a + \frac{1}{5}\ln b - \frac{2}{5}\ln c$

**47. a.** $\log_6 200 = \frac{\log 200}{\log 6} \approx \frac{2.3010}{0.7782} \approx 2.9570$

**b.** $\log_6 200 = \frac{\ln 200}{\ln 6} \approx \frac{5.2983}{1.7918} \approx 2.9570$

**c.** They are the same.

**49.** $\log_2 7 = \frac{\log 7}{\log 2} \approx 2.8074$

**51.** $\log_8 24 = \frac{\log 24}{\log 8} \approx 1.5283$

**53.** $\log_8(0.012) = \frac{\log 0.012}{\log 8} \approx -2.1269$

**55.** $\log_9 1 = \frac{\log 1}{\log 9} = \frac{0}{\log 9} = 0$

**57.** $\log_4\left(\frac{1}{100}\right) = \frac{\log\left(\frac{1}{100}\right)}{\log 4} \approx -3.3219$

**59.** $\log_7(0.0006) = \frac{\log(0.0006)}{\log 7} \approx -3.8124$

**61. a.** $t = \frac{\ln 2}{0.045} \approx 15.4$ years

**b.** $t = \frac{\ln 2}{0.10} \approx 6.9$ years

**c.** Since the investment is doubled twice, the time would be 13.8 years.

**63. a.** $t = \frac{\ln 2}{0.035} \approx 19.8$ years

**b.** $t = \frac{\ln 2}{0.05} \approx 13.9$ years

**c.** Since the investment is doubled twice, the time would be 27.8 years.

**65. a.** $f(x) = \log_3 x$

**b.**

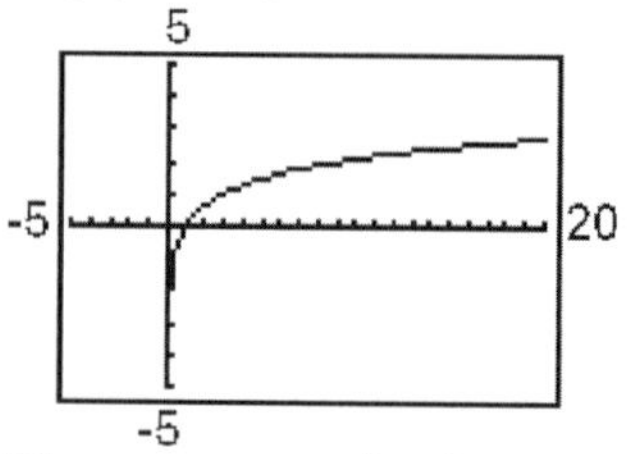


**c.** They appear to be the same.

**67.** $s(x) = \log_{1/2} x$

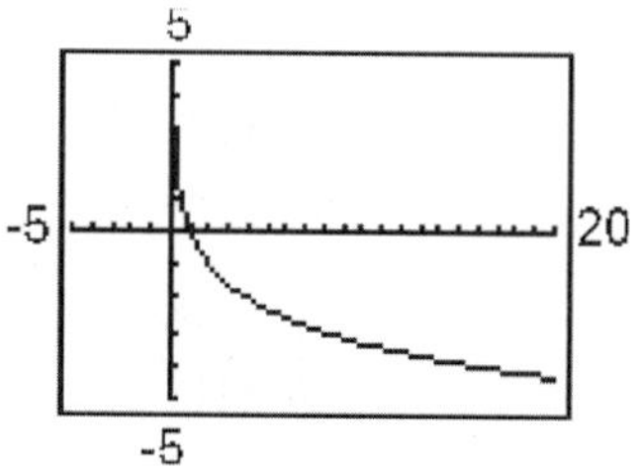


**69.** $y = e^{x-1}$

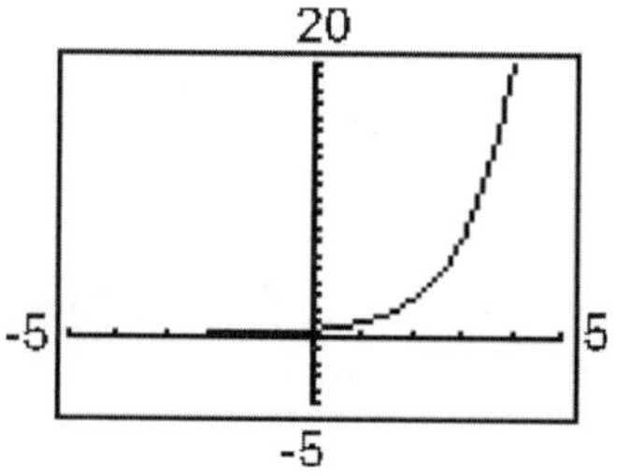

## Problem Recognition Exercises: Logarithmic and Exponential Forms

| | | |
|---|---|---|
| **1.** | $2^5 = 32$ | $\log_2 32 = 5$ |
| **3.** | $z^y = x$ | $\log_z x = y$ |
| **5.** | $10^3 = 1000$ | $\log 1000 = 3$ |
| **7.** | $e^a = b$ | $\ln b = a$ |
| **9.** | $\left(\frac{1}{2}\right)^2 = \frac{1}{4}$ | $\log_{\frac{1}{2}}\left(\frac{1}{4}\right) = 2$ |
| **11.** | $10^{-2} = 0.01$ | $\log 0.01 = -2$ |
| **13.** | $e^0 = 1$ | $\ln 1 = 0$ |
| **15.** | $25^{\frac{1}{2}} = 5$ | $\log_{25} 5 = \frac{1}{2}$ |
| **17.** | $e^t = s$ | $\ln s = t$ |
| **19.** | $15^{-2} = \frac{1}{225}$ | $\log_{15}\left(\frac{1}{225}\right) = -2$ |

## Section 9.7 Logarithmic and Exponential Equations and Applications

### Section 9.7 Practice Exercises

**1.** **a.** Equations containing one or more logarithms are called logarithmic equations.
**b.** An equation with one or more exponential expressions is called an exponential equation.

**3.** $\log_b x + \log_b (2x+3) = \log_b [x(2x+3)]$

**5.** $\log_b (x+2) - \log_b (3x-5) = \log_b \left(\dfrac{x+2}{3x-5}\right)$

**7.** $\log_3 x = 2$

$x = 3^2 = 9$

**9.** $\log p = 42$

$p = 10^{42}$

**11.** $\ln x = 0.08$

$x = e^{0.08}$

**13.** $\log_2 x = -4$

$x = 2^{-4} = \dfrac{1}{2^4} = \dfrac{1}{16}$

**15.** $\log_x 25 = 2 \quad (x > 0)$

$x^2 = 25$

$x = \sqrt{25} = 5$

**17.** $\log_b 10{,}000 = 4 \quad (b > 0)$

$b^4 = 10{,}000$

$b^4 = 10^4$

$b = 10$

**19.**
$$\log_y 5 = \frac{1}{2} \quad (y>0)$$
$$y^{1/2} = 5$$
$$y = 5^2 = 25$$

**21.**
$$\log_4(c+5) = 3$$
$$c+5 = 4^3$$
$$c+5 = 64$$
$$c = 59$$

**23.**
$$\log_5(4y+1) = 1$$
$$4y+1 = 5^1$$
$$4y+1 = 5$$
$$4y = 4$$
$$y = 1$$

**25.**
$$\ln(1-x) = 0$$
$$1-x = e^0$$
$$1-x = 1$$
$$-x = 0$$
$$x = 0$$

**27.**
$$\log_3 8 - \log_3(x+5) = 2$$
$$\log_3\left(\frac{8}{x+5}\right) = 2$$
$$\frac{8}{x+5} = 3^2$$
$$\frac{8}{x+5} = 9$$
$$8 = 9(x+5)$$
$$8 = 9x+45$$
$$-37 = 9x$$
$$x = -\frac{37}{9}$$

**29.**
$$\log_2(h-1) + \log_2(h+1) = 3$$
$$\log_2\left[(h-1)(h+1)\right] = 3$$
$$(h-1)(h+1) = 2^3$$
$$h^2 - 1 = 8$$
$$h^2 - 9 = 0$$
$$(h-3)(h+3) = 0$$
$$h-3 = 0 \text{ or } h+3 = 0$$
$$h = 3 \text{ or } \quad h = -3$$

$(h = -3$ does not check.$)$

**31.**
$$\log(x+2) = \log(3x-6)$$
$$x+2 = 3x-6$$
$$-2x = -8$$
$$x = 4$$

**33.**
$$\ln x - \ln(4x-9) = 0$$
$$\ln x = \ln(4x-9)$$
$$x = 4x-9$$
$$-3x = -9$$
$$x = 3$$

**35.**
$$\log_5(3t+2) - \log_5 t = \log_5 4$$
$$\log_5\left(\frac{3t+2}{t}\right) = \log_5 4$$
$$\frac{3t+2}{t} = 4$$
$$3t+2 = 4t$$
$$2 = t$$

**37.**
$$\log(4m) = \log 2 + \log(m-3)$$
$$\log(4m) = \log\left[2(m-3)\right]$$
$$4m = 2(m-3)$$
$$4m = 2m-6$$
$$2m = -6$$
$$m = -3$$

No solution $(m = -3$ does not check$)$

**39.**
$$6.3 = \log\left(\frac{I}{I_0}\right)$$
$$\frac{I}{I_0} = 10^{6.3}$$
$$I = 10^{6.3} I_0$$
$$I = 1{,}955{,}262 I_0$$
The earthquake is approximately 1,955,262 times more intense.

**41.**
$$89.3 = 10\log\left(\frac{I}{10^{-12}}\right)$$
$$8.93 = \log\left(\frac{I}{10^{-12}}\right)$$
$$\frac{I}{10^{-12}} = 10^{8.93}$$
$$I = 10^{8.93}\left(10^{-12}\right)$$
$$I = 10^{-3.07}\ \text{W/m}^2$$

**43.**
$$5^x = 625$$
$$5^x = 5^4$$
$$x = 4$$

**45.**
$$2^{-x} = 64$$
$$2^{-x} = 2^6$$
$$-x = 6$$
$$x = -6$$

**47.**
$$36^x = 6$$
$$\left(6^2\right)^x = 6^1$$
$$6^{2x} = 6^1$$
$$2x = 1$$
$$x = \frac{1}{2}$$

**49.**
$$4^{2x-1} = 64$$
$$4^{2x-1} = 4^3$$
$$2x - 1 = 3$$
$$2x = 4$$
$$x = 2$$

**51.**
$$81^{3x-4} = \frac{1}{243}$$
$$\left(3^4\right)^{3x-4} = 3^{-5}$$
$$3^{12x-16} = 3^{-5}$$
$$12x - 16 = -5$$
$$12x = 11$$
$$x = \frac{11}{12}$$

**53.**
$$\left(\frac{2}{3}\right)^{-x+4} = \frac{8}{27}$$
$$\left(\frac{2}{3}\right)^{-x+4} = \left(\frac{2}{3}\right)^3$$
$$-x + 4 = 3$$
$$-x = -1$$
$$x = 1$$

**55.**
$$16^{-x+1} = 8^{5x}$$
$$\left(2^4\right)^{-x+1} = \left(2^3\right)^{5x}$$
$$2^{-4x+4} = 2^{15x}$$
$$-4x + 4 = 15x$$
$$4 = 19x$$
$$x = \frac{4}{19}$$

**57.**
$$\left(4^x\right)^{x+1} = 16$$
$$4^{x^2+x} = 4^2$$
$$x^2 + x = 2$$
$$x^2 + x - 2 = 0$$
$$(x+2)(x-1) = 0$$
$$x + 2 = 0 \quad \text{or} \quad x - 1 = 0$$
$$x = -2 \quad \text{or} \quad x = 1$$

**59.**
$$8^a = 21$$
$$\ln 8^a = \ln 21$$
$$a \ln 8 = \ln 21$$
$$a = \frac{\ln 21}{\ln 8} \approx 1.464$$

**61.**
$$e^x = 8.1254$$
$$\ln e^x = \ln 8.1254$$
$$x \approx 2.095$$

**63.**
$$10^t = 0.0138$$
$$\log 10^t = \log 0.0138$$
$$t \approx -1.860$$

**65.**
$$e^{0.07h} = 15$$
$$\ln e^{0.07h} = \ln 15$$
$$0.07h = \ln 15$$
$$h = \frac{\ln 15}{0.07} \approx 38.686$$

**67.**
$$e^{1.2t} = 3$$
$$\ln e^{1.2t} = \ln 3$$
$$1.2t = \ln 3$$
$$t = \frac{\ln 3}{1.2} \approx 0.916$$

**69.**
$$3^{x+1} = 5^x$$
$$\ln 3^{x+1} = \ln 5^x$$
$$(x+1)\ln 3 = x \ln 5$$
$$x \ln 3 + \ln 3 = x \ln 5$$
$$\ln 3 = x \ln 5 - x \ln 3$$
$$\ln 3 = x(\ln 5 - \ln 3)$$
$$x = \frac{\ln 3}{\ln 5 - \ln 3} \approx 2.151$$

**71.**
$$2^{x+2} = 6^x$$
$$\ln 2^{x+2} = \ln\left(6^x\right)$$
$$(x+2)\ln 2 = x \ln 6$$
$$x \ln 2 + 2\ln 2 = x \ln 6$$
$$2\ln 2 = x \ln 6 - x \ln 2$$
$$2\ln 2 = x(\ln 6 - \ln 2)$$
$$x = \frac{2\ln 2}{\ln 6 - \ln 2} \approx 1.262$$

**73.**
$$32e^{0.04m} = 128$$
$$e^{0.04m} = 4$$
$$\ln e^{0.04m} = \ln 4$$
$$0.04m = \ln 4$$
$$m = \frac{\ln 4}{0.04} \approx 34.657$$

**75.** $9^x = 27^{2x}$ Method 1

**77.** $e^x = 125$ Method 2

**79. a.** $P(4)=1237(1.0095)^4 \approx 1285$ million

$\approx 1{,}285{,}000{,}000$ people

**b.** $P(18)=1237(1.0095)^{18} \approx 1466.5$ million

$\approx 1{,}466{,}500{,}000$ people

**c.**
$$2000=1237(1.0095)^t$$
$$\frac{2000}{1237}=1.0095^t$$
$$\ln\left(1.0095^t\right)=\ln\left(\frac{2000}{1237}\right)$$
$$t\ln(1.0095)=\ln\left(\frac{2000}{1237}\right)$$
$$t=\frac{\ln\left(\frac{2000}{1237}\right)}{\ln(1.0095)} \approx 50.8$$

The population will be 2 billion in 2049.

**81. a.** $A(0)=500e^{0.0277(0)} \approx 500$ bacteria

**b.** $A(10)=500e^{0.0277(10)} \approx 660$ bacteria

**c.**
$$1000=500e^{0.0277t}$$
$$2=e^{0.0277t}$$
$$\ln 2=\ln\left(e^{0.0277t}\right)$$
$$\ln 2=0.0277t$$
$$t=\frac{\ln 2}{0.0277} \approx 25 \text{ min}$$

**83.**
$$10{,}000=5000e^{0.07t}$$
$$2=e^{0.07t}$$
$$\ln 2=\ln e^{0.07t}$$
$$\ln 2=0.07t$$
$$t=\frac{\ln 2}{0.07} \approx 9.9 \text{ years}$$

**85. a.** $A(5)=10(0.5)^{5/14} \approx 7.8$ grams

**b.**
$$4=10(0.5)^{t/14}$$
$$0.4=(0.5)^{t/14}$$
$$\log 0.4=\log(0.5)^{t/14}$$
$$\log 0.4=\frac{t}{14}\log(0.5)$$
$$t=\frac{14\log 0.4}{\log 0.5} \approx 18.5 \text{ days}$$

**87.**
$$1{,}000{,}000=10{,}000e^{0.12t}$$
$$100=e^{0.12t}$$
$$\ln 100=\ln e^{0.12t}$$
$$\ln 100=0.12t$$
$$t=\frac{\ln 100}{0.12} \approx 38.4 \text{ years}$$

**89. a.** $P(43)=2e^{-0.0079(43)} \approx 1.42$ kg

**b.** No, since 1.42 kg < 1.5 kg.

**91.** $(\log x)^2-2\log x-15=0$

Let $u=\log x$
$$u^2-2u-15=0$$
$$(u-5)(u+3)=0$$
$$u-5=0 \quad \text{or} \quad u+3=0$$
$$u=5 \quad \text{or} \quad u=-3$$
$$\log x=5 \quad \text{or} \quad \log x=-3$$
$$x=10^5 \quad \text{or} \quad x=10^{-3}$$

**93.** $(\log_3 w)^2+5\log_3 w+6=0$

Let $u=\log_3 w$
$$u^2+5u+6=0$$
$$(u+2)(u+3)=0$$
$$u+2=0 \quad \text{or} \quad u+3=0$$
$$u=-2 \quad \text{or} \quad u=-3$$
$$\log_3 w=-2 \quad \text{or} \quad \log_3 w=-3$$
$$w=3^{-2} \quad \text{or} \quad w=3^{-3}$$
$$w=\frac{1}{9} \quad \text{or} \quad w=\frac{1}{27}$$

**95.** $Y_1 = 8 \wedge x$ ; $Y_2 = 21$

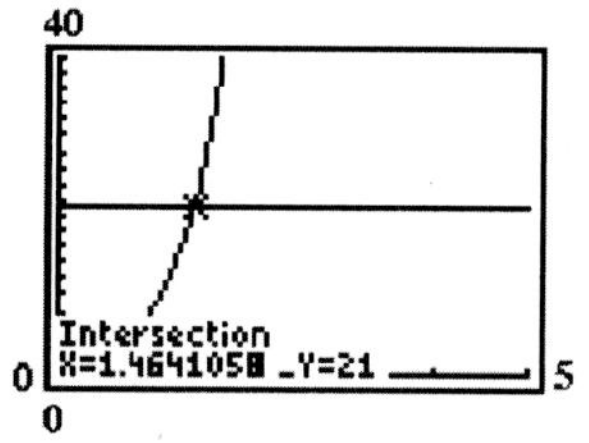


## Chapter 9 Review Exercises

### Section 9.1

**1.** $(f-g)(x) = f(x) - g(x)$
$= (x-7) - (-2x^3 - 8x)$
$= x - 7 + 2x^3 + 8x$
$= 2x^3 + 9x - 7$

**3.** $(f \cdot n)(x) = f(x) \cdot n(x) = (x-7)\left(\frac{1}{x-2}\right)$
$= \frac{x-7}{x-2},\ x \neq 2$

**5.** $\left(\frac{f}{g}\right)(x) = \frac{f(x)}{g(x)} = \frac{x-7}{-2x^3 - 8x},\ x \neq 0$

**7.** $(m \circ f)(x) = m(f(x)) = m(x-7) = (x-7)^2$
$= x^2 - 14x + 49$

**9.** $(m \circ g)(-1) = m(g(-1))$
$= m(-2(-1)^3 - 8(-1))$
$= m(2+8) = m(10) = 10^2 = 100$

**11.** $(f \circ g)(4) = f(g(4)) = f(-2(4)^3 - 8(4))$
$= f(-128 - 32) = f(-160)$
$= -160 - 7 = -167$

**13. a.** $(g \circ f)(x) = g(f(x)) = g(2x+1)$
$= (2x+1)^2 = 4x^2 + 4x + 1$

**b.** $(f \circ g)(x) = f(g(x)) = f(x^2) = 2x^2 + 1$

**c.** No, $f \circ g \neq g \circ f$

**15.** $(f \cdot g)(-2) = f(-2) \cdot g(-2) = -1 \cdot 3 = -3$

**17.** $(f-g)(2) = f(2) - g(2) = 2 - 3 = -1$

**19.** $(f \circ g)(4) = f(g(4)) = f(1) = 1$

### Section 9.2

**21.** Yes, it is a one-to-one function.

**23.**
$$q(x)=\frac{3}{4}x-2$$
$$y=\frac{3}{4}x-2$$
$$x=\frac{3}{4}y-2$$
$$x+2=\frac{3}{4}y$$
$$\frac{4}{3}(x+2)=y$$
$$q^{-1}(x)=\frac{4}{3}(x+2)$$

**25.**
$$f(x)=(x-1)^3$$
$$y=(x-1)^3$$
$$x=(y-1)^3$$
$$\sqrt[3]{x}=y-1$$
$$\sqrt[3]{x}+1=y$$
$$f^{-1}(x)=\sqrt[3]{x}+1$$

**27.**
$$f(x)=5x-2\ ;\ \ g(x)=\frac{1}{5}x+\frac{2}{5}$$
$$(f\circ g)(x)=f(g(x))=f\left(\frac{1}{5}x+\frac{2}{5}\right)$$
$$=5\left(\frac{1}{5}x+\frac{2}{5}\right)-2=x+2-2=x$$
$$(g\circ f)(x)=g(f(x))=g(5x-2)$$
$$=\frac{1}{5}(5x-2)+\frac{2}{5}=x-\frac{2}{5}+\frac{2}{5}=x$$

**29.** **a.** $h(x)=\sqrt{x+1}$

Domain: $[-1,\ \infty)$; Range: $[0,\ \infty)$

**b.** $k(x)=x^2-1,\ x\geq 0$

Domain: $[0,\ \infty)$; Range: $[-1,\ \infty)$

## Section 9.3

**31.** $4^5=1024$

**33.** $8^{1/3}=\sqrt[3]{8}=2$

**35.** $2^{\pi}\approx 8.825$

**37.** $\left(\sqrt{7}\right)^{1/2}\approx 1.627$

**39.** $f(x)=3^x$

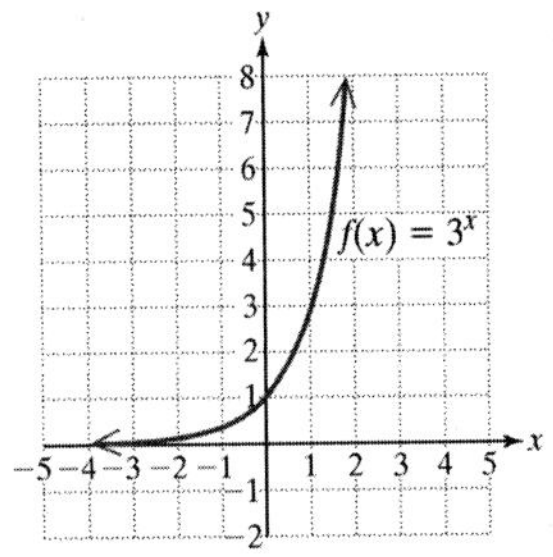


**41.** $h(x)=5^{-x}$

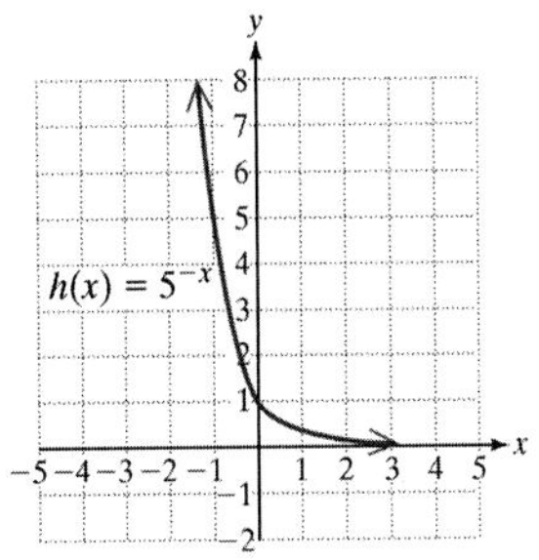


**43.** **a.** $y=b^x,\ b>0,\ b\neq 1$ has a horizontal asymptote.

**b.** $y=0$

## Section 9.4

**45.**
$$y = \log_3\left(\frac{1}{27}\right)$$
$$3^y = \frac{1}{27}$$
$$3^y = 3^{-3}$$
$$y = -3$$

**47.**
$$y = \log_7 7$$
$$7^y = 7$$
$$7^y = 7^1$$
$$y = 1$$

**49.**
$$y = \log_2 16$$
$$2^y = 16$$
$$2^y = 2^4$$
$$y = 4$$

**51.**
$$y = \log(100{,}000)$$
$$10^y = 100{,}000$$
$$10^y = 10^5$$
$$y = 5$$

**53.** $q(x) = \log_3 x$

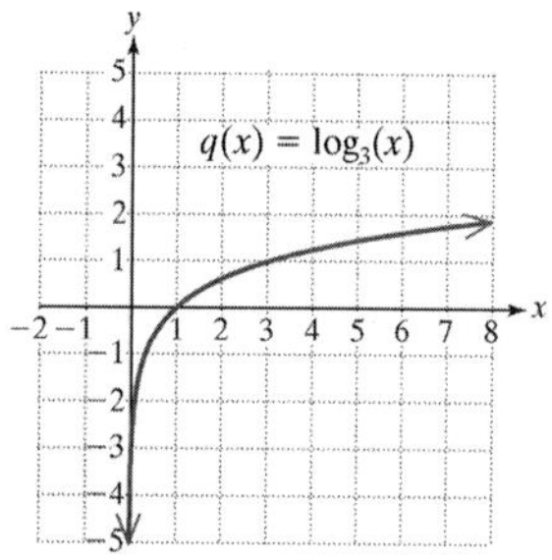


**55.** **a.** $y = \log_b x$ has a vertical asymptote.

**b.** $x = 0$

## Section 9.5

**57.** $\log_8 8 = 1$

**59.** $\log_{1/2} 1 = 0$

**61.** **a.** $\log_b(xy) = \log_b x + \log_b y$

**b.** $\log_b x - \log_b y = \log_b\left(\frac{x}{y}\right)$

**c.** $\log_b(x^p) = p\log_b x$

**63.**
$$\frac{1}{2}\log_3 a + \frac{1}{2}\log_3 b - 2\log_3 c - 4\log_3 d$$
$$= \frac{1}{2}(\log_3 a + \log_3 b) - (2\log_3 c + 4\log_3 d)$$
$$= \frac{1}{2}(\log_3(ab)) - (\log_3 c^2 + \log_3 d^4)$$
$$= \log_3(ab)^{1/2} - \log_3(c^2 d^4)$$
$$= \log_3\left(\frac{\sqrt{ab}}{c^2 d^4}\right)$$

**65.**
$$-\log_4 18 + \log_4 6 + \log_4 3 - \log_4 1$$
$$= (\log_4 6 + \log_4 3) - (\log_4 18 + \log_4 1)$$
$$= \log_4(6\cdot 3) - \log_4(18\cdot 1)$$
$$= \log_4 18 - \log_4 18 = 0$$

**67.**
$$\frac{\log 8^{-3}}{\log 2 + \log 4} = \frac{-3\log 8}{\log(2\cdot 4)} = \frac{-3\log 8}{\log 8} = -3 \quad a$$

## Section 9.6

**69.** $e^{\sqrt{7}} \approx 14.0940$

**71.** $58e^{-0.0125} \approx 57.2795$

**73.** $\ln\left(\frac{1}{9}\right) \approx -2.1972$

**75.** $\log e^3 \approx 1.3029$

**77.** $\log_9 80 = \frac{\ln 80}{\ln 9} \approx 1.9943$

**79.** $\log_4(0.0062) = \frac{\ln 0.0062}{\ln 4} \approx -3.6668$

**81.** **a.** $S(0) = 75e^{-0.5(0)} + 20 = 95$ The student's score is 95 at the end of the course.

**b.** $S(6) = 75e^{-0.5(6)} + 20 \approx 23.7$ The student's score is 23.7 after 6 months.

**c.** $S(12) = 75e^{-0.5(12)} + 20 \approx 20.2$ The student's score is 20.2 after 1 year.

**d.** The limiting value is 20.

## Section 9.7

**83.** $g(x) = e^{x+6}$ Domain: $(-\infty, \infty)$

**85.** $k(x) = \ln x$ Domain: $(0, \infty)$

**87.** $p(x) = \ln(x-7)$ Domain: $(7, \infty)$

**89.** $w(x) = \ln(5-x)$ Domain: $(-\infty, 5)$

**91.** $\log_7 x = -2$

$$x = 7^{-2} = \frac{1}{7^2} = \frac{1}{49} \approx 0.02$$

**93.** $\log_3 y = \frac{1}{12}$

$$y = 3^{1/12} \approx 1.10$$

**95.** $\log_2(3w+5) = 5$

$$3w + 5 = 2^5$$
$$3w + 5 = 32$$
$$3w = 27$$
$$w = 9$$

**97.**

$$\log_4(2+t) - 3 = \log_4(3-5t)$$
$$\log_4(2+t) - \log_4(3-5t) = 3$$
$$\log_4\left(\frac{2+t}{3-5t}\right) = 3$$
$$\frac{2+t}{3-5t} = 4^3$$
$$\frac{2+t}{3-5t} = 64$$
$$2 + t = 64(3-5t)$$
$$2 + t = 192 - 320t$$
$$321t = 190$$
$$t = \frac{190}{321} \approx 0.59$$

**99.**
$$\begin{aligned}5^{7x}&=625\\5^{7x}&=5^4\\7x&=4\\x&=\frac{4}{7}\end{aligned}$$

**101.**
$$\begin{aligned}5^a&=18\\\ln 5^a&=\ln 18\\a\ln 5&=\ln 18\\a&=\frac{\ln 18}{\ln 5}\approx 1.7959\end{aligned}$$

**103.**
$$\begin{aligned}e^{-2x}&=0.06\\\ln e^{-2x}&=\ln 0.06\\-2x&=\ln 0.06\\x&=-\frac{\ln 0.06}{2}\approx 1.4067\end{aligned}$$

**105.**
$$\begin{aligned}10^{-3m}&=\frac{1}{821}\\\log 10^{-3m}&=\log\left(\frac{1}{821}\right)\\-3m&=\log\left(\frac{1}{821}\right)\\m&=\frac{\log\left(\frac{1}{821}\right)}{-3}\approx 0.9714\end{aligned}$$

**107.**
$$\begin{aligned}14^{x-5}&=6^x\\\ln 14^{x-5}&=\ln 6^x\\(x-5)\ln 14&=x\ln 6\\x\ln 14-5\ln 14&=x\ln 6\\x\ln 14-x\ln 6&=5\ln 14\\x(\ln 14-\ln 6)&=5\ln 14\\x&=\frac{5\ln 14}{\ln 14-\ln 6}\approx 15.5734\end{aligned}$$

**109.** **a.** $A(0)=150e^{0.007(0)}=150$ bacteria

**b.** $A(30)=150e^{0.007(30)}\approx 185$ bacteria

**c.**
$$\begin{aligned}300&=150e^{0.007t}\\2&=e^{0.007t}\\\ln 2&=\ln e^{0.007t}\\\ln 2&=0.007t\\t&=\frac{\ln 2}{0.007}\approx 99\text{ min}\end{aligned}$$

## Chapter 9 Test

**1.** $\left(\frac{f}{g}\right)(x)=\frac{f(x)}{g(x)}=\frac{x-4}{x^2+2}$

**3.**
$$\begin{aligned}(g\circ f)(x)&=g(f(x))=g(x-4)\\&=(x-4)^2+2\\&=x^2-8x+16+2=x^2-8x+18\end{aligned}$$

**5.**
$$\begin{aligned}(f-g)(7)&=f(7)-g(7)=(7-4)-(7^2+2)\\&=3-(49+2)=3-51=-48\end{aligned}$$

**7.**
$$\begin{aligned}(h\circ g)(4)&=h(g(4))=h(4^2+2)\\&=h(16+2)=h(18)=\frac{1}{18}\end{aligned}$$

**9.** $\left(\frac{g}{f}\right)(x)=\frac{g(x)}{f(x)}=\frac{x^2+2}{x-4},\ x\neq 4$

**11.** Graph b is one-to-one since it passes the horizontal line test.

**13.**
$$g(x)=(x-1)^2,\ x\geq 1$$
$$y=(x-1)^2$$
$$x=(y-1)^2$$
$$\sqrt{x}=y-1$$
$$\sqrt{x}+1=y$$
$$g^{-1}(x)=\sqrt{x}+1,\ x\geq 0$$

**15. a.** $10^{2/3}\approx 4.6416$

**b.** $3^{\sqrt{10}}\approx 32.2693$

**c.** $8^{\pi}\approx 687.2913$

**17. a.** $16^{3/4}=8 \leftrightarrow \log_{16}8=\dfrac{3}{4}$

**b.** $\log_x 31=5 \leftrightarrow x^5=31$

**19.** $\log_b n=\dfrac{\log_a n}{\log_a b}$

**21. a.**
$$-\log_3\left(\frac{3}{9x}\right)=-(\log_3 3-\log_3(9x))$$
$$=-\left[\log_3 3-(\log_3 3^2+\log_3 x)\right]$$
$$=-\left[1-(2+\log_3 x)\right]$$
$$=-\left[1-2-\log_3 x\right]$$
$$=-1+2+\log_3 x$$
$$=1+\log_3 x$$

**b.** $\log\left(\dfrac{1}{10^5}\right)=\log 10^{-5}=-5$

**23. a.** $e^{1/2}\approx 1.6487$

**b.** $e^{-3}\approx 0.0498$

**c.** $\ln\left(\dfrac{1}{3}\right)\approx -1.0986$

**d.** $\ln e=1$

**25. a.** $p(4)=92-20\ln(4+1)\approx 59.8$

59.8% of the material is retained after 4 months.

**b.** $p(12)=92-20\ln(12+1)\approx 40.7$

40.7% of the material is retained after 12 months.

**c.** $p(0)=92-20\ln(0+1)=92$

92% of the material is retained at the end of the course.

**27. a.** $P(0)=\dfrac{1{,}500{,}000}{1+5000e^{-0.8(0)}}\approx 300$

There are 300 bacteria initially.

**b.** $P(6)=\dfrac{1{,}500{,}000}{1+5000e^{-0.8(6)}}\approx 35{,}588$

**c.** $P(12)=\dfrac{1{,}500{,}000}{1+5000e^{-0.8(12)}}\approx 1{,}120{,}537$

**d.** $P(18)=\dfrac{1{,}500{,}000}{1+5000e^{-0.8(18)}}\approx 1{,}495{,}831$

**e.** The limiting value appears to be 1,500,000 bacteria.

**29.** $\log_{1/2}x=-5$
$$x=\left(\frac{1}{2}\right)^{-5}=2^5=32$$

**31.**
$$3^{x+4}=\frac{1}{27}$$
$$3^{x+4}=3^{-3}$$
$$x+4=-3$$
$$x=-7$$

**33.**
$$e^{2.4x}=250$$
$$\ln e^{2.4x}=\ln 250$$
$$2.4x=\ln 250$$
$$x=\frac{\ln 250}{2.4}\approx 2.301$$

**35.** **a.** $A(5)=2000e^{0.075(5)}\approx \$2909.98$

**b.**
$$4000=2000e^{0.075t}$$
$$2=e^{0.075t}$$
$$\ln 2=\ln e^{0.075t}$$
$$\ln 2=0.075t$$
$$t=\frac{\ln 2}{0.075}\approx 9.24 \text{ years}$$

## Chapters 1 – 9 Cumulative Review Exercises

**1.**
$$\frac{8-4\cdot 2^2+15\div 5}{|-3+7|}=\frac{8-4\cdot 4+15\div 5}{|4|}=\frac{8-16+3}{4}=\frac{-5}{4}=-\frac{5}{4}$$

**3.**
$$\begin{array}{r} t^3+2t^2-9t-18 \\ t-2\overline{)\,t^4 \qquad -13t^2 \qquad +36} \\ -(t^4-2t^3) \qquad\qquad\qquad \\ 2t^3-13t^2 \qquad\qquad \\ -(2t^3-4t^2) \qquad\qquad \\ -9t^2 \qquad\qquad \\ -(-9t^2+18t) \qquad \\ -18t+36 \\ -(-18t+36) \\ 0 \end{array}$$

Quotient: $t^3+2t^2-9t-18$ Remainder: 0

**5.**
$$\frac{4}{\sqrt[3]{40}}=\frac{4}{\sqrt[3]{8\cdot 5}}=\frac{4}{2\sqrt[3]{5}}=\frac{2}{\sqrt[3]{5}}\cdot\frac{\sqrt[3]{25}}{\sqrt[3]{25}}=\frac{2\sqrt[3]{25}}{5}$$

**7.**
$$\frac{2^{2/5}c^{-1/4}d^{1/5}}{2^{-8/5}c^{3/4}d^{1/10}}=2^{(2/5)-(-8/5)}c^{(-1/4)-(3/4)}d^{(1/5)-(1/10)}=2^2c^{-1}d^{1/10}=\frac{4d^{1/10}}{c}$$

**9.**
$$\frac{4-3i}{2+5i}\cdot\frac{2-5i}{2-5i}=\frac{8-20i-6i+15i^2}{4-10i+10i-25i^2}=\frac{8-26i-15}{4+25}=\frac{-7-26i}{29}=-\frac{7}{29}-\frac{26}{29}i$$

**11.**

| | 100% Solution | 20% Solution | 50% Solution |
|---|---|---|---|
| Amount of Solution | $x$ | 8 | $x+8$ |
| Amount of Alcohol | $1.00x$ | $0.20(8)$ | $0.50(x+8)$ |

(amt of 100%)+(amt of 20%)=(amt of 50%)
$$1.00x+0.20(8)=0.50(x+8)$$
$$1.00x+1.6=0.50x+4$$
$$0.50x+1.6=4$$
$$0.50x=2.4$$
$$\frac{0.50x}{0.50}=\frac{2.4}{0.50}$$
$$x=4.8$$
4.8 L of pure alcohol must be used.

**13.** $5x+10y=25$
$-2x+6y=-20$

$$\left[\begin{array}{cc|c} 5 & 10 & 25 \\ -2 & 6 & -20 \end{array}\right] \xrightarrow{\frac{1}{5}R_1 \Rightarrow R_1} \left[\begin{array}{cc|c} 1 & 2 & 5 \\ -2 & 6 & -20 \end{array}\right] \xrightarrow{2R_1+R_2 \Rightarrow R_2} \left[\begin{array}{cc|c} 1 & 2 & 5 \\ 0 & 10 & -10 \end{array}\right]$$

$$\xrightarrow{\frac{1}{10}R_2 \Rightarrow R_2} \left[\begin{array}{cc|c} 1 & 2 & 5 \\ 0 & 1 & -1 \end{array}\right] \xrightarrow{-2R_2+R_1 \Rightarrow R_1} \left[\begin{array}{cc|c} 1 & 0 & 7 \\ 0 & 1 & -1 \end{array}\right]$$

The solution is (7, –1).

**15.**
$$ax-c=bx+d$$
$$ax-bx-c=d$$
$$ax-bx=c+d$$
$$x(a-b)=c+d$$
$$x=\frac{c+d}{a-b}$$

**17.**
$$\sqrt{1-kT}=\frac{V_0}{V}$$
$$1-kT=\left(\frac{V_0}{V}\right)^2$$
$$-kT=\left(\frac{V_0}{V}\right)^2-1$$
$$T=\frac{\left(\frac{V_0}{V}\right)^2-1}{-k}=\frac{1-\left(\frac{V_0}{V}\right)^2}{k}$$
$$T=\frac{V^2-V_0^2}{kV^2}$$

**19.** **a.** $(f\cdot g)(t)=f(t)\cdot g(t)=6\cdot(-5t)=-30t$

**b.** $(g\circ h)(t)=g(h(t))=g(2t^2)$
$=-5(2t^2)=-10t^2$

**c.** $(h-g)(t)=h(t)-g(t)$
$=2t^2-(-5t)=2t^2+5t$

**21.** **a.** $x=2$ (Vertical line)

**b.** $y=6$ (Horizontal line)

**c.** $2x+y=4$
$y=-2x+4 \quad m=-2 \quad m_{\perp}=\frac{1}{2}$
$$y-6=\frac{1}{2}(x-2)$$
$$y-6=\frac{1}{2}x-1$$
$$y=\frac{1}{2}x+5$$

**23.** Multiply the first equation by 4 and add the equations:

$$\frac{1}{2}x-\frac{1}{4}y=1 \xrightarrow{\times 4} 2x-y=4$$
$$-2x+y=-4 \longrightarrow \underline{-2x+y=-4}$$
$$0=0$$

The solution is $\{(x,\ y)|-2x+y=-4\}$.

**25.**

$$\begin{aligned} f(x) &= 5x - \frac{2}{3} \\ y &= 5x - \frac{2}{3} \\ x &= 5y - \frac{2}{3} \\ x + \frac{2}{3} &= 5y \\ \frac{1}{5}\left(x + \frac{2}{3}\right) &= y \\ \frac{1}{5}x + \frac{2}{15} &= y \\ f^{-1}(x) &= \frac{1}{5}x + \frac{2}{15} \end{aligned}$$

**27.**

$$\begin{aligned} \frac{5x-10}{x^2-4x+4} \div \frac{5x^2-125}{25-5x} \cdot \frac{x^3+125}{10x+5} &= \frac{5x-10}{x^2-4x+4} \cdot \frac{25-5x}{5x^2-125} \cdot \frac{x^3+125}{10x+5} \\ &= \frac{5(x-2)}{(x-2)(x-2)} \cdot \frac{-5(x-5)}{5(x^2-25)} \cdot \frac{(x+5)(x^2-5x+25)}{5(2x+1)} \\ &= \frac{\cancel{5}\,\cancel{(x-2)}}{\cancel{(x-2)}(x-2)} \cdot \frac{-1 \cdot \cancel{5}\,\cancel{(x-5)}}{\cancel{5}\,\cancel{(x-5)}\,\cancel{(x+5)}} \cdot \frac{\cancel{(x+5)}(x^2-5x+25)}{\cancel{5}(2x+1)} \\ &= \frac{-(x^2-5x+25)}{(x-2)(2x+1)} = \frac{-x^2+5x-25}{(x-2)(2x+1)} = -\frac{x^2-5x+25}{(x-2)(2x+1)} \end{aligned}$$

**29. a.** Yes; $x \neq 4$, $x \neq -2$

**b.**

$$\begin{aligned} \frac{2}{x-4} &= \frac{5}{x+2} \\ 2(x+2) &= 5(x-4) \\ 2x+4 &= 5x-20 \\ -3x+4 &= -20 \\ -3x &= -24 \\ x &= 8 \end{aligned}$$

**c.** Boundary points are 8 and –2, 4 (undefined).
Use test points $x = -3$, $x = 0$, $x = 5$ and $x = 9$.

Test $x=-3$: $\frac{2}{-3-4} = \frac{2}{-7} \geq \frac{5}{-3+2} = \frac{5}{-1} = -5$ True

Test $x=0$: $\frac{2}{0-4} = \frac{2}{-4} = -\frac{1}{2} \geq \frac{5}{0+2} = \frac{5}{2}$ False

Test $x=5$: $\frac{2}{5-4} = \frac{2}{1} = 2 \geq \frac{5}{5+2} = \frac{5}{7}$ True

Test $x=9$: $\frac{2}{9-4} = \frac{2}{5} \geq \frac{5}{9+2} = \frac{5}{11}$ False

The boundary point $x=8$ is included.
The solution is $\{x \mid x < -2 \text{ or } 4 < x \leq 8\}$ or $(-\infty, -2) \cup (4, 8]$.

**31.**
$$\sqrt{-x} = x+6$$
$$\left(\sqrt{-x}\right)^2 = (x+6)^2$$
$$-x = x^2+12x+36$$
$$0 = x^2+13x+36$$
$$(x+4)(x+9)=0$$
$$x+4=0 \quad \text{or} \quad x+9=0$$
$$x=-4 \quad \text{or} \quad x=-9$$
$(x=-9$ does not check.$)$

**33. a.**
$$P(6)=4{,}000{,}000\left(\frac{1}{2}\right)^{6/6}=2{,}000{,}000$$
$$P(12)=4{,}000{,}000\left(\frac{1}{2}\right)^{12/6}=1{,}000{,}000$$
$$P(18)=4{,}000{,}000\left(\frac{1}{2}\right)^{18/6}=500{,}000$$
$$P(24)=4{,}000{,}000\left(\frac{1}{2}\right)^{24/6}=250{,}000$$
$$P(30)=4{,}000{,}000\left(\frac{1}{2}\right)^{30/6}=125{,}000$$

**b.**
$$15{,}625=4{,}000{,}000\left(\frac{1}{2}\right)^{t/6}$$
$$\frac{15{,}625}{4{,}000{,}000}=\left(\frac{1}{2}\right)^{t/6}$$
$$\frac{4{,}000{,}000}{15{,}625}=2^{t/6}$$
$$256=2^{t/6}$$
$$2^8=2^{t/6}$$
$$8=\frac{t}{6}$$
$$t=48 \text{ hr}$$

**35. a.** $\pi^{4.7}\approx 217.0723$

**b.** $e^{\pi}\approx 23.1407$

**c.** $\left(\sqrt{2}\right)^{-5}\approx 0.1768$

**d.** $\log 5362\approx 3.7293$

**e.** $\ln(0.67)\approx -0.4005$

**f.** $\log_4 37=\dfrac{\ln 37}{\ln 4}\approx 2.6047$

**37.**
$$e^x=100$$
$$\ln\left(e^x\right)=\ln 100$$
$$x=\ln 100\approx 4.6052$$

**39.**
$$\frac{1}{2}\log z-2\log x-3\log y$$
$$=\frac{1}{2}\log z-(2\log x+3\log y)$$
$$=\log z^{1/2}-\left(\log x^2+\log y^3\right)$$
$$=\log z^{1/2}-\log\left(x^2y^3\right)$$
$$=\log\left(\frac{z^{1/2}}{x^2y^3}\right)=\log\left(\frac{\sqrt{z}}{x^2y^3}\right)$$

# Chapter 10 Conic Sections

## Chapter Opener Puzzle

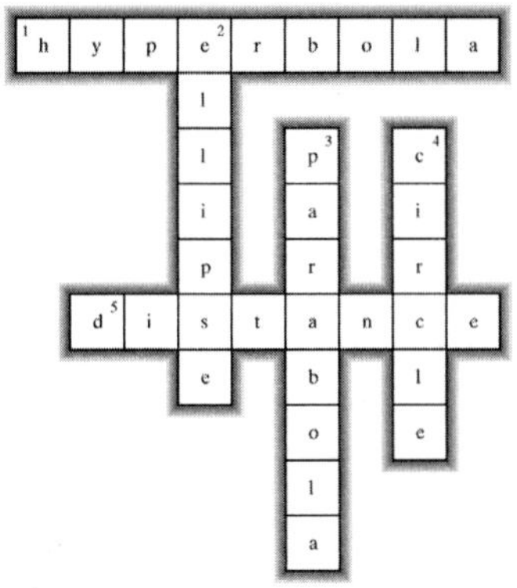


## Section 10.1 Distance Formula, Midpoint Formula, and Circles

### Section 10.1 Practice Exercises

**1.** **a.** Distance Formula - The distance $d$ between two points $(x_1, y_1)$ and $(x_2, y_2)$ is $d=\sqrt{(x_2-x_1)^2+(y_2-y_1)^2}$.

**b.** A circle is defined as the set of all points in a plane that are equidistant from a fixed point.

**c.** The fixed point in a circle is called the center.

**d.** The fixed distance from the center of the circle is called the radius.

**e.** The standard equation of a circle, centered at $(h, k)$ with radius $r$, is given by $(x-h)^2+(y-k)^2=r^2$ where $r>0$.

**f.** Midpoint formula – If the coordinates of the endpoints of a segment are represented by $(x_1, y_1)$ and $(x_2, y_2)$, then the midpoint of the segment is given by $\left(\frac{x_1+x_2}{2}, \frac{y_1+y_2}{2}\right)$.

**3.** $(x_1, y_1)=(1, 10),\quad (x_2, y_2)=(-2, 4)$

$$d=\sqrt{[(-2)-(1)]^2+[(4)-(10)]^2}$$
$$=\sqrt{(-3)^2+(-6)^2}=\sqrt{9+36}$$
$$=\sqrt{45}=3\sqrt{5}$$

**5.** $(x_1, y_1)=(6, 7),\quad (x_2, y_2)=(3, 2)$

$$d=\sqrt{[(3)-(6)]^2+[(2)-(7)]^2}$$
$$=\sqrt{(-3)^2+(-5)^2}=\sqrt{9+25}$$
$$=\sqrt{34}$$

**7.** $(x_1, y_1)=\left(-\frac{1}{2}, \frac{5}{8}\right), \quad (x_2, y_2)=\left(-\frac{3}{2}, \frac{1}{4}\right)$

$$d=\sqrt{\left[\left(-\frac{3}{2}\right)-\left(-\frac{1}{2}\right)\right]^2+\left[\left(\frac{1}{4}\right)-\left(\frac{5}{8}\right)\right]^2}$$
$$=\sqrt{(-1)^2+\left(-\frac{3}{8}\right)^2}=\sqrt{1+\frac{9}{64}}$$
$$=\sqrt{\frac{73}{64}}=\frac{\sqrt{73}}{8}$$

**9.** $(x_1, y_1)=(-2, 5), \quad (x_2, y_2)=(-2, 9)$

$$d=\sqrt{[(-2)-(-2)]^2+[(9)-(5)]^2}$$
$$=\sqrt{(0)^2+(4)^2}=\sqrt{0+16}=\sqrt{16}=4$$

**11.** $(x_1, y_1)=(7, 2), \quad (x_2, y_2)=(15, 2)$

$$d=\sqrt{[(15)-(7)]^2+[(2)-(2)]^2}$$
$$=\sqrt{(8)^2+(0)^2}=\sqrt{64+0}=\sqrt{64}=8$$

**13.** $(x_1, y_1)=(-1, -5), \quad (x_2, y_2)=(-5, -9)$

$$d=\sqrt{[(-5)-(-1)]^2+[(-9)-(-5)]^2}$$
$$=\sqrt{(-4)^2+(-4)^2}=\sqrt{16+16}=\sqrt{32}=4\sqrt{2}$$

**15.** $(x_1, y_1)=\left(4\sqrt{6}, -2\sqrt{2}\right), \ (x_2, y_2)=\left(2\sqrt{6}, \sqrt{2}\right)$

$$d=\sqrt{\left[2\sqrt{6}-4\sqrt{6}\right]^2+\left[\left(\sqrt{2}\right)-\left(-2\sqrt{2}\right)\right]^2}$$
$$=\sqrt{\left(-2\sqrt{6}\right)^2+\left(3\sqrt{2}\right)^2}=\sqrt{24+18}=\sqrt{42}$$

**17.** Subtract 5 and –7. This becomes $5-(-7)=12$.

**19.** $(4, 7), \ (-4, y)$

$$10=\sqrt{[-4-4]^2+[y-7]^2}$$
$$10=\sqrt{(-8)^2+y^2-14y+49}$$
$$10=\sqrt{y^2-14y+49+64}$$
$$100=y^2-14y+113$$
$$0=y^2-14y+13$$
$$0=(y-13)(y-1)$$
$$y-13=0 \quad \text{or} \quad y-1=0$$
$$y=13 \quad \text{or} \quad y=1$$

**21.** $(x, 2), \ (4, -1)$

$$5=\sqrt{[4-x]^2+[-1-2]^2}$$
$$5=\sqrt{(4-x)^2+(-3)^2}$$
$$5=\sqrt{16-8x+x^2+9}$$
$$25=x^2-8x+25$$
$$0=x^2-8x$$
$$0=x(x-8)$$
$$x=0 \quad \text{or} \quad x-8=0$$
$$x=0 \quad \text{or} \quad x=8$$

**23.** $A:(-3, 2),\quad B:(-2, -4),\quad C:(3, 3)$

$$d_{AB}=\sqrt{[-2-(-3)]^2+[-4-2]^2}$$
$$=\sqrt{(1)^2+(-6)^2}=\sqrt{1+36}=\sqrt{37}$$
$$d_{BC}=\sqrt{[3-(-2)]^2+[3-(-4)]^2}$$
$$=\sqrt{(5)^2+(7)^2}=\sqrt{25+49}=\sqrt{74}$$
$$d_{AC}=\sqrt{[3-(-3)]^2+[3-2]^2}$$
$$=\sqrt{(6)^2+(1)^2}=\sqrt{36+1}=\sqrt{37}$$
$$\left(\sqrt{37}\right)^2+\left(\sqrt{37}\right)^2=\left(\sqrt{74}\right)^2$$
$$37+37=74$$
$$74=74$$

The three points define a right triangle.

**25.** $A:(-3, -2),\quad B:(4, -3),\quad C:(1, 5)$

$$d_{AB}=\sqrt{[4-(-3)]^2+[-3-(-2)]^2}$$
$$=\sqrt{(7)^2+(-1)^2}=\sqrt{49+1}=\sqrt{50}$$
$$d_{BC}=\sqrt{[1-4]^2+[5-(-3)]^2}$$
$$=\sqrt{(-3)^2+(8)^2}=\sqrt{9+64}=\sqrt{73}$$
$$d_{AC}=\sqrt{[1-(-3)]^2+[5-(-2)]^2}$$
$$=\sqrt{(4)^2+(7)^2}=\sqrt{16+49}=\sqrt{65}$$
$$\left(\sqrt{50}\right)^2+\left(\sqrt{65}\right)^2=\left(\sqrt{73}\right)^2$$
$$50+65=73$$
$$115\neq 73$$

The three points do not define a right triangle.

**27.**

$$(x-4)^2+(y+2)^2=9$$
$$[x-4]^2+[y-(-2)]^2=3^2$$
$$h=4,\ k=-2,\ r=3$$

Center: $(4, -2)$; radius: 3

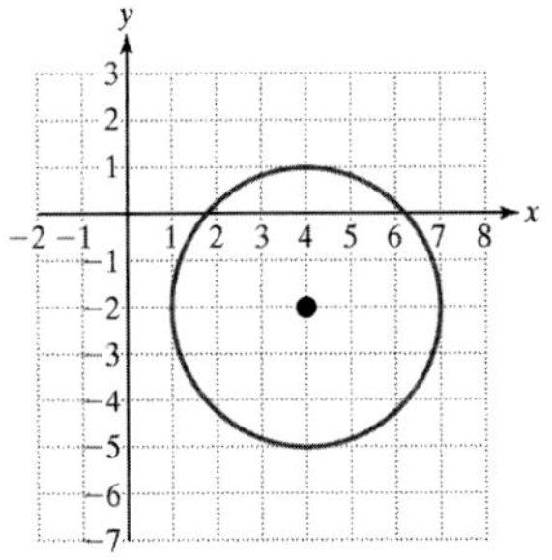


**29.**

$$(x+1)^2+(y+1)^2=1$$
$$[x-(-1)]^2+[y-(-1)]^2=1^2$$
$$h=-1,\ k=-1,\ r=1$$

Center: $(-1, -1)$; radius: 1

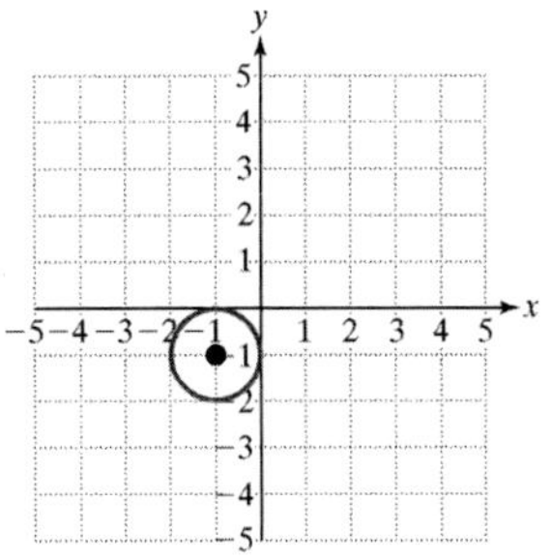


**31.**

$$x^2+(y-2)^2=4$$
$$[x-0]^2+[y-2]^2=2^2$$
$$h=0,\ k=2,\ r=2$$

Center: $(0, 2)$; radius: 2

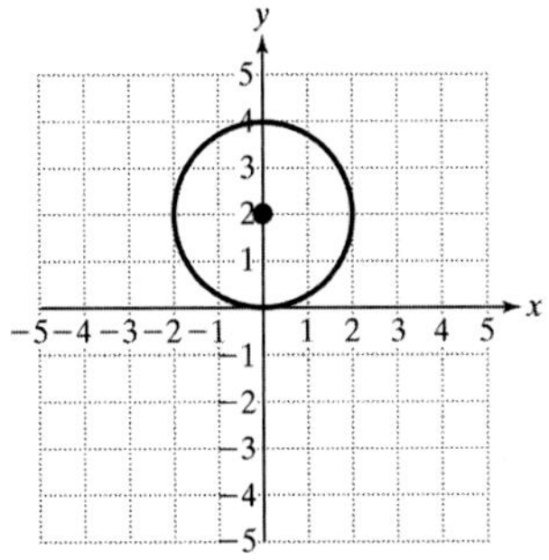


**33.**

$$(x-3)^2+y^2=8$$
$$[x-3]^2+[y-0]^2=\left(\sqrt{8}\right)^2$$
$$h=3,\ k=0,\ r=2\sqrt{2}$$

Center: $(3, 0)$; radius: $2\sqrt{2}$

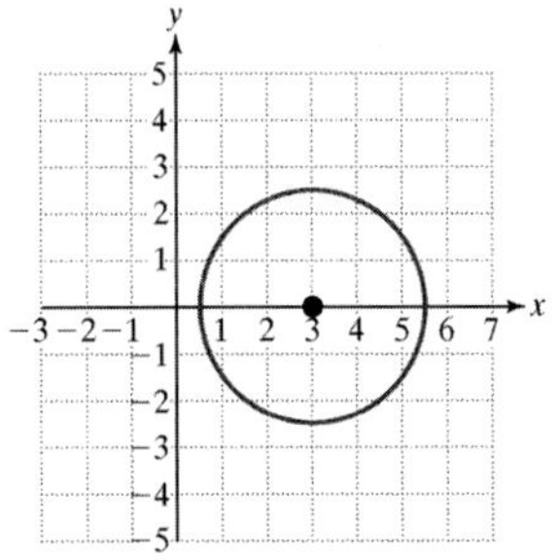

**35.**

$$x^2 + y^2 = 6$$

$$[x-0]^2 + [y-0]^2 = \left(\sqrt{6}\right)^2$$

$$h = 0,\ k = 0,\ r = \sqrt{6}$$

Center: $(0, 0)$; radius: $\sqrt{6}$

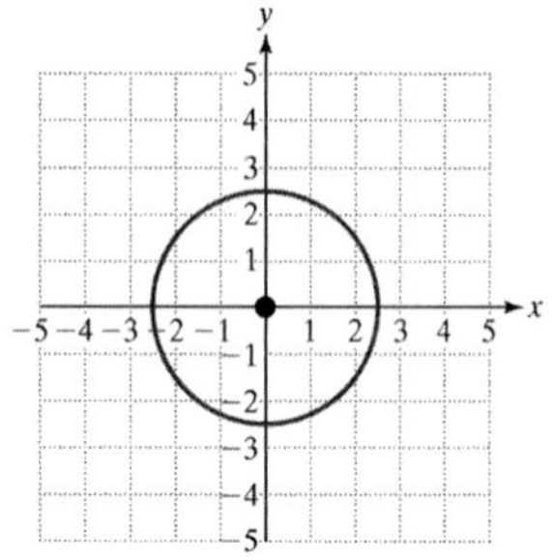


**37.**

$$\left(x + \frac{4}{5}\right)^2 + y^2 = \frac{64}{25}$$

$$\left[x - \left(-\frac{4}{5}\right)\right]^2 + [y-0]^2 = \left(\frac{8}{5}\right)^2$$

$$h = -\frac{4}{5},\ k = 0,\ r = \frac{8}{5}$$

Center: $\left(-\frac{4}{5}, 0\right)$; radius: $\frac{8}{5}$

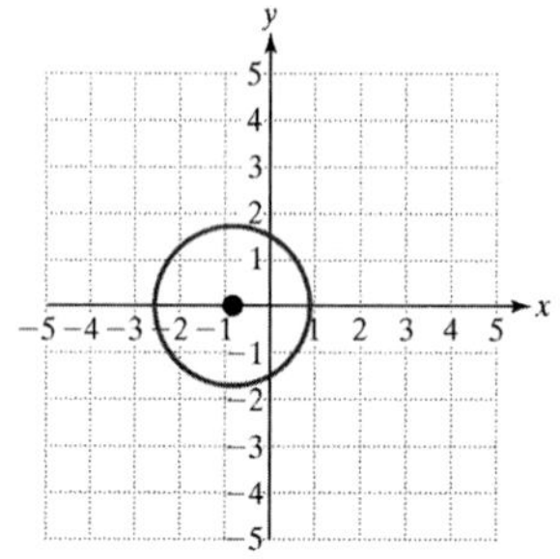


**39.**

$$x^2 + y^2 - 2x - 6y - 26 = 0$$

$$\left(x^2 - 2x\quad\right) + \left(y^2 - 6y\quad\right) = 26$$

$$\left(x^2 - 2x + 1\right) + \left(y^2 - 6y + 9\right) = 26 + 1 + 9$$

$$(x-1)^2 + (y-3)^2 = 36$$

$$[x-1]^2 + [y-3]^2 = 6^2$$

Center: $(1, 3)$; radius: 6

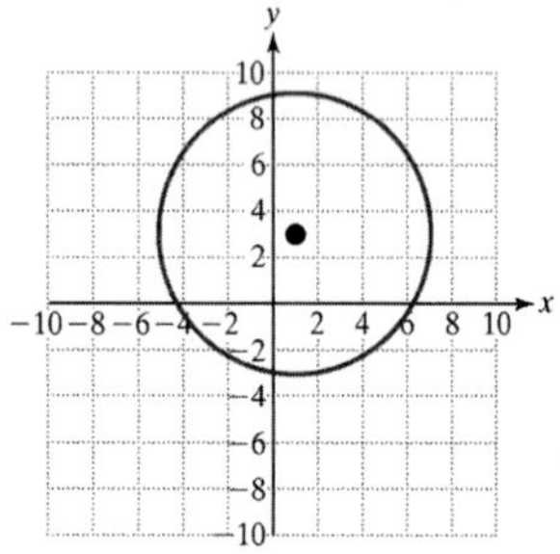


**41.**

$$x^2 + y^2 - 6y + 5 = 0$$

$$x^2 + \left(y^2 - 6y\quad\right) = -5$$

$$x^2 + \left(y^2 - 6y + 9\right) = -5 + 9$$

$$(x-0)^2 + (y-3)^2 = 4$$

$$[x-0]^2 + [y-3]^2 = 2^2$$

Center: $(0, 3)$; radius: 2

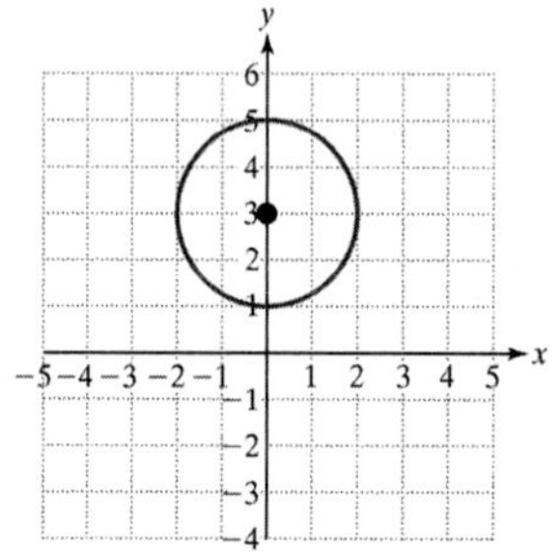


**43.**

$$x^2 + y^2 + 6y + \frac{65}{9} = 0$$

$$x^2 + \left(y^2 + 6y\quad\right) = -\frac{65}{9}$$

$$x^2 + \left(y^2 + 6y + 9\right) = -\frac{65}{9} + 9$$

$$(x-0)^2 + (y+3)^2 = \frac{16}{9}$$

$$[x-0]^2 + [y-(-3)]^2 = \left(\frac{4}{3}\right)^2$$

Center: $(0, -3)$; radius: $\frac{4}{3}$

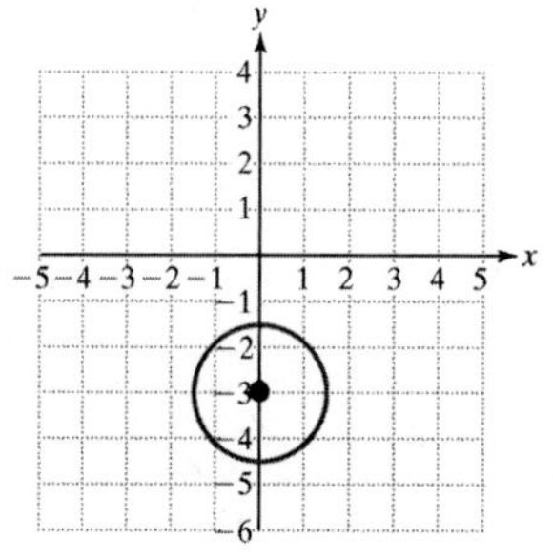

**45.**
$$x^2+y^2+2x+4y-4=0$$
$$(x^2+2x\quad)+(y^2+4y)=4$$
$$(x^2+2x+1)+(y^2+4y+4)=4+1+4$$
$$(x+1)^2+(y+2)^2=9$$
$$[x-(-1)]^2+[y-(-2)]^2=3^2$$
Center: $(-1, -2)$; radius: 3

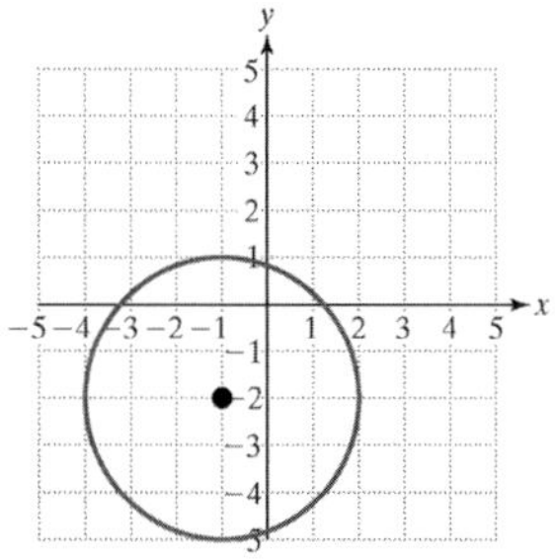

**47.**
$$3x^2+3y^2=3$$
$$x^2+y^2=1$$
$$[x-0]^2+[y-0]^2=1^2$$
Center: $(0, 0)$; radius: 1

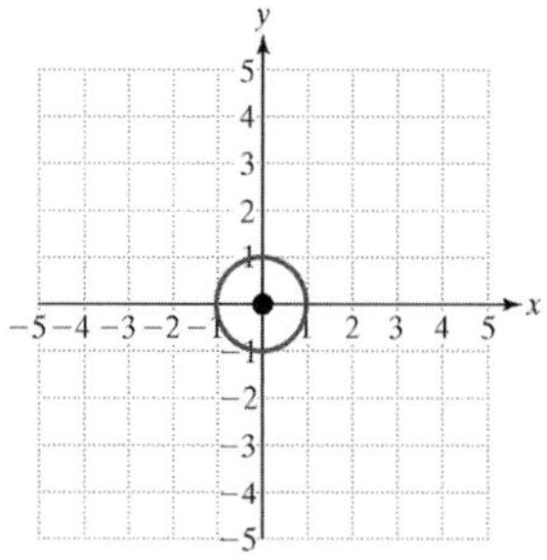

**49.** Center: $(0, 0)$; radius: 2
$h=0,\ k=0,\ r=2$
$$[x-(0)]^2+[y-(0)]^2=2^2$$
$$x^2+y^2=4$$

**51.** Center: $(0, 2)$; radius: 2
$h=0,\ k=2,\ r=2$
$$[x-(0)]^2+[y-(2)]^2=2^2$$
$$x^2+(y-2)^2=4$$

**53.** Center: $(-2, 2)$; radius: 3
$h=-2,\ k=2,\ r=3$
$$[x-(-2)]^2+[y-(2)]^2=3^2$$
$$(x+2)^2+(y-2)^2=9$$

**55.** Center: $(0, 0)$; radius: 7
$h=0,\ k=0,\ r=7$
$$[x-(0)]^2+[y-(0)]^2=7^2$$
$$x^2+y^2=49$$

**57.** Center: $(-3, -4)$; diameter: 12
$h=-3,\ k=-4,\ r=6$
$$[x-(-3)]^2+[y-(-4)]^2=6^2$$
$$(x+3)^2+(y+4)^2=36$$

**59.** $$\left(\frac{4+(-2)}{2},\frac{3+1}{2}\right)=\left(\frac{2}{2},\frac{4}{2}\right)=(1,\ 2)$$

**61.** $$\left(\frac{-4+2}{2},\frac{-2+2}{2}\right)=\left(\frac{-2}{2},\frac{0}{2}\right)=(-1,\ 0)$$

**63.** $$\left(\frac{4+(-6)}{2},\frac{0+12}{2}\right)=\left(\frac{-2}{2},\frac{12}{2}\right)=(-1,6)$$

**65.** $$\left(\frac{-3+3}{2},\frac{8+(-2)}{2}\right)=\left(\frac{0}{2},\frac{6}{2}\right)=(0,3)$$

**67.** $$\left(\frac{5+(-6)}{2},\frac{2+1}{2}\right)=\left(\frac{-1}{2},\frac{3}{2}\right)=\left(-\frac{1}{2},\frac{3}{2}\right)$$

**69.** $$\left(\frac{-2.4+1.6}{2},\frac{-3.1+1.1}{2}\right)=\left(\frac{-0.8}{2},\frac{-2}{2}\right)$$
$$=(-0.4,\ -1)$$

**71.** $$\left(\frac{-1+3}{2},\frac{2+4}{2}\right)=\left(\frac{2}{2},\frac{6}{2}\right)=(1,\ 3)$$
The center of the circle is (1, 3).

**73.** $(x_1, y_1) = (30, 20),\ (x_2, y_2) = (50, -5)$

$$\left(\frac{30+50}{2}, \frac{20+(-5)}{2}\right) = \left(\frac{80}{2}, \frac{15}{2}\right) = (40, 7.5)$$

They should meet 40 miles east and 7.5 miles north of the warehouse.

**75.** Midpoint: $\left(\frac{-2+2}{2}, \frac{3+3}{2}\right) = (0, 3)$

$$d = \sqrt{(2-(-2))^2 + (3-3)^2} = \sqrt{4^2 + 0^2} = 4$$

Center: $(0, 3)$; diameter: 4

$h = 0,\ k = 3,\ r = 2$

$$[x-(0)]^2 + [y-(3)]^2 = 2^2$$
$$x^2 + (y-3)^2 = 4$$

**77.** Center: $(4, 4)$; tangent to $x$- and $y$-axes.

$h = 4,\ k = 4,\ r = 4$

$$[x-(4)]^2 + [y-(4)]^2 = 4^2$$
$$(x-4)^2 + (y-4)^2 = 16$$

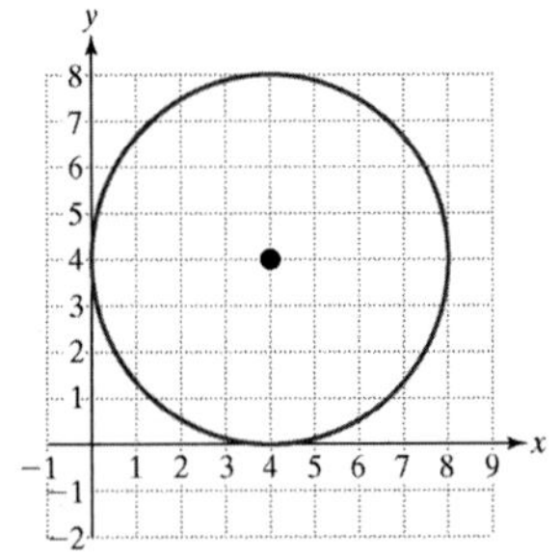

**79.** $d = \sqrt{(-4-1)^2 + (3-1)^2}$

$$= \sqrt{(-5)^2 + 2^2} = \sqrt{25+4} = \sqrt{29}$$

Center: $(1, 1)$; radius: $\sqrt{29}$

$h = 1,\ k = 1,\ r = \sqrt{29}$

$$[x-(1)]^2 + [y-(1)]^2 = \left(\sqrt{29}\right)^2$$
$$(x-1)^2 + (y-1)^2 = 29$$

**81.** $(x-4)^2 + (y+2)^2 = 9$

Center: $(4, -2)$; radius: 3

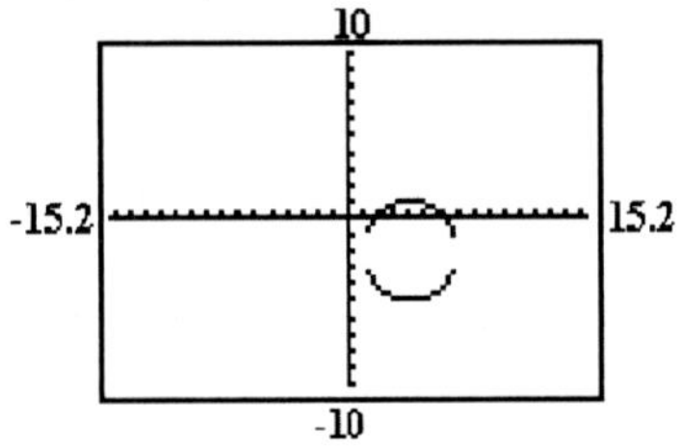


**83.** $x^2 + (y-2)^2 = 4$

Center: $(0, 2)$; radius: 2

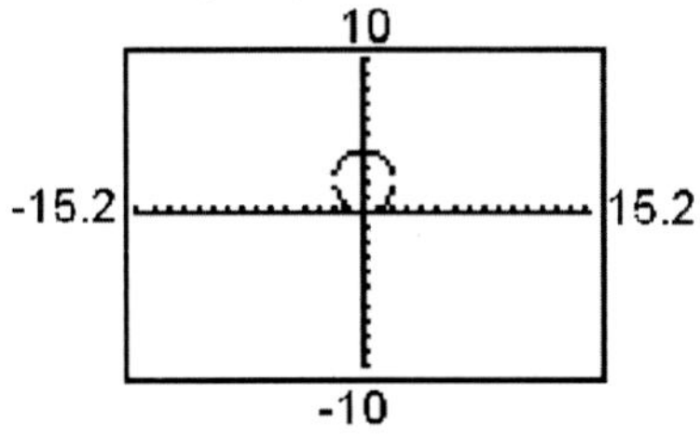


**85.** $x^2 + y^2 = 6$

Center: $(0, 0)$; radius: $\sqrt{6}$

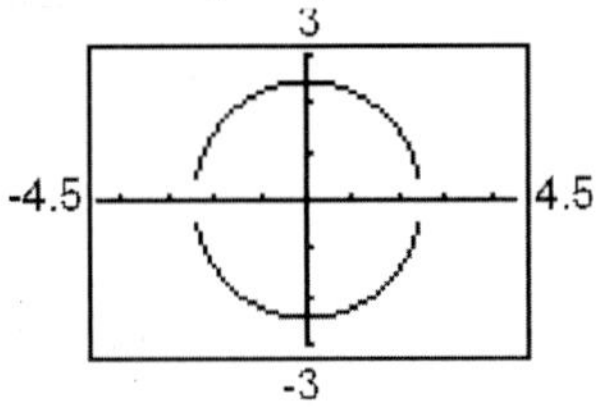

# Section 10.2 More on the Parabola

## Section 10.2 Practice Exercises

**1.** **a.** Conic sections are circles, parabolas, ellipses, and hyperbolas.
**b.** A parabola is defined as the set of all points in a plane that are equidistant from a fixed line (called the directrix) and a fixed point (called the focus) not on the directrix.
**c.** The axis of symmetry of a parabola is a line that passes through the vertex and is perpendicular to the directrix.
**d.** The vertex is the highest or lowest point of a parabola.

**3.** $(x_1, y_1) = (0, 0), \quad (x_2, y_2) = (4, -3)$

$$d = \sqrt{[4-0]^2 + [-3-0]^2} = \sqrt{(4)^2 + (-3)^2} = \sqrt{16+9} = \sqrt{25} = 5$$

**5.** $x^2 + (y+1)^2 = 16$

$[x-0]^2 + [y-(-1)]^2 = 4^2$

$h = 0,\ k = -1,\ r = 4$

Center: $(0, -1)$; radius: 4

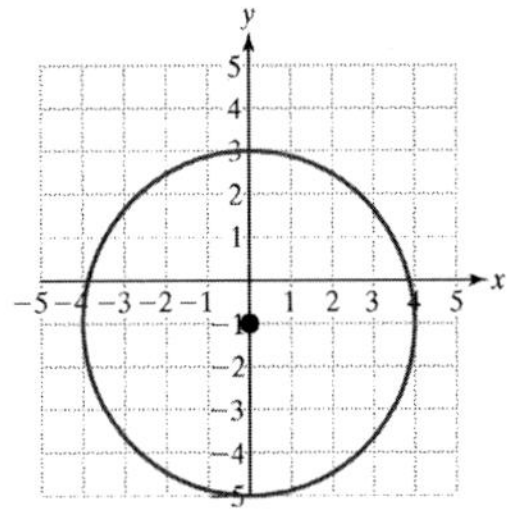

**7.** $\left(\frac{7+4}{2}, \frac{-3+5}{2}\right) = \left(\frac{11}{2}, \frac{2}{2}\right) = \left(\frac{11}{2}, 1\right)$

**9.** $y = (x+2)^2 + 1$

Vertex: $(-2, 1)$ Axis of symmetry: $x = -2$

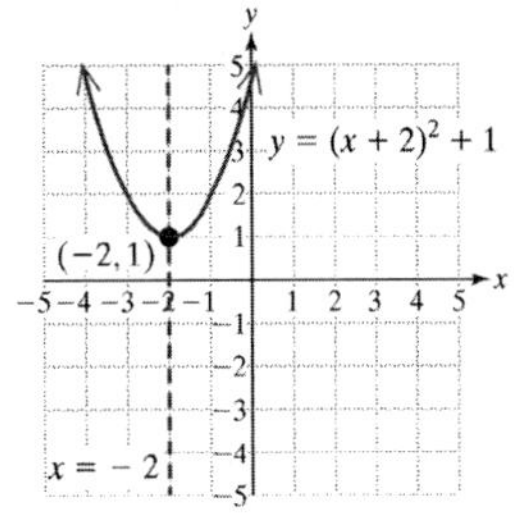


**11.** $y = x^2 - 4x + 3$

$y = (x^2 - 4x + 4 - 4) + 3$

$y = (x^2 - 4x + 4) - 4 + 3$

$y = (x-2)^2 - 1$

Vertex: $(2, -1)$ Axis of symmetry: $x = 2$

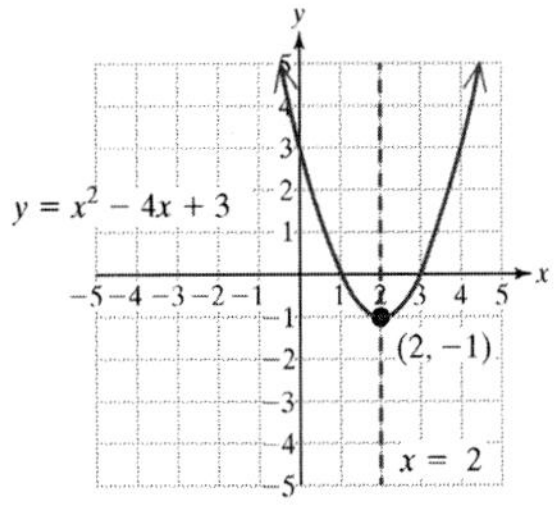

**13.** $y=-2x^2+8x$

$y=-2\left(x^2-4x\right)$

$y=-2\left(x^2-4x+4-4\right)$

$y=-2\left(x^2-4x+4\right)+8$

$y=-2(x-2)^2+8$

Vertex: $(2,\ 8)$ Axis of symmetry: $x=2$

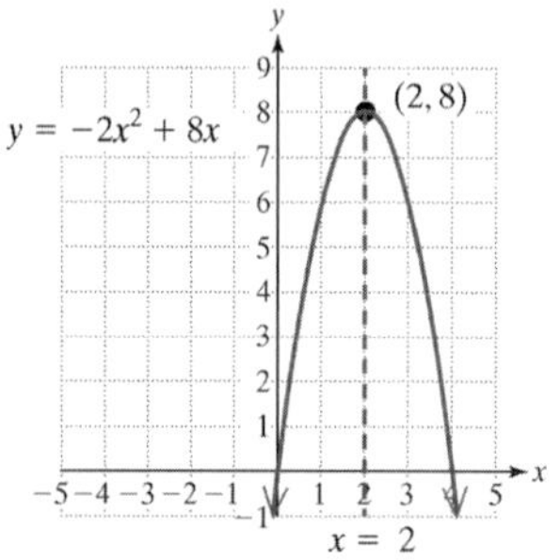


**15.** $y=-x^2-3x+2$

$y=-\left(x^2+3x\right)+2$

$y=-\left(x^2+3x+\frac{9}{4}-\frac{9}{4}\right)+2$

$y=-\left(x^2+3x+\frac{9}{4}\right)+\frac{9}{4}+2$

$y=-\left(x+\frac{3}{2}\right)^2+\frac{17}{4}$

Vertex: $\left(-\frac{3}{2},\ \frac{17}{4}\right)$

Axis of symmetry: $x=-\frac{3}{2}$

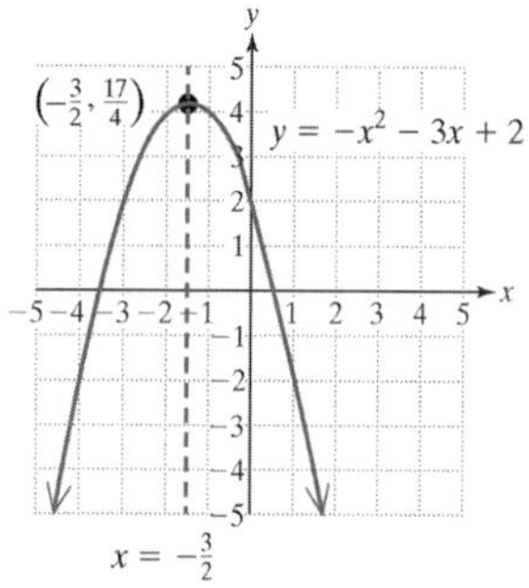


**17.** $x=y^2-3$

Vertex: $(-3,\ 0)$ Axis of symmetry: $y=0$

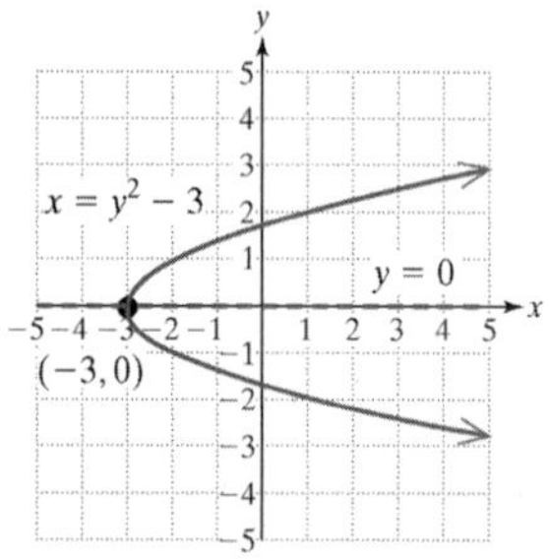


**19.** $x=-(y-3)^2-3$

Vertex: $(-3,\ 3)$ Axis of symmetry: $y=3$

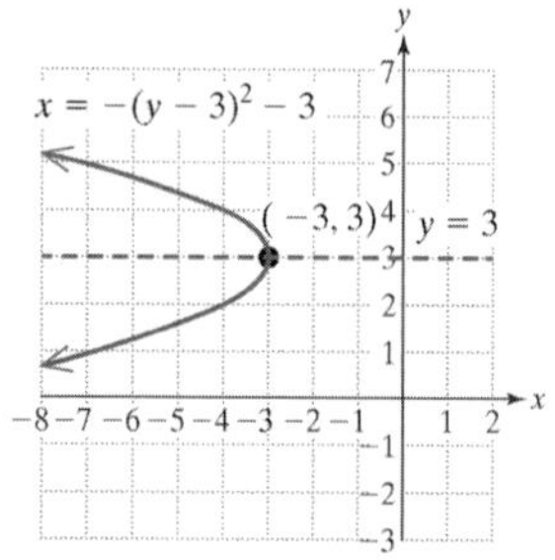


**21.** $x=-y^2+4y-4$

$x=-\left(y^2-4y\right)-4$

$x=-\left(y^2-4y+4-4\right)-4$

$x=-\left(y^2-4y+4\right)+4-4$

$x=-(y-2)^2$

Vertex: $(0,\ 2)$

Axis of symmetry: $y=2$

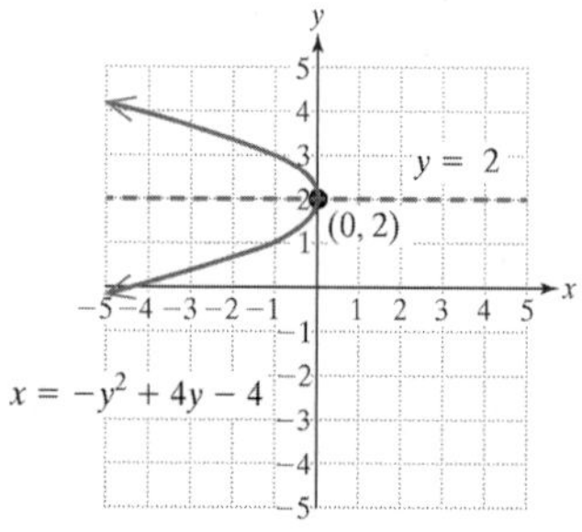

**23.** $x = y^2 - 2y + 2$

$x = (y^2 - 2y + 1 - 1) + 2$

$x = (y^2 - 2y + 1) - 1 + 2$

$x = (y - 1)^2 + 1$

Vertex: $(1, 1)$ Axis of symmetry: $y = 1$

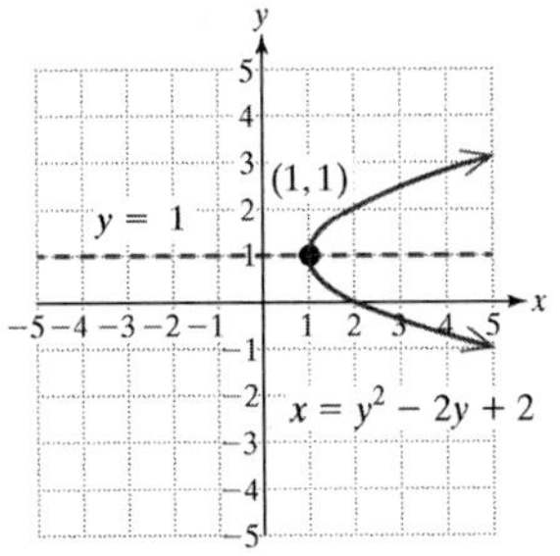


**25.** $y = x^2 - 4x + 3$

$a = 1,\ b = -4,\ c = 3$

$x = -\frac{b}{2a} = -\frac{-4}{2(1)} = -\frac{-4}{2} = 2$

$y = (2)^2 - 4(2) + 3 = 4 - 8 + 3 = -1$

Vertex: $(2, -1)$

**27.** $x = y^2 + 2y + 6$

$a = 1,\ b = 2,\ c = 6$

$y = -\frac{b}{2a} = -\frac{2}{2(1)} = -\frac{2}{2} = -1$

$x = (-1)^2 + 2(-1) + 6 = 1 - 2 + 6 = 5$

Vertex: $(5, -1)$

**29.** $y = -\frac{1}{4}x^2 + x + \frac{3}{4}$

$a = -\frac{1}{4},\ b = 1,\ c = \frac{3}{4}$

$x = -\frac{b}{2a} = -\frac{1}{2\left(-\frac{1}{4}\right)} = -\frac{1}{-\frac{1}{2}} = 2$

$y = -\frac{1}{4}(2)^2 + 2 + \frac{3}{4} = -1 + 2 + \frac{3}{4} = \frac{7}{4}$

Vertex: $\left(2, \frac{7}{4}\right)$

**31.** $y = x^2 - 3x + 2$

$a = 1,\ b = -3,\ c = 2$

$x = -\frac{b}{2a} = -\frac{-3}{2(1)} = -\frac{-3}{2} = \frac{3}{2}$

$y = \left(\frac{3}{2}\right)^2 - 3\left(\frac{3}{2}\right) + 2 = \frac{9}{4} - \frac{9}{2} + 2 = -\frac{1}{4}$

Vertex: $\left(\frac{3}{2}, -\frac{1}{4}\right)$

**33.** $x = -3y^2 - 6y + 7$

$a = -3,\ b = -6,\ c = 7$

$y = -\frac{b}{2a} = -\frac{-6}{2(-3)} = -\frac{-6}{-6} = -1$

$x = -3(-1)^2 - 6(-1) + 7 = -3 + 6 + 7 = 10$

Vertex: $(10, -1)$

**35.** $h(x) = -x^2 + 10x - 3$

$a = -1,\ b = 10,\ c = -3$

$x = -\frac{b}{2a} = -\frac{10}{2(-1)} = -\frac{10}{-2} = 5$

$h(x) = -(5)^2 + 10(5) - 3 = -25 + 50 - 3 = 22$

Vertex: $(5, 22)$

The maximum height of the water is 22 ft.

**37.** A parabola whose equation is written in the form $y = a(x-h)^2 + k$ has a vertical axis of symmetry. A parabola whose equation is written in the form $x = a(y-k)^2 + h$ has a horizontal axis of symmetry.

**39.** $y=(x-4)^2+2$

Vertical axis of symmetry; opens upward.

**41.** $y=-3(x+2)^2-1$

Vertical axis of symmetry; opens downward.

**43.** $x=y^2-2$

Horizontal axis of symmetry; opens right.

**45.** $x=-2(y-1)^2-3$

Horizontal axis of symmetry; opens left.

**47.** $y=-x^2+3$

Vertical axis of symmetry; opens downward.

**49.** $x=y^2-5y+1$

Horizontal axis of symmetry; opens right.

## Section 10.3 The Ellipse and Hyperbola

### Section 10.3 Practice Exercises

**1.** **a.** An ellipse is the set of all points $(x, y)$ such that the sum of the distances between $(x, y)$ and two distinct points (foci) is a constant.

**b.** A hyperbola is the set of all points $(x, y)$ such that the difference of the distances between $(x, y)$ and two distinct points (foci) is a constant.

**c.** The transverse axis of a hyperbola is an axis of symmetry of the hyperbola that passes through the foci.

**3.**
$$x^2+y^2-16x+12y=0$$
$$(x^2-16x\quad)+(y^2+12y\quad)=0$$
$$(x^2-16x+64)+(y^2+12y+36)=0+64+36$$
$$(x-8)^2+(y+6)^2=100$$
$$[x-8]^2+[y-(-6)]^2=10^2$$

Center: $(8, -6)$; radius: 10

**5.** $y=3(x+3)^2-1$

Vertex: $(-3, -1)$ Axis of symmetry: $x=-3$

**7.** Center: $\left(\frac{1}{2}, \frac{5}{2}\right)$; radius: $\frac{1}{2}$

$$h=\frac{1}{2},\ k=\frac{5}{2},\ r=\frac{1}{2}$$
$$\left[x-\left(\frac{1}{2}\right)\right]^2+\left[y-\left(\frac{5}{2}\right)\right]^2=\left(\frac{1}{2}\right)^2$$
$$\left(x-\frac{1}{2}\right)^2+\left(y-\frac{5}{2}\right)^2=\frac{1}{4}$$

**9.**
$$\frac{x^2}{4}+\frac{y^2}{9}=1$$
$$\frac{x^2}{2^2}+\frac{y^2}{3^2}=1$$

$a=2;\ b=3$

Intercepts: $(2, 0), (-2, 0), (0, 3), (0, -3)$

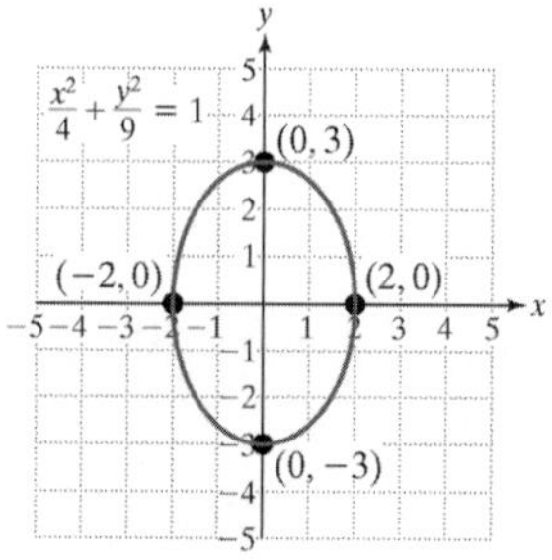

**11.** $\dfrac{x^2}{16}+\dfrac{y^2}{9}=1$

$\dfrac{x^2}{4^2}+\dfrac{y^2}{3^2}=1$

$a=4;\ b=3$

Intercepts: $(4, 0), (-4, 0), (0, 3), (0, -3)$

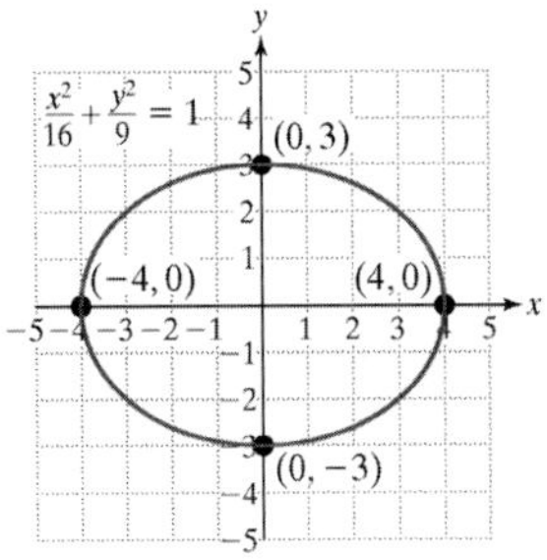


**13.** $4x^2+y^2=4$

$\dfrac{4x^2}{4}+\dfrac{y^2}{4}=\dfrac{4}{4}$

$\dfrac{x^2}{1^2}+\dfrac{y^2}{2^2}=1$

$a=1;\ b=2$

Intercepts: $(1, 0), (-1, 0), (0, 2), (0, -2)$

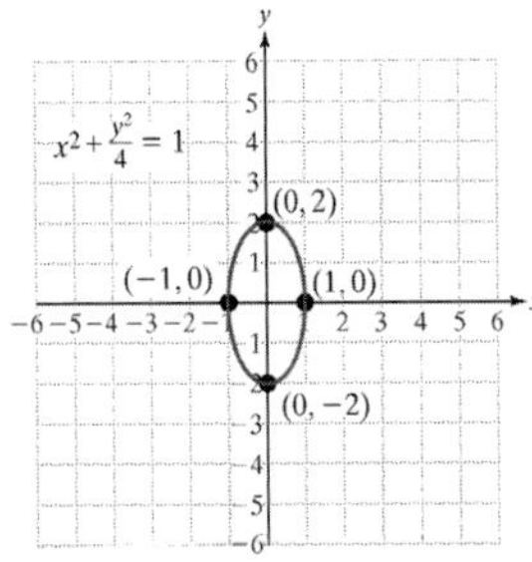


**15.** $x^2+25y^2-25=0$

$x^2+25y^2=25$

$\dfrac{x^2}{25}+\dfrac{25y^2}{25}=\dfrac{25}{25}$

$\dfrac{x^2}{25}+\dfrac{y^2}{1}=1$

$\dfrac{x^2}{5^2}+\dfrac{y^2}{1^2}=1$

$a=5;\ b=1$

Intercepts: $(5, 0), (-5, 0), (0, 1), (0, -1)$

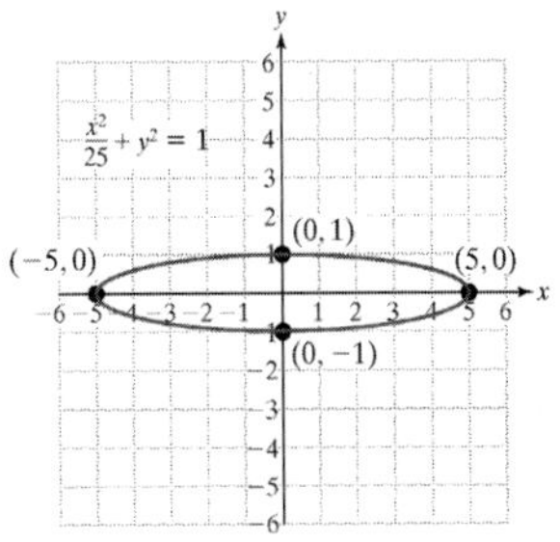


**17.** $\dfrac{(x-4)^2}{4}+\dfrac{(y-5)^2}{9}=1$

Center: $(4, 5)$ $\quad a=3,\ b=2$

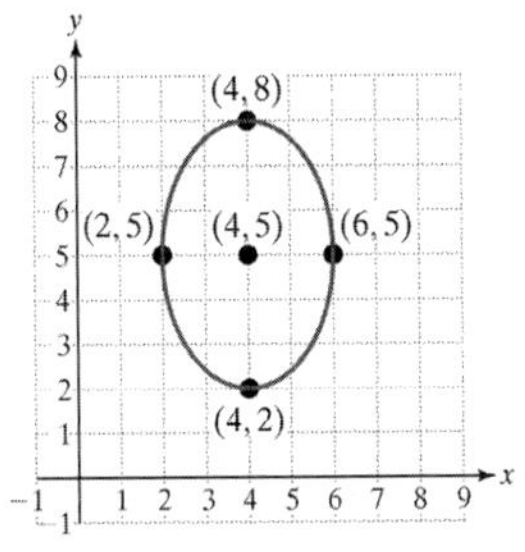


**19.** $\dfrac{(x+1)^2}{25}+\dfrac{(y-2)^2}{9}=1$

Center: $(-1, 2)$ $\quad a=5,\ b=3$

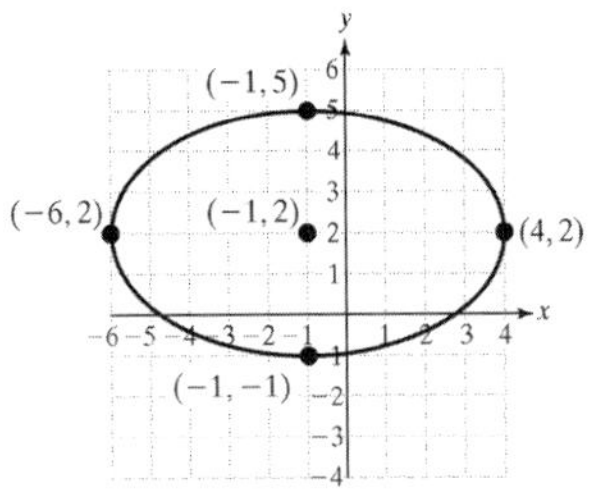

**21.** $\dfrac{(x-2)^2}{9}+(y+3)^2=1$

Center: $(2, -3)$ $a=3,\ b=1$

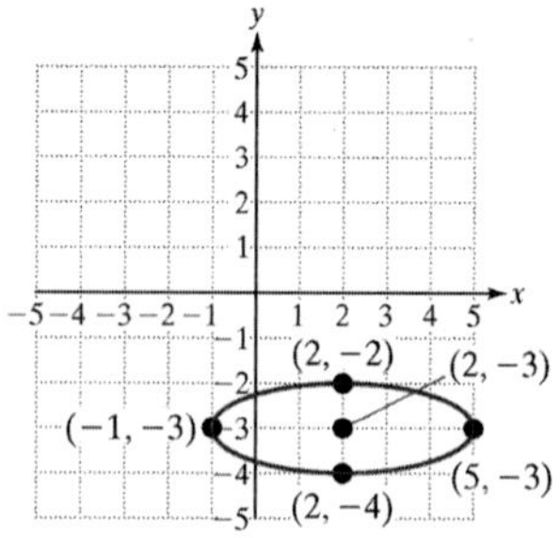


**23.** $\dfrac{x^2}{36}+\dfrac{(y-1)^2}{25}=1$

Center: $(0, 1)$ $a=6,\ b=5$

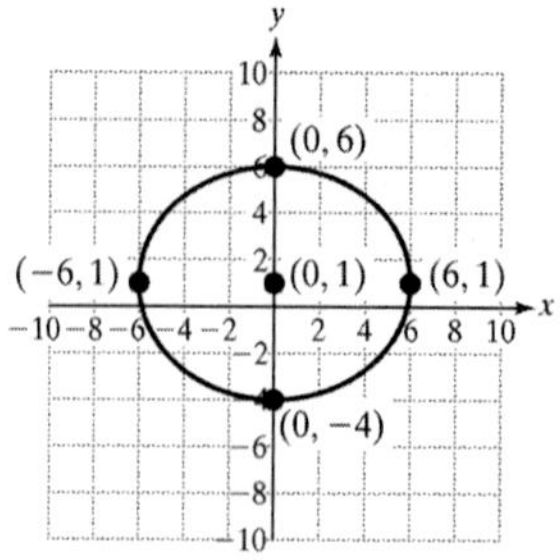


**25.** $\dfrac{y^2}{6}-\dfrac{x^2}{18}=1$ Vertical

**27.** $\dfrac{x^2}{20}-\dfrac{y^2}{15}=1$ Horizontal

**29.** $x^2-y^2=12$

$\dfrac{x^2}{12}-\dfrac{y^2}{12}=1$ Horizontal

**31.** $x^2-3y^2=-9$

$\dfrac{x^2}{-9}-\dfrac{3y^2}{-9}=1$

$\dfrac{y^2}{3}-\dfrac{x^2}{9}=1$ Vertical

**33.** $\dfrac{x^2}{25}-\dfrac{y^2}{16}=1$

$\dfrac{x^2}{5^2}-\dfrac{y^2}{4^2}=1$

Transverse axis is horizontal.

$a=5;\ b=4$

Reference rectangle has corners at:

$(5, 4), (5, -4), (-5, 4), (-5, -4)$

Vertices: $(5, 0), (-5, 0)$

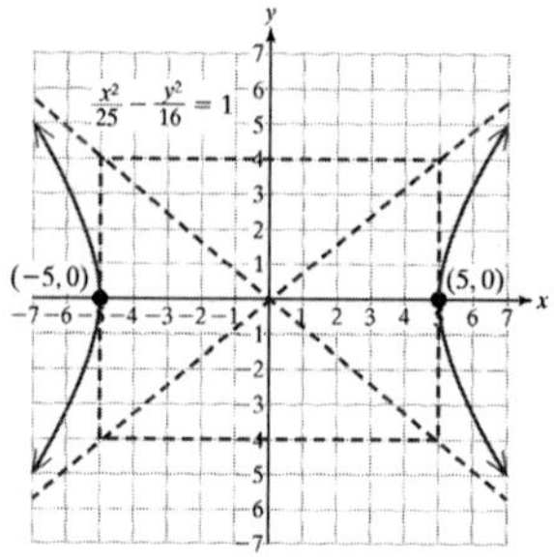


**35.** $\dfrac{y^2}{4}-\dfrac{x^2}{4}=1$

$\dfrac{y^2}{2^2}-\dfrac{x^2}{2^2}=1$

Transverse axis is vertical.

$a=2;\ b=2$

Reference rectangle has corners at:

$(2, 2), (2, -2), (-2, 2), (-2, -2)$

Vertices: $(0, 2), (0, -2)$

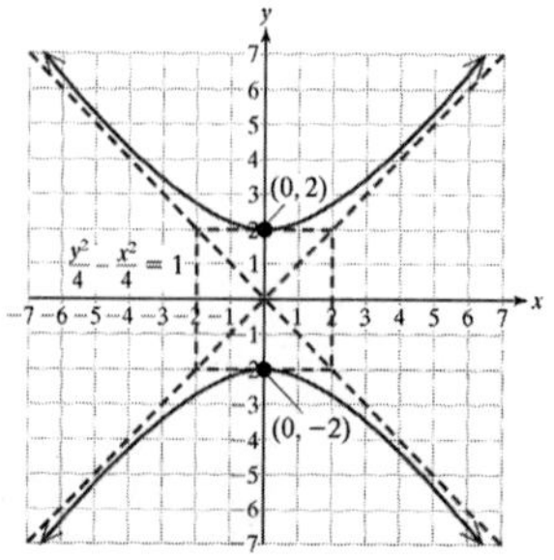

**37.** $36x^2 - y^2 = 36$

$$\frac{36x^2}{36} - \frac{y^2}{36} = \frac{36}{36}$$

$$\frac{x^2}{1^2} - \frac{y^2}{6^2} = 1$$

Transverse axis is horizontal.

$a = 1;\ b = 6$

Reference rectangle has corners at:

$(1, 6), (1, -6), (-1, 6), (-1, -6)$

Vertices: $(1, 0), (-1, 0)$

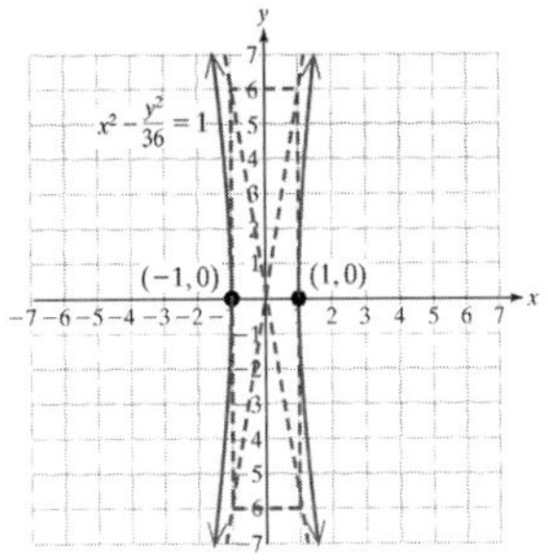


**39.** $y^2 - 4x^2 - 16 = 0$

$$y^2 - 4x^2 = 16$$

$$\frac{y^2}{16} - \frac{4x^2}{16} = \frac{16}{16}$$

$$\frac{y^2}{4^2} - \frac{x^2}{2^2} = 1$$

Transverse axis is vertical.

$a = 2;\ b = 4$

Reference rectangle has corners at:

$(2, 4), (2, -4), (-2, 4), (-2, -4)$

Vertices: $(0, 4), (0, -4)$

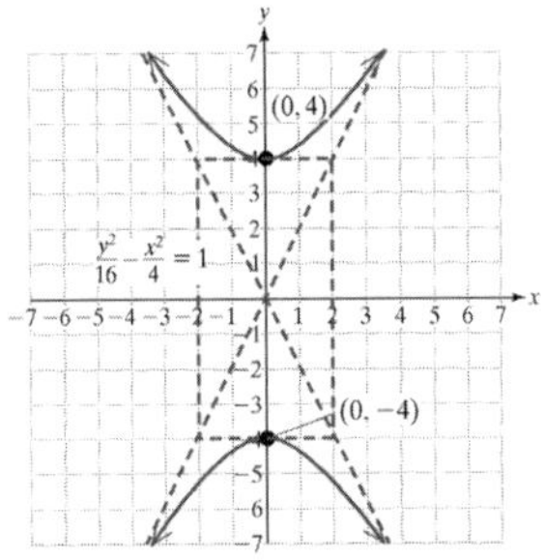


**41.** $\dfrac{x^2}{6} - \dfrac{y^2}{10} = 1$ Hyperbola

**43.** $\dfrac{y^2}{4} + \dfrac{x^2}{16} = 1$ Ellipse

**45.** $4x^2 + y^2 = 16$

$$\frac{x^2}{4} + \frac{y^2}{16} = 1$$

Ellipse

**47.** $-y^2 + 2x^2 = -10$

$$\frac{y^2}{10} - \frac{x^2}{5} = 1$$

Hyperbola

**49.** $5x^2 + y^2 - 10 = 0$

$$5x^2 + y^2 = 10$$

$$\frac{x^2}{2} + \frac{y^2}{10} = 1$$

Ellipse

**51.** $y^2 - 6x^2 = 6$

$$\frac{y^2}{6} - \frac{x^2}{1} = 1$$

Hyperbola

**53.** Find the equation of the ellipse with $a = 60$ and $b = 50$.

$$\frac{x^2}{60^2}+\frac{y^2}{50^2}=1$$

Find $y$ when $x = 10$.

$$\frac{10^2}{60^2}+\frac{y^2}{50^2}=1$$

$$\frac{100}{3600}+\frac{y^2}{2500}=1$$

$$\frac{y^2}{2500}=1-\frac{100}{3600}$$

$$y^2=2500\left(1-\frac{100}{3600}\right)\approx 2430.5556$$

$$y\approx 49 \text{ ft}$$

**55.** $\frac{(x-1)^2}{9}-\frac{(y+2)^2}{4}=1$

Center: $(1, -2)$ $a=3,\ b=2$

Vertices: $(4, -2), (-2, -2)$

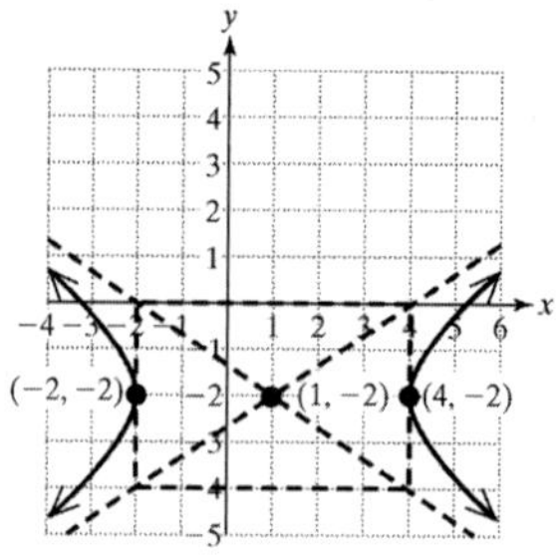


**57.** $\frac{(y-1)^2}{4}-(x+3)^2=1$

Center: $(-3, 1)$ $a=2,\ b=1$

Vertices: $(-3, 3), (-3, -1)$

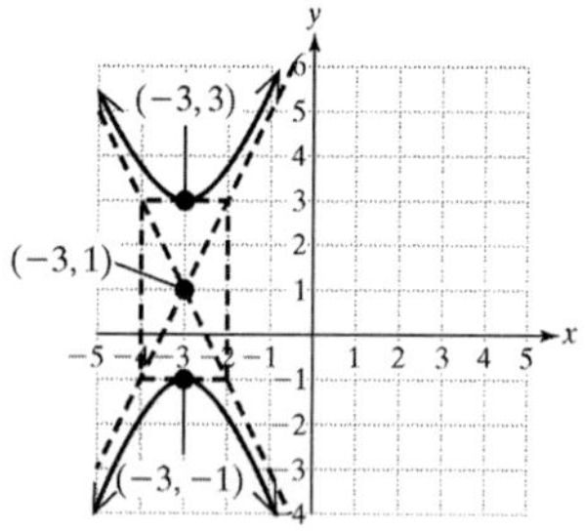


## Problem Recognition Exercises: Formulas for Conic Sections

**1.** $(x-h)^2+(y-k)^2=r^2$

Standard equation of a circle

**3.** $\sqrt{(x_2-x_1)^2+(y_2-y_1)^2}$

Distance between two points

**5.** $y=a(x-h)^2+k$

Parabola with vertical axis of symmetry

**7.** $x=a(y-k)^2+h$

Parabola with horizontal axis of symmetry

**9.** $y=-2(x-3)^2+4$ Parabola

**11.** $(x+3)^2+(y+2)^2=4$ Circle

**13.** $\frac{x^2}{9}-\frac{y^2}{9}=1$ Hyperbola

**15.** $x^2+y^2-2x+4y-4=0$ Circle

**17.** $x=(y+2)^2-4$ Parabola

**19.** $\dfrac{x^2}{9}+\dfrac{y^2}{16}=1$ Ellipse

**21.** $x^2+y^2=15$ Circle

**23.** $y=(x-6)^2+4$ Parabola

**25.** $\dfrac{y^2}{3}-\dfrac{x^2}{3}=1$ Hyperbola

**27.** $\dfrac{x^2}{9}+\dfrac{y^2}{12}=1$ Ellipse

## Section 10.4 Nonlinear Systems of Equations in Two Variables

### Section 10.4 Practice Exercises

**1.** A <u>nonlinear system of equations</u> is a system in which at least one of the equations is nonlinear.

**3.** $(x_1, y_1)=(8, -1), \quad (x_2, y_2)=(1, -8)$

$$d=\sqrt{[1-8]^2+[-8-(-1)]^2}$$
$$=\sqrt{(-7)^2+(-7)^2}$$
$$=\sqrt{49+49}$$
$$=\sqrt{98}=7\sqrt{2}$$

**5.** Center: $(-5, 3)$; radius: 8

$h=-5,\ k=3,\ r=8$

$$[x-(-5)]^2+[y-(3)]^2=8^2$$
$$(x+5)^2+(y-3)^2=64$$

**7.** $\left(\dfrac{3+(-4)}{2}, \dfrac{-9+2}{2}\right)=\left(\dfrac{-1}{2}, \dfrac{-7}{2}\right)=\left(-\dfrac{1}{2}, -\dfrac{7}{2}\right)$

**9.** Zero, one, or two

**11.** Zero, one, or two

**13.** Zero, one, two, three, or four

**15.** Zero, one, two, three, or four

**17.** $y=x+3$

$x^2+y=9$

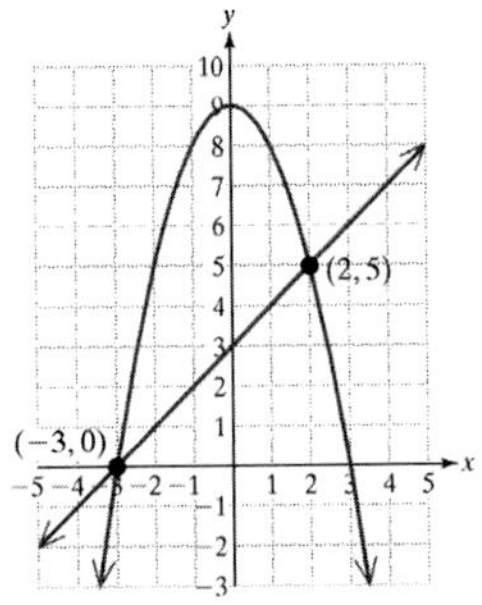


Substitute the first equation into the second and solve for $x$:

$$x^2+x+3=9$$
$$x^2+x-6=0$$
$$(x-2)(x+3)=0$$
$$x-2=0 \text{ or } x+3=0$$
$$x=2 \text{ or } x=-3$$
$$y=2+3=5 \quad y=-3+3=0$$

Solutions: $(2, 5), (-3, 0)$

**19.** $x^2 + y^2 = 1$

$y = x + 1$

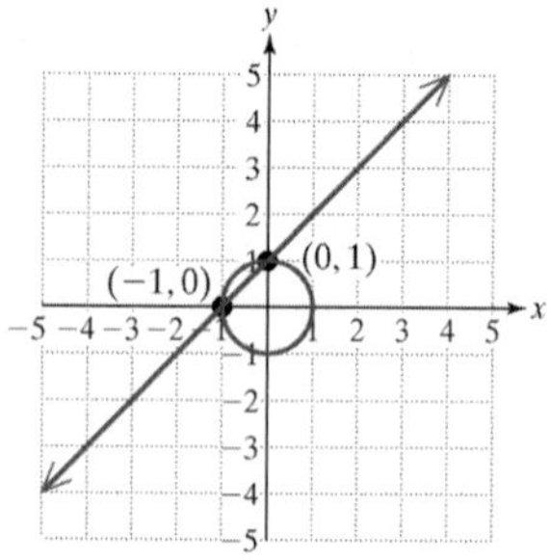


Substitute the second equation into the first and solve for $x$:

$$x^2 + (x+1)^2 = 1$$
$$x^2 + x^2 + 2x + 1 = 1$$
$$2x^2 + 2x = 0$$
$$2x(x+1) = 0$$
$$2x = 0 \text{ or } x + 1 = 0$$
$$x = 0 \text{ or } x = -1$$
$$y = 0 + 1 = 1 \quad y = -1 + 1 = 0$$

Solutions: $(0, 1), (-1, 0)$

**21.** $x^2 + y^2 = 6$

$y = x^2$

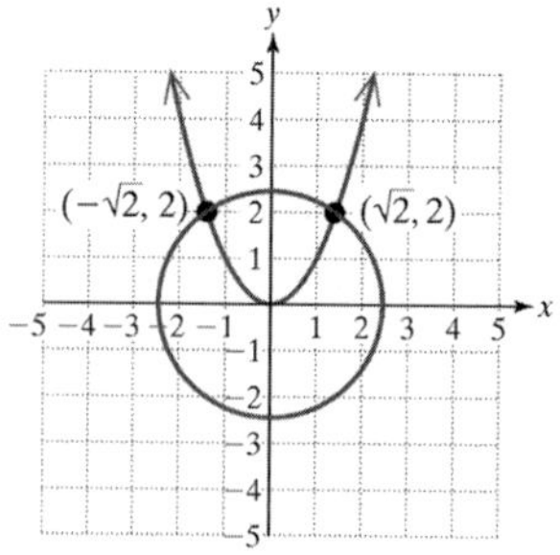


Substitute the second equation into the first and solve for $y$:

$$y + y^2 = 6$$
$$y^2 + y - 6 = 0$$
$$(y-2)(y+3) = 0$$
$$y - 2 = 0 \text{ or } y + 3 = 0$$
$$y = 2 \text{ or } y = -3$$
$$x = \pm\sqrt{2} \quad x = \pm\sqrt{-3}$$

no solution

Solutions: $(\sqrt{2}, 2), (-\sqrt{2}, 2)$

**23.** $x^2 + y^2 = 20$

$y = \sqrt{x}$

Substitute the second equation into the first and solve for $x$:

$$x^2 + (\sqrt{x})^2 = 20$$
$$x^2 + x - 20 = 0$$
$$(x-4)(x+5) = 0$$
$$x - 4 = 0 \text{ or } x + 5 = 0$$
$$x = 4 \text{ or } x = -5$$
$$y = \sqrt{4} = 2 \quad y = \sqrt{-5}$$

no solution

Solutions: $(4, 2)$

**25.** $y = x^2$

$y = -\sqrt{x}$

Substitute the second equation into the first and solve for $x$:

$$-\sqrt{x} = x^2$$
$$(-\sqrt{x})^2 = (x^2)^2$$
$$x = x^4$$
$$x^4 - x = 0$$
$$x(x^3 - 1) = 0$$
$$x = 0 \text{ or } x^3 - 1 = 0$$
$$x = 0 \text{ or } x^3 = 1$$
$$x = 0 \text{ or } x = 1$$
$$y = 0^2 = 0 \quad y = 1^2 = 1$$

$(1 = -\sqrt{1}$ does not check.$)$

Solutions: $(0, 0)$

**27.** $y = x^2$

$y = (x-3)^2$

Substitute the second equation into the first and solve for $x$:

$$(x-3)^2 = x^2$$
$$x^2 - 6x + 9 = x^2$$
$$-6x + 9 = 0$$
$$-6x = -9$$
$$x = \frac{3}{2}$$
$$y = \left(\frac{3}{2}\right)^2 = \frac{9}{4}$$

Solutions: $\left(\frac{3}{2}, \frac{9}{4}\right)$

**29.** $y = x^2 + 6x$

$y = 4x$

Substitute the second equation into the first and solve for $x$:

$$x^2 + 6x = 4x$$
$$x^2 + 2x = 0$$
$$x(x+2) = 0$$
$$x = 0 \text{ or } x + 2 = 0$$
$$x = 0 \text{ or } x = -2$$
$$y = 4(0) = 0 \quad y = 4(-2) = -8$$

Solutions: $(0, 0), (-2, -8)$

**31.** $x^2 - 5x + y = 0$

$y = 3x + 1$

Substitute the second equation into the first and solve for $x$:

$$x^2 - 5x + 3x + 1 = 0$$
$$x^2 - 2x + 1 = 0$$
$$(x-1)^2 = 0$$
$$x - 1 = 0$$
$$x = 1$$
$$y = 3(1) + 1 = 4$$

Solution: $(1, 4)$

**33.** Add the equations to eliminate $y^2$ and solve:

$$\begin{aligned} 4x^2 - y^2 &= 4 \\ 4x^2 + y^2 &= 4 \\ \hline 8x^2 \quad &= 8 \\ x^2 &= 1 \\ x &= \pm 1 \end{aligned}$$

$x = 1$:
$$4(1)^2 + y^2 = 4$$
$$4 + y^2 = 4$$
$$y^2 = 0$$
$$y = 0$$

$x = -1$:
$$4(-1)^2 + y^2 = 4$$
$$4 + y^2 = 4$$
$$y^2 = 0$$
$$y = 0$$

Solutions: $(1, 0), (-1, 0)$

**35.** Multiply the first equation by –1 and add to the second equation to eliminate $y^2$ and solve:

$$x^2 + y^2 = 4 \xrightarrow{\times -1} -x^2 - y^2 = -4$$
$$2x^2 + y^2 = 8 \longrightarrow \underline{2x^2 + y^2 = 8}$$
$$x^2 \quad = 4$$
$$x = \pm 2$$

$x = 2$:
$$2^2 + y^2 = 4$$
$$4 + y^2 = 4$$
$$y^2 = 0$$
$$y = 0$$

$x = -2$
$$(-2)^2 + y^2 = 4$$
$$4 + y^2 = 4$$
$$y^2 = 0$$
$$y = 0$$

Solutions: $(2, 0), (-2, 0)$

**37.** Multiply the first equation by 2 and the second equation by 5 and add the results to eliminate $y^2$ and solve:

$$2x^2 - 5y^2 = -2 \xrightarrow{\times 2} 4x^2 - 10y^2 = -4$$
$$3x^2 + 2y^2 = 35 \xrightarrow{\times 5} \underline{15x^2 + 10y^2 = 175}$$
$$19x^2 \quad = 171$$
$$x^2 = 9$$
$$x = \pm 3$$

$x = 3$:
$$2(3)^2 - 5y^2 = -2$$
$$18 - 5y^2 = -2$$
$$-5y^2 = -20$$
$$y^2 = 4$$
$$y = \pm 2$$

$x = -3$:
$$2(-3)^2 - 5y^2 = -2$$
$$18 - 5y^2 = -2$$
$$-5y^2 = -20$$
$$y^2 = 4$$
$$y = \pm 2$$

Solutions: $(3, 2), (3, -2), (-3, 2), (-3, -2)$

**39.** Add the equations to eliminate $x^2$ and solve:

$$\begin{aligned} y &= x^2 \\ y &= -x^2 + 8 \\ \hline 2y &= 8 \\ y &= 4 \end{aligned}$$

$y = 4$:

$$\begin{aligned} 4 &= x^2 \\ x &= \pm 2 \end{aligned}$$

Solutions: $(2, 4), (-2, 4)$

**41.** Multiply the first equation by 16 and the second equation by –4 and add the results to eliminate $y^2$ and solve:

$$\begin{aligned} \frac{x^2}{16} + \frac{y^2}{4} = 1 &\xrightarrow{\times 16} & x^2 + 4y^2 &= 16 \\ x^2 + y^2 = 4 &\xrightarrow{\times -4} & -4x^2 - 4y^2 &= -16 \\ \hline & & -3x^2 &= 0 \\ & & x^2 &= 0 \\ & & x &= 0 \end{aligned}$$

$x = 0$:

$$\begin{aligned} 0^2 + y^2 &= 4 \\ 0 + y^2 &= 4 \\ y^2 &= 4 \\ y &= \pm 2 \end{aligned}$$

Solutions: $(0, 2), (0, -2)$

**43.** Multiply the first equation by 10 and the second equation by –1 and add the results to eliminate $y^2$ and solve:

$$\begin{aligned} \frac{x^2}{10} + \frac{y^2}{10} = 1 &\xrightarrow{\times 10} & x^2 + y^2 &= 10 \\ 2x^2 + y^2 = 11 &\xrightarrow{\times -1} & -2x^2 - y^2 &= -11 \\ \hline & & -x^2 &= -1 \\ & & x^2 &= 1 \\ & & x &= \pm 1 \end{aligned}$$

$x = 1$:

$$\begin{aligned} 2(1)^2 + y^2 &= 11 \\ 2 + y^2 &= 11 \\ y^2 &= 9 \\ y &= \pm 3 \end{aligned}$$

$x = -1$:

$$\begin{aligned} 2(-1)^2 + y^2 &= 11 \\ 2 + y^2 &= 11 \\ y^2 &= 9 \\ y &= \pm 3 \end{aligned}$$

Solutions: $(1, 3), (1, -3), (-1, 3), (-1, -3)$

**45.** Add the equations to eliminate $xy$ and solve:

$$\begin{aligned} x^2 - xy &= 3 \\ 2x^2 + xy &= 6 \\ \hline 3x^2 &= 9 \\ x^2 &= 3 \\ x &= \pm\sqrt{3} \end{aligned}$$

$x = \sqrt{3}$:

$$\begin{aligned} \left(\sqrt{3}\right)^2 - \left(\sqrt{3}\right)y &= 3 \\ 3 - \sqrt{3}y &= 3 \\ -\sqrt{3}y &= 0 \\ y &= 0 \end{aligned}$$

$x = -\sqrt{3}$

$$\begin{aligned} \left(-\sqrt{3}\right)^2 - \left(-\sqrt{3}\right)y &= 3 \\ 3 + \sqrt{3}y &= 3 \\ \sqrt{3}y &= 0 \\ y &= 0 \end{aligned}$$

Solutions: $\left(\sqrt{3}, 0\right), \left(-\sqrt{3}, 0\right)$

**47.** Let $x$ = one number

$y$ = the second number

$x+y=7 \quad \rightarrow \quad y=7-x$

$x^2+y^2=25$

Substitute the first equation into the second and solve for $x$:

$$x^2+(7-x)^2=25$$
$$x^2+49-14x+x^2=25$$
$$2x^2-14x+24=0$$
$$2(x^2-7x+12)=0$$
$$2(x-4)(x-3)=0$$
$$x-4=0 \text{ or } x-3=0$$
$$x=4 \text{ or } x=3$$
$$y=7-4=3 \quad y=7-3=4$$

The numbers are 3 and 4.

**49.** Let $x$ = one number

$y$ = the second number

Add the equations to eliminate $y^2$ and solve:

$$x^2+y^2=32$$
$$x^2-y^2=18$$
$$2x^2 = 50$$
$$x^2=25$$
$$x=\pm 5$$

$x=5$:
$$5^2+y^2=32$$
$$25+y^2=32$$
$$y^2=7$$
$$y=\pm\sqrt{7}$$

$x=-5$:
$$(-5)^2+y^2=32$$
$$25+y^2=32$$
$$y^2=7$$
$$y=\pm\sqrt{7}$$

The numbers are 5 and $\sqrt{7}$, 5 and $-\sqrt{7}$, $-5$ and $\sqrt{7}$, or $-5$ and $-\sqrt{7}$.

**51.** $y=x+3$

$x^2+y=9$

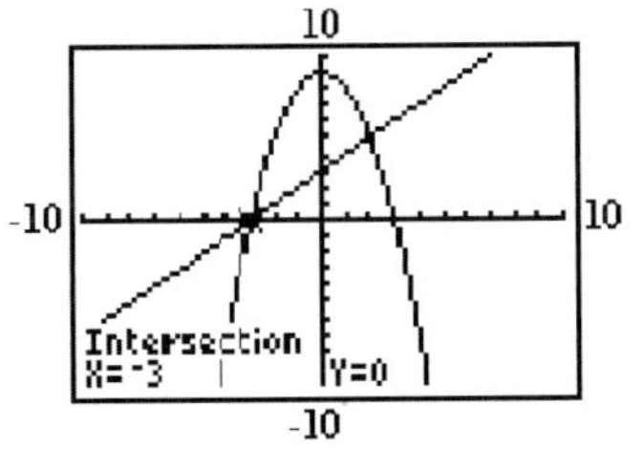


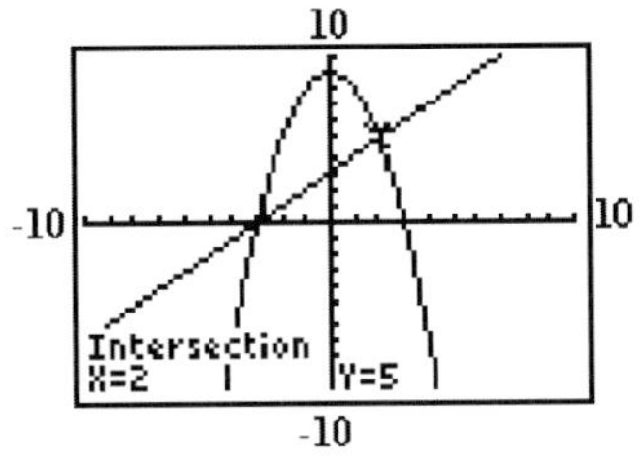


**53.** $y=x^2$

$y=-\sqrt{x}$

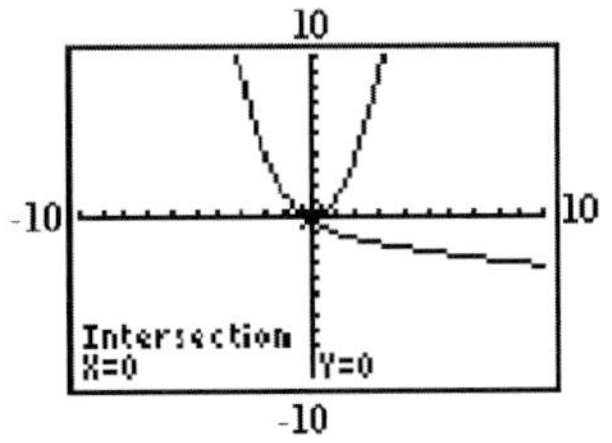


**55.** $x^2+y^2=4$

$y=x^2+3$

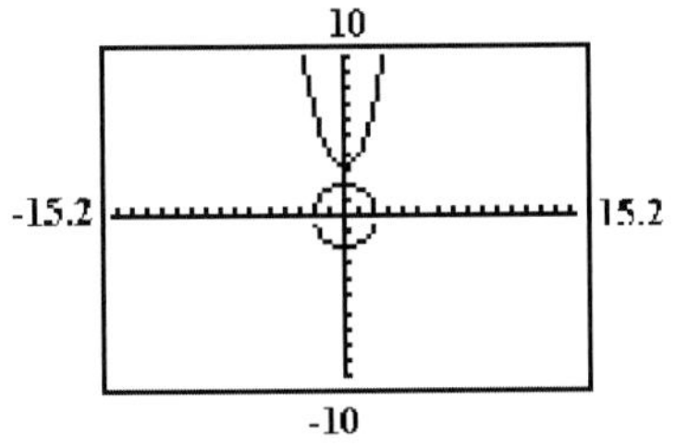


No solution.

# Section 10.5 Nonlinear Inequalities and Systems of Inequalities

## Section 10.5 Practice Exercises

**1.** $y=\left(\frac{1}{3}\right)^x$ Graph k

**3.** $y=-4x^2$ Graph e

**5.** $y=x^3$ Graph i

**7.** $\frac{x^2}{4}-\frac{y^2}{9}=1$ Graph j

**9.** $y=\log_2(x)$ Graph a

**11.** $(x+2)^2+(y-1)^2=4$ Graph d

**13.** $4x^2-2x+1+y^2<3$

$4(4)^2-2(4)+1+(-2)^2$

$=64-8+1+4=61<3$

The statement is false.

**15.** $y<x^2$

$-2<1^2=1$ True

$y>x^2-4$

$-2>1^2-4=1-4=-3$ True

The statement is true.

**17. a.** $x^2+y^2\le 9$

Graph the related equation $x^2+y^2=9$ (a circle) using a solid curve.
The circle divides the *xy*-plane into two regions.
Select test points from each region:

| Test: $(0, 0)$ | Test: $(0, 4)$ |
|---|---|
| $0^2+0^2\le 9$ | $0^2+4^2\le 9$ |
| $0+0\le 9$ | $0+16\le 9$ |
| $0\le 9$ True | $16\le 9$ False |

Shade the region inside the circle.

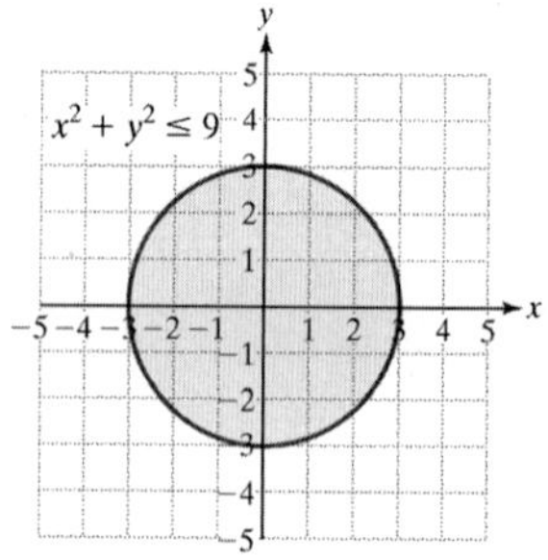


**b.** The set of points on and outside the circle $x^2+y^2=9$.

**c.** The set of points on the circle $x^2+y^2=9$.

**19. a.** $y\ge x^2+1$

Graph the related equation $y=x^2+1$ (a parabola) using a solid curve.
The parabola divides the *xy*-plane into two regions.
Select test points from each region:

| Test: $(0, 0)$ | Test: $(0, 2)$ |
|---|---|
| $0\ge 0^2+1$ | $2\ge 0^2+1$ |
| $0\ge 0+1$ | $2\ge 0+1$ |
| $0\ge 1$ False | $2\ge 1$ True |

Shade the region above the parabola.

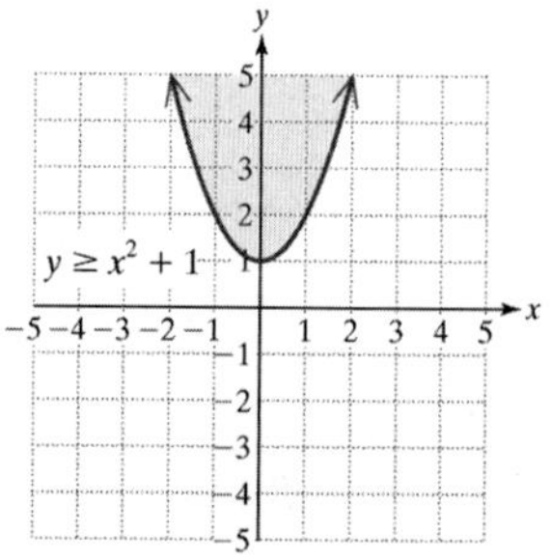


**b.** The parabola $y=x^2+1$ would be drawn as a dashed curve.

**21.** The area described is the interior of a circle centered at (3, –4) with a radius of 25 miles. The inequality that describes this area is:

$(x-3)^2+(y+4)^2 \le 25^2$

$(x-3)^2+(y+4)^2 \le 625$

**23.** $2x+y\ge 1$

Graph the related equation $2x+y=1$ (a line) using a solid line.
The line divides the *xy*-plane into two regions.
Select test points from each region:

| Test: $(0, 0)$ | Test: $(0, 4)$ |
|---|---|
| $2(0)+0\ge 1$ | $2(0)+4\ge 1$ |
| $0+0\ge 1$ | $0+4\ge 1$ |
| $0\ge 1$ False | $4\ge 1$ True |

Shade the region above the line.

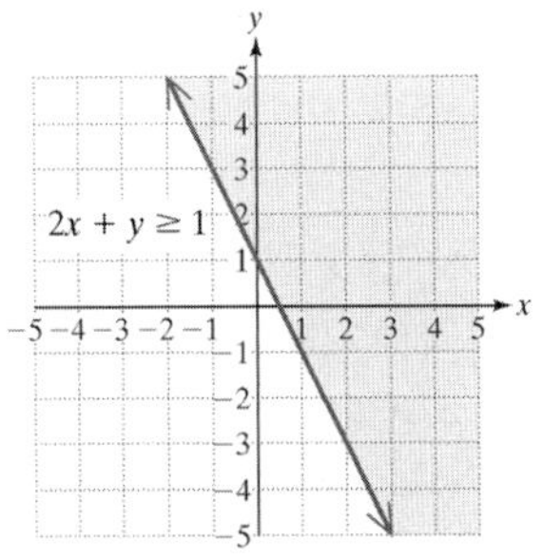


**25.** $x\le y^2$

Graph the related equation $x=y^2$ (a parabola) using a solid curve.
The curve divides the *xy*-plane into two regions.
Select test points from each region:

| Test: $(-1, 0)$ | Test: $(1, 0)$ |
|---|---|
| $-1\le (0)^2$ | $1\le (0)^2$ |
| $-1\le 0$ True | $1\le 0$ False |

Shade the region to the left of the curve.

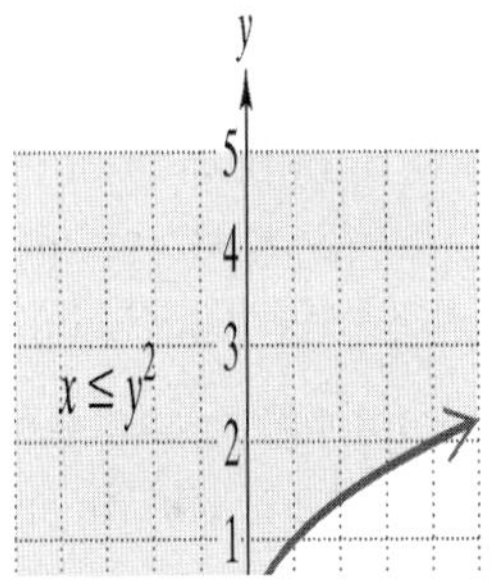


**27.** $(x-1)^2+(y+2)^2>9$

Graph the related equation $(x-1)^2+(y+2)^2=9$ (a circle) using a dashed curve. The curve divides the *xy*-plane into two regions.
Select test points from each region:

| Test: $(0, 0)$ | Test: $(0, 2)$ |
|---|---|
| $(0-1)^2+(0+2)^2>9$ | $(0-1)^2+(2+2)^2>9$ |
| $1+4>9$ | $1+16>9$ |
| $5>9$ False | $17>9$ True |

Shade the region outside the circle.

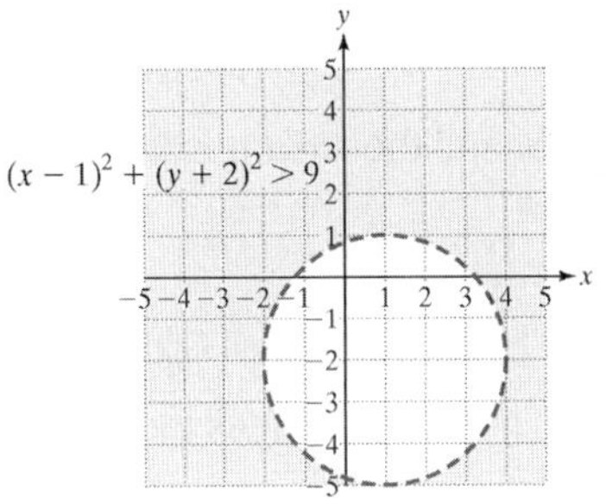

**29.** $x+y^2 \geq 4$

Graph the related equation $x+y^2=4$ (a parabola) using a solid curve. The curve divides the *xy*-plane into two regions.

Select test points from each region:

Test: $(0, 0)$ Test: $(0, 4)$

$$0+(0)^2 \geq 4 \qquad 0+(4)^2 \geq 4$$
$$0+0 \geq 1 \qquad 0+16 \geq 4$$
$$0 \geq 1 \text{ False} \qquad 16 \geq 4 \text{ True}$$

Shade the region to the right of the parabola.

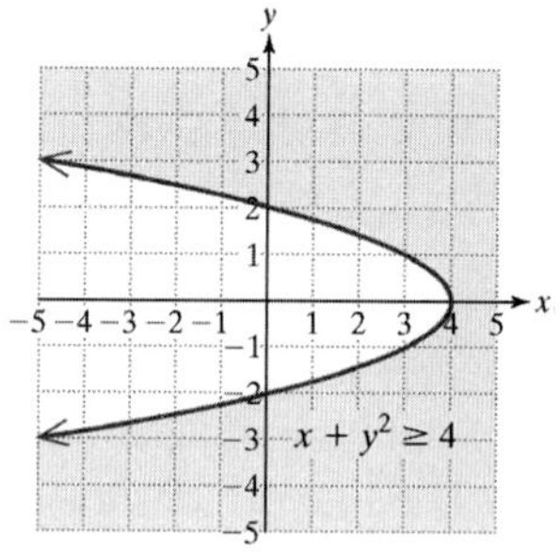


**31.** $9x^2 - y^2 > 9$

Graph the related equation $9x^2 - y^2 = 9$ (a hyperbola) using a dashed curve. The curve divides the *xy*-plane into three regions.

Select test points from each region:

Test: $(-2, 0)$ Test: $(0, 0)$ Test: $(2, 0)$

$$9(-2)^2-(0)^2 > 9 \qquad 9(0)^2-(0)^2 > 9 \qquad 9(2)^2-(0)^2 > 9$$
$$36-0 > 9 \qquad 0-0 > 9 \qquad 36-0 > 9$$
$$36 > 9 \text{ True} \qquad 0 > 9 \text{ False} \qquad 36 > 9 \text{ True}$$

Shade the region to the left of the left branch and to the right of the right branch of the hyperbola.

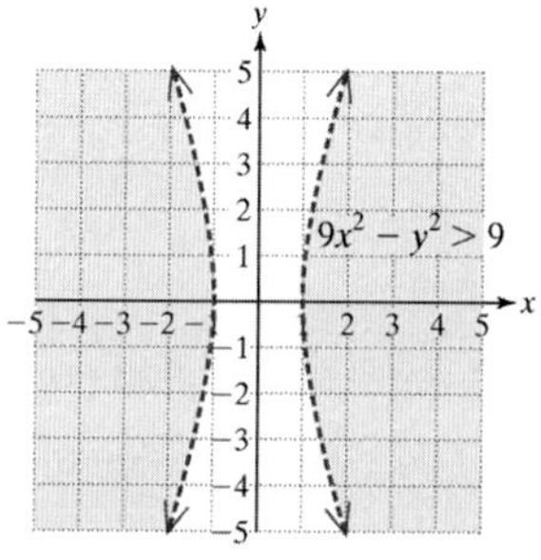


**33.** $x^2 + 16y^2 \leq 16$

Graph the related equation $x^2+16y^2=16$ (an ellipse) using a solid curve. The curve divides the *xy*-plane into two regions.

Select test points from each region:

Test: $(0, 0)$ Test: $(0, 2)$

$$(0)^2+16(0)^2 \leq 16 \qquad (0)^2+16(2)^2 \leq 16$$
$$0+0 \leq 16 \qquad 0+64 \leq 16$$
$$0 \leq 16 \text{ True} \qquad 64 \leq 16 \text{ False}$$

Shade the region inside the ellipse.

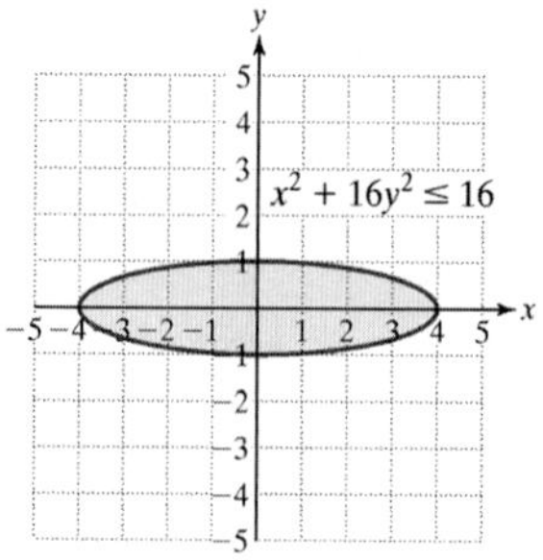


**35.** $y \leq \ln x$

Graph the related equation $y = \ln x$ using a solid curve. The curve divides the *xy*-plane into two regions.

Select test points from each region:

Test: $(0, 0)$ Test: $(2, 0)$

$$0 \leq \ln(0) \qquad 0 \leq \ln(2)$$
$$0 \leq DNE \text{ False} \qquad 0 \leq 0.6931 \text{ True}$$

Shade the region below the curve.

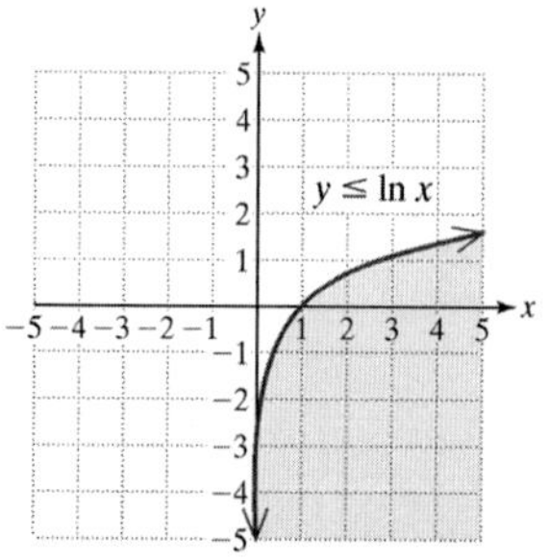

**37.** $y > 5^x$

Graph the related equation $y = 5^x$ using a dashed curve.
The curve divides the $xy$-plane into two regions.
Select test points from each region:

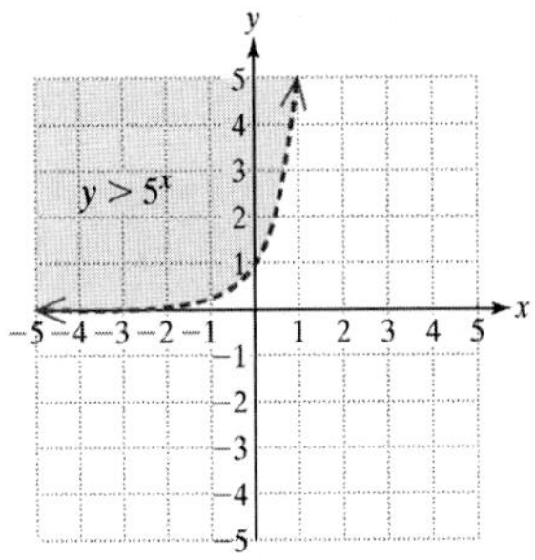


| Test: $(0, 0)$ | Test: $(0, 2)$ |
|---|---|
| $0 > 5^0$ | $2 > 5^0$ |
| $0 > 1$ False | $2 > 1$ True |

Shade the region above the curve.

**39.** $y \geq \sqrt{x}, \quad x \geq 0$

Graph the related equation $y = \sqrt{x}$ using a solid curve.
The curve divides the $xy$-plane into two regions.
Select test points from each region:

| Test: $(2, 0)$ | Test: $(0, 2)$ |
|---|---|
| $0 \geq \sqrt{2}$ | $2 \geq \sqrt{0}$ |
| $0 \geq 1.414$ False | $2 \geq 0$ True |

Shade the region above the curve.
Graph the related equation $x = 0$, a vertical line using a solid line.
Shade the region to the right of the line.
The solution is the intersection of the two regions.

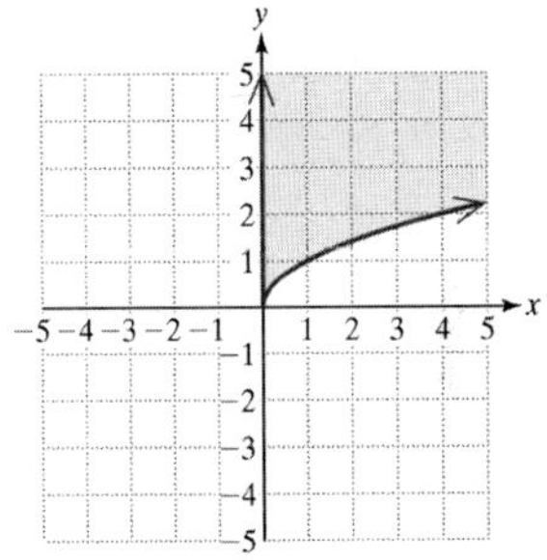

**41.** $x^2 - y^2 \geq 1, \quad x \leq 0$

Graph the related equation $x^2 - y^2 = 1$ (a hyperbola) using a solid curve. The curve divides the $xy$-plane into three regions.
Select test points from each region:

| Test: $(-2, 0)$ | Test: $(0, 0)$ | Test: $(2, 0)$ |
|---|---|---|
| $(-2)^2 - 0^2 \geq 1$ | $0^2 - 0^2 \geq 1$ | $(2)^2 - 0^2 \geq 1$ |
| $4 - 0 \geq 1$ | $0 - 0 \geq 1$ | $4 - 0 \geq 1$ |
| $4 \geq 1$ True | $0 \geq 1$ False | $4 \geq 1$ True |

Shade the region to the left of the left branch and to the right of the right branch of the hyperbola.
Graph the related equation $x = 0$, a vertical line using a solid line.
Shade the region to the left of the line.
The solution is the intersection of the two regions.

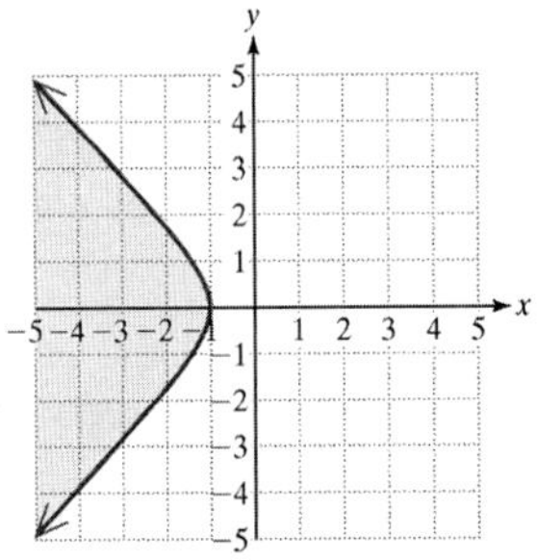

**43.** $y^2 - x^2 \geq 1, \quad y \geq 0$

Graph the related equation $y^2 - x^2 = 1$ (a hyperbola) using a solid curve. The hyperbola divides the *xy*-plane into three regions.

Select test points from each region:

| Test: $(0, -2)$ | Test: $(0, 0)$ | Test: $(0, 2)$ |
|---|---|---|
| $(-2)^2 - 0^2 \geq 1$ | $0^2 - 0^2 \geq 1$ | $(2)^2 - 0^2 \geq 1$ |
| $4 - 0 \geq 1$ | $0 - 0 \geq 1$ | $4 - 0 \geq 1$ |
| $4 \geq 1$ True | $0 \geq 1$ False | $4 \geq 1$ True |

Shade the region below the lower branch and above the upper branch of the hyperbola.

Graph the related equation $y = 0$, a horizontal line using a solid line. Shade the region above the line.

The solution is the intersection of the two regions.

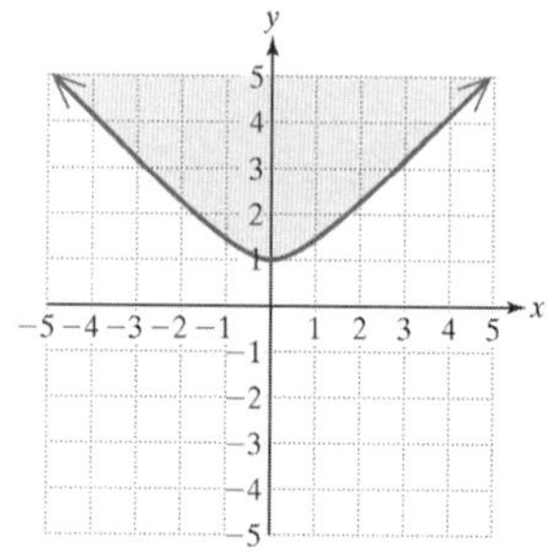

**45.** $y > x^3, \quad y < 8, \quad x > 0$

Graph the related equation $y = x^3$ using a dashed curve.

The curve divides the *xy*-plane into two regions.

Select test points from each region:

| Test: $(0, -2)$ | Test: $(0, 2)$ |
|---|---|
| $-2 > 0^3$ | $2 > 0^3$ |
| $-2 > 0$ False | $2 > 0$ True |

Shade the region above the curve.

Graph the related equation $y = 8$, a horizontal line using a dashed line. Shade the region below the line.

Graph the related equation $x = 0$, a vertical line using a dashed line. Shade the region to the right of the line.

The solution is the intersection of the three regions.

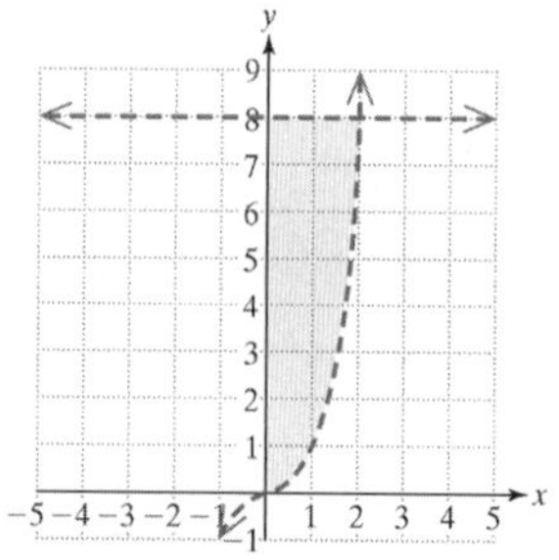

**47.** $\dfrac{x^2}{4} + \dfrac{y^2}{25} \geq 1, \quad x^2 + \dfrac{y^2}{4} \leq 1$

Graph the related equation $\dfrac{x^2}{4} + \dfrac{y^2}{25} = 1$ (an ellipse) using a solid curve. The ellipse divides the *xy*-plane into two regions.

Select test points from each region:

| Test: $(0, 0)$ | Test: $(0, 6)$ |
|---|---|
| $\dfrac{0^2}{4} + \dfrac{0^2}{25} \geq 1$ | $\dfrac{0^2}{4} + \dfrac{36^2}{25} \geq 1$ |
| $0 + 0 \geq 1$ | $0 + \dfrac{36}{25} \geq 1$ |
| $0 \geq 1$ False | $\dfrac{36}{25} \geq 1$ True |

Shade the region outside the ellipse.

Graph the related equation $x^2 + \frac{y^2}{4} = 1$ (an ellipse) using a solid curve.
The ellipse divides the *xy*-plane into two regions.
Select test points from each region:

Test: $(0, 0)$ Test: $(0, 4)$

$$0^2 + \frac{0^2}{4} \le 1 \qquad 0^2 + \frac{4^2}{4} \le 1$$
$$0 + 0 \le 1 \qquad 0 + 4 \le 1$$
$$0 \le 1 \text{ True} \qquad 4 \le 1 \text{ False}$$

Shade the region inside the ellipse
The solution is the intersection of the two regions, which is empty.
There is no solution.

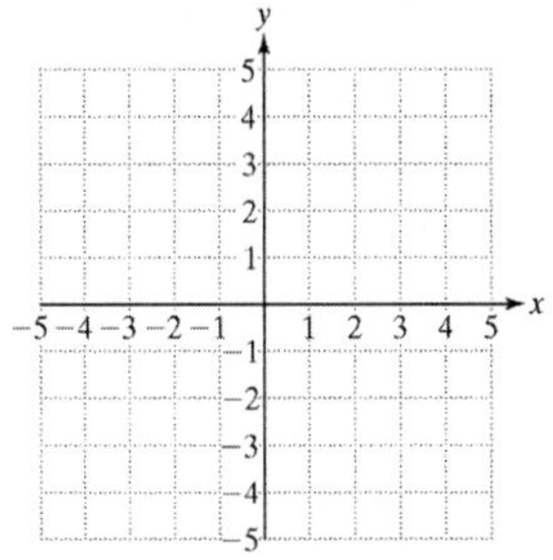

**49.** $x > (y-2)^2 + 1, \quad x - y < 1$

Graph the related equation $x = (y-2)^2 + 1$ (a parabola) using a dashed curve. The parabola divides the *xy*-plane into two regions.
Select test points from each region:

Test: $(0, 0)$ Test: $(2, 2)$

$$0 > (0-2)^2 + 1 \qquad 2 > (2-2)^2 + 1$$
$$0 > 4 + 1 \qquad 2 > 0 + 1$$
$$0 > 5 \quad \text{False} \qquad 2 > 1 \quad \text{True}$$

Shade the region to the right of the parabola.
Graph the related equation $x - y = 1$ using a dashed line. The line divides the *xy*-plane into two regions.
Select test points from each region:

Test: $(0, -2)$ Test: $(0, 0)$

$$0 - (-2) < 1 \qquad 0 - 0 < 1$$
$$2 < 1 \text{ False} \qquad 0 < 1 \text{ True}$$

Shade the region above the line.
The solution is the intersection of the two regions.

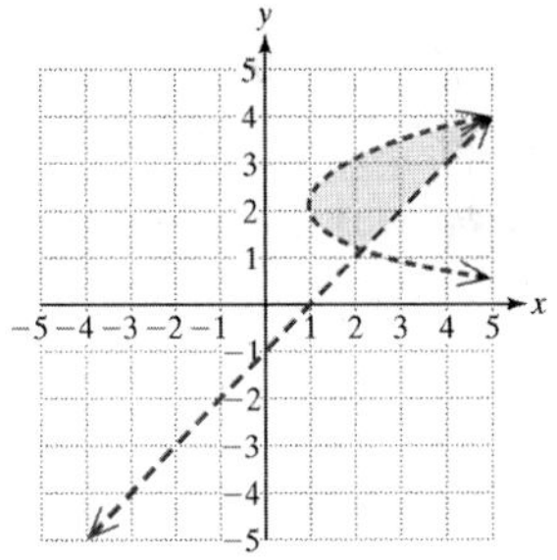

**51.** $y < e^x, \quad y > 1, \quad x < 2$

Graph the related equation $y = e^x$ using a dashed curve.
The curve divides the $xy$-plane into two regions.
Select test points from each region:

Test: $(0, 0)$ Test: $(0, 2)$

$0 < e^0$ $2 < e^0$

$0 < 1$ True $2 < 1$ False

Shade the region below the curve.
Graph the related equation $y = 1$, a horizontal line using a dashed line. Shade the region above the line.
Graph the related equation $x = 2$, a vertical line using a dashed line. Shade the region to the left of the line.
The solution is the intersection of the three regions.

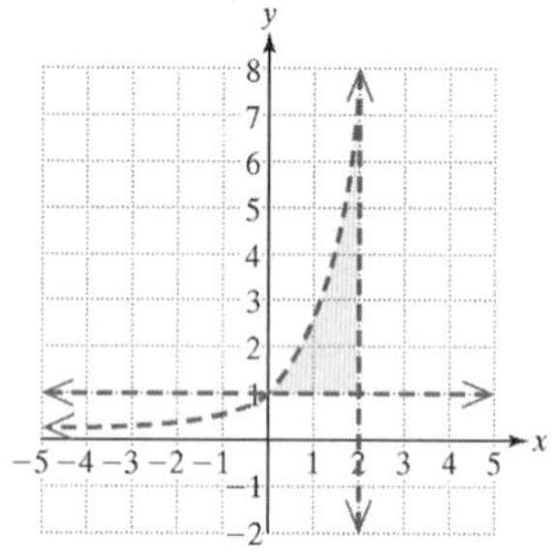

**53.** $y \le -x^2 + 4$ or $y \ge x^2 - 4$

Graph the related equation $y = -x^2 + 4$ (a parabola) using a solid curve. The parabola divides the $xy$-plane into two regions.
Select test points from each region:

Test: $(0, 0)$ Test: $(0, 5)$

$0 \le -(0)^2 + 4$ $5 \le -(0)^2 + 4$

$0 \le 4$ True $5 \le 4$ False

Shade the region below the parabola.
Graph the related equation $y = x^2 - 4$ (a parabola) using a solid curve. The parabola divides the $xy$-plane into two regions.
Select test points from each region:

Test: $(0, -5)$ Test: $(0, 0)$

$-5 \ge 0^2 - 4$ $0 \ge 0^2 - 4$

$-5 \ge -4$ False $0 \ge -4$ True

Shade the region above the parabola.
The solution is the union of the two regions.

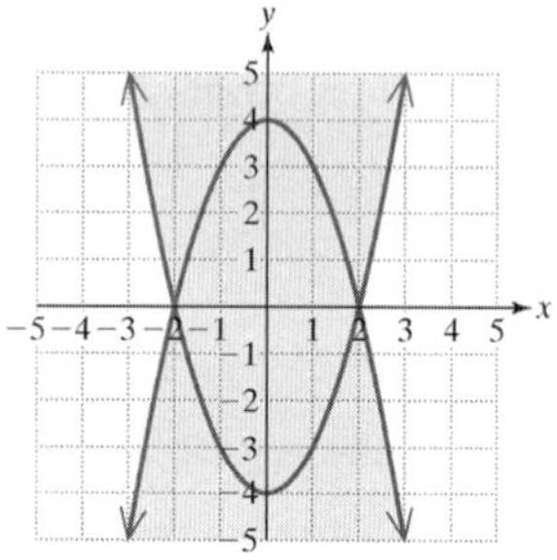

**55.** $(x+2)^2+(y+3)^2 \le 4$ or $x \ge y^2$

Graph the related equation $(x+2)^2+(y+3)^2=4$ (a circle) using a solid curve. The circle divides the $xy$-plane into two regions.

Select test points from each region:

Test: $(-2, -3)$ Test: $(0, 0)$

$(-2+2)^2+(-3+3)^2 \le 4$ $(0+2)^2+(0+3)^2 \le 4$

$0+0 \le 4$ $4+9 \le 4$

$0 \le 4$ True $13 \le 4$ False

Shade the region inside the circle.

Graph the related equation $x = y^2$ (a parabola) using a solid curve. The parabola divides the $xy$-plane into two regions.

Select test points from each region:

Test: $(0, -2)$ Test: $(2, 0)$

$0 \ge (-2)^2$ $2 \ge (0)^2$

$0 \ge 4$ False $2 \ge 0$ True

Shade the region to the right of the parabola.

The solution is the union of the two regions.

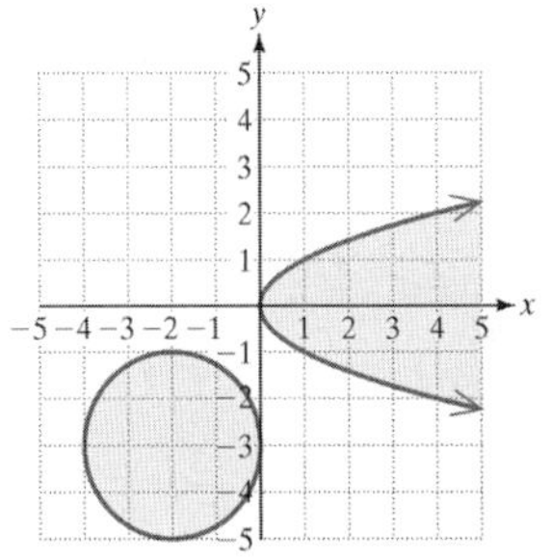

## Chapter 10 Review Exercises

### Section 10.1

**1.** $(x_1, y_1) = (-6, 3), \quad (x_2, y_2) = (0, 1)$

$$d = \sqrt{[0-(-6)]^2+[1-3]^2}$$
$$= \sqrt{(6)^2+(-2)^2}$$
$$= \sqrt{36+4}$$
$$= \sqrt{40} = 2\sqrt{10}$$

**3.** $(x, 5), \quad (2, 9)$

$$5 = \sqrt{[2-x]^2+[9-5]^2}$$
$$5 = \sqrt{(2-x)^2+(4)^2}$$
$$5 = \sqrt{4-4x+x^2+16}$$
$$25 = x^2-4x+20$$
$$0 = x^2-4x-5$$
$$0 = (x-5)(x+1)$$
$$x-5=0 \text{ or } x+1=0$$
$$x=5 \text{ or } x=-1$$

**5.** $(x-12)^2+(y-3)^2=16$

$h=12,\ k=3,\ r=4$

Center: $(12, 3)$; radius: 4

**7.** $(x+3)^2+(y+8)^2=20$

$[x-(-3)]^2+[y-(-8)]^2=(2\sqrt{5})^2$

$h=-3,\ k=-8,\ r=2\sqrt{5}$

Center: $(-3, -8)$; radius: $2\sqrt{5}$

**9.** **a.** Center: $(0, 0)$; radius: 8

$h=0,\ k=0,\ r=8$

$[x-0]^2+[y-0]^2=(8)^2$

$x^2+y^2=64$

**b.** Center: $(8, 8)$; radius: 8

$h=8,\ k=8,\ r=8$

$(x-8)^2+(y-8)^2=(8)^2$

$(x-8)^2+(y-8)^2=64$

**11.**

$$x^2+y^2+4x+16y+60=0$$
$$(x^2+4x\quad)+(y^2+16y\quad)=-60$$
$$(x^2+4x+4)+(y^2+16y+64)=-60+4+64$$
$$(x+2)^2+(y+8)^2=8$$

**13.**

$$x^2+y^2-6x-\frac{2}{3}y+\frac{1}{9}=0$$
$$(x^2-6x\quad)+\left(y^2-\frac{2}{3}y\quad\right)=-\frac{1}{9}$$
$$(x^2-6x+9)+\left(y^2-\frac{2}{3}y+\frac{1}{9}\right)=-\frac{1}{9}+9+\frac{1}{9}$$
$$(x-3)^2+\left(y-\frac{1}{3}\right)^2=9$$

**15.** Center: $(0, 2)$; diameter: 6

$h=0,\ k=2,\ r=3$

$(x-0)^2+(y-2)^2=(3)^2$

$x^2+(y-2)^2=9$

**17.** $\left(\frac{0+(-2)}{2}, \frac{9+7}{2}\right)=\left(\frac{-2}{2}, \frac{16}{2}\right)=(-1, 8)$

## Section 10.2

**19.** $x=3(y-9)^2+1$

Horizontal axis of symmetry.
Parabola opens right.

**21.** $y=(x+3)^2-10$

Vertical axis of symmetry.
Parabola opens upward.

**23.** $y=(x+2)^2$

Vertex: $(-2, 0)$ Axis of symmetry: $x=-2$

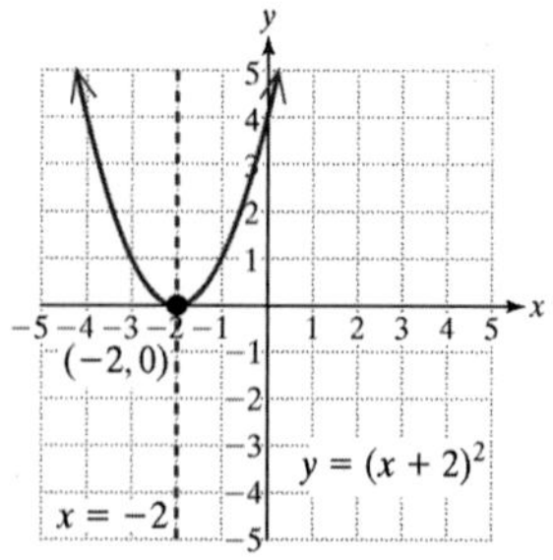


**25.** $x=2y^2-1$

Vertex: $(-1, 0)$ Axis of symmetry: $y=0$

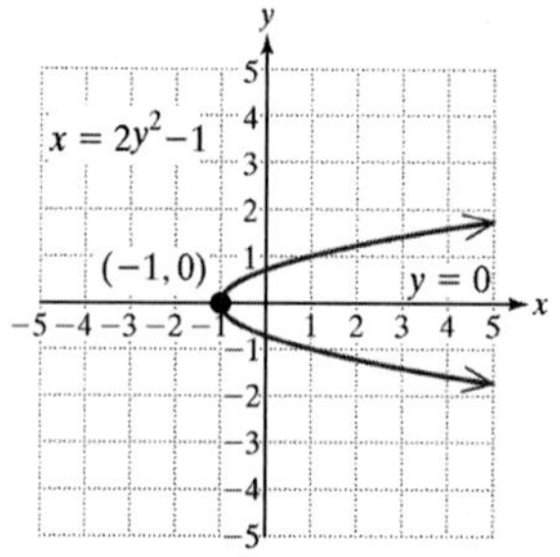

**27.** $x = y^2 + 4y + 2$

$x = (y^2 + 4y + 4 - 4) + 2$

$x = (y^2 + 4y + 4) - 4 + 2$

$x = (y + 2)^2 - 2$

Vertex: $(-2, -2)$ Axis of symmetry: $y = -2$

**29.** $y = -2x^2 - 2x$

$y = -2(x^2 + x)$

$y = -2\left(x^2 + x + \frac{1}{4} - \frac{1}{4}\right)$

$y = -2\left(x^2 + x + \frac{1}{4}\right) + \frac{1}{2}$

$y = -2\left(x + \frac{1}{2}\right)^2 + \frac{1}{2}$

Vertex: $\left(-\frac{1}{2}, \frac{1}{2}\right)$ Axis of symmetry: $x = -\frac{1}{2}$

## Section 10.3

**31.** $x^2 + 4y^2 = 36$

$\frac{x^2}{36} + \frac{4y^2}{36} = \frac{36}{36}$

$\frac{x^2}{6^2} + \frac{y^2}{3^2} = 1$

$a = 6;\ b = 3$

Intercepts: $(6, 0), (-6, 0), (0, 3), (0, -3)$

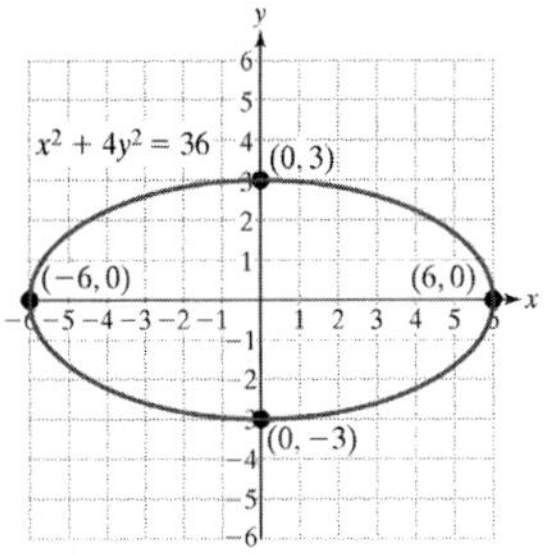


**33.** $\frac{x^2}{25} + \frac{(y-2)^2}{9} = 1$

Center: $(0, 2)$

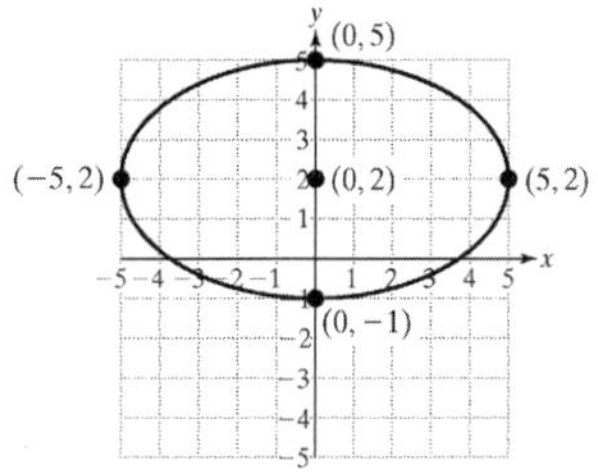


**35.** $\frac{y^2}{9} - \frac{x^2}{9} = 1$ Vertical

**37.** $\frac{x^2}{6} - \frac{y^2}{16} = 1$ Horizontal

**39.** $y^2 - x^2 = 16$

$\frac{y^2}{16} - \frac{x^2}{16} = \frac{16}{16}$

$\frac{y^2}{4^2} - \frac{x^2}{4^2} = 1$

Transverse axis is vertical

$a = 4;\ b = 4$

Reference rectangle has corners at:

$(4, 4), (4, -4), (-4, 4), (-4, -4)$

Vertices: $(0, 4), (0, -4)$

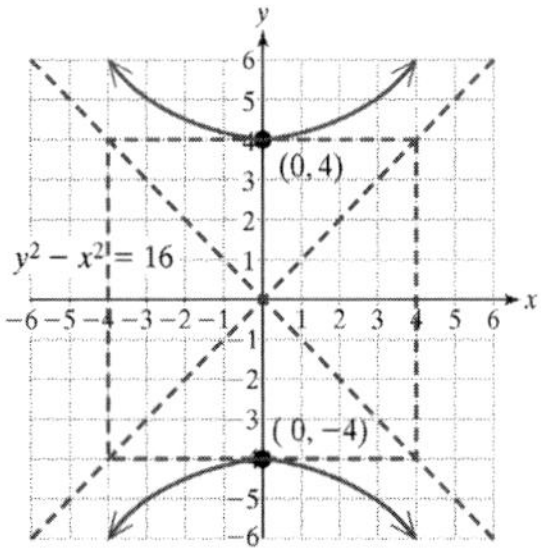

**41.** $\frac{x^2}{16}+\frac{y^2}{9}=1$ Ellipse

**43.** $\frac{y^2}{1}-\frac{x^2}{16}=1$ Hyperbola

## Section 10.4

**45.** **a.** $4x+2y=10$ Line

$y=x^2-10$ Parabola

**b.**

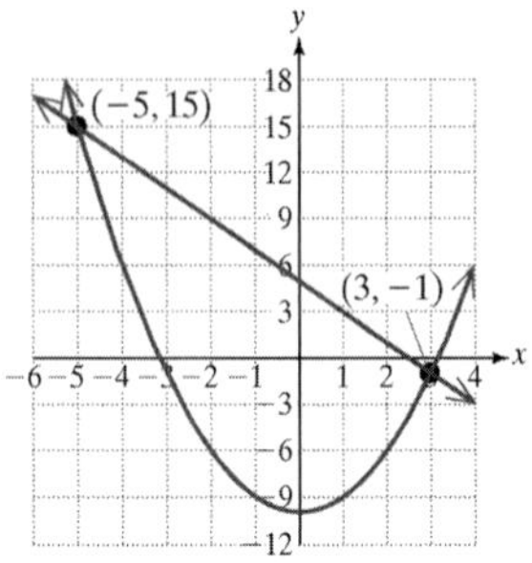


**c.** Substitute the second equation into the first and solve for $x$:

$$4x+2(x^2-10)=10$$
$$4x+2x^2-20=10$$
$$2x^2+4x-30=0$$
$$2(x^2+2x-15)=0$$
$$2(x-3)(x+5)=0$$
$$x-3=0 \text{ or } x+5=0$$
$$x=3 \text{ or } x=-5$$
$$y=(3)^2-10 \quad y=(-5)^2-10$$
$$y=-1 \quad y=15$$

Solutions: $(3, -1), (-5, 15)$

**47.** **a.** $x^2+y^2=16$ Circle

$x-2y=8 \rightarrow x=2y+8$ Line

**b.**

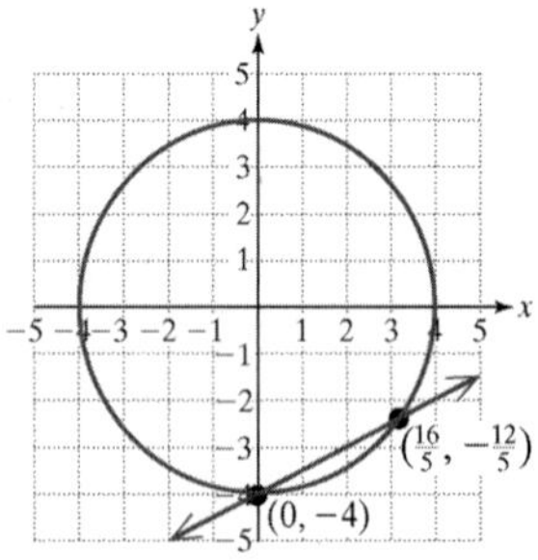


**c.** Substitute the second equation into the first and solve for $y$:

$$(2y+8)^2+y^2=16$$
$$4y^2+32y+64+y^2=16$$
$$5y^2+32y+48=0$$
$$(5y+12)(y+4)=0$$
$$5y+12=0 \text{ or } y+4=0$$
$$5y=-12 \text{ or } y=-4$$
$$y=-\frac{12}{5} \text{ or } y=-4$$
$$x=2\left(-\frac{12}{5}\right)+8 \quad x=2(-4)+8$$
$$x=\frac{16}{5} \quad x=0$$

Solutions: $\left(\frac{16}{5}, -\frac{12}{5}\right), (0, -4)$

**49.** $x^2 + 4y^2 = 29$

$x - y = -4 \rightarrow x = y - 4$

Substitute the second equation into the first and solve for $y$:

$$(y-4)^2 + 4y^2 = 29$$
$$y^2 - 8y + 16 + 4y^2 = 29$$
$$5y^2 - 8y - 13 = 0$$
$$(5y-13)(y+1) = 0$$
$$5y - 13 = 0 \text{ or } y + 1 = 0$$
$$5y = 13 \text{ or } y = -1$$
$$y = \frac{13}{5} \text{ or } y = -1$$
$$x = \frac{13}{5} - 4 \qquad x = -1 - 4$$
$$x = -\frac{7}{5} \qquad x = -5$$

Solutions: $\left(-\frac{7}{5}, \frac{13}{5}\right), (-5, -1)$

**51.** $y = x^2$

$6x^2 - y^2 = 8$

Substitute the first equation into the second and solve for $y$:

$$6y - y^2 = 8$$
$$y^2 - 6y + 8 = 0$$
$$(y-4)(y-2) = 0$$
$$y - 4 = 0 \text{ or } y - 2 = 0$$
$$y = 4 \text{ or } y = 2$$
$$x = \pm\sqrt{4} = \pm 2 \qquad x = \pm\sqrt{2}$$

Solutions: $(2, 4), (-2, 4), (\sqrt{2}, 2), (-\sqrt{2}, 2)$

**53.** Add the equations to eliminate $y^2$ and solve:

$$x^2 + y^2 = 61$$
$$x^2 - y^2 = 11$$
$$2x^2 = 72$$
$$x^2 = 36$$
$$x = \pm 6$$

$x = 6$:

$$6^2 + y^2 = 61$$
$$36 + y^2 = 61$$
$$y^2 = 25$$
$$y = \pm 5$$

$x = -6$

$$(-6)^2 + y^2 = 61$$
$$36 + y^2 = 61$$
$$y^2 = 25$$
$$y = \pm 5$$

Solutions: $(6, 5), (6, -5), (-6, 5), (-6, -5)$

## Section 10.5

**55.** $\frac{x^2}{25} + \frac{y^2}{4} > 1$

Graph the related equation $\frac{x^2}{25} + \frac{y^2}{4} = 1$ (an ellipse) using a dashed curve. The curve divides the *xy*-plane into two regions. Select test points from each region:

Test: $(0, 0)$

$$\frac{0^2}{25} + \frac{0^2}{4} > 1$$
$$0 + 0 > 1$$
$$0 > 1 \text{ False}$$

Test: $(0, 3)$

$$\frac{0^2}{25} + \frac{3^2}{4} > 1$$
$$0 + \frac{9}{4} > 1$$
$$\frac{9}{4} > 1 \text{ True}$$

Shade the region outside the ellipse.

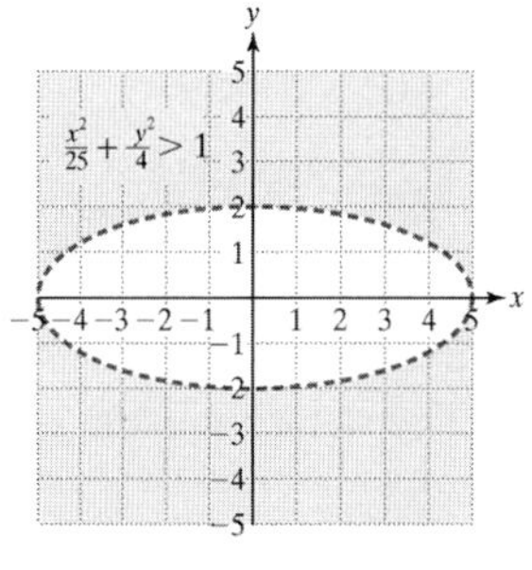

**57.** $(x+2)^2+(y+1)^2 \le 4$

Graph the related equation $(x+2)^2+(y+1)^2=4$ (a circle) using a solid curve. The curve divides the $xy$-plane into two regions.

Select test points from each region:

Test: $(-2, -1)$ Test: $(0, 3)$

$(-2+2)^2+(-1+1)^2 \le 4$ $(0+2)^2+(3+1)^2 \le 4$

$0+0 \le 4$ $4+16 \le 4$

$0 \le 4$ True $20 \le 4$ False

Shade the region inside the circle.

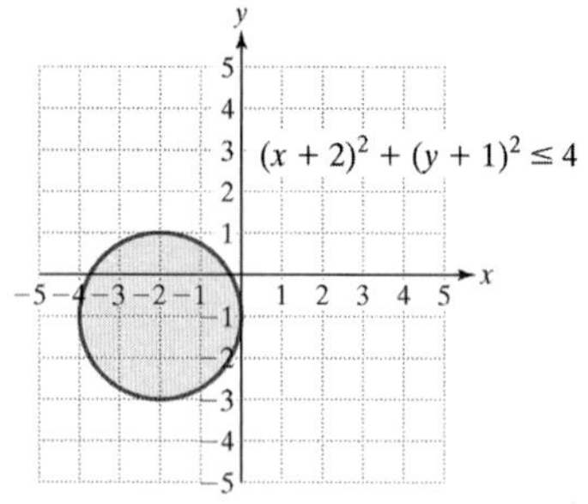


**59.** $y > x^2 - 1$

Graph the related equation $y = x^2 - 1$ (a parabola) using a dashed curve. The curve divides the $xy$-plane into two regions.

Select test points from each region:

Test: $(0, -2)$ Test: $(0, 0)$

$-2 > 0^2 - 1$ $0 > 0^2 - 1$

$-2 > -1$ False $0 > -1$ True

Shade the region above the parabola.

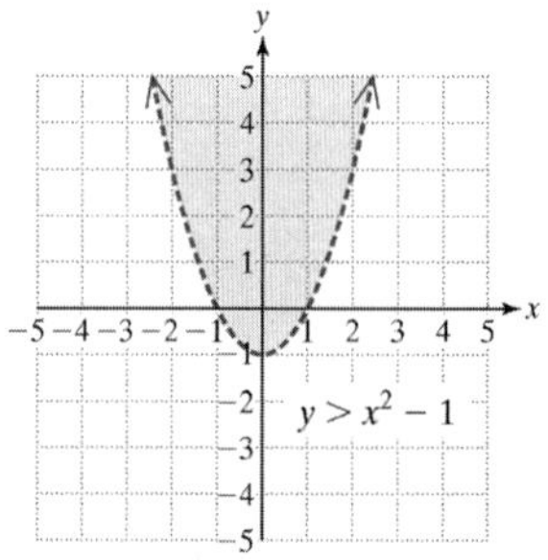


**61.** $y < 2^x, \quad x^2 + y^2 < 9$

Graph the related equation $y = 2^x$ using a dashed curve.

The curve divides the $xy$-plane into two regions.

Select test points from each region:

Test: $(0, 0)$ Test: $(0, 3)$

$0 < 2^0$ $3 < 2^0$

$0 < 1$ True $3 < 1$ False

Shade the region below the curve.

Graph the related equation $x^2 + y^2 = 9$ (a circle) using a dashed curve. The circle divides the $xy$-plane into two regions.

Select test points from each region:

Test: $(0, 0)$ Test: $(0, 4)$

$0^2 + 0^2 < 9$ $0^2 + 4^2 < 9$

$0 + 0 < 9$ $0 + 16 < 9$

$0 < 9$ True $16 < 9$ False

Shade the region inside the circle.

The solution is the intersection of the two regions.

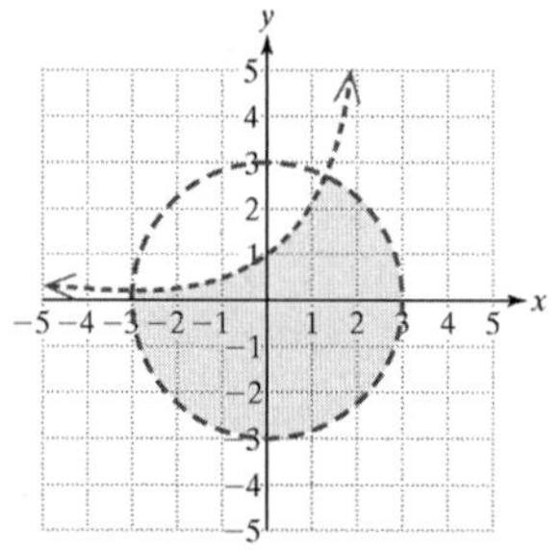

# Chapter 10 Test

**1.** $x = -(y-2)^2 + 3$

Vertex: $(3, 2)$ Axis of symmetry: $y = 2$

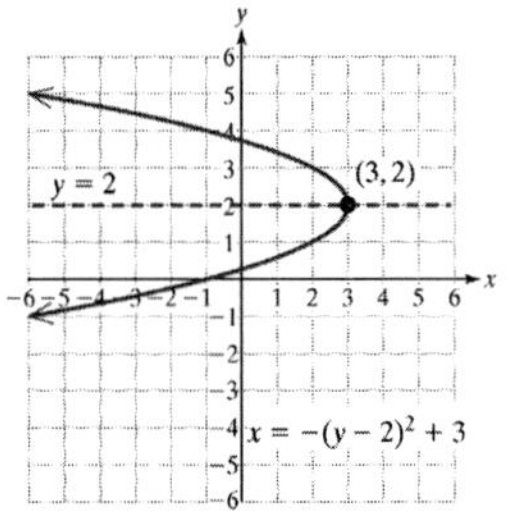


**3.** $y = x^2 + 4x + 5$

$y = (x^2 + 4x + 4 - 4) + 5$

$y = (x^2 + 4x + 4) - 4 + 5$

$y = (x+2)^2 + 1$

Vertex: $(-2, 1)$ Axis of symmetry: $x = -2$

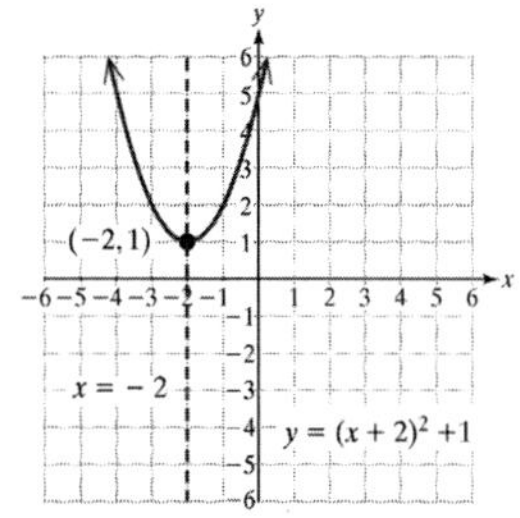


**5.** $x^2 + y^2 - 4y - 5 = 0$

$x^2 + (y^2 - 4y + 4) = 5 + 4$

$(x-0)^2 + (y-2)^2 = 9$

$[x-0]^2 + [y-2]^2 = (3)^2$

$h = 0,\ k = 2,\ r = 3$

Center: $(0, 2)$; radius: 3

**7.** $\left(\dfrac{7.3+0.3}{2}, \dfrac{-1.2+5.1}{2}\right) = \left(\dfrac{7.6}{2}, \dfrac{3.9}{2}\right)$

$= (3.8, 1.95)$

**9.** $\dfrac{(x+4)^2}{25} + (y-3)^2 = 1$

$\dfrac{(x+4)^2}{5^2} + \dfrac{(y-3)^2}{1^2} = 1$

$a = 5;\ b = 1$

Center: $(-4, 3)$

Intercepts: $(-9, 3), (1, 3), (-4, 4), (-4, 2)$

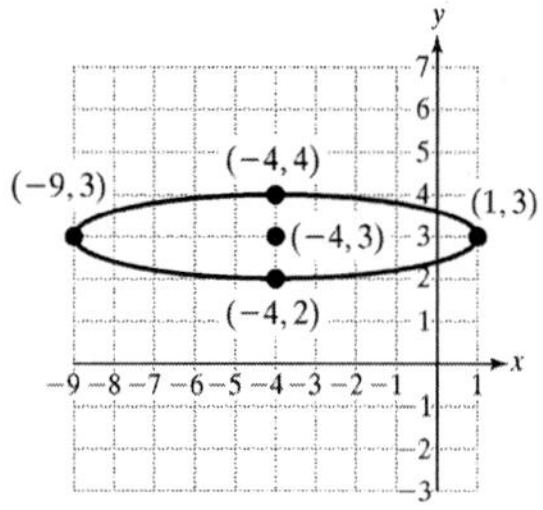

**11. a.** $16x^2 + 9y^2 = 144$

$$4x - 3y = -12 \rightarrow y = \frac{4}{3}x + 4$$

Substitute the second equation into the first and solve for $x$:

$$16x^2 + 9\left(\frac{4}{3}x + 4\right)^2 = 144$$
$$16x^2 + 9\left(\frac{16}{9}x^2 + \frac{32}{3}x + 16\right) = 144$$
$$16x^2 + 16x^2 + 96x + 144 = 144$$
$$32x^2 + 96x = 0$$
$$32x(x+3) = 0$$
$$32x = 0 \text{ or } x + 3 = 0$$
$$x = 0 \text{ or } x = -3$$
$$y = \frac{4}{3}(0) + 4 \quad y = \frac{4}{3}(-3) + 4$$
$$y = 4 \quad y = 0$$

Solutions: $(0, 4), (-3, 0)$

Graph ii.

**b.** $x^2 + 4y^2 = 4$

$$4x - 3y = -12 \rightarrow y = \frac{4}{3}x + 4$$

Substitute the second equation into the first and solve for $x$:

$$x^2 + 4\left(\frac{4}{3}x + 4\right)^2 = 4$$
$$x^2 + 4\left(\frac{16}{9}x^2 + \frac{32}{3}x + 16\right) = 4$$
$$x^2 + \frac{64}{9}x^2 + \frac{128}{3}x + 64 = 4$$
$$\frac{73}{9}x^2 + \frac{128}{3}x + 60 = 0$$
$$73x^2 + 384x + 540 = 0$$
$$x = \frac{-384 \pm \sqrt{384^2 - 4(73)(540)}}{2(73)}$$
$$= \frac{-384 \pm \sqrt{147,456 - 157,680}}{146}$$
$$= \frac{-384 \pm \sqrt{-10,224}}{146}$$

No solution Graph i

**13.** Add the equations to eliminate $y^2$ and solve:

$$25x^2 + 4y^2 = 100$$
$$25x^2 - 4y^2 = 100$$
$$50x^2 = 200$$
$$x^2 = 4$$
$$x = \pm 2$$

$x = 2$:
$$25(2)^2 + 4y^2 = 100$$
$$100 + 4y^2 = 100$$
$$4y^2 = 0$$
$$y^2 = 0$$
$$y = 0$$

$x = -2$
$$25(-2)^2 + 4y^2 = 100$$
$$100 + 4y^2 = 100$$
$$4y^2 = 100$$
$$y^2 = 0$$
$$y = 0$$

Solutions: $(2, 0), (-2, 0)$

**15.** $y \geq -\frac{1}{3}x + 1$

Graph the related equation $y = -\frac{1}{3}x + 1$ (a line) using a solid line.

The line divides the $xy$-plane into two regions.

Select test points from each region:

Test: $(0, 0)$
$$0 \geq -\frac{1}{3}(0) + 1$$
$0 \geq 1$ False

Test: $(0, 2)$
$$2 \geq -\frac{1}{3}(0) + 1$$
$2 \geq 1$ True

Shade the region above the line.

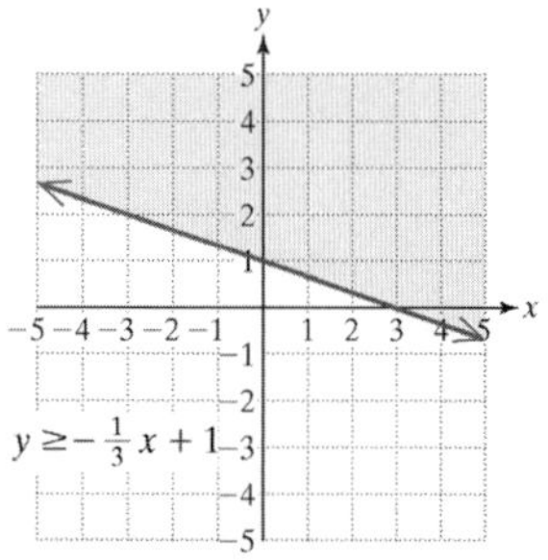

**17.** $y < \sqrt{x}, \quad y > x - 2, \quad x > 0$

Graph the related equation $y = \sqrt{x}$ using a dashed curve.

The curve divides the $xy$-plane into two regions.

Select test points from each region:

Test: $(2, 0)$ Test: $(0, 2)$

$0 < \sqrt{2}$ $2 < \sqrt{0}$

$0 < 1.414$ True $2 < 0$ False

Shade the region below the curve.

Graph the related equation $y = x - 2$ using a dashed line.

The line divides the $xy$-plane into two regions.

Select test points from each region:

Test: $(0, -3)$ Test: $(0, 0)$

$-3 > 0 - 2$ $0 > 0 - 2$

$-3 > -2$ False $0 > -2$ True

Shade the region above the curve.

Graph the related equation $x = 0$, a vertical line using a dashed line.

Shade the region to the right of the line.

The solution is the intersection of the three regions.

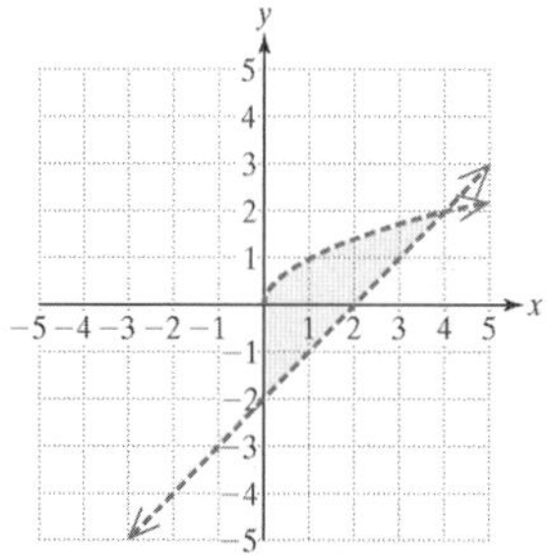

## Chapters 1 – 10 Cumulative Review Exercises

**1.**

$$5(2y-1) = 2y - 4 + 8y - 1$$
$$10y - 5 = 10y - 5$$
$$-5 = -5$$

All real numbers.

**3.** Let $x$ = one integer

$2x - 5$ = the other integer

$$x(2x-5) = 150$$
$$2x^2 - 5x = 150$$
$$2x^2 - 5x - 150 = 0$$
$$(2x+15)(x-10) = 0$$
$$x - 10 = 0 \quad \text{or} \quad 2x + 15 = 0$$
$$x = 10 \quad \text{or} \quad 2x = -15$$
$$x = 10 \quad \text{or} \quad x = -\frac{15}{2}$$
$$2x - 5 = 2(10) - 5 = 15$$

The integers are 10 and 15.

**5.** $3x-4y=6$

$$-4y=-3x+6$$

$$y=\frac{3}{4}x-\frac{3}{2}$$

Slope: $\frac{3}{4}$; $y$-intercept: $\left(0,-\frac{3}{2}\right)$

**7.**

$$\begin{aligned} x+y \quad &= -1 \\ 2x \quad - z &= 3 \\ y+2z &= -1 \end{aligned}$$

Multiply the third equation by –1 and add to the first equation to eliminate $y$:

$$\begin{array}{lcl} x+y=-1 & \longrightarrow & x+y=-1 \\ y+2z=-1 & \xrightarrow{\times -1} & -y-2z=1 \\ \hline & & x-2z=0 \end{array}$$

Multiply the second equation by –2 and add to this result to eliminate $z$:

$$\begin{array}{lcl} 2x-z=3 & \xrightarrow{\times -2} & -4x+2z=-6 \\ x-2z=0 & \longrightarrow & x-2z=0 \\ \hline & & -3x=-6 \\ & & x=2 \end{array}$$

Substitute and solve for $y$ and $z$:

$$\begin{aligned} x+y&=-1 \\ 2+y&=-1 \\ y&=-3 \end{aligned} \qquad \begin{aligned} 2x-z&=3 \\ 2(2)-z&=3 \\ 4-z&=3 \\ 1&=z \end{aligned}$$

The solution is $(2, -3, 1)$.

**9.**

$$\left[\begin{array}{cc|c} 3 & -4 & 6 \\ 1 & 2 & 12 \end{array}\right] \xrightarrow{R_1 \leftrightarrow R_2} \left[\begin{array}{cc|c} 1 & 2 & 12 \\ 3 & -4 & 6 \end{array}\right] \xrightarrow{-3R_1+R_2} \left[\begin{array}{cc|c} 1 & 2 & 12 \\ 0 & -10 & -30 \end{array}\right] \xrightarrow{-\frac{1}{10}R_2} \left[\begin{array}{cc|c} 1 & 2 & 12 \\ 0 & 1 & 3 \end{array}\right]$$

$$\xrightarrow{-2R_2+R_1} \left[\begin{array}{cc|c} 1 & 0 & 6 \\ 0 & 1 & 3 \end{array}\right]$$

The solution is (6, 3).

**11.** $g=\{(2, 5), (8, -1), (3, 0), (-5, 5)\}$

$$\begin{aligned} g(2)&=5 \\ g(8)&=-1 \\ g(3)&=0 \\ g(-5)&=5 \end{aligned}$$

**13.**

$$\begin{aligned} (g \circ f)(x) &= g(f(x)) \\ &= g\left(\sqrt{x+1}\right) \\ &= \left(\sqrt{x+1}\right)^2+6 \\ &= x+1+6 \\ &= x+7,\ x \ge -1 \end{aligned}$$

**15.**

$$\begin{aligned} x^2-y^2-6x-6y &= (x+y)(x-y)-6(x+y) \\ &= (x+y)(x-y-6) \end{aligned}$$

**17.**

$$\begin{aligned} 2x(x-7)&=x-18 \\ 2x^2-14x&=x-18 \\ 2x^2-15x+18&=0 \\ (2x-3)(x-6)&=0 \end{aligned}$$

$$2x-3=0 \text{ or } x-6=0$$

$$2x=3 \text{ or } x=6$$

$$x=\frac{3}{2} \text{ or } x=6$$

**19.** $\dfrac{2}{x+3}-\dfrac{x}{x-2}=\dfrac{x-2}{x-2}\cdot\dfrac{2}{x+3}-\dfrac{x}{x-2}\cdot\dfrac{x+3}{x+3}$

$=\dfrac{2x-4-x^2-3x}{(x-2)(x+3)}$

$=\dfrac{-x^2-x-4}{(x-2)(x+3)}$

**21.** **a.**

$\sqrt{2x-5}=-3$

$\left(\sqrt{2x-5}\right)^2=(-3)^2$

$2x-5=9$

$2x=14$

$x=7$

Check:

$\sqrt{2(7)-5}=-3$

$\sqrt{9}=-3$

$3=-3$

7 does not check.

No solution.

**b.**

$\sqrt[3]{2x-5}=-3$

$\left(\sqrt[3]{2x-5}\right)^3=(-3)^3$

$2x-5=-27$

$2x=-22$

$x=-11$

**23.** $\dfrac{3}{4-5i}=\dfrac{3}{4-5i}\cdot\dfrac{4+5i}{4+5i}$

$=\dfrac{12+15i}{16+20i-20i-25i^2}$

$=\dfrac{12+15i}{16+25}=\dfrac{12+15i}{41}=\dfrac{12}{41}+\dfrac{15}{41}i$

**25.** **a.** $d(t)=4.4t^2$

$d(2)=4.4(2)^2=4.4(4)=17.6$ ft

$d(3)=4.4(3)^2=4.4(9)=39.6$ ft

$d(4)=4.4(4)^2=4.4(16)=70.4$ ft

**b.** $281.6=4.4t^2$

$64=t^2$

$t=8$ sec

**27.** $\dfrac{x}{x+2}-\dfrac{3}{x-1}=\dfrac{1}{x^2+x-2}$

$(x+2)(x-1)\left(\dfrac{x}{x+2}-\dfrac{3}{x-1}\right)$

$=\left(\dfrac{1}{(x+2)(x-1)}\right)(x+2)(x-1)$

$x(x-1)-3(x+2)=1$

$x^2-x-3x-6=1$

$x^2-4x-7=0$

$x=\dfrac{-(-4)\pm\sqrt{(-4)^2-4(1)(-7)}}{2(1)}$

$=\dfrac{4\pm\sqrt{16+28}}{2}=\dfrac{4\pm\sqrt{44}}{2}=\dfrac{4\pm2\sqrt{11}}{2}$

$=2\pm\sqrt{11}$

**29.** $g(x)=-x^2-2x+3$

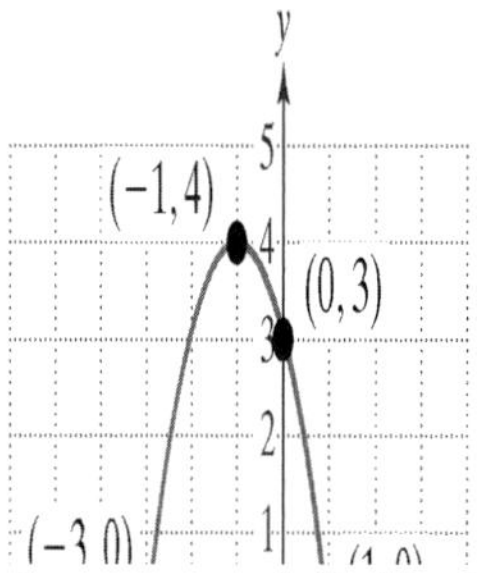


**a.** $x$-intercepts: (–3, 0), (1, 0)
**b.** $y$-intercept: (0, 3)
**c.** Vertex: (–1, 4)

**31.** $|2x-5| \geq 4$

$2x-5 \leq -4$ or $2x-5 \geq 4$

$2x \leq 1$ or $2x \geq 9$

$x \leq \frac{1}{2}$ or $x \geq \frac{9}{2}$

$\left(-\infty, \frac{1}{2}\right] \cup \left[\frac{9}{2}, \infty\right)$

**33.** $5^2 = 125^x$

$5^2 = (5^3)^x$

$5^2 = 5^{3x}$

$2 = 3x$

$x = \frac{2}{3}$

**35.** $(x-0)^2 + (y-5)^2 = 4^2$

$x^2 + (y-5)^2 = 16$

**37.** $\left(\frac{-3+2}{2}, \frac{-2+2}{2}\right) = \left(\frac{-1}{2}, \frac{0}{2}\right) = \left(-\frac{1}{2}, 0\right)$

**39.** $y^2 - x^2 < 1$

Graph the related equation $y^2 - x^2 = 1$ (a hyperbola) using a dashed curve. The curve divides the *xy*-plane into three regions. Select test points from each region:

| Test: $(0, -3)$ | Test: $(0, 0)$ | Test: $(0, 3)$ |
|---|---|---|
| $(-3)^2 - 0^2 < 1$ | $0^2 - 0^2 < 1$ | $(3)^2 - 0^2 < 1$ |
| $9 - 0 < 1$ | $0 - 0 < 1$ | $9 - 0 < 1$ |
| $9 < 1$ False | $0 < 1$ True | $9 < 1$ False |

Shade the region between the branches of the hyperbola.

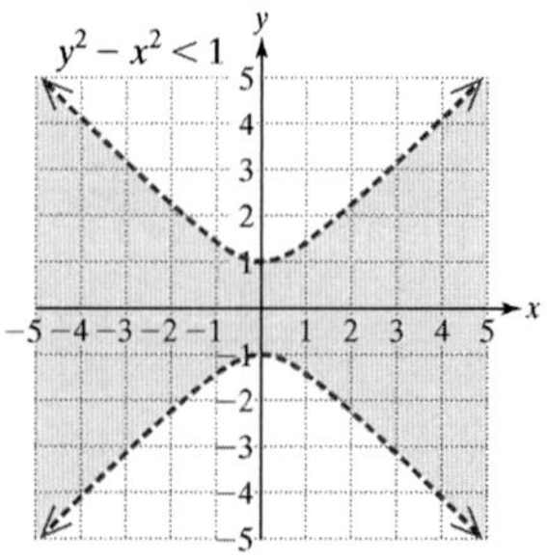

# Additional Topics Appendix

## Section A.1 Binomial Expansions

### Section A.1 Practice Exercises

**1.** **a.** A binomial expansion is the resulting product of $(a+b)^n$.

**b.** The triangular array of coefficients for a binomial expansion is called Pascal's triangle.

**c.** $n!$ is defined as the product of the integers from 1 through $n$ and is referred to as factorial notation.

**d.** The binomial theorem states: For any positive integer $n$,

$$(a+b)^n = \frac{n!}{n!\cdot 0!}a^n + \frac{n!}{(n-1)!\cdot 1!}a^{n-1}b + \frac{n!}{(n-2)!\cdot 2!}a^{n-2}b^2 + \ldots + + \frac{n!}{0!\cdot n!}b^n.$$

**3.** $(a+b)^3 = a^3 + 3a^2b + 3ab^2 + b^3$

**5.** $$(1+g)^4 = 1^4 + 4\cdot 1^3 g + 6\cdot 1^2 g^2 + 4\cdot 1g^3 + g^4$$
$$= 1 + 4g + 6g^2 + 4g^3 + g^4$$

**7.** $$(p+q^2)^7 = p^7 + 7p^6(q^2) + 21p^5(q^2)^2 + 35p^4(q^2)^3 + 35p^3(q^2)^4 + 21p^2(q^2)^5 + 7p(q^2)^6 + (q^2)^7$$
$$= p^7 + 7p^6q^2 + 21p^5q^4 + 35p^4q^6 + 35p^3q^8 + 21p^2q^{10} + 7pq^{12} + q^{14}$$

**9.** $$(5-u^3)^4 = (5+(-u^3))^4 = 5^4 + 4\cdot 5^3(-u^3) + 6\cdot 5^2(-u^3)^2 + 4\cdot 5(-u^3)^3 + (-u^3)^4$$
$$= 625 - 500u^3 + 150u^6 - 20u^9 + u^{12}$$

**11.** $5! = 5\cdot 4\cdot 3\cdot 2\cdot 1 = 120$

**13.** $0! = 1$ by definition

**15.** False

**17.** True

**19.** $6! = 6\cdot(5\cdot 4\cdot 3\cdot 2\cdot 1) = 6\cdot 5!$

**21.** $\dfrac{8!}{4!} = \dfrac{8\cdot 7\cdot 6\cdot 5\cdot 4!}{4!} = 8\cdot 7\cdot 6\cdot 5 = 1680$

**23.** $\dfrac{3!}{0!} = \dfrac{3\cdot 2\cdot 1}{1} = 6$

**25.** $\dfrac{8!}{3!\,5!} = \dfrac{8\cdot 7\cdot 6\cdot 5!}{3\cdot 2\cdot 1\cdot 5!} = \dfrac{8\cdot 7\cdot 6}{3\cdot 2\cdot 1} = \dfrac{336}{6} = 56$

**27.** $\dfrac{4!}{0!\,4!} = \dfrac{4!}{1\cdot 4!} = 1$

**29.** $$(m-n)^{11} = (m+(-n))^{11} = \frac{11!}{11!\cdot 0!}m^{11} + \frac{11!}{10!\cdot 1!}m^{10}(-n) + \frac{11!}{9!\cdot 2!}m^9(-n)^2 = m^{11} - 11m^{10}n + 55m^9n^2$$

**31.** $$(u^2 - v)^{12} = (u^2 + (-v))^{12}$$
$$= \frac{12!}{12!\cdot 0!}(u^2)^{12} + \frac{12!}{11!\cdot 1!}(u^2)^{11}(-v) + \frac{12!}{10!\cdot 2!}(u^2)^{10}(-v)^2 = u^{24} - 12u^{22}v + 66u^{20}v^2$$

**33.** $(a+b)^8$ has 9 terms.

**35.** $$\begin{aligned}(s+t)^6 &= \frac{6!}{6!\cdot 0!}s^6+\frac{6!}{5!\cdot 1!}s^5t+\frac{6!}{4!\cdot 2!}s^4t^2+\frac{6!}{3!\cdot 3!}s^3t^3+\frac{6!}{2!\cdot 4!}s^2t^4+\frac{6!}{1!\cdot 5!}s^1t^5+\frac{6!}{0!\cdot 6!}t^6\\ &= s^6+6s^5t+15s^4t^2+20s^3t^3+15s^2t^4+6st^5+t^6\end{aligned}$$

**37.** $$\begin{aligned}(b-3)^3=(b+(-3))^3 &= \frac{3!}{3!\cdot 0!}b^3+\frac{3!}{2!\cdot 1!}b^2(-3)+\frac{3!}{1!\cdot 2!}b(-3)^2+\frac{3!}{0!\cdot 3!}(-3)^3\\ &= b^3+3b^2(-3)+3b(9)+(-27)\\ &= b^3-9b^2+27b-27\end{aligned}$$

**39.** $$\begin{aligned}(2x+y)^4 &= \frac{4!}{4!\cdot 0!}(2x)^4+\frac{4!}{3!\cdot 1!}(2x)^3y+\frac{4!}{2!\cdot 2!}(2x)^2y^2+\frac{4!}{1!\cdot 3!}(2x)y^3+\frac{4!}{0!\cdot 4!}y^4\\ &= 1\cdot 16x^4+4\cdot 8x^3y+6\cdot 4x^2y^2+4\cdot 2xy^3+1\cdot y^4\\ &= 16x^4+32x^3y+24x^2y^2+8xy^3+y^4\end{aligned}$$

**41.** $$\begin{aligned}(c^2-d)^7 &= (c^2+(-d))^7\\ &= \frac{7!}{7!\cdot 0!}(c^2)^7+\frac{7!}{6!\cdot 1!}(c^2)^6(-d)+\frac{7!}{5!\cdot 2!}(c^2)^5(-d)^2+\frac{7!}{4!\cdot 3!}(c^2)^4(-d)^3+\frac{7!}{3!\cdot 4!}(c^2)^3(-d)^4\\ &\quad+\frac{7!}{2!\cdot 5!}(c^2)^2(-d)^5+\frac{7!}{1!\cdot 6!}(c^2)(-d)^6+\frac{7!}{0!\cdot 7!}(-d)^7\\ &= c^{14}-7c^{12}d+21c^{10}d^2-35c^8d^3+35c^6d^4-21c^4d^5+7c^2d^6-d^7\end{aligned}$$

**43.** $$\begin{aligned}\left(\frac{a}{2}-b\right)^5 &= \left(\frac{a}{2}+(-b)\right)^5\\ &= \frac{5!}{5!\cdot 0!}\left(\frac{a}{2}\right)^5+\frac{5!}{4!\cdot 1!}\left(\frac{a}{2}\right)^4(-b)+\frac{5!}{3!\cdot 2!}\left(\frac{a}{2}\right)^3(-b)^2+\frac{5!}{2!\cdot 3!}\left(\frac{a}{2}\right)^2(-b)^3\\ &\quad+\frac{5!}{1!\cdot 4!}\left(\frac{a}{2}\right)(-b)^4+\frac{5!}{0!\cdot 5!}(-b)^5\\ &= \frac{a^5}{32}+5\left(\frac{a^4}{16}\right)(-b)+10\left(\frac{a^3}{8}\right)b^2+10\left(\frac{a^2}{4}\right)\left(-b^3\right)+5\left(\frac{a}{2}\right)b^4+\left(-b^5\right)\\ &= \frac{1}{32}a^5-\frac{5}{16}a^4b+\frac{5}{4}a^3b^2-\frac{5}{2}a^2b^3+\frac{5}{2}ab^4-b^5\end{aligned}$$

**45.** $\dfrac{11!}{6!\cdot 5!}m^6(-n)^5=-462m^6n^5$

**47.** $\dfrac{12!}{8!\cdot 4!}(u^2)^8(-v)^4=495u^{16}v^4$

**49.** $\dfrac{9!}{0!\cdot 9!}g^9=g^9$

# Section A.2 Determinants and Cramer's Rule

## Section A.2 Practice Exercises

**1.** **a.** Associated with every square matrix is a real number called the determinant of the matrix.

**b.** The minor of an element in a $3\times 3$ matrix is the determinant of the $2\times 2$ matrix obtained by deleting the row and column in which the element resides.

**c.** Cramer's Rule for a $2\times 2$ system of linear equations states: The solution of the system $\begin{matrix} a_1x+b_1y=c_1 \\ a_2x+b_2y=c_2 \end{matrix}$ is given by $x=\dfrac{D_x}{D}$ and $y=\dfrac{D_y}{D}$ where $D=\begin{vmatrix} a_1 & b_1 \\ a_2 & b_2 \end{vmatrix}$ (and $D\neq 0$)

$D_x=\begin{vmatrix} c_1 & b_1 \\ c_2 & b_2 \end{vmatrix}$ $D_y=\begin{vmatrix} a_1 & c_1 \\ a_2 & c_2 \end{vmatrix}$.

**3.** $\begin{vmatrix} 5 & 6 \\ 4 & 8 \end{vmatrix}=5(8)-6(4)=40-24=16$

**5.** $\begin{vmatrix} 5 & -1 \\ 1 & 0 \end{vmatrix}=5(0)-(-1)(1)=0+1=1$

**7.** $\begin{vmatrix} -3 & \frac{1}{4} \\ 8 & -2 \end{vmatrix}=-3(-2)-\left(\frac{1}{4}\right)(8)=6-2=4$

**9.** $\begin{vmatrix} 2 & 0 \\ -7 & 3 \end{vmatrix}=2(3)-(0)(-7)=6-0=6$

**11.** $\begin{vmatrix} 4 & -1 \\ 2 & 6 \end{vmatrix}=4(6)-(-1)(2)=24+2=26$

**13.** $\begin{vmatrix} 6 & 0 \\ -2 & 1 \end{vmatrix}=6(1)-(0)(-2)=6-0=6$

**15.** $\begin{vmatrix} 4 & -2 \\ 5 & 9 \end{vmatrix}=4(9)-(-2)(5)=36+10=46$

**17.** **a.** $\begin{vmatrix} 0 & 1 & 2 \\ 3 & -1 & 2 \\ 3 & 2 & -2 \end{vmatrix}=0\cdot\begin{vmatrix} -1 & 2 \\ 2 & -2 \end{vmatrix}-3\cdot\begin{vmatrix} 1 & 2 \\ 2 & -2 \end{vmatrix}+3\cdot\begin{vmatrix} 1 & 2 \\ -1 & 2 \end{vmatrix}$

$=0\left[-1(-2)-2(2)\right]-3\left[1(-2)-2(2)\right]+3\left[1(2)-2(-1)\right]=0-3(-6)+3(4)$

$=18+12=30$

**b.** $\begin{vmatrix} 0 & 1 & 2 \\ 3 & -1 & 2 \\ 3 & 2 & -2 \end{vmatrix}=-3\cdot\begin{vmatrix} 1 & 2 \\ 2 & -2 \end{vmatrix}+(-1)\cdot\begin{vmatrix} 0 & 2 \\ 3 & -2 \end{vmatrix}-2\cdot\begin{vmatrix} 0 & 1 \\ 3 & 2 \end{vmatrix}$

$=-3\left[1(-2)-2(2)\right]-1\left[0(-2)-2(3)\right]-2\left[0(2)-1(3)\right]=-3(-6)-1(-6)-2(-3)$

$=18+6+6=30$

**19.** Choosing the row or column with the most zero elements simplifies the arithmetic when evaluating a determinant.

**21.** About the third column:

$\begin{vmatrix} 5 & 2 & 1 \\ 3 & -6 & 0 \\ -2 & 8 & 0 \end{vmatrix}=1\cdot\begin{vmatrix} 3 & -6 \\ -2 & 8 \end{vmatrix}-0\cdot\begin{vmatrix} 5 & 2 \\ -2 & 8 \end{vmatrix}+0\cdot\begin{vmatrix} 5 & 2 \\ 3 & -6 \end{vmatrix}=1\left[3(8)-(-6)(-2)\right]-0+0=1(12)=12$

**23.** About the third row:

$$\begin{vmatrix} 3 & 2 & 1 \\ 1 & -1 & 2 \\ 1 & 0 & 4 \end{vmatrix} = 1 \cdot \begin{vmatrix} 2 & 1 \\ -1 & 2 \end{vmatrix} - 0 \cdot \begin{vmatrix} 3 & 1 \\ 1 & 2 \end{vmatrix} + 4 \cdot \begin{vmatrix} 3 & 2 \\ 1 & -1 \end{vmatrix} = 1\left[2(2)-1(-1)\right]-0+4\left[3(-1)-2(1)\right]$$

$$= 1(5)+4(-5) = 5-20 = -15$$

**25.** About the first column:

$$\begin{vmatrix} 0 & 5 & -8 \\ 0 & -4 & 1 \\ 0 & 3 & 6 \end{vmatrix} = 0$$

Since all the elements in the first column are zero, the determinant will be zero.

**27.** $$\begin{vmatrix} a & 2 \\ b & 8 \end{vmatrix} = a(8)-2(b) = 8a-2b$$

**29.** $$\begin{vmatrix} x & 0 & 3 \\ y & -2 & 6 \\ z & -1 & 1 \end{vmatrix} = x \cdot \begin{vmatrix} -2 & 6 \\ -1 & 1 \end{vmatrix} - y \begin{vmatrix} 0 & 3 \\ -1 & 1 \end{vmatrix} + z \begin{vmatrix} 0 & 3 \\ -2 & 6 \end{vmatrix}$$

$$= x\left[-2(1)-6(-1)\right] - y\left[0(1)-3(-1)\right] + z\left[0(6)-3(-2)\right] = x(4)-y(3)+z(6)$$

$$= 4x-3y+6z$$

**31.** $$\begin{vmatrix} f & e & 0 \\ d & c & 0 \\ b & a & 0 \end{vmatrix} = 0$$

Since all the elements in the third column are zero, the determinant will be zero.

**33.** $$D = \begin{vmatrix} 4 & 6 \\ -2 & 1 \end{vmatrix} = 4(1)-6(-2) = 4+12 = 16$$

$$D_x = \begin{vmatrix} 9 & 6 \\ 12 & 1 \end{vmatrix} = 9(1)-6(12) = 9-72 = -63$$

$$D_y = \begin{vmatrix} 4 & 9 \\ -2 & 12 \end{vmatrix} = 4(12)-9(-2) = 48+18 = 66$$

**35.** $$D = \begin{vmatrix} 2 & 1 \\ 1 & -4 \end{vmatrix} = 2(-4)-1(1) = -8-1 = -9$$

$$D_x = \begin{vmatrix} 3 & 1 \\ 6 & -4 \end{vmatrix} = 3(-4)-1(6) = -12-6 = -18$$

$$D_y = \begin{vmatrix} 2 & 3 \\ 1 & 6 \end{vmatrix} = 2(6)-3(1) = 12-3 = 9$$

$$x = \frac{D_x}{D} = \frac{-18}{-9} = 2 \qquad y = \frac{D_y}{D} = \frac{9}{-9} = -1$$

The solution is (2, –1).

**37.** $4y = x-8 \rightarrow x-4y = 8$

$3x = -7y+5 \rightarrow 3x+7y = 5$

$$D = \begin{vmatrix} 1 & -4 \\ 3 & 7 \end{vmatrix} = 1(7)-(-4)(3) = 7+12 = 19$$

$$D_x = \begin{vmatrix} 8 & -4 \\ 5 & 7 \end{vmatrix} = 8(7)-(-4)(5) = 56+20 = 76$$

$$D_y = \begin{vmatrix} 1 & 8 \\ 3 & 5 \end{vmatrix} = 1(5)-8(3) = 5-24 = -19$$

$$x = \frac{D_x}{D} = \frac{76}{19} = 4 \qquad y = \frac{D_y}{D} = \frac{-19}{19} = -1$$

The solution is (4, –1).

**39.** $D=\begin{vmatrix}4 & -3\\ 2 & 5\end{vmatrix}=4(5)-(-3)(2)=20+6=26$

$D_x=\begin{vmatrix}5 & -3\\ 7 & 5\end{vmatrix}=5(5)-(-3)(7)=25+21=46$

$D_y=\begin{vmatrix}4 & 5\\ 2 & 7\end{vmatrix}=4(7)-5(2)=28-10=18$

$x=\dfrac{D_x}{D}=\dfrac{46}{26}=\dfrac{23}{13}$ $\quad y=\dfrac{D_y}{D}=\dfrac{18}{26}=\dfrac{9}{13}$

The solution is $\left(\dfrac{23}{13}, \dfrac{9}{13}\right)$.

**41.** Cramer's rule does not apply when the determinant $D=0$.

**43.** $D=\begin{vmatrix}4 & -2\\ -2 & 1\end{vmatrix}=4(1)-(-2)(-2)=4-4=0$

Cramer's rule is not possible since $D=0$. Use the elimination method. Eliminate $x$ by multiplying the second equation by 2.

$$\begin{array}{r}4x-2y=3\\ -4x+2y=2\\ \hline 0\neq 5\end{array}$$

The system is inconsistent. There is no solution.

**45.** $D=\begin{vmatrix}4 & 1\\ 1 & -7\end{vmatrix}=4(-7)-1(1)=-28-1=-29$

$D_x=\begin{vmatrix}0 & 1\\ 0 & -7\end{vmatrix}=0$

$D_y=\begin{vmatrix}4 & 0\\ 1 & 0\end{vmatrix}=0$

$x=\dfrac{D_x}{D}=\dfrac{0}{-29}=0$ $\quad y=\dfrac{D_y}{D}=\dfrac{0}{-29}=0$

The solution is (0, 0).

**47.** $D=\begin{vmatrix}1 & 5\\ 2 & 10\end{vmatrix}=1(10)-5(2)=10-10=0$

Cramer's rule is not possible since $D=0$. Use the elimination method. Eliminate $x$ by multiplying the first equation by –2.

$$\begin{array}{r}-2x-10y=-6\\ 2x+10y=\ \ 6\\ \hline 0=\ \ 0\end{array}$$

The system is dependent. There are infinitely many solutions.
The solution is $\{(x, y)|x+5y=3\}$.

**49.** $D=\begin{vmatrix}2 & -1 & 3\\ 1 & 4 & 4\\ 3 & 2 & 2\end{vmatrix}=2\cdot\begin{vmatrix}4 & 4\\ 2 & 2\end{vmatrix}-1\cdot\begin{vmatrix}-1 & 3\\ 2 & 2\end{vmatrix}+3\cdot\begin{vmatrix}-1 & 3\\ 4 & 4\end{vmatrix}=2(8-8)-1(-2-6)+3(-4-12)$

$=2(0)-1(-8)+3(-16)=8-48=-40$

$D_x=\begin{vmatrix}9 & -1 & 3\\ 5 & 4 & 4\\ 5 & 2 & 2\end{vmatrix}=9\cdot\begin{vmatrix}4 & 4\\ 2 & 2\end{vmatrix}-5\cdot\begin{vmatrix}-1 & 3\\ 2 & 2\end{vmatrix}+5\cdot\begin{vmatrix}-1 & 3\\ 4 & 4\end{vmatrix}=9(8-8)-5(-2-6)+5(-4-12)$

$=9(0)-5(-8)+5(-16)=40-80=-40$

$x=\dfrac{D_x}{D}=\dfrac{-40}{-40}=1$

**51.** $D = \begin{vmatrix} 3 & -2 & 2 \\ 6 & 3 & -4 \\ 3 & -1 & 2 \end{vmatrix} = 2 \cdot \begin{vmatrix} 6 & 3 \\ 3 & -1 \end{vmatrix} - (-4) \cdot \begin{vmatrix} 3 & -2 \\ 3 & -1 \end{vmatrix} + 2 \cdot \begin{vmatrix} 3 & -2 \\ 6 & 3 \end{vmatrix} = 2(-6-9) + 4(-3+6) + 2(9+12)$

$= 2(-15) + 4(3) + 2(21) = -30 + 12 + 42 = 24$

$D_z = \begin{vmatrix} 3 & -2 & 5 \\ 6 & 3 & -1 \\ 3 & -1 & 4 \end{vmatrix} = 5 \cdot \begin{vmatrix} 6 & 3 \\ 3 & -1 \end{vmatrix} - (-1) \cdot \begin{vmatrix} 3 & -2 \\ 3 & -1 \end{vmatrix} + 4 \cdot \begin{vmatrix} 3 & -2 \\ 6 & 3 \end{vmatrix} = 5(-6-9) + 1(-3+6) + 4(9+12)$

$= 5(-15) + 1(3) + 4(21) = -75 + 3 + 84 = 12$

$z = \frac{D_z}{D} = \frac{12}{24} = \frac{1}{2}$

**53.** $D = \begin{vmatrix} 5 & 0 & 6 \\ -2 & 1 & 0 \\ 0 & 3 & -1 \end{vmatrix} = -0 \cdot \begin{vmatrix} -2 & 0 \\ 0 & -1 \end{vmatrix} + 1 \cdot \begin{vmatrix} 5 & 6 \\ 0 & -1 \end{vmatrix} - 3 \cdot \begin{vmatrix} 5 & 6 \\ -2 & 0 \end{vmatrix} = 0(2-0) + 1(-5-0) - 3(0+12)$

$= 0 + 1(-5) - 3(12) = -5 - 36 = -41$

$D_y = \begin{vmatrix} 5 & 5 & 6 \\ -2 & -6 & 0 \\ 0 & 3 & -1 \end{vmatrix} = -5 \cdot \begin{vmatrix} -2 & 0 \\ 0 & -1 \end{vmatrix} + (-6) \cdot \begin{vmatrix} 5 & 6 \\ 0 & -1 \end{vmatrix} - 3 \cdot \begin{vmatrix} 5 & 6 \\ -2 & 0 \end{vmatrix} = -5(2-0) - 6(-5-0) - 3(0+12)$

$= -5(2) - 6(-5) - 3(12) = -10 + 30 - 36 = -16$

$y = \frac{D_y}{D} = \frac{-16}{-41} = \frac{16}{41}$

**55.** $D = \begin{vmatrix} 1 & 0 & 0 \\ -1 & 3 & 0 \\ 0 & 1 & 2 \end{vmatrix} = 0 \cdot \begin{vmatrix} -1 & 3 \\ 0 & 1 \end{vmatrix} - 0 \cdot \begin{vmatrix} 1 & 0 \\ 0 & 1 \end{vmatrix} + 2 \cdot \begin{vmatrix} 1 & 0 \\ -1 & 3 \end{vmatrix} = 0 - 0 + 2(3-0) = 6$

$D_x = \begin{vmatrix} 3 & 0 & 0 \\ 3 & 3 & 0 \\ 4 & 1 & 2 \end{vmatrix} = 3 \cdot \begin{vmatrix} 3 & 0 \\ 1 & 2 \end{vmatrix} - 3 \cdot \begin{vmatrix} 0 & 0 \\ 1 & 2 \end{vmatrix} + 4 \cdot \begin{vmatrix} 0 & 0 \\ 3 & 0 \end{vmatrix} = 3(6-0) - 3(0-0) + 4(0-0) = 18$

$D_y = \begin{vmatrix} 1 & 3 & 0 \\ -1 & 3 & 0 \\ 0 & 4 & 2 \end{vmatrix} = -3 \cdot \begin{vmatrix} -1 & 0 \\ 0 & 2 \end{vmatrix} + 3 \cdot \begin{vmatrix} 1 & 0 \\ 0 & 2 \end{vmatrix} - 4 \cdot \begin{vmatrix} 1 & 0 \\ -1 & 0 \end{vmatrix} = -3(-2-0) + 3(2-0) - 4(0-0)$

$= -3(-2) + 3(2) - 4(0) = 6 + 6 = 12$

$D_z = \begin{vmatrix} 1 & 0 & 3 \\ -1 & 3 & 3 \\ 0 & 1 & 4 \end{vmatrix} = 3 \cdot \begin{vmatrix} -1 & 3 \\ 0 & 1 \end{vmatrix} - 3 \cdot \begin{vmatrix} 1 & 0 \\ 0 & 1 \end{vmatrix} + 4 \cdot \begin{vmatrix} 1 & 0 \\ -1 & 3 \end{vmatrix} = 3(-1-0) - 3(1-0) + 4(3-0)$

$= 3(-1) - 3(1) + 4(3) = -3 - 3 + 12 = 6$

$x = \frac{D_x}{D} = \frac{18}{6} = 3 \qquad y = \frac{D_y}{D} = \frac{12}{6} = 2 \qquad z = \frac{D_z}{D} = \frac{6}{6} = 1$ The solution is (3, 2, 1).

**57.** $D=\begin{vmatrix}1&1&8\\2&1&11\\1&0&3\end{vmatrix}=-1\cdot\begin{vmatrix}2&11\\1&3\end{vmatrix}+1\cdot\begin{vmatrix}1&8\\1&3\end{vmatrix}-0\cdot\begin{vmatrix}1&8\\2&11\end{vmatrix}=-1(6-11)+1(3-8)-0=-1(-5)+1(-5)$

$=5-5=0$

Cramer's rule does not apply.

**59.** $\begin{vmatrix}6&x\\2&-4\end{vmatrix}=14$

$-24-2x=14$

$-2x=38$

$x=-19$

**61.** $\begin{vmatrix}3&1&0\\0&4&-2\\1&0&w\end{vmatrix}=10$

$1\cdot\begin{vmatrix}1&0\\4&-2\end{vmatrix}-0\cdot\begin{vmatrix}3&0\\0&-2\end{vmatrix}+w\cdot\begin{vmatrix}3&1\\0&4\end{vmatrix}=10$

$1(-2)-0+w(12)=10$

$-2+12w=10$

$12w=12$

$w=1$

**63.** $\begin{vmatrix}1&0&3&0\\0&1&2&4\\-2&0&0&1\\4&-1&-2&0\end{vmatrix}=1\cdot\begin{vmatrix}1&2&4\\0&0&1\\-1&-2&0\end{vmatrix}-0+(-2)\cdot\begin{vmatrix}0&3&0\\1&2&4\\-1&-2&0\end{vmatrix}-4\cdot\begin{vmatrix}0&3&0\\1&2&4\\0&0&1\end{vmatrix}$

$=1\left[0-0+1\begin{vmatrix}1&2\\-1&-2\end{vmatrix}\right]-2\left[0-3\begin{vmatrix}1&4\\-1&0\end{vmatrix}+0\right]-4\left[0-3\begin{vmatrix}1&4\\0&1\end{vmatrix}+0\right]$

$=1[1(-2+2)]-2[-3(0+4)]-4[-3(1-0)]=1(0)-2(-12)-4(-3)=24+12=36$

**65. a.** $\begin{vmatrix}1&1&1&1\\2&0&-1&1\\2&1&0&-1\\0&1&1&0\end{vmatrix}=1\cdot\begin{vmatrix}0&-1&1\\1&0&-1\\1&1&0\end{vmatrix}-2\cdot\begin{vmatrix}1&1&1\\1&0&-1\\1&1&0\end{vmatrix}+2\cdot\begin{vmatrix}1&1&1\\0&-1&1\\1&1&0\end{vmatrix}-0$

$=1\left[0-1\begin{vmatrix}-1&1\\1&0\end{vmatrix}+1\begin{vmatrix}-1&1\\0&-1\end{vmatrix}\right]-2\left[-1\begin{vmatrix}1&-1\\1&0\end{vmatrix}+0-1\begin{vmatrix}1&1\\1&-1\end{vmatrix}\right]+2\left[1\begin{vmatrix}-1&1\\1&0\end{vmatrix}-0+1\begin{vmatrix}1&1\\-1&1\end{vmatrix}\right]$

$=1[(0-1(0-1)+1(1-0)]-2[-1(0+1)+0-1(-1-1)]+2[1(0-1)-0+1(1+1)]$

$=1(0+1+1)-2(-1+0+2)+2(-1-0+2)=1(2)-2(1)+2(1)=2$

**b.** $\begin{vmatrix}0&1&1&1\\5&0&-1&1\\0&1&0&-1\\-1&1&1&0\end{vmatrix}=0-5\cdot\begin{vmatrix}1&1&1\\1&0&-1\\1&1&0\end{vmatrix}+0-(-1)\cdot\begin{vmatrix}1&1&1\\0&-1&1\\1&0&-1\end{vmatrix}$

$=-5\left[-1\begin{vmatrix}1&-1\\1&0\end{vmatrix}+0-1\begin{vmatrix}1&1\\1&-1\end{vmatrix}\right]+1\left[1\begin{vmatrix}-1&1\\0&-1\end{vmatrix}-0+1\begin{vmatrix}1&1\\-1&1\end{vmatrix}\right]$

$=-5[-1(0+1)+0-1(-1-1)]+1[1(1-0)-0+1(1+1)]$

$=-5(-1+0+2)+1(1-0+2)=-5(1)+1(3)=-5+3=-2$

**c.** $x=\dfrac{D_x}{D}=\dfrac{-2}{2}=-1$

## Section A.3 Sequences and Series

### Section A.3 Practice Exercises

**1.** **a.** An infinite sequence is a function whose domain is the set of positive integers.
**b.** A finite sequence is a function whose domain is the set of the first $n$ positive integers.
**c.** The values $a_1, a_2, a_3, \ldots$ are called the terms of the sequence.
**d.** The expression $a_n$ defines the $n^{\text{th}}$ term of a sequence.
**e.** If the terms of a sequence have alternating signs, the sequence is called an alternating sequence.
**f.** The indicated sum of the terms of a sequence is called a series.
**g.** A notation used to denote the sum of a set of terms in a sequence is called sigma notation.
**h.** In the notation $\sum_{n=1}^{k} a_n$, the letter $n$ is called the index of summation.

**3.**
$$a_n = -2n+3$$
$$a_1 = -2(1)+3 = -2+3 = 1$$
$$a_2 = -2(2)+3 = -4+3 = -1$$
$$a_3 = -2(3)+3 = -6+3 = -3$$
$$a_4 = -2(4)+3 = -8+3 = -5$$

**5.**
$$a_n = \sqrt{n-1}$$
$$a_1 = \sqrt{1-1} = \sqrt{0} = 0$$
$$a_2 = \sqrt{2-1} = \sqrt{1} = 1$$
$$a_3 = \sqrt{3-1} = \sqrt{2}$$
$$a_4 = \sqrt{4-1} = \sqrt{3}$$

**7.**
$$a_n = \frac{n}{n+2}$$
$$a_1 = \frac{1}{1+2} = \frac{1}{3}$$
$$a_2 = \frac{2}{2+2} = \frac{2}{4} = \frac{1}{2}$$
$$a_3 = \frac{3}{3+2} = \frac{3}{5}$$
$$a_4 = \frac{4}{4+2} = \frac{4}{6} = \frac{2}{3}$$
$$a_5 = \frac{5}{5+2} = \frac{5}{7}$$

**9.**
$$a_n = (-1)^n \frac{n-1}{n+2}$$
$$a_1 = (-1)^1 \frac{1-1}{1+2} = -1\left(\frac{0}{3}\right) = 0$$
$$a_2 = (-1)^2 \frac{2-1}{2+2} = 1\left(\frac{1}{4}\right) = \frac{1}{4}$$
$$a_3 = (-1)^3 \frac{3-1}{3+2} = -1\left(\frac{2}{5}\right) = -\frac{2}{5}$$
$$a_4 = (-1)^4 \frac{4-1}{4+2} = 1\left(\frac{3}{6}\right) = \frac{1}{2}$$

**11.**
$$a_n = (-1)^{n+1}(n^2)$$
$$a_1 = (-1)^{1+1}(1^2) = (-1)^2(1) = 1(1) = 1$$
$$a_2 = (-1)^{2+1}(2^2) = (-1)^3(4) = -1(4) = -4$$
$$a_3 = (-1)^{3+1}(3^2) = (-1)^4(9) = 1(9) = 9$$
$$a_4 = (-1)^{4+1}(4^2) = (-1)^5(16) = -1(16) = -16$$

**13.**
$$a_n = 2 - \frac{1}{n+1}$$
$$a_2 = 2 - \frac{1}{2+1} = 2 - \frac{1}{3} = \frac{5}{3}$$
$$a_3 = 2 - \frac{1}{3+1} = 2 - \frac{1}{4} = \frac{7}{4}$$
$$a_4 = 2 - \frac{1}{4+1} = 2 - \frac{1}{5} = \frac{9}{5}$$
$$a_5 = 2 - \frac{1}{5+1} = 2 - \frac{1}{6} = \frac{11}{6}$$

**15.**
$$a_n = n(n^2-1)$$
$$a_1 = 1(1^2-1) = 1(0) = 0$$
$$a_2 = 2(2^2-1) = 2(3) = 6$$
$$a_3 = 3(3^2-1) = 3(8) = 24$$
$$a_4 = 4(4^2-1) = 4(15) = 60$$

**17.**
$$a_n = (-1)^n n$$
$$a_1 = (-1)^1 1 = -1(1) = -1$$
$$a_2 = (-1)^2 2 = 1(2) = 2$$
$$a_3 = (-1)^3 3 = -1(3) = -3$$
$$a_4 = (-1)^4 4 = 1(4) = 4$$

**19.** When $n$ is odd, the term is positive. When $n$ is even, the term is negative.

**21.** For example: $a_n = 3n$

**23.** For example: $a_n = 2n+1$

**25.** For example: $a_n = \frac{n}{n+1}$

**27.** For example: $a_n = (-1)^n$

**29.** For example: $a_n = (-1)^{n+1} 3^n$

**31.** For example: $a_n = \frac{1}{4^n}$

**33.**
$$I_1 = 0.03(1000) = 30.00$$
$$I_2 = 0.03(1000+30) = 0.03(1030) = 30.90$$
$$I_3 = 0.03(1030+30.90) = 0.03(1060.90) = 31.83$$
$$I_3 = 0.03(1060.90+31.83) = 0.03(1092.73) = 32.78$$
\$30.00, \$30.90, \$31.83, \$32.78

**35.**
$$a_1 = 16$$
$$a_2 = \frac{1}{2}(16) = 8 \qquad a_6 = \frac{1}{2}(1) = \frac{1}{2}$$
$$a_3 = \frac{1}{2}(8) = 4 \qquad a_7 = \frac{1}{2}\left(\frac{1}{2}\right) = \frac{1}{4}$$
$$a_4 = \frac{1}{2}(4) = 2 \qquad a_8 = \frac{1}{2}\left(\frac{1}{4}\right) = \frac{1}{8}$$
$$a_5 = \frac{1}{2}(2) = 1 \qquad 16, 8, 4, 2, 1, \frac{1}{2}, \frac{1}{4}, \frac{1}{8} \text{ (gr)}$$

**37.**
$$\sum_{i=1}^{4}(3i^2) = 3(1)^2 + 3(2)^2 + 3(3)^2 + 3(4)^2$$
$$= 3 + 12 + 27 + 48 = 90$$

**39.**
$$\sum_{j=0}^{4}\left(\frac{1}{2}\right)^j = \left(\frac{1}{2}\right)^0 + \left(\frac{1}{2}\right)^1 + \left(\frac{1}{2}\right)^2 + \left(\frac{1}{2}\right)^3 + \left(\frac{1}{2}\right)^4 = 1 + \frac{1}{2} + \frac{1}{4} + \frac{1}{8} + \frac{1}{16} = \frac{31}{16}$$

**41.**
$$\sum_{i=1}^{6} 5 = 5+5+5+5+5+5 = 30$$

**43.**
$$\sum_{j=1}^{4}(-1)^j(5j) = (-1)^1(5\cdot 1) + (-1)^2(5\cdot 2) + (-1)^3(5\cdot 3) + (-1)^4(5\cdot 4) = -1(5) + 1(10) - 1(15) + 1(20)$$
$$= -5 + 10 - 15 + 20 = 10$$

**45.** $\sum_{i=1}^{4}\frac{i+1}{i}=\frac{1+1}{1}+\frac{2+1}{2}+\frac{3+1}{3}+\frac{4+1}{4}=\frac{2}{1}+\frac{3}{2}+\frac{4}{3}+\frac{5}{4}=\frac{73}{12}$

**47.** $\sum_{j=1}^{3}(j+1)(j+2)=(1+1)(1+2)+(2+1)(2+2)+(3+1)(3+2)=2(3)+3(4)+4(5)=6+12+20=38$

**49.** $\sum_{k=1}^{7}(-1)^k=(-1)^1+(-1)^2+(-1)^3+(-1)^4+(-1)^5+(-1)^6+(-1)^7=-1+1-1+1-1+1-1=-1$

**51.** $\sum_{k=1}^{5}k^2=1^2+2^2+3^2+4^2+5^2=1+4+9+16+25=55$

**53.** $1+2+3+4+5+6=\sum_{n=1}^{6}n$

**55.** $4+4+4+4+4=\sum_{i=1}^{5}4$

**57.** $4+8+12+16+20=\sum_{j=1}^{5}4j$

**59.** $\frac{1}{3}-\frac{1}{9}+\frac{1}{27}-\frac{1}{81}=\sum_{k=1}^{4}(-1)^{k+1}\frac{1}{3^k}$

**61.** $x+x^2+x^3+x^4+x^5=\sum_{n=1}^{5}x^n$

**63.** $\bar{x}=\frac{1}{5}(10+15+12+18+22)=\frac{1}{5}(77)=15.4\text{ g}$

**65.**
$$s=\sqrt{\frac{5(10^2+15^2+12^2+18^2+22^2)-(10+15+12+18+22)^2}{5(5-1)}}$$
$$=\sqrt{\frac{5(100+225+144+324+484)-77^2}{5(4)}}=\sqrt{\frac{5(1277)-5929}{20}}=\sqrt{\frac{6385-5929}{20}}=\sqrt{\frac{456}{20}}\approx 4.8\text{ g}$$

**67.** $a_1=-3,\quad a_n=a_{n-1}+5$
$a_2=a_1+5=-3+5=2$
$a_3=a_2+5=2+5=7$
$a_4=a_3+5=7+5=12$
$a_5=a_4+5=12+5=17$
$-3, 2, 7, 12, 17$

**69.** $a_1=5,\quad a_n=4a_{n-1}+1$
$a_2=4a_1+1=4(5)+1=21$
$a_3=4a_2+1=4(21)+1=84+1=85$
$a_4=4a_3+1=4(85)+1=340+1=341$
$a_5=4a_4+1=4(341)+1=1364+1=1365$
5, 21, 85, 341, 1365

**71.** $a_1=1$
$a_2=1$
$a_3=a_2+a_1=1+1=2$
$a_4=a_3+a_2=2+1=3$
$a_5=a_4+a_3=3+2=5$
$a_6=a_5+a_4=5+3=8$
$a_7=a_6+a_5=8+5=13$
$a_8=a_7+a_6=13+8=21$
$a_9=a_8+a_7=21+13=34$
$a_{10}=a_9+a_8=34+21=55$
1, 1, 2, 3, 5, 8, 13, 21, 34, 55

## Section A.4 Arithmetic and Geometric Sequences and Series

### Section A.4 Practice Exercises

**1.** **a.** An arithmetic sequence is a sequence in which the difference between consecutive terms is constant.
**b.** The fixed difference between a term and its predecessor is called the common difference ($d$).
**c.** The indicated sum of an arithmetic sequence is called an arithemetic series.
**d.** A geometric sequence is a sequence in which each term after the first term is a constant multiple of the preceding term.
**e.** The constant multiple between a term and its predecessor is called the common ratio ($r$).
**f.** The indicated sum of a geometric sequence is called a geometric series.

**3.** $d=3-1=2$

**5.** $d=3-6=-3$

**7.** $d=-9-(-7)=-2$

**9.** 3, 8, 13, 18, 23

**11.** $2, \frac{5}{2}, 3, \frac{7}{2}, 4$

**13.** 2, −2, −6, −10, −14

**15.** $a_1=0, \quad d=5-0=5$
$$a_n=a_1+(n-1)d$$
$$a_n=0+(n-1)5=5n-5=-5+5n$$

**17.** $a_1=-2, \quad d=-4-(-2)=-2$
$$a_n=a_1+(n-1)d$$
$$a_n=-2+(n-1)(-2)=-2-2n+2=-2n$$

**19.** $a_1=2, \quad d=\frac{5}{2}-2=\frac{1}{2}$
$$a_n=a_1+(n-1)d$$
$$a_n=2+(n-1)\left(\frac{1}{2}\right)=2+\frac{1}{2}n-\frac{1}{2}=\frac{3}{2}+\frac{1}{2}n$$

**21.** $a_1=21, \quad d=17-21=-4$
$$a_n=a_1+(n-1)d$$
$$a_n=21+(n-1)(-4)=21-4n+4=25-4n$$

**23.** $a_1=-8, \quad d=-2-(-8)=6$
$$a_n=a_1+(n-1)d$$
$$a_n=-8+(n-1)(6)=-8+6n-6=-14+6n$$

**25.** $a_1=-3, \quad d=4, \quad n=6$
$$a_n=a_1+(n-1)d$$
$$a_6=-3+(6-1)(4)=-3+5(4)$$
$$=-3+20=17$$

**27.** $a_1=-1, \quad d=6, \quad n=9$
$$a_n=a_1+(n-1)d$$
$$a_9=-1+(9-1)(6)=-1+8(6)$$
$$=-1+48=47$$

**29.** $a_1=0, \quad a_{10}=-45, \quad n=10$
$$a_n=a_1+(n-1)d$$
$$-45=0+(10-1)d$$
$$-45=9d$$
$$-5=d$$
For $n=7$
$$a_7=0+(7-1)(-5)=6(-5)=-30$$

**31.** $a_1 = 12, \quad a_6 = -18, \quad n = 6$

$$a_n = a_1 + (n-1)d$$
$$-18 = 12 + (6-1)d$$
$$-30 = 5d$$
$$-6 = d$$

For $n = 11$

$$a_{11} = 12 + (11-1)(-6) = 12 + 10(-6)$$
$$= 12 - 60 = -48$$

**33.** $a_1 = 8, \quad d = 13 - 8 = 5, \quad a_n = 98$

$$a_n = a_1 + (n-1)d$$
$$98 = 8 + (n-1)(5)$$
$$90 = 5n - 5$$
$$95 = 5n$$
$$19 = n$$

**35.** $a_1 = 1, \quad d = 5 - 1 = 4, \quad a_n = 85$

$$a_n = a_1 + (n-1)d$$
$$85 = 1 + (n-1)(4)$$
$$84 = 4n - 4$$
$$88 = 4n$$
$$22 = n$$

**37.** $a_1 = 2, \quad d = \frac{5}{2} - 2 = \frac{1}{2}, \quad a_n = 13$

$$a_n = a_1 + (n-1)d$$
$$13 = 2 + (n-1)\left(\frac{1}{2}\right)$$
$$11 = \frac{1}{2}n - \frac{1}{2}$$
$$\frac{23}{2} = \frac{1}{2}n$$
$$23 = n$$

**39.** $a_1 = \frac{13}{3}, \quad d = \frac{19}{3} - \frac{13}{3} = \frac{6}{3} = 2, \quad a_n = \frac{73}{3}$

$$a_n = a_1 + (n-1)d$$
$$\frac{73}{3} = \frac{13}{3} + (n-1)(2)$$
$$20 = 2n - 2$$
$$22 = 2n$$
$$11 = n$$

**41.** $d = -11 - (-8) = -3$

$$a_2 = -8 - (-3) = -5$$
$$a_1 = -5 - (-3) = -2$$

**43.** $\sum_{i=1}^{20} (3i + 2)$

$$a_1 = 3(1) + 2 = 3 + 2 = 5$$
$$a_{20} = 3(20) + 2 = 60 + 2 = 62$$
$$S_n = \frac{n}{2}(a_1 + a_n)$$
$$S_{20} = \frac{20}{2}(5 + 62) = 10(67) = 670$$

**45.** $\sum_{i=1}^{20} (i + 4)$

$$a_1 = 1 + 4 = 5$$
$$a_{20} = 20 + 4 = 24$$
$$S_n = \frac{n}{2}(a_1 + a_n)$$
$$S_{20} = \frac{20}{2}(5 + 24) = 10(29) = 290$$

**47.** $\sum_{j=1}^{10}(4-j)$

$a_1 = 4-1=3$

$a_{10} = 4-10=-6$

$S_n = \frac{n}{2}(a_1+a_n)$

$S_{10} = \frac{10}{2}(3+(-6)) = 5(-3) = -15$

**49.** $\sum_{j=1}^{15}\left(\frac{2}{3}j+1\right)$

$a_1 = \frac{2}{3}(1)+1 = \frac{2}{3}+1 = \frac{5}{3}$

$a_{15} = \frac{2}{3}(15)+1 = 10+1 = 11$

$S_n = \frac{n}{2}(a_1+a_n)$

$S_{15} = \frac{15}{2}\left(\frac{5}{3}+11\right) = \frac{15}{2}\left(\frac{38}{3}\right) = 95$

**51.** $4+8+12+\ldots+84$

$a_1 = 4,\quad a_n = 84,\quad d = 8-4 = 4$

$a_n = a_1+(n-1)d$

$84 = 4+(n-1)4$

$80 = 4n-4$

$84 = 4n$

$21 = n$

$S_n = \frac{n}{2}(a_1+a_n)$

$S_{21} = \frac{21}{2}(4+84) = \frac{21}{2}(88) = 924$

**53.** $6+8+10+\ldots+34$

$a_1 = 6,\quad a_n = 34,\quad d = 8-6 = 2$

$a_n = a_1+(n-1)d$

$34 = 6+(n-1)2$

$28 = 2n-2$

$30 = 2n$

$15 = n$

$S_n = \frac{n}{2}(a_1+a_n)$

$S_{15} = \frac{15}{2}(6+34) = \frac{15}{2}(40) = 300$

**55.** $-3+(-7)+(-11)+\ldots+(-39)$

$a_1 = -3,\quad a_n = -39,\quad d = -7-(-3) = -4$

$a_n = a_1+(n-1)d$

$-39 = -3+(n-1)(-4)$

$-36 = -4n+4$

$-40 = -4n$

$10 = n$

$S_n = \frac{n}{2}(a_1+a_n)$

$S_{10} = \frac{10}{2}(-3+(-39)) = 5(-42) = -210$

**57.** $a_1 = 1,\quad a_n = 100,\quad n = 100$

$S_n = \frac{n}{2}(a_1+a_n)$

$S_{100} = \frac{100}{2}(1+100) = 50(101) = 5050$

**59.** $30+32+34+\ldots$

$a_1=30,\quad d=32-30=2,\quad n=20$

$a_n=a_1+(n-1)d$

$a_{20}=30+(20-1)2=30+19(2)$

$=30+38=68$

$S_n=\frac{n}{2}(a_1+a_n)$

$S_{20}=\frac{20}{2}(30+68)=10(98)=980$ seats

$R=15(980)=\$14,700$

There are 980 seats. The total revenue is \$14,700.

**61.** A sequence is geometric if the ratio between a term and the preceding term is constant.

**63.** $r=\frac{a_{n+1}}{a_n}=\frac{-1}{-2}=\frac{1}{2}$

**65.** $r=\frac{a_{n+1}}{a_n}=\frac{-12}{4}=-3$

**67.** $r=\frac{a_{n+1}}{a_n}=\frac{4}{1}=4$

**69.** −4, 4, −4, 4, −4

**71.** $8, 2, \frac{1}{2}, \frac{1}{8}, \frac{1}{32}$

**73.** 2, −6, 18, −54, 162

**75.** $a_1=2,\quad r=\frac{6}{2}=3$

$a_n=a_1\cdot r^{n-1}$

$a_n=2(3)^{n-1}$

**77.** $a_1=-6,\quad r=\frac{12}{-6}=-2$

$a_n=a_1\cdot r^{n-1}$

$a_n=-6(-2)^{n-1}$

**79.** $a_1=\frac{16}{3},\quad r=\frac{4}{\frac{16}{3}}=\frac{12}{16}=\frac{3}{4}$

$a_n=a_1\cdot r^{n-1}$

$a_n=\frac{16}{3}\left(\frac{3}{4}\right)^{n-1}$

**81.** $a_n=-3\left(\frac{1}{2}\right)^{n-1}$

$a_8=-3\left(\frac{1}{2}\right)^{8-1}=-3\left(\frac{1}{2}\right)^{7}=-3\left(\frac{1}{128}\right)=-\frac{3}{128}$

**83.** $a_n=6\left(-\frac{1}{3}\right)^{n-1}$

$a_6=6\left(-\frac{1}{3}\right)^{6-1}=6\left(-\frac{1}{3}\right)^{5}=6\left(-\frac{1}{243}\right)=-\frac{2}{81}$

**85.** $a_n=5(3)^{n-1}$

$a_4=5(3)^{4-1}=5(3)^3=5(27)=135$

**87.**
$$a_6 = \frac{5}{16}, \quad r = -\frac{1}{2}$$
$$a_n = a_1 \cdot r^{n-1}$$
$$\frac{5}{16} = a_1\left(-\frac{1}{2}\right)^{6-1}$$
$$\frac{5}{16} = a_1\left(-\frac{1}{2}\right)^{5}$$
$$\frac{5}{16} = a_1\left(-\frac{1}{32}\right)$$
$$\frac{5}{16}\left(-\frac{32}{1}\right) = a_1$$
$$-10 = a_1$$

**89.**
$$a_6 = 27, \quad r = 3$$
$$a_n = a_1 \cdot r^{n-1}$$
$$27 = a_1(3)^{6-1}$$
$$27 = a_1(3)^5$$
$$27 = a_1(243)$$
$$\frac{27}{243} = a_1$$
$$\frac{1}{9} = a_1$$

**91.**
$$a_2 = \frac{1}{3}, \quad a_3 = \frac{1}{9}, \quad r = \frac{\frac{1}{9}}{\frac{1}{3}} = \frac{3}{9} = \frac{1}{3}$$
$$a_n = a_1 \cdot r^{n-1}$$
$$\frac{1}{9} = a_1\left(\frac{1}{3}\right)^{3-1}$$
$$\frac{1}{9} = a_1\left(\frac{1}{3}\right)^{2}$$
$$\frac{1}{9} = a_1\left(\frac{1}{9}\right)$$
$$1 = a_1$$

**93.**
$$a_1 = 10, \quad r = \frac{2}{10} = \frac{1}{5}, \quad n = 5$$
$$S_n = \frac{a_1(1 - r^n)}{1 - r}$$
$$S_5 = \frac{10\left(1 - \left(\frac{1}{5}\right)^5\right)}{1 - \frac{1}{5}} = \frac{10\left(1 - \frac{1}{3125}\right)}{\frac{4}{5}}$$
$$= \frac{10\left(\frac{3124}{3125}\right)}{\frac{4}{5}} = 10\left(\frac{3124}{3125}\right)\left(\frac{5}{4}\right) = \frac{1562}{125}$$

**95.**
$$a_1 = -2, \quad r = \frac{1}{-2} = -\frac{1}{2}, \quad n = 5$$
$$S_n = \frac{a_1(1 - r^n)}{1 - r}$$
$$S_5 = \frac{-2\left(1 - \left(-\frac{1}{2}\right)^5\right)}{1 - \left(-\frac{1}{2}\right)} = \frac{-2\left(1 + \frac{1}{32}\right)}{\frac{3}{2}}$$
$$= \frac{-2\left(\frac{33}{32}\right)}{\frac{3}{2}} = -2\left(\frac{33}{32}\right)\left(\frac{2}{3}\right) = -\frac{11}{8}$$

**97.**
$$a_1 = 12, \quad r = \frac{16}{12} = \frac{4}{3}, \quad n = 5$$
$$S_n = \frac{a_1(1 - r^n)}{1 - r}$$
$$S_5 = \frac{12\left(1 - \left(\frac{4}{3}\right)^5\right)}{1 - \left(\frac{4}{3}\right)} = \frac{12\left(1 - \frac{1024}{243}\right)}{-\frac{1}{3}}$$
$$= \frac{12\left(-\frac{781}{243}\right)}{-\frac{1}{3}} = 12\left(-\frac{781}{243}\right)\left(-\frac{3}{1}\right) = \frac{3124}{27}$$

**99.** $a_1 = 1,\quad r = \dfrac{\frac{2}{3}}{1} = \dfrac{2}{3},\quad a_n = \dfrac{64}{729}$

$$a_n = a_1 \cdot r^{n-1}$$
$$\frac{64}{729} = 1\left(\frac{2}{3}\right)^{n-1}$$
$$\left(\frac{2}{3}\right)^6 = \left(\frac{2}{3}\right)^{n-1}$$
$$6 = n-1$$
$$7 = n$$
$$S_n = \frac{a_1\left(1-r^n\right)}{1-r}$$
$$S_7 = \frac{1\left(1-\left(\frac{2}{3}\right)^7\right)}{1-\left(\frac{2}{3}\right)} = \frac{1\left(1-\frac{128}{2187}\right)}{\frac{1}{3}}$$
$$= \frac{\left(\frac{2059}{2187}\right)}{\frac{1}{3}} = \left(\frac{2059}{2187}\right)\left(\frac{3}{1}\right) = \frac{2059}{729}$$

**101.** $a_1 = -4,\quad r = \dfrac{8}{-4} = -2,\quad a_n = -256$

$$a_n = a_1 \cdot r^{n-1}$$
$$-256 = -4(-2)^{n-1}$$
$$64 = (-2)^{n-1}$$
$$(-2)^6 = (-2)^{n-1}$$
$$6 = n-1$$
$$7 = n$$
$$S_n = \frac{a_1\left(1-r^n\right)}{1-r}$$
$$S_7 = \frac{-4\left(1-(-2)^7\right)}{1-(-2)} = \frac{-4(1+128)}{3}$$
$$= \frac{-4(129)}{3} = -172$$

**103.** **a.**

$$a_n = 1000(1.05)^n$$
$$a_1 = 1000(1.05)^1 = \$1050$$
$$a_2 = 1000(1.05)^2 = \$1102.50$$
$$a_3 = 1000(1.05)^3 = \$1157.63$$
$$a_4 = 1000(1.05)^4 = \$1215.51$$

**b.**

$$a_{10} = 1000(1.05)^{10} = \$1628.89$$
$$a_{20} = 1000(1.05)^{20} = \$2653.30$$
$$a_{40} = 1000(1.05)^{40} = \$7039.99$$

**105.** $a_1 = 1,\quad r = \dfrac{\frac{1}{6}}{1} = \dfrac{1}{6}$

$$S = \frac{a_1}{1-r} = \frac{1}{1-\frac{1}{6}} = \frac{1}{\frac{5}{6}} = \frac{6}{5}$$

**107.** $a_1 = -3,\quad r = \dfrac{1}{-3} = -\dfrac{1}{3}$

$$S = \frac{a_1}{1-r} = \frac{-3}{1-\left(-\frac{1}{3}\right)} = \frac{-3}{\frac{4}{3}} = -3\left(\frac{3}{4}\right) = -\frac{9}{4}$$

**109.** $a_1 = \dfrac{2}{3},\quad r = \dfrac{-1}{\frac{2}{3}} = -\dfrac{3}{2}$

Sum does not exist because $|r| \geq 1$.

**111.** $a_1 = 200,\quad r = 0.75$

$$S = \frac{a_1}{1-r} = \frac{200}{1-(0.75)} = \frac{200}{0.25} = 800$$

$800 million

**113.** $a_1 = 2\left(\frac{3}{4}\right)(4),\ r = \frac{3}{4}$

$$S = \frac{a_1}{1-r} = \frac{2\left(\frac{3}{4}\right)(4)}{1-\frac{3}{4}} = \frac{6}{\frac{1}{4}} = 24$$

The total distance is 24 + 4 = 28 ft.

**115.** **a.** $a_1 = 48{,}000;\ r = 1.04,\ n = 20$

$$S_n = \frac{a_1\left(1-r^n\right)}{1-r}$$

$$S_{20} = \frac{48{,}000\left(1-(1.04)^{20}\right)}{1-1.04} = \frac{48{,}000(1-2.191123)}{-0.04} = \frac{48{,}000(-1.191123)}{-0.04} = \$1{,}429{,}348$$

**b.** $a_1 = 48{,}000;\ r = 1.045,\ n = 20$

$$S_n = \frac{a_1\left(1-r^n\right)}{1-r}$$

$$S_{20} = \frac{48{,}000\left(1-(1.045)^{20}\right)}{1-1.045} = \frac{48{,}000(1-2.411714)}{-0.045} = \frac{48{,}000(-1.411714)}{-0.045} = \$1{,}505{,}828$$

**c.** Difference: $1{,}505{,}828 - 1{,}429{,}348 = \$76{,}480$

# Notes

# Notes

# Notes

# Notes

# Notes

# Notes

# Notes

# Notes

# Notes

# Notes

# Notes

# Notes

# Notes

# Notes

# Notes